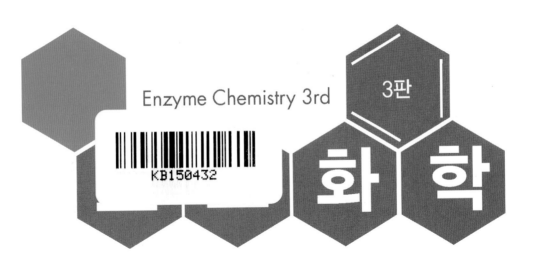

Enzyme Chemistry 3rd

KB150432

3판

화학

안용근 지음

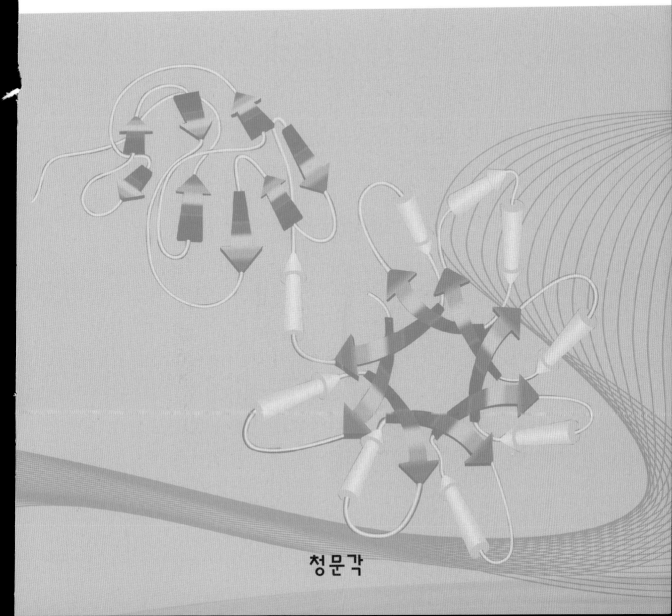

청문각

동물, 식물, 미생물 등의 생명체에서는 수천 가지 반응이 동시에 진행되고 있는 그 중심에 효소가 있다.

유전과 발생도 효소가 중심이어서 DNA의 유정정보는 효소단백질에 대한 것이 대부분이다. 효소학은 생물학, 의약학, 농학, 화학, 식품가공학 및 이들 파생 학문의 바탕을 이룬다.

효소화학 책을 쓴지 24년이 지났다.

그간 의학 분야에서는 효소로 질병을 간편 신속 진단하는 방법이 눈부시게 발전하고 치료용 효소도 많이 개발되었다. 효소는 일생 생활이나 공업 분야로도 범위가 확대되었다. 시중에는 설탕 추출액을 효소라고 하며 만병통치 효과를 우기는 제품과 효소책이 범람한다.

이렇듯 효소학의 발전으로 새로운 지식이 쌓이고, 잘못 알려진 것들이 생겨서 개편해야 할 필요가 생겼다.

그래서 이번 개정판에서는 의약학에서 사용하는 임상 진단 및 치료 효소를 보강하고 식품, 화학, 피혁, 세제, 제지, 섬유공업, 미용 등에서 사용하는 효소들을 추가하였다. 새로운 다른 내용들도 추가하였다. 설탕 추출액은 효소와 관련이 없는 것도 밝혔다. 학생들이 이해하기 어려운 곳은 삭제하거나 쉬운 내용으로 바꾸었다. 골격은 그대로이지만 간결 명확하게 정리하여 짜임새와 내용은 가장 뛰어나다고 할 수 있다.

생화학도 효소학이 바탕이므로 필자가 쓴 '생화학(양서각)', '생화학실험(양서각)'을 참고하기 바라며, 효소를 연구하려는 사람은 정제가 바탕이므로 필자가 쓴 '효소단백질 정제법(양서각)'을 참고하고, 기초가 필요한 사람은 필자가 번역한 '나는 효소이다(전파과학사)'를 참고하기 바란다.

2017년 1월
안용근

차 례
PREFACE

CHAPTER 13

효소의 응용

CHAPTER 14

효소에 대한 잘못된 상식

CHAPTER 15
효소 명명법

기초 효소학

01

1. 효소의 존재를 알기까지

술, 간장, 된장에는 많은 효소가 작용하고 있다. 엿기름(맥아)으로 만드는 식혜와 엿도 효소의 작용이다. 맥주의 역사는 기원전 2,000년까지 거슬러 올라간다. 이와 같이 인류는 효소의 작용인지 모르면서도 효소를 사용하여 왔다. 효소의 존재를 인식하게 된 것은 18세기 전반이다.

프랑스의 Réaumur(1752년)와 이탈리아의 Spallanzani(1785년)는 가는 구멍을 뚫은 금속관에 고기 조각을 넣고 매에게 먹인 다음 토하게 하자 고기가 녹아 있는 것을 발견하였다.

또, 해면을 채운 금속관을 위에 넣었다가 꺼내어 해면에 스민 위액을 고기에게 바르자 고기가 녹는 것을 발견하였다. 그들은 이 관찰로 위에서 고기가 소화되는 것은 위에서 분비되는 어떤 물질의 작용에 의한 것으로 생각하게 되었다.

그 후 1836년 독일의 Schwann은 위점막에 함유된 유효물질을 분리하여 'pepsin'이라 하고, 펩신은 위산인 염산 존재 하에서 작용하며, 열이나 알코올에 의해 작용하지 못하게 되고, 아세트산염에 의해 침전되고, 적은 양으로 많은 양의 단백질을 분해할 수 있는 것을 밝혔다.

1833년 프랑스의 Payen과 Persoz는 엿기름에서 녹말을 당화하는 물질을 분리하였다. 그들은 엿기름의 즙에 알코올을 가해 생기는 백색 침전을 모아 물에 녹이면 엿기름과 같이 녹말 당화력이 있는 것을 발견하였다. 그것은 50~60℃에서 가장 잘 작용하며, 자신은 변하지 않고, 다시 녹말을 가해도 녹말 당화력을 나타내지만, 100℃로 가열하면 파괴되어 활성을 잃는 것을 발견하였다.

한국사람 입장에서 보면 엿기름으로 단술(식혜)을 만들어 먹어 온 오랜 역사가 있으니까 발견이라고 할 것도 없는 일이지만, 당화력을 나타낸 물질을 분리하여 성질을 규명한 것은 값진 일이다.

그는 이 물질이 알코올에 침전되고, 비내열성이며, 단백질인 것을 밝혔다. 이 물질은 불용성인 녹말에서 가용성인 당을 분리하기 때문에 '분리'를 나타내는 그리스어를 사용하여 diastase라고 이름하였다.

1837년 스웨덴의 Berzellius는 디아스타아제, 펩신 등의 발견에 자극받아 '촉매'라는 개념을 제창하였다. 촉매란 반응을 촉진하지만 자신은 아무런 변화도 받지 않는 것이라고 하였다. 그런 변화는 일반 화학 변화에 보편적으로 나타나는 것으로, 생체 내에서는 수천 가지나 되는 촉매 작용이 이루어지고 있다고 예언하였다.

그 후 많은 생체 촉매가 발견되어 타액의 녹말 분해활성 성분(프티알린= α-아밀라아제), 췌액의 단백질 분해활성 물질(trypsin) 같이 어미에 '-in'이 붙은 이름이 사용되었으나 1898년 Duclaux가 어미를 '-ase'로 하자고 제창하여 생체 촉매에는 모두 '-ase'를 붙이게 되었다.

2. Enzyme이라는 이름이 붙기까지

이같이 녹말이나 단백질의 소화작용이 특정한 생체 촉매에 의한 것을 알아냈으나 알코올 발효같이 복잡한 현상은 밝혀져 있지 않았다. 19세기 후반 Pasteur는 발효는 생물만이 일으킨다고 하였지만, Liebig 등은 뜸팡이(효모) 분자 표면에서 효소 분자가 진동하여 발효시킨다는 설을 발표하여 대립하였다.

그 당시 ferment라는 말은 알코올 발효, 락트산 발효 등을 일으키는 미생물, 수크로오스의 가수분해(sucrase), 단백질 가수분해에 관계하는 촉매(pepsin)에도 모두 사용된 총칭으로 촉매(오늘날의 효소)는 unorganized ferment라고도 불렸다.

1897년 Kühne는 혼란을 없애기 위해 'sucrase', 'pepsin', 'trypsin'같이 가용성 물질을 끊어내는 소위 unorganized ferment는 모두 enzyme(그리스어로서 '뜸팡이 안')으로 하자고 주장하였다. 이 말에는 뜸팡이 안에 발효를 일으키는 촉매 활성을 가진 물질이 존재하고 있다는 의미가 들어 있다. 그리고 Kühne는 ferment는 발효를 일으키는 미생물에 대해 사용하자고 하였다.

5년 후 'enzymology'(효소학)라는 말이 생겼다. 프랑스는 그 후도 효소를 diastase라고 하였으나, 현재는 세계 어느 나라든 'enzyme'으로 통일하고 있다.

1897년 Buchner는 약으로 쓰려고 뜸팡이를 갈아 짠 즙에 보존제로 설탕을 넣자, 발효가 왕성하게 일어나는 것을 발견하였다. 착즙액에서 알코올, 아세톤으로 침전시켜 얻은 성분을 다시 설탕에 작용시키면 반응이 일어나지만 50℃로 가열하면 정지하고 만다.

이것은 생세포가 들어 있지 않은 무세포계에서 일어난 반응을 가장 처음 관찰한 결과이다. 즉, 발효에는 반드시 살아있는 세포가 필요한 것은 아니라는 결과로, 발효같이 복잡한 반응도 생체를 구성하고 있는 단백질성 물질의 촉매 반응에 의한다는 것을 밝혔다. 뜸팡이의 발효 촉매는 zymase라고 이름하였다. 그는 이 발견으로 노벨상을 받았다.

3. 단백질로서의 효소와 입체구조를 밝히기까지

1833년 Payen과 Persoz의 보고 이래 효소는 단백질성이라고 밝혀졌고, 1896년 베케르헤링은 펩신을 순도 높게 정제하여 단백질의 일종으로 밝혔다. 1926년 Sumner는 urease(우레아 가수분해효소)를 콩에서 추출, 결정화하여 단백질로서의 성질을 갖는 것을 밝혔다.

이같이 19세기 말에는 효소가 단백질이라는 것이 확립되어 있었으나, 20세기에는 오히려 효소가 단백질이라는 설이 의문시되었다.

당시 Willstätter는 흡착법으로 peroxidase(과산화효소)를 20,000배나 정제하였지만, 농도는 매우 낮아서 효소활성은 나타냈지만 단백질로서의 성질은 나타내지 않았다. Peroxidase는 아밀라아제나 protease(단백질 가수분해효소)에 비해 활성이 높기 때문에 농도가 낮아도 활성은 검출할 수 있었지만, 당시의 단백질 정량법은 감도가 낮아서 단백질로서 검출할 수 없었던 것으로 보인다. 그래서 효소는 미지구조의 활성물질로, 단백질 등의 콜로이드성 입자에 흡착되어 있다는 이원지지체설이 유력하게 되었다.

효소 단백질설과 이원지지체설이 대립하고 있는 중에 Northrop이 펩신, 트립신, 키모트립신을 차례로 결정화하여 단백질로 밝히자 효소는 단백질의 일종이라는 것을 인정받게 되었다.

1934년 Theorell은 뜸팡이 추출액에서 정제한 황색효소(구황색효소)를 결정화하여, 효소에 보결분자단으로 FMN이 함유되어 있다는 사실을 밝혔다. FMN은 리보플라빈(비타민 B_2)을 바탕으로 하는 물질로 비로소 효소와 비타민의 관계가 나타난 것이다. 1937년 Sumner는 catalase를 결정화하여 효소에는 단순단백질로 된 것과 보조효소를 필요로 하는 것이 있다는 것을 밝혔다.

근년 효소학의 발전은 눈부셔서 효소가 정제되면 화학분석으로 효소를 구성하고 있는 단백질의 아미노산 배열을 분석할 수 있다.

1960년 Kendrew와 Perutz가 X선 회절분석으로 미오글로빈의 3차 구조를 밝힌 후 1965년 Phillip 등이 효소로서는 처음으로 lysozyme의 입체구조를 결정하고, 활성 부위의 실체를 밝혔다. 그 후 많은 효소의 입체구조가 밝혀지고 있다.

입체구조는 효소결정의 X선 회절분석과 일차구조 자료를 바탕으로 분자 내의 각 아미노산 잔기를 구성하고 있는 원자의 배치를 밝혀 밝힌다. 용액 상태의 효소 구조 분석에는 NMR 등이 사용된다.

현재는 컴퓨터 그래픽스로 이들 분석 데이터를 사용하여 입체구조를 여러 가지 모델로 자유자재로 표현하고 있으며, 이를 통해 새로운 효소도 설계하고 있다.

4. 반응속도에 대한 연구

효소를 전체적으로 이해하는 데는 입체구조와 함께 동력학적인 데이터가 필요하다. Michaelis‑Menten의 식은 1923년에 제출되어 효소동력학에서 중심적인 역할을 하고 있다.

1850년 Welhelmy는 선광계로 수크로오스의 산가수분해반응을 추적하여 일차반응인 것을 밝혔다. 1890년 O'Sullivan 등은 역시 같은 방법으로 뜸팡이 invertase(β-프룩토푸라노시드 가수분해효소)의 수크로오스 가수분해반응을 측정하여 역시 일차반응이고, 반응속도는 효소 농도에 비례한다는 사실을 밝혀 이 반응은 질량작용의 법칙에 따른다고 결론지었다.

1920년 Brown은 이 반응을 상세히 더 조사하여 1차 반응속도 상수는 반응 진행과 함께 증가하며, 기질의 초기 농도가 높을수록 감소한다고 하였다.

1902년 Henri는 선광계로 invertase에 의한 수크로오스의 반응속도를 속도론적으로 해석하여 기질 농도가 낮을 때는 가수분해속도는 기질 농도에 비례하지만, 일정 농도 이상에서는 일정한 값에 달하며, 반응속도는 효소 농도에 비례한다는 것을 알아냈다. 이를 설명하기 위해 다음과 같은 식을 제시하였다.

$$E + S \rightleftharpoons ES \rightarrow E + P \tag{1.1}$$
$$E + S \rightleftharpoons ES(\text{불활성})$$
$$E + S \rightarrow E + S \tag{1.2}$$

두 가지 모두 효소와 기질의 복합체 ES를 만든다는 점에서는 같지만 식 (1.1)은 생성물(P)이 ES에서 생기고, 식 (1.2)는 생성물이 E와 S의 두 분자적 반응으로 생기는 점이 다르다. 속도(ν)는 두 식 모두

$$\nu = \frac{\beta\,[\mathrm{E}]_0[\mathrm{Sp}]}{\alpha + [\mathrm{S}]} \tag{1.3}$$

로 표현할 수 있으며, 식 (1.1)과 식 (1.2)의 차이점은 β뿐이다.

약 10년 후 Michaelis와 Menten은 Henri가 pH라는 개념이 설정되지 않은 상태에서 실험한 문제점 때문에 pH라는 개념을 도입하여 일정한 pH(4.7)에서, 불연속적 시료 채취법을 사용하여 생성물의 변선광 영향을 제거하고, 효소의 실활에 의한 영향이 없고, 생성물이 저해하지 않는 개시속도에서 반응속도를 구했다. 이 방법은 현재까지 효소 반응의 표준적인 속도론적 해석법으로 사용되고 있다.

Michaelis와 Menten은 ES의 해리상수를 K_s로 하여

$$\nu = \frac{k_{+2}\,[\mathrm{E}]_0[\mathrm{S}]}{K_\mathrm{s} + [\mathrm{S}]} = \frac{V\,[\mathrm{S}]}{K_\mathrm{s} + [\mathrm{S}]} \tag{1.4}$$

를 제시하였다. V는 최대속도이다. 이것은 Henri의 식 (1.3)에서 α를 K_s, β를 k_{+2}로 한 것과 같은 식이다.

Michaelis와 Menten은 $\nu/V \log[\mathrm{S}]$ 플롯을 사용하여 개시속도 ν와 [S]의 관계를 플롯하였다. 이 플롯은 약산 [AH]의 해리 $\mathrm{AH} \rightleftharpoons \mathrm{A}^+ + \mathrm{H}^-$와 같은 곡선을 그린다. 이로부터 기질에서 생성물로 변화는 속도를 지향하는 '정류상태의 속도론'이 구축되었다.

이같이 Henri에 의해 유도된 속도식은 Michaelis와 Menten이 완충액을 사용하는 개선 방법으로 개량하여 Michaelis - Menten 식으로 제출하였다. Michaelis - Menten 식은 그 후 많은 개량을 거쳐 효소 반응속도를 수식적으로 취급하는 데 가장 기본적인 식으로 사용되고 있다.

1.2 효소의 특징

1. 생화학 반응

생체에서는 화학 반응이 끊임없이 일어나고 있다. 이 화학 반응은 생물체를 구성하고 있는 성분을 만드는 합성 반응과 이들 생물체를 구성하고 있는 생체성분을 분해하는 분해 반응이 있다. 생물의 이런 반응을 생화학 반응이라고 한다.

생체 구성성분을 합성하는 반응을 동화 반응(metabolism)이라고 한다. 대표적인 동화 반응은 광합성 반응이다. 광합성 반응은 식물잎에 빛이 쪼이면 잎 속의 엽록소가 빛 에너지를 잡아서 이산화탄소와 물에서 당질을 만들고 산소를 활성화한다.

생체 구성성분을 분해하는 반응을 이화 반응(catabolism)이라 한다. 대표적인 반응은 호흡이다. 호흡은 산소의 존재 하에서 포도당이 이산화탄소와 물로 완전히 분해되는 반응이다. 호흡은 효소 하나로 이루어지는 것이 아니고 많은 효소가 연속하여 이루어지는 복합적인 반응이다. 호흡은 호기적인 당대사 과정이라고도 할 수 있다.

효소는 생명활동을 유지하는 데 필요한 여러 생화학 반응을 빠르게 하는 촉매이다. 촉매라는 점에서는 다른 화학촉매와 같으며, 실험관 중에서도 작용할 수 있다. 그러나 효소가 존재하는 생체는 실험관과는 비교할 수 없이 복잡하며, 그런 환경에서도 생명활동을 촉매하면서 제어하기도 하는 사명을 어김없이 수행하고 있다.

생물이 이루는 생화학 반응, 합성 반응, 분해 반응 모두 공업화학 반응에 비해 훨씬 낮은 온도나 수소이온 농도에서 이루어진다. 생체 촉매인 효소의 작용에 의하기 때문이다.

예로서, 콩과 식물이나 미생물이 공중질소를 고정화하는 반응은 상온, 상압 하에서 고효율로 이루어지는 데 반해, 화학공업에서는 공중질소에서 암모니아를 만드는데 촉매의 존재 하에 450℃, 200기압의 고온·고압이 필요하다.

생물 반응의 또 하나의 특징은 매우 복잡한 연속 반응에서도 질서정연한 점이다. 그리고 생물체에서는 에너지 손실을 최소로 하기 위해 합성 반응과 분해 반응이 효과적으로 조합되어 있다.

생화학 반응의 촉매는 효소이다. 생화학 반응은 대부분 가역 반응으로 효소는 가역 방향 양쪽을 촉매하는 것이 많다.

2. 호메오스타시스와 효소

생물의 생명을 지탱하고 있는 대사 반응, 즉 물질의 화학 반응, 물질의 이동, 에너지 생산과 소비 반응은 매우 다종·다양하며 서로 매우 다르다. 그러나 한 생명체를 이루는 대사의 흐름은 매우 원활하며 매우 질서정연하게 진행되고 있다.

생체의 외부환경과 생명활동의 환경 조건은 끊임없이 변동하고 있다. 환경에는 크고 작은 수많은 변동 조건이 있다. 생명은 탄생 이래 수억 년 동안 끊임없는 환경변화 속에서 살아왔으며 변화에 적응한 것만 살아남았다. 환경조건은 생물집단 → 개체 → 기관·조직 → 세포 → 세포소기관 → 분자 등 생체 단위가 낮아질수록 변동폭이 커진다.

생물은 모두 외계의 변화를 감지하여 정보를 전달하고, 그에 응답하는 장치를 가지고 있으며 짜임새는 생물의 종에 따라 다르다. 고등생물의 경우는 액성, 신경성의 조절 메커니즘이 중요한 역할을 하고 있다. 그러나 호르몬이나 신경이 존재하지 않는 미생물의 경우도 외계에 대한 응답과 자기보존을 위한 활동은 고등동물보다 뒤지지 않는다. 오히려 더 강인하다고 할 수 있다.

우리가 섭취하고 있는 음식의 종류와 조성은 날짜나 사람에 따라 매우 다른 데도 불구하고 혈액 조성은 항상 일정하게 유지되고 있다. 또, 생명을 지탱하는 단백질과 핵산에 대해 외부 환경인자가 미치는 영향은 크지만 환경조건의 변동에 적절히 대응하여 대사 반응과 흐름은 정상으로 유지되고 있다.

이같이 외부 환경에 변화가 생겨도 항상 일정한 형태적, 생리적 상태를 유지하는 것을 항상성(homeostasis)이라고 한다. 여기에는 효소가 중심적인 역할을 한다.

이것은 효소가 수행하는 가장 차원 높은 생명활동으로, 각 효소 반응과 생명체의 통일성 사이의 밀접한 관계를 나타낸다. 즉, 효소는 단순히 생체 촉매 역할만 담당하는 것이 아니고 대사를 중심으로 한 생명활동과 조절에 기여하여 생명의 담당자 역할을 하고 있는 것이다.

3. 효소의 생태

효소가 존재하는 생체 내 환경은 시험관과 달리 매우 불균일하다. 그러나 고도로 조직화된 장소이기도 하다. 또 생체 내는 친수성과 소수성의 상호작용이 서로 뒤얽힌 장소이다.

어떤 효소는 온천이나 화산에 사는 호열성 생물이나, 극지의 심해에 서식하는 부동성(不凍性) 생물 등 극한 조건에서 사는 생물의 체내에서 작용하고 있다. 이와 같이 80℃나 100℃에서 살 수 있는 생물도 있으며 반대로 극지의 저온, 고압의 심해에 사는 것도 있다. 그런 생물체 내에는 내열성, 내압성, 부동성 효소가 존재하며, 극한 상태에서 작용할 수 있도록 안정한 효소 단백질 구조를 가지고 있다. 부동성 효소 단백질은 그림 1.1과 같은 당펩티드가 결합되어 있다.

남극이나 북극의 해수 온도는 영하이다. 그러나 소금물이기 때문에 얼지 않는다. 부동성 펩티드는 영하인 체액에서도 얼지 않고 효소로서 작용하게 해 주고 있다. 즉, 자동차 라디에

이터의 부동액과 같은 작용을 하고 있는 것이다.

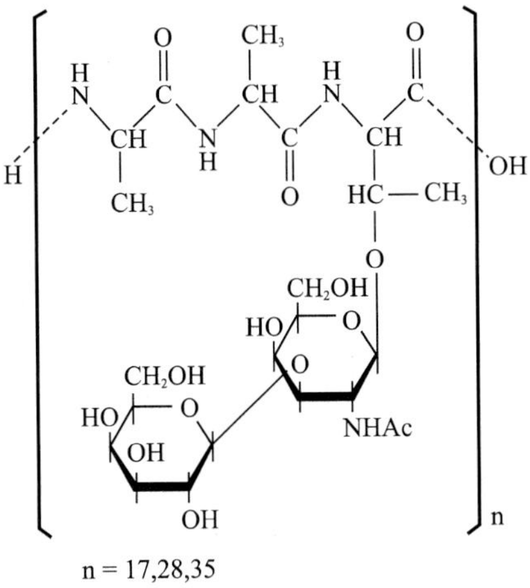

n = 17,28,35

그림 1.1 부동성 펩티드

4. 효소 촉매의 특징

효소는 생체 내에서 일어나는 화학 반응을 촉매하는 물질이다. 촉매란 자신은 변하지 않고 화학 반응의 속도를 빠르게 하는 물질이다.

효소는 생물이 살아가기 위해 음식을 먹고, 소화하고, 호흡하여 에너지를 만들어내고, 에너지를 사용하여 운동하고, 심장을 박동시켜 혈액을 순환시키고, 성장하고, 신진대사를 하는 화학 반응을 촉매한다.

생체에서는 수천 가지의 화학 반응이 동시에 진행되고 있다. 효소가 촉매하는 화학 반응은 화학공장이나 실험실에서의 반응과 다른 특징은 갖고 있다.

첫 번째는 온도이다. 생체의 화학 반응은 37℃ 이하의 낮은 온도에서 이루어진다. 그러나 공장이나 실험실의 화학 반응은 보일러나 히터로 수백도, 수천도로 가열해야 하는 경우가 많다. 이같이 효소는 에너지적으로 매우 효율이 높다.

두 번째는 중성 pH에서 반응이 진행된다는 점이다. 생체의 pH는 중성 가까이 유지되고 있다. 생체 내 화학 반응은 대부분 중성 부근에서 이루어진다. 그러나 공장이나 실험실의 화학 반응은 강한 산이나 강한 알칼리 조건이 필요한 경우가 많다.

세 번째는 생체에서는 수천 종류의 화학 반응이 서로 다른 반응에 영향을 주지 않으면서 질서정연하게 동시에 진행되고 있다는 점이다. 이것은 효소가 목적 반응만을 촉매하며 다른 반응에는 관여하지 않기 때문이다. 그러나 화학 반응에서는 화학촉매를 사용하여도 많은 반응을 동시에 각각 진행시킬 수 없다.

효소가 갖는 특징은 표 1.1과 같다.

표 1.1 **효소와 화학촉매의 비교**

비 교	효소	화학촉매
성분	주로 단백질	주로 금속
크기	분자량 1만~수백 만	단일 분자 내지 저분자
생성 장소	생물 세포	지구
존재 장소	생체 내 각 장소	지구
역할	생체촉매	무기 촉매
작용 대상	정해진 물질에만 특이적	비특이적(부산물 생성)
작용 반응	정해진 반응에만 특이적	비특이적(부반응 형성)
촉매속도	빠름	느림
작용 pH	일정 pH(주로 중성 부근)	강산이나 강알칼리성
온도	상온(37℃ 이하)	고온(고에너지 소모)
압력	상압	고압
용매	물	물, 유기용매
소요량	소량	다량
안전성	열, 강산, 강알칼리, 단백질 가수분해효소에 불안정	안정

1.3
효소의
일생

효소는 필요에 따라 만들어졌다가 자기 역할을 다한 다음 분해되어 아미노산으로 되돌아간다. 아미노산은 다시 다른 효소를 만드는 데 사용되거나 대사되며 각기 성질이 다르다(표 1.2).

1. 단백질인 효소

아미노산에는 20 종류가 있으며, 각기 다른 구조의 곁사슬을 갖고 있다. 이 곁사슬에 따라 아미노산은 친수성, 소수성, 산성, 중성 염기성으로 작용한다. 표 1.2에 아미노산의 친수, 소수성도를 나타낸다.

단백질을 구성하는 아미노산은 대부분 L형이다. α-아미노산(α-탄소원자, 즉 첫 번째 탄

표 1.2 아미노산의 친수소수성도

아미노산	물과 친한 성질					
	소수성					친수성
알라닌				●		
아르기닌						●
아스파라긴					●	
아스파르트산						●
시스테인				●		
글루타민					●	
글리신					●	
히스티딘					●	
이소루신			●			
루신			●			
리신						●
메티오닌				●		
페닐알라닌		●				
프롤린				●		
세린					●	
트레오닌				●		
트립토판	●					
티로신		●				
발린				●		

Ala – Gln – Ser – Val – Pro – Tyr – Gly – Val – Ser – Gln – Ile – Lys – Ala – Pro – Ala – Leu – His – Ser – Gln – Gly –
Tyr – Thr – Gly – Ser – Asn – Val – Lys – Val – Ala – Val – Ile –⎯Asp⎯ Ser – Gly – Ile – Asp – Ser – Ser – His – Pro –
Asp – Leu – Lys – Val – Ala – Gly – Gly – Ala – Ser – Met – Val – Pro – Ser – Glu – Thr – Pro – Asn – Phe – Gln – Asp –
Asp – Asn – Ser – His⎯ – Gly – Thr – His – Val – Ala – Gly – Thr – Val – Ala – Ala – Leu – Asn – Asn – Ser – Ile – Gly –
Val – Leu – Gly – Val – Ala – Pro – Ser – Ser – Ala – Leu – Tyr – Ala – Val – Lys – Val – Leu – Gly – Asp – Ala – Gly –
Ser – Gly – Gln – Tyr – Ser – Trp – Ile – Ile – Asn – Gly – Ile – Glu – Trp – Ala – Ile – Ala – Asn – Asn – Met – Asp –
Val – Ile – Asn – Met – Ser – Leu – Gly – Gly – Pro – Ser – Gly – Ser – Ala – Ala – Leu – Lys – Ala – Ala – Val – Asp –
Lys – Ala – Val – Ala – Ser – Gly – Val – Val – Val – Ala – Ala – Gly – Asn – Glu – Gly – Ser – Thr – Gly –
Ser – Ser – Ser – Thr – Val – Gly – Tyr – Pro – Gly – Lys – Tyr – Pro – Ser – Val – Ile – Ala – Val – Gly – Ala – Val –
Asp – Ser – Ser – Asn – Gln – Arg – Ala – Ser – Phe – Ser – Ser – Val – Gly – Pro – Glu – Leu – Asp – Val – Met – Ala –
Pro – Gly – Val – Ser – Ile – Gln – Ser – Thr – Leu – Pro – Gly – Asn – Lys – Tyr – Gly – Ala – Tyr – Asn – Gly – Thr –
Ser⎯ – Met – Ala – Ser – Pro⎯ – His – Val – Ala – Gly – Ala – Ala – Ala – Leu – Ile – Leu – Ser – Lys – His – Pro – Asn –
Trp – Thr – Asn – Thr – Gln – Val – Arg – Ser – Ser – Leu – Gln – Asn – Thr – Thr – Thr – Lys – Leu – Gly – Asp – Ser –
Phe – Tyr – Tyr – Gly – Lys – Gly – Leu – Ile – Asn – Val – Gln – Ala – Ala – Ala – Gln

그림 1.2 효소 단백질의 일차구조
    *Bacillus subtilis*의 subtilisin'의 일차 구조. 아미노산 275잔기로 되어 있다. □는 활성 부위를 구성하는 잔기를 나타
    낸다.

소원자 위치에 아미노기를 갖는 아미노산)이 펩티드 결합으로 사슬처럼 길게 늘어나 펩티드(분자량 1만 이하)와 단백질(분자량 1만 이상)을 형성한다. 아미노산의 사슬 구조를 1차 구조라고 한다(그림 1.2).

그러나 아미노산 사슬은 곧은 사슬형으로만 되어 있는 것이 아니고 용수철처럼 꼬인 α-helix(나선)구조로도 존재하고, 사슬이 왔다 갔다 하면서 평행을 이루어 면을 만든 다음, 그 면이 슬레이트처럼 굴곡을 형성한 β-sheet(병풍) 구조를 형성하기도 한다. 단백질 중에서 펩티드 사슬의 방향을 역전시키는 구조를 β-bend(또는 β-turn)라 한다. 이런 구조를 2차 구조라고 하며 여기에는 수소 결합이 작용한다.

이것들은 다시 더 접히고 뭉쳐서 실뭉치같은 덩어리 구조를 형성한다. 이것을 3차 구조(입체 구조)라고 한다. 여기에는 수소 결합, 소수 결합, 이온 결합, SS 결합, van der Waals 힘 등이 작용한다(그림 1.3).

3차 구조를 형성한 효소가 다시 여러 개 모인 경우를 4차 구조라고 한다. 4차 구조는 같은 서브유닛만으로 형성된 것과 다른 서브유닛으로 형성된 것이 있다.

효소의 이런 구조는 제멋대로인 것 같지만 효소가 촉매활성을 발휘하기 위한 가장 효율 높은 규칙 구조로, 1차 구조상으로는 멀리 떨어진 아미노산 잔기들이 3차 구조상에서는 서로 가까이 인접하는 것들이 있다.

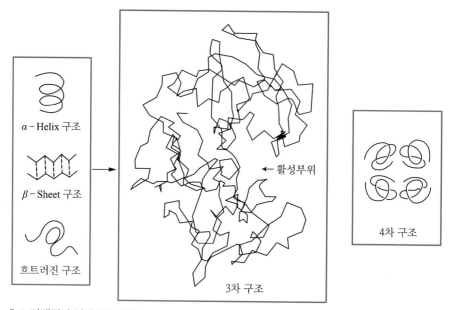

그림 1.3 **효소 단백질의 입체구조 형성**

이들 결합 중 공유 결합인 S‑S 결합만 빼놓고는 그다지 강하지 않아서 열, 강한 산 또는 알칼리, 유기용매, 중금속 등에 의해 결합이 풀린다. 이렇게 구조가 흐트러지면 활성을 잃는다. 이것을 변성이라고 한다.

2. 단백질이 만들어지는 과정

효소단백질은 L형 아미노산을 재료로 하여 세포 내에서 만들어진다. 세포 내에서 단백질이 합성되는 곳은 리보솜이다. 리보솜은 세포 내에서 유리 또는 조면 소포체에 결합한 형태로 존재한다.

유리형은 주로 세포질 단백질(효소)을 합성하고, 조면소포체에 결합한 것은 분비단백질(효소)이나 막구성 단백질을 합성하고 있다. 단백질의 1차 구조 즉, 아미노산의 배열은 DNA의 유전정보로 결정되며, DNA 중의 아데닌, 구아닌, 시토신, 티민이 세 개씩 결합하여 한 아미노산의 정보를 갖는다.

DNA의 유전정보는 mRNA로 전사되어 폴리솜에서 아미노산 축합으로 폴리펩티드를 형성하여 단백질을 합성한다. 즉, mRNA의 5'말단 염기의 배열, 즉 N말단에서 아미노산 배열이 결정되어 C말단 쪽으로 아미노산이 배열되어 합성된다. DNA에 대응하는 RNA의 세 염기, 즉 코드 염기는 DNA의 염기에 상보적인 아데닌, 구아닌, 시토신, 우라실이 사용된다.

하나의 아미노산에는 두 가지 이상의 암호가 존재한다. 각 아미노산마다 별도의 tRNA가 존재하며, 각 tRNA는 각 아미노산을 mRNA가 전달한 DNA의 암호 순서대로 운반하여 결합시켜 나간다. 아미노산 잔기는 tRNA의 3말단에 아데노신의 5H와 에스테르 결합한다.

mRNA와 리보솜이 결합하면 폴리솜을 형성하여 여기서 단백질이 합성된다. 한편, 리보솜은 RNA와 단백질로 형성되는 구형의 서브유닛으로, 원핵생물은 70S이며, 두 개의 서브유닛으로 되어 있다.

진핵생물은 80S이다. 즉, 아미노기를 가진 tRNA와 리보솜이 결합하여 단백질 합성이 이루어지며 개시 반응, 신장 반응, 종결 반응에는 각기 수종의 단백질 인자가 관여하고 있다.

이 단백질의 합성에는 GTP가 소비된다. mRNA 중에 종결코드가 존재하면 펩티드사슬의 신장이 멈춘다. 이에 의해 하나의 단백질이 합성되게 된다.

DNA의 유전정보는 이렇게 하여 mRNA에 상보적으로 옮겨져 각 코드에 대응한 아미노산 잔기로서 아미노 말단부터 차례로 결합되어 사슬이 늘어난다. 이때 각 아미노산은 ATP의 에너지를 사용하여 아미노아실 tRNA형으로 활성화된다.

이 아미노아실 tRNA와 mRNA가 리보솜에 결합하여 폴리솜을 형성하여 유전정보를 계속 해독하여 단백질 생합성을 한다. 폴리펩티드 사슬 개시인자, 연장인자, 종결인자와 함께

GTP를 비롯하여 여러 효소나 생체물질의 관여를 바탕으로 진행하여 완성된 단백질은 리보솜에서 떨어져 나와 단백질 합성이 끝난다.

3. 활성형 효소의 형성

폴리펩티드 사슬이 합성되었다고 활성형 효소가 완성되는 것은 아니다. 많은 경우 폴리펩티드 사슬이 일정한 질서에 따라서 접혀져서 고차구조가 형성되어야 한다. 서브유닛 구조를 갖는 효소는 같거나 다른 서브유닛과 배합해야 활성이 나타나는 경우가 많다. 또 보조효소나 금속이온이 결합해야 하는 경우도 많다.

단백질 생합성으로 아미노 말단에서 카르복시 말단에 걸쳐 폴리펩티드 사슬이 완성되면, 아미노산 잔기 곁사슬끼리 끌어당기는 이러저런 힘으로 사슬이 접혀져서 α-helix, β-sheet 그리고 풀린 코일(random coil) 등의 2차 구조를 형성한다. 이 결과에 따라 아미노산 잔기 사슬은 실뭉치처럼 얽혀서 구형, 타원구형, 원형 등의 3차 구조를 형성한다.

단백질 중에는 같은 3차 구조를 갖는 것끼리 또는 다른 3차 구조를 갖는 것끼리 비공유 결합으로 분자집합하는 것도 적지 않다. 이런 집합체를 단백질의 4차 구조라 한다. 그리고 이런 집합 효소를 올리고머 효소라 한다. 그중의 소단위 폴리펩티드 사슬을 서브유닛 또는 모노머라 한다.

분자집합에는 폴리펩티드의 2차나 3차 구조를 유지하기 위한 상호작용과 같이 비공유 결합성인 수소 결합, 정전기적 인력, van der Waals 힘, 소수 결합 등이 작용하고 있다.

효소의 분자량은 주성분인 단백질의 크기로 거의 정해지며, 작은 것은 약 1만, 큰 것은 수백 만에 이른다. 단백질 중에 함유된 아미노산 잔기 중 가장 적은 것은 분자량 57인 글리신, 큰 것은 186인 트립토판이 있다. 평균하여 120으로 계산하면 분자량 1만의 단백질은 약 83잔기, 분자량 5만의 단백질은 417잔기로 되어 있다. 분자량이 이보다 훨씬 큰 효소는 대부분 폴리펩티드 사슬로 된 분자집합체인 올리고머 효소이다. 물론 예외도 있어서 10만, 15만짜리도 있다.

효소 중에는 불활성형의 전구체로서 합성된 뒤, 단백질 가수분해효소가 한정분해하면 비로소 활성을 나타내는 효소도 많다.

4. 효소의 분해

생체 내에 존재하는 각종 물질은 항상 합성과 분해를 반복하여 새로 교환되고 있다. 이것을 신진대사라고 한다. 오늘의 나와 내일의 나는 같은 사람임에는 변함이 없으나, 생체의 분자나 조직, 기관은 끊임없이 바뀌고 있다. 그래서 생명은 동적평형(dynamic equilibrium)을 이룬다.

효소도 예외가 아니다. 만들어진 효소분자에는 수명이 있다. 즉, 효소는 모두 생체 내에서 만들어지지만, 만들어진 후에 무한하게 계속 존재하는 것은 아니다. 분해되고 배설되어 이윽고 모두 없어지고 만다. 수명이 짧은 효소는 수시간, 길어도 수일에서 수십일 정도 존재하는 데 불과하다.

효소의 주성분인 단백질은 단백질 종류나 생물종이 달라도 거의 같은 짜임새로 합성되며, 단백질 생합성만으로 활성을 갖춘 효소가 만들어지는 것은 아니다. 또 활성형 효소의 분해 방식도 단순하지 않다.

활성형 효소는 생체의 수요에 따라 수시로 분해되거나, 이런저런 짜임새로 활성이 소멸된다. 올리고머 효소는 서브유닛이 해리될 뿐으로 활성이 소멸되는 것도 많다. 이런 경우는 활성이 가역적으로 발현된다. 폴리펩티드 사슬의 절단이나 곁사슬의 변형으로 인한 실활이나, 효소분자가 생체 밖으로 배출되는 경우는 불가역적이 된다.

효소뿐 아니라 생체 내의 모든 물질은 항상 합성과 분해를 반복하고 있다. 효소는 각종 분해효소 즉, protease(단백질 가수분해효소)가 필요에 따라 가수분해한다. Protease의 작용 속도는 단백질의 구조에 따라 다르며, 같은 단백질이라도 고차 구조의 치밀성에 따라 분해 속도에 차이가 있다.

미변성 상태에서는 매우 안정한 단백질이라도 부분적으로 변성되면 protease가 바로 분해하고 마는 경우가 많다 즉, 날달걀 같이 살아있는 단백질보다 요리된, 즉 가열변성시킨 반숙이 소화되기 쉬운 것도 그 때문이다. 가열하면 효소의 분자 구조가 흐트러져서 가수분해 효소의 작용을 잘 받게 되는 것이다.

고등동물의 단백질 대사에서 protease는 활발하게 작용하지만 미생물인 경우는 저조하다. 미생물의 경우는 평시에 효소가 거의 없으나 유도물질을 첨가하면 효소가 급속히 유도생산된다. 유도물질이 제거된 뒤에도 세포분열로 희석될 때까지 효소는 그다지 분해되지 않는다. 분해된다고 하여도 매우 형식적이다.

그러나 고등동물은 평시에도 미생물보다 약간 높으며 유도 물질의 첨가와 제거에 따른 효소 농도의 변동은 훨씬 크다. 즉, 효소가 적극적으로 분해된다. 이상의 내용을 그림 1.4에 요약해 놓았다. 그러나 단백질 합성과 효소 합성은 같지 않고, 효소의 실활과 효소분자의 분해도 같지 않다(그림 1.4).

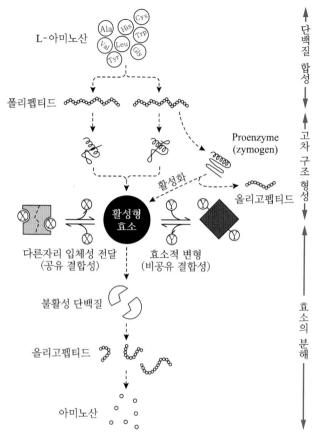

그림 1.4   효소의 일생
ⓧⓨ는 생체 내에 존재하는 특정 리간드

1.4
효소의
존재 양식

생체 내의 효소기능 발현은 효소의 존재양식 차이에도 의존하고 있다. 효소 중에는 단백질 이외의 성분을 함유하거나 기능발현에 특수한 물질을 필요로 하는 것도 있다.

효소에는 단백질 분자에 당사슬이나 누클레오티가 공유 결합한 것도 있어서 생체 내의 존재 양식은 다양하다.

복합효소의 명명법은 제15장에서 설명하고 있다.

효소의 존재 양식은 다음과 같다.

(1) 모노머 효소-올리고머 효소

(2) 단기능 효소 - 다기능 효소 - 다효소 복합체

(3) 보조인자 요구성 효소 - 보조인자 비요구성 효소

(4) 가용성 효소 - 지용성 효소 - 생체 구조 의존성 효소

(5) 단순 단백질 효소 - 당단백질 효소 - 복합 단백질 효소

1. 효소계

뜸팡이(효소)는 당이 있으면 알코올을 만들 수 있다. Buchner는 뜸팡이를 마쇄한 액으로도 알코올 발효가 일어나는 것을 알았다. 그는 뜸팡이 추출액 중의 효소를 zymase라고 하였으나 뒤에 알코올 발효액 중의 효소는 한 가지가 아니고 12가지의 효소가 관여하는 여러 단계인 것으로 밝혀졌다. 뜸팡이 세포에서 12가지의 효소가 차례로 작용하여 포도당에서 에탄올을 만드는 것이다.

뜸팡이는 사람을 위해 알코올 발효를 하는 것은 아니고, 살아가는 데 필요한 에너지(ATP)를 얻기 위해 다음과 같은 반응을 하고 있다.

$$\text{Glucose} + 2\text{ADP} + 2\text{Phosphate} \xrightarrow{\text{12종의 효소}} 2\text{Ethanol} + 2\text{CO}_2 + 2\text{ATP} + 2\text{H}_2\text{O}$$

인간과 같은 고등동물도 비슷한 경로로 ATP를 만들고 있다. 그러나 최종 생성물은 에탄올이 아니고 락트산인데 정상적인 경우는 피루브산을 만든다.

$$\text{Glucose} + 2\text{ADP} + 2\text{Phosphate} \xrightarrow{\text{11종의 효소}} 2\text{Lactate} + 2\text{CO}_2 + 2\text{ATP} + 2\text{H}_2\text{O}$$

11종의 효소가 관여하며, 그중 10종류는 알코올 발효에 관여하는 효소와 같다. 이를 혐기적 해당이라고 한다. 혐기적 해당은 산소를 사용하지 않고 에너지를 생산하는 방법이다. 이어서 호흡이라는 호기적 방법으로 에너지를 생산하는 방법(TCA 회로)도 있다.

생체 내에는 이와 같이 일련의 반응에 관여하는 효소계가 많은 무리를 이루고 있다.

2. 효소의 크기

물질의 가장 작은 구성단위는 분자이다. 효소도 물질이기 때문에 가장 작은 단위는 분자이다. 분자의 크기는 분자량으로 구분한다.

가장 작은 수소 분자의 분자량은 2이다. 물은 18, 산소는 32, 이산화탄소는 44, 에탄올은 46이다. 나프탈린은 128, 설탕은 342이다.

효소의 분자량은 이들 화합물에 비해 훨씬 크다. 효소 중에서 가장 작은 부류에 속하는 RNase(리보핵산 가수분해효소)의 분자량은 12,600, lysozyme은 13,900으로 최소한 1만 이상 이다.

중간 정도는 수만에서 수십만의 분자량을 가진다. α-아밀라아제는 약 5만, alcohol dehydrogenase(알코올 탈수소효소)는 8만 정도이다.

훨씬 큰 것도 있어서 glycogen phosphorylase(글리코겐 가인산분해효소)의 분자량은 37만, glutamateammonia ligase(글루탐산암모니아 연결효소)의 분자량은 59만이나 된다. Pyruvate dehydrogenase(피루브산 탈수소효소) 복합체는 무려 700만이나 된다. 이것은 효소가 많이 모여 만든 복합체이다.

즉, 효소는 거대분자이다. '거대'라고 하여도 실제로는 아주 작은 것에 지나지 않는다. 보통 크기의 효소 무리는 직경 5~20나노미터(10^{-9} m) 정도의 구형을 하고 있다. 물론 보통 현미경으로는 효소분자를 볼 수는 없다.

그러나 효소 중에서도 큰 것은 전자현미경으로 분자를 직접 볼 수도 있다. 많은 경우 전체 로서는 구형이지만 몇 개의 작은 단위가 모여서 된 것도 볼 수 있다.

대장균 세포는 직경 2,000나노미터, 간장의 세포는 20,000나노미터 정도, 간장 중의 미토콘드리아는 직경 2,000나노미터 정도이다.

3. 효소의 종류 및 분류

효소는 생체 내의 거의 모든 화학 반응을 촉매한다. 그러나 효소는 정해진 반응만을 촉매한다. 생물은 종류에 따라 다른 대사 반응으로 이루어지는 경우가 많으며, 효소는 생체에서 이루어지는 반응마다 존재하므로 셀 수 없이 많은 종류의 효소가 존재한다고 할 수 있다.

그러나 효소명명법 상으로는 촉매 반응에 따라 여섯 가지로 분류하며, 이 방법으로 분류 된 효소는 3,196가지이다.

그러나 효소명명법 상으로는 같은 촉매작용을 하는 동일 효소더라도 생물의 종, 속, 과가 다르면 서로 다른 성질을 나타내는 경우가 대부분이다.

같은 반응을 촉매하지만 효소는 다음과 같은 면에서 서로 다른 성질을 나타낼 수 있다.

(1) 1차 구조의 차이 : 1차 구조상 아미노산 배열이 서로 다른 효소가 많다.
(2) 입체 구조의 차이 : 2차 구조와 3차 구조에 차이를 나타내는 경우가 많다.
(3) 4차 구조의 차이 : 서브유닛 구조를 갖는 효소와 갖지 않는 효소가 있다.
(4) 당사슬의 차이 : 당사슬을 갖는 효소와 갖지 않는 효소가 있다.
(5) 분자량 차이 : 분자량이 서로 다른 경우가 많다.

(6) 보조 효소의 요구성 차이 : 보조효소를 필요로 하는 효소와 필요로 하지 않는 효소가 있다.

(7) 안정성 차이 : 온도, 산, 알칼리, 유기용매, 중금속 이온, 저해제 등에 대한 안정성이 서로 다른 경우가 많다.

(8) 최적 pH, 최적 온도의 차이 : 반응 최적 pH, 반응 최적 온도 등이 서로 다른 경우가 많다.

(9) 특이성의 차이 : 반응 특이성, 구조 특이성, 기질 특이성 등에 차이를 나타내는 경우가 많다.

(10) 반응속도의 차이 : 반응속도, 기질 친화력(K_m) 등에 차이를 나타내는 경우가 많다.

(11) 전구체의 여부 : 전구체 과정을 거치는 효소와 거치지 않는 효소가 있다.

(12) 대사조절의 차이 : 생체 내에서 대사조절에 관여하는 메커니즘이 서로 다른 경우가 많다.

다른 면에서도 차이를 나타낼 수 있다.

그러므로 지구상에 존재하는 생물이 50만 종류라 할 때, 간단한 계산만으로도 500,000× 3,196＝1,598^{6}가지나 되는 서로 다른 성질을 나타내는 효소가 존재할 수 있다. 물론 모든 생물이 3,196가지나 되는 효소를 모두 필요로 하는 것도 아니고, 서로 같은 효소를 갖는 경우도 있지만, 아직 존재를 밝히지 못한 생물(특히 미생물)도 무수하고, 인간이 모든 생물의 효소를 모두 조사해 본 것도 아니고, 존재하지만 아직 밝히지 못한 새로운 효소도 무수하기 때문에 실제로는 이보다 훨씬 더 많은 종류의 효소가 존재한다고 할 수 있다.

이렇듯 무수한 효소를 제각기 다른 이름으로 부른다면 많은 혼란이 생긴다. 그래서 국제 생화학회의 효소명명위원회는 촉매하는 반응에 따라 효소를 크게 6가지로 나누어 체계화하고 있다. 그래서 효소는 각기 촉매하는 반응에 따라 붙여진 이름을 갖고 있다.

그래서 효소는 1. 산화환원효소, 2. 전달효소, 3. 가수분해효소, 4. 분해효소, 5. 이성질화효소, 6. 연결효소 여섯 가지로 분류된다(13장 참고). 1992년판 효소명명법에 따르면 이 방법으로 분류되어 국제 생화학회 효소명명위원회에 등록된 효소는 3,196가지다. 이들이 촉매하는 반응은 그림 1.5와 같다(그림 1.5).

그러나 전에는 하나로 생각되던 효소가 여러 효소의 무리로 되어 있거나, 하나의 효소가 여러 이름으로 불리는 경우도 있다.

효소의 이름은 촉매하는 반응을 바탕으로, 또 반응형식에 따라 '촉매하는 반응＋ase'의 형으로 만든다. 각 효소에는 반응 종류를 나타내는 계통명과 일상적으로 사용하기 위해 간략화한 상용명과 번호가 주어져 있다.

Alcohol dehydrgenase(알코올 탈수소효소)를 예로 들면 다음과 같이 체계명은 alcohol : NAD$^+$ oxidoreductase, EC 번호는 1.1.1.1이 주어져 있다. 이 효소는 알코올과 NAD$^+$ 사이의

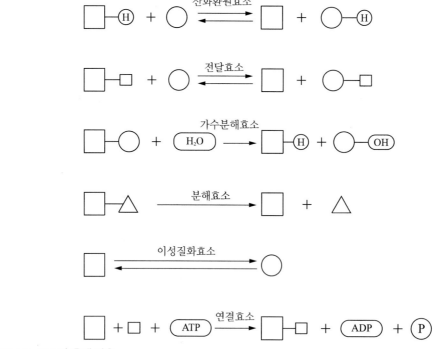

산화환원 반응을 촉매한다. 즉, 알코올을 산화하여 알데히드로 만드는 한편, NAD^+를 환원하여 NAHD로 바꾼다. 1992년판 Enzyme nomenclature에서는 다음과 같은 형식을 취하고 있다.

1.1.1.1 Alcohol dehydrogenase(알코올 탈수소효소)

Reaction : Alcohol + NAD^+ $\rightleftharpoons$ Aldehyde 또는 ketone + NADH

Other name (s) : aldehyde reductase

Systematic name : Alcohol : NAD^+ oxidoreductase

Comments : A zink protein. Acts on primary or secondary alcohols or hemiacetals; the animal, but not the yeast, enzyme acts also on cyclic secondary alcohols

References : 571, 2328, 3539, 4824, 5006

효소번호 중에서 첫 번째 숫자는 효소를 다음과 같이 6가지로 나눈 반응 형식의 하나를 나타내고, 두 번째 숫자와 세 번째 숫자는 국제효소위원회 규칙에 의한 세 분류를 나타낸다. 네 번째 숫자는 효소위원회가 결정한다. 그래서 각 효소는 고유의 번호를 갖게 된다.

(1) Oxidoreductase(산화환원효소)

산화환원 반응을 촉매한다. '받개 : 주개 + oxidoreductase'의 형으로 체계명을 만든다. 권장명은 '주개 + dehydrogenase'가 일반적이지만 '받개 + reductase'도 있다.

(2) Transferase(전달효소)

원자단을 한 물질에서 다른 물질로 전달한다. 체계명은 '주개 : 받개 전달되는 기명 + transferase'의 형식을 취한다. 권장명은 'ATP : 받개 + phosphotransferase'에 한한다.

(3) Hydrolase(가수분해효소)

가수분해 반응을 촉매한다. 체계명은 '기질 + hydrolase'의 형식을 취한다. 권장명은 '기질 + ase'외에 '기질 + amidase', '기질 + esterase' 등 가수분해되는 결합의 형식을 나타낸다.

(4) Lyase(분해효소)

비가수분해적으로 기질의 기를 절단하는 반응을 촉매한다. 체계명은 '기질 작용기 + lyase'의 형식을 취한다. 권장명은 decarboxylase, aldolase 등이 사용된다.

(5) Isomerase(이성질화효소)

이성질화 반응을 촉매한다. '이성질화 반응 + ase'의 형식을 취한다. 권장명은 체계명을 그대로 사용하는 경우가 많다.

(6) Ligase(연결효소)

합성 반응을 촉매한다. 두 개의 분자 'X와 Y를 연결하여 X - Y'를 합성할 때의 체계명은 'X : Y ligase(* forming)'가 된다. 권장명은 synthetase, carboxylase가 주로 사용된다.

4. 올리고머 효소

효소는 대부분 한 가닥 폴리펩티드 사슬로 된 monomer 효소이다. 그러나 생체에는 복수의 동종이나 이종의 서브유닛으로 된 올리고머 효소가 많이 함유되어 있다. 그러나 올리고머 효소의 분자형태 형성과 기능발현의 관계는 알려지지 않은 경우가 많다.

효소 분자는 여러 가닥의 폴리펩티드 사슬로 된 것이 많다. 사슬 한 가닥 한 가닥(이것을 서브유닛이라 한다)이 3차 구조를 만들고, 서브유닛이 모여 더 큰 구조를 만든 것을 4차 구조라 한다.

　같은 서브유닛이 모인 것은 homopolymer라 하고, 서로 다른 서브유닛이 모인 것은 heteropolymer라 한다. 동일한 것끼리의 모인 소단위는 서브유닛이라 하지 않고 protomer라 한다.

　폴리펩티드 사슬이 하나로 된 효소 단백질은 monomer, 둘로 된 것은 dimer, 셋으로 된 것은 trimer, 넷으로 된 것은 tetramer, 다섯으로 된 것은 pentamer …라 한다.

　4차 구조는 효소의 활성조절에 관여하고 있는 경우가 많다. 많은 효소가 4차 구조를 갖고 있다. 해당계의 효소는 모두 4차 구조를 갖고 있다(표 1.3).

　효소가 서브유닛 구조를 갖는 것은 각 서브유닛이 촉매력과 조절력을 분담하기 위한 경우가 많다.

표 1.3 **해당계 효소의 서브유닛**

효소	서브유닛	서브유닛 분자량
Hexokinase	4	27,500
Aldolase	4	78,000
Phosphotriose dehydrogenase	2	72,000
Enolase	2	41,000
Pyruvate kinase	4	57,200

5. 다효소 복합체

　미생물에서 고등동물에 이르기까지 모든 생물의 체내에서는 당질, 지질, 아미노산, 뉴클레오티드 등 생체물질의 합성과 분해, 물질과 에너지 상호전환 등의 각종 대사가 진행되고 있으며, 그들 반응 하나 하나는 특정 효소가 촉매하고 있다. 어떤 물질 A에서 BCDE의 단계를 거쳐 최종 산물 F가 합성되는 대사경로가 있다면 A → B, B → C, C → D, D → E, E → F의 각 단계에 특정 효소가 작용하고 있다.

　각 대사의 흐름에서 한 단계의 생성물은 다음 단계의 기질이 된다. 기질과 생성물 모두 효소에 대해 비공유 결합성 상호작용 밖에 하지 않기 때문에 자유 확산이 일어나므로 효소 주위에만 모이는 것은 아니다. 효소 주위에 기질이나 생성물과 구조가 비슷한 화합물이 많이 접근하면 경쟁적 저해 작용을 하게 된다. 생물은 이런 어려운 점을 극복하기 위해 매우 뛰어난 지혜를 발휘하고 있다. 이것이 다효소복합체이다.

　그림 1.6은 미생물 gramicidin S의 합성 복합체이다. 그라미시딘 S는 다섯 잔기의 아미노산으로 만들어지는 고리형 펩티드이다. 아미노산 잔기 중에는 D형도 함유되어 있기 때문에

일반적인 단백질 생합성 짜임새로 만들어지는 것은 아니다. 즉, 합성에 mRNA는 관여하지 않은 채 이성질화효소가 L-페닐알라닌을 먼저 D형으로 바꾼 다음, 활성화되어 바로 네 아미노산은 각기 차례대로 공간적으로 배열된 활성화 효소에 의해 계속 활성화되어 공유 결합으로 연결되어 간다. 효소분자의 공간배치가 펩티드의 1차 구조 형성의 정보원이 되고 있는 예이다(그림 1.6).

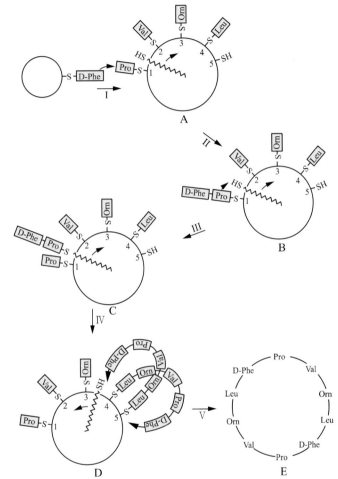

A. 크고 작은 두 가지 서브유닛 상호작용에 의한 D-페닐알라닌 잔기의 전달
B. D-페닐알라닌과 프롤린의 디펩티드 생성과 그 전달
C. 디펩티딜 잔기가 판테테인 다리 잔기로 전달
D. 두 펜타펩티드의 고리 형성
E. 완성된 그라미시딘

그림 1.6 그라미시딘 S 합성 효소 복합체의 반응

6. 다기능 효소

다효소 복합체와 달리 한 가닥 폴리펩티드 사슬 위에 둘 또는 그 이상의 다른 활성 부위를 갖춘 효소이다. 그림 1.7은 긴 사슬 지방산의 합성을 위한 다기능 효소로, 중심부의 SH기와

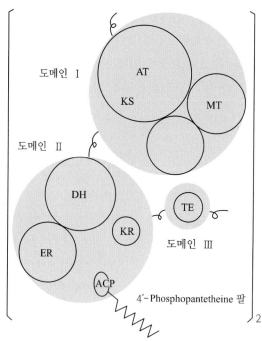

다음은 도메인별 설명이다.

- 도메인 I(127,000)
  AT(45,000) : acetyl transacylase
  MT(6,000) : malonyl transacylase
  KS(23,000) : β-ketoacyl synthase
- 도메인 II(107,000)
  DH(14,000) : dehydratase
  ER(56,000) : enoyl reductase
  KR(21,000) : β-ketoacyl reductase
  ACP(15,000) : acyl carrier protein
- 도메인 III(33,000)
  TE : thioesterse

그림 1.7 닭의 지방산 합성효소 복합체

비공유결합하며 두 번째 이하의 반응은 기질과 생성물 모두 효소에서 떨어지지 않은 공유결합을 유지한 채로 마지막 반응까지 진행된다. 이 효소는 기질 유사체에 의한 경쟁적 저해도 받지 않고, 외무환경에 의해 전체 반응속도도 영향을 받지 않는다.

7. 다형성(多形性) 효소

효소 중에는 동일 세포 내에 존재하며, 구조는 다르지만, 같은 반응을 촉매하는 것이 있다. 즉, 표 1.4와 같이 보조효소 요구성이 다르거나, 대사조절용 다른자리 입체성 인자가 다른 것과 세 종류의 fumarase(푸마르산 수화효소)가 대장균에 존재하기도 한다(표 1.4).

표 1.4 다형성 효소

효소	종류
Fumarase(대장균)	FumA, FumB, FumeC
Threonine deaminase(대장균)	동화성(이소루신 감수성), 이화성(AMP 의존성)
Aspartate kinase(대장균)	I형, II형, III 형
Glutamate dehydrogenase	NAD 의존성(EC 1.4.1.2)
(Pseudomonas)	NADP 의존성(EC 1.4.1.4)
Isocitrate dehydrogenase	NAD 의존성(EC 1.1.1.41)
(대장균)	NADP 의존성(EC 1.1.1.41)

8. 소기관 효소

동물의 장기는 역할이 서로 다르므로 존재하는 효소의 종류도 다르다. 췌장과 같이 소화효소를 매일 다량으로 합성하는 기관에는 trypsinogen, chymotrypsinogen, 단백질 합성용 효소가 발달되어 있다. 같은 소화기관이라도 위에서는 위산이나 pepsinogen이 발달되어 있다.

미토콘드리아나 리소솜 등의 세포 내 소기관 내에 존재하며 이들 구조에 의존하는 특수한 형태를 갖추고 있는 효소가 있다. 생체 안의 효소가 시험관 내의 효소와 크게 다른 것은 생체 내에서는 대부분 효소 이외의 생체물질과 어떤 의미에서건 복합체를 형성하고 있든지, 적어도 상호작용을 받는 환경 하에 존재하고 있는 점이다.

복합체 중에는 세포막이나 미토콘드리아막 중에 끼어들어가 처음에는 활성이 발현되지 않는 잠재형으로 존재하다가 뒤에 현재형으로 변하여 활성이 발현되는 것도 있다. 예로서 미토콘드리아의 urate oxidase(우르산 산화효소)는 디기토닌 처리로 비로소 활성이 발현된다.

물론, 디기토닌 처리는 생리적인 것은 아니지만, 실제로는 생체 내에서도 이와 비슷한 현재화가 이런저런 유인, 즉 분해효소 등의 작용으로 이루어진다.

생체 내에서는 효소도 기질도 발현되지 않게 된다. 이런 것은 단백질 가수분해효소가 불활성형 전구체를 한정 분해시켜 활성형 효소로 전환시키는 현상과는 다르다.

9. 불활성형 전구체

효소 중에는 불활성형 전구체로서 세포질에서 만들어진 뒤에 특정 장소, 예를 들어, 미토콘드리아나 페리플라즘으로 가서 활성형 분자로서 작용하는 것도 있다.

이런 효소에는 안내 역할을 하는 펩티드 사슬이 연결되어 있다. 이것을 시그널 펩티드라고 하며, 막을 투과하기 좋도록 소수성 아미노산 잔기를 많이 함유하고 있다. 목적 장소에 도착하면 단백질 가수분해효소의 작용으로 시그널 펩티드는 절달된다.

또 잠재형 zymogen으로 만들어졌다가 호르몬과 단백질 가수분해효소의 작용으로 활성화되는 것도 있다.

10. 아이소자임

락트산 탈수소효소는 다음과 같은 반응을 촉매한다.

$$\text{Lactic acid} + \text{NAD}^+ \rightleftharpoons \text{Pyruvic acid} + \text{NADH}$$

이 효소는 4개의 서브유닛으로 되어 있다. 동물 몸 안에는 모두 5종류의 lactate

dehydrogenase(락트산 탈수소효소)가 존재하고 있으며, 두 종류의 다른 서브유닛의 혼합체로 형성되어 있다.

즉, 심장에 많이 존재하는 lactate dehydrogenase는 H서브유닛 4개로 되어 있고(H_4), 근육에 많이 존재하는 lactate dehydrogenase는 M서브유닛 4개로 되어 있다(M_4). 이들은 동일 종류의 서브유닛으로 되어 있기 때문에 homopolymer라 한다. 반면 H와 M의 비율이 다른 효소가 3가지 있다(그림 1.6).

H형 서브유닛과 M형 서브유닛은 다른 유전자에서 만들어지므로 아미노산 배열순서가 다르다. 이같이 동일 생물체 중에 동일 작용을 가지며, 아미노산 배열이 서로 다른 효소를 isozyme이라 한다.

11. 보조효소

(1) 보조효소

효소는 기본적으로 H, O, C, N, S 5가지 원소로 구성되어 있다. 생체 내에서 일어나는 다양한 화학 반응을 이들 다섯 원소로만 촉매하는 것은 불가능하므로 저분자화합물, 금속이온 또는 이들을 조합시킨 것들이 부족한 반응성을 채워준다.

이같이 효소의 활성발현에 반드시 필요하고, 반응 전후에 변화하지 않는 비단백질성 인자를 보조인자라 한다. 그러나 원래부터 효소에 결합되어 있는 보결분자단은 보조인자라 하기 어려우나 여기서는 편의상 포함시킨다.

보조인자에는 보결분자단, 보조효소, 금속이온 3가지가 있다.

보결분자단은 효소와 공유 결합하여 단백질 부분을 변성시키지 않고서는 효소에서 분리되지 않는 유기분자, 보조효소는 비공유 결합으로 결합하여 투석 등의 간단한 조작으로 효소에서 쉽게 분리되는 유기분자이다. 금속이온은 강하게 결합된 것도 있고, 약하게 결합된 것도 있다.

보조효소는 효소 촉매활성의 중심적인 역할을 한다. 반응과정에서 가역적인 화학변화를 받으며, 재생이 일어나는 장소에 따라 크게 두 가지 형으로 나누어진다. 첫째 형은 보조효소의 변화와 재생이 같은 효소 위에서 일어난다. 이것은 활성을 나타내지 않는 효소 단백질 (apoenzyme)에 강하게 결합하여 활성 부위를 구성하여 비로소 활성이 있는 효소로 만드는 것으로 보결분자단(prosthetic group)이라고 한다. 한편 보조효소와 결합하여 촉매활성을 갖는 것을 완전효소(holoenzyme)라 한다(그림 1.8).

보조효소 중에는 효소에 의해 어떤 화학 반응을 받은 다음, 그 효소에서 떨어져서 다른 효소에서 원래의 형으로 재생되는 것이 있다. 이 보조효소는 두 효소의 공통기질로서 작용하며, 무엇인가를 운반하는 역할을 한다(기질형 보조효소, 또는 운반효소). 운반체로서는 에너지, 환원력, C_1 단위, 아실기, 아미노기, 인산기, 황산기 등이 있다. 이같이 보조효소는 물질 대사나 에너지 대사에 중요한 역할을 하고 있다(그림 1.9).

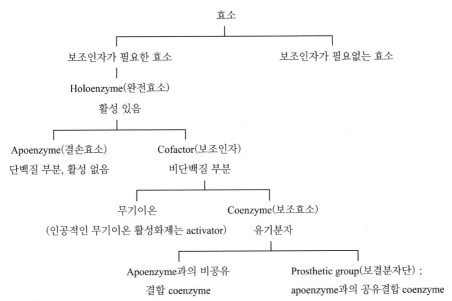

그림 1.8 **보조효소**

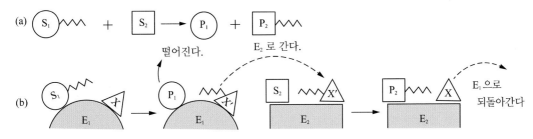

그림 1.9 **보조효소의 두 분자 반응**

S_1, S_2는 기질, P_1, P_2는 생산물, E는 효소이다.
(b)에서는 먼저 S_1, X가 E_1에 결합하여 〰〰를 받아 전달하는 역할을 한다. X는 〰〰를 받아서 X′이 되며, E_2로 가서 S_2에 〰〰를 전달한다. 그래서 (a)와 같은 모습으로 변한다.

보결분자단과 운반체는 구조가 재생되는 곳이 다르다. 보결분자단은 보조효소가 처음 반응한 효소에서 재생되지만 운반체는 다른 효소에서 재생된다.

보조효소의 종류는 많지 않으나 효소 단백질과 협동하여 많은 촉매 반응에 관여하고 있다. 많은 보조효소는 수용성 비타민으로 만들어져 있다. 비타민은 사람이 체내에서 합성할 수 없거나, 합성할 수 있어도 양이 불충분하여 체외에서 받아들이지 않으면 안 되는 필수

영양소이다.

보조효소 중에는 유기 화합물과 반응성이 풍부한 전이금속으로 조합되어 있는 헴(철과 유기분자) , 비타민 B_{12}(코발트와 유기분자) , 몰리브덴 보조인자(몰리브덴과 유기분자) 등도 있다.

Catalase에는 헴이나 헴철 포르피린이 보결분자단으로 결합되어 있다. 숙신산 탈수소효소에는 FAD라는 보결분자단이 결합되어 있다. 이 효소는 FAD 부분을 사용하여 수소원자를 주고받는다. 동물은 FAD를 만들 수 없어서 재료인 리보플라빈(비타민 B_2)을 음식으로부터 섭취해야 한다.

보조효소의 하나인 NAD^+, $NADP^+$는 산화환원 반응에 관여하여 수소원자를 주고받는다. 알코올 탈수소효소는 알코올에서 수소원자를 잡아 NAD^+로 준다. 반대로 NADH의 수소원자를 알데히드로 보내는 반응도 촉매한다.

NAD^+나 $NADP^+$의 재료인 니코틴이나 니코틴아미드도 비타민의 일종이다. 티아민피로인산은 피루브산의 탈탄산 반응 등 몇몇 효소 반응에 보조효소로 작용한다. B_1은 티아민피로인산의 재료이다.

이같이 영양상 필요한 비타민은 대부분 효소의 보조인자이거나 일부로서 에너지의 방출, 이동에 관계하거나 생명합성 과정에 중요한 역할을 하기 때문에 필수적이다.

(2) 금속이온

단백질 중의 아미노산 곁사슬 중에는 금속이온에 필적할 만한 친핵전자기는 존재하지 않는다. 금속이온을 보조인자로 필요로 하는 효소는 전체 효소의 1/3에 달한다고 한다. 전형적인 금속이온(K^+, Na^+, Mg^{2+}, Ca^{2+})을 보조인자로 요구하는 효소와 반응성이 풍부한 전이금속이온(Fe^{2+}, Cu^{2+}, Mn^{2+}, Zn^{2+}, Co^{2+}, Mo^{2+}, Ni^{2+} 등)을 단독 또는 복수로 또는 유기분자와 조합된 형으로 필요로 하는 효소가 있다.

헴(Fe와 포르피린), 비타민 B_{12}(Co와 콜린), 몰리브덴 보조효소(Mo와 프테린)는 전이금속이온과 유기 저분자 화합물로 만들어진 보조효소이다.

효소에 대한 금속이온의 역할은 다음과 같다.

① 구조유지 작용 : K^+, Na^{2+}, Ca^{2+}, Mg^{2+}, Mn^{2+} 등은 효소 단백질에 결합하여 활성을 나타내는 구조를 만들거나, 보조효소와 기질을 결합시켜 특정의 입체 구조를 형성시킨다.
② Lewis산으로 작용 : Zn^{2+}, Mn^{2+}, Mg^{2+}, Ca^{2+} 등은 산소, 질소, 황 원자의 마이너스 전하나 비결합 전자쌍과 결합하여 분극을 촉진, 기질을 활성화한다. 즉, Lewis산으로서 작용하여 효소 반응을 촉진한다. 이탈기를 안정화하는 작용도 포함된다.

③ 산화환원 작용 : Cu^{2+}, Fe^{2+}, Co^{2+}, Mo^{6+} 등은 몇 가지 다른 산화상태를 취할 수 있기 때문에 전자 전달이나 산화환원 반응에 관여한다.

금속이온이 관여하는 효소는 금속이온 결합의 강약에 따라 두 가지로 나누어진다. 하나는 효소의 활성 부위에 금속이온이 강하게 결합하여 (K_d $10^{-10} \sim 10^{-20}$ M 정도) 쉽게 떨어지지 않는 것으로 금속효소라 한다. Ca, Se를 제외한 Zn, Cu, Fe, Mo, Mn, Ni 등 바닷물에 미량(1 ~100 nM) 존재하는 전이금속 이온을 함유하는 것이 많다.

금속효소는 아연효소인 carbonic anhydrase(탄산 탈수소효소)의 발견 이후 carboxypeptidase (카르복시말단 펩티드 가수분해효소), thermolysin(*Bacillus thermoproteolyticus*의 중성 단백질 가수분해효소), amylase, nitrogenase(질소화효소) 등 수많은 효소가 있다. Se를 selenocysteine 형으로 함유한 효소도 있다.

효소와 금속이온은 결합이 약해($K_d > 10^{-6}$ M 정도) 쉽게 해리하며, Mg^{2+}, Ca^{2+}, K^+, Na^+ 같은 전형 금속이온에 의해 활성화된다. 이들 이온은 해수 중에 고농도(>1 mM) 함유되어 있다. 효소는 1가 양이온끼리도 식별하는 능력이 있으며, K^+에 의해 최고로 활성화되는 것이 많다.

일반적으로 금속효소 중의 금속이온은 유리 상태와는 다른 배위자장에 놓여 있는 일이 많다. 즉, 일그러진 불안정한 상태에 있어서 '활성화'되고 있기 때문에 매우 높은 반응성을 나타낸다.

12. 생체구조를 형성하는 효소

효소 중에는 생체구조에 짜여져 들어 있는 것이 있다. 그중 하나는 Na^+/K^+-transporting ATPase(Na^+/K^+-운반 ATP 가수분해효소)로 세포막에 끼워져 있다. 동물 세포 안의 K^+ 농도는 세포 밖보다 높고, 세포 안의 Na^+ 농도는 밖보다 낮다. 이것은 ATP의 에너지를 이용하여 Na^+을 세포 밖으로 퍼내고, K^+을 세포 안으로 길어오기 위해서이다.

펌프 역할을 하는 것은 Na^+/K^+-transporting ATPase로, 방향성을 갖고 있다 즉, Na^+과 가수분해되는 ATP 분자는 세포 가운데 쪽을 담당한다. 먼저 세포 안쪽의 Na^+이 효소에 결합한 다음 ATP가 ADP와 인산으로 분해되고, 인산은 효소분자와 인산 에스테르로서 결합한다.

그러면 효소분자의 입체구조에 변화가 일어나 Na^+ 결합 부위는 막의 바깥쪽을 향하고 Na^+은 세포 밖으로 방출된다. 이번에는 세포 밖에서 K^+이 결합한다. 그러면 다시 효소분자의 입체구조가 변화하여 K^+ 결합 부위가 안쪽을 향한다.

효소에 붙은 인산기가 가수분해되어 K^+은 세포 내부로 방출된다. ATP가 한 분자 가수분해될 때마다 3개의 Na^+이 바깥으로 운반되며, 2개의 K^+이 안쪽으로 운반된다(그림 9.17).

근육에서는 ATP로 저장된 화학 에너지를 기계적 에너지로 바꾼다. 손발의 근섬유는 근육의 수축, 이완을 담당하는 근원섬유로 되어 있다. 근원섬유는 굵은 필라멘트와 가는 필라멘트로 만들어진다.

굵은 필라멘트는 미오신이라는 단백질이 만들고 있다. 미오신분자는 가늘고 길며, 한쪽 끝에 혹이 붙은 '머리' 부분이 ATP를 가수분해하여 ATP와 인산으로 하는 활성효소, 즉 ATPase 활성을 갖고 있다. 가는 필라멘트는 주로 액틴이라는 단백질로 만들어진다.

미오신의 머리가 ATP를 가수분해하면 입체 구조가 변하여 가는 필라멘트를 많이 만든다. 그 결과 가는 필라멘트는 굵은 필라멘트와 굵은 필라멘트 사이에 미끄러져 들어가서 근육의 수축이 일어난다.

13. 당단백질 효소

효소 중에는 단백질 외에 당사슬을 갖고 있는 것이 많다. 당사슬은 효소의 촉매작용에는 직접 영향을 미치지 않지만 안정화, 용해성, 분자인식 작용을 하는 것이 많다. 유전공학적 방법으로 효소의 단백질 배열과 입체구조를 설계하여 만들 수는 있지만 당사슬은 만들 수 없다. cDNA를 사용하여 단백질의 아미노산 배열은 쉽게 간접 분석할 수 있지만 당사슬은 분석할 수 없다.

당사슬이 결합되어 있는 효소는 용해성이 높아 결정이 되기 어렵다. 당을 5% 이상 함유하면 결정의 X선 회절분석이 불가능하다고 한다.

자세한 것은 10.2절을 참조하기 바란다.

당 이외에 다른 성분이 함유된 복합단백질 효소도 있다.

1.5
활성 부위와 촉매작용

1. 특이성

효소는 정해진 기질에만 작용하여 정해진 반응만을 촉매하여 정해진 생산물만 생산한다. 즉, 특이성이 높다.

그러나 화학물질에 의한 반응은 무차별적인 경우가 많다. 밥의 주성분인 녹말을 포도당으로 가수분해하는 반응은 산으로도 진행시킬 수 있지만 다른 다당류, 즉 만난이나, 셀룰로오스 등도 함께 가수분해한다. 그뿐 아니라 단백질, 핵산 같이 구조가 전혀 다른 물질도 무차별적으로 가수분해한다.

음식을 먹으면 타액이나 췌액의 α-아밀라아제는 녹말에만 작용하여 소화하며 셀룰로오스나 만난은 가수분해하지 않는다. 물론 단백질이나 핵산에도 작용하지 않는다. 이같이 효소는 기질이 수많은 물질들과 섞여 있어도 해당 기질만을 찾아내어 촉매 반응을 한다.

이것은 효소가 어떤 특정 물질만을 인식하여 그 물질에만 작용하는 능력이 있기 때문이다. 이 성질을 효소의 기질 특이성이라고 하며, 효소의 가장 중요한 성질이다. 이것은 정해진 효소에는 정해진 기질만 결합하도록 구조가 서로 상보적으로 되어 있기 때문이다.

2. 활성 부위

효소의 활성 부위는 촉매작용을 하는 부위로, 활성 부위는 기질이 결합하는 장소(기질 결합 부위)와 화학 반응이 진행되는 장소(촉매 부위)로 구분되어 있다. 활성 부위 안에 결합 부위와 촉매 부위가 나란히 존재하고 있는 것도 있고, 촉매 부위가 기질 결합 부위 안에 들어 있는 것도 있다(그림 1.10).

화학촉매는 표면에 활성 부위가 무수하게 존재하지만, 효소촉매는 폴리펩티드 사슬 하나에 활성 부위가 하나인 경우가 대부분이다. 올리고머 효소는 서브유닛마다 활성 부위를 하나씩 갖는 것도 있고, 여러 서브유닛이 활성 부위를 하나 만드는 것도 있다.

또, 한 가닥 폴리펩티드 사슬 위에 두 종류 이상의 활성 부위를 갖는 것도 있고, 조절 부위

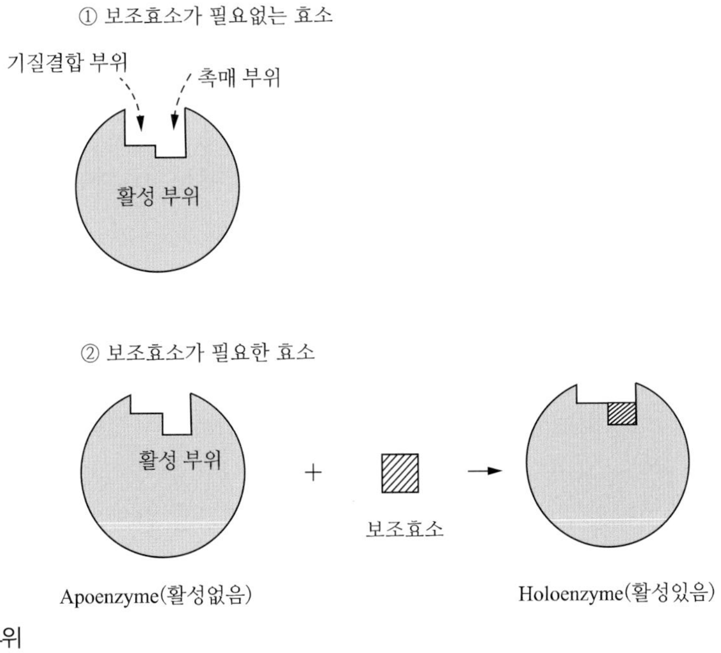

① 보조효소가 필요없는 효소

기질결합 부위 → 촉매 부위

활성 부위

② 보조효소가 필요한 효소

활성 부위 + ▨ → ▨

보조효소

Apoenzyme(활성없음)　　　　Holoenzyme(활성있음)

그림 1.10 **활성 부위**

를 갖는 것도 있다. 활성 부위는 1차 구조상으로는 멀리 떨어진 아미노산 잔기가 모여서 구성하고 있다.

활성 부위는 단백질 부분 단독적으로 만드는 경우도 많지만 유기분자나 무기물 등의 보조인자를 필요로 하는 경우도 많다(그림 1.10).

단백질분자는 한 번에 접혀져서 3차 구조를 형성하는 것은 아니다. 부분 부분이 먼저 접혀져서 작은 3차 구조를 형성한 다음 그것이 집합하여 전체 분자를 만든다. 그 경우 사슬의 일부 3차원적인 덩어리를 도메인 구조라고 한다. 효소의 경우 활성 부위는 도메인과 도메인 구조 사이의 이음매에 있는 경우가 많다.

단백질의 1차 구조, 즉 아미노산의 배열순서는 무한에 가까울 정도로 많은 조합이 있다. 아미노산은 20종류나 되기 때문에 아미노산이 200개 배열한다고 하면 20^{200}가지나 되는 배열 방법이 나온다. 그러나 단백질을 도메인으로 보면 간단하여 한정된 종류 밖에 되지 않는다.

3. 기질 결합

기질은 효소의 촉매 부위에 결합하여 촉매작용을 받는다. 그러나 아무 것이나 기질로서 결합하는 것은 아니고 정해진 기질만 결합하여 정해진 반응만 촉매한다. 기질이 촉매 부위에 결합하는 데는 여러 가지 방법이 있다고 한다. 그러나 어느 설이 맞는가는 효소에 따라서 다른 것 같다.

(1) 열쇠와 자물통설

효소는 자물통, 기질은 열쇠와 같은 구조를 가져서 정해진 효소에는 그에 맞는 기질만 결합한다는 설이다. 모노머효소에 적합한 설이다.

(2) 유도적합설

효소분자와 기질분자는 서로 맞지 않는 구조를 가지지만 결합할 때 효소분자의 입체 구조에 변화가 생겨 서로 맞는 상보적인 구조로 바꾸어 결합한다는 설이다. 이를 유도적합설이라 한다. 즉, 기질이 없으면 효소는 불활성 상태로 있으나 기질이 있으면 입체 구조가 변화하여 촉매 부위가 기질을 받아들인다는 설이다. 모노머 효소는 관계없고 올리고머 효소만 적용된다.

(3) 착오결합설

효소분자에는 기질을 식별하는 부위가 여럿 있어서 그중 어떤 부위는 촉매작용을 하고, 어떤 부위는 촉매작용을 하지 않는다. 이들 부위에 기질이 시행착오를 거듭하여 결합하다 보면 촉매작용이 일어난다는 설이다(그림 1.11).

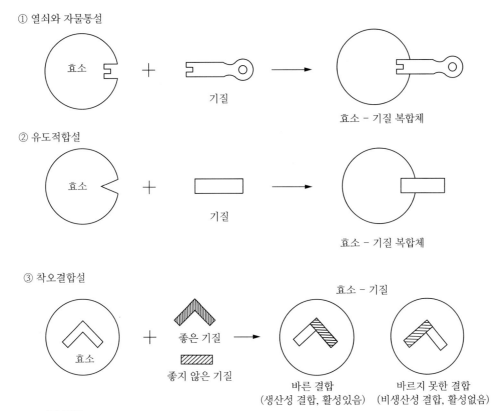

그림 1.11 **기질 결합**

화학 반응이 진행되기 위해서는 효소와 기질이 결합해야 한다. 결합하여 촉매작용이 일어나는 경우를 생산성 결합이라 한다. 결합하여도 화학 반응이 진행되지 않는 경우는 비생산성 결합이라 한다.

기질과 유사한 물질로 효소와 결합하여도 반응이 진행되지 않고 기질이 결합하는 것을 방해하는 것이 있다. 이런 물질은 비생산성 결합 밖에 할 수 없다. 반응은 하지 않지만 효소와 결합하면 기질과 효소의 생산성 결합이 생성되는 데 방해가 된다. 즉, 경쟁적 저해제가 된다.

생산성 결합과 비생산성 결합의 차이는 결합한 기질과 촉매 부위와의 공간 배치의 차에 의한다. 제대로 결합하여도 결합 부위와의 위치관계가 나쁘면 반응은 진행되지 않는다.

4. 다른자리 입체성 효소

다른자리 입체성 효소는 서브유닛 구조를 가지며, 효소의 활성 부위가 아닌 다른 곳에 다른 물질이 결합하는 부위를 갖고 있다. 이 부위에 대사 물질이 결합하면 입체 구조에 변화가 생겨서 활성 부위 구조가 변하여 촉매작용을 촉진하기도 하고 억제하기도 한다. 이것은 생체가 필요에 따라 효소활성을 조절하는 중요한 짜임새 중의 하나이다.

되돌림 저해에서 최종산물 D는 최초의 효소 E_1의 기질 A와도, 생성물 B와도 구조가 전혀 다르지만 저해작용을 한다.

효소 반응을 조절하는 화합물을 조절인자(effector)라 한다. 이들 효소에는 활성 부위와 전혀 다른 곳에 조절 인자가 결합하는 다른자리 입체성 부위(allosteric site)가 있다. 이런 효소를 다른자리 입체성 효소(allosteric enzyme)라 하며, 대부분 올리고머 효소이다.

다른자리 입체성 부위는 조절인자와 특이적으로 결합한다. 조절인자가 결합하면 효소의 입체 구조에 변화가 일어나 촉매작용이 촉진되거나 억제된다. 촉진적으로 작용하는 것은 플러스의 조절인자, 억제적으로 작용하는 것은 마이너스의 조절인자라 한다.

되돌림저해에서는 최종산물이 마이너스의 조절인자로서 작용한다. 다른자리 입체성 효소는 4차 구조, 즉 서브유닛 구조를 갖고 있다. 촉매 부위와 조절 부위는 다른 서브유닛에 있는 경우가 많다(그림 1.12).

다른자리 입체성 효소의 기질이 조절인자인 경우는 homotropic이라 한다(조절인자가 기질이 아닌 경우는 heterotropic이라 한다). 호모트로픽 효소는 기질농도와 반응속도가 Michaelis-Menten 식에 따르지 않는다.

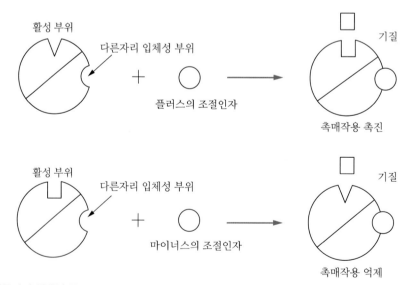

그림 1.12 **다른자리 입체성 효소**

Michaelis‑Menten 식에 따르는 경우는 기질농도와 반응속도가 포화곡선이 된다. 그러나 호모트로픽의 다른자리 입체성 효소는 기질농도와 반응속도가 S자형 또는 Sigmoid형이 된다.

호모트로픽 다른자리 입체성 효소는 두 개 이상의 서브유닛을 가지며, 각 서브유닛에 기질분자가 결합한다. 최초의 기질분자가 어떤 서브유닛에 결합하면 그 서브유닛의 입체구조가 변하여 다른 서브유닛에도 영향을 미쳐서 그들 서브유닛의 기질친화성이 높아진다. 즉, 기질과 결합하기 쉬워진다.

그러므로 기질의 농도가 낮을 경우에는 기질과 효소가 거의 결합하지 못하여 반응이 진행되지 않으나, 기질농도가 일정 농도 이상이 되어 기질이 한 개라도 효소에 결합하면 즉시 친화력이 높아져서 많은 기질이 효소와 결합하게 되어 반응이 급속히 진행하게 된다. 즉, 시그모이드 곡선이 된다.

1.6 효소 반응의 속도

1. 활성 단위

물질들은 단위를 무게로 나타내는 경우가 많다. 그러나 효소는 정제하기가 어려워서 순수하지 못한 경우가 많아 무게로 나타내기 힘들다. 그리고 '이 효소는 몇 퍼센트 짜리이다'라고 표시하기도 어렵다. 그래서 효소는 순도나 무게로 나타내지 않고 활성, 즉 효소가 갖는 촉매력이라는 힘으로 나타내고 있다. 효소활성은 다음과 같이 나타낸다.

(1) Unit

정해진 조건 하에서 1분당 기질 1 μmol의 변화를 촉매하는 효소량.

(2) 비활성

단백질 1 mg당의 효소 unit.

(3) 몰활성

효소 1 μmol당의 효소 unit. 즉, 효소 1분자가 매분 변화시키는 기질 분자의 수.

(4) 카탈(Kat)

매초 1 mol의 기질을 변화시키는 효소의 양으로 국제 생화학회 효소명명위원회의 권고에 따른 단위이다. Unit의 6×10^7배가 된다. 그래서 너무 크므로 1 nano katal 등이 사용된다. 1 unit는 16.67 nkat이다.

2. 화학 반응

A → P의 화학 반응이 있다. 반응속도 ν가 물질 A의 농도 [A](농도는 [ ]로 표시한다)에 비례할 때 1차 반응이라고 한다. 즉,

$$\nu = k\,[\text{A}]$$

이다. k는 상수로서 속도상수라고 한다.

A+B → P의 반응에서 반응속도가 A농도와 B농도의 제곱에 비례하는 경우는 2차 반응이다.

$$\nu = k\,[\text{A}][\text{B}]$$

[B]보다 [A]가 압도적으로 많으면 [A]는 거의 일정하며, 속도는 [B]에만 비례한다. 즉, 1차 반응과 매우 비슷하게 된다.

반응속도가 기질농도의 영향을 받지 않을 때는 0차 반응이다(그림 1.16).

A+B ⇌ C+D의 반응이 진행되어 평형이 되었을 때 질량작용의 법칙이 성립된다.

$$\frac{[\text{A}][\text{B}]}{[\text{C}][\text{D}]} = K$$

K는 평형상수이다.

3. 활성 측정

효소는 화학 반응을 촉매한다. 효소의 활성은 촉매하는 반응의 속도로 나타낸다. 즉, 일정 시간 경과에 따른 기질의 감소량이나 생성물의 증가량을 측정하여 반응속도로 한다.

효소와 기질을 30℃나 37℃에서 반응시키며 일정 시간마다 반응액의 일부를 취해 기질의 감소량이나 생성물 증가량을 측정한다. 그림 1.13과 같이 처음에는 반응이 시간 경과와 함께 직선적으로 증가하지만 어느 시간을 지나면 직선에서 벗어난다(그림 1.13).

반응속도는 직선의 기울기에서 구할 수 있다. 직선에서 벗어나는 것은 기질이 소비되어 부족하게 되었거나, 효소가 변성하여 활성이 변하였거나, 생성물이 효소를 저해하기 때문이다. 기질이 충분하고, 반응이 시간과 함께 직선적으로 진행되는 경우는 효소의 양을 두 배, 세 배 …로 증가시켜 나가면 반응속도도 두 배, 세 배 …가 된다. 즉, 효소량과 반응속도는

비례한다(그림 1.14). 활성은 이런 비례 조건에서 측정해야 한다.

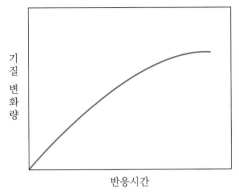

그림 1.13 **효소 반응과 시간**

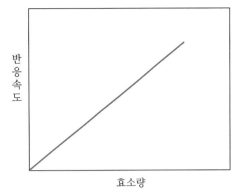

그림 1.14 **기질이 충분할 때의 효소량과 반응속도**

이런 조건에서는 기질의 농도를 증가시켜도 반응속도에는 변화가 없다. 즉, 화학 반응으로 는 0차 반응이다.

활성측정 방법에는 검압법, 효소전극법, 분광학적 방법, pH 스타트법, 형광법, 효소적 사이클링법, 면역학적 방법, 자동분석법 등이 있다. 자세한 것은 6장을 참고하기 바란다.

4. 정제시의 활성 표현

표 1.5는 필자가 콩 β-아밀라아제를 정제한 결과로, 활성을 표기하는 방법이다. 효소는 여러 단계를 거쳐서 정제하며 효소의 순도는 효소 단백질 mg당의 활성으로 나타낸다. 다음 표를 사용하여 정제 단계마다 효소 활성, 단백질 양 등을 측정 기록하여 놓는다(표 1.5).

표 1.5 콩 β-Amylasse의 정제 결과

Purification step	Volume (ml)	Activity (u/ml)	Protein (E 280 nm /ml)	Specific activity (u/E 280 nm)	Total activity (units)	Total protein (E 280 nm)	Activity recovery (%)	Sugar (glucose mg /E 280 nm)
Extract	1,000	91	2.0	44.06	91,000	2,000.0	100.0	0.03
Dialysis	980	78	1.3	60.14	76,440	1,274.0	84.0	0.05
DEAE-cellulose	210	210	1.7	122.8	44,100	357.0	48.5	0.10
Sephadex G-100	75	498	0.9	557.8	37,350	67.5	41.0	0.20
CM-Sephadex	65	296	0.3	944.0	19,240	19.5	21.1	0.30

(1) Volume은 전체 양이다.

(2) Activity는 m*l*당의 활성이다.

(3) Protein은 m*l*당의 단백질 양으로, 단백질 측정법을 명시한다. 여기서는 280 nm에서의 흡광도이다.

(4) Specific activity는 단백질 1 mg당 또는 280 nm에서의 흡광도 1에 대한 활성으로 나타낸다.

(5) Total activity는 volume×activity의 값이다.

(6) Total protein은 volume×protein의 값이다 mg으로 나타낼 수도 있고, E 280 nm로 나타낼 수도 있다.

(7) Activity recovery는 첫 단계(여기서는 extract)의 total activity를 100 %로 잡고 나머지 단계의 total activity를 상대 %로 나타낸 것이다.

(8) Sugar는 단백질 E 280 nm 1에 대한 glucose 함량(phenol-H_2SO_4 분석)이다.

DEAE-cellulose 결과 이후부터 피크에 당 함량이 증가하면 당단백질로 볼 수 있다.

5. 효소 반응의 속도

효소에 따라 다르지만 효소는 반응속도를 10^7배에서 10^{20}배 정도까지 빠르게 한다. 10^7배란 효소가 없으면 10^7시간, 즉, 약 1,000년이나 걸릴 반응을 효소가 1시간에 촉매하는 것을 의미한다. 10^{20}배란 효소가 없으면 10^{16}년 걸릴 반응을 효소가 1시간에 진행시키는 것을 의미한다. 10^{16}년이란 1억년의 1억 배이다. 우주가 탄생하고서 이제 겨우 100억년(10^8년) 밖에 지나지 않았으므로 결국 효소 없이는 반응이 일어나지 않는다.

Catalase는 과산화수소를 물과 산소로 분해하는 반응을 촉매하는 효소이다. 과산화수소는 몸에 해로운 독이므로 카탈라아제는 몸을 보호하는 작용을 하고 있다. 카탈라아제 한 분자는 일초에 9만 개의 과산화수소 분자를 분해한다.

$$H_2O_2 \xrightarrow{\text{catalase}} H_2O_2 + 1/2\,O_2$$

몸의 여러 조직에서 생긴 이산화탄소는 혈액 중에 배설되어 적혈구 중의 탄산 탈수소효소의 작용으로 바로 탄산수소 이온으로 변한다. Carbonic anhydrase(탄산탈수소효소) 한 분자는 1초에 60만 개의 이산화탄소 분자를 물분자와 반응시킨다.

$$CO_2 + H_2O \xrightarrow{\text{carbonic anhydrase}} H^+ + HCO_3^-$$

그러나 속도가 느린 효소도 있다. 키모트립신 한 분자는 1초에 100, DNA polymerase는 15, lysozyme은 0.5곳의 기질 반응 부위를 촉매한다.

6. 효소 반응과 활성화 에너지

효소작용은 그림 1.15와 같이 설명할 수 있다. 높은 곳에 있는 저수지 물을 원계라고 하자. 물은 높은 곳에서 낮은 곳으로 흐르지만, 둑 때문에 흘러 내려가지 못한다. 화학 반응도 에너지 레벨(자유 에너지)이 높은 곳에서 낮은 곳으로 향하는 것이 보통이다(그림 1.15).

원계(저수지)는 생성계(하천)보다 높은 자유 에너지를 갖고 있으며, 저수지에서 하천으로 물이 흐르면 에너지차(ΔF) 만큼 에너지가 방출된다. 즉, 발전소에서 에너지가 전기로 바뀐다. 그러나 에너지가 높아도 둑 때문에 낮은 곳으로 흘러갈 수 없다. 둑을 터야 떨어지는 물의 낙차로 자유 에너지(ΔF)를 얻을 수 있다.

저수지를 둘러싸서 물이 흘러가고 있는 것을 막고 있는 높이(ΔF^*)가 활성화 에너지이다. 그러므로 화학 반응의 자유 에너지 차(ΔF^*)보다 활성화 에너지(ΔF^*)가 더 커야 반응이 진행된다.

효소는 그림 1.15에서 원계나 생성계 상태를 변화시키거나 화학 반응을 어느 한쪽으로 기울게 하는 것이 아니고, 장애물의 높이를 낮추는 작용을 한다. 즉, 활성화 에너지(ΔF^*)를 낮추어 반응속도를 빠르게 한다.

효소는 기질과 결합하여 불완전한 효소기질 복합체를 만든다. 그렇게 되면 활성화 에너지가 낮아져서 반응이 쉽게 진행된다.

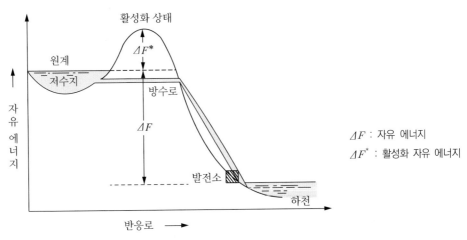

그림 1.15 **활성화 에너지**

7. 기질농도에 따른 활성

효소 반응의 속도는 효소농도, 기질농도에 따라 다르다.

기질농도를 일정하게 하면 반응속도는 효소농도에 비례한다.

효소농도가 일정할 때 기질농도를 점차 높이면 처음에는 반응속도가 기질농도에 비례하여 커지지만, 일정 값을 넘으면 포화되어 일정 값에 달한다. 기질 저해가 있는 경우 반응속도는 일정 기질 농도에서 최대치를 나타내고 그 이상에서는 작아진다.

효소농도를 일정하게 하고 기질농도를 변화시켰을 때, 기질농도가 높으면 0차 반응이고, 기질농도가 낮으면 1차 반응이다. 즉, 반응속도는 기질농도에 비례한다(그림 1.16).

기질농도가 낮으면 효소의 촉매 부위는 기질로 포화되지 않는다. 그래서 기질농도가 높아질수록 효소기질 복합체 농도는 비례적으로 증가한다. 그래서 식 (1.4)와 같이 효소의 반응속도 ν도 기질농도에 비례하게 된다. 그래서 기질농도가 낮은 경우의 효소 반응은 기질에 대해 1차 반응이 된다.

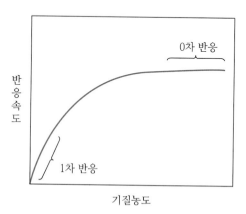

그림 1.16 **기질농도와 반응속도**

기질농도가 높으면 효소의 촉매 부위는 기질로 포화된다. 그래서 기질농도가 더 증가하여도 효소기질 복합체 농도는 증가하지 않는다. 복합체 농도를 증가시키기 위해서는 효소농도를 증가시켜야 한다. 그래서 기질농도가 높으면 효소 반응은 기질농도에 대해 0차 반응이다(그림 1.17).

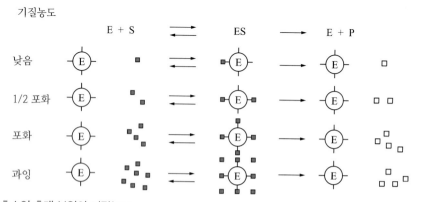

그림 1.17 **효소의 촉매 부위와 기질농도**

8. Michaelis 상수

Michaelis 등은 효소는 먼저 기질과 결합하여 효소‐기질 복합체를 만든다고 하였다. 즉,

$$E + S \rightleftharpoons ES \tag{1.5}$$

여기서 E는 효소, S는 기질, ES는 효소‐기질 복합체이다. 효소‐기질 복합체 ES는 효소분해로 생성물 P가 생기고 효소는 원래대로 되돌아간다.

$$ES \rightarrow P + E \tag{1.6}$$

식 (1.6)의 반응보다 식 (1.5)의 플러스 및 마이너스 반응이 매우 빠르고, 식 (1.5)에 대해 질량작용의 법칙이 성립된다고 하면

$$\frac{[E][S]}{[ES]} = K \tag{1.7}$$

식 (1.6)의 반응을 효소‐기질 복합체의 농도에 비례하는 1차 반응으로 생각하면 반응속도 ν는

$$\nu = k\,[ES] \tag{1.8}$$

효소의 전체 농도를 $[E]_o$로 하면 $[E]+[ES]$이다. 나아가

$$\frac{([E]_o - [ES])[S]}{[ES]} = K \tag{1.9}$$

$$[ES] = \frac{[S][E]_o}{K + [S]} \tag{1.10}$$

이것을 식 (1.8)에 가해

$$\nu = k\,[ES] = \frac{K\,[S][E]_o}{K + [S]} \tag{1.11}$$

$k[E]_o$는 효소가 모두 기질과 결합하여 복합체를 만들 때의 반응속도이므로 이 반응의 최대속도이다. 이것을 V로 나타내면

$$\nu = \frac{V\,[S]}{K + [S]} \tag{1.12}$$

가 된다. 이 식을 Michaelis‐Menten 식이라 한다.

이 식으로 효소 반응의 실측치를 설명할 수 있으나 식 (1.5)가 식 (1.6)에 비해 매우 빠르고,

효소 및 기질과 효소기질 복합체와의 사이에 평형이 성립된다는 가정은 현실적으로는 맞지 않는 것으로 밝혀졌다.

Briggs와 Haldane은 이런 가정을 하지 않고도 같은 식을 유도하였다.

즉, 효소 E와 기질 S를 섞으면 바로 복합체 ES가 생긴다. ES가 점차 많아지면 농도에 비례하여 ES의 분해율도 증가하여 ES의 생성과 분해가 같아지는 상태가 된다. 이것을 정류상태라고 한다. 각 반응의 속도상수를 다음과 같이 나타내자.

$$E + S \underset{k_{-1}}{\overset{k_1}{\rightleftharpoons}} ES \overset{k_2}{\longrightarrow} E + P \tag{1.13}$$

정류상태에서는

$$k_1[E][S] = k_{-1}[ES] + k_2[ES] \tag{1.14}$$

가 성립된다.

이로부터

$$\frac{[ES]}{[S]} = \frac{k_1[S]}{k_{-1} + k_2} \tag{1.15}$$

여기서 $\dfrac{k_{-1} + k_2}{k_1} = K_m$으로 정의하면

$$\frac{[E]}{[ES]} = \frac{K_m}{[S]} \tag{1.16}$$

효소의 전체 농도 $[E]_o = [E] + [ES]$이므로

$$\frac{[E]_o - [ES]}{[ES]} = \frac{K_m}{[S]} \tag{1.17}$$

나아가

$$\frac{[E]_o}{[ES]} = \frac{K_m}{[S]} + 1 \tag{1.18}$$

이 반응속도는

$$\nu = k_2[ES] \tag{1.19}$$

또 최대속도 V는

$$V = k_2[E]_o \tag{1.20}$$

나아가
$$\frac{V}{\nu} = \frac{[E]_o}{[ES]} = \frac{K_m}{[S]} + 1 \qquad (1.21)$$

에 의해
$$\nu = \frac{V[S]}{K_m + [S]} \qquad (1.22)$$

가 되며, Michaelis-Menten 식과 같이 유도된다. K_m을 Michaelis 상수라고 한다.

9. Michaelis 상수의 의미

$\nu = V/2$일 때를 생각해 보자. 식 (1.22)에 가하면 $V/2 = V[S]/(K_m + [S])$가 되므로 $K_m = [S]$이다. 즉, K_m은 반응속도가 최대속도의 1/2일 때의 기질농도와 같다. K_m은 효소와 기질의 친화력을 나타내는 척도이다. K_m이 작을수록 효소와 기질의 친화력이 크고, K_m이 클수록 친화력이 작다. K_m은 효소의 성질을 나타내는 중요한 상수이다.

식 (1.22)는 또한 다음 사항을 나타내고 있다. 기질농도 [S]가 K_m보다 훨씬 클 때는 $\nu \fallingdotseq V$이다. 즉, 기질농도에 의하지 않는 0차 반응이다. 다음 기질농도 [S]가 K_m보다 훨씬 작을 때는 $\nu \fallingdotseq V[S]/K_m$, 즉 1차 반응이다. 그림 1.16은 이 관계를 나타내고 있다.

10. K_m 구하기

전술과 같이 Michaelis 상수 K_m은 반응속도가 최대속도의 1/2일 때의 기질농도와 같다. 나아가 그림 1.18과 같이 기질농도와 반응속도의 그래프에서 K_m을 구할 수 있다(그림 1.18).

그러나 Lineweaver-Burk의 역수 플롯을 사용하는 것이 더 좋다.

$$\nu = \frac{V[S]}{K_m + [S]} \qquad (1.23)$$

의 역수를 취하면

$$\frac{1}{\nu} = \frac{K_m}{V} \cdot \frac{1}{[S]} + \frac{1}{V} \qquad (1.24)$$

로 쓸 수 있다. 나아가 속도의 역수 $1/\nu$를 y축에, 기질농도의 역수 $1/[S]$를 x축으로 하여 플롯하면 직선이 얻어진다(그림 1.19). 기울기는 K_m/V, y축과의 교차점은 $1/V$이다. 직선을 더 연장하여 x축과의 교차점을 구하면 $-1/K_m$이 된다. 이들로부터 K_m과 V를 간단하게 구할 수 있다.

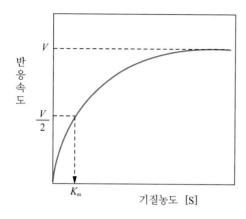

그림 1.18　V와 K_m

그림 1.19　Lineweaver-Burk plot

실제로는 여러 농도의 기질에 일정 양의 효소를 반응시켜 개시반응속도를 측정하여 개시속도의 역수와 기질 개시농도의 역수를 플롯한다. Lineweaver-Burk의 역수 플롯 외에 다른 플롯도 있다. Eadie의 플롯은 식 (1.23)을 다시 쓰면

$$\frac{\nu}{[S]} = -\frac{\nu}{K_\mathrm{m}} + \frac{V}{K_\mathrm{m}} \tag{1.25}$$

이므로 $\nu/[S]$를 ν에 대해 플롯하면 직선이 얻어져 기울기에서 K_m을 구할 수 있다. 식 (1.23)을 다시 쓰면

$$\frac{[S]}{\nu} = -\frac{K_\mathrm{m}}{V} + \frac{1}{\nu} \tag{1.26}$$

로 할 수 있기 때문에 y축에 $[S]/\nu$를, x축에 $[S]$를 플롯하면 역시 직선이 된다. 이것이 Hofstee 플롯이다.

11. V/K_m비

한 효소에 여러 기질이 존재할 때 어떤 기질이 좋은 기질이고 어떤 기질이 나쁜 기질인가 판단하는 기준은 K_m, 즉, 친화력과 최대속도 V이다. K_m이 작을수록 V가 클수록 좋은 기질이다. 나아가 $V : K_\mathrm{m}$의 비율, 즉 V/K_m이 판단재료로 많이 사용된다. 이 값이 클수록 좋은 기질이다.

12. 효소의 저해

효소를 실활시키지는 않으면서 반응속도를 저하시키는 물질을 저해제라고 한다. 저해제와 기질이 효소에 서로 결합하려고 경쟁하여 생기는 저해를 경쟁적 저해라고 한다. 기질보다 저해제 농도가 높으면 저해제가 먼저 자리를 차지하고 말아 기질이 결합할 수 없게 되어 촉매작용이 일어나지 않는다. 이런 저해는 기질과 닮은 아날로그나 기질의 생성물에 의해서도 일어난다.

저해제 농도에 의존하지 않는 경우를 비경쟁적 저해라 하며, 저해제는 효소가 기질과 결합하는 활성 부위가 아닌 다른 부분과 결합하여 촉매작용을 저해한다.

그래서 경쟁적 저해는 효소(E)와 저해제(I)가 결합하여 (EI)가 생기기 때문에 효소 - 기질 복합체(ES)가 생성되지 않는다. 한편 비경쟁적 저해는 ESI라는 삼중 복합체가 만들어지기 때문에 ES에서 생성물(P)가 생성되지 않는다.

비경쟁적 저해의 변형으로 여러 가지 저해가 있다. 또 경쟁적 저해와 비경쟁적 저해의 혼합형 또는 저해제가 ES와 결합하지만, 효소(E)와는 결합하지 않는 것도 있다.

경쟁적 저해를 정량적으로 나타내면 효소와 기질에 대해서는

$$\text{E} + \text{S} \underset{k_1}{\overset{k_1}{\rightleftharpoons}} \text{ES} \overset{k_2}{\longrightarrow} \text{E} + \text{P} \tag{1.27}$$

한편 효소와 저해제에 대해 저해제를 I로 하면

$$\text{E} + \text{I} \underset{k'_{-1}}{\overset{k'_1}{\rightleftharpoons}} \text{EI} \tag{1.28}$$

정류상태에 있다고 하면 식 (1.27)에 대해서는

$$k_1[\text{E}][\text{S}] = k_{-1}[\text{ES}] + k_2[\text{ES}] \tag{1.29}$$

식 (1.28)에 대해서는

$$k'_{-1}[\text{EI}] = k'_1[\text{E}][\text{I}] \tag{1.30}$$

효소의 전체농도 E_o는

$$[\text{E}_o] = [\text{E}] + [\text{ES}] + [\text{EI}] \tag{1.31}$$

식 (1.29, 1.30, 1.31)에서 반응속도를 계산하면

$$\nu = k_2[\text{ES}] = \frac{V[\text{S}]}{K_{\mathrm{m}}\left(1 + \dfrac{[\text{I}]}{K_1}\right) + [\text{S}]} \qquad (1.32)$$

V는 최대속도, $(= k_2[\text{E}]_\mathrm{o})$, K_{m}은 Michaelis 상수 $[= (k_1 + k_2)/k_1)$이다. 또

$$K_i = \frac{k'_{-1}}{k'_1} \qquad (1.33)$$

로 저해상수라 한다. 저해상수는 효소와 저해제와의 결합의 강하기를 나타내며, K_i가 작을수록 결합이 강하다. 경쟁적 저해제는 기질과 경쟁하여 효소와 결합한다. 기질 농도가 높으면 저해효과는 적어지며, 기질 농도가 낮으면 저해효과는 커진다(그림 1.20).

식 (1.32)의 역수를 취하면

$$\frac{1}{\nu} = \frac{1}{V} + \frac{K_{\mathrm{m}}}{V}\left(1 + \frac{[\text{I}]}{K_i}\right)\frac{\text{I}}{[\text{S}]} \qquad (1.34)$$

나아가 $1/\nu$을 y축, $1/[\text{S}]$를 x축에 플롯하면 직선이 얻어진다. 저해제가 없을 때에 비해 V는 변화없으나 의견상의 K_{m}은 변화하여 K'_{m}은 $= (1 + [\text{I}]/K_i)\cdot K_{\mathrm{m}}$이 된다(그림 1.21). 이 값과(저해제가 없을 때의) K_{m}에서 K_i를 구할 수 있다.

저해제 중에는 기질 효소 저해제의 세 복합체를 생성하는 것이 있다. 여기에는 두 가지 형식이 있다.

그중 하나는 효소 E와 효소기질 복합체 ES가 같은 친화력(K_i)으로 저해제 I와 결합하고, 효소 E와 효소저해제 복합체 EI가 같은 친화력(K_{m})으로 기질 S와 결합하는 경우이다. 즉,

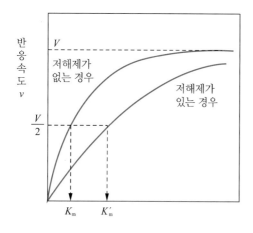

그림 1.20 경쟁적 저해

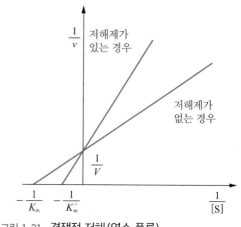

그림 1.21 경쟁적 저해(역수 플롯)

이런 경우 기질농도 [S]와 반응속도 ν는 그림 1.22와 같은 관계가 된다. 또 $1/\nu$과 $1/[S]$을 플롯하면 그림 1.23과 같이 된다. 경쟁적 저해의 경우와 달리 [S]를 증가시켜도 저해가 없어지지 않는다. 즉, 최대속도 V가 감소하여 V'가 된다. 한편 K_m은 변하지 않는다. 이런 저해를 비경쟁적 저해라 한다(그림 1.22, 23).

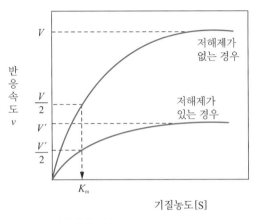

그림 1.22 비경쟁적 저해

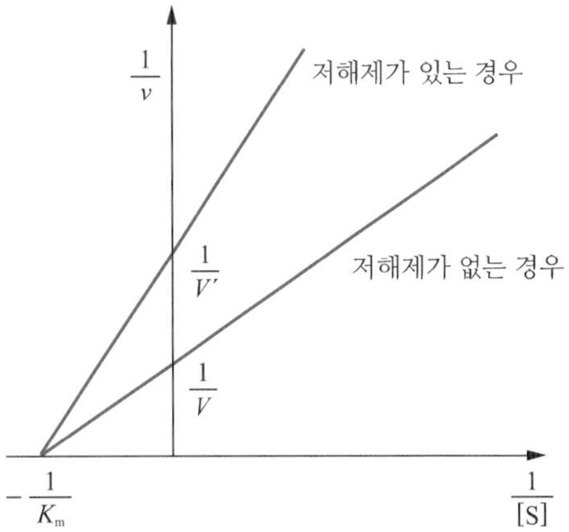

그림 1.23 비경쟁적 저해(역수 플롯)

$$E + S \overset{(K_m)}{\rightleftharpoons} ES \rightarrow E + P$$

$$ES + I \overset{(K_i)}{\rightleftharpoons} ESI$$

$$E + I \overset{(K_i)}{\rightleftharpoons} EI$$

$$EI + S \overset{(K_m)}{\rightleftharpoons} EIS$$

또 다른 것은 저해제 I는 효소기질 복합체 ES하고만 결합하는 경우가 있다.

$$E + S \overset{(K_m)}{\rightleftharpoons} ES \rightarrow E + P$$

$$ES + I \overset{(K_i)}{\rightleftharpoons} ESI$$

이 경우 기질 농도 [S]와 반응속도 ν의 관계는 그림 1.24와 같이, 또 양역수 플롯은 그림 1.25와 같이 된다. 이것은 불(무)경쟁 저해이다. 이 형식은 지금까지 중요시되지 않았으나 많은 예가 알려지게 되어 주목되고 있다(그림 1.24, 25).

경쟁적 저해, 비경쟁적 저해, 무경쟁적 저해 어느 것과도 맞지 않는 복잡한 형식도 있다.

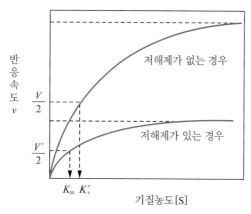

그림 1.24 **불경쟁적 저해**

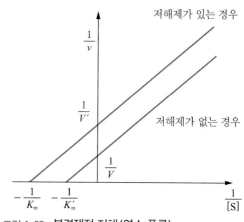

그림 1.25 **불경쟁적 저해(역수 플롯)**

예로서, 혼합형이라는 저해는 $1/v$과 $1/[S]$의 직선이 경쟁적 저해나 비경쟁적 저해와 달리 축위에서 교차하지 않고 그 위쪽이나 아래쪽에서 교차한다.

또 위에서 언급한 저해에서는 저해제는 효소와 가역적으로 결합하지만 불가역적으로 결합하는 경우도 있다. 그림 1.26은 저해 양식을 그림으로 나타낸 것이다.

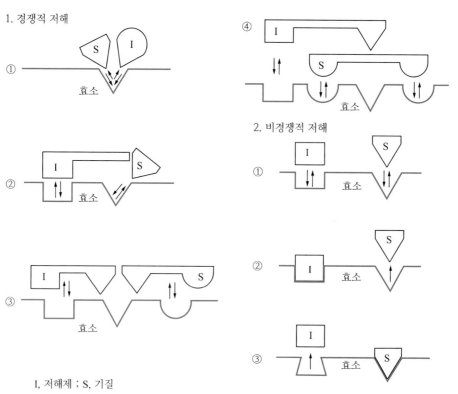

I, 저해제 ; S, 기질

그림 1.26 **저해 양식**

13. 기질이 복수인 경우

지금까지 살펴본 것은 기질이 하나인 경우이다. 실제 효소 반응에는 기질이 여럿인 경우가 있다. 이런 경우는 효소에 각 기질이 결합하는 순서와 떨어져 나가는 순서가 다르다. Cleland는 다음과 같이 분류하였다.

(1) 순차적(orderd) 메커니즘
(2) 무순서적(random) 메커니즘
(3) 핑퐁(Ping Pong) 메커니즘

(1) 경쟁적 저해

① 기질과 저해제가 같은 결합 부위에서 서로 경쟁한다.
② 기질과 저해제의 결합 부위는 독립되어 있지만 가까워서 어느 하나가 먼저 결합하면 다른 것이 결합하는 데 지장을 준다.
③ 기질과 저해제는 결합 부위를 둘씩 갖는다. 효소에 있는 결합 부위 중 하나는 기질과 저해제가 공통으로 결합하기 때문에 어느 한쪽이 결합하면 다른 것은 결합하지 못한다.
④ 기질과 저해제는 결합 부위를 둘 갖고 있다. 효소에 있는 결합 부위는 각기 독립되어 있지만 다른 쪽의 결합 부위 안에 결합 부위를 갖고 있기 때문에 한쪽이 먼저 결합하면 다른 쪽의 결합 부위를 차단한다.

(2) 비경쟁적 저해

① 저해제와 기질은 서로 다른 결합 부위를 가지지만 어느 한쪽이 결합하면 다른 쪽 결합 부위가 변형되어 다른 것이 결합하기 어려워진다.
② 저해제가 먼저 결합하면 기질 결합 부위에 변형이 생겨 기질이 결합하지 못한다.
③ 기질이 먼저 결합하면 저해제 결합 부위에 변형이 생겨 저해제가 결합하지 못한다.

간단하게 하기 위해 기질은 A와 B 둘로 하고, 생성물도 P와 Q 둘로 한다.

순차적 메커니즘은 기질이 효소와 결합하거나 생성물이 떨어져 나가는 데 일정한 순서가 있는 경우이다. 먼저,

$$E + A \rightleftarrows EA$$

가 일어나며, 다음에

$$EA + B \rightleftarrows EAB$$

가 된다. B부터 먼저 결합하는 일은 없다. 생성물에 대해서도 같아서 먼저 P가 떨어진다.

$$EAB \rightarrow EPQ \rightarrow EQ + P$$

다음에

$$EQ \rightarrow E + Q$$

무순서적 메커니즘에서는 기질 A와 B가 결합하는 순서나 생성물 P, Q가 떨어져 나가는 순서가 정해져 있지 않다. 즉,

$$E + A \rightleftarrows EA$$
$$EA + B \rightleftarrows EAB$$
$$E + B \rightleftarrows EB$$
$$EB + A \rightleftarrows EBA$$

중 어느 반응이나 일어난다. 마찬가지로

$$EAB \rightarrow EPQ$$
$$EPQ \rightarrow EP + Q$$
$$EP \rightarrow E + P$$
$$EPQ \rightarrow EQ + P$$
$$EQ \rightarrow E + Q$$

핑퐁 메커니즘은 모든 기질이 효소에 결합하고 있지 않을 때 생성물의 하나가 떨어져 나간다.

$$E + A \rightleftarrows EA$$
$$EA \rightleftarrows E'P$$
$$E'P \rightarrow E' + P$$
$$E' + B \rightleftarrows E'B$$
$$E'B \rightleftarrows E'Q$$
$$EQ \rightarrow E + Q$$

E'는 원래의 효소 E가 변화한 형으로, 예를 들면 인산기나 카르복시기가 결합한 상태를 말한다.

14. 효소 반응과 온도

(1) 최적 반응 온도

화학 반응이 이루어지기 위해서는 에너지가 높은 상태가 이루어져야 한다. 전이 상태로까지 분자를 밀어 올리는 데는 활성화 에너지가 필요하다. 촉매는 활성화 에너지를 낮추는 작용을 한다. 반응속도와 온도 사이에는 아레니우스의 식이 성립된다. 즉,

$$\log k = \log A - \frac{E_A}{2.3RT}$$

여기서 k는 속도상수이다. E_A 활성화 에너지, R은 기체상수, T는 절대온도, A는 일정상수이다. 온도를 바꾸어 반응속도를 측정하고, $\log k$와 $1/T$를 플롯하여 활성화 에너지를 구할수 있다.

생체 촉매인 효소에 대해서도 똑같다. 예로서, 과산화수소를 물과 산소로 가수분해하는 반응,

$$H_2O_2 \rightarrow H_2O + \frac{1}{2} O_2$$

의 활성화 에너지는 75 kJ이지만 catalase의 작용으로는 7 kJ 정도이다.

효소 반응속도는 온도가 높을수록 커진다. 그러나 온도가 너무 높으면 다시 저하한다. 온도가 높아지면 변성되어 실활하기 때문이다. 효소가 어느 정도의 온도까지 견디는가 하는 것은 각기 다르다(그림 1.27).

화학 반응은 당연히 온도의 영향을 받으며, 효소 반응도 마찬가지이다. 화학 반응과 마찬가지로 온도가 10도 올라가면 반응속도는 두 배 내지 세 배 증가한다. 그러나 효소는 단백질이기 때문에 온도가 너무 올라가면 변성되어 실활된다. 그래서 활성은 효소가 변성되지 않는 37℃나 30℃에서 측정한다.

반응속도의 상승과 열변성에 의한 실활이 서로 작용하여 가장 효율 높은 온도 범위가 있다. 이 온도를 반응 최적온도라 한다. 최적온도는 각 효소의 내열성과 pH, 협잡물 농도, 작용시간, 기질종류와 농도 등에 따라 다르다. 이들 모두가 효소의 반응속도와 안정성에 관계하기 때문이다. 기질에 따라서는 어느 일정 온도가 되어야 효소작용을 받는 상태로 되는 것이 있다(그림 1.27).

(2) 온도 안전성

효소 반응은 화학 반응의 일종이기 때문에 일반적으로 화학 반응과 같이 반응온도가 10도

올라가면 반응속도는 약 2배가 된다. 그러나 각 효소 단백질의 온도 안정성 이상으로 온도가 올라가면, 열변성하여 촉매활성을 잃는다. 실활하는 온도영역은 효소에 따라 다르다. 내열성 효소 중에는 끓는 불에서도 실활되지 않는 것도 있다. 저온성 효소 중에는 사람의 체온인 37℃ 정도로 온도를 올려도 변성되는 것도 있다(그림 1.28).

효소 용액을 여러 온도에서 일정 시간 유지한 후 활성을 측정하면 그림 1.28과 같이 온도가 높을수록 변성속도가 커져서 활성이 급속히 저하한다. 상온에서 날달걀은 액체이지만, 열을 가하면 찐 달걀이 되어 흰자가 불투명하고 딱딱하게 되어 변성되는 것과 마찬가지이다.

일반적으로 효소는 저온에서 안정하다. 그러나 저온에서 실활되는 효소도 있다. 또 동결이나 동결건조에도 안정한 것이 있지만 그렇지 않은 것도 있다. Polyphenol oxidase나 catalase와 같은 금속효소는 동결하면 실활하기 때문에 황산암모늄으로 침전시켜 냉수에 보존한다.

저온에 의한 실활은 해리 ⇄ 회합의 현상인 경우가 많다. 온도가 높으면 회합이 일어난다. 동결에 의한 실활은 ① 농축된 염에 의한 변성, ② pH의 변화, ③ 물의 결정화에 의한 기계적 파괴, ④ SH → S-S 결합의 형성, 물과 단백질 수화수와의 상호작용 등에 의하며, 비가역적인 경우가 많다.

효소는 불순할수록 온도 안정성이 높다. 또 용액의 pH, 가열시간도 온도 안정성에 큰 영향을 미친다. 기질이 공존하면 안정성이 높아진다.

열에 의해 불활성화된 효소를 특정 조건에서 냉각하면 가역적으로 활성이 회복되는 경우가 있다.

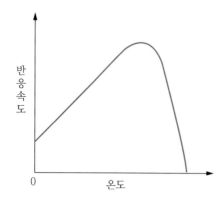

그림 1.27 효소의 반응 최적 온도

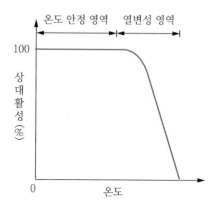

그림 1.28 효소의 온도 안정성

15. 효소 반응과 pH

(1) 최적 pH

효소는 수용액에서 반응한다. 그러므로 수소이온 농도는 효소에 큰 영향을 미친다. 효소 반응속도는 pH에 따라 크게 다르다. 반응속도가 가장 커지는 pH를 최적 pH라 한다(그림 1.29).

효소활성은 최적 pH에서 측정한다.

효소활성을 pH에 대해서 플롯하면 그림 1.29와 같이 범종같은 곡선이 얻어지며 특정 pH에서 활성이 최대가 되고 그 좌우에서는 곡선을 그리며 저하한다. 원인은 각 pH에서 효소 단백질 자신의 고차 구조 변화, 활성 부위의 특정 아미노산 잔기의 해리상태 변화, 기질 해리, 기질과 효소의 방어작용, 효소의 변성상태 등 여러 가지가 있다.

일반적으로 기질이 충분하면 두 변곡점은 촉매 반응에 관여하는 두 종류 아미노산 잔기의 해리상태로 나타내는 것으로 해석하고 있다.

효소 반응의 pH 의존성은 효소가 단백질이기 때문에 생긴다. 효소는 각종 아미노산이 다수 중합한 폴리펩티드이다. 효소 단백질 표면에는 많은 아미노산의 해리기가 있으며, pH에 따라 여러 해리상태를 나타낸다. 그중 소수의 특정 아미노산 잔기, 즉 활성 부위의 아미노산 잔기의 해리상태가 효소 반응의 pH 의존성을 나타낸다.

강한 산성이나 알카리성에서 효소 단백질은 변성된다. 그래서 일정 pH 범위에서만 활성을 나타낸다. 그중에서도 활성이 가장 커지는 pH를 최적 pH라고 한다.

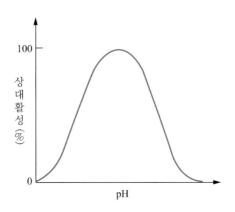

그림 1.29 **효소의 반응 최적 pH**

(2) pH 안정성

효소는 한정된 pH 영역에서만 안정하며, 그 범위를 넘으면 실활한다. pH 안정 영역은 효소에 따라 다르다. 안정 pH와 최적 pH는 일치하지 않는 경우도 있고, 등전점과 매우 다른 경우도 있다. 일반적으로 pH 4~5에서 8~10까지 사이에 안정 영역을 갖는 효소가 많다.

달걀 환자의 리소짐은 pH 3~11이라는 넓은 범위에서 안정하지만, 펩신은 pH 1~5의 산성 쪽에서만 안정하고 pH 6 이상에서 실활한다. pH 안정성은 방치 시간, 온도, 효소의 순도에 따라 달라진다.

효소 용액의 안정 pH 영역은 그림 1.30과 같은 곡선으로 얻어진다.

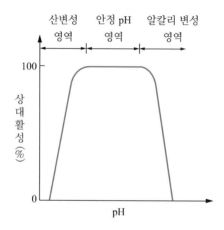

그림 1.30　효소의 pH 안정성

효소 단백질의 구조

CHAPTER

02

2.1 아미노산

효소는 단백질이며, 효소 단백질은 아미노산으로 구성된다.

지구상에는 동물, 식물, 미생물 등 수많은 생물이 살고 있다. 이들 생물에 함유된 단백질을 구성하는 것은 겨우 20 종류의 아미노산에 불과하지만, 아미노산의 수와 배열방법에 따라 수많은 단백질이 만들어진다.

1. 아미노산의 성질

(1) 아미노산의 종류

천연 아미노산은 아미노기($-NH_2$)와 카르복시기($-COOH$)가 α-탄소 원자에 결합되어 있기 때문에 α-아미노산이라고 한다. 곁사슬 R기는 20종의 아미노산마다 모두 다르며, 각 아미노산의 성질은 R기에 따라 모두 다르게 나타난다(표 2.1, 그림 2.1).

$$H_2N - \overset{\displaystyle COOH}{\underset{\displaystyle R}{\vert\ C\ \vert}} - H \quad \rbrack \ \text{공통부분}$$

아미노산은 곁사슬의 성질에 따라 다음과 같이 나누어진다.

① 전기화학적 성질에 의한 분류
- 중성 잔기 : Ala, Asn, Val, Gly, Gln, Ile, Leu, Met, Pro, Ser, Thr, Trp, Phe, Cys
- 산성 잔기 : Asp, Glu, Tyr, I/2 Cys
- 염기성 잔기 : Arg, His, Lys

② 극성에 의한 분류
- 극성(친수성) 잔기 : Arg, Asp, Asn, Glu, Gln, His, Lys, Ser, Tyr, Thr, l/2 Cys
- 비극성(소수성) 잔기 : Ala, Val, Gly, Ile, Leu, Met, Pro, Trp, Phe, Cys

③ 화학구조에 따른 분류
- 지방족 아미노산 잔기 : Ala, Arg, Asn, Val, Gly, Glu, Gln, Ile, Leu, Lys, Met, Ser, Thr, Cys, 1/2 Cys

표 2.1 아미노산의 명칭과 성질

한국어명	영어명	3문자 표시	1문자 표시	1문자 표시 유래	pH7.0 에서의 분자량 (dalton)	곁사슬의 pK 값	25℃ 물에서 에탄올로 곁사슬을 옮길 때의 ΔG 값 (kcal/mol)	부피 (Å^3)	표면적 (Å^2)	부분 비용 (ml/gm)
알라닌	Alanine	Ala	A	Alanime	71		-0.5	88.6	115	0.748
글루탐산	Glutamate	Glu	E	glulEtamic acid	128	4.3		138.4	190	0.643
글루타민	Glutamine	Gln	Q	Q - tamine	128			143.9	180	0.674
아스파르트산	Aspartate	Asp	D	asparDic acid	114	3.9		111.1	150	0.579
아스파라긴	Asparagine	Asn	N	asparagiNe	114			117.7	160	0.619
루 신	Leucine	Leu	L	Leucine	113		-1.8	166.7	170	0.884
글리신	Glycine	Gly	G	Glycine	57			60.1	75	0.632
리 신	Lysine	Lys	K	before L	129	10.5		168.6	200	0.789
세 린	Serine	Ser	S	Serine	87		$+0.3$	89.0	115	0.613
발 린	Valine	Val	V	Valine	99		-1.5	140.0	155	0.847
아르기닌	Arginine	Arg	R	aRginine	157	12.5		173.4	225	0.666
트레오닌	Threonine	Thr	T	Threonine	101		-0.4	116.1	140	0.689
프롤린	Proline	Pro	P	Proline	97			122.7	145	0.758
이소루신	Isoleucine	Ile	I	Isoleucine	113			166.7	175	0.884
메티오닌	Methionine	Met	M	Methionine	131		-1.3	162.9	185	0.745
페닐알라닌	Phenylalanine	Phe	F	Fenylalanine	147		-2.5	189.9	210	0.774
티로신	Tyrosine	Tyr	Y	tYrosine	163	10.1	-2.3	193.6	230	0.712
시스테인	Cysteine	Cys	C	Cysteine	103			108.5	135	0.631
트립토판	Tryptophan	Trp	W	tWorings	186		-3.4	227.8	255	0.734
히스티딘	Histidine	His	H	Histidine	137	6.0	-0.5	153.2	195	0.671

가중평균 108.7

Alanine (α-aminopropionic acid)

$$CH_3 - \overset{\overset{\text{H}}{|}}{\underset{\underset{\text{NH}_2}{|}}{C}} - COOH$$

Glutamine (glutamic acid amide)

$$\overset{\overset{\text{NH}_2}{\diagdown}}{\underset{\underset{\text{O}}{\diagup}}{C}} - CH_2 - CH_2 - \overset{\overset{\text{H}}{|}}{\underset{\underset{\text{NH}_2}{|}}{C}} - COOH$$

Arginine (δ-guanidy 1-α-amino valeric acid)

$$\overset{\overset{\text{NH}_2}{|}}{\underset{\underset{\text{NH}}{||}}{C}} - NH - CH_2 - CH_2 - CH_2 - \overset{\overset{\text{H}}{|}}{\underset{\underset{\text{NH}_2}{|}}{C}} - COOH$$

Glutamic acid (α-aminoglutaric acid)

$$\overset{\overset{\text{HO}}{\diagdown}}{\underset{\underset{\text{O}}{\diagup}}{C}} - CH_2 - CH_2 - \overset{\overset{\text{H}}{|}}{\underset{\underset{\text{NH}_2}{|}}{C}} - COOH$$

Asparagine (aspartic acid amide)

$$\overset{\overset{\text{NH}_2}{\diagdown}}{\underset{\underset{\text{O}}{\diagup}}{C}} - CH_2 - \overset{\overset{\text{H}}{|}}{\underset{\underset{\text{NH}_2}{|}}{C}} - COOH$$

Glycine (α-aminoacetic acid)

$$H - \overset{\overset{\text{H}}{|}}{\underset{\underset{\text{NH}_2}{|}}{C}} - COOH$$

(계속)

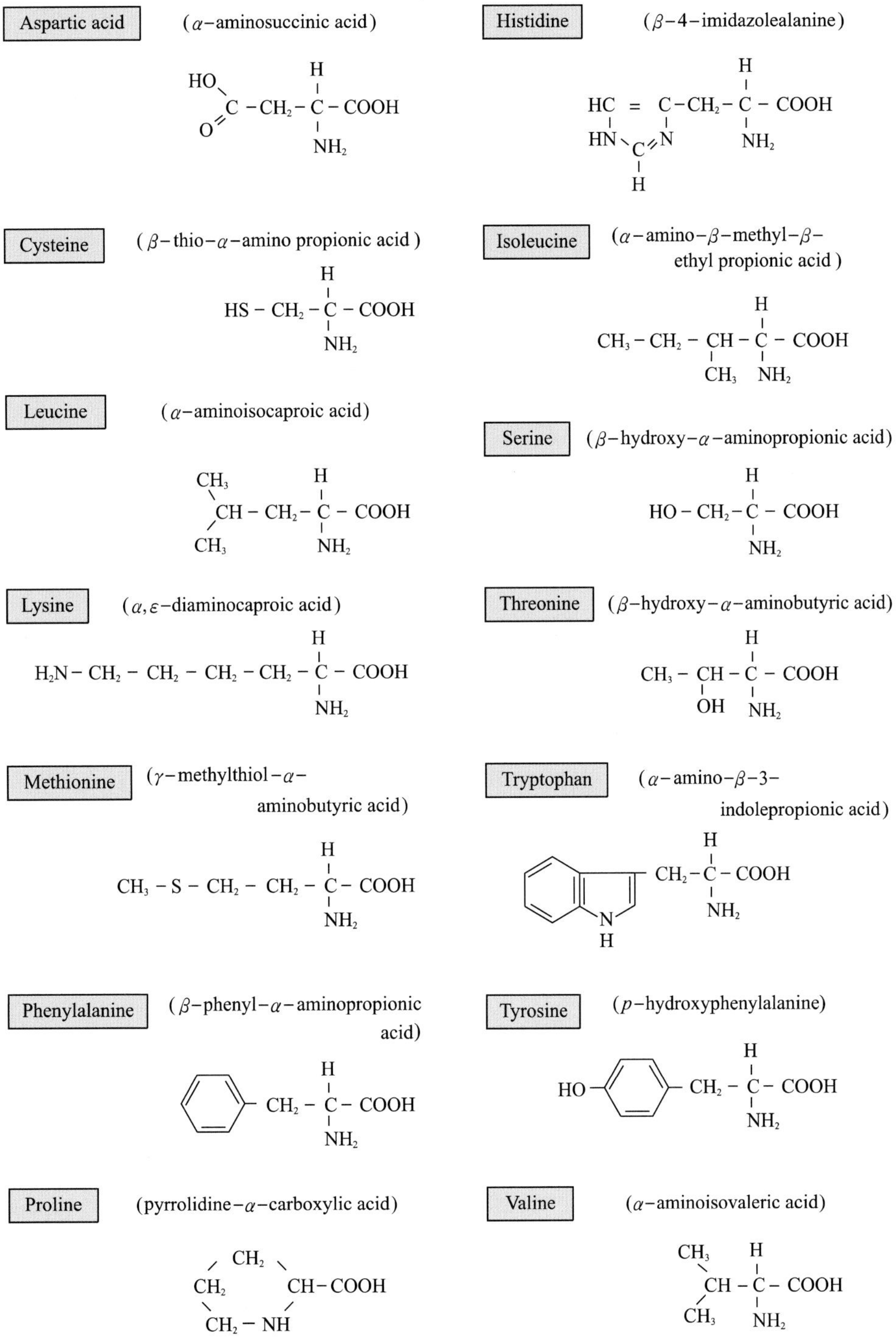

Aspartic acid (α–aminosuccinic acid)

$$\begin{array}{c} \text{HO} \\ \diagdown \\ \underset{O}{\overset{}{C}} - CH_2 - \underset{NH_2}{\overset{H}{C}} - COOH \end{array}$$

Histidine (β–4–imidazolealanine)

$$HC = \underset{\underset{\underset{H}{C}}{\diagup N}}{\overset{}{C}} - CH_2 - \underset{NH_2}{\overset{H}{C}} - COOH$$

Cysteine (β–thio–α–amino propionic acid)

$$HS - CH_2 - \underset{NH_2}{\overset{H}{C}} - COOH$$

Isoleucine (α–amino–β–methyl–β– ethyl propionic acid)

$$CH_3 - CH_2 - \underset{CH_3}{\overset{}{CH}} - \underset{NH_2}{\overset{H}{C}} - COOH$$

Leucine (α–aminoisocaproic acid)

$$\begin{array}{c} CH_3 \\ \diagdown \\ CH - CH_2 - \underset{NH_2}{\overset{H}{C}} - COOH \\ \diagup \\ CH_3 \end{array}$$

Serine (β–hydroxy–α–aminopropionic acid)

$$HO - CH_2 - \underset{NH_2}{\overset{H}{C}} - COOH$$

Lysine (α, ε–diaminocaproic acid)

$$H_2N - CH_2 - CH_2 - CH_2 - CH_2 - \underset{NH_2}{\overset{H}{C}} - COOH$$

Threonine (β–hydroxy–α–aminobutyric acid)

$$CH_3 - \underset{OH}{\overset{}{CH}} - \underset{NH_2}{\overset{H}{C}} - COOH$$

Methionine (γ–methylthiol–α– aminobutyric acid)

$$CH_3 - S - CH_2 - CH_2 - \underset{NH_2}{\overset{H}{C}} - COOH$$

Tryptophan (α–amino–β–3– indolepropionic acid)

$$CH_2 - \underset{NH_2}{\overset{H}{C}} - COOH$$

Phenylalanine (β–phenyl–α–aminopropionic acid)

$$CH_2 - \underset{NH_2}{\overset{H}{C}} - COOH$$

Tyrosine (p–hydroxyphenylalanine)

$$HO - \!\!\!\bigcirc\!\!\! - CH_2 - \underset{NH_2}{\overset{H}{C}} - COOH$$

Proline (pyrrolidine–α–carboxylic acid)

$$\begin{array}{c} \diagup CH_2 \diagdown \\ CH_2 \qquad CH-COOH \\ \diagdown \qquad \diagup \\ CH_2 - NH \end{array}$$

Valine (α–aminoisovaleric acid)

$$\begin{array}{c} CH_3 \\ \diagdown \\ CH - \underset{NH_2}{\overset{H}{C}} - COOH \\ \diagup \\ CH_3 \end{array}$$

그림 2.1 아미노산

이는 다음과 같이 세분된다.

　　－탄화수소 잔기 : Ala, Val, Gly, Ile, Leu

　　－수산기 함유 잔기 : Ser, Thr

　　－카르복시기 함유 잔기 : Asp, Glu

　　－아미드기 함유 잔기 : Asn, Gln

　　－아미노기 함유 잔기 : Arg, Lys

　　－황 함유 잔기 : Met, Cys, 1/2 Cys

　• π 전자단을 함유한 잔기 : His, Tyr, Trp, Phe

　• 이미노산 잔기 : Pro

(2) 아미노산의 산염기적 성질

아미노산은 중성 용액에서는 아미노기가 양성자화하며, 카르복시기가 양성자를 잃고 해리하여 양성이온이 된다. 이 해리상태는 수소이온 농도 $[H^+]$기에 따라 다르다. 산성에서는 카르복시기가 비해리형($-COOH$)으로, 알칼리성에서는 아미노기가 비해리형($-NH_2$)으로 된다.

$$
\begin{array}{ccc}
& H & & & H & \\
& | & & & | & \\
R - & C & - COO^- & & R - C - COOH \\
& | & & & | \\
& NH_3 & & & NH_2 \\
& + & & & \\
\end{array}
$$

　　　　양성 이온　　　　　　　　　비해리형

용액 중에서 양성자를 내는 물질을 산이라 하며, 수소이온과 결합하는 물질을 염기라 한다. 아미노산은 산으로서의 성질과 염기로서의 성질 양쪽을 모두 갖는다.

$$
\begin{array}{c}
\underset{\underset{+}{NH_3}}{\overset{H}{\underset{|}{\overset{|}{R-C-COO^-}}}} \quad \rightleftharpoons \quad \underset{NH_2}{\overset{H}{\underset{|}{\overset{|}{R-C-COO^-}}}} \quad + \quad H^+
\end{array}
$$

　　　　　　　　　　　산

$$
\begin{array}{c}
\underset{\underset{+}{NH_3}}{\overset{H}{\underset{|}{\overset{|}{R-C-COO^-}}}} \quad + \quad H^+ \quad \rightleftharpoons \quad \underset{\underset{+}{NH_3}}{\overset{H}{\underset{|}{\overset{|}{R-C-COOH}}}}
\end{array}
$$

　　　　　　　　　　　염기

수용액에서 산은 양성자를 잃는다. 산 HA는 양성자를 잃고 A⁻를 형성하려 하며 이는 다음 식과 같은 가역 반응의 평형상수 K'로 정해진다.

$$HA \rightleftharpoons H^+ + A^- \qquad (2.1)$$

$$K' = \frac{[H^+][A^-]}{[HA]} \qquad (2.2)$$

이 같은 이온화 반응 평형상수를 이온화상수 또는 해리상수라 하며 K_a(a는 산)로 나타낸다. 이온화상수는 pK'값으로 나타낼 수 있다.

$$pK' = \log \frac{1}{K'} = -\log K' \qquad (2.3)$$

여기서 p는 pH와 마찬가지로 마이너스의 대수이며 산이 강하게 이온화되면 pK'는 작아진다.

용액의 산은 NaOH로 적정하여 NaOH 소모량으로부터 산의 양을 정량할 수 있다. 중화점이 될 때까지 가해진 NaOH양에 대한 용액의 pH 표시곡선을 적정곡선이라 한다(그림 2.2).

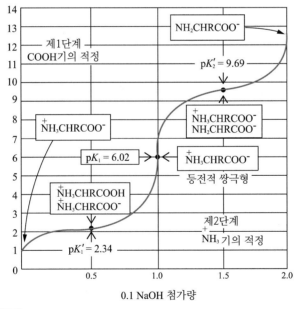

그림 2.2 Alanine의 적정곡선

각 아미노산은 각기 특유한 적정곡선을 갖는다. 이들 적정곡선을 통해 아미노산의 이온화된 기의 pK'값을 정량적으로 측정할 수 있다. 적정곡선상에는 아미노산의 완충작용 영역이 나타난다. 각 아미노산 곁사슬의 pK'값은 표 2.1에 제시되어 있다.

아미노산은 적정곡선 중에 완전히 이온화되어 있지만 실제 전하를 띠지 않는 pH가 있다. 이를 등전점(isoelectric point)이라 하며 등전점에서 아미노산은 전기적으로 중성을 띠며 극성구조를 갖는다. 전장에 놓여 있을 때 등전점 pH에서 아미노산은 움직이지 않으나 등전점보다 높은 pH에서는 (+)극으로 이동하며 등전점보다 낮은 pH에서는 (−)극으로 이동한다. 등전점은 아미노산마다 다르다(그림 2.3).

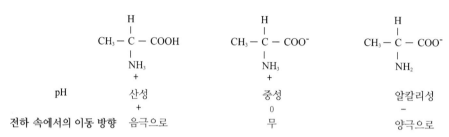

그림 2.3 Alanine의 해리형

(3) 입체 구조

아미노산의 α-탄소원자에 결합하고 있는 R기가 H일 때를 제외하고는 α-탄소원자를 중심으로 결합하고 있는 원자나 원자단은 모두 서로 달라서 비대칭이 된다. 이런 α-탄소원자를 부제탄소원자라 한다.

부제탄소원자를 중심으로 볼 때 아미노산의 구조는 왼손, 오른손과 같은 이성체가 존재할 수 있다. 즉, 거울을 마주한 것과 같은 형이다. 그림 2.4와 같이 아미노기가 왼쪽에 위치한 아미노산을 L형, 오른쪽에 위치한 아미노산을 D형이라 한다.

단백질 중의 아미노산은 거의 대부분 L-아미노산이다. L형은 수용액에서 D형으로, D형은 L형으로 바뀌어 같은 양이 된다. 이를 라세미체라 한다. 자연계에는 거의 L형 아미노산만 존재한다.

아미노산과 같이 부제탄소원자를 갖는 화합물은 물리적, 화학적인 성질은 똑같으나 선광성만 서로 다른 현상이 생긴다. 이를 광학이성이라 한다. 선광성이란 자외부나 가시부의 평

$$\begin{array}{ccc}
& \text{COOH} & \text{COOH} \\
& | & | \\
\text{H} - & \text{C} - \text{NH}_2 & \text{H}_2\text{N} - \text{C} - \text{H} \\
& | & | \\
& \text{CH}_3 & \text{CH}_3 \\
& \text{D} - \text{Alanine} & \text{L} - \text{Alanine}
\end{array}$$

그림 2.4 아미노산의 입체이성체

면 편광을 물질에 쪼일 때 투과한 빛의 평면 편광의 면(빛의 진동면)이 회전하는 성질을 말한다. 편광면이 시계 쪽으로 회전하는 경우를 우선성(d(+)), 반대 방향으로 회전하는 경우를 좌선성(l(−))이라 한다.

2. 아미노산 곁사슬의 성질

아미노산은 각기 다른 곁사슬을 가지므로 화학적 성질도 각기 다르다. 그러나 유리 아미노산이 나타내는 화학적 성질과 단백질 분자 중에서 나타내는 아미노산의 화학적 성질은 다르다. 아미노산은 20가지에 지나지 않지만 이들이 결합하여 만들어내는 단백질의 종류는 거의 무한하므로 단백질이 나타내는 화학적 성질도 무수하다.

(1) 글리신

Gly은 곁사슬이 없는 가장 간단한 아미노산이다. α-탄소원자에 두 개의 수소원자가 대칭을 이루므로 D형과 L형 이성체가 존재하지 않는다. 곁사슬이 없으므로 Gly 잔기의 폴리펩티드 골격은 3차원적인 유연성이 많다.

(2) 지방족 아미노산(Ala, Val, Leu, Ile)

곁사슬은 비극성이고, 소수성을 띠며, 작용기를 갖지 않는 지방족이다. 아미노산 곁사슬의 소수성도는 표 2.2와 같다.

표 2.2 아미노산 곁사슬의 소수성도(Δg_1)

아미노산 곁사슬	$(\Delta g_1)(kcal \cdot mol^{-1})$	아미노산 곁사슬	$(\Delta g_1)(kcal \cdot mol^{-1})$
Gly	0.0	Cys‑SH	+1.0
Ala	+0.5	Ser	−0.3
Val	+1.5	Thr	+0.4
Leu	+1.8	Asn	0.0
Ile	+3.0	Gln	−0.1
Phe	+2.5	Asp(해리형)	+0.5
Tyr	+2.3	Glu(비해리)	+0.5
Trp	+3.4	His(비해리)	+0.5
Pro	+2.6	Lys(메틸렌부분)	+1.5
Met	+1.3	Arg	+0.7
Cys	−		

단백질 분자에서는 소수성 부분끼리 내부로 결집하여 분자의 형태와 표면을 구성한다. 단백질을 이루는 아미노산 중 α-아미노부티르산 같이 에틸곁사슬을 하나 갖는 아미노산은 없다. 이소루신의 곁사슬은 비대칭 중심을 갖고 있어서 이성체가 하나 존재한다. 자연상태에서는 그중 하나만 펩티드 결합에 참여한다.

$$- C \overset{CH_3}{\underset{CH_3 - CH_3}{\longrightarrow H}} \tag{2.4}$$

(3) 고리형 아미노산(Pro)

프롤린의 곁사슬은 작용기를 갖지 않는 지방족 탄화수소로, 펩티드 그룹의 질소원자와 공유 결합하여 오각형 고리를 이루고 있다. 그래서 폴리펩티드 사슬 중에서 수소 결합에 관여하거나 펩티드 결합의 공명 안정에 관여하는 아미노기의 수소가 없다. 또한 5각형 고리는 골격의 $N - C^1$ 결합의 회전을 강하게 속박한다. 그래서 인접 펩티드 결합은 *cis* 구조를 하기 쉽다. 즉, Pro 잔기는 폴리펩티드의 골격 구조에 매우 큰 영향을 미친다.

Pyrrolidine 5원자 고리는 주름진 구조를 가지며, α, β, δ의 탄소원자와 질소원자는 동일 평면상에 존재하지만, r 탄소원자는 평면에서 약 0.5Å 벗어나 있다.

(4) 수산기 아미노산(Ser과 Thr)

Ser과 Thr의 곁사슬은 수산기와 작은 탄화수소를 갖고 있어서 소수성과 친수성 모두 나타낸다. 수산기는 에탄올의 수산기보다 반응성이 약하지만, 다소 극성이 있어서 수소 결합에서 수소를 주고받을 수 있다. 수산기는 트리플루오로아세트산 수용액에서 염화아세틸과 반응하여 아세틸화된다.

Ile의 곁사슬과 같이 Thr의 곁사슬도 비대칭 중심을 갖고 있으며 이성체가 하나 있다.

$$- C \overset{CH_3}{\underset{OH}{\longrightarrow H}} \tag{2.5}$$

(5) 산성 아미노산(Asp와 Glu)

Asp 곁사슬은 메틸렌기를 하나 가지며 Glu는 두 개 갖는다. 끝에는 카르복시기가 또 하나 있으며, pH 5 이상에서 이온화되므로 극성이 매우 크다. 이온화되면 금속이온을 킬레이트한다. 이온화되지 않은 형태로 수소결합에서 수소를 주고받을 수 있다. 그러나 단백질에서는 중성 pH에서 수소를 주고받을 수도 있다.

단백질 해리기의 이온화상수는 표 2.3과 같다. pK_a값은 해리기의 이온화를 나타내며, 단백질 분자가 처한 환경에 따라 해리기의 이온화는 다르다. 산성 아미노산인 Asp, Glu는 (−) 전하를 띠며 염기성 잔기인 Lys, Arg은 (+) 전하를 띤다. 중성 pH 부근에서는 His만 적정된다. 생체 내의 중성 pH에서 작용하는 효소가 촉매 부위에 His을 많이 함유하고 있는 이유가 여기 있다.

표 2.3 단백질 해리기의 이온화 파라미터(−25℃)

아미노산	해리기	pK_a	ΔH^0(kcal/mol)
C말단	α-COOH	3.4~3.8	−1~+1
Asp	β-COOH	3.9~4.0	−1~+1
Glu	γ-COOH	4.4~4.5	−1~+1
His	HN⊕NH	6.3~6.6	+6~+7
N말단	α-NH$_3^+$	7.4~7.5	+9~+11
Lys	β-NH$_3^+$	10.0~10.4	+10~+11
Cys	−SH	(7.5~9.5)	+6~+7
Tyr	−OH	9.6~10.0	+6~+7
Arg	−NHC⊕(NH$_2$)(NH$_2$)	> 12.5	+12~+13

Asp나 Glu 곁사슬의 카르복시기 $R-C{<}^O_{OH}$는 이에 대응하는 알코올(예로서 Ser의 곁사슬) $R-C{<}^{H_2}_{OH}$ 보다 훨씬 해리되기 쉽다. 알코올의 pK_a값은 카르복시기의 pK_a값보다 최소한 6 이상 크다. 카르복시기의 해리형 $R-C{<}^O_{O^{\ominus}}$은 공명 구조로, 비해리형인 $R-C{<}^O_{OH}$ 보다 안정하다. 이런 이온화에 따른 에너지 감소로 양성자가 떨어져 나가기 쉽게 된다. 알코올은 공명 구조에 따른 안정화가 일어나지 않는다.

Asp와 Glu의 카르복시기는 에스테르화되고, 아미노기나 친핵기와 결합하며, 알코올로 환원된다. 곁사슬의 카르복시기는 C말단의 카르복시기와 약간 다르다. 시약에 따라 변형 정도가 다른 것을 이용하여 카르복시의 이온화 상태를 검출하는 데 사용한다.

디아조아세트산에스테르나 아미드 같은 디아조 화합물과 이온화되지 않은 상태로 반응한다.

$$- CO_2H + N_2CH - \overset{\overset{\displaystyle O}{\|}}{C} - NH - R$$

$$\overset{\overset{\displaystyle O}{\|}}{-C} - O - CH_2 - \overset{\overset{\displaystyle O}{\|}}{C} - NH - R + N_2 \tag{2.6}$$

에폭시드류와는 이온화된 상태로 반응한다.

$$- CO_2^- + CH_2 - \overset{O}{\overbrace{}} CHR \xrightarrow{H^+} \overset{\overset{\displaystyle O}{\|}}{-C} - O - CH_2 - \overset{OH}{\overset{|}{CH}} - R \tag{2.7}$$

(6) 아미드기 아미노산(Asn과 Gln)

Asp와 Glu가 아미드화한 것으로, 곁사슬은 이온화되지 않지만 극성을 띤다. 수소 결합에서 수소원자를 주고받을 수 있다. 아미드기는 지나치게 높거나 낮은 pH에서는 불안정하며 잔기는 자가 가수분해되어 Asp와 Glu로 전환될 수 있다. 펩티드의 아미노말단이 Gln 잔기일 때는 고리형의 피롤리돈카르복시산으로 된다.

$$
\begin{array}{cc}
NH_2C\overset{\displaystyle O}{\diagup} & \\
\overset{|}{CH_2} & \\
\overset{|}{CH_2} \quad O & \overset{CH_2}{\diagup\;\diagdown} \\
H_2N - CH - \overset{\overset{\displaystyle O}{\|}}{C} - & \longrightarrow \quad O = C \quad CH_2 \quad O \\
 & HN - CH - \overset{\overset{\displaystyle O}{\|}}{C} -
\end{array}
\tag{2.8}
$$

단백질의 아미노말단에 이것이 생기면 아미노산 배열 분석을 방해하므로 효소를 사용하여 제거한다.

(7) 염기성 아미노산(Lys과 Arg)

Lys의 곁사슬은 끝에 아미노기를 가진 네 개의 메틸렌기로 되어 있으며, 소수성이다. pH 10 이하에서 아미노기는 이온화되어 강한 전하를 띤다. 그러나 분자 일부분은 항상 비이온성이며, 비이온성 부분은 pH가 1 저하하는 데 따라 10이 줄어든다. 비이온화 아미노기는 강한 친핵성이며, 쉽게 아실화, 알킬화, 아릴화, 탈아미노화 반응을 한다. 반응속도는 pH 증가에 따라 올라가며, 이것은 비이온화 아미노기의 비율에 의존한다.

2,4,6-트리니트로벤젠 술폰산(TNBS)과 아릴화 반응시켜 분광광도계로 아미노기를 비색 정량한다. 반응 생성물은 367 nm에서 흡광한다.

$$- (CH_2)_4 - NH_2 + HO_3S \underset{NO_2}{\overset{NO_2}{\longleftarrow}} NO_2 \longrightarrow$$

$$\underset{NO_2}{\overset{NO_2}{- (CH_2)_4 - NH \longleftarrow}} NO_2 + H_2SO_3 \qquad (2.9)$$

(Lys, TNBS)

아세트산, 숙신산, 말레산, 시트르아코닌산(메틸말레산) 무수물과 쉽게 아세틸화된다.

산성에서는 말레산과 시트르아코닌산 무수물에 의한 아세틸화 반응이 역으로 진행되는 경우가 많다.

Lys의 아미노기는 O-메틸이소우레아로 구아닐화되어 호모아르기닌 곁사슬이 된다.

아미드화 반응도 일어난다. 이 두 반응에서 곁사슬은 모두 강한 염기성으로, 양전하로 하전된다.

Lys 잔기는 피리독살인산과 같이 알데히드와 Schiff 염기를 형성하며, $NaBH_4$ 같은 환원제로 환원시키면 안정한 결합이 된다.

$$- (CH_2)_4 - NH_2 + \text{[pyridoxal-phosphate]} \rightleftharpoons$$

(Lys) (pyridoxal-phosphate)

$$- (CH_2)_4 - N = CH \cdots \xrightarrow{NaBH_4} - (CH_2)_4 - NH - CH_2 \cdots \qquad (2.10)$$

(schiff base)

호모시트룰린 잔기를 만드는 데는 시안산으로 카르바밀화시키는 방법이 많이 사용된다.

Lys 잔기의 아미노기는 많은 반응에 관여하여 이들 곁사슬을 플러스, 마이너스로 하전시키거나 중성인 많은 유사물질로 전환시킨다. 펩티드 사슬의 α-아미노기도 같은 반응에 관여한다. ε-아미노기와 α-아미노기는 pK_a값만 약간 다를 뿐이다.

Arg의 곁사슬은 세 개의 메틸렌기와 강염기성 δ-구아니도 그룹으로 되어 있다. 그래서 대부분의 pH에서 이온화된다. 세 개의 C-N 결합은 똑같이 120도의 각을 이룬다. 그리고 세 개의 C-N 결합은 1/3의 이중 결합성을 갖게 된다. 양성자를 잃고서 구아니딘이 되면 대칭의 공명 구조를 잃는다. 이같이 Arg 곁사슬의 구아니도 이온은 안정화를 위한 공명 구조로 약산을 이루고 있다.

공명 구조에 따라 (+) 전하는 작용기 전체로 분산된다. 양성자화된 구아니도기는 반응성이 없고, 중성 pH에서는 일부만 비이온화형으로 존재한다. 그러나 카르보닐기와 구아니도기의 두 질소원자 거리가 가까워서 1,2-및 1,3-디카르보닐화합물(페닐글리옥살, 2,3-부타디온, 1,2-시클로헥사디온)은 구아니도기와 쉽게 헤테로고리형 축합물을 만든다.

$$-(CH_2)_4 - NH - C \begin{smallmatrix} NH_2 \\ \\ NH_2 \end{smallmatrix} + \text{(cyclohexanedione)} \rightleftharpoons$$

Arg   cyclohexanedione

$$-(CH_2)_4 - NH - C \begin{smallmatrix} NH \\ \\ NH \end{smallmatrix} \quad \text{(2.11)}$$

축합 생성물은 붕산 존재 하에서 인접한 수산기와 결합하여 안정화된다. 구아니도기는 히드라진이 분해하여 오르니틴의 아미노 곁사슬이 된다.

$$-CH_2 - CH_2 - CH_2 - NH - C \begin{smallmatrix} NH_2 \\ \\ NH_2 \end{smallmatrix} \xrightarrow{H_2N-NH_2}$$

$$-CH_2 - CH_2 - CH_2 - NH_2 \quad \text{(2.12)}$$

그러나 이 반응은 폴리펩티드 골격을 분해시키기도 한다.

(8) π전자단 함유 아미노산(His)

His의 이미다졸륨 이온은 공동작용하는 이미다졸 이온보다 더 대칭적이며 공명 구조를 갖고 있다.

His의 이미다졸 곁사슬은 친핵 촉매로 작용한다. His은 아민류에 속하며, 아민류는 염기성이기 때문에 수산 이온보다 반응성이 크다. 더욱이 His은 3차 아민이다. 3차 아민은 1차 아민이나 2차 아민보다 반응성이 크지만 아민 내의 입체 장해로 반응성이 감소될 때가 많다. 그러나 His의 이미다졸은 질소원자가 치환되어 방향족 고리로 묶여 있는 구조이기 때문에 입체 장해를 적게 받는다. 아민은 약염기이지만 pK가 7 정도이므로 중성 pH에서 존재할 수 있는 가장 강한 염기이다.

$$
\begin{array}{cc}
\text{HC}=\text{CH} & \text{HC}=\text{CH} \\
| \quad | & | \quad | \\
\text{H}^+\text{N} \quad \text{NH} & \text{N} \quad \text{NH} \\
\diagdown \text{C} \diagup & \diagdown \text{C} \diagup \\
\text{H} & \text{H} \\
\text{Imidazolium ion} & \text{Imidazole}
\end{array}
\qquad (2.13)
$$

이미다졸 곁사슬은 많은 반응(아실화, 알킬화 그리고 친전자성 치환)을 할 수 있지만, His 잔기를 특이적으로 변형시킬 수 있는 반응은 매우 적다. 지금까지는 메틸렌 블루나 로즈 벵갈(rose bengal)과 같은 감광색소 존재 하에 광산화시켰다. 반응 생성물은 아스파르트산과 우레아로 보이지만, 아직 잘 밝혀져 있지 않다. 이미다졸 질소원자는 아미노기와 술포히드릴기를 변화시키는 많은 시약과 반응한다. 이 반응은 바람직하지 않은 부반응이다.

수소원자는 용매와 교환되어 단백질의 히스티딘 잔기의 환경을 알아내는 지표가 된다. 이미다졸 질소원자는 pK_a가 14.4일 때 탈양성자화되어 방향족 음이온이 될 수 있다.

$$
\begin{array}{ccc}
^-\text{CH}_2 & & ^-\text{CH}_2 \\
\diagup & \longleftrightarrow & \diagup \\
\text{N} \diagdown \text{N}\!:^- & & ^-\!:\text{N} \diagdown \text{N}
\end{array}
\qquad (2.14)
$$

이 음이온은 두 개의 같은 배위 결합 부위를 가지며, 가끔 결합 형성 리간드가 된다. 히스티딘 곁사슬의 $\varepsilon 1$ 탄소원자(또는 C-2) 상의 수소원자는 단백질의 다른 원자의 공명작용으로 잘 떨어져 나오므로 단백질의 ^{1}H-NMR 연구에 사용된다. 곁사슬이 양성자화되면 공명 자기장은 약 1 ppm 낮아지므로 각 His 잔기의 pK_a값을 결정할 수 있다.

(9) 방향족 아미노산(Phe, Tyr 및 Trp)

방향족 아미노산 잔기인 Phe, Tyr, Trp은 자외선을 흡수하고, 형광특성을 갖기 때문에 단백질 구조절정의 지표가 된다. 히스티딘은 방향족으로 생각할 수도 있으나 이와 같은 분광적 성질이 없으므로 따로 취급한다. 방향족 아미노산의 자외흡수 성질은 표 2.4와 같다(그림 2.5). 자외흡수 스펙트러는 용매 종류, pH, 온도 등에 따라 변하지만 이 변화는 작아서 시차 스펙트러법이 자주 사용된다.

표 2.4 방향족 아미노산의 자외흡수

아미노산	최대흡수파장(nm)	몰흡광계수(l/cm·mole)
Trp	278	5,500
Tyr	275	1,340
Phe	257	190

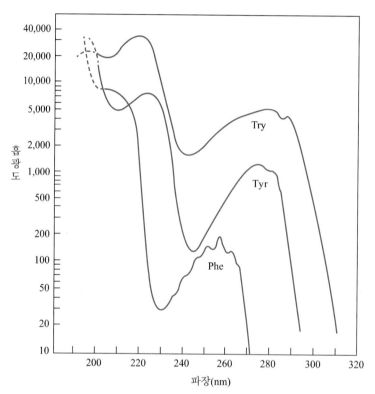

그림 2.5 방향족 아미노산의 자외 흡수 스펙트럼
pH 6에서의 결과

Phe의 방향족 고리는 벤젠 또는 톨루엔 고리와 비슷하여 소수성이 크고 격렬한 조건에서만 반응한다.

Tyr 곁사슬은 쉽게 질산화되거나 요오드화되어 분광적 성질이 변하고 수산기가 이온화된다.

Tyr 곁사슬의 수산기는 수소 결합에 관여한다. 염기성 pH에서 이온화되어 분광적 성질이 변한다. 무수아세트산으로 아세틸화된다.

Tyr의 페놀 수산기가 이온화되면 자외흡수 스펙트러가 크게 변한다. 이를 이용하여 Tyr 잔기의 적정곡선을 구할 수 있다. 글리실-L-티로신의 pH에 따른 흡수 스펙트러 변화를 그림 2.6에 나타내었다. 267 nm와 278 nm에 흡수도가 변하지 않는 등흡수점(isosbestic point)이 얻어진다. 295 nm에서 Tyr이 이온화하고 있지 않은 pH에서 분자흡광계수는 0이지만 pH 13 이상에서는 2.325가 된다. 또 Tyr의 이온화에 의해 245 nm의 흡수도 증가하여 이 파장에서는 Tyr 하나가 해리할 때 10,000의 분자흡광계수의 변화가 생긴다.

방향족 아미노산 잔기의 상태를 조사하는 데는 형광측정도 자주 사용된다.

Trp의 인돌 곁사슬은 단백질 중에서 가장 크고 형광성이 가장 높다. 형광은 곁사슬의 환경에 매우 민감하다. 단백질에는 하나나 몇 개의 잔기만 함유된 경우가 많다. 그래서 Trp의 분광학적 성질을 이용하여 단백질의 구조를 해석한다.

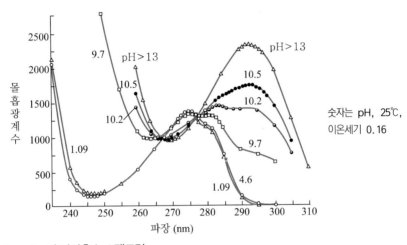

그림 2.6 Glycyl-L-tyrosine의 자외흡수 스펙트럼

단순 단백질의 형광은 주로 Trp, Tyr에 의하며, Phe의 영향은 적다. Trp과 Tyr 양쪽을 다 함유한 단백질의 경우는 주로 Trp에 의한 형광만 관찰된다(표 2.5).

표 2.5 방향족 아미노산의 형광

아미노산	최대흡광파장(nm)	양자수율
Trp	348	0.13
Tyr	304	0.14
Phe	282	0.024

(10) 황함유 아미노산(Met과 Cys)

시스테인의 SH기는 다른 아미노산 곁사슬보다 반응성이 크며 약알칼리성 pH에서 이온화된다. 즉, 황 음이온은 반응성이 크며, 요오드아세트산, 요오드아세트아미드, 요오드화메틸과 같은 할로겐화 알킬과 빠르게 반응하여 안정한 알킬 유도체가 된다.

또 SH기는 *N*-ethylmaleimide나 무수말레산의 이중 결합 부위에 결합한다.

에틸렌이민 고리도 재환시킨다. 그 결과 곁사슬은 (+)로 하전된다. 하전된 곁사슬의 펩티드 결합은 트립신의 가수분해 부위가 되므로 아미노산 배열 결정에 사용한다.

SH기는 많은 금속이온과 복합체를 형성한다. 복합체의 안정성은 제각기 다르다. 가장 안정한 것은 Hg^{2+}와의 복합체이다. 수은이온은 많은 복합체를 형성한다. 이같은 다양성 때문에 SH기와 $1:1$로 복합체를 형성하는 R-Hg^{2+}망 형태의 1가 유기 수은이 사용된다. 가장 잘 알려진 것은 p-머큐리벤조산으로 시약이 결합할 때 나타내는 분광적 변화값으로 SH기를 정량한다.

$$-CH_2-S^- + Hg -\!\!\bigcirc\!\!- CO_2H \longrightarrow$$
$$-CH_2-S-Hg-\!\!\bigcirc\!\!- CO_2H \qquad (2.15)$$

결정학에서는 수은을 SH기와 반응시켜 단백질-중금속 복합체를 만든다.

은이온은 수은이온보다 SH기에 대한 결합력이 작다. 그러나 Ag^+은 1가이기 때문에 정량적으로 반응하므로 SH 적정에 사용된다. 비소화합물과 SH기의 반응은 생물학적으로 중요하다. 구리, 철, 아연, 코발트, 몰리브덴, 망간 및 카드뮴 이온은 모두 SH기와 여러 가지 복합체를 형성한다.

황원자는 여러 가지 산화상태로 존재하며, SH기는 공기 중의 산소나 시약이 쉽게 산화시킨다. 공기 산화에는 Cu^{2+}, Fe^{2+}, Co^{2+}, Mn^{2+}과 같은 금속이온이 촉매로 작용한다. 즉, SH기의 금속 복합체는 산소와 반응하기 쉽다. 황의 산화상태는 불안정하며, SH기의 산화 유도체는 S-S와 술폰산뿐이다. S-S기는 공기 산화의 최종 산물이다.

$$2-CH_2SH + 1/2\ O_2 \longrightarrow -CH_2S-SCH_2- + H_2O \qquad (2.16)$$

술폰산은 강한 산화제에 의해서 생긴다. 예를 들면, 과포름산은 시스데인의 SH기와 S-S기를 시스테인산(Cys-O_3H)으로 산화한다.

$$
\begin{array}{c}
SO_3H \\
| \\
CH_2 \quad O \\
| \quad \| \\
-NH-CH-C- \\
\text{Cys } O_3H
\end{array}
\qquad (2.17)
$$

단백질 중의 시스틴 잔기수는 SH기든 S-S기이든 과포름산으로 산화하여 측정한다.

단백질 중에서는 시스테인 잔기 사이에 S-S 공유 결합이 생긴다. 단백질에서 SH 형태로 존재하는 시스테인 잔기를 산가수분해하면 공기산화로 S-S 결합으로 연결된 아미노산이 얻어진다. 이렇게 분리된 아미노산, 즉 시스틴은 다음과 같다.

$$-\underset{\underset{CO_2H}{|}}{\overset{\overset{NH_2}{|}}{CH}} - CH_2 - S - S - CH_2 - \underset{\underset{CO_2H}{|}}{\overset{\overset{NH_2}{|}}{CH}} \tag{2.18}$$

시스테인은 '1/2 Cystine'으로 나타낸다. 시스틴은 펩티드 결합하지 않고 SH 기형의 시스테인이 단백질로 합성된 다음 그들 사이에 S-S 결합을 한다.

이온화되면 반응성을 나타내므로 pH가 낮으면 반응속도가 감소한다.

Ellman 시약과 함께 티올기를 분석하는데는 디티오니트로벤조산(DTNB) 같은 방향족 티올로 티올-S-S기를 교환하는 반응이 가장 편리하다. 방향족 티올기가 분리되어 밝은색을 띠기 때문이다.

$$\tag{2.19}$$

단백질의 S-S 결합은 메르캅토에탄올 같은 티올 화합물로 처리하면 환원되어 분리된다.

$$-CH_2-S-S-CH_2- + RS^- \rightleftharpoons -CH_2-S-S-R + {}^-S-CH_2-$$
$$\text{Protein disulfide} \qquad\qquad\qquad \text{Mixed disulfide}$$
$$-CH_2-S-S-R + RS^- \rightleftharpoons R-S-S-R + {}^-S-CH_2- \tag{2.20}$$

반응은 S-S 두 가지의 연속적인 반응으로 중간 산물을 거치는 티올-S-S 교환 반응이다. S-S 결합은 단백질 내부에서 형태를 안정화시키고 있기 때문에 S-S 결합을 환원하려면 과량의 티올 시약이 필요하다. 단백질의 S-S 결합을 알킬화하는 데는 디티오트레이톨이 많이 사용된다.

$$\begin{array}{c} \text{CH}_2\text{SH} \\ | \\ \text{HOCH} \\ | \\ \text{HCOH} \\ | \\ \text{CH}_2\text{SH} \end{array} + \text{R}-\text{S}-\text{S}-\text{R} \rightleftharpoons \begin{array}{c}\text{HO} \\ \text{OH}\end{array}\text{S} + 2\,\text{RSH} \qquad (2.21)$$

이 반응으로 6각형 고리 내에 안정한 S-S 결합을 형성한다. 이 반응은 S-S 혼합물을 거쳐서 2단계로 진행한다.

S-S 결합은 전극이나 $NaBH_4$ 같은 시약으로 환원된다. 또 시아니드, 술피트, 수산이온과 같은 친핵성 화합물에 의해 분해된다.

$$\text{RS}^- + \text{RSCN} \xrightarrow{\text{CN}^-} \text{R}-\text{S}-\text{S}-\text{R} \xrightarrow{\text{OH}^-} \text{RSOH} + \text{RS}^-$$
$$\Updownarrow \text{SO}_3^=$$
$$\begin{array}{c}\text{R}-\text{S}-\text{SO}_3^- \\ + \\ \text{RS}^-\end{array} \qquad (2.22)$$

2.2 1차 구조

단백질은 아미노산 잔기가 펩티드 결합으로 사슬처럼 길게 늘어난 구조를 하고 있다. 이를 1차 구조라 한다.

펩티드 결합은 한 아미노산의 α-NH$_2$기와 다른 아미노산의 α-COOH기가 축합하여 형성된다.

$$\begin{array}{cc} \text{R} & \text{R}' \\ | & | \\ \text{H}_2\text{N}-\text{CH}-\text{COOH} + & \text{H}_2\text{N}-\text{CH}-\text{COOH} \end{array}$$

$$\downarrow -\text{H}_2\text{O}$$

$$\begin{array}{cc} \text{R} & \text{R}' \\ | & | \\ \text{H}_2\text{N}-\text{CH}-\boxed{\begin{array}{c} \text{H} \\ \text{C}-\text{N} \\ \| \\ \text{O} \end{array}}-\text{CH}-\text{COOH} \end{array}$$

펩티드 결합

많은 펩티드 결합으로 이루어진 분자를 폴리펩티드라 한다.

폴리펩티드 사슬 중 펩티드 결합을 하고 있지 않은 한쪽 끝의 α-NH$_2$기를 NH$_2$ 말단(또는

N말단)이라 하며 α-COOH기를 COOH 말단(또는 C말단)이라 한다. 아미노산 잔기의 배열은 N말단 잔기부터 번호를 매겨 표시한다. 중간의 아미노산 잔기 위치는 세 문자 표시 다음에 숫자로 표시한다. 즉, Asp 100이라 하면 N 말단에서부터 100번째에 위치한 아스파르트산 잔기를 의미한다.

아미노산 잔기의 수가 10여개 이하인 펩티드는 oligopeptide, 분자량 1만 이하는 peptide, 분자량 1만 이상은 polypeptide(단백질)라 한다.

펩티드 사슬은 이리저리 접혀져서 존재하며 인접한 사슬은 시스테인과 시스테인 사이의 S-S 결합으로 연결되어 있는 경우가 있다. Ribonuclease(리보핵산 가수분해효소)는 아미노산 124잔기로 된 폴리펩티드이며 26번째와 84번째 사이, 65번째와 73번째 사이 등에 시스테인 잔기의 S-S 결합이 형성되어 있다(그림 2.7).

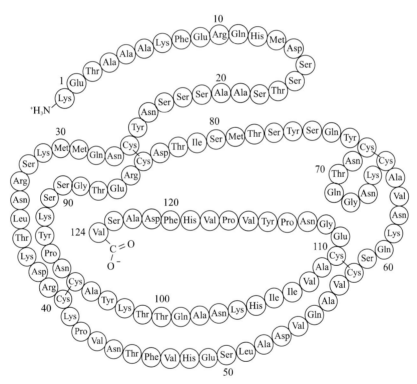

그림 2.7 Ribonuclease의 아미노산 배열

단백질을 구성하는 아미노산은 20종류에 지나지 않으나 펩티드 결합으로 만들 수 있는 단백질의 종류는 통계적으로 거의 무한에 가깝다. 따라서 모든 효소 단백질은 서로 다른 아미노산 배열을 가질 것으로 생각되나 실제로는 그렇지 않고, 규칙성이 있다. 같은 기능을 갖는 효소는 생물의 종이 다르더라도 아미노산 배열에 같은 곳이 존재한다.

단백질 분해효소인 포유동물의 펩신과 푸른곰팡이의 산성 protease (penicillopepsin, 아스파르트산 단백질가수분해효소)의 1차 구조를 비교하면 그림 2.8과 같다.

```
                                                       A  B
       -4 -3 -2 -1  1  2  3  4  5  6  7  8  9 10 11 12 13 14 15 15 15 16 17 18 19 20 21 22 23 24
Pep.    A  A  S  G  V  A  T  N  T  P  T  A  N  -  D  E  E  Y  I  T  P  V  T  I  G  -  -  -  G
Pen.    A  A  A  L  I  G  D  E  P  L  E  N  Y  L  D  T  E  Y  F  -  -  G  T  I  G  I  G  T  P  A

       25 26 27 28 29 30 31 32 33 34 35 36 37 38 39 40 41 42 43 44 45 46 47 48 49 50 51 52 53 54
Pep.    T  T  L  N  L  N  F  D  T  G  S  A  D  L  W  V  F  S  T  E  L  P  A  S  Q  Q  S  G  H  S
Pen.    Q  D  F  T  V  I  F  D  T  G  S  S  N  L  W  V  P  S  V  Y  C  S  S  L  A  C  S  D  H  N

                                                                         A
       55 56 57 58 59 60 61 62 63 64 65 66 67 68 69 70 71 72 73 74 75 76 77 78 79 80 80 81 82 83
Pep.    V  Y  N  P  S  A  T  G  K  -  E  L  S  G  Y  T  W  S  I  S  Y  G  D  G  S  S  A  S  G  N
Pen.    Q  F  N  P  D  D  S  S  T  F  E  A  T  S  Q  E  L  S  I  T  Y  G  T  G  S  M  -  T  G  I

                                                 1
       84 85 86 87 88 89 90 91 92 93 94 95 96 97 98 99 00 01 02 03 04 05 06 07 08 09 10 11 12 13
Pep.    V  F  T  D  S  V  T  V  G  G  V  T  A  H  G  Q  A  V  Q  A  A  Q  Q  I  S  A  Q  F  Q  Q
Pen.    L  G  Y  D  T  V  Q  V  G  G  I  S  D  T  N  Q  I  F  G  L  S  E  T  E  P  G  S  F  L  Y

                                                          A
       14 15 16 17 18 19 20 21 22 23 24 25 26 27 28 29 30 31 32 33 34 34 35 36 37 38 39 40 41 42
Pep.    D  T  N  N  D  G  L  L  G  L  A  F  S  S  I  N  T  V  Q  P  Q  S  Q  T  T  F  F  D  T  V
Pen.    Y  A  P  F  D  G  I  L  G  L  A  Y  P  S  I  S  A  S  G  A  T  -  P  V  F  D  N  L  W  D

       43 44 45 46 47 48 49 50 51 52 53 54 55 56 57 58 59 60 61 62 63 64 65 66 67 68 69 70 71 72
Pep.    K  S  S  L  A  Q  P  L  F  A  V  A  L  K  H  Q  -  -  Q  P  G  V  Y  D  F  G  F  I  D  S
Pen.    Q  G  L  V  S  Q  D  L  F  S  V  Y  L  S  S  N  D  D  S  G  S  V  V  L  L  G  G  I  D  S

                               A                                        2
       73 74 75 76 77 78 79 80 80 81 82 83 84 85 86 87 88 89 90 91 92 93 94 95 96 97 98 99 00 01
Pep.    S  K  Y  T  G  S  L  T  Y  T  G  V  D  N  S  Q  G  F  W  S  F  N  V  D  S  Y  T  A  G  S
Pen.    S  Y  Y  T  G  S  L  N  W  V  P  V  -  S  V  E  G  Y  W  Q  I  T  L  D  S  I  T  M  D  G

                                  2
       02 03 04 05 06 07 08 09 10 11 12 13 14 15 16 17 18 19 20 21 22 23 24 25 26 27 28 29 30 31
Pep.    Q  S  G  D  G  F  -  -  -  S  G  I  A  D  T  G  T  T  L  L  L  L  B  D  S  V  V  S  Q  Y
Pen.    E  T  I  A  C  S  G  G  C  Q  A  I  V  D  T  G  T  S  L  L  T  G  P  T  S  A  I  A  I  N

                A                 A
       32 33 34 35 36 37 38 38 39 40 41 42 43 44 45 46 47 48 49 50 51 52 53 54 55 56 57 58 59 60
Pep.    Y  S  Q  V  S  G  A  Q  Q  D  S  N  A  G  G  Y  V  F (T  C  S  B  V) T  B  L  P  V  S  I
Pen.    I  Q  S  D  I  G  A  -  S  E  N  S  D  G  E  M  V  I  S  C  S  S  I  D  S  L  P  D  I  V

                                                             A
       61 62 63 64 65 66 67 68 69 70 71 72 73 74 75 76 77 78 79 80 81 82 82 83 84 85 86 87 88 89
Pep.    S  G  Y  -  T  A  T  V  P  G  S  L  I  N  Y  G  P  S  G  N  G  S  T  C  L  G  G  I  Q  S
Pen.    F  T  I  D  G  V  Q  Y  P  L  S  P  S  A  Y  I  L  Q  D  D  S  -  C  T  S  G  F  E  G

                                           3
       90 91 92 93 94 95 96 97 98 99 00 01 02 03 04 05 06 07 08 09 10 11 12 13 14 15 16 17 18 19
Pep.    N  -  -  -  S  G  I  G  Y (L  I  L) G  D  I  F  L  K  S  Q  Y  V  V  F  D  S  D  G  P
Pen.    M  D  V  P  T  S  S  G  E  L  W  I  L  G  D  V  F  I  R  Q  Y  Y  T  V  F  D  R  A  N  N

       20 21 22 23 24 25 26 27
Pep.    Q  L  G  F  A  P  Q  A
Pen.    K  V  G  L  A  P  V  A
```

그림 2.8 돼지 pepsin과 푸른곰팡이 산성 protease의 1차 구조

표시되어 있는 번호는 사람의 펩신을 기준으로 한 것이다. 돼지와 푸른곰팡이 효소는 사람 효소보다 N말단에 아미노산 네 잔기가 더 있다. 돼지 펩신은 pep, 푸른곰팡이 protease는 pen 이다. 두 효소 모두 약 330잔기의 아미노산으로 되어 있으나 효소의 활성 부위 잔기인 Asn 32와 Asp 215 주변의 1차 구조는 매우 비슷하다. 전체적으로 약 300의 아미노산 잔기 중 약 110 잔기가 서로 비슷하다. 이는 두 효소가 오랜 세월에 걸쳐 진화하는 동안 단백질을 가수분해하는 중요 기능의 1차 구조는 변하지 않고 나머지는 각기 다르게 진화한 것을 의미한다.

각 단백질의 1차 구조를 컴퓨터로 비교하면 상동성(homology)이 높은 효소 단백질을 찾아 기지 효소 단백질과의 구조상, 기능상의 관련성과 그에 따른 분자진화의 정보를 알아낼 수 있고 해당 단백질 자체의 분자 내 상동성, 펩티드 사슬의 하전, 친수성 영역, 소수성 영역, 확률성 분포 등의 구조적 특징과 단백질 생합성 후의 변형 부위(당사슬 결합 부위, 인산화 부위)와 기질이나 보조인자의 결합 부위를 추정할 수 있다. 또 이들을 종합하여 해당 단백질의 구조모델을 구축하고 새로운 기능을 갖는 효소 단백질을 설계할 수 있다.

2.3 2차 구조

펩티드 사슬에서 아미노산 잔기를 연결하는 결합 $>$CO기와 $>$NH기는 동일 평면상에 존재하며 탄소원자와 수소원자가 트랜스 배치하고 있다. C－N 사이의 결합거리는 0.132 nm로 아미드 결합의 결합거리보다 0.015 nm 짧다. 이는 펩티드 결합이 다음과 같이 공명구조를 취하여 C－N 결합의 이중 결합성이 증가하기 때문이다.

$$
\underset{H}{-C-N-} \quad \longleftrightarrow \quad \underset{H}{-\overset{O^-}{C}=\overset{+}{N}-}
$$

펩티드 결합은 이에 따라 40%의 이중 결합성을 지녀서 평면 구조를 취하고 있으며 자유회전되지 않으나 α탄소와 카르보닐기 탄소와의 결합, α탄소와 아미노기 질소와의 결합은 자유회전된다. 이런 성질에 따라 펩티드는 여러 공간 구조를 형성한다.

폴리펩티드 사슬은 나선형으로 감기거나 같은 방향이나 다른 방향으로 물결처럼 접혀진 구조를 취하는 경우가 있다. 이들 구조는 펩티드의 CO ‖‖ NH 사이의 수소 결합으로 형성된다(그림 2.9).

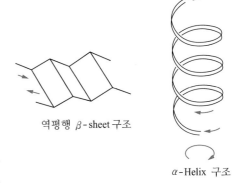

역평행 β-sheet 구조

α-Helix 구조

그림 2.9 단백질의 2차 구조

1. α-Helix

펩티드 사슬이 오른쪽으로 감겨진 나선형 구조를 α-helix라 한다. 1회전하는데 아미노산 잔기 3.6개가 필요하며 1회전의 길이는 0.54 nm, 직경은 0.23 nm이다. 수소 결합은 한 아미노산의 펩티드 결합을 형성하고 있는 >NH와 그로부터 네 번째 떨어진 아미노산의 펩티드 결합을 만들고 있는 >CO 사이에 형성된다.

수소 결합은 모두 축방향으로 형성되어 있다. Helix 안쪽에는 틈이 없이 원자가 채워져서 매우 안정한 구조를 형성하며, 바깥쪽에는 곁사슬의 원자단이 위치한다. 그러므로 α-helix 중에 함유된 많은 펩티드 결합의 쌍극자 방향이 helix축과 거의 평행이므로 α-helix 자체의 N말단 부분을 플러스, C말단 부분을 마이너스 쌍극자로 생각할 수 있다. Glu, Ala, Leu은 α-helix를 만들기 쉽고 Pro, Gly은 만들기 어렵다(그림 2.10).

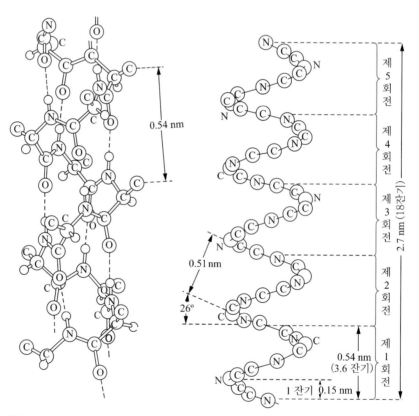

그림 2.10   α-Helix

2. β-Sheet

β-Sheet 구조는 펩티드 사슬끼리 수소 결합으로 나란히 결합한 슬레이트 같은 구조를 말한다. 각 사슬의 N말단과 C말단 방향이 같은 것을 평행구조, 방향이 서로 반대인 것을 역평행 구조라 한다(그림 2.11, 그림 2.12).

Val, Ile, Met은 β구조를 만들기 쉽고, Glu, Asn, His, Ser, Lys은 만들기 어렵다.

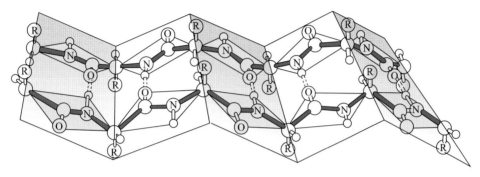

그림 2.11 β-Sheet 구조

역평행 슬레이트형 β-sheet 구조. 점선은 수소 결합 $\phi = -139°$, $\psi = +135'$

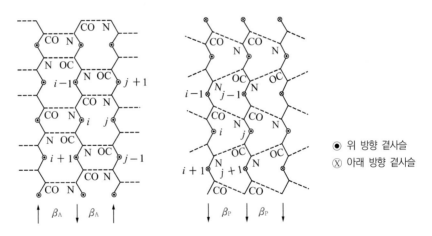

● 위 방향 곁사슬
⊗ 아래 방향 곁사슬

그림 2.12 역평행(왼쪽) 및 평행(오른쪽) β구조

3. 초이차 구조

단백질 분자 중의 α-helix나 β구조를 만드는 사슬이 다시 모여 초이차구조(모티브)를 만들고 있다. 여기에는 β-hair pin, α-hair pin, $\beta\alpha\beta'$(Rossman fold)가 있다(그림 2.13). β-Hair pin은 두 가닥 역평행 사슬로 되어 있다. $\beta\alpha\beta'$는 두 가닥 평행 β-사슬이 이와 역평행으로

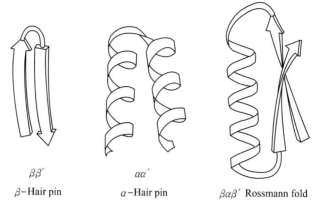

$\beta\beta'$
β–Hair pin

$\alpha\alpha'$
α–Hair pin

$\beta\alpha\beta'$ Rossmann fold

그림 2.13 기본 초이차 구조

달리는 α-helix로 연결된 것이다. 이들 세 초이차 구조를 바탕으로 다시 다음과 같이 복잡한 구조를 만들고 있다.

(1) α 단백질

Myoglobin이 대표적이다. Cytochrome b 562, cytochrome c' 등에는 $\alpha\alpha'$-hair pin 둘이 모여 서로 닮은 입체구조를 갖고 있으나 기능은 전혀 다르다.

(2) β 단백질

β 구조는 거의 역평행이며 $\beta\beta'$-hair pin의 2차 구조가 기본이다. 면역글로불린이 이에 속한다. 면역글로불린의 각 도메인의 세 가닥 역평행의 폴리펩티드 사슬로 된 층과 샌드위치 형으로 겹쳐진 형으로 immunoglobulin fold라 한다.

(3) $\alpha+\beta$ 단백질

$\alpha+\beta$ 단백질의 β 구조는 거의 역평행이나 달걀 lysozyme, RNase(리보핵산 가수분해효소), 소췌장의 trypsin inhibitor가 이에 속한다. Lysozyme은 129잔기의 아미노산으로 형성되며, 5~15, 24~34, 80~85, 88~96, 119~122잔기 사이에는 helix가, 42~48, 49~54 잔기 사이에는 역평행 β-구조가 있다.

(4) α/β 단백질

α/β 단백질의 β구조는 평행 β구조가 대부분이다. 여기에는 lactate dehydrogenase(락트산 탈수소효소), hexokinase(핵소오스 키아나제), carboxypeptidase A(카르복시말단펩티드 가수분

해효소 A) 등 매우 많다. $\beta\alpha\beta'$ 구조와 여기에서 유도되는 초이차 구조를 기본으로 한다.

탈수소효소에는 보조효소 결합 도메인이 있으며, 서로 매우 비슷한 구조를 가진다. 이 도메인의 주요 구조 단위는 여섯 가닥의 β사슬(N말단에서부터 차례로 βA, βB, βC, βD, βE, βF) 사이에 네 가닥의 α-helix($\alpha\beta$, αC, αE, α/F)로서

$$\beta\diagdown_\alpha\diagup\beta\diagdown_\alpha\diagup\beta\quad\beta\diagup^\alpha\diagdown\beta\diagup^\alpha\diagdown\beta$$

의 구조가 되어 있다. 이는 플라보톡신의 FMN 결합 주위에 있는 $\beta\diagdown_\alpha\diagup\beta\diagdown_\alpha\diagup\beta$ 구조가 두 번 연결된 형이다.

Triose phosphate isomerase(트리오스 인산 이성질화효소)의 서브유닛은 248개의 아미노산으로 되어 있으며 여덟 가닥의 β-sheet(β-barrel이라 한다)를 만들려 여덟 가닥 helix로 연결되고 있다. Taka‑amylase A(*Aspergillus oryzae*의 α-amylase)에도 마찬가지 구조가 존재한다(그림 2.14). 그 구조는 $\beta\alpha\beta$ ⋯⋯의 구조가 연속된 구조이다.

$$\alpha-\beta\diagup^\alpha\diagdown\beta\diagup^\alpha\diagdown\beta-\alpha$$
$$\alpha\diagup\beta\qquad\qquad\beta\diagdown$$
$$\alpha\qquad\qquad\qquad\beta-\alpha$$
$$\beta\diagdown_\alpha\diagup\beta\diagdown_\alpha\diagup\beta-\alpha$$

이는 $\beta\diagdown_\alpha\diagup\beta\diagdown_\alpha\diagup\beta$ 기본단위가 네 개 연결된 구조로 생각할 수 있다.

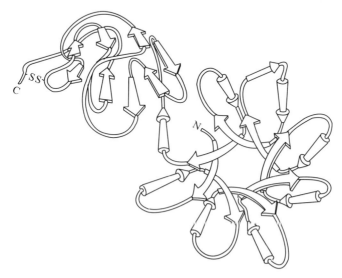

그림 2.14 Taka‑amylase A의 구조

(5) 코일 단백질

α-Helix나 β-구조 등의 규칙구조를 갖지 않는 단백질로, 여기에 속하는 단백질이 거의 없다. 엿기름의 아글루티닌(agglutinin) 뿐이다.

4. 2차 구조의 특징

일반적으로 세포 내 단백질은 α-단백질이나 α/β 단백질이며, 시스틴의 S-S 결합을 갖는 것은 거의 없다. 세포의 단백질의 β-단백질 또는 $\alpha+\beta$ 단백질이다.

단백질의 2차 구조는 다음과 같은 성질이 있다.

① 나선 구조는 거의 오른쪽 α-helix이다. 그 이유는 3.010-helix의 경우 펩티드의 C=O는 나선축의 바깥쪽으로 수소 결합이 휘어지고 있어서 α-helix일수록 안정하기 때문이다. π-Helix의 경우는 나선축 주위에 커다란 공간이 생겨 α-helix 같이 van der Waals 힘을 충분히 이용할 수 없기 때문에 수소 결합이 똑바른 데도 불구하고 불안정하다.

② β 사슬이 여러 가닥 모여 만드는 슬레이트형 β-sheet 구조는 평면이 아니고 뒤틀려 있는 경우가 많다. 이를 β-twist라 한다(그림 2.15). 즉, β-sheet를 구성하는 폴리펩티드 사슬에 따라 펩티드 단위가 오른쪽으로 휘어 있으며 옆에 있는 펩티트 사슬 사이에서는 왼쪽으로 틀려 있다.

③ 평행 β구조를 만들고 있는 두 가닥 폴리펩티드 사슬이 α-helix로 연결되어 있는 경우 $(\beta\alpha\beta')$ 또는 불규칙 구조로 연결되어 있는 경우$(\beta\gamma\beta')$의 연결은 오른쪽 감김이다.

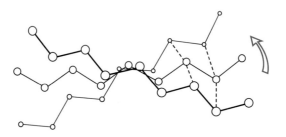

그림 2.15 β-Twist

2.4
3차 구조

폴리펩티드 사슬은 수소 결합으로 α-helix, β-sheet 등의 2차 구조를 형성하지만 그들 사슬은 다시 실뭉치처럼 엉키어 구형에 가까운 형을 이룬다. 이를 3차 구조라 한다. 3차 구조는 이 같은 분자 골격의 입체적 공간배열로서 입체 구조라 하기도 한다.

효소 단백질 분자의 입체구조는 매우 치밀하며 외견상 실뭉치처럼 제멋대로 얽힌 것 같지만 효소의 기능을 발휘하기 위해 가장 적합하게 조직적, 구조적으로 설계되어 있다. 100℃로 효소를 가열하면 대부분의 효소는 입체 구조가 파괴되어 흐트러지며 그에 따라 활성을 잃게 된다. 이 과정에서 펩티드 사슬의 절단은 일어나지 않는다. 따라서 효소가 촉매력을 발휘하기 위해서는 정해진 일정한 형으로 입체 구조를 만들고 있어야 한다.

공간적으로 효소의 활성 부위 가까이 위치하는 잔기는 1차 구조상 멀리 떨어져 있는 경우가 많다 즉, 1차 구조상 떨어진 여러 부위의 아미노산 잔기가 모여 활성 부위를 만들고 있다(그림 2.16).

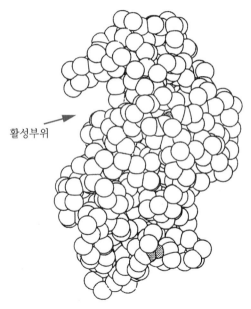

활성부위

그림 2.16 Taka-amylase A의 분자모형

1. 입체 구조

단백질의 구조를 나타내는 방법에는 ① 철사(wire) 모델(그림 1.3, 2.17), ② 구와 봉(ball-and-stick) 모델(그림 2.22), ③ 공간 충전(space-filling) 모델(그림 2.16, 2.17) 세 가지가 있다. ①과 ②는 분자의 내부까지 표시하는 방법이다. ③은 원자를 van der Waals 반경의 구로서 표시하기 때문에 분자의 외형이나 크기를 잘 알 수 있으나 내부는 나타내지 못한다(그림 2.17).

3차원 구조를 표시하는데는 수소를 빼고 활성 부위 원자를, ② 모델로 선택적으로 표시하는 일이 많다. 이 모델은 원자 위치 및 결합 거리와 각도를 정확하게 표시한다. 그러나 원자의 크기는 편리한 대로 가감한다. 분자의 접촉을 나타내기 위한 분자 표면 표시도 있다(그림 2.17). 분자 표면이란 단백질과 물분자가 접촉하는 면(contact면)과 물분자가 두 개 이상의 원자와 접촉하여 만들어지는 면(reentrant면)을 합한 표면이다.

입체 구조는 2차원 지면에 그리게 되므로 3차원 정보를 많이 잃는다. 이를 회복하기 위해서는 생동감 있는 입체 그림으로 3차원 구조를 표현한다. 입체 안경을 사용하는 경우도 있지만 번거로우므로 가능한 한 육안으로 입체시 할 수 있는 것이 좋다.

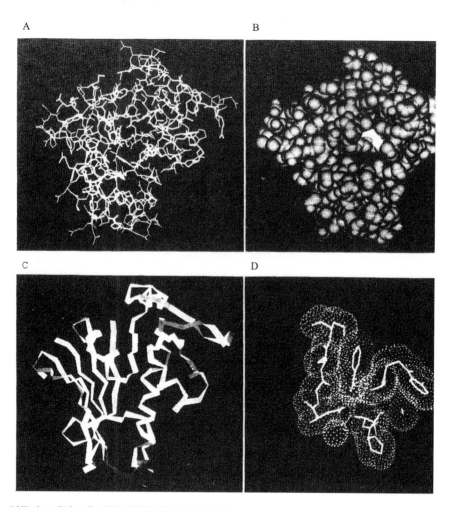

그림 2.17 컴퓨터 그래픽스에 의한 단백질 입체 구조의 표시
A. 철사 모델(dehydrofolate reductase ; DHFR)   B. 공간 충전 모델(DHFR)
C. 프릿츠 모델(DHFR의 α-탄소 연결 주사슬 구조)
D. 분자 표면의 표시(트립신의 기질 결합 포켓과 벤즈아미딘의 접촉)

2. 3차 구조를 형성하는 힘

입체 구조는 수소 결합, 이온 결합, 소수 결합, van der Waals 힘, S-S 결합 등에 의해 유지되고 있다(그림 2.18).

수소 결합은 약하지만 가장 많은 결합을 형성하고 있기 때문에 입체 구조의 주축을 이룬다. 수소 결합은 아미노산 잔기의 곁사슬과 곁사슬 사이, 펩티드 주사슬 아미드기의 질소원자와 카르보닐기의 산소원자 사이에 형성된다. Asp, Glu, Tyr, His, Ser, Thr 등의 곁사슬은 수소 결합할 수 있다.

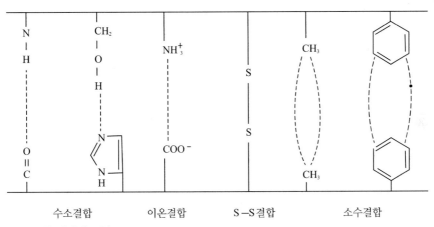

그림 2.18 **3차 구조를 형성하는 힘**

이온 결합은 산성 아미노산과 염기성 아미노산이 모두 이온화되고 서로 접근하여 있을 때 정전기적 결합으로 형성된다.

S-S 결합은 펩티드 사슬의 시스테인과 시스테인 잔기 사이의 S-S 공유결합으로 형성되며 단백질 분자를 견고하게 해 준다(그림 2.19).

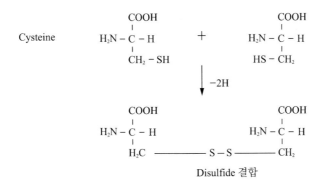

그림 2.19 **S-S 결합**

소수 결합은 아미노산 잔기의 비극성 곁사슬이 서로 회합하는 곳에서 형성된다.

친수성기는 물과 친하기 때문에 단백질 분자 외부에 나타나는데 반해 소수성기는 분자 내부에 매몰되는 경우가 많다. 여기에는 지방족 아미노산잔기들이 관여한다.

van der Waals 결합력은 입체적으로 서로 맞는 두 분자 사이의 상호작용이다.

두 원자 사이의 거리가 0.3~0.4 nm에 가까워질수록 원자의 종류에 관계없이 van der Waals 힘에 의해 인력이 작용하여 두 원자 사이에 결합력이 생긴다. 그러나 두 원자 간의 거리가 너무 가까워지면 원자구름이 서로 겹쳐지기 때문에 강한 반발력이 생긴다(그림 2.20).

두 원자 간의 van der Waals 힘에 의한 결합에너지는 작으나 효소와 기질같이 입체적으로 상보적인 관계에 있는 분자 사이에서는 상호 많은 원자 사이에서 동시에 van der Waals 힘이 작용하여 큰 결합력이 된다.

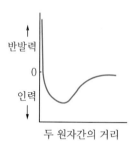

그림 2.20 두 원자 사이의 거리와 van der Waals 힘과의 관계

3. Domain 구조

2차 구조로부터 3차 구조에 걸친 입체 구조 형성 방법의 하나로 2차 구조에서 살펴본 구역 구조(domain structure)가 있다. 도메인은 '분자 내 분자'라 할 수 있으며 동일 분자 내에서 다른 분자와 구별되는 분자 단위이다. 많은 경우 2차 구조의 집합체(초이차 구조)가 기본이 되어 만들어진다. 도메인 구조는 분자량 2~3만 이상의 구형 단백질의 경우에는 일반적이며 각 도메인은 외적 환경변화에 각기 독립적으로 거동한다.

하나의 도메인은 100~150개의 아미노산으로 되어 있으며 직경 2.5 nm 정도이다. 각 도메인은 각기 중요한 기능을 분담하고 있다. 해당계의 효소에서는 보조효소와 결합하는 도메인과 촉매작용하는 도메인으로 나누어져 있다. 이들 기능상의 도메인은 입체구조적으로 다시 여러 구조상의 도메인으로 나누어져 있는 일도 있다. 여러 도메인으로 된 효소 단백질의 기능 부위는 둘 이상의 도메인 접촉 부위에 존재하는 일이 많다.

효소의 기능을 담당하는 것은 경직된 구조체로서의 단백질이 아니고, 기질과의 상호작용에 필요한 유연성을 가진 단백질이다. 생리적 환경에서 최적의 안정성과 유연성을 갖추기 위해 도메인 구조는 가장 적합한 형태라 할 수 있다. 사실 효소의 활성 부위는 도메인과 도메인이 접촉하는 부위에 존재하는 경우가 많다.

도메인 구조를 갖는 단백질은 적당한 조건에서 한정 분해하여 도메인을 분리할 수 있으며, 떨어져 나온 토막이 원래의 기능을 유지하는 경우가 많다.

4. 단백질 분자의 표면 및 내부 구조

구형 단백질의 3차 구조는 분자량이 수만인 경우 직경이 수 nm인 회전 타원형에 가깝다. 단백질 분자의 표면은 주로 친수성 잔기로 되어 있어서 극성 곁사슬이나 해리성 곁사슬이 존재하는데 반해 분자 내부에는 주로 소수성 아미노산 잔기가 모여 있다. 그래서 단백질은 극성외투를 입은 기름방울로 비유된다.

단백질 분자를 구성하는 원자와 물분자와 접촉할 수 있는 면적을 노출 표면적(accessible surface area)이라 한다(그림 2.21). 즉, 단백질 분자를 구성하는 원자와 van der Waals 접촉할 수 있는 분자 중심이 접하는 면적이다.

단백질 분자 표면은 미시적인 아미노산을 구성하는 원자가 凹凸형으로 노출되어 약 두 배가 된다. 단백질의 분자량(M)과 표면적(A) 사이에는 $A = 11.1 M^{2/3}$의 관계가 있다.

분자량 15,000인 lysozyme의 표면적은 거의 65 nm^{2}로, 펼쳐진 상태의 펩티드 사슬 표면의 70% 전후가 분자 내부에 묻혀 있다. 또 탄소원자와 황원자를 소수성, 산소원자와 질소원자를 친수성으로 하여 물분자와 접촉할 수 있는 면적을 비교하면, 분자 표면의 소수성 면적과

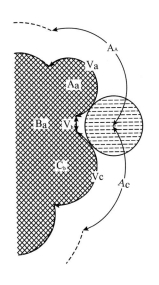

원자 A와 C는 A_A, A_C의 노출 표면적을 가지며 원자 B는 A와 C에 의해 입체적으로 방해받아 노출 면적을 갖지 않는다.

그림 2.21 노출 표면적

친수성 면적의 비율은 거의 6 : 4이다.

이 숫자는 구형 단백질의 분자 표면이 친수기로 완전히 덮여 있는 것이 아니고 어느 정도 소수적인 것을 나타내고 있다.

분자 표면에 존재하는 해리기는 pH 변화에 의해 하전상태가 변하여 단백질의 형이나 성질이 변하게 된다. 단백질 표면을 만드는 잔기로서는 곁사슬의 해리평형을 중성 부근에 갖는 His(pK_a 6.3~6.6)이나 1/2 Cys(pK_a 7.5~9.5)보다 중성에서 먼 pH에 해리평형을 갖는 아미노산(Asp, Glu, Lys, Arg)이 많다.

뒤의 해리기는 중성 부근에서 하전상태가 변하지 않기 때문에 중성에서 최적 pH를 갖는 효소는 분자 전체의 형태, 즉, 3차 구조가 거의 바뀌지 않고 작용하는 산, 염기 촉매로서 His이나 1/2 Cys을 이용할 수 있다.

분자나 원자의 van der Waals 구(球)로 둘러싸인 체적 중에 해당 분자나 원자가 점유하는 면적에 대한 비를 충전밀도라 한다. Lysozyme이나 RNase A(리보핵산 가수분해효소 A)의 분자 내부의 충전밀도는 0.75이다. 이는 단백질 분자 내부의 75%는 원자로 채워져 있다는 의미이다.

유기분자 결정의 충전밀도는 0.7~0.78이다. 같은 크기의 구를 최대로 채웠을 때의 충전밀도는 0.74이다. 액체인 물이나 시클로핵산의 충전밀도는 0.58, 0.44이다. 즉, 단백질 분자의 내부는 결정에 가까운 상태이다.

이는 2차 구조를 갖는 폴리펩티드 사슬이 접혀져서 3차 구조를 형성할 때 2차 구조끼리의 인식은 매우 정확하며 결정상태와 같은 것을 나타내고 있다. 그래서 단백질 분자를 기름방울로 표현하기보다는 분자결정으로 표현하는 편이 좋을 것이다.

단백질 분자 내부의 극성기는 거의 모두 수소 결합을 하고 있다. 수소 결합에는 방향성이 있으며 기하학적인 제약을 받고 있으나 이는 다시 결정에 가까운 충전이라는 기하학적 제약과도 잘 조화해야 한다.

충전밀도는 단백질 분자가 처한 위치에 따라 좀 다르다. 이 때문에 생기는 일그러짐이 생물활성에 중요한 것으로 나타난다. 특히 활성 부위 근방의 충전밀도는 낮다.

달걀 lysozyme의 Met 105 주위에 Tyr 23, Trp 28, Trp 111, Trp 108의 곁사슬로 둘러싸인 소수성 영역의 충전밀도는 높다. Leu 8, Met 12, Ala 32, Ile 5, Leu 56, Ile 88, Val 92의 곁사슬로 둘러싸인 영역에는 구멍이 있어서 충전밀도는 낮다.

이같이 충전밀도가 그다지 충분하지 않은 부위에는 구멍이 생기며 구멍은 물분자가 점하고 있는 경우도 있다. 즉, chymotrypsin, carboxypeptidase A(카르복시 말단펩티드 가수분해효소 A), trypsin, 소췌장 trypsin inhibitor 등에 이와 같은 예가 보인다.

단백질 분자 내부에 원자가 채워지는 방법은 각 α탄소 원자 주위 반경 r인 구의 안에 들어 있는 원자(수소원자 제외)의 수로 나타낼 수 있다. 이를 접촉밀도라 한다. 접촉밀도가 낮은 곳은 용매와 접하고 있는 부분이고, 접촉밀도가 높은 곳은 분자 내부에 있는 부분이다. 접촉밀도가 높은 곳은 소수성도 높다. 또 α-helix나 β구조는 접촉밀도가 높은 곳에 나타난다.

5. S–S 결합

단백질 중에서 S–S 결합은 최고 17개까지 형성되어 있으며, 평균 셋 정도이다. 일곱 개 이상의 S–S 결합을 갖는 효소는 별로 없다. 물론 S–S 결합을 전혀 갖고 있지 않은 효소도 많다.

일반적으로 세포 내 단백질보다 세포 외 단백질이 S–S 결합을 많이 갖는다. 세포 내에서는 글루타티온에 의한 환원상태 때문에 SH기는 안정하나 세포 외에서는 산화되어 S–S 결합이 된다.

S–S 결합은 1차 구조상 비교적 가까워서 10~14잔기 떨어진 곳에 S–S 결합이 형성되어 있는 경우가 가장 많다. 150잔기 이상 떨어져서 S–S 결합을 만들고 있는 예는 드물다.

멀리 떨어진 곳에 S–S 결합이 형성되어 있는 예로는 아미노 말단 부근과 카르복시 말단 근방이 있다. 즉, 129잔기로 되어 있는 달걀 lysozyme은 네 가닥은 S–S 결합을 가지며 그중 한 가닥은 5~58 사이에, 85잔기로 된 프로인슐린은 18~25 사이에, 123잔기로 된 phospholipase A_2(인산지방질 가수분해효소 A_2)는 27~123 사이에 S–S 결합이 형성되어 있다.

일차 구조상 가까운 시스테인 사이에서 S–S 결합은 형성될 수 없다.

S–S 결합은 불규칙 구조의 폴리펩티드 사슬 사이에 형성되어 있는 경우가 많고, α-helix나 β구조 사이에 S–S 결합이 걸쳐져 있는 예는 거의 없다. S–S 결합은 분자 내부에 매몰되어 있는 경우가 많다.

단백질 분자의 입체 구조상 S–S 결합은 변성상태의 형태수를 감소시켜서 단백질 분자를 안정화시키고 있다. 단백질이 매우 작아서 수소 결합이나 소수 결합 등으로 안정화 에너지를 충분히 얻을 수 없을 때에는 S–S 결합을 형성하여 안정화하게 된다. Phospholipase A_2, insulin, 소췌장 trypsin inhibitor 등은 분자량이 작고 S–S 결합이 많다. 또 ferredoxin, rubredoxin 같이 S–S 결합 대신 금속이온으로 안정화되고 있는 단백질도 있다.

2.5
4차 구조

이리저리 접혀져서 입체 구조를 형성한 폴리펩티드 사슬은 다시 다른 폴리펩티드 사슬과 결합하여 효소분자를 형성하는 경우가 있다.

각 폴리펩티드 사슬은 동일할 수도, 동일하지 않을 수도 있으며, 활성 부위는 각 폴리펩티드 사슬이 독립적으로 형성할 수도 있다. 각 폴리펩티드 사슬끼리의 결합은 대부분 비공유 결합이며, S-S 결합이 관여하는 경우도 있다.

단백질은 분자가 규칙적으로 공간 배열하면 결정이 되므로, 모두 분자집합할 수 있다. 분자 표면에 친화성을 갖는 부위가 하나 있으면 다이머를 형성하고, 여러 곳 있으면 배치에 따라 섬유상이나 구형이 된다. 즉, 분자집합에서는 서브유닛 표면의 촉매 부위 성질과 배치가 결정적인 역할을 하며, 단백질마다 특이적이다.

서브유닛은 분자 표면에 나와 있는 아미노산 곁사슬에 의한 정전기적 상호작용, 수소 결합 등의 비공유 결합으로 집합하므로 용액 중에서 서브유닛 분자의 농도를 낮추면 혼합 엔트로피 때문에 해리하고 만다.

섬유상 분자집합같이 핵이 있어야 중합하기 시작하는 계는 용액 중의 서브유닛이 핵이 될 때의 상호작용과 핵에서 성장할 때의 상호작용을 달리 하여 중합과정을 열역학적으로 설명할 수 있다.

중합체로 조합된 서브유닛, 핵 속의 서브유닛, 용액 중의 서브유닛 구조는 서로 약간씩 다르다. 또 완전히 같은 서브유닛이면서 분자 집합체는 전혀 다른 구조를 취하는 경우도 있다.

서브유닛에 염기성 아미노산이 많으면 플러스, 산성 아미노산이 많으면 마이너스를 띤다. 저분자 이온의 농도가 낮으면 같은 전하의 서브유닛끼리는 전기적으로 반발하여 분자집합하지 않는다.

저분자 이온의 농도가 높아질수록 서브유닛 표면의 하전기 주위에는 반대의 저분자 이온이 모여 전기적으로 중성이 된다. 그래서 서브유닛 사이의 반발력은 감소하여 서브유닛 분자의 충돌확률이 높아진다.

서브유닛 단백질 분자 표면에 서로 끄는 인력 부위가 있으면 회합이 일어난다. β-락토글로불린의 다이머 형성에서 이런 결과를 볼 수 있다. 반대로, pH를 높여 가고 염농도를 낮추어 가면 β-락토글로불린은 정전기적 반발력으로 둘로 나누어진다.

두 분자가 근접하여 분자회합을 만들 때는 서브유닛 분자의 미세한 입체 구조도 작용한다. 여기에 작용하는 비공유 결합은 van der Waals 힘, 전기적인 쿨롱력, 수소 결합, 소수적 상호작용이 있다. 그중에서 소수적 상호작용이 가장 큰 작용을 한다.

접촉면에 소수기가 있을수록 넓은 영역이 필요하다. 이런 서브유닛의 입체 구조는 에너지 손실을 수반하여 불리하지만 분자 전체로 보면 안정하다. 또, 접촉면의 입체 구조도 서로 꼭 맞아야 한다.

모든 회합형식이 이와 같은 것은 아니다. 근육 트로포미오신은 염농도가 낮을수록 중합하며, 액틴은 염농도가 높아야 중합한다. 이같이 분자집합도 단백질에 따라 개성이 다르다.

자세한 것은 제3장에서 설명하고 있다.

2.6
당단백질

생체에서 단백질은 당과 결합하여 존재하는 경우가 많다. 당은 중요한 여러 기능을 발휘한다. 당단백질은 자연계에 널리 존재하고 있다. 예로서 사람 혈액 중에 존재하고 있는 수십 종류의 단백질 중에서 당단백질이 아닌 것은 알부민과 프레알부민뿐이다. 잘 알려져 있는 피브리노겐, 트랜스페린, 세룰로플라스민, α_1 산성 단백질 등은 모두 당단백질이다. 갑상선 티로글로불린 등의 호르몬 전구체, 구조 단백질인 콜라겐, 암의 신약 인터페론 등 당단백질의 수는 일일이 열거할 수 없다.

효소도 당단백질인 것이 매우 많다. 당사슬은 효소의 촉매기능에는 관여하지 않지만 효소 구조의 안정화, 분자인식 등에 관여하고 있다.

당사슬은 효소 분자에 한 가닥만 결합되어 있는 것에서 여러 가닥 결합하고 있는 것도 있다. 당사슬이 한 가닥인 경우도 같은 구조를 갖는 경우는 드물다. 예로서 달걀흰자의 알부민은 당사슬이 한 가닥뿐이지만 11가지 구조가 보고되어 있다.

그림 2.22는 돼지 췌장의 칼리크레인의 입체 구조로, 네 가닥의 당사슬이 결합되어 있다. 분자에 당이 한 가닥만 결합되어 있는 경우도, 당사슬이 가는 봉같이 튀어나오지 않고, 사슬이 매우 굵고, 지름이 단백질 분자의 반에 달하고 있다(그림 2.22).

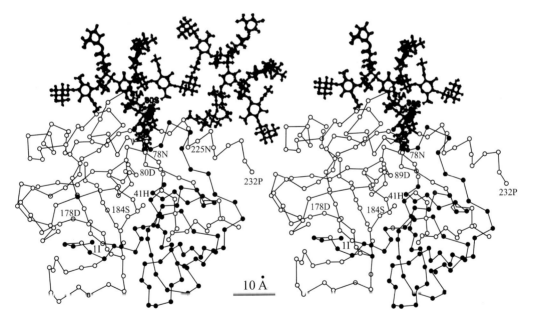

그림 2.22 **돼지 췌장 kallikrein의 구조**
왼쪽 : Kallikrein B, 오른쪽 : Kallikrein A

협의의 당단백질(proteoglycan과 콜라겐 제외)의 당과 단백질의 결합은 N-글리코시드 결합(N은 아스파라긴의 산아미드 CO-NH$_2$의 N)과 O-글리코시드 결합(O는 세린이나 트레오닌의 OH의 O)의 두 가지가 있다(그림 2.23).

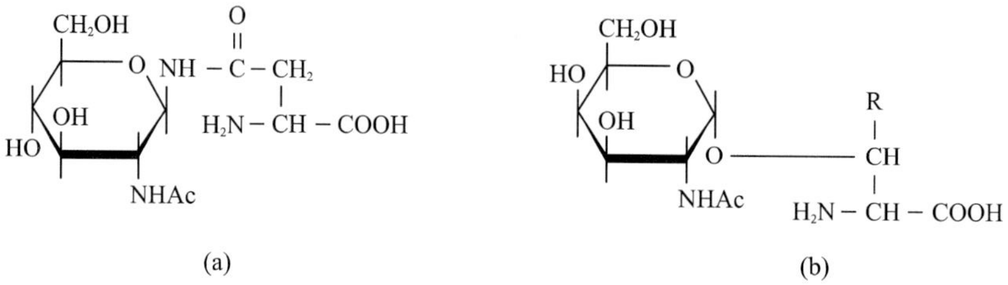

(a)   (b)

그림 2.23 당과 단백질의 결합

(a) 아스파라긴과 N-아세틸글루코사민과의 N-글리코시드 결합(β-배치)

(b) 세린(R = H) 및 트레오닌(R = CH$_3$)과 N-아세틸갈락토사민과의 O-글리코시드 결합(α 배치)

$$\begin{array}{c}\text{공통 코어구조} \quad \begin{array}{c}\text{Man } \alpha 1 \searrow \\ \qquad\qquad \dfrac{6}{3}\, \text{Man } \beta 1 \rightarrow 4\,\text{GlcNAc } \beta 1 \rightarrow 4\,\text{GlcNAc} \\ \text{Man } \alpha 1 \nearrow \end{array}\end{array}$$

N-글리코시드 결합 당사슬, 즉 아스파라긴 결합 당사슬은 다음과 같이 세 가지 구조를 갖고 있다. 이들은 모두 공통의 코어 구조, Man$_3$GlcNac$_2$를 갖고 있다. Man은 만노오스, GlcNAc는 N-아세틸글루코오사민, Gal은 갈락토오스, Fuc는 푸코오스, Sia는 시알산을 나타낸다. $\alpha 1 \rightarrow 2$, $\beta 1 \rightarrow 6$ 등은 $\alpha 2$ 결합, $\beta 6$ 결합 등을 나타낸다.

1. 올리고 만노오스형

코어 부분의 바깥쪽에 만노오스가 최대 6개까지 결합한 것.

2. N-아세틸갈락토사민형

코어 부분 바깥에 N-아세틸갈락토사민(GalGlc NAc)의 가지를 하나~여러 가닥 평행으로 갖고 있는 것. 그 바깥쪽에 푸코오스, 시알산 bisecting의 N-아세틸글루코사민, α-갈락토오스, N-아세틸갈락토사민의 반복 구조를 갖고 있는 것 등 종류가 많다.

3. 혼합형

코어 부분 바깥에 올리고 만노오스와 N-아세틸갈락토사민 두 가지를 갖는 것이다.

2.7
단백질 분자의 안정성

단백질은 고분자이므로 취할 수 있는 상태의 수는 매우 많다. 그러므로 엔트로피만을 고려하면 불규칙 상태를 취하고 있는 편이 안정하겠지만 실제로 단백질 분자의 구조는 매우 규칙적이다. 이는 엔트로피항 이상의 큰 에너지항이 있는 것을 의미한다. 단백질 분자의 복잡한 구성을 보면 많은 종류의 힘이 안정화에 관여하고 있다. 그중에서도 수소 결합, 소수 결합, 정전기적 상호작용이 중요하다.

단백질분자의 규칙 구조는 변성상태에 비해 매우 작은 자유에너지 차이로 안정화되고 있다(표 2.6).

표 2.6 물속에서의 단백질 변성의 자유 에너지 변화($\Delta G_D^{H_2O}$) 및 Δn

단백질	pH	Δn	$\Delta G_D^{H_2O}$ (kcal/mol)
면역글로불린의 C_L fragment	7.5	29.5	5.7
Myoglobin	6.0	45.1	9.5
Lysozyme	2.9	28.0	9.3
α-Chymotrypsin	4.3	47.3	11.9
Ribonuclease A	6.6	47.6	16.1
β-Lactoglobulin	3.2	62.3	21.9

2.8
단백질의 입체 구조에 관여하는 힘

1. 수소 결합

O, N, S 등 전기음성도가 큰 헤테로 원자와 수소의 결합에는 극성이, 다른 헤테로원자 사이에는 인력이 생긴다. 이것을 수소 결합이라 하며 에너지는 3~7 kcal/mol이다. 수소원자를 강하게 결합시키고 있는 쪽을 제공체, 다른 쪽을 수용체라고 한다. 물분자는 다른 물분자와의 사이에 평균 3.4개의 수소 결합을 형성하고 있다.

단백질의 원자단은 OH, NH, -NH$_2$, -COOH, -NH$_3^+$ 제공체, C=O, N-, -O$^-$, COO$^-$가 수용체로 작용한다. 전하를 갖는 기가 관여하는 수소 결합은 특히 강하다. 단백질의 입체 구조 형성 안정성은 이들 원자단들끼리 수소 결합을 형성하는 경우와 다른 물분자와의 사이에 수소 결합을 만드는 경우가 다르다. 소수적 환경이 아닌 한 수소 결합에 의한 단백질의 접힘은 일어나지 않는다고 할 수 있다.

단백질 내부에서는 수소 결합을 만들 수 있는 기는 모두 수소 결합을 만들고 있다. 단백질 중의 원자단 사이에서 수소 결합을 형성하면 용매화하여 있던 물분자가 해방되어 엔트로피적으로 0.5~2 kcal/mol의 안정화가 얻어진다고 한다. 약한 상호작용이라도, 단백질 중에서는 동시에 다수의 상호작용이 생길 수 있다. 유효농도를 고려하면 수소 결합은 단백질의 입체 구조를 충분히 안정화시킬 수 있다.

2. 소수적 상호작용

소수 결합이란 단백질을 구성하는 소수성 곁사슬이 물과 접촉을 피하여 서로 모이려는 응집력을 말한다. 소수 결합은 탄화수소 용해의 열역학 파라미터를 기준으로 측정된다.

물에 기름이나 탄화수소, 벤젠같은 비극성분자를 녹이면 비극성분자 주위에 물분자가 배향하여 바구니형 구조를 형성한다. 그래서 엔탈피(ΔH^o)적으로는 유리하게 되지만 엔트로피($T\Delta S^o$)항이 크게 저하되어 계 전체는 에너지(ΔG^o)적으로 불리하게 된다. 그러므로 두 가지는 혼합되어 있는 것보다 따로 존재하는 편이 안정하다. 그래서 비극성 분자는 물에서 밀려나와 서로 응집하려고 한다.

이같이 물은 비극성분자를 응집시키는 힘이 있다. 이 같은 상호작용을 소수 결합이라고 한다. 그러나 결합을 만들고 있는 것을 의미하는 것은 아니다.

단백질에 함유된 소수성 곁사슬을 가진 아미노산 잔기는 40~50%에 이른다.

이들은 분자와의 접촉을 피하여 단백질 내부에 응집하는 경향이 있다. 이런 상호작용은 단백질을 접히고 뭉치게 하여 입체 구조를 만드는 데 가장 중요한 힘이 된다(그림 2.24).

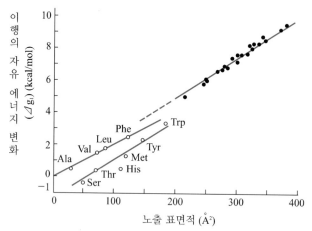

그림 2.24 **소수성 척도(Δg_1)와 노출 표면적의 관계**

3. 정전기적 상호작용

단백질은 중성용액 중에서는 많은 곁사슬이 해리하여 전하를 갖는 상태가 된다. 전리된 곁사슬에는 서로 다른 전하 사이에서는 인력이, 같은 전하 사이에서는 반발력이 작용한다. 이것은 정전기력(쿨롱력)으로, 인력에 의한 결합을 정전기적 결합 또는 이온 결합, 염 결합이라 한다. 두 전하 $q_1 q_2$가 거리 r 만큼 떨어져 있을 때 작용하는 정전기적 상호작용의 에너지는 $q_1 q_2 / D r^2$로 나타낸다.

D는 유전율로, 용매의 극성에 대한 척도이다(진공 중에서 $D=1$). 세포 중의 막지질에서 D는 20 이하이지만, 세포질에 서는 거의 100에 가깝다. 단백질 분자 중의 D값은 5~50으로 생각되고 있다.

4. van der Waals 힘

전기적으로 중성인 분자도 전자구름의 쏠림 또는 부분 이동으로 자발적인 쌍극자를 만든다. 그래서 전장이 인접 분자를 일시적으로 분극시켜 유기 쌍극자가 생기며 이들 사이에 인력이 작용한다.

쌍극자 사이의 정전기적 상호작용은 거리를 r로 하면 $1/r^6$에 비례하는 단거리적인 전위로, 탄소원자 사이에서 7 Å 정도 떨어지면 작용하지 않는다. 인력은 핵단거리가 0.3 Å일 때 약 0.3 kcal/mol 정도의 크기이다.

원자나 분자를 구로 볼 경우 전위 에너지가 최소(인력이 최대)가 될 때의 반경을 van der Waals 반경이라고 한다. 여기에 가까우면 $1/r^{12}$에 비례하는 강한 반발력(van der Waals 반발력)이 작용한다. 단백질 분자 내부에 원자가 치밀하게 모여 있는 상태에서는 van der Waals 반발력도 입체 구조 안정화에 기여하고 있다.

5. 배위 엔트로피

폴리펩티드 주사슬 배위의 엔트로피는 미변성 단백질에 비해 변성 단백질 쪽이 훨씬 크다. 엔트로피 효과는 변성 단백질을 안정화한다. 풀린 폴리펩티드 사슬의 배위 엔트로피에 대해서는 여러 가지로 추정되고 있으나 한 잔기당 2~10 e.u.라 한다. 10 e.u.로 가정하여 곁사슬의 자유도를 고려하면 ribonuclease(리보핵산 가수분해효소)의 경우는 400 kcal/mol, β-락토글로불린의 경우는 약 500 kcal/mol의 자유 에너지를 부여한다.

규칙바른 구조를 취하고 있을 때도 어느 정도 자유도가 있으므로 이를 고려하면 변성 상태와 미변성 상태의 엔트로피 차에 의한 자유 에너지 기여는 200~250 kcal/mol이 된다. 이는 한 잔기당 2 kcal/mol이다. 이 엔트로피 상에 의한 불안정화의 자유 에너지는 전술한 소수 결합의 자유 에너지와 비슷하다.

S-S 결합을 함유한 단백질의 경우는 변성상태에서 취하는 구조수가 적어진다. 그래서 변성에 의한 주사슬의 배위 엔트로피 변화는 S-S 결합을 절단한 것에 비해 작아서 단백질 분자는 그만큼 안정하게 된다. S-S 결합 같은 다리가 존재하면 폴리펩티드 사슬의 엔트로피 변화는 다음 식으로 주어진다.

$$\Delta S = 0.75 \nu R \left(\ln \frac{N_s}{\nu} + 3 \right) \tag{2.23}$$

여기서 ν는 S-S 결합의 두 배 N_s는 S-S 결합에 의한 루프 중에 들어 있는 아미노산 잔기의 수이다.

면역글로불린의 L 사슬에서 효소 소화로 C_L 토막이 얻어진다. 이는 분자 내부의 매몰된 사슬 안에 S-S 결합을 하나 갖는다. 이 S-S 결합을 환원하여 SH기로 하여도 C_L 토막의 구조는 거의 변화하지 않는다. 그러나 염산구아니딘에 의한 변성을 조사하면 S-S 결합을 환원한 C_L은 5.7 kcal/mol, S-S 결합을 환원한 C_L의 경우는 1.7 kcal/mol로 구해지며 S-S 결합을 환원하면 4 kcal/mol 정도 불안정하게 된다.

6. S-S 결합

펩티드 사슬이 3차원적으로 접히면 1차 구조상 멀리 떨어져 있던 1/2 Cys 잔기가 공간적으로 가까워져서 SH기가 산화되어 펩티드 사슬 사이에 S-S 결합을 형성하는 일이 있다. S-S 결합은 단백질 입체 구조를 강하게 고정한다.

S-S 결합은 단백질이 변성하여 자유로이 움직일 수 있는 상태(D상태)의 자유를 제한하여 엔트로피를 형성한다. 즉, 변성상태를 불안정화시켜 본래의 입체 구조 안정화에 기여한다. 세포외 효소는 일반적으로 견고하게 채워진 구조를 하고 있으며, S-S 결합 다리가 많다.

2.9
단백질의 동적 구조

단백질 분자 내부의 충전밀도는 높아서 결정성 구조를 가지고 있다. 그러나 한편으로는 항상 느슨한 동적 구조를 갖고 있다. 이는 효소가 촉매 작용을 수행하기 위한 이상적인 구조로서, 4장에서 언급할 유도적합설과도 관련성을 갖는다.

트립시노겐은 폴리펩티드 잔기 일부가 절단되어 트립신으로 되어 활성화된다.

X선 해석 결과 트립신의 입체 구조는 15%가 변화된다. 변화 부위는 아미노말단~Gly 19, Gly 142~Pro 152, Gly 184~Gly 193, Gly 216~Asn 223의 네 부위로서 트립시노겐에서는 뚜렷하지 않으나 트립신이 되면 뚜렷해진다. 이 영역을 활성화 도메인(activation domain)이라 한다. 이 네 부위는 모두 Gly으로 시작되고 있다. Gly은 곁사슬이 없어서 움직이기 좋기 때문이다. 방향족 아미노산 잔기는 구조를 견고하게 고정시키는 역할을 한다. 그래서 활성화 방향족 아미노산 잔기는 전혀 들어 있지 않다.

트립신의 활성화 도메인에는 20개의 수소 결합이 있으나 트립시노겐에는 없기 때문에 트립시노겐의 활성화 도메인은 불안정하다. 트립시노겐의 활성화 도메인의 S-S 결합(191-220)은 쉽게 환원되나 트립신은 환원되지 않는다.

활성화 도메인은 기질 결합 부위를 형성하며, 기질 결합에 직접 관여하는 잔기가 많다. 트립신의 Asp 189는 기질의 Lys이나 Arg 잔기와 상호 작용하여 특이성을 결정하고 있다.

2.10
단백질의 변성과 재생

단백질 분자의 규칙적인 입체 구조는 생리적인 pH, 온도, 염농도의 수용액에서 안정하게 존재할 수 있으며 극단적인 산성 및 알칼리성 수용액, 고온에서는 규칙바른 구조가 무너진다. 또 고농도 우레아, 염산구아니딘, 유기용매, 염류, 계면활성제 등의 변성제에 의해서도 입체 구조는 무너진다.

물과의 계면, 단백질 수용액의 표면 같이 물과 공기의 계면에서도 입체 구조는 무너진다. 이런 현상을 변성(denaturation, unfolding)이라 한다. 변성이란 단백질의 입체 구조가 변화하는 것을 말한다. 즉, 단백질 분자의 치밀한 결정성의 구조는 비공유 결합으로 만들어져 있으며 그것은 물리적, 화학적인 힘으로 파괴된다.

변성이란 천연 단백질의 무질서화로서, 규칙적이고 뚜렷한 구조에서 사슬이 풀어진 느슨한 배열로 변하는 것을 의미한다. 변성한 단백질을 생리적 조건에 놓으면 원래의 규칙바른 구조를 가진 단백질이 재생한다. 이를 재생(renaturation, refolding)이라 한다.

변성에는 가역적인 변성과 비가역적인 변성이 있다. 완전히 변성한 단백질은 구조가 흐트러진 불규칙한 상태(random coil, unfolded chain)가 된다.

1. 변성

효소 단백질이 변성되면 실활되는 것은 당연하지만 변성과 실활이 같은 뜻은 아니다. 변성은 단백질 분자 구조의 물리적 성질 변화를 나타내는데 반해 실활은 효소 단백질의 촉매 부위와 결합 부위의 실활작용으로 생기는 효소의 불활성화를 의미한다.

효소를 실활시키는 원인은 여러 가지로 매우 복잡하지만 크게 나누면 그림 2.25와 같이 네 가지이다.

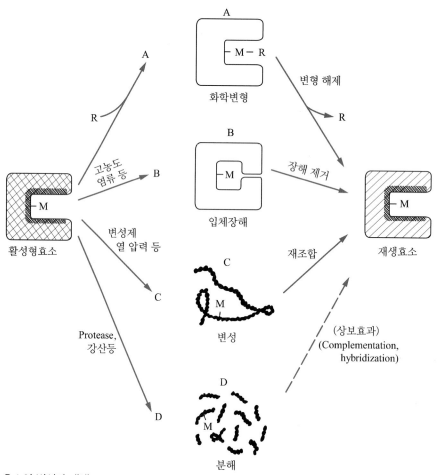

그림 2.25 **효소의 변성과 재생**

A는 활성 부위의 기질 결합이나 촉매 반응에 관여하는 아미노산 잔기의 화학변형 (modification)에 의해 촉매능력이 상실되는 경우로 고차 구조는 변하지 않는다.

B는 활성 부위 부근의 구조변화로 기질 결합이 불가능하게 된 경우이다. 여기에는 활성에 관여하는 아미노산 잔기 부근의 변화에 의한 입체 장해와 고농도 염이나 pH, 화학변화제 등에 의한 부분적 변성이 원인이 된다.

C는 열이나 강한 변성제의 작용으로 전면적으로 변성되어 활성 부위 자체도 없어져 버린

경우이다.

D는 폴리펩티드 사슬의 분해로 고차 구조를 제공하는 1차 구조가 변화, 소멸된 경우이다.

이들 변성을 방지하는 방법은 다음과 같다.

A는 활성 부위를 기질이나 보조효소로 보호하거나 다른 자리 입체성 효소의 활성조절 인자를 제어 부위에 결합시켜 고차 구조의 소밀도(疎密度) 변화로 보호효과를 나타낼 수 있다. 저해제도 기질 결합 부위에 강하게 결합하여 활성 부위를 환경으로부터 보호한다. 이는 B에 대해서도 마찬가지 효과를 얻을 수 있다.

C와 D는 매우 강한 변화로, 펩티드가 가수분해된다 하더라도 시발점이 되는 최초의 작은 변화를 억제할 수 있으면 그에 따른 심한 붕괴를 억제할 수 있다. C와 D의 경우는 물리화학적 요인(변성제, 열, 압력, pH)에 의한 분해는 최초의 표적이 한 곳에만 존재하고 있는 것은 아니므로, 기질이나 리간드의 효과는 그다지 기대할 수 없다.

그보다는 분자 내에 인위적으로 다리를 설치하거나 효소분자를 고정화하여 안정성을 크게 증가시킬 수 있는 경우가 많다. 단백질 가수분해 효소에 의해 D의 변성을 받는 경우는, 기질이나 리간드의 첨가로 고차 구조가 치밀하게 되면 분해가 크게 억제된다.

2. 변성인자

(1) 온도

효소는 일반적으로 저온에서 안정하지만 오히려 저온에서 실활되는 효소도 있다. 저온실활은 해리 ⇄ 회합의 현상인 경우가 많다. 온도가 높으면 회합이 일어난다.

보존을 위해 효소를 동결($-20\,℃$)하는 경우는 ① 농축된 염에 의한 변성, ② pH의 변화, ③ 물의 결정화에 의한 기계적 파괴, ④ SH → S - S 결합의 형성, ⑤ 물과 단백질 수화수와의 상호작용으로 비가역적으로 실활하는 경우가 있다.

단백질의 3차, 4차 구조는 주로 소수 결합으로 유지되며 결합력의 크기, 즉 자유 에너지 변화는 온도 상승과 함께 증가한다. 즉, 소수 결합을 최대로 하는 온도가 있다.

(2) pH 및 완충액

효소는 한정된 pH 영역에서만 안정하며 그 범위를 넘으면 실활한다. 그러나 효소에 따라 안정 pH 영역은 매우 다르다. 안정 pH와 최적 pH는 일치하지 않는 경우도 있고 등전점과도 매우 다른 경우도 있다.

등전점은 다수의 이온화 그룹을 함유한 단백질 분자 전체 전하의 합이 0이 되는 pH인데 대해, 효소 단백질의 안정성은 효소의 실활 부위에만 관계하며 최적 pH는 기질과의 친화성,

반응속도 및 효소의 안정성 세 인자가 관여한다. 단백질은 중성에서 안정하고 산성이나 알칼리성에서 변성하는 것이 많다.

해리기의 pK_a가 정상 pK_a와 크게 다른 경우가 자주 있다. 미변성상태에서 pK_a를 갖는 해리기는 변성되면 다른 pK_a를 갖게 된다. 변성하여 pK_a값이 변하면 미변성상태와 변성상태에서 해리기에 대한 양성자의 결합력이 변한다. 이것이 산, 알칼리 변성의 원인이다.

열이나 산에 의해 변성한 단백질은 천연 구조와 같은 정도의 2차 구조를 가지며, 분자의 풀어짐은 적고 치밀하며, 분자 내부는 치밀한 구조를 갖고 있다. 그러나 원래의 구조와 같이 곁사슬이 고정되어 채워진 상태는 없고 매우 풀린 구조가 되어 있다 이런 구조를 molten globule이라 하며 단백질 구조 형성의 초기에 중요하다.

완충액의 종류도 효소의 안정성에 영향을 미친다. 세포과립의 효소계는 Tris 완충액이 저해한다. Tris 완충액은 온도에 따라 pH 변동이 크다. 동결 시 인산 완충액이 실활시키는 경우도 있다.

(3) 효소농도

일반적으로 효소는 고농도에서 안정하고 저농도에서 실활되기 쉽다. 이유는 해리에 의한 불활성형 서브유닛 형성, 용기에 대한 흡착, 표면변성 등에 의한다.

(4) 유기용매

일반적으로 유기용매는 효소를 불활성화시키지만 유기용매에 안정화되는 효소도 있다. *Psedomonas* sp.의 benzylalcohol dehydrogenase(벤질알코올 탈수소효소)는 20% 아세톤이나 20% 에탄올에 안정화되며 소 심장근육의 lactate dehydrogenase(락트산 탈수소효소)도 유기용매에 안정화된다.

고구마 β-아밀라아제는 착즙액을 60℃에서 10분간 열처리하면 상온에서 50% 아세톤 용액에서도 안정하다. 필자는 이를 이용하여 상온 아세톤 분별침전법으로 고구마 착즙액에서 5시간 정도로 β-아밀라아제를 결정으로 정제하는 방법을 개발하였다.

아미노산 곁사슬이 유기용매로 이행할 때의 자유 에너지(Δg_1)는 비극성 곁사슬인 경우는 마이너스이지만 펩티드기에 대해서는 플러스 값이 된다.

유기용매에 의한 변성은 helix 함량이 증가한 변성상태가 자주 관찰된다. 유기 용매 중에서 유전율은 작고 정전기적 상호작용은 커진다.

(5) 중금속이온

금속이온은 효소의 활성화제이면서 안정화제로서 작용하는 경우가 많다. 그러나 중금속이온은 효소를 변성 실활시키는 것이 많다. 이들은 시안화합물이나 EDTA로 제거된다.

중금속 이온은 그림 2.26과 같이 주로 SH기와의 반응으로 효소를 실활시킨다.

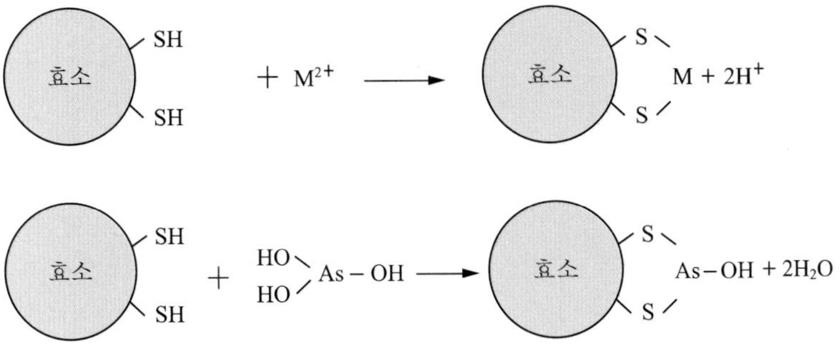

그림 2.26 효소의 SH기에 대한 작용물질

표 2.7에 효소활성을 저해시키는 금속 저해제와 저해 양식을 제시하였다.

표 2.7 효소저해제

저해제	저해되기 쉬운 기	작용형식	반응형	저해되기 쉬운 효소
p-Chloromercury benzoate	SH	RS $\boxed{H+Cl}$ HgC$_6$H$_4$COOH 또는 RS $\boxed{H\ HO}$ HgC$_6$H$_4$COOH	Mercaptide 형성	Urease
Iodoacetoamide (및 iodoacetate)	SH기 및 아미노기	RS $\boxed{H\ I}$ CH$_2$CONH$_2$	Alkyl화	Papain
N-Ethylmaleimide	SH	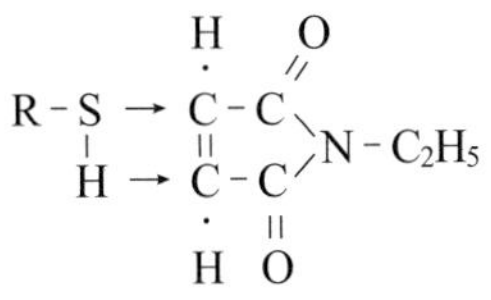 R-S → $\underset{H →}{\overset{H →}{C}}$ $\overset{O}{\underset{O}{C}}$ N-C$_2$H$_5$	부가	Myosin
Iodosobenzoate	SH	R-S $\boxed{H}$ $\boxed{I\ O}$ C$_6$H$_4$COOH R-S $\boxed{H}$	산화	Triose phosphate dehydrogenase
3가의 비소제	SH	R-S $\boxed{H\ Cl}$ R-S $\boxed{H\ Cl}$ As·R	Mercaptide 형성	Succinate dehydrogenase

(계속)

저해제	저해되기 쉬운 기	작용형식	반응형	저해되기 쉬운 효소
Ferricyan화물	SH	$2RSH \rightarrow R-S-S-R+H_2$	산화	β-Amylase
Iodide	SH, 방향족잔기	$2RSH+I_2 \rightarrow R-S-S-R+2HI$	산화, 요오드화	Lactate dehydrogenase
중금속이온 (Hg, Ag 등)	SH, 음이온	Mercapt화	Mercaptide 형성, 염형성	Glutamate dehydrogenase
시안화물. azide	금속 porphyrin ; 금속	금속에 대한 결합	금속의 불활성화	Catalase, Tyrosinase
일산화탄소	금속 porphyrin	금속에 대한 결합(철 porphyrin 복합체는 빛에 해리)	금속의 불활성화	Cytochrome oxidase
Chelate화제(시트르산, pyrophosphate. ethylenediamine 4-acetate)	금속	금속의 제거	금속의 불활성화	Aspartase
불소화합물	금속; 마그네슘 단백질 복합체	Mg - Fluorophosphate 또는 불화 Mg; 단백질	금속의 불활성화	Enolase
Alchoxyhalogen phosphate (diisopropylfluo-rophosphate)	Serine 또는 imidazole	$R \boxed{HF} \overset{O}{\underset{OR}{P}} OR$	인산화	Choline esterase
비산염	가수분해의 ΔF가 400 cal 이상의 유기 인산 결합	인산염에 대한 경쟁적 수용체	가비산 분해	Phosphotrans acetylase

* 여기에는 거대 음이온, 거대 양이온 같은 비특이적인 저해제는 포함되지 않았다.

(6) 염류

진한 염용액은 단백질을 변성시키는 것이 많다. Ca^{2+}, Li^+, SCN^-, ClO_4^-의 변성작용은 매우 크다. 진한 염용액 중에서는 단백질 분자의 소수적 상호작용이 커지거나, 펩티드 사이의 수소 결합은 약해진다. 정전기적 상호작용도 약해진다.

염류의 단백질에 대한 작용은 단백질 분자와 이온의 직접적인 상호작용과 용매의 성질을 변화시키는 데에 따른 2차적 영향이 있다.

진한 염은 다음 순서로 단백질을 변성시킨다. 이를 chaotropic series라 한다.

$$SO_4^{2-} < CH_3COO^- < Cl^- < Br^- < ClO_4^- < CNS^-,$$
$$(CH_3)_4N^+, NH_4^+, K^+, Na^+ < LI^+ < Ca^{2+}$$

(NH$_4$)$_2$SO$_4$나 Na$_2$SO$_4$ 같은 황산염은 오히려 단백질을 안정화시킨다. 이 경우의 안정화는 상기 두 번째의 경우에 해당된다. Ribonuclease(리보핵산 가수분해효소)의 경우 SO$_4^-$ 이온이 결합하고 있지 않을 때는 결정학적 B 인자가 커지며 풀어진 분자상태로 된다고 한다.

(7) 기질 저해제, 보조효소

효소가 기질이나 경쟁적 저해제, 보조효소와 결합하면 변성제에 대한 저항성이 강해진다.

주어진 환경에서 단백질의 형태는 분자 전체적으로 자유 에너지가 최소인 상태에 있으나 국소적으로는 에너지적으로 불안정한 곳이 있다. 해리기가 소수영역에 위치하든가 소수성 곁사슬이 분자 표면에 있는 경우가 그에 속한다.

이와 같이 에너지적으로 불안정한 곳이 효소의 활성 부위인 경우가 많다. 여기에 기질이나 경쟁적 저해제, 보조효소 등이 결합하면 에너지적으로 안정화되어 효소를 안정화시키는 것으로 생각된다.

효소의 다중성

3.1
Oligomer

효소 중에는 한 가닥 폴리펩티드 사슬만으로 된 monomer 효소와 복수의 동종이나 이종의 폴리펩티드 사슬의 subunit(소단위체)으로 된 oligomer (소중합체) 효소가 있다.

기능발현 단위가 비공유 결합으로 회합한 복수의 구성성분을 subunit이라 하며 소단위, 소단위체로 표현한다. 헤모글로빈은 α, β 서브유닛 두 개씩으로 되어 있다 그러나 기능발현 단위를 α사슬 및 β사슬로 생각하는 경우에는 이를 protomer(기본단위체)라 하며, $\alpha_2\beta_2$ 구조를 갖는 헤모글로빈 분자를 올리고머(이 경우 tetramer)라 한다. 구성단위를 프로토머라 할 때는 구성단위 자체를 기준으로 하며, 서브유닛이라 할 때는 회합체를 기준으로 한다.

즉, 프로토머는 올리고머 단백질을 구성하고 있는 각 폴리펩티드 사슬, 즉 모노머 중 분자 구조가 동일한 것을 말한다. 올리고머 효소 단백질은 같은 서브유닛으로 형성되는 경우와 다른 서브유닛으로 형성되는 경우가 있다. 프로토머는 서브유닛을 가리키며, 엄밀하게는 분자 구조가 같은 것을 말한다.

분자 구조가 약간 달라도 이를 프로토머라 하기도 하나, 원칙적으로는 올리고머 효소의 서브유닛이라는 말은 맞지 않는다. 그러나 프로토머와 서브유닛은 자주 혼동하여 사용되고 있다. 두 개 이상의 프로토머를 갖는 효소 단백질은 생리활성을 조절하는 것이 많다. 이는 프로토머 사이의 상호작용으로 설명되고 있다.

각 프로토머는 비공유 결합으로 회합되어 있으므로 우레아와 계면활성제에 의해 해리되어 조절기능을 상실하는 경우가 보통이다.

생체 중에서 만들어지는 효소는 지금까지 3,200여종 이상 알려져 있으며, 그중 올리고머 효소는 70~80%에 이르는 것으로 생각된다. 올리고머 효소는 대부분 세포 내에 존재하며, 생명 활동의 추진과 제어에 중요한 역할을 하는 것이 많다.

효소의 분자량이 6~7만 이상인 것은 대개 서브유닛 구조를 갖고 있다. 물론 서브유닛 분자량이 9만인 phosphorylase(가인산 분해효소), 13.5만인 β-galactosidase(β-갈락토시드 가수분해효소)와 같이 예외도 있다.

올리고머 효소의 서브유닛 수는 두 개에서 수 십 개에 이르기까지 여러 가지이지만 대부분 짝수이며, 그중에서도 두 개와 네 개가 가장 많다. 이는 Monod 등이 제창한 다른 자리 입체성 효과의 발현에 서브유닛의 대칭성이 필요한 결과이지만 송아지 비장의 purine nucleoside phosphorylase(퓨린누클레오시드 가인산분해효소), 효모의 alginase(알긴 가수분해효소) 등과 같이 홀수인 trimer로 존재하는 것도 있다.

고구마 β-아밀라아제는 테트라머이지만 필자가 개발한 과요오드산 산화 녹말이나 말토올리고당으로 변형시키면 비변형 효소와 같은 활성을 나타내는 펜타머가 출현한다.

올리고머 효소의 활성 부위는 서브유닛 집합으로 비로소 만들어지는 것도 있고, 원래부터 각 서브유닛에 독립적으로 존재하던 활성 부위가 분자집합의 영향을 받아 양적, 질적으로 변화하는 경우도 있다.

그림 3.1은 같은 종류의 서브유닛만으로 공간배치를 이룬 형이다. 그러나 aspartate transcarbamylase(아스파르트산 카르바모일기 전달효소, ATPase)와 같이 서로 다른 서브유닛으로 된 것도 있다.

이들은 일반적으로 모두 대칭성을 갖고 있다(그림 3.2).

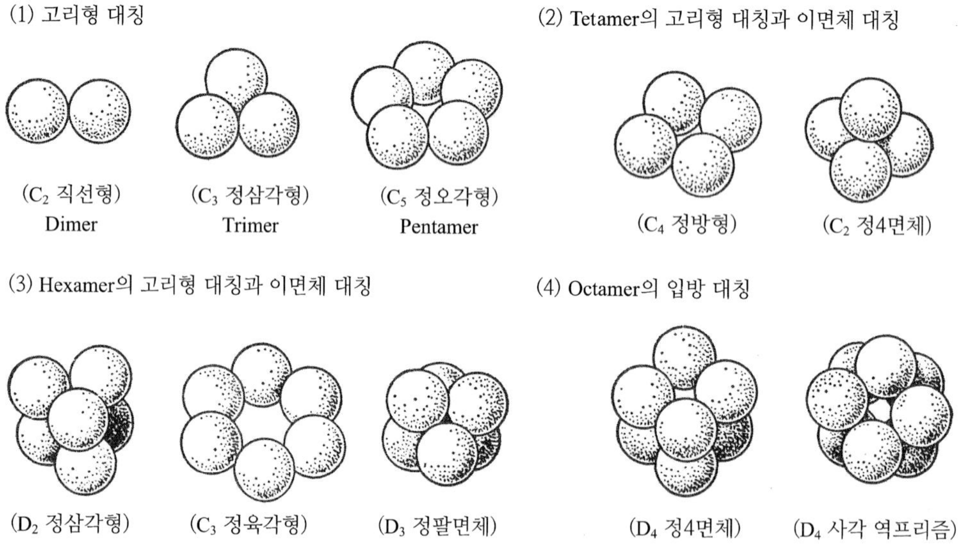

(1) 고리형 대칭

(C₂ 직선형) Dimer
(C₃ 정삼각형) Trimer
(C₅ 정오각형) Pentamer

(2) Tetamer의 고리형 대칭과 이면체 대칭

(C₄ 정방형)
(C₂ 정4면체)

(3) Hexamer의 고리형 대칭과 이면체 대칭

(D₂ 정삼각형)
(C₃ 정육각형)
(D₃ 정팔면체)

(4) Octamer의 입방 대칭

(D₄ 정4면체)
(D₄ 사각 역프리즘)

그림 3.1 **효소 서브유닛의 배치형**
　　　C는 cycle(고리형), D는 dihedral(2면체)의 약자

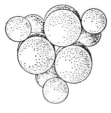

큰 구는 촉매 서브유닛(c), 작은 구는 조절 서브유닛(r)이다. 전체로서 $(c_3)_2(r_2)_3$ 또는 $C_2R_3(C_3 = Cr_2 = R)$의 구조를 가진다.

그림 3.2 **Aspartate transcarbamylase의 서브유닛 구조**

1. 4차 구조를 형성하는 힘

단백질의 2차, 3차 구조는 폴리펩티드 사슬을 구성하는 20종의 L형 아미노산의 배열순서,

즉 1차 구조에 따라 거의 결정되지만 해리한 아미노산 잔기 곁사슬 사이의 정전기적 상호작용, 비극성 아미노산 잔기에 의한 소수 결합, 특정 잔기 사이의 수소 결합, 시스테인 잔기 사이의 S - S 결합 등이 조합되어 구형, 타원구형, 봉형, 실형 등의 공간적 구조가 형성된다. 단백질의 4차 구조를 유지하는 힘은 본질적으로는 각 서브유닛의 2차 및 3차 구조를 갖는 힘과 서브유닛 집합체로서의 대칭축이 있다.

기질, 보조효소, 금속이온 등이 효소분자의 활성 부위나 기타 특정 부위에 결합하여 고차 구조가 안정화하는 경우가 있다. 또 효소분자 주위의 여러 환경인자와 상호작용하여 고차 구조가 현저하게 변화하는 경우도 많다.

4차 구조 형성에 영향을 미치는 인자는 다음과 같다.

(1) 단백질 농도

단백질의 해리 - 회합 평형은 단백질의 농도에 영향을 받는다. *in vitro*에서 효소가 반응할 때의 단백질 농도(대략 1 m*l*당 수 마이크로그램에서 수십 마이크로그램)보다 *in vivo*의 단백질 농도는 훨씬 높다. 쥐간 미토콘드리아 중의 glutamate dehydrogenase는 1 mg/m*l* 이상의 농도로 존재한다. 이 효소는 단백질 농도, 피리딘 누클레오티드, 아데닌 누클레오티드가 해리, 회합의 복잡한 조절을 한다(그림 3.10).

단백질 농도가 높아지면 NADPH 등의 농도가 그보다 낮기 때문에 포화가 충분하지 않아 서브유닛 거동 및 활성에 대한 영향도 상당히 복잡해진다.

(2) 기질 및 생성물

효소 활성 부위에 기질이나 반응 생성물이 결합하면 효소 구조는 상당히 영향을 받으며, 효소는 크게 안정화된다. 효소의 활성 부위는 단백질 분자 중의 극히 한정된 부위에 지나지 않지만 기질이나 반응 생성물이 결합하면 서브유닛 구조를 변화시킨다.

대장균의 carbamoylphosphate synthase(카르바모일인산 생성효소)나 *Chlostridium tetano - morphum*의 threonine deaminase(트레오닌 탈수효소)의 해리는 기질의, 대장균의 threonine deaminase의 해리는 반응 생성물인 α-케토산의 작용으로 이루어진다(그림 3.8).

(3) 기타 인자

서브유닛의 해리회합 평형은 pH, 보조효소, 금속이온, 다른자리 입체성 조절 인자, 음이온, 양이온, 계면활성 물질과 여러 시약에 의해 영향을 받는다(표 3.1).

표 3.1 **효소 서브유닛의 해리, 회합**

효소	pH	이온세기	온도	단백질농도	기질생성물	보조효소	다른자리 입체성 조절인자	기타
Acetyl-CoA carboxylase(쥐)		−	−저온		+말로닐-CoA	Mg-ATP	시트르산	
β-Amylase(고구마)	−알칼리성			−저농도				SDS
알칼리성 phosphatase(대장균)	−산성				−반응 진행중			Zn^{2+}
D-Amino acid oxidase(소간)				+고농도	+벤조산염	+FAD +PLP		
Aspartate decarboxylase CTP synthase					+ATP, UTP, Mg^{2+}			
Glucose-6-phosphate dehydrogenase(효모)						+NADP		
Glutamate decarboxylase(대장균)	−알칼리성			+고농도				
Glutamate dehydrogenase(소간)						+피리딘 누클레오티드	+ADP, −GDP, GTP	
Glycogen phosphorylase b(근육)							+AMP, Cys	
Threonine deaminase(대장균)				+	α-케토부티르산		+AMP	
Deoxythymidine deaminase(대장균)							+데옥시 누클레오티드	
Tyrosinase(버섯)		−0.2	−50℃	+고농도				SDS, EDTA
Protein kinase(토끼)							−cAMP	

+는 회합, −는 해리

2. 올리고머 효소의 특징

올리고머 효소는 모노머 효소에 비해 물성이나 기능면에서 몇 가지 특정 내지 장점을 갖고 있다.

(1) 안정화

서브유닛 단독으로 활성 부위를 가지고 있으나, 단독으로는 매우 불안정하여 올리고머를 형성해야 비로소 활성이 발현되는 효소가 있다. 극단적인 경우에는 서브유닛이 단독으로는 고차 구조를 유지하기 불가능하기 때문에 올리고머 효소의 해리가 즉각 폴리펩티드 사슬의 풀림, 즉 변성으로 연결되는 경우도 있다.

(2) 기능 발현

서브유닛 단독으로는 활성을 갖지 않으나 올리고머를 형성하면 비로소 활성이 발현되는 경우가 있다. 그러나 그 메커니즘은 간단하지 않다. 서브유닛 단독으로도 기질이나 보조효소 등의 리간드에 대한 결합능력을 갖추고 있음에도 불구하고 서브유닛이 회합하여야 비로소 활성이 발현되는 경우도 있고, 회합으로 한 개의 활성 부위가 완성되는 경우도 있다.

(3) 활성의 양적 변화

활성을 갖지 않는 서브유닛이 다른 서브유닛과 회합하면 활성이 증가하거나 저해, 소실되는 경우가 있다. 또, 되돌림저해에 영향을 미치는 경우도 있다.

서브유닛 단독으로도 어느 정도 활성을 가지지만 회합으로 활성이 상승하는 경우, 반대로 감소하는 경우가 있다. 이것은 서브유닛 상호작용으로 활성 부위 부근의 고차 구조가 직간접으로 변화되기 때문이다.

올리고머 효소 중에는 동종 서브유닛 n개의 회합체로서 존재하는 효소가 리간드의 결합 부위를 n개 가지지만 실제로는 활성 부위가 n/2개로서 작용하는 경우가 있다. 이런 것을 반감적 반응성(half of the site reactivity)이라 한다.

이것은 마이너스의 협동성에 의한다. 원인을 여러 가지로 생각할 수 있으나 서브유닛간 상호작용으로 결합 부위 한쪽이 일그러져서 리간드가 반수 밖에 결합하지 못하는 것으로 생각된다(그림 3.3).

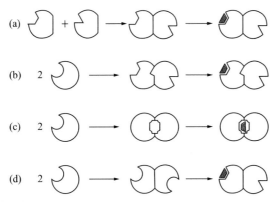

(a) 다른 부위를 갖는 이종 서브유닛
(b) 서브유닛은 같으나 비대칭적 회합으로 한쪽 부위가 일그러져 있다.
(c) 두 부위가 가까워서 한 기질이 결합하면 다른 한쪽은 접근할 수 없다.
(d) 기질 결합으로 고차 구조가 변하여 다른 기질이 결합할 수 없다.

그림 3.3 반감적 반응성

이런 효소는 alcohol dehydrogenase(알코올 탈수소효소), CTP synthase(CTP 생성효소), acetoacetate decarboxylase(아세토아세트산 탈카르복시화효소) 등이 있다.

(4) 활성의 질적 변화

서브유닛 단독으로 완전한 효소로서 기능하고 있는 두 종류 이상의 단백질이 회합하여 전혀 다른 활성을 갖는 경우가 있다. 즉, 대장균의 tryptophan synthase(트립토판 생성효소)는 α와 β 두 종의 서브유닛 두 개씩으로 형성되어 있으나 서브유닛 단독인 경우와 $\alpha_2\beta_2$ 올리고머를 형성한 경우는 다음과 같이 다른 반응을 촉매한다.

α 서브유닛   Indole glycerol phosphate $\rightleftarrows$ (3.1)
Indole + glyceraldehyde phosphate

β 서브유닛   Indole + L-serine $\rightarrow$ L-tryphtophan   (3.2)
L-Serine $\rightarrow$ pyruvate + NH$_3$

$\alpha_2\beta_2$ 올리고머   Indole glycerol phosphate $\rightleftarrows$ (3.3)
Indole + glyceraldehyde phosphate

Indole + L-serine $\rightarrow$ L-tryphtophan   (3.4)
Indole glycerol phosphate + L-serine $\rightarrow$
L-Tryptophan + D-glyceraldehyde phosphate

(5) 조절기능의 발현

효소 중에는 특정 단백질이 결합하여 대사에서 되돌림제어의 감수성을 갖는 경우가 있다. 대장균의 aspartate transaminase(ATCase)가 대표적인 예이다. 또 고리형 3′,5′-AMP(cyclic AMP)에 의해 조절받는 protein kinase(단백질 키나아제)가 있다. 다른자리 입체서 효과의 발현도 서브유닛 상호작용을 기초로 하는 중요한 기능이다.

(6) 연속 반응의 수행

대사의 흐름에 따른 일련의 화학 반응을 원활하게 수행하기 위해서 각 반응을 촉매하는 여러 효소기 공간적으로 배열하고 있으면 매우 이상적이다. 실제 다효소 복합체가 그런 역할을 수행하고 있다. 대장균의 RNA polymerase(DNA 지령 RNA 중합효소)는 기능을 달리하는 여러 종류의 서브유닛으로 구성되어 있으며 전체로서 정보의 인식, RNA 합성 개시, 사슬의 신장, 합성 반응의 종결 등의 기능을 원활히 수행하고 있다.

3. 올리고머 효소의 분자 형태와 존재 양식

올리고머 효소는 구성 재료인 폴리펩티드 사슬의 종류, 배치, 구조 등의 차이와 주변 환경인자, 즉 각종 음이온, 양이온, 핵산, 당질, 지질 등과의 상호작용에 따라 분자 형태와 존재양식이 매우 다양하다.

(1) 다른자리 입체성 효과

다른자리 입체성 효과는 효소활성이 기질과 다른자리 입체적인 화합물의 저해(또는 활성화)를 받는 현상으로, 특정 리간드와의 상호작용으로 생리활성의 변화가 리간드 농도에 대해 S자형 성질(협동현상)을 나타낸다.

다른자리 입체성 효소가 S자형을 나타내는 이유는 MWC(Monod, Wyman, Changueux) 모델, KNF(Koshland, Nememthy, Filmer)의 유도적합 모델(또는 연속성 모델)로 설명된다.

J. Monod 등은 아미노산이나 누클레오티드 생합성 경로의 되돌림 저해와 같이 효소의 활성이 해당 기질과 구조가 다른 대사 최종산물에 의해 저해되거나 활성화하는 현상을 다른자리 입체성 효과라고 하였다. 그 후 다른자리 입체성 효과의 정의가 확대되어 효소 이외의 생리활성 단백질의 경우에도 리간드 결합에 관한 포화곡선이 S자형(협동성)을 나타내는 것이나, 리간드에 의한 생리활성의 변동이 단백질 분자의 고차 구조 변화를 거쳐서 발현하는 것에도 적용하게 되었다.

Monod 등과는 별도로 Koshland 등은 유도 적합설을 제창하여 기능 단백질, 특히 효소의 고차 구조와 기능이 리간드와의 상호작용에 의존하여 변화할 수 있다고 하였다. Monod 등의 이론과 Koshland 등의 이론에 공통적인 점은 다른자리 입체성 효과 발현의 전제로써 단백질의 서브유닛 상호작용을 가장 중요시하고 있는 점이다.

① 대칭성 모델 : Monod 등의 MWC 모델은 단백질 분자의 서브유닛 상호작용을 필수조건으로 하며 다른자리 입체성 단백질은 다음과 같은 성질이 있다.
- 다른자리 입체성 단백질은 대부분 동종 서브유닛으로 된 폴리머나 올리고머이다. 서브유닛 간 상호작용은 비공유 결합성이다.
- 다른자리 입체성 상호작용은 단백질의 4차 구조(서브유닛 간 상호작용) 변화와 관련된 경우가 많다.
- 이종 리간드성 효과(heterotropic effect, 두 종류 이상의 리간드에 의해 일어나는 효과)에는 플러스, 마이너스 양쪽(협동적 또는 경쟁적)인 경우가 존재하며, 동종 리간드성 효과(homotropic effect, 한 종류 리간드에 의해 일어나는 효과)는 항상 협동적이다.

- 이종 리간드성 효과가 나타나는 경우는 그중 적어도 한 리간드에 관해서 협동적인 동종 리간드성 효과가 나타나는 경우가 대부분이다.
- 효소에 화학변형이나 돌연변이 등을 일으켜 이종 리간드성 효과를 변화시키면 동종 리간드성 효과도 변한다.

이상의 성질을 전제로 하여 MWC 모델은 다음과 같다.
- 다른자리 입체성 단백질은 서브유닛으로 된 올리고머이다. 올리고머를 구성하는 프로토머는 적어도 대칭성 축을 하나 이상 가지며 대칭적으로 배치된다.
- 프로토머는 각기 한 개의 결합 부위를 갖고 있으며 거기에 리간드가 결합하여 형성되는 복합체도 단백질 분자와 같은 대칭성을 갖고 있다.
- 각 프로토머의 고차 구조는 올리고머를 구성하는 다른 프로토머와의 상호작용으로 규제된다.
- 다른자리 입체성 단백질은 적어도 두 가지 상태(엉성한 상태, R, relaxed state; 치밀한 상태; T, taut state)를 가역적으로 취할 수 있다. 이들 상태는 프로토머 간 상호작용과 에너지 상태에 관해 차이를 갖는다.
- 한 상태에서 다른 상태로 바뀌면 각 리간드에 대한 단백질의 친화성이 변한다.
- 단백질이 한 상태에서 다른 상태로 변하여도 분자 전체의 대칭성은 유지된다.

② 유도적합 모델(연속성 모델) : KNF 모델은 유도적합설을 바탕으로 하고 있다. 리간드에 의해 일어나는 고차 구조 변화는 어디까지나 각 서브유닛 안에서 일어나며 그래서 생긴 변화가 주위의 다른 서브유닛의 안정성과 형태에 영향을 준다. 즉, 한 가닥 폴리펩티드 사슬에 생긴 변화가 다른 부분에도 미치는 것과 같다.

어떤 리간드가 서브유닛으로 된 효소의 고차 구조 변화를 일으킨다고 하면, 그때 각 서브유닛이 변화할 가능성은 그림 3.4와 같이 5가지이다. 그 결과 서브유닛 간 상호작용률은 증가되거나, 변하지 않거나, 저하한다.

그림 3.4(a)에서 고차 구조 변화는 서브유닛 간 상호작용에 아무런 변화를 일으키지 않고 (+)와 (−)의 전하는 용액 중에서 중화되어 정전기적 인력이 너무 약하므로 서브유닛을 안정화하는 힘은 없다. 그러므로 $K_{AB} = 1$이 된다.

(b)에서는 (+), (−)가 비교적 가까이 존재하기 때문에 한쪽 서브유닛에 생긴 고차 구조 변화에 더하여 정전기적 인력도 서브유닛의 안정화에 기여하지만, 리간드가 결합하지 않은 서브유닛의 형은 변화하지 않는다.

(c)에서도 역시 정전기적 안정화는 존재하지만 리간드가 결합하지 않은 서브유닛의 형과 안정성이 변하고 있다.

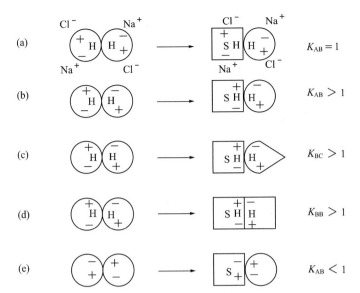

그림 3.4 유도적합에 의한 고차 구조와 서브유닛 간 상호작용

H : 서브유닛 사이의 소수 결합, (+), (−) : 전하를 나타내지만 역시 수소 결합과 소수 결합을 나타낸다고 보아도 좋다. (a)에서는 구조가 변하여도 서브유닛 간 상호작용에서의 전하는 변하지 않는다. (b)에서는 (+)와 (−)의 전하가 접근하여 있으며, 한쪽 서브유닛의 구조변화는 다른 쪽에 영향을 미치지 않는다. (c)에서도 접근한 (+), (−)의 전하 때문에 전체가 안정화되고 있다. 그러나 S가 결합하고 있지 않은 쪽의 서브유닛도 구조가 변화하고 있다. (d)에서는 S가 결합하고 있지 않은 쪽 서브유닛은 구조변화로 다른 쪽과 같아진다. (e)에서는 전하가 떨어져 있기 때문에 서브유닛 간 상호작용은 약해진다. K_{AB}는 ○과 □, K_{BC}는 □과 ◁ K_{BB}는 □과 □ 사이의 상호작용 계수

(d)에서는 리간드가 결합하지 않은 서브유닛의 형이 변하여 결과적으로는 인접한 전하의 상호작용이 강하여 리간드가 결합한 서브유닛과 같은 형태를 취한다.

(e)에서는 새로운 고차 구조가 반대 전하의 끌어당기는 힘을 약화시켜 서브유닛 간 상호작용이 감소한다. 그러므로 리간드에 대한 친화성은 각 모노머에 따라 이미 결정되어 있는 것은 아니고 전체로서의 서브유닛 간 상호작용에 따라서도 크게 영향을 받는다.

다이머를 예로 들어 리간드가 결합하지 않은 서브유닛을 A(○), 결합하고 있는 서브유닛을 B(□)로 하면 S 한 개의 결합으로 다음 식이 성립된다.

$$○○ \;+\; S \rightleftarrows \boxed{S}○ \tag{3.5}$$
$$(A_2) \qquad\qquad (ABS)$$

그 평형상수를 K_{tAB}, 원래의 고차 구조에 대한 친화상수를 K_{sA}, 유도된 고차구조에 대한 친화상수를 K_{sB}, 두 서브유닛 간 상호작용을 K_{AA} 및 K_{AB}로 하면 다음 식이 성립된다.

$$K = \frac{2K_{\mathrm{tAB}}\,K_{\mathrm{AB}}\,K_{\mathrm{SB}}\,[\mathrm{S}]}{K_{\mathrm{AA}}} \tag{3.6}$$

여기서 2라는 숫자는 확률인자로 ES에는 2종(□○ 및 ○□), A_2에는 한 종류가 존재하고 있는 사실에 의한다.

나아가 제2의 리간드가 결합하면 다음 식이 얻어진다.

$$\boxed{\mathrm{S}}\bigcirc \;+\; \mathrm{S} \;\rightleftarrows\; \boxed{\mathrm{S}}\boxed{\mathrm{S}} \tag{3.7}$$
$$\text{(ABS)} \qquad\qquad \text{(B}_2\text{S}_2)$$

$$K = \frac{K_{\mathrm{tAB}}\,K_{\mathrm{BB}}\,K_{\mathrm{SB}}\,[\mathrm{S}]}{2K_{\mathrm{AB}}} \tag{3.8}$$

다른 분자종에 대한 마찬가지 계산 결과를 표 3.2에 제시한다. 여기서는 취급이 매우 보편적이며 몇몇 고차 구조 상태가 존재하는 계에도 쉽게 적용할 수 있고, 서브유닛 간 상호작용 및 입체 배치에 대해 아무런 가정도 필요치 않다.

여기에 제시한 예에서는 10^{-3} M 기질 존재 하에서 실제로 존재하는 것은 B_2S_2 및 ABS이며 A_2S와 B_2S는 겨우 1%, 특히 B_2S는 매우 미량 밖에 존재하지 않는다. 만약 A끼리나 A와 B 사이의 서브유닛 간 상호작용에 비해 B끼리의 상호작용이 안정하면 $K_{\mathrm{AB}} = K_{\mathrm{BB}} > 1$), 두 개째의 S 결합은 한 개째보다 쉽게 일어나며 플러스의 동종 리간드성 효과가 나타난다. 그러나 B끼리 사이에 반발이 있으면($K_{BB} = < 1$, $K_{BB} = 1$), 마이너스의 동종 리간드성 효과가 나타난다.

서브유닛 간 상효작용에 특히 변화가 없으면($K_{\mathrm{AB}} = K_{\mathrm{BB}} = 1$), Michaelis‑Menten형의 정상적인 포화곡선이 얻어지게 된다(표 3.2).

표 3.2 리간드에 의해 고차 구조 변화를 일으킨 다이머의 여러 분자종

양적 변화	새로 생긴 분자종	A_2에 대한 새로운 분자종의 농도비	$[\mathrm{S}]=10^{-3}$ M일 때의 새로운 분자종 $[A_2]^*$
○○ → ⑤○	A_2	$2K_{\mathrm{SA}}[\mathrm{S}]$	2×10^{-2}
□○	AB	$2K_{\mathrm{tAB}}\,K_{\mathrm{AB}}$	3×10^{-4}
⑤○	ABS	$2K_{\mathrm{tAB}}\,K_{\mathrm{AB}}\,K_{\mathrm{SB}}[\mathrm{S}]$	0.6
□▷	BC	$2K_{\mathrm{tAB}}\,K_{\mathrm{tAB}}\,K_{\mathrm{BC}}$	4×10^{-5}
□⑤	BCS	$2K_{\mathrm{tAB}}\,K_{\mathrm{tAC}}\,K_{\mathrm{BC}}\,K_{\mathrm{SC}}[\mathrm{S}]$	4×10^{-10}
⑤▷	CBS	$2K_{\mathrm{tAB}}\,K_{\mathrm{tAC}}\,K_{\mathrm{BC}}\,K_{\mathrm{SB}}[\mathrm{S}]$	4×10^{-2}
⑤□	B_2S	$2K_{\mathrm{tAB}}^{2}\,K_{\mathrm{BB}}\,K_{\mathrm{S}}[\mathrm{S}]$	2×10^{-3}
⑤□	B_2S_2	$K_{\mathrm{tAB}}^{2}\,K_{\mathrm{BB}}\,K_{\mathrm{SB}}^{2}\,[\mathrm{S}]^{2}$	1

$^* K_{\mathrm{SA}} = 10,\; K_{\mathrm{SB}} = 10^{6},\; K_{\mathrm{SC}} = 10^{-2},\; K_{\mathrm{tAB}} = 10^{-4},\; K_{\mathrm{tAC}} = 10^{-2},\; K_{\mathrm{AB}} = 1.5,\; K_{\mathrm{BC}} = 20,\; K_{\mathrm{BB}} = 100,\; [\mathrm{S}] = 10^{-3}$

이 모델은 트리머, 데트라머 또는 다른 폴리머에도 쉽게 적용할 수 있으며 서브유닛 입체배치가 대칭성을 갖지 않는 경우나 리간드가 두 종류 이상인 경우도 응용할 수 있다.

③ 두 모델의 비교 : MWC 모델은 단백질 서브유닛의 대칭성을 가정하여 짜여 있다. 즉, 분자의 고차 구조가 변해도 전체로서의 대칭성은 항상 유지되고 있다(그림 3.5). 그러므로 한 프로토머가 특정 고차 구조를 취하면 주위의 프로토머도 동시에 같은 변화를 받는다.

이에 대해 KNF 모델은 유도적합설에 입각하여 리간드가 일으킨 고차 구조 변화가 새로운 상태를 만들어내면 리간드와 단백질 사이에 상보적인 상호작용이 생긴다.

하나의 서브유닛에 일어난 고차 구조의 변화는 반드시 다른 서브유닛에 양적 방향성 (증가 또는 감소)을 갖는 일 없이 전달된다. 전달 정도는 서브유닛 간 상호작용력에 의존하고 있다.

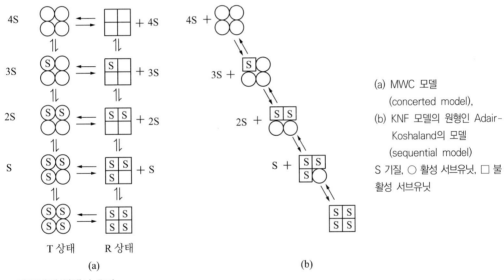

(a) MWC 모델
(concerted model),
(b) KNF 모델의 원형인 Adair-
Koshaland의 모델
(sequential model)
S 기질, ○ 활성 서브유닛, □ 불활성 서브유닛

그림 3.5 **다른자리 입체성 효과**

MWC 모델은 단백질 고유의 여러 고차 구조 상태를 가정하며, 리간드는 그중의 특정 상태의 분자에 강한 친화성을 갖고 있다. 이에 대해 KNF 모델은 리간드가 순차 결합해 가며, 당연히 중간의 하이브리드(혼성종)가 매우 많이 만들어진다.

그러므로 프로토머가 취할 수 있는 고차 구조의 상태도 여러 가지이며 결합하는 리간드의 차이에 따라 단백질이 취할 수 있는 고차 구조도 당연히 다르다.

MWC 모델의 가장 큰 장점은 단순성에 있으며, KNF 모델의 장점은 보편성에 있다. MWC 모델에 잘 맞는 것은 aspartate transcarbamylase(아스파르트산 카르바모일기 전달효소), glyceraldehyde-3-phosphate dehydrogenase(글리세르알데히드-3-인산 탈수소효소), isocitrate dehydrogenase(이소시트르산 탈수소효소) 등이 있으며, KNF 모델에 잘 맞는 것은 헤모글로빈, cytidinetriphosphate synthase(CTP 생성효소), phosphoenolpyruvate carboxylase(포스포엔올피루브산 카르복시키나아제) 등이 있다.

④ 고차 구조 변화 : 기질 또는 다른자리 입체성 조절 인자가 효소 단백질에 결합하면 효소의 2차, 3차, 4차 구조에 상당한 변화가 생긴다. 2차 구조에는 폴리펩티드의 helix 함량의 변화, 3차 구조에는 침강상수, 스토크스 반경, 항원성 변화, 4차 구조에는 서브유닛의 회합, 해리 등의 변화가 생긴다.

Acetyl-CoA carboxylase(아세틸-CoA 카르복시화효소)나 대장균의 glutamine synthetase(글루탐산-암모니아 연결효소)는 효소분자가 사슬형으로 연결된다.

Threonine deaminase의 서브유닛 해리회합이나 기타 매크로적인 고차 구조 변화는 다른자리 입체성효과의 이차적 산물에 의한 경우가 많다.

MWC 모델은 서브유닛 간 상호작용, KNF 모델의 서브유닛 구조의 변화는 다른자리 입체성 리간드와의 상호작용이 직접적인 원인이지만, 여기에 나타나는 고차 구조 변화는 매우 마이크로적이다.

대장균의 aspartate transcarbamylase(ATCase)는 피리미딘 생합성계의 초기단계에 위치하며 대사의 최종산물인 CTP에 의해 되돌림 저해를 받는다. 기질인 아스파르트산의 농도에 따라 S자형을 나타내며, 열이나 수은제로 처리하면 서브유닛으로 해리하여 협동성이 소실된다(그림 3.6).

이 효소는 활성 부위만 갖는 촉매 서브유닛(C) 6개와 제어 부위만을 갖는 조절 서브유닛(R) 6개로 형성된다(그림 3.7). 촉매 서브유닛은 3가닥 폴리펩티드로 된 프로토머 두 개가 회합하고 있다.

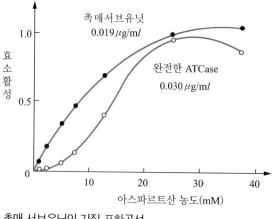

카르바밀인산 3.6 mM, pH 8.5, 28℃. 완전한 ATCase, 촉매 서브유닛 양쪽의 활성 부위 농도를 같게 하였다.

그림 3.6 ATCase와 촉매 서브유닛의 기질 포화곡선

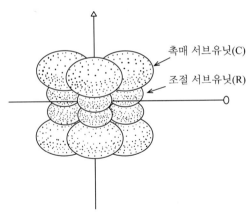

그림 3.7 ATCase의 서브유닛 구조

이 효소는 서브유닛 단독으로는 협동성을 나타내지 않으나 올리고머를 형성하면 협동성을 나타낸다. 이것은 협동성이 서브유닛 간 상호작용과 밀접한 관계를 갖고 있는 것을 나타낸다.

다른자리 입체성 효과의 속도론에 관해서는 제6장을 참조하기 바란다. 다른자리 입체성 효소의 예를 구체적으로 들면 다음과 같다.

• 대장균의 aspartate transcarbamylase : ACTase(아스파르트산 카르바모일기 전달효소)는 피리미딘 생합성계의 첫 단계 반응을 촉매하는 효소로서, 최종 생성물인 CTP가 되돌림 저해한다. 서브유닛 조성을 표 3.3에 제시한다. 촉매 부위(활성 부위)만 갖는 촉매 서브유닛(C) 두 개와 제어 부위만 갖는 조절 서브유닛(R) 세 개로 되어 있다.

표 3.3 ATCase의 서브유닛 조성

	ATCase	촉매 서브유닛	조절 서브유닛
분자량×10^{-5}	3.07±0.03	1.03±0.02	0.337±0.004
중량 퍼센트	–	68	32
ATCase분자×10^{-5} 당의 달톤양	3.07	2.09	0.98
서브유닛/ATCase 분자	–	2.0	29
폴리펩티드 사슬의 분자량×10^{-4}	–	3.2±0.1	1.72±0.04
폴리펩티드 사슬/분자량	–	3.2	2.0
폴리펩티드 사슬의 분자량/ATCase분자	–	6.4	5.8

C는 세 가닥의 동종 폴리펩티드 사슬(C), R은 두 가닥의 동종 폴리펩티드 사슬(r)로 되어 있으며, 천연의 ATCase는 $(C_3)(r_2)_3$로 조성되어 있다(그림 3.2, 3.7). 촉매활성은 $C > C_2 > C_3R_3$ 순으로 감소하며, C 단독인 경우가 가장 높다.

또, C_2R_3, 즉 천연 ATCase의 기질 포화곡선은 뚜렷한 S자형을 나타내지만 C 단독인 경우는 정상적인 포화곡선을 나타내 협동성 발현에 서브유닛 상호작용이 필수인 것으로 나타나고 있다.

- 대장균의 threonine deaminase(트레오닌 탈수효소) : pyridoxal phosphate(PLP)를 보조효소로 L-트레오닌 또는 L-세린을 탈아미노하여 α-케토부타논산 및 피루브산을 생성하는 반응을 촉매한다.

대장균에는 이소루신 생합성에 관계하는 합성계효소(biosynthetic enzyme)와 ATP 생산에 공동 작용하는 분해계효소(biodegradative enzyme) 두 종류가 존재하고 있다. 전자는 구성효소(constructive enzyme)로서 L-Ile에 의해 되돌림 저해 받는데 반해 후자는 L-Thr, L-Ser이 존재하는 배지에서 유도 형성되며, 산소와 글루코오스에 의해 생합성이 현저하게 억제되는 유도형 효소로 AMP가 활성화시킨다.

전자는 분자량 약 60,000인 서브유닛 네 개로 되어 있고, 후자는 분자량 38,000의 서브유닛 네 개로 된 147,000의 테트라머로 존재하고 있다.

분해계 threonine deaminase는 전형적인 다른자리 입체성 효소로서 AMP는 ① 촉매기능의 활성화, ② 안정화, ③ 서브유닛의 회합 등의 효과를 나타낸다. 또, 단백질 농도에 의존한 서브유닛의 해리 회합이나 반응 생성물인 α-케토산에 의한 해리 현상도 관찰되고 있다.

해리 회합과 활성의 관계를 그림 3.8에 제시한다. 기질 포화곡선은 S자형을 나타내지 않고 마이너스의 협동성을 나타낸다.

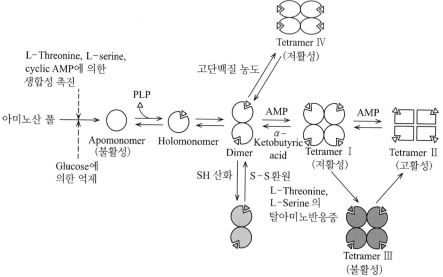

그림 3.8 Threonine deaminase의 해리회합과 활성

- 소 간장의 glutamate dehydrogenase(GDH) : 32군데에 점군(点群) 대칭을 갖는 여섯 개의 서브유닛으로 되어 있고, 길이가 100~130 Å, 직경이 80 Å이며, 서브유닛은 삼각 프리즘형으로 배치되어 있다. 5~7 M의 염산구아니딘으로 처리하면 53,000의 분자량을 나타내나 단백질 농도가 높을 때는 3,000,000을 나타내고, 조건에 따라서 2차원의 sheet를 형성한다(그림 3.9).

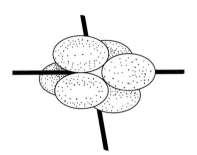

그림 3.9 Glutamate dehydrogenase의 서브유닛 구조

서브유닛의 해리회합은 피리미딘 누클레오티드 외에 여러 리간드에 의해 촉진 또는 억제된다(그림 3.10).

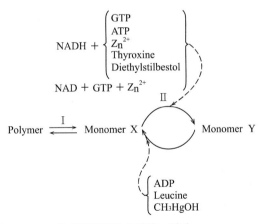

그림 3.10 Glutamate dehydrogenase 의 해리회합을 촉진하는 인자

- Ca^{2+}/calmodulin‐dependent protein kinase II(CAM kinase II) : 대표적인 세린 트레오닌 protein kinase의 하나로 세포 내의 칼슘 시그널 정보를 전달한다. 뇌에 많이 존재하며, 기질 특이성이 넓고, 활성을 자기조절하는 능력이 있다. 전달물질의 합성과 분비, 세포 골격구조, 시냅스 형성, 기억을 비롯한 뇌의 고차 기능 등의 조절에 깊이 관여한다.

CAM kinase II는 분자량 550,000~650,000으로, 뇌에는 분자량 50,000~60,000의 폴리펩티드로 형성된 4가지 아이소자임이 존재한다. 각 폴리펩티드는 촉매 도메인, 조절 도메인, 회합 도메인으로 구성된다.

쥐의 대뇌 및 소뇌 CAM kinase II는 꽃과 같은 원형 구조를 하고 있다. 각 폴리펩티드 사슬은 아령과 같은 양쪽 구형 구조를 가지며, 한쪽 구는 다른 쪽보다 작다. 작은 구끼리 회합하여 중앙에 큰 중심구를 만들며 바깥으로 다른 쪽 구가 둥글게 배열한다. 전체 직경은 33 nm이고, 중심구 직경은 12 nm이다(그림 3.11).

CAM kinase II는 구를 10개 갖는 분자와 8개 갖는 분자가 있다. 대뇌에는 구 10개 짜리 분자와 8개짜리 분자의 비율이 3.2 : 1로 존재하며, 소뇌에는 1 : 2.6으로 존재한다. 10개짜리는 α폴리펩티드 10개로 구성되는 homopolymer이고, 8개짜리는 β-폴리펩티드 8개로 형성되는 homopolymer의 혼합체이다.

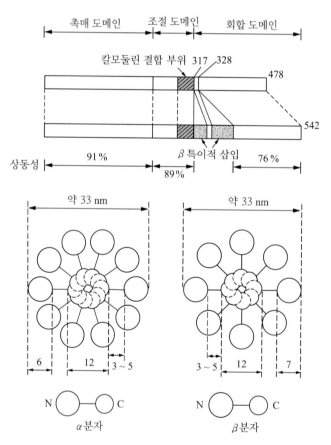

그림 3.11 CAM kinase II의 α 및 β 아이소형의 구조 모델

바깥 구에는 촉매 도메인과 조절 도메인이 존재하며, 가운데 구는 회합 도메인으로, α 및 β 폴리펩티드가 10개 및 8개 집합하고 있다. 결합 부위는 아령구조의 손잡이에 해당되는 가는 부분으로, 3~5 nm 길이로 약 10개의 아미노산 잔기로 되어 있다.

조절 도메인에는 칼모둘린 결합 부위와 인산화에 의한 자기조절 부위가 있다. 칼모둘린 결합 부위 중앙에는 염기성 및 양친매성 α-helix 구조가 있다. 칼모둘린 결합 부위는 아미노산 배열 304~315에 있다.

α사슬과 β사슬은 단독으로 활성을 나타낸다. 촉매 부위는 다른 protein kinase와 같이 N말단 부근에 존재하며 ATP 결합 부위를 갖는다. N말단에서 280 아미노산 잔기까지가 효소의 활성에 필요한 단위이다. 자기인산화된 후 키모트립신으로 소화하면 Ca^{2+}/calmodulin에 의존하지 않는 저분자의 활성형 효소가 얻어진다.

CAM kinase II는 자기인산화로 Ca^{2+} 비의존성 활성을 발현한다. CAM kinase II의 holoenzyme 1분자 중 서브유닛 하나가 인산화되면 효소는 Ca^{2+} 비의존성 활성을 나타낸다. 이것은 한 개의 바깥 구가 자기인산화되면 Ca^{2+} 비의존성이 되며, Ca^{2+}이 제거되어도 바깥 구를 인산화하여 점차 모든 과립이 인산화되기 때문이다.

자기인산화 부위는 활성 부위와 상호작용하여 활성을 억제하는 자기 저해 부위로서 작용한다. Ca^{2+}/칼모둘린이 결합하면 자기 저해 부위가 개방되어 활성화된다. 자기인산화에 의해서도 Ca^{2+} 비의존성이 생기는 것은 인산화로 칼모둘린이 결합한 것과 마찬가지로 활성 부위가 개방되기 때문이다. α사슬은 Thr 286이, β사슬은 Thr 287이 인산화에 관여한다.

(2) Isozyme

이는 동종의 개체에 함유되어 동일 촉매 작용을 하지만, 1차 구조가 다른 일군의 효소를 말한다. Isozyme은 모노머로서도 존재하지만 서브유닛을 갖고 있는 것이 많다. 잘 알려져 있는 것은 lactate dehydrogenase(락트산 탈수소효소)로서 고등 동물의 lactate dehydrogenase는 M(muscle)형과 H(heart)형 두 종류의 서브유닛이 테트라머를 형성하여 활성을 발현하므로 합계 다섯 종류의 분자종이 존재한다(그림 3.12).

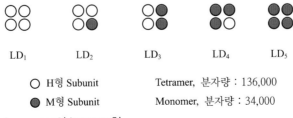

| LD$_1$ | LD$_2$ | LD$_3$ | LD$_4$ | LD$_5$ |

○ H형 Subunit   Tetramer, 분자량 : 136,000

● M형 Subunit   Monomer, 분자량 : 34,000

그림 3.12 Lactate dehydrogenase의 isozyme형

(3) 혼성 효소(hybrid enzyme)

한 올리고머 효소의 구성 서브유닛과 그 폴리펩티드 사슬의 아미노산 잔기가 유전적 돌연변이나 화학변형으로 변화한 서브유닛이나 올리고머를 형성한 것 또 두 종류 이상의 다른 올리고머 효소의 서브유닛이 조화된 효소를 혼성효소라 한다.

자연계에 존재하는 혼성효소는 서브유닛 사이의 상보적 상호작용에 의한 활성발현 등의 기능을 갖고 있으며, 화학변형이나 이종효소 사이의 조합을 이용한 인위적 혼성법은 서브유닛 상호작용이나, 서브유닛의 수와 종류를 알아내는 데 유효한 방법이다.

(4) 변형 효소

폴리펩티드의 아미노산 잔기 곁사슬이 특정 효소의 작용으로 변형되면 효소 서브유닛의 회합이나 해리가 일어나 효소 성질이 변화하는 일이 있다. 여기에 속하는 효소로는 근육의 glycogen phosphorylase(글리코겐 가인산화효소) 등이 있다. 여기서 glycogen phosphorylase에 대해 살펴본다.

분자량 370,000의 a형과 분자량 190,000의 b형이 있으며, a, b형 모두 AMP에 의해 활성화되는 다른자리 입체성 효소이다. a는 활성에 AMP를 부분적으로 요구하는 데 비해 b는 AMP가 존재하지 않으면 거의 활성이 없다.

서브유닛의 수는 a형이 네 개, b형이 두 개이지만 b형에서 a형으로 전환되는 것은 phosphorylase kinase(가인산분해효소 키나아제)가 촉매하며, AMP의 γ 위치에 인산이 폴리펩티드 세린 잔기의 OH기에 공유 결합한다. 그에 따라 다이머는 테트라머로 회합한다. a형에서 b형으로 전환되는 것은 phosphorylase phosphatase(가인산분해효소 인산가수분해효소)가 촉매한다.

(5) 다효소 복합체

효모에는 *in vitro*로 acetyl-CoA와 malonyl-CoA로 긴사슬 지방산을 완전 생합성하는 효소계가 존재한다. 이들 효소는 *in vitro*에서 일련의 지방산 생합성 반응에 관여하는 각 효소가 세포 내에서 공간적으로 근접한 배치를 취하고 있어서 대사 중간체를 받아 전달하기 쉽도록 되어 있다. 이를 위해 모자이크 같은 복합체로서 집합하고 있다. 이를 다효소 복합체라 한다.

다효소 복합체는 성분 효소의 종류에 따라 세 가지로 나누어진다.

① 수 종류의 효소활성을 나타내는 다기능 폴리펩티드 사슬로 형성된 것
② 2~20종류의 단일 효소활성을 나타내는 관련 올리고머 효소로 형성된 것
③ 지질, 단백질 및 핵산 등의 세포성분과 관련 올리고머 효소로 형성된 것

단백질 생합성에 관계하는 리보솜과 미토콘드리아에 존재하는 전자전달계는 ③에 속하며, 가장 거대한 다효소 복합체를 형성한다.

다효소 복합체는 대사 중간체의 자유 확산 염려가 없고, 그들 구조 유사체의 경쟁적 저해를 받는 일도 없이 효율 좋게 촉매 반응을 진행시킬 수 있는 짜임새를 이루고 있다.

다효소 복합체의 일부를 표 3.4에 제시한다.

표 3.4 **다효소 복합체**

효소명	구성 성분	분포
지방산합성효소	2종류의 다기능 폴리펩티드 사슬	동식물, 조류, 미생물
α-케토산 탈수소효소	3종류의 올리고머 효소	동식물, 조류, 미생물 곤충
트립토판 합성효소	3종류의 올리고머 효소 (α, β 서브유닛으로 호칭)	대장균, *Neurospora crassa*
방향족 아미노산 합성효소	5종류의 올리고머 효소	*Neurospora crassa*
글리신 개열효소계	4종류의 보조효소를 필요로 하는 단백질	쥐 간장

지방산의 *de novo* 합성은 속도지배 효소인 acetyl-CoA carboxylase(acetyl-CoA 카르복시화 효소 ; ACP)의 작용으로 acetyl-CoA에 탄산이 결합하여 생산하는 malonyl-CoA(식 (3.9))를 탄소 사슬의 C_2원으로 하여 일련의 다단계 반응을 통해 수행되고 있다. 식 (3.10)의 over all 반응은 아실기 전달, 축합, 환원(1차), 탈수, 환원(2차), 팔미트산 전달 반응 등 7종류의 효소 반응 과정으로 진행된다(그림 3.13).

$$CH_3 - CO - S - CoA + ATP + HCO_3 \rightleftharpoons$$
$$HO_2C - CH_2 - CO - S - CoA + ADP + P_i \tag{3.9}$$

$$CH_3 - CO - S - CoA + nHO_2C - CH_2 - CO - S - CoA + 2nNADP + 2nH \rightleftharpoons$$
$$CH_3(CH_2 - CH_2)nCO - S - CoA + nCoA + 2nNADP^+ + nH_2O \tag{3.10}$$

효소 분자에는 반응 시 기질과 생성물을 공유 결합하기 위해 시스테인 잔기의 peripheral SH(P-SH) 및 성분 단백질인 ACP의 세린 잔기에 포스포디에스테르 결합하고 있는 4'-포스포판테테인에 central SH(C-SH)가 존재하고 있다.

다단계 효소 반응이 효율 좋게 이루어지기 위해서는 ACP의 C-SH에 결합한 말로닐기나 신생 아실기가 중간체 반응의 각 단계를 촉매하는 각종 효소의 활성 부위 근방에 유지되면서 그림 3.13과 같은 순으로 연속적으로 이용하여 각 효소의 작용을 받아야 한다. 즉, ACP 주위에 각 관련 효소가 일정한 순서의 입체 구조를 가진 분자로서 집합하면 전체 반응을 수행하기 쉬워진다.

지방산의 *de nove* 합성의 각 단계 반응의 효소 활성 및 전체 반응 (식(3.10)) 활성을 나타내는 효소 응집체, 즉 지방산합성 복합체는 그림 3.14와 같은 다효소 복합체 모델로서 설명된다.

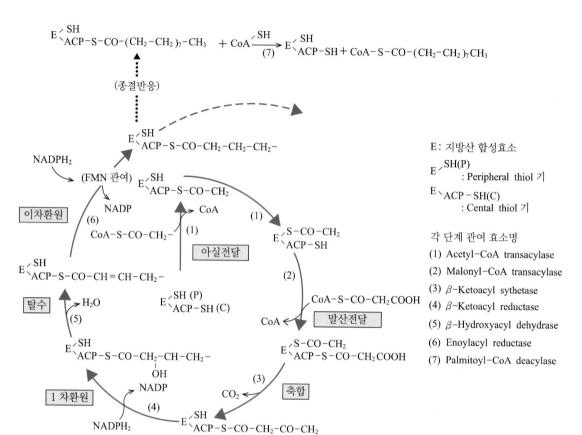

그림 3.13 지방산합성효소 복합체의 반응

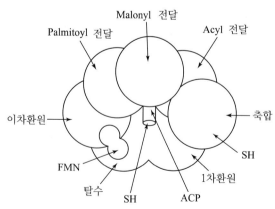

그림 3.14 지방산 합성효소 복합체 모델

(6) Hysteretic enzyme

리간드의 첨가나 제거에 의해 일어나는 효소분자의 구조와 기능 변화가 매우 느린 효소를 가리킨다. 즉, 대장균의 homoserine dehydrogenase(호모세린 탈수소효소)에 대한 Thr의 저해는 리간드를 첨가한 수초 후에야 비로소 100%에 달한다.

또 고초균의 theronine deaminase(트레오닌 탈수효소)의 반응 시 저해제인 이소루신을 첨가해도 저해가 느리게 진행된다. 이런 효소를 hysteretic 효소라 한다. 이는 효소분자의 구조와 기능의 변화가 매우 느려서 4차 구조의 전이속도가 느리기 때문으로 생각된다.

3.2
Isozyme

같은 화학 반응을 촉매하지만 물리화학적 성질이 다른 효소를 다중분자형이라 한다.

1963년 Merkert는 아이소자임은 단일개체에 존재하며 같은 반응을 촉매하는 효소로 서로 성질이 다른 것이라고 하였으나, 1971년 국제 생화학 용어명명위원회는 다양성을 나타내는 효소군 중 1차 구조를 결정하는 유전자의 차이에 의한 것을 아이소자임이라고 하며, mRNA에서 펩티드로 번역된 후 변형된 것은 포함하지 않았다. 그러나 분자생물학의 발전으로 이 정의에 맞지 않는 예도 발견되고 있다.

아이소자임의 명명법은 효소 이름에 1, 2, 3, …… 등의 번호(전기이동을 예로 들면 플러스 극으로 이동한 거리가 큰 것부터)를 붙이고, 존재하는 장기나 조직의 이름(예로서 heart type, muscle type) 등을 붙여 혼란을 피한다. Subgroup이 있을 경우는 1a, 1b 등으로 명명한다. 차이가 밝혀진 아이소자임의 서브유닛은 A, B, C, …… 또는 α, β, γ …… 등으로 나타낸다.

이들을 서로 분리하는데 전기이동이나 크로마토그래피가 사용된다. 이들 효소의 물리화학적 성질은 촉매활성에도 성질은 미친다. 아이소자임은 개체발생이나 세포 분화, 장기나 조직 특이적인 대사, 세포 내 대사조절 등의 필요에 따라 반응속도론적 성질, 세포 내 존재위치, 활성 조절력, 유전자 발현 조절력 등에 다양성을 나타낸다.

1. 아이소자임의 종류

1972년 IUPAC-IUB위원회는 생화학적 명명에 따라 이들을 일곱 개의 그룹으로 분류하였다. 효소의 분리와 정제 때문에 생긴 인위적 효과에 의한 다형(多形)은 여기에 포함되지 않는다.

(1) 유전적으로 독립된 효소

미토콘드리아 및 세포질의 malate dehydrogenase
(말산 탈수소효소)

(2) 유전적 변이종

Glucose-6-phosphate dehydrogenase
(글루코오스-6-인산 탈수소효소)

(3) Homopolymer(동종회합체)

Glutamate dehydrogenase
(글루탐산 탈수소효소)

(4) Heteropolymer(이종회합체)

Lactate dehydrogenase
(락트산 탈수소효소)

(5) 복합 단백질 효소

포유동물의 alkaline phosphatase
(알칼리성 인산 가수분해효소)

(6) 하나의 폴리펩티드에서 생긴 여러 개의 단백질

Chymotrypsin

(7) 3차 구조가 다른 아이소자임

모든 다른자리 입체성 변형

(1) 유전적으로 독립된 효소

이는 유전자상 독립된 효소군으로 다른 세포에 존재한다. 소심근 aspartate aminotransferase(아스파르트산 아미노기 전달효소)는 sGOT(상징액), mGOT(미토콘드리아)로 나누어지며, 각 효소는 카르복시 말단, 아미노 말단이 서로 다르다.

즉, sGOT는 Gln과 Ala인데 반해 mGOT는 Lys, Ser이다 또, 피리독살인산이 결합하는 부분의 아미노산 배열은 같다. 이것은 전체적으로는 1차 구조가 달라도 활성 부위는 유사한 것을 반영한다.

(2) 유전적 변이종

둘 이상의 유전자에 의해 독립적으로 지배되고 있는 아이소자임(mutigenic isozyme)은 다음과 같이 분류된다.

Codominant allelic gene에 만들어진 아이소자임은 homozygote의 경우는 한 종류이지만 heterozygote의 경우는 적어도 두 종류의 효소가 존재한다. 이 효소가 복수의 서브유닛으로 된 경우는 하이브리드 형성에 의해 다시 많은 효소군을 만든다. 이 경우 면역학적으로 구별할 수 없다.

아프리카 주민의 glucose-6-phosphate dehydrogenase는 정상형(B형)과 이상형(A형)이 존재한다.

(3) Homopolymer(동종회합체)

이는 단일 서브유닛의 비공유 결합에 의한 회합체이다.

(4) Heteropolymer(이종회합체)

유전자상 독립한 효소군으로 세포 내 동일 장소에 존재하는 것과 동일 개체에 존재하지만 다른 장기에 존재하는 아이소자임을 말한다. 두 종류 이상의 폴리펩티드 사슬의 비공유 결합에 의한 회합체이다.

어느 효소가 복수의 monomer(subunit)로 되어 있고, 그 homopolymer가 장기 고유성을 나타내며, 두 종 이상 있는 경우는 장기에 따라 heteropolymer(hybrid)가 존재하는 것이 되지만, 이 경우는 isozyme이라 하지 않는다. 왜냐하면 다른 서브유닛에 대해서만 다른 유전자가 존재하며, 얻어진 효소군만큼의 유전자가 존재하지 않기 때문이다.

여기에는 lactate dehydrogenase(락트산 탈수소효소) 등 많은 효소가 있다.

(5) 복합단백질효소

화학적 변형이나 물리적 변형을 받아 효소학적 성질이 변하고 생체 내에서 대사의 흐름을 변화시키는 효소를 의미하고 있으나, 효소 전체 중에 변화받는 경우도 포함된다.

효소의 한정 분해나 탈아미노화는 제5군으로 분류되며, SH기의 산화 환원에 의한 변화 등은 제7군으로 분류된다. 제4군으로 분류되는 것은 여러 물질과 결합하여 다양성을 나타내는 효소군으로 ① 인산화-탈인산화, ② 아데닐화, ③ ADT 리보오실화, ④ sialic acid 결합, ⑤ 당질의 결합, ⑥ 금속의 결합, ⑦ 기타 결합 등에 관여하는 효소가 있다.

(6) 하나의 폴리펩티드에서 생긴 여러 개의 아이소자임

한정분해나 탈아미드화에 의해 다양성을 나타내는 효소로 다음과 같이 분류된다.

① Zymogen에서 활성형으로 이행하는 것. 이 경우 통상 Zymogen이 활성을 갖지 않기 때문에 활성이라는 점에서는 다양성을 나타내지 않으나 중간체가 활성을 나타내는 경우가 있다.

② 효소의 분리, 정제 중에 원래 존재하고 있던 효소 펩티드가 단백질 분해효소의 작용으로 부분적으로 펩티드를 잃으면서도 활성을 갖게 되어 다양성을 나타내는 것. 이는 면역학적으로 교차하는 경우와 반응성이 약해지는 경우가 있다. 또 열안정성, 기질에 대한 K_m에도 변화를 일으키는 경우가 있다.

③ 많은 경우 정제 중에 일어난다. Glu 잔기, Asp 잔기가 탈아미드화되어 다양성을 나타내는 것과 동결, 융해 후에 일어나는 것이 있다. 세포 내의 deaminase에 의한다. 면역학적으로 교차 반응하여 단백질 분해효소에 대한 감수성에 차가 있는 경우도 있다.

④ 메카니즘 불명의 것. 효소의 분리 정제 중에 다양성을 나타내는 것은 인공산물이지만 세포 내에서 변화되는 것은 효소 분해 과정의 초기일 가능성도 있다. 또는 세포의 노화 현상의 일부를 반영한다고도 할 수 있다.

⑤ 3차 구조가 다른 아이소자임 : 비선광도, 선광분산 parameter 등이 다른 것과 여러 물질과의 상호작용이 다른 것이 있다. SH기가 산화되어 다른 SH기와 (SH/SS) 또는 다른 물질과(SH/SX) 결합한 경우도 있다. 여기에 속하는 것들은 1차 구조가 완전히 같기 때문에 면역학적으로 서로 교차하게 된다.

2. 아이소자임의 생성 원인

아이소자임이 다양성을 나타내는 원인을 유전적으로 살펴보면 다음과 같다(그림 3.15).

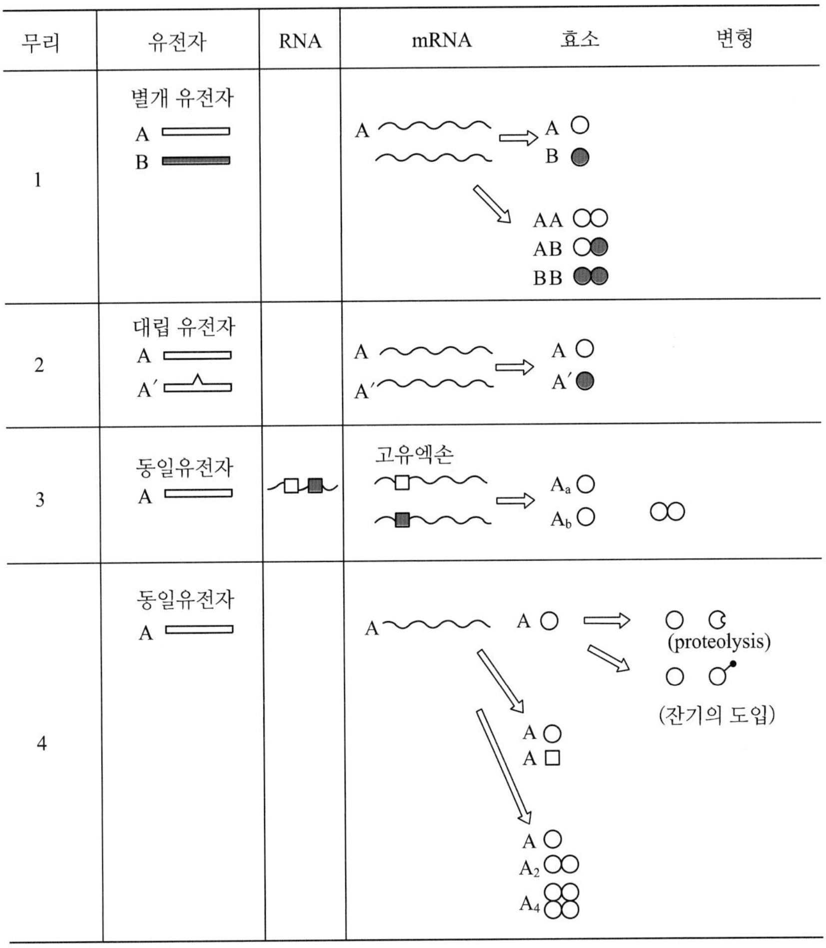

무리	유전자	RNA	mRNA	효소	변형
1	별개 유전자 A B		A ∿∿∿ ∿∿∿	A ○ B ● AA ○○ AB ○● BB ●●	
2	대립 유전자 A A′		A ∿∿∿ A′ ∿∿∿	A ○ A′ ●	
3	동일유전자 A		고유엑손 ∿∿ ∿∿	A_a ○ A_b ○	○○
4	동일유전자 A		A ∿∿∿ A ○	○ ◖ (proteolysis) ○ ○• (잔기의 도입) A ○ A □ A ○ A_2 ○○ A_4 ○○○○	

그림 3.15 효소의 다양성을 나타내는 요인

(1) 다른 유전자에 의한 다양성

그림 3.15의 1 무리는 전형적인 아이소자임으로, 다음과 같은 여섯 가지가 있다.

① 동일 세포 내에서 대사역할을 달리하는 것 : 대장균에는 세 가지 aspartate kinase(아스파르트산 키나아제)가 각기 다른 아미노산을 생합성한다. I형은 트레오닌, III형은 리신에 의한 다른자리 입체성 되돌림 저해를 받으며, II형은 effector가 필요 없고, 메티오닌을

생합성한다. 마찬가지로 대장균에도 effector를 달리 하는 동화형과 이화형의 두 threonine dehydratase(트레오닌 탈수효소)가 존재한다.

② 동일 세포 내에 존재하지만 존재 위치가 다른 것 : 고등동물의 aspartate aminotransferase (아스파르트산 아미노기전달효소)는 세포질형과 미토콘드리아형이 각기 다른 핵유전 자를 갖고 있다. 지방산 β산화계의 enoyl-CoA hydratase(엔오일-CoA 수화효소)와 3-hydroxyacyl-CoA dehydrogenase(3-히드록시아실-CoA 탈수소효소) 등은 미토콘드 리아와 퍼옥시솜에 존재하며 존재 위치에 따라 유전자가 서로 다르다. 그러나 존재 위 치가 다르다고 모두 유전자가 다른 것은 아니다.

③ 장기나 조직에 특이적으로 존재하거나 발현시기가 다른 것 : 발생, 분화, 병태에 따라 각 기 다른 유전자가 특유의 발현제어를 받는 경우가 많다 예로서 고등동물의 glycogen phosphorylase(글리코겐 가인산분해효소)는 ㉮ 근육형, ㉯ 간장형, ㉰ 태아기에는 모든 조직에서 발현되지만 성숙 후에는 뇌에서만 발현되는 것 세 가지가 있다.

④ 이종 서브유닛의 하이브리드를 생성하는 것 : 세포 내 효소는 대부분 복수의 올리고머로 형성되어 있다. 동일 세포 내에서 두 종류의 아이소자임 서브유닛이 동시에 발현 생성 될 때 그들 사이에 임의적인 회합이 일어나 서브유닛 종류보다 많은 수의 분자종이 생 기는 일이 있다. 가장 잘 알려진 것은 고등동물의 lactate dehydrogenase(락트산 탈수소 효소)이다. 이 효소는 tetramer로서, 근육에서는 A형 서브유닛이 A_4, 심장에서는 B형 서브유닛이 B_4로서 존재하지만, 폐나 신장 등에서는 A_4, A_3B, A_2B_2, AB_3, B_4 등의 하이 브리드를 형성한다.

⑤ 매우 상동성이 높은 유전자에 의해 생기는 것 : 생존에 필요한 유전자나 다양한 기질에 대응하는 효소(예로서 protein kinase나 P450 등)는 수개에서 수십 개의 유전자가 중복 하여 존재하며(multigene family), 1차 구조가 95% 이상 같은 경우도 있다 식물의 ribulose-1,5-bisphosphate carboxylase(리불로오스-이인산 카르복시화효소)의 작은 서 브유닛 유전자는 5개로, 단백질 수준에서는 구별하기 힘들지만 cDNA의 염기배열로는 4가지 전구체가 나타나고, 가공 후에는 3가지의 약간 다른 폴리펩티드를 생성한다. 동 물의 phosphoribosyl pyrophosphate synthetase(리보오스-인산 피로인산 키나아제)도 마 찬가지 예가 알려져 있다.

⑥ 반응기구를 달리하지만 동일 반응을 촉매하는 효소 : 대장균은 동물효소와 같이 보조인자 가 불필요한 fumarase와 철황 클러스터를 갖는 fumarase가 있다. 호기적 조건에서는 클 러스터효소의 활성이 80%를 점한다. 두 효소의 유전자 *fum*C와 *fum*A에서 추정하는 1 차 구조 사이에는 상동성이 거의 없으나 효소학적 성질(K_m, pH 의존성)에는 큰 차이 가 있다. Superoxide dismutase(초산화물 불균등화효소)에는 Mn 의존형과 Fe 의존형이

있으나 대장균은 두 가지 모두 있다.

(2) 대립유전자(allelic gene)에 의한 것(그림 3.15의 2 무리)

배수체에서 복수 존재하는 효소의 1차 구조는 서로 다르며, 모두 발현되는 경우는 복수의 효소(allelic variant)가 생성된다. 이것도 아이소자임으로 간주되지만, allozyme이라고 하여 구분하고 있다. 이런 다양성을 효소다형(allelic 또는 allozymic polymorphism) 이라 한다. 물론 이 현상은 헤테로 접합체에서만 보이며, 호모집합체에서는 한 종류이다. 사람 적혈구의 glucose-6-phosphate dehydrogenase(글루코오스-6-인산탈수소효소)는 약 300종의 allelic variant가 알려져 있다.

(3) 동일유전자에 유래하지만 1차 구조가 다른 복수의 효소(그림 3.15의 3 무리)

유전자 전사로 생긴 RNA가 스플라이싱을 받아 mRNA로 되는 과정에서 어떤 조건에서는 엑손 a는 받아들여지고 엑손 b는 배제된다. 그러나 다른 조건에서는 반대의 스플라이싱을 받는 경우가 있다(alternative splicing). 해당계의 속도지배효소인 pyruvate kinase는 포유동물에는 4종류의 분자종(M_1, M_2, L, R)이 존재하며, M_1과 M_2는 M유전자에서, L과 R 유전자는 L 유전자에서 유도되며, 1차 구조가 서로 다르고, 효소적 성질도 다르다.

활성 부위

4.1
촉매 부위 및 기질 결합 부위

효소의 활성중심(active center)은 효소 단백질 분자 중에 기질이 특이적으로 결합하며 촉매작용을 하는 부위로 활성 부위(active site)라고도 한다. 국내 관련 학회에서는 활성자리라고도 하지만 자리란 평면만을 의미하기 때문에 활성 부위가 갖는 입체 구조를 표현하지 못한다.

따라서 여기서는 활성 부위라는 말로 통일한다. Oligomer 효소는 서브유닛이 각기 독립된 활성 부위를 갖는 경우도 있고 각 서브유닛이 아미노산 잔기를 공동으로 제공하여 하나의 활성 부위 구역(domain)을 형성하는 경우도 있다.

활성 부위 기능은 둘로 나뉜다.

$$\text{활성 부위} \begin{cases} \text{촉매 부위(catalytic site)} \\ \text{기질 결합 부위(substrate binding site)} \end{cases}$$

촉매 부위는 산화환원, 전달, 가수분해 등 효소 본래의 반응에 직접 관여하는 촉매 아미노산 잔기가 촉매작용을 나타내는 부위로서 촉매중심(catalytic center)이라고도 한다. 촉매 부위는 기질이 결합하는 부위와 인접하여 있기도 하고 기질 결합 부위 안에 들어 있기도 한다.

촉매기는 아미노산 잔기인 경우도 많으나 다른 구성요소, 즉 금속이나 보조인자인 경우도 많다 '기질 결합 부위'는 효소가 기질을 특이적으로 식별하여 촉매작용을 받을 수 있는 위치에 기질과 비공유 결합하는 부위이다.

그러나 효소에 따라서는 활성 부위 외에도 기질이 결합할 수 있는 부위가 있다. 여기서는 활성 부위의 기질 결합 부위만을 고려한다. 기질 결합 부위는 특정 기질만 특이적으로 식별하여 결합하며, 이에 의해 기질특이성이 결정된다.

기질을 특이적으로 식별하는 부위를 '특이성 결정 부위(specificity determining site)' 또는 특이성 부위(specificity site)라고 한다. 기질 결합 부위와 특이성 부위는 같은 뜻으로 사용되는 경우도 있다. 그러나 특이성 결정에 관여하지 않으나 기질의 일부 결합에 관여하는 잔기도 있기 때문에 특이성 결정 부위는 기질 결합 부위와 같든가 특정한 일부라 할 수 있다.

또 효소 중에는 기질 결합 부위가 상당히 넓은 것도 있으므로 이를 다시 나누어 촉매 부위 근처의 결합 부위 즉, 주결합이나 제1결합 부위에서 떨어진 부위에서 중요한 역할을 하는 부위를 제2결합 부위(secondary binding site) 또는 섭사이트(subsite)라고 한다.

효소의 활성 부위 검색은 효소의 촉매 반응 기구나 특이성 발현 기구의 해명을 비롯하여 효소의 구조와 기능의 상관성을 규명하는 데 매우 중요하다.

효소는 일반적으로 아미노산 잔기 100~수백 개로 된 거대분자이지만 활성 부위는 분자 표면의 매우 한정된 영역에 소재하고 있다. 모노머 효소의 경우는 보통 한 분자당 한 개의 활성 부위를 갖고 있다.

또 X선 결정해석 결과 활성 부위는 일반적으로 분자 표면에 존재하는 뚜렷한 갈라진 틈(cleft) 또는 홈(cavity) 구조 부분에 존재하는 것으로 밝혀져 있다.

활성 부위는 보조효소, 보결분자단이나 금속 등을 함유한 경우도 있으나 일반적으로 소수의 아미노산 잔기(활성 부위잔기)로 구성되며, 이들이 서로 특이적 공간배치로 존재하고 있는 것으로 생각된다.

이들 잔기는 촉매 부위 잔기(catalytic site residue)와 기질 결합 부위 잔기(substrate binding site residue)로 나누어 생각할 수 있다. 촉매 부위 잔기는 촉매작용, 즉 효소-기질 사이에 전자를 주고받는데 직접 관여하는 잔기(촉매기 보통 1~수개의 극성 잔기)와 촉매작용에는 직접 관여하지 않으나 촉매 부위의 구조형성에 관여하는 잔기(비촉매성)가 있다.

$$
촉매\ 부위\ 잔기 \begin{cases} 촉매(잔)기(catalytic\ residure(또는\ group) \\ 비촉매(잔)기(noncatalytic\ residure(또는\ group) \end{cases}
$$

마찬가지로 기질 결합 부위 잔기는 잔기와의 특이적 상호작용에 직접 관여하는 잔기(기질 결합기)와 기질과 직접 상호작용은 하지 않으나 기질 결합 부위의 특수한 미세 환경이나 구조형성에 중요한 역할을 하는 잔기(비기질 결합기)가 있다.

$$
기질\ 결합\ 부위\ 잔기 \begin{cases} 기질\ 결합(잔)기 \\ 비기질\ 결합(잔)기 \end{cases}
$$

또 기질 결합 부위 잔기, 기질 결합(잔)기와 거의 동의어 또는 그들의 특수한 경우로서

$$
특이성(결정)\ 부위\ 잔기 \begin{cases} 특이성(잔)기 \\ 비특이성(잔)기 \end{cases}
$$

도 고려한다. 그러나 실제로 이들의 구별은 곤란한 경우가 많다. 일반적으로 촉매 부위와 기질 결합 부위는 상호 밀접하게 관련되어 있으며 양쪽에 관계하고 있는 잔기도 있기 때문에 이들 잔기를 상기 분류에 따라 분류하기 어려운 경우도 있다.

한편 효소활성 및 특이성 발현에 불가결한 잔기를 필수잔기(essential residue)로 부르는 일도 있다. 이 잔기는 변화되거나 결손되어 촉매활성이나 기질 결합력(또는 특이성 발현)이 거의 또는 완전히 없어지는 잔기이다.

활성 부위에는 기능에 관계하는 영역, 즉 allosteric site(다른자리 입체성 부위)를 갖는 효소가 있다. 효소가 촉매로서 작용하는 데는 활성 부위의 두 기능의 협동작용이 필요하며, 어느 한쪽 기능이 손상을 받아도 효소작용은 발휘되지 않는다.

또 활성 부위는 기질 결합 부위와 촉매기능이 완전히 독립한 구조로 되어 있는 것은 아니고 두 기능이 서로 인접하는 영역에 존재하고 있으며, 일부 아미노산 잔기는 공통 잔기로 사용되는 경우가 많다.

그 결과 기질 결합 부위에 대한 기질분자의 결합은 촉매 부위의 구조에도 미묘한 영향을 미치게 된다. 기질이 활성 부위에 결합한 때의 구조변화의 예를 그림 4.1에서 보여주고 있다. 효소인 hexokinase(헥소오스 키나아제)에 기질인 글루코오스가 결합한 모습이다.

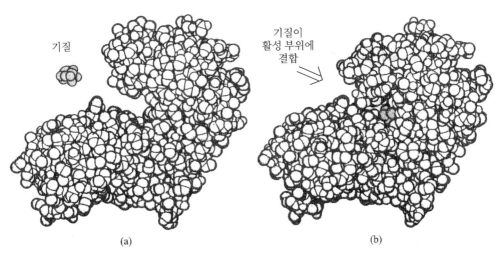

기질

기질이
활성 부위에
결합

(a)   (b)

그림 4.1 **효모 hexokinase A의 입체 구조**
(a)는 기질인 glucose와 hexokinase.
(b)는 glucose가 hexokinase에 결합한 상태. (b)는 구조가 크게 변화는 데 주의(특히 윗부분).

효소는 일반 화학촉매와 기질 특이성을 갖는 점에서 다르다. 트립신은 단백질 가수분해효소이지만 단백질의 모든 펩티드 결합의 가수분해를 촉매하는 것은 아니다. Arg 잔기나 Lys 잔기의 카르복시기가 만드는 펩티드 결합의 가수분해만 촉매한다. 그러나 같은 종류의 잔기라도 D계의 아미노산 잔기는 촉매하지 못한다.

기질을 엄격하게 식별하는 기능은 당연히 활성 부위에 들어 있으며, 그 주역은 기질 결합 부위이다. 이 부위에 결합할 수 없는 분자는 효소의 촉매작용을 받을 수 없다. 한편, 기질 결합 부위에 결합할 수 있어도 촉매작용을 받을 수 없는 경우도 효소가 기질을 선택하기 때문이다.

D계의 Arg 잔기나 Lys 잔기는 트립신에 결합할 수 있으나 촉매작용을 받지 않는다. 이때 이들 잔기의 α탄소가 D계의 입체 배치를 취하면 촉매작용을 받는 펩티드 결합이 촉매기 가까이 배치될 수 있기 때문이다. 즉, 효소의 기질 특이성은 효소의 기질에 대한 친화성 외에 k_{cal} 크기 차이에 의한다.

활성 부위 잔기의 검색법으로 가장 널리 사용되어 온 방법은 특이적 화학변형법이다. 효소 단백질이나, 기질(또는 기질 유사체)과 복합체의 결정 X선 해석법이 유력하지만 아무나 사용할 수 있는 간단한 방법이 아니다.

반응속도론적 방법이나 비교 생화학적 방법도 유효하게 사용되고 있으나 이들은 보조적 수단이다. 또 활성 부위 잔기의 성상이나 존재상태의 연구에 핵자기 공명법을 비롯한 각종 분광학적 방법도 유효하게 사용되고 있다.

4.2
기질 결합과 촉매작용

기질이 효소에 결합하여 촉매과정이 시작하는 과정은 대부분 열쇠와 자물통설(lock and key) 및 유도 적합설(inducede fit) 및 착오 결합설로 설명된다.

1. 열쇠와 자물통설

모노머효소에 적합한 설로 효소의 활성 부위는 자물통의 열쇠구멍, 기질은 열쇠로 설명한 설이다. 즉, 기질은 효소의 활성 부위에 꼭 맞는 형이다. 자물통마다 열쇠가 다 틀리듯이 효소도 종류에 따라 활성 부위의 형태가 틀리며, 그에 따라 기질의 형태도 틀리다.

따라서 짝이 아닌 자물통과 열쇠는 서로 맞지 않아 열쇠구멍에 들어갈 수 없듯이 효소도 짝이 아닌 기질과는 결합하지 못하며 촉매작용을 하지 못한다. 이에 의해 효소는 특정 기질만을 촉매하는 매우 높은 기질 특이성을 가진다는 설이다(그림 4.2).

그림 4.6은 Taka-amylase A의 활성 부위에 기질이 결합되어 있는 모습이다. 당사슬의 글루코오스 잔기는 의자형 구조를 취하여 글루코시드 결합 부분만 제외하고는 구조상의 자유도도 적고 견고하다. 이 당사슬이 약간 구부러져서 활성 부위에 꼭 맞게 결합하고 있다.

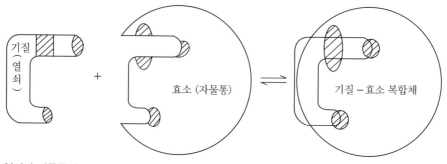

그림 4.2 **열쇠와 자물통설**

글루코오스 잔기의 피라노오스 고리의 접합뿐 아니라 각 잔기의 OH기는 효소 곁사슬 사이에 여러 수소 결합을 만들어 당사슬의 각 부분이 효소의 활성 부위와 꼭 들어맞게 결합하고 있다.

그러나 활성 부위에 강하게 결합하여도 모두 촉매속도가 큰 것은 아니다. Hexokinase(헥소오스 카나아제)는 ATP의 인산기를 글루코오스로 전달하는 반응을 촉매한다. 인산기를 물로 전달하는 속도는 글루코오스의 OH로 전달하는 속도의 2×10^5 분의 1이다. 물도 활성 부위에 결합하여 들어가기 때문에 반응성이 이렇게 느린 이유를 설명할 수 없다.

또 저해제는 기질보다 활성 부위에 훨씬 강하게 결합하는 데도 촉매 반응은 일어나지 않는다. 이같이 열쇠와 자물통설은 결합의 특이성을 설명할 수는 있어도 촉매 특이성은 설명할 수 없다.

2. 유도 적합설

올리고머 효소에 적합한 설로 기질이 없을 때의 효소의 활성 부위 구조는 기질과 맞지 않는 다른 구조를 가지고 있어서 불활성 상태에 있지만, 기질이 존재하면 에너지를 소비하여 기질에 맞도록 활성 부위 구조가 변하여 기질을 받아들인다. 이에 따라 활성상태로 되어 촉매기가 올바로 배치된다는 설이다. 이에 대해서는 그림 4.3과 다른 여러 그림으로 설명되고 있다.

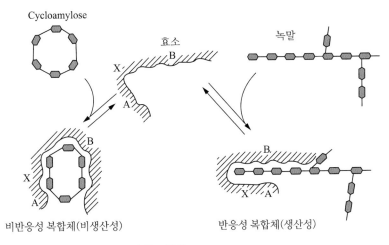

그림 4.3 기질에 의해 유도되는 β-amylase의 구조변화

기질의 결합상수는 효소의 구조변화에 사용한 에너지만큼 작아진다. 활성이 낮은 기질도 활성 부위에 결합할 수 있으나 활성형으로 변화하는 데 필요한 구조 요소가 결핍되어 있기

때문에 효소는 불활성 구조에서 변하지 않는다. 이 설은 효소가 유연한 구조를 가져서 움직이는 것으로 생각하고 있다.

Hexokinase의 경우 글루코오스는 효소의 구조를 활성형으로 변하게 하지만 물분자는 변하지 않게 한다. Phosphoglucomutase(포스포글루코오스 자리옮김효소)는 glucose-1-phosphate와 glucose-6-phosphate와의 상호 교환을 촉매하는 효소로, 인산효소가 중간체로서 관여한다.

인산기를 인산효소에서 물로 전달하는 속도는 글루코오스-1-인산이 OH로 전달하는 속도의 3×10^{10}분의 1이다. 그러나 크실로오스-1-인산을 가하면 물분자에 대한 인산기 전달 속도가 2×10^6배나 촉진된다. 트립신에 대해 N-벤조일아르기닌 에틸에스테르는 특이적인 기질로 빠르게 가수분해된다. N-아세틸글리신 에틸에스테르의 가수분해 속도는 느리지만 메틸구아닌이 공존하면 7배나 빨라진다.

이런 기질 아날로그나 프래그먼트에 의한 가속현상은 유도 적합설을 지지하는 유력한 증거이다.

실제로 많은 효소가 기질에 의해 구조변화를 받는다. X선 해석에 따르면 hexokinase의 활성 부위에 글루코오스가 결합하면 두 도메인이 약 12° 회전하여 갈라진 틈이 닫히고, 활성 부위에서 물이 배제되어 ATP 결합 부위가 생긴다. 이 소수적 환경에서는 글루코오스의 C-6-OH도 ATP의 인산기도 수화되지 않고 각기, 친핵성, 친전자성이 증가하여 인산기 전달이 촉진된다.

3. 착오 결합설

Royer는 착오 결합설(비생산성 결합설)을 제창하였다. 효소 활성 부위에는 기질을 식별하는 부위가 여럿 있어서 그에 적합한 기질이 들어간다. 물론 기질 쪽에 이들에 맞을만한 상호작용점이 없어도 효소와 여러 상호작용을 시도하는 중에 생산물을 만드는 복합체가 만들어질 수 있다(그림 4.4).

좋은 기질은 효소 활성 부위와 상보적인 구조 요소가 복수이기 때문에 강하게 결합하여 생산성 복합체를 형성한다. 활성이 낮은 기질(좋지 않은 기질)은 상보적인 구조 요소가 적기 때문에 활성 부위에 들어가도 잘못 배향하여 촉매작용을 받지 못하는 비생산성 복합체를 형성하고 만다. 물론, 생산성 복합체도 생성되지만 비율이 낮다.

이것은 조각그림 맞추기와 같아서 이 조각 저 조각 맞추다 보면 맞게 되는 것과 같다. 이 설은 효소의 활성 부위가 고정된 것으로 단정하고 있다.

D-아미노산 복합체나 기타 비특이적 기질은 키모트립신에 L형과 같은 정도로 강하게 결합하지만 거의 가수분해되지 않는다. D형 기질에서 생성되는 아실효소 중간체의 탈아실화 속도는 매우 느리다.

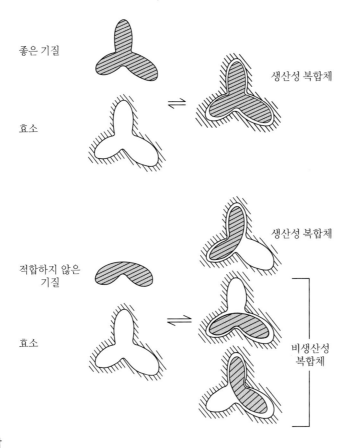

좋은 기질

효소

생산성 복합체

적합하지 않은
기질

효소

생산성 복합체

비생산성
복합체

그림 4.4 **착오 결합**

이들 사실이 이 설을 뒷받침해 준다. Hexokinase를 이 설로 설명하면 물분자는 올바로 결합되는 것보다 잘못 결합되는 것이 2×10^5배나 많은 것이 된다. 물이 임의적으로 결합한다고 하면 이것은 너무 큰 값이다.

4. 전이상태 결합설

효소의 활성 부위는 기질 자신보다도 전이상태에 상보적인 구조를 갖는다(3장). 효소의 활성 부위가 움직이지 않는 굳은 구조라고 하면, 기질은 거기에 결합하기 위해 기질이 변하여 전이상태에 가까워진다.

만약 효소가 유연하고, 기질이 굳은 구조를 가졌다면 유도 적합설에 가까워지지만, 차이는 효소-기질의 결합 에너지가 특이성 발현 외에 반응의 활성화 에너지 감소에 직접 사용되는 데 있다.

전이상태 안정화의 원리에 따르면 효소의 특이성은 기질이 전이상태에서 어느 만큼 활성 부위에 결합성을 가지며 안정화될 수 있는가에 따라 결정된다. 현재로는 효소의 리간드 인식과 전이상태 안정화의 기구를 분자레벨에서 정밀하게 해석할 수 있게 되고, 수소 결합, 정전기적 상호작용, van der Waals 힘 등 약하지만 선택적인 상호작용이 중요한 역할을 하는 것을 알 수 있다.

4.3
효소 - 기질 복합체

활성 부위를 만들기 위해서 효소는 폴리펩티드 사슬이 이리저리 비틀리고 접혀져 있다. 그러므로 활성 부위가 아닌 곳을 절단한다 하더라도 활성 부위의 입체 구조가 부서지게 된다. 즉, 효소는 활성 부위를 구축하기 위해 복잡한 구조를 갖고 있다. 이 점이 바로 효소의 기능을 유효화시키고 있다.

활성 부위는 그림 4.1의 화살표 같이 효소 분자 표면의 파인 곳에 존재하는 일이 많다. 그림 4.5는 Taka-amylase(*Aspergillus oryzae*의 α-amylase)의 활성 부위로서 촉매기 근처에 말토오스(기질로서는 너무 작다. 기질 유사물질)가 들어갔을 때의 모습이다. 촉매기는 Glu 230과 Asp 297로 보인다. 왼쪽과 오른쪽을 비교하면 촉매기 주변의 입체적 구조를 알 수 있다. 즉, 촉매기와 말토오스가 결합하는 데 관계하는 각 잔기를 알 수 있다.

기질이 효소에 들어가 결합하기 위해서는 그림 4.1과 같이 구멍이나 파인 홈 같은 부위가 필요하다. 그림 4.6은 X선 해석 등에 의한 결과로 기질이 들어가 결합된 예상도이다. 이는 사람이 의자에 걸터 앉아서 몸을 쭉 뻗고 약간 돌아누운 모습과 같다. 그러나 실제 기질이 결합되어 있는 복합체의 구조를 해석할 수는 없다. 관측 도중 촉매 반응이 진행되어 기질이 분해되기 때문이다.

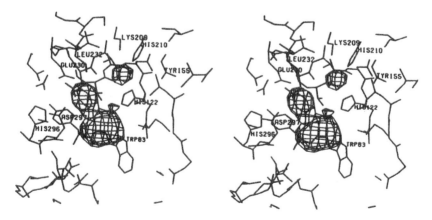

촉매잔기(Glu 230, Asp 297)와 그 주변의 구조가 뚜렷이 보인다.

그림 4.5 Taka-amylase A에 결합한 maltotriose 단면

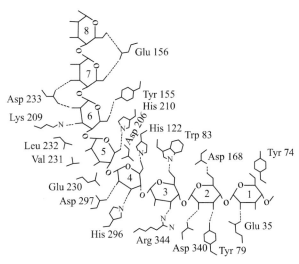

많은 수소 결합을 형성
하여 기질이 견고하게
결합한다.

그림 4.6   Taka-amylase A의 활성 부위(subsite)에 결합한 글루코오스

  그러므로 현실적으로는 X선 해석으로 활성 부위 구조를 구성하는 원자나 원자단의 각도,
거리 등을 정밀하게 측정하여 만든 모형에 기질을 맞추어서 해석한다.

  그림 4.6은 이 같이 하여 만든 moltooctaose(글루코오스 8잔기의 기질)가 Taka-amylase A
의 활성 부위에 결합한 모형도(기질의 글루코오스 잔기 1은 비환원성 말단, 8은 환원성 말
단)이다. 기질인 글루코오스 잔기의 OH기와 활성부위를 구성하는 아미노산 잔기 사이에 형
성되는 수소 결합을 예측한 것이다.

  또 기질과 활성 부위의 상호작용에는 기질의 글루코오스 잔기와 활성 부위를 구성하는
원자단 사이에 소수성 힘도 관여하고 있다. 이런 수소 결합이나 소수 결합을 통해 기질은
활성 부위에 꼭 들어맞는다. 이어서 촉매 작용이 일어난다.

  Taka-amylase A는 녹말을 가수분해하는 효소이다. 천연의 기질인 녹말분자는 Taka
-amylase A에 결합되어 두 촉매기에 의해 글루코시드 결합이 절단된다. 그림 4.7은 녹말분
자의 분해를 묘사하였다.

  Lactate dehydrogenase(락트산 탈수소효소)는 락트산을 산화하여 피루브산을 만드는 반응
을 촉매한다. 이때 기질인 락트산분자의 효소분자는 그림 4.8과 같은 복합체를 형성한다.
Lys, His, Arg 각 잔기의 곁사슬이 만드는 입체적인 구도와 다른 아미노산 잔기가 빚어내는
소수적인 환경으로 기질인 락트산분자는 활성 부위에 꼭 들어맞는다.

  Lacate dehydrogenase는 보조효소 NAD가 활성 부위의 '활성인 구조'를 형성하는 데 직접
관여하는 전형적인 예이다. 또, 카르복시 아미드로 촉매작용에 결정적인 역할을 하고 있다.

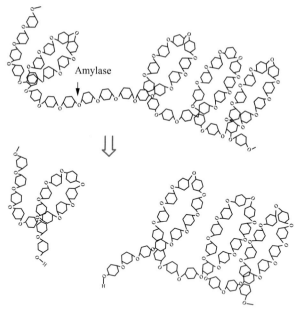

그림 4.7 **Amylase에 의한 amylose의 분해**

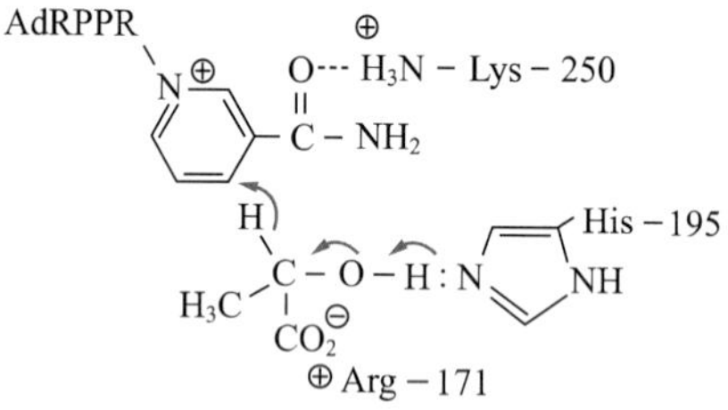

$$AdRPPR$$

그림 4.8 **생산적인 lactate dehydrogenase - 락트산 복합체**

　　단백질 분해효소의 하나인 carboxypeptidase A는 활성 부위의 구성요소로서 Zn^{2-}을 갖고
있다. Zn^{2+} 원자는 다른 아미노산 곁사슬과 함께 기질로 결합된 펩티드의 카르복시 말단부
터 아미노산 잔기(Tyr 등의 방향족 아미노산이 많다)를 하나하나 절단하는 촉매작용에 직접
관여하고 있다(그림 4.9).

　　그림 4.9는 기질인 펩티드의 카르복시 말단의 Tyr 잔기와 그에 이은 Gly 잔기와 촉매작용,
즉 생산성 결합할 수 있도록 활성 부위의 Zn^{2+} 원자 및 각 곁사슬과 상호작용하는 모습을
나타낸 것이다. Glu 270과 Zn^{2+} 원자가 촉매작용하기 위해서는 이런 기질분자와 활성 부위
를 구성하는 곁사슬 등이 정확하게 배열된 위치에서 상호작용, 즉 기질 - 효소 복합체를 형성
해야 한다.

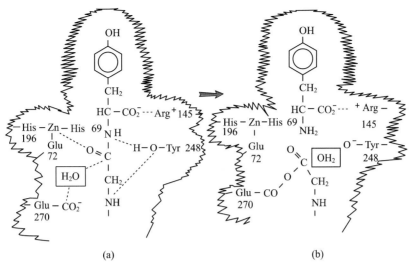

그림 4.9 Carboxypeptidase A의 활성 부위에 대한 아연의 작용

또 하나 금속이온이 관여하여 기질 - 효소 복합체를 형성하는 예로서 hexokinase가 있다. Hexokinase는 ATP의 말단 인산기를 글루코오스로 전달하여 글루코오스 - 6 - 인산의 생성을 촉매한다.

그림 4.10과 같이 금속이온 Mg^{2+}은 ATP가 글루코오스와 접촉할 수 있도록 인산잔기의 구조와 특이적인 배열을 하고 있다. 즉, 기질인 글루코오스와 ATP의 아데닌 및 리보오스 잔기는 활성 부위의 특정 부위에 들어맞아 촉매(전달)작용이 일어나도록 정확하게 배치되어 있다.

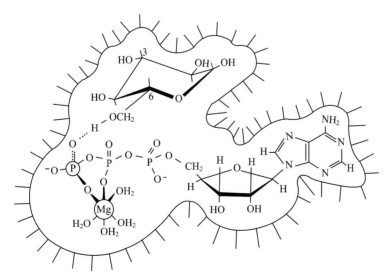

그림 4.10 Hexokinase 활성 부위에 대한 마그네슘과 작용

이상 극히 일부의 효소를 예로 들었으나 기질이 효소 활성 부위에 꼭 맞게 입체적으로 결합하여 복합체를 형성한다는 점에서는 다른 효소도 모두 같다고 할 수 있다. 이에 의해 효소는 매우 높은 촉매력을 나타내게 된다.

4.4
변형과 활성

효소는 다른 단백질과 같이 리보솜에서 합성된다. 보조효소를 필요로 하지 않는 효소는 그대로 촉매활성을 갖는 완전한 분자가 되나 그중에는 불활성분자로 합성되어 필요에 따라 활성인 효소로 변환되는 것도 있다. 또 분비성 효소와 같이 세포막 통과에 필요하였던 여분의 펩티드 부분을 제거하거나, 단백질 합성 후에 곁사슬의 일부에 당사슬이 부가되는 등 효소 구조의 변형이 이루어진다.

생체 내 물질대사의 한 제어로서 효소 화학 구조의 부분적 변화로 고차 구조가 변화하여 촉매기능이 조절되는 경우가 있다. 공유 결합의 절단이나 생성을 수반하는 이들 변형은 생물이 생체 짜임새로서 갖고 있는 특징이다.

한편 효소는 여러 화학시약과 쉽게 반응하여 촉매기능을 잃거나 감소하는 일이 많다. 화학시약과 반응하는 것은 주로 효소를 구성하는 아미노산 잔기의 곁사슬 작용기이다.

일반적으로 효소 단백질과 화학시약의 반응에 의한 구조의 개변을 화학변형(chemical modification)이라 한다. 효소의 화학변형은 활성 부위에 존재하는 아미노산 잔기나 촉매작용에 불가결한 작용기를 검출, 확인하기 위한 것 뿐 아니고 효소의 안정화나 고분자 지지체에 대한 고정화 등에도 사용된다.

1. 생체에서 일어나는 변형

(1) 펩티드 사슬의 변형

효소의 펩티드 사슬 부분의 변형부위로서 펩티드 결합과 N, C 양 말단기가 있으나, 그중에서도 촉매기능 발현에 밀접하게 관계되는 변형은 펩티드 결합의 절단이다. 트립신은 소췌장에서 효소활성을 갖지 않는 전구체(트립시노겐)로서 합성되나, 트립신과 enterokinase(엔테로펩티드 가수분해효소)의 작용을 받아 활성화된다. 그때 Lys 15와 Ile 16 사이의 펩티드 결합이 절단되어 N말단에서 헥사펩티드인 Val·Asp·Asp·Asp·Aso·Lys이 유리된다(그림 4.11).

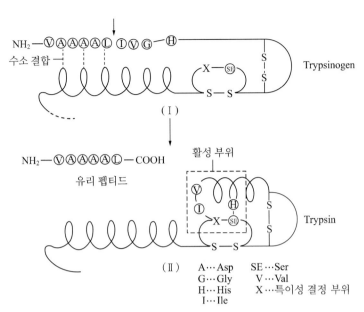

그림 4.11 Trypsinogen의 활성화

트립신은 트립시노겐보다 일차 구조상 N말단부에 여섯 개의 아미노산 잔기만 부족할 뿐이지만 효소활성의 유무라는 큰 차이를 보인다. 분자 전체의 형상에 서로 큰 차이는 없다. 그러나 기질 결합 부위 주변에는 서로 뚜렷한 차이가 있다.

트립시노겐은 활성화 시 Asp 194 곁사슬의 배치가 크게 변한다. Asp 194의 β-카르복시기는 전구체에서는 His 40과 결합하고 있으나 활성화에 따라 Ile 16의 α-아미노기와 짝 이온을 만든다. 이 변화는 Asp 194의 β-카르복시기가 약 170° 회전한 것을 나타낸다. 전구체(트립시노겐)의 Ile 6의 α-아미노기가 절단되어 헥사펩티드가 떨어져 나간다. 이와 동시에 Gly 145~Pro 152, Gly 184~Gly 193, Gly 216~Asn 223 잔기의 자유도가 상실되어 기질 결합 부위 잔기가 고정된다. 이들 세 영역에 Ile 16~Gly 19를 가한 집단을 활성화 도메인이라 하며, 분자의 다른 부분과 구조적으로 독립한 부분으로서 트립신의 촉매기능에 중요한 영역이다.

트립시노겐의 활성화로 생기는 트립신은 한 가닥 폴리펩티드 사슬로서 β-트립신이라 한다. β-트립신은 자기소화성을 가지며, Lys 131~Ser 132사이의 펩티드 결합이 절단되면 α-트립신이 생긴다. 이 효소도 β-트립신과 같은 촉매활성을 가지나 다시 또 한 곳의 펩티드 결합(Lys 176~Asp 177)의 절단이 일어나면 효소활성은 저하하며, 기질 특이성도 넓어진다. 생체 내의 트립신 대사도 이런 과정을 거쳐 일어나는 것으로 생각된다.

키모트립신의 경우도 Arg 15~Ile 16 사이의 펩티드 결합의 절단이 키모트립신의 활성에 필수이지만 펩티드는 유리되지 않는다. 이 절단에 의한 활성화 기구는 트립신의 경우와 마찬가지로 Ile 16과 Asp 194가 이온짝을 만든다.

어떤 효소의 N 말단에는 15~30개의 소수성 아미노산이 여분으로 부가한 상태에서 생합성되는 경우가 있다. 이 소수성 펩티드 부분은 시그널 펩티드로서 효소의 세포막에 대한 결합과 막 내부 통과에 중요하지만, 효소활성의 발현에는 필요 없기 때문에 분비성 효소의 경우는 분비 후 signal peptidase로 제거된다. 펩티드 사슬절단 이외의 변형으로서 N말단이 아세틸화되어 있는 효소가 많으나 촉매 기능에 아세틸기가 직접 관여하는 결과는 보고되어 있지 않다.

(2) 곁사슬의 변형

① 인산화

생체 내에서 일어나는 효소 반응을 제어하는 기구에는 촉매가 되는 효소의 양을 변화시키는 방법과 질을 변화시키는 방법이 있다. 효소량의 변화는 효소 합성의 조절을 필요로 하나 효소 질의 변화는 효소활성 조절로 이루어진다. 효소의 촉매활성을 바꾸는 가장 간단한 방법은 활성에 관계하는 부분의 구조를 변형하는 것으로써 생체 내 반응이라는 관점에서는 가역적인 것이 바람직하다.

다른자리 입체성 효소의 경우는 조절인자의 공유 결합에 의하지 않는 결합에 공유 결합시켜 가역적으로 탈착시켜서도 가능하다. 공유 결합의 생성, 분해를 수반한 대표적인 예로써 수산기의 인산화가 있다.

Glycogen phosphorylase(글리코겐 가인산분해효소)는 글리코겐의 글루코오스-1-인산에 대한 분해와 그 역반응을 촉매한다. 토끼근육의 효소는 분자량 약 10만, 피리독살-1-인산 한 분자를 함유한 아미노산 잔기 841개로 된 프로토머가 두 개나 네 개 회합한 올리고머로서 효소활성을 나타낸다. 효소활성은 Ser 14의 수산기가 인산화된 a형 효소에만 나타나며 인산기를 갖지 않는 b형 효소는 불활성이다. 그러나 b형 효소는 AMP가 공존하면 효소활성을 가진다.

X선 결정해석 결과에 따르면 AMP는 Ser 14 가까이의 두 프로토머가 접촉하는 영역에 Tyr 75에 아데닌 고리를 겹치듯이 결합하여 Ser 14의 인산과 같은 효과를 주는 것으로 생각된다.

$$\text{Phosphorylase } a \text{ (활성)} \xrightleftharpoons[\text{+ ATP phosphorylase kinase}]{\text{Phosphoprotein phosphatase}} \text{Phosphorylase } b \text{ (불활성)}$$

b형 효소의 Ser 14의 수산기의 인산화가 방아쇠가 되어 주변의 입체 구조에 변화가 생긴다. 즉, 고정되어 인산화와 함께 Ser 1에서 약 20잔기가 Ser 14를 중심으로 특정 배치를 취

하게 된다. 효소 분자 내의 일부 구조 변화가 촉매활성을 발현시키는 현상은 트립시노겐에서 볼 수 있다. Phosphorylase 분자 크기로 볼 때 분자 구조의 일부 변화가 효소활성 발현이라는 큰 변화를 일으키는 정교한 기구가 존재하는 것으로 생각할 수 있다.

② 당사슬의 부가

자연계에는 많은 당단백질이 존재하며 당사슬 부분이 생리기능에 관여하는 것도 많다. 효소에도 올리고당을 구성성분으로 함유한 것도 있으나 촉매기능에 직접 관계하는 예는 없다. 그러나 당을 유리하면 안정성이 저하되는 경우가 많으므로, 안정화 작용을 하는 것으로 볼 수 있다. 당사슬의 부가는 효소의 분비와 관계된 경우가 있다.

효소에 결합하는 당사슬은 Ser이나 Thr의 수산기와 O-글리코시드 결합을 만들거나 Asn의 곁사슬과 N-β-글리코시드를 만든다. 당성분은 N-acetyl-D-glucosamine, mannose, galactose 등이다. Taka-amylase(*Aspergillus oryzae*의 α-amylase) A의 Asn 197과 결합하는 당사슬의 구조는 그림 4.12와 같다. 당사슬의 유무와 촉매활성은 관계없다. 그러나 안정성과 세포의 인식 등에는 관계가 있다.

인공적인 당사슬의 부가는 제10장에 자세히 설명되어 있다.

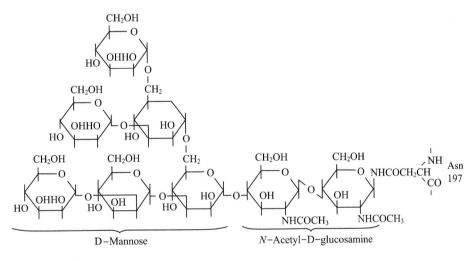

그림 4.12 Taka-amylase A의 당사슬 구조

2. 활성 부위 아미노산의 화학변형

활성 부위에서 기질 결합과 촉매기구에 직접 참여하는 원자나 원자단은 아미노산의 곁사슬인 경우가 많으나 반드시 그렇지만은 않다. NAD, 피리독살 인산 등의 보조효소나 금속이

온인 경우도 적지 않다. 예로써, glyceraldehyde-3-phosphate dehydrogenase(글리세르 알데히드-3-인산 탈수소효소) 등의 탈수소효소류에서는 NAD가 활성 부위의 구성요소로서 작용하며 산화환원 반응에 직접 관여하고 있다.

리포산이나 비오틴은 효소의 Lys 잔기에 결합하여 pyruvate dehydrogenase(피루브산 탈수소효소) 복합 효소체의 보조효소가 되어 아실기의 생성과 전달(리포산)이나 카르복시화 반응(비오틴) 등의 촉매작용에 직접 관여하고 있다(그림 4.13, 4.14 참조).

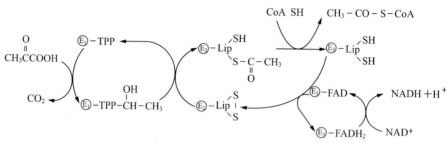

그림 4.13 Pyruvate dehydrogenase 효소복합체(Ⓔ-Ⓔ-Ⓔ)가 촉매하는 반응계

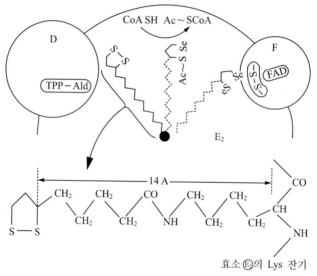

그림 4.14 Pyruvate dehydrogenase 효소복합체의 lipoyllysine의 역할

한편, Mn, Fe, Co, Ni, Zn 등 금속이온은 효소 활성 부위에 강하게 결합하여 촉매작용에 직접 관여하고 있다. Carboxypeptidase A(카르복시말단 펩티드가수분해효소 A), carbonic anhydrase(탄산탈수소효소), thermolysin B(*Thermoproteolyticus*의 중성단백질 가수분해효소) 등 많은 효소에 금속이온이 관여하며, 이들을 '금속효소(metalloenzyme)'라 한다.

Carboxypeptidase A의 Zn^{2+}은 일반 산염기로서 작용하며, 두 개의 His 잔기와 Glu 잔기 사이에서 '걸친상태(eneatic state)'를 만들고 있다. 걸친상태는 통상의 배위 구조와 다른 얼어붙은 것 같은 긴박한 상태로, 반응성이 매우 높다. 기질이 활성 부위에 결합하기 전에 금속이온이 긴박한 '걸친상태'를 만들고 있다.

아미노산 곁사슬이 기질 결합이나 촉매작용에 관계하는 경우는 많다. 지금까지의 예를 보면 특정 아미노산이 자주 나타난다. 예로써 His의 이미다졸은 일반염기나 친핵기로서 자주 작용한다.

Cys의 SH기는 친핵성 촉매이다. Phosphatase(인산 가수분해효소)나 phosphoglucomutase (포스포글루코오스 자리옮김효소)의 경우는 Ser의 OH기가 친핵기로서 촉매작용에 직접 관여하고 있다.

여기서는 어떤 아미노산이 활성 부위에 존재하는가 탐색하는 방법을 살펴본다. 여기에는 화학변형(chemical modification)이 가장 많이 사용되고 있다. 이는 화학시약과 아미노산 곁사슬 사이의 화학적인 반응성을 통해 촉매기와 활성 부위 잔기를 찾는 방법으로 아미노산 잔기를 직접 화학적으로 검출한다는 점에서 유효한 방법이다.

그러나 아미노산 곁사슬의 종류가 많고, 반응성이 눈에 뜨이게 특징적인 것은 적기 때문에 이들 중 특정한 것만 골라내는 것은 쉽지 않다. 언 호수에 구멍을 뚫고 낚싯줄을 드리우고 특정의 물고기, 예로써 잉어만 낚아올리는 것과 같다.

잉어를 잡는 데는 잉어가 좋아하는 먹이를 끼우고, 잉어에 맞는 낚시를 사용해야 한다. 화학변형은 목적으로 하는 아미노산 잔기와 반응하는 화학물질이나 반응조건을 잘 선택해야 한다.

좋은 예로써 RNA 분해 효소인 ribonuclease의 His 잔기를 요오드아세트산(ICH_3COOH)으로 변형시킨 결과가 있다. 요오드아세트산은 친전자성 시약으로 SH, 아민, 페놀성 수산기, 이미다졸기 등과 반응한다.

Ribonuclease에는 물론 이들 곁사슬이 매우 많다. 그러나 His 잔기(His 12와 119)의 이미다졸기만 변형시키기 위해서는 반응 조건(pH 5.5)을 잘 선택해야 한다. 이미다졸기와 요오드아세트산과의 반응에는 pH 5.5가 특이적인 반응조건은 아니다. 그러나 His 잔기가 효소 구조상 처한 상황으로 이상한 반응성을 나타내는 경우가 있다. 또 12번째와 119번째의 His 잔기는 1차 구조상으로는 멀리 떨어져 있으나 입체구조상으로는 매우 가까워서 촉매작용에 직접 관여하고 있다.

매우 흔한 시약도 좋은 결과를 낼 수 있다. 수용성 카르복시이미드 및 글리신 이미드를 사용하면 카르복시기를 변형할 수 있다. 예비시험 없이 효소에 적용하면 많은 카르복시기와 무차별적으로 반응한다. 그래서 먼저 기질 유사체와 같이 효소에 결합하는 물질을 활성 부위나 다른자리 입체성 부위 같은 특정 부위에 결합시켜 놓고, 카르복시기를 변형시킨다. 이 단계에서 기질 유사체가 차단한 카르복시기는 반응하지 않으나 다른 카르복시기는 모두 반응한다.

다음 투석이나 젤크로마토그래피로 유사체를 분리 제거한 후, 차단시킨 부위의 곁사슬을 노출시켜 방사성 동위원소로 표지하든가 흡수나, 형광성 시약을 사용하여 나머지 카르복시기와 반응시킨다. 그렇게 하면 첫 번째 변형 시 미반응한 곁사슬의 카르복시기가 반응하여 표지물에 의해 식별된다.

Ely와 Znagami는 이 방법을 고안하여 트립신의 해리기가 Asp 77의 카르복시기인 것을 증명하였다. 이 방법을 '단계적 표지(differential labeling)'라 한다(그림 4.15). 단계적 표지법은 물론 카르복시기뿐 아니고 다른 곁사슬을 표지하거나, 변형하여 효소의 성질을 바꾸는 데도 활용되고 있다.

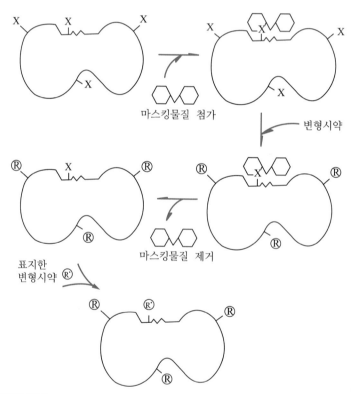

그림 4.15 단계적 변형의 원리

Lysozyme이나 glucoamylase(α-1,4-글루칸 글루코시드 가수분해효소)의 Trp 잔기는 시약 N-브로모숙신이미드와 반응한다. 물론 보통의 화학 반응이므로 복수의 Trp 잔기(lysozyme 5개, glucoamylase 4개)가 변형된다. 그러나 잔기에 따라 반응하는 속도가 다르다.

즉, glucoamylase의 반응을 스톱드플로법을 사용하여 살펴보면 그림 4.16과 같이 두 가지 상(처음의 빠른 상, 뒤의 느린 상)을 나타낸다. 그림 4.16(b)는 이를 다시 자세히 나타낸 것이다. 여기서는 빠른 상과 느린 상의 반응곡선이 각기 적절히 기록되고 있다.

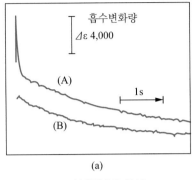
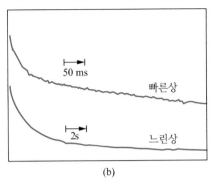

그림 4.16 Glucoamylase의 변형반응 곡선
(a) A : 천연상태의 효소
   B : 빠른 상의 두 Trp 잔기를 미리 변형한 효소(재변형), 빠른 상의 Trp 잔기는 이미 변형된 것을 알 수 있다.
(b) 시간축을 바꾸어 관측한 반응곡선

반응곡선에서 각 잔기의 반응속도를 계산하면(각 상에 두 개씩의 Trp 전자가 함유되어 있다) 각기 고유의 속도상수를 갖는다. 결국 glucoamylase 네 개의 Trp 잔기가 모두 변형 속도에 따라 식별된다. 기질 말토오스로 차단 변형시킨 경우 네 잔기 중 한 개의 Trp 잔기가 반응하지 않는 것을 알 수 있다. 따라서 이 Trp 잔기는 활성 부위(촉매기 주변)에 존재하는 것으로 판단할 수 있다.

이상 화학변형에 관한 여러 예를 들었다. 이들 예에서 알 수 있듯이 시약의 반응성, 반응 조건, 반응속도, 구조상의 곁사슬의 위치 등의 차이를 이용하여 촉매 메커니즘 및 기질 결합에 직접 관여하는 아미노산 곁사슬을 결정해 나갈 수 있다.

그 외에 기질유사물질을 사용하는 방법, 촉매 반응 중간체를 포획하여 촉매기구에 관여하는 곁사슬을 알아내는 방법, 활성 부위와의 친화성을 활용하여 특정 곁사슬을 탐색(친화성 표지)하는 방법, NMR이나 X선 구조해석을 통해 직접 곁사슬을 검출하는 방법 등이 있다.

(1) 광 친화표지

이 방법은 빛을 쪼이면 반응성인 높은 카르벤이나 니트렌을 생성하는 디아조케톤류나 아자이드류를 잠재성 반응기로서 갖고 있다. 이들은 친전자성과 라디칼성을 합한 것으로 친핵기 이외의 탄화수소 부분과도 반응할 수 있다.

(2) 자살기질

자살기질은 k_{cat} 저해제라고도 하며 기질 특이성에 적합한 구조를 가진다. 효소의 활성 부위에 결합한 후 촉매작용을 받아 비로소 반응성이 있는 분자로 변한다. 그러므로 자살기질이 효소의 활성 부위 이외의 영역에 흡착할 수 있어도 공유 결합으로 결합할 수는 없다.

자살형 기질에는 여러 종류가 있으나 효소의 촉매작용에 따라 반응성이 풍부한 아렌 유도체를 생성하는 아세틸렌 화합물이 대표적이다. 대장균의 3-hydroxydecanoylthioester dehydrolase를 자살시키는 3-decinoyl-N-acetylcysteamine은 활성 부위의 His 잔기를 알킬화한다(R: $-CH_2CH_2NHCOCH_3$).

$$CH_3 - (CH_2)_5 - C \equiv C - CH_2 - COSR \xrightarrow[\text{활성화}]{\text{효소}} CH_3 - (CH_2)_5 - CH = C = CH - COSR$$

활성 부위

$$\longrightarrow CH_3 - (CH_2)_5 - CH = C - CH_2 - COSR$$

활성 부위

3. 작용기의 화학 변형

작용기의 화학 변형은 효소의 구조와 기능을 아는 데 유효하다. 20종의 아미노산 중 대상이 되는 것은 아미노기, 카르복시기 및 Arg, Cys, His, Met, Tyr, Trp이다. 경우에 따라서는 Ser, Thr 잔기도 변형의 대상이 된다. 이들 작용기나 잔기와 우선적으로 반응하는 화학시약이 사용되고 있다. 대표적인 시약을 표 4.1에 제시한다.

많은 효소는 작용기의 변형으로 촉매활성이 감소되지만 한정적 변형인 경우는 촉매 특성만 변화하는 일이 있다. 예로써 lysozyme의 Lys 잔기의 N-아세틸화의 경우는 효소 반응의 최적 pH가 산성 쪽으로 바뀔 뿐, 촉매활성에 변화는 없다. 고분자 지지체에 효소를 고정화시키는 경우는 촉매활성에 관계하지 않는 작용기를 이용한다.

화학변형을 받는 작용기는 효소의 분자 표면에 존재하는 것이 많다. 분자 내부의 작용기에는 시약이 접근하기 어렵기 때문에 반응이 일어나지 않는다. 이들 내부의 작용기를 변형하는 경우는 효소의 고차 구조를 가역적으로 파괴하여 시약과 반응시키며, 변형된 작용기의 사이즈가 커지거나 성질이 변하면 원래의 고차 구조를 만들기 힘들다.

표 4.1 작용기 화학 변형의 대표적인 예

작용기	시약과 반응 조건	주요 반응 생성물
아미노기 (Lys, N 말단 아미노기)	$(CH_3CO_2)_2O$, pH > 7	$CH_3CO-NH-\text{Ⓔ}$
	$HCHO + NaBH_4$, pH ~ 9	$CH_3-NH-\text{Ⓔ}$
	$\begin{array}{c}CH_2-CO\\ \quad\quad O\\ CH_2-CO\end{array}$ pH > 7	$^-OOC-CH_2-CH_2-CO-NH-\text{Ⓔ}$
	$\begin{array}{c}CH_3-C-OCH_3\\ \quad\quad NH\end{array}$, pH 9 ~ 10.5	$\begin{array}{c}CH_3-C-NH-\text{Ⓔ}\\ \quad\quad \| \\ \quad\quad NH\end{array}$
카르복시기 (Asp, Glu, 말단 카르복시기)	$R-NH_2-R-N=C=N-R$ pH ~ 5	$R-NH-CO-\text{Ⓔ}$
	$(CH_3)_3O^+ \cdot BF_4^-$, pH 4 ~ 5	$CH_3OOC-\text{Ⓔ}$
구아니딘기 (Arg)	⬡$-CO-CHO$, pH 7 ~ 8	(반응 생성물 구조식)
	★ ⬡ + 붕산이온, pH 7 ~ 9	(반응 생성물 구조식)
	★ CH_3C-CCH_3 - 붕산이온 pH 7 ~ 9	(반응 생성물 구조식)
티올기 (Cys)	ICH_2COOH, pH ~ 5	$^-COOC-CH_2-S-\text{Ⓔ}$
	ICH_2CONH_2, pH ~ 5	$H_2NOC-CH_2-S-\text{Ⓔ}$
티올기 (Cys)	$\begin{array}{c}CH-CO\\ \quad\quad \rangle N-C_2H_5,\\ CH-CO\end{array}$ pH > 7	$H_5C_2-N\begin{array}{c}CO-CH_2\\ CO-CH-S-\text{Ⓔ}\end{array}$
	★ O_2N-⬡$-S-S-$⬡$-NO_2$, HOOC, COOH, pH ~ 7	(반응 생성물 구조식)
	★ $ClHg-$⬡$-COOH$, pH ~ 5	$^-OOC-$⬡$-Hg-S-\text{Ⓔ}$

(계속)

작용기	시약과 반응 조건	주요 반응 생성물
SH기 (Cys - Cys)	★ $HSCH_2CH_2OH$, pH~8	$HS-$, $HS-$ ⓔ
티오에테르기 (Met)	★ $O_2/h\nu$ + 증감색소, pH < 4	CH_3-S-ⓔ, $\overset{\parallel}{O}$
	★ CH_3Br, pH < 4	CH_3-S-ⓔ, $\underset{CH_3}{\mid}$
이미다졸기 (His)	★ $(C_2H_5OCO)_2O$, pH 4~7	$C_2H_5OCO-N\diagdown N$ⓔ
	ICH_2COOH, pH $\geq$ 5.5	$^-OOC-CH_2-N\diagdown N$ⓔ
페놀기 (Tyr)	$KI+I_2$, pH 7.5~9	$HO-\overset{I}{\bigcirc}-$ⓔ $+ HO-\overset{I}{\underset{I}{\bigcirc}}-$ⓔ
	$(NO_2)_4C$, pH $\geq$ 8	$HO-\overset{O_2N}{\bigcirc}-$ⓔ
인돌기 (Trp)	$\begin{matrix} CH_2-CO \\ \diagdown N-Br, \\ CH_2-CO \end{matrix}$ pH~4	(structure: oxindole with $\overset{H}{\underset{}{}}$ⓔ, O)
	$O_2N-\overset{CH_2Br}{\bigcirc}-OH$, pH~7.5	(ring structure with ⓔ, NO_2, O)
	$\overset{NO_2}{CIS-\bigcirc}$, 아세트산	(ring structure with ⓔ, NO_2, S)
	★ O_3, pH < 7.5	$\overset{CO-ⓔ}{\underset{NH-CHO}{\bigcirc}}$
인돌기 (Trp)	O_3 산화동결하에 HCl 처리	$\overset{CO-ⓔ}{\underset{NH_3}{\bigcirc}}$
	$O_2/h\nu$ + 증감색소, pH < 4	$\overset{CO-ⓔ}{\underset{NH-CHO}{\bigcirc}} + \overset{CO-ⓔ}{\underset{NH_2}{\bigcirc}}$

효소에 존재하는 해리기가 나타내는 해리평형은 저분자 화합물일 때 나타내는 해리평형과 약간 다르다. 표 4.2에 단백질 중의 해리기의 pK_a값을 나타냈다. 이들 해리기도 특별한 경우에는 예상 외의 거동을 나타낸다.

특히 근처에 존재하는 전하의 유무, 수소 결합의 형성, 주변의 극성 등 미세환경의 영향으로 해리평형이 변하면서 화학시약에 대한 반응성이 증감된다. 활성 부위 작용기에 보이는 이상 반응성은 이들 인자에 의해 생기는 것이 많다. 이들 화학시약에 대한 이상 반응성을 일으키는 원인의 해명이 효소 촉매기능의 발현기구를 푸는 열쇠가 될 것이다.

표 4.2 단백질 중의 해리기와 해리상수 (25℃)

해리기		pK_a	$\Delta H^* /$ kcal $\cdot$ mol
α-COOH		3.4~3.8	-1~$+1$
β-COOH	(Asp)	3.9~4.0	-1~$+1$
γ-COOH	(Glu)	4.4~4.5	-1~$+1$
$HN \oplus NH$	(His)	6.3~6.6	$+6$~$+7$
α-NH$_3^+$		7.4~7.5	$+9$~$+11$
ε-NH$_3^+$	(Lys)	10.0~10.4	$+10$~$+11$
$-SH$	(Cys)	7.5~9.5	$+6$~$+7$
$-OH$	(Tyr)	9.6~10.0	$+6$~$+7$
$-NH-C\begin{smallmatrix}NH_3\\+\\NH_3\end{smallmatrix}$	(Arg)	> 12.5	$+12$~$+13$

보조효소

5.1
보조효소의
정의

효소가 촉매작용을 나타내기 위해서는 단백질과 기질 외에 제3의 물질을 필요로 하는 경우가 있다. 이를 보조인자(cofactor)라 한다.

이 경우 보조인자와 결합해야만 활성을 나타내는 단백질 부분을 apoenzyme(결손효소)이라 하며, apoenzyme과 보조효소가 결합된 것을 holoenzyme(완전효소)이라 한다.

보조인자가 유기분자일 경우는 coenzyme(보조효소)이라 한다. 보조인자가 무기이온인 경우는 activator(활성제)라 한다. 보조효소가 apoenzyme과 단단하게 비해리성으로 공유 결합한 경우를 보결분자단(prosthetic group)이라 하며 플라빈효소, 헴효소, 리포산효소가 있다. 반응액 중에 보조효소를 가하여도 활성촉진은 일어나지 않는다.

반대로 반응액 중에서 가역적으로 해리되는 보조효소는 NAD^+, $NADP^+$ 등 여러 누클레오티드가 있다.

수용성 비타민 유도체 보조효소는 미생물에서 고등 동식물에 이르기까지 모든 생물의 필수적인 역할을 담당하고 있다.

보조효소는 holoenzyme 촉매 부위의 가장 중요한 위치가 된다. 그런 기능은 보조효소의 분자구조에 의한다. 그러므로 보조효소나 그 유도체를 사용하여 비효소적으로 효소의 모델 반응을 일으킬 수 있다.

보조효소는 apoenzyme과 결합하여 ① 기질 특이성, ② 반응의 입체 특이성, ③ 반응의 위치 특이성, ④ 촉매활성 등의 변화 내지 증대 효과를 나타내며, 피리독살인산(PLP)과 같은 경우는 반응의 형까지도 지배한다. 이런 현상은 활성 부위에 존재하는 복수의 촉매 작용기가 보조효소와 협동적으로 촉매작용하여 나타나는 결과로 보인다.

보조효소가 apoenzyme에 결합하는 양식은 두 가지이다. 그중 하나는 보조효소와 apoenzyme 사이가 정전기 결합, 수소 결합, van der Waals 힘, 수소 결합 또는 금속 이온을 매개한 킬레이트 형성 등의 상호작용으로 비교적 느슨하게 결합한 것으로, 많은 보조효소가 이 양식에 속한다.

다른 하나는 비오틴, 리포산이나 플라빈 보조효소와 특정 효소의 결합, 즉 succinate dehydrogenase(숙신산 탈수소효소), 6-hydroxynicotine oxidase(6-히드록시니코틴 산화효소), 간장의 monoamine oxidase(아민 산화효소)와 같이 보조효소와 apoenzyme이 공유 결합한 경우이다. 전자의 경우는 보조효소와 apoenzyme과의 결합력 - 즉, holoenzyme에서 보조효소가 떨어지는 해리력 - 에는 차이가 있다.

첫 번째 그룹은 어떤 원자단을 전달하는 경우, 두 종의 원자 사이에서 운반체(carrier)로써 작용하며, 한 효소는 주개(제공체 ; donor)의 원자단을 보조효소로 옮기며, 다른 효소는 보조효소로 옮겨진 원자단을 받개(수용체; acceptor)로 전달하는 역할을 한다.

이런 보조효소는 NAD, NADP, CoA, 엽산 보조효소로, 그림 5.1과 같이 효소 I에 결합, holoenzyme을 형성하여 기질 AX에서 X(NAD, NADP의 경우는 수소, CoA의 경우는 아실기, 엽산 보조효소의 경우는 포르밀기, 메틸기 등의 C_1 단위)를 받아들이고 효소(I)에서 떨어져 나와, 효소(II)에 결합, 기질 B에 X를 전달하여 BX를 생성시킨다. 즉, 이런 보조효소는 함께 작용하는 두 효소 반응을 중개하여 X의 전달에 관여한다. 그러므로 이 경우 보조효소는 효소 (I), (II)의 기질로서 반응한다. 즉, 두 효소는 공동기질(cosubstrate)로서의 성격을 갖는다.

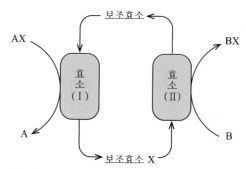

그림 5.1 **공동작용하는 두 효소 반응의 보조효소에 의한 기 X의 이동**

한편 apoenzyme과 강하게 결합하여 holoenzyme을 형성하는 보조효소도 있다. 이는 holoenzyme의 촉매 부위 역할을 담당한다. 이 경우 그림 5.2와 같이 주개(AX)에서 X가 받개(B)로 전달되는 반응은 한 효소로 이루어진다. 보조효소는 효소의 배합단으로서 X를 전달하는 역할을 한다. 비오틴, 엽산, 공유 결합형 플라빈 보조효소 등과 같이 공유 결합으로 apoenzyme과 결합하는 보조효소를 비롯하여 플라빈 보조효소(비공유 결합형), B_{12} 보조효소 등과 같이 apoenzyme과의 결합력이 강한 것과 티아민 피로인산 등이 이에 속한다.

한편 보조효소를 전달하는 원자(단) 또는 관여하는 반응의 양식으로 분류하기도 한다.

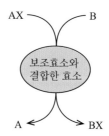

그림 5.2 **Apoenzyme - 보조효소 결합체에 의한 AX 중에서 X기가 B로의 이동**

현재까지 알려져 있는 보조효소는 수소(전자)의 전달에 관계하고 있는 것과 수소 이외의 특정 기의 전달에 관계하고 있는 것으로 나눌 수 있다.

5.2 수소(전자)의 전달에 관계하는 보조효소

수소나 전자의 전달에 관계하는 보조휴수로, 호흡관계 효소의 보조효소 등이 여기에 속한다.

1. Pyridine nucleotide(Nicotinamide nucleotide)

이는 니코틴아미드를 함유한 누클레오티드로 nicotinamide adenine dinucleotide(NAD)와 nicotinamide adenine dinucleotide phosphate(NADP) 두 종류가 있으며, dehydrogenase(탈수소효소)의 보조효소이다(그림 5.3).

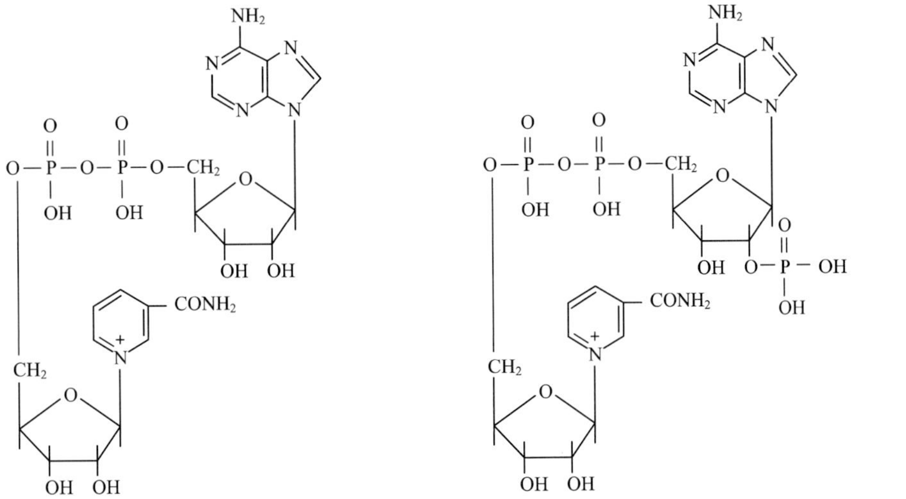

Nicotinamide adenine dinucleotide (NAD^+)
[Diphospopyridine nucleotide (DPN^+)]
[Coenzyme I, CoI]

Nicotinamide adenine dinucleotide phosphate ($NADP^+$)
[Triphosphopyridine nucleotide (TPN^+)]
[Coenzyme II, CoII]

그림 5.3

산화환원 반응에서 산화형인 피리딘누클레오티드(NAD^+, $NADP^+$)는 니코틴아미드의 피리딘 고리에 양성자 한 개와 전자 두 개를 받아들여 환원형(NADH, NADPH)이 된다(그림 5.4). 이 변화에 따라 그림 5.5와 같이 흡수 스펙트러가 변화하여 환원형은 340 nm에 새로운 흡광대가 형성된다. 그러므로 340 nm에서 반응액의 흡광도를 측정하면 이들 보조효소의 산화환원을 추적할 수 있다. NADH의 분자 흡광계수 ε 340은 6,220이다(그림 5.5).

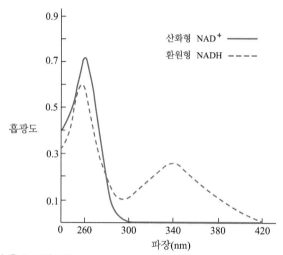

그림 5.4

그림 5.5 NAD$^+$와 NADH의 흡수 스펙트러

피리딘누클레오티드의 산화환원 전위는 다른 많은 수소(전자) 전달계 보조효소에 비해 낮아서 NAD$^+$/NADH 및 NADP$^+$/NADPH 의 표준 산화환원 전위 $E_o{}'$는 pH 7.0에서 0.3이다. NAD$^+$는 TCA 회로의 수소 수용체로서 중요하다. 즉, TCA 회로에 의한 피루브산의 산화 반응에 관계하는 다섯 탈수소효소 중 네 탈수소효소의 보조효소로, 기질에서 수소 두 개를 뺏어서 산화하여 NADH로 변화시킨다.

NADH는 산화환원 전위가 더 높은($E_o{}'$ - 0.2 V) NAD를 보조효소로 하는 NADH dehydrogenase(NADH 탈수소효소)에 수소를 전달하여 NAD$^+$로 되돌린다. 이같이 하여 수소나 전자가 산화환원 전위가 높은 특정 보조효소로 점차 전달되어 호흡사슬의 전자전달계가 구성된다.

그러므로 NAD$^+$는 물질대사계와 전자전달계를 연결하는 효소의 보조효소로서 중요하며, NADH는 에너지 대사의 수소(전자) pool이나 운반체이다. 이외에 표 5.1과 같이 많은 탈수소효소의 보조효소가 된다.

한편 NADP$^+$는 호흡사슬 전자 전달계 효소의 보조효소로서는 작용하지 않는다. 그러나 NAD$^+$와 함께 많은 탈수소효소의 보조효소가 되며, 특히 NADPH는 생합성 반응에서 수소 제공체로서 중요하다.

표 5.1 피리딘 누클레오티드 보조효소가 관여하는 반응

효소	기질	생성물	보조효소	입체성
Alcohol dehydrogenase (EC I.I.I.I)	Ethanol	Acetaldehyde	NAD	A
Alcohol dehydrogenase (EC 1.1.1.2)	Ethanol	Acetaldehyde	NADP	A
L-Lactate dehydrogenase (EC 1.1.1.27)	L-Lactate	Pyruvate	NAD	A
D-Lactate dehydrogenase (EC 1.1.1.28)	D-Lactate	Pyruvate	NAD	A
Isocitrate dehydrogenase (EC 1.1.1.41)	Isocitrate	2-Oxoglutarate $+CO_2$	NAD	A
Isocitrate dehydrogenase (EC 1.1.1.42)	Isocitrate	2-Oxoglutarate $+CO_2$	NADP	A
Glycerol dehydrogenase (EC 1.1.1.72)	Gycerol	Glyceraldehyde	NADP	A
Glycerol-3-phosphate dehydrogenase (EC 1.1.1.8)	Glycerol-3-phosphate	Dehydroxyacetone phosphate	NAD	B
Glyceraldehyde-phosphate dehydrogenase (EC 1.2.1.12)	Glyceraldehyde-3-phosphate	3-Phosphoglyceroyl phosphate	NAD	B
Glucose dehydrogenase (EC 1.1.1.47)	Glucose	Glucono-δ-lactone	NAD(P)	B
Glucose-6-phosphate dehydrogenase (EC 1.1.1.49)	Glucose-6-phosphate	Glucono-δ-lactone 6-phosphate	NADP	B
Glutamate dehydrogenase (EC 1.4.1.2)	L-Glutamate	2-Oxoglutarate	NAD	B
Glutamate dehydrogenase (EC 1.4.1.3)	L-Glutamate	2-Oxoglutarate	NAD(P)	B
Glutamate dehydrogenase (EC 1.4.1.4)	L-Glutamate	2-Oxoglutarate	NADP	B
Formate dehydrogenase (EC 1.2.l.2)	Formate	$CO_2 + 2H^+$	NAD	A
1,2-Propanediol phosphate dehydrogenase (EC 1.l.l.7)	1,2-Propanediol-phosphate	Dehydroxyacetone phosphate	NAD	A

(계속)

효소	기질	생성물	보조효소	입체성
Xanthine dehydrogenase (EC 1.2.1.37)	Xanthine	Urate	NAD	B
Salicylate dehydrogenase (EC 1.14.13.1)	Salicylate	Catechol	NAD	A
7-Dehydrocholesterol reductase (EC 1.2.1.21)	7-Dehydrocholesterol		NADP	B

2. Flavin nucleotide

Riboflavin을 함유한 보조효소이다. 리보플라빈은 isoalloxazine 고리의 N10에 rlbitol이 붙은 것으로 비타민 B_2에 인산이 결합한 flavin mononucleotide(FMN)와 adenosine-2-phosphate가 결합한 flavin adenine dinucleotide(FAD) 플라빈 효소의 보조효소로 작용한다. 이는 산화효소, 탈수소효소, 산소첨가효소 등의 산화환원 효소 및 호흡사슬의 전자전달계 효소의 보조효소이다(그림 5.6). 이소알록사진 고리가 수소의 수용 부위가 되며 N_1 및 N_5에 수소 두 원자가 첨가되면 리보플라빈(산화형)은 환원형의 로이코리보플라빈으로 변한다(그림 5.7).

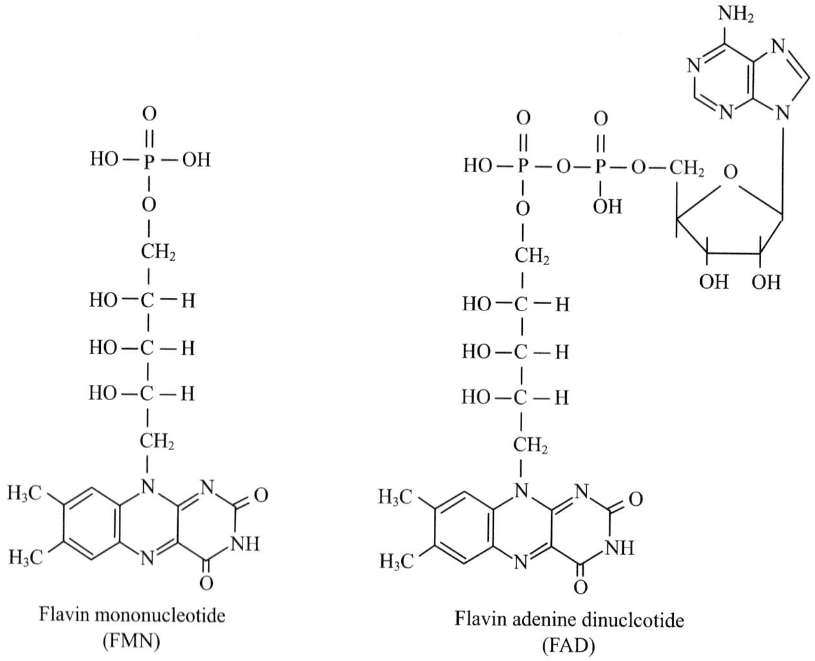

Flavin mononucleotide
(FMN)

Flavin adenine dinuclcotide
(FAD)

그림 5.6

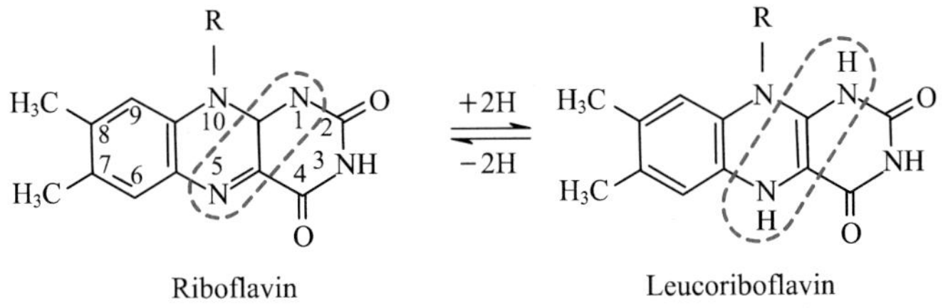

Riboflavin　　　　　　　　　　　　Leucoriboflavin

그림 5.7

FMN이나 FAD는 apoenzyme과 강하게 결합하므로 보결분자단에 속하며, 산 처리하거나 물로 끓이면 apoenzyme에서 분리된다. 끓이는 경우 apoenzyme은 변성되어 비가역적으로 분리되지만, 저온에서 산처리하면 가역적으로 분리되어 holoenzyme이 재생된다.

FAD는 호흡사슬 전자전달계에서 NADH로부터의 수소 수용체가 되며, FMN과 함께 여러 산화환원 반응의 보조효소가 된다.

표 5.2에 플라빈 효소가 촉매하는 반응을 제시한다.

표 5.2 플라빈 보조효소가 관여하는 반응

효소	전자제공체	반응 생성물	보조효소 기타	전자수용체
D-Amino acid oxidase (EC 1.4.3.3)	D-Amino acid	2-Oxo acid $+NH_3$	FAD	$O_2(\rightarrow H_2O_2)$
L-Amino acid oxidase (EC 1.4.3.2)	L-Amino acid	상동	FAD	$O_2(\rightarrow H_2O_2)$
L-(+)-Lactate dehydrogenase (EC 1.1.2.3)	L-Lactate	Pyruvate	FMN, heme, Fe (cytochrome b_2)	Cytochrome (호흡계)
Glutathione reductase (EC 1.6.4.2)	NAD(P)H	2×Glutathione (환원형)	FAD	Glutathion (산화형)
NADH-cytochrome b_5 reductase (EC 1.6.2.2)	NADH	Cytochrome (환원형)	FAD, Fe	Cytochrome (산화형)
Succinate dehydrogenase (EC 1.3.99.1)	Succinate	Fumarate	FAD, Fe, 비heme Fe	호흡계
Acyl-CoA(C_4-C_{16}) dehydrogenase (EC 1.3.99.3)	Acyl-CoA	Enoyl-CoA	FAD	Flavin 단백질 (호흡계)
Xanthine oxidase (EC 1.2.3.2)	Xanthine	우르산	FAD, Fe, Mo	O_2
Nitrate reductase (EC 1.6.6.3)	NADPH	아질산이온	FAD, Fe, Mo	질산이온

(계속)

5.2 수소(전자)의 전달에 관계하는 보조효소　**179**

효소	전자제공체	반응 생성물	보조효소 기타	전자수용체
Nitrite reductase (EC 1.6.6.4)	NADPH	NH_2OH	FAD, Fe, Mo	아질산이온
Lipoic acid dehydrogenase (EC 1.6.4.3)	Dihydrolipoate	Lipoate	FAD	NAD
Dehydroorotate dehydrogenase (EC 1.3.3.1)	Dehydroorotate	Orotate	FAD, Fe, Mo	O_2
Lysine-2-monooxygenase (EC 1.13.12.2)	L-Lysine	5-Amino valerate amide $Co_2 + H_2O$	FAD	O_2
Kynulenine 3-monooxygenase (EC 1.14.13.9)	L-Kynurenine	3-Hydroxy L-kynurenine	FAD	O_2
Phenol-2-monooxygenase (EC 1.14.13.7)	Phenol	Catechol	FAD	O_2

3. Ubiquinone(보조효소 Q)

우비퀴논은 고등동물 조직에서 미생물까지 널리 분포하는 벤조퀴논 유도체이다(그림 5.8).

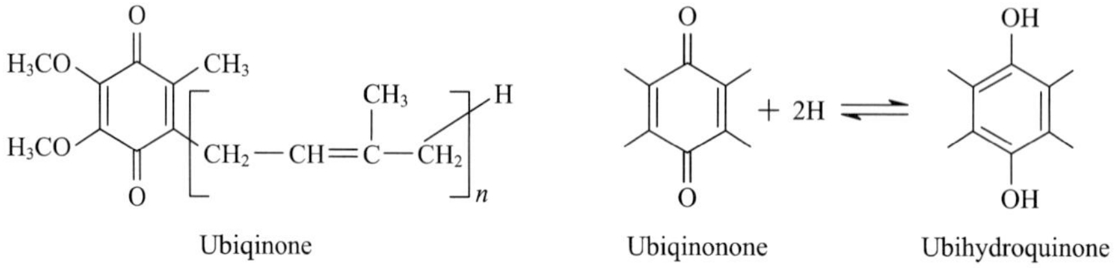

그림 5.8

동물조직에서는 미토콘드리아에 존재하며 곁사슬인 이소프렌 잔기의 수 n은 10이지만, 미생물의 경우는 6~9이다.

동물조직 미토콘드리아의 우비퀴논은 호흡사슬 효소계의 한 산화환원계 효소의 보조효소로, 보조효소 Q_{10}이라 한다. 이 보조효소는 플라빈 효소와 시토크롬계 사이의 전자전달을 중개한다. 즉, $FADH_2$에서 수소를 받아서 ubihydroxy quinone이 되어 전자를 시토크롬계로 주어 재산화된다.

우비퀴논 유사 화합물인 plastquinone은 고등 녹색식물의 클로로플라스트 중에 존재하며, 광합성계의 광화학계 I과 II를 연결하는 전자전달사슬의 구성에 관여하고 있다(그림 5.9).

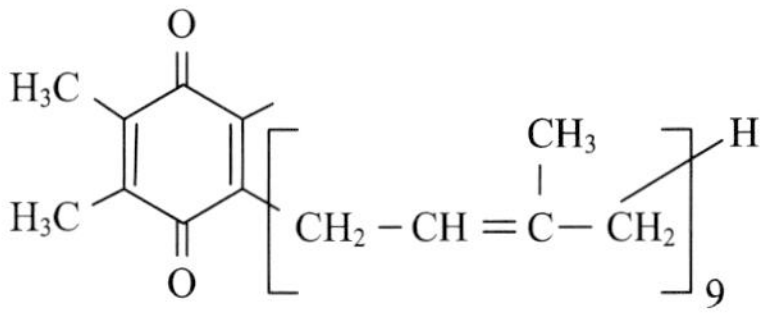

그림 5.9 Plastquinone

4. 철 Porphyrin(헴보조효소)

철 protoporphyrin IX를 보조효소로 하는 hydroperoxidase(히드로과산화 효소)계 효소와 시토크롬계 효소가 있다. 이 보조효소는 보결분자단으로, apoenzyme과 공유 결합한 것도 있다. Hydroperoxidase로서는 catalase와 peroxidase(과산화효소)가 있다. 모두 protoheme IX가 보결분자단이다(그림 5.10).

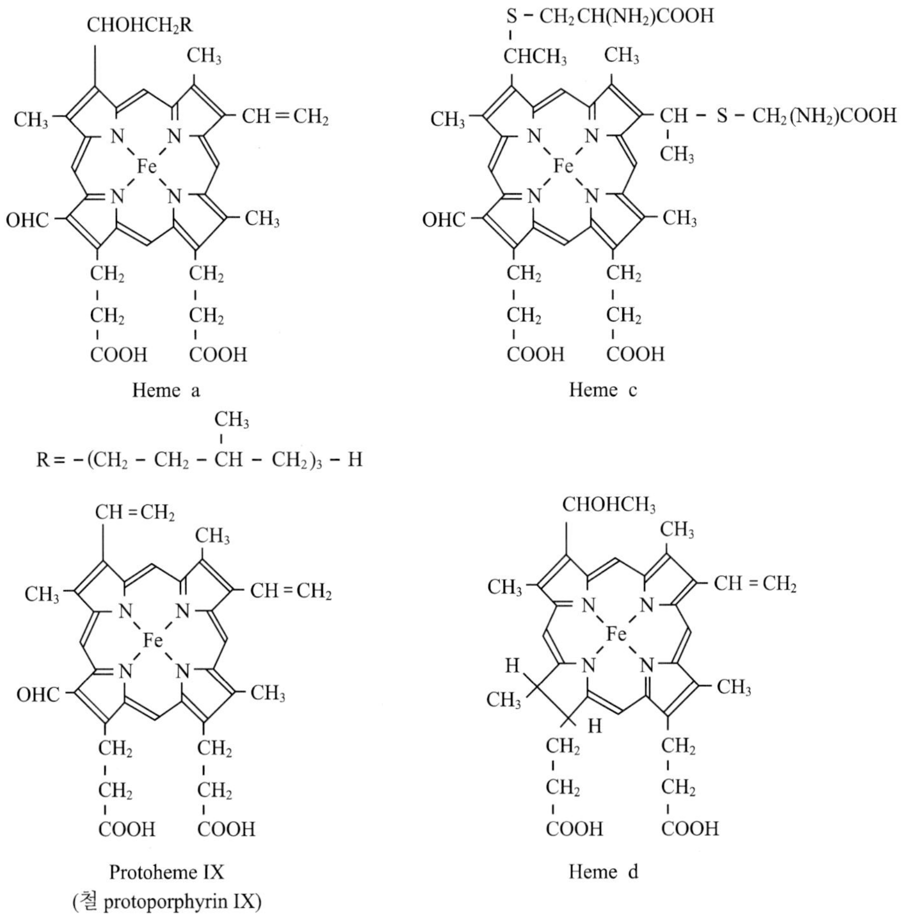

그림 5.10 철 protoporphyrin IX

시토크롬은 전자전달계를 형성하는 효소로, 헴 철 원자가의 가역적인 변화에 따라 전자를 주고받는다.

$$H \rightleftharpoons H^+ + e^-$$
$$Fe^{3+} + e^- \rightleftharpoons Fe^{2+}$$
$$\overline{Fe^{3+} + H \rightleftharpoons Fe^{2+} + H^+}$$

산화형   환원형

cytochrome cytochrome

보결분자단인 헴의 종류에 따라 A, B, C, D 네 가지로 분류된다. A형은 헴 a를 보결분자단으로 하며, 시토크롬 a 및 a_1이 여기에 속한다. B형은 프로토헴을 보결분자단으로 하며, 시토크롬 b, b_1, b_2 등을 함유한다. C형에는 시토크롬 c, c_1, c_2, f 등이 있으며, 헴 c를 보결분자단으로 하고 있다.

또 D형은 헴 d를 보결분자단으로 하며, 시토크롬 d, d_1 등이 있다. 이들 시토크롬은 α흡수대의 위치(파장, nm)에 의해 특정 지워진다. 그림 5.11에 규조 시토크롬(554)의 흡수 스펙트럼을 제시한다.

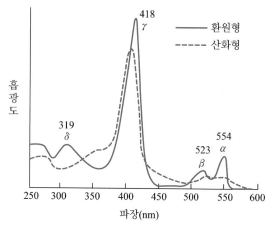

그림 5.11 **Cytochrome c의 흡수 스펙트럼**

시토크롬 c는 미토콘드리아 내막에서 쉽게 용출되기 때문에 구조가 가장 잘 밝혀져 있다. 시토크롬 c는 출처에 관계없이 대부분 아미노산 103~115기로 되어 있으며, 헴 한 개를 함유한 단백질로 프로토헴 IX의 두 비닐기가 apoenzyme의 두 시스테인 잔기의 SH기와의 사이에 공유 결합(티오에테르 결합)을 형성하고, 다시 히스티딘과 메티오닌이 각각 철원자와 배위 결합하고 있다. 그림 5.12에 헴과 apoenzyme과의 결합상태를 제시한다.

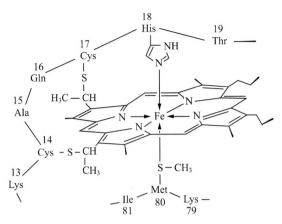

그림 5.12 Cytochrome c의 heme 위치

호흡사슬의 마지막 과정은 산화환원 전위가 낮은 것부터 높은 쪽으로 배열된 시토크롬류로 구성되며, 전자는 이를 넘어 효소에 전달된다(그림 5.13).

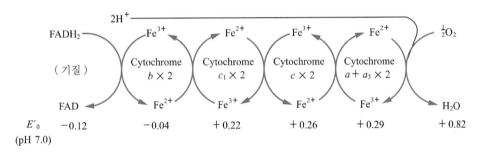

그림 5.13 Cytochrome의 전자전달

5. Lipoic acid

리포산은 젖산균 등의 발육인자로서 비타민 B의 하나이며 pyruvate dehydrogenase(피루브산 탈수소효소; 시토크롬) 복합체의 한 구성 성분인 lipoate transacetylase(리포산 아세틸기 전달효소)의 보결분자단이다. 또, α-ketoglutarate 4-dehydrogenase 복합체의 구성 인자인 dehydrolipoate dehydrogenase(데히드로리포산 탈수소효소)의 보결분자단이다.

리포산은 이들 복합체가 수행하는 아실기의 생성과 전달 반응의 중간과정의 촉매가 된다(그림 5.14).

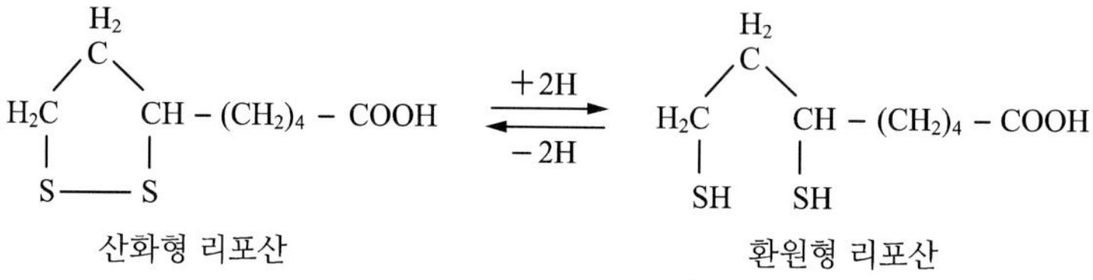

$$
\begin{array}{ccc}
\text{H}_2 & & \text{H}_2 \\
\text{C} & & \text{C}
\end{array}
$$

산화형 리포산   환원형 리포산

그림 5.14

이 보조효소는 apoenzyme의 한 리신 잔기의 ε-NH$_2$기와의 사이에 산아미드 결합을 형성한다(그림 5.15).

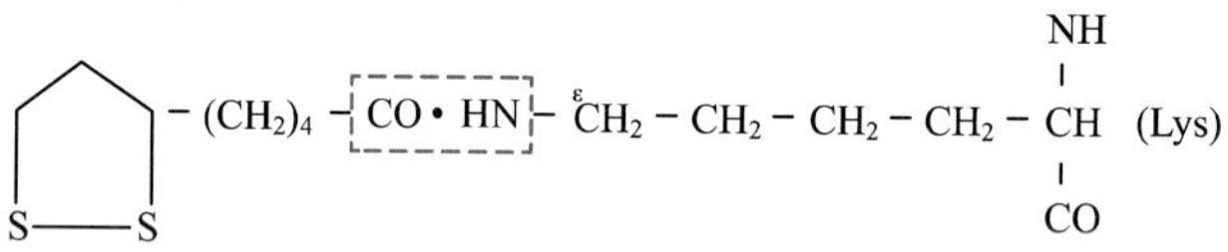

그림 5.15 리포산과 리신의 Schiff 염기 형성

6. Glutathione

생물 중에 널리 존재하고 있는 트리펩티드(γ-glutamyl-L-cysteinylglycine)로, 환원형(GSH)과 산화형(GSSG) 사이에서 수소를 주고 받는 데 관여한다.

$$GSSG + 2H \rightleftharpoons 2GSH$$

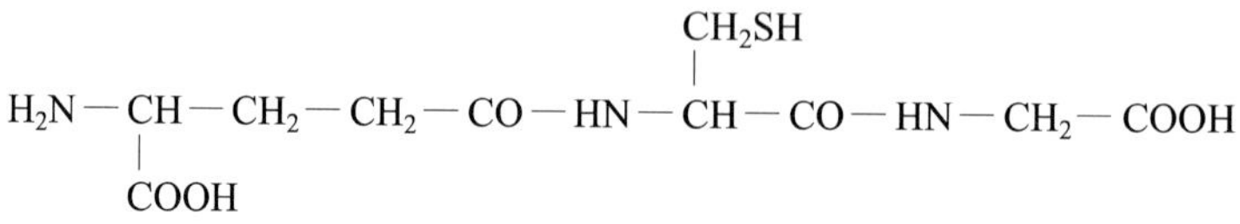

$$\text{H}_2\text{N}-\text{CH}-\text{CH}_2-\text{CH}_2-\text{CO}-\text{HN}-\overset{\overset{\text{CH}_2\text{SH}}{|}}{\text{CH}}-\text{CO}-\text{HN}-\text{CH}_2-\text{COOH}$$

환원형 glutathione

환원형 글루타티온은 glyoxalase(락토일 글루타티온 분해효소)의 보조효소로서 메틸글리옥살이 락트산으로 변화하는 데 관여하고 있다. 기타 formaldehyde dehydrogenase(포름알데히드 탈수소효소) 등의 보조효소이기도 하다.

5.3 수소 이외의 기의 전달에 관계하는 보효조소

1. Adenosine triphosphate(ATP)

인산기의 R-O-로의 전달 ($R-O-\overset{\overset{O}{\parallel}}{\underset{\underset{OH}{|}}{P}}-OH$), 5′-아데닐기의 $R-\underset{\underset{O}{\parallel}}{C}-O-$로의 전달 ($R-\underset{\underset{O}{\parallel}}{C}-O-AMP$), 아데노실기(Ade)의 메티오닌으로의 전달 ($Met-\overset{+}{\underset{\underset{CH_3}{|}}{S}}-Ade$) 또는 피로인산기의 R-O-로의 전달 ($R-O-\overset{\overset{O}{\parallel}}{\underset{\underset{OH}{|}}{P}}-O-\overset{\overset{O}{\parallel}}{\underset{\underset{OH}{|}}{P}}-OH$) 등에 관여하고 있다(그림 5.16).

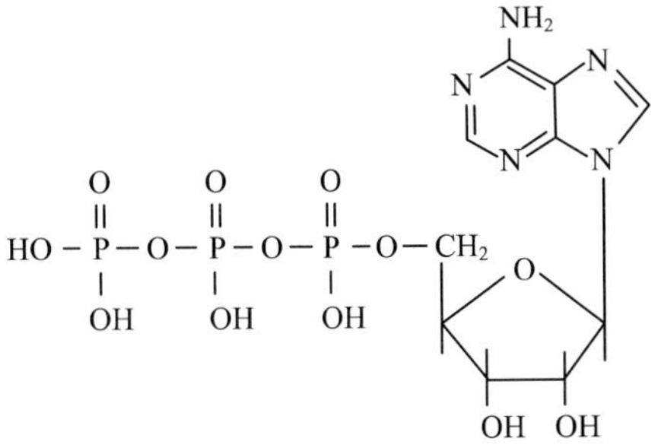

그림 5.16 ATP

2. 당 uridine 인산

Uridine diphosphate glucose(UDPG)는 UDP-glucose-fructose glucosyltransferase(수크로오스 생성효소)의 보조효소로서 푸룩토오스를 수용체로 하는 글루코오스기의 전달 반응을 촉매한다(그림 5.17).

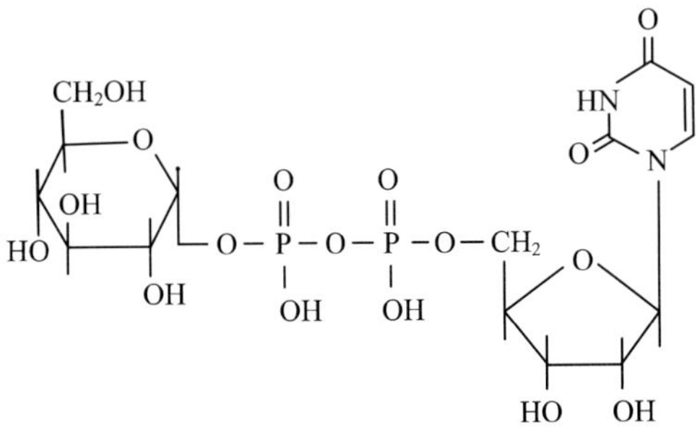

그림 5.17 UDPG

또 글리코겐, 녹말, 셀룰로오스 등 글루칸의 생합성에 관여하는 효소(UDP-glucose-glycogen, glucosyltransferase(글리코겐 생성효소)의 보조효소로서 이들 글루칸의 비환원 말단 글루코오스에서 글루코오스기의 전달(글루코오스 사슬의 증가)을 촉매한다.

UDP-Acetylglucosamine도 마찬가지로 생합성의 보조효소이다.

UDP-글루코오스는 또 UDP-glucose-4-epimerase(UDP-글루코오스-4-에피머화 효소)의 보조효소로서 UDP-글루코오스가 UDP-갈락토오스로 전환하는 데 관여하고 있다. 마찬가지로 UDP-glucuronate carboxylase는 UDP-glucuronate가 UDP-크실로오스로 전환되는 반응을 촉매한다.

3. Cytidine 인산

Cytidine diphosphate choline(CDP choline)은 choline phosphotransferase(콜린인산전달효소)의 보조효소로서 레시틴의 생합성에 관여하고 있다. 마찬가지로 cytidine diphosphate ethanolamine(CDP ethanolamine)은 ethanolamine phosphotransferase(에탄올아민인산 전달효소)의 보조효소로서 포스파티딜에탄올아민 생성의 촉매가 된다(그림 5.18).

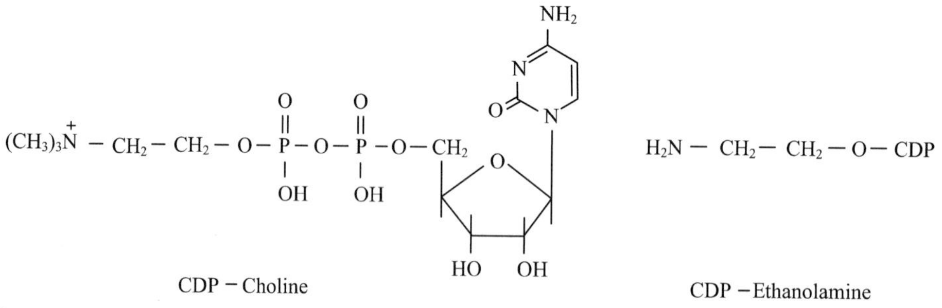

CDP-Choline

CDP-Ethanolamine

그림 5.18

4. 당인산

글루코오스-1,6-이인산은 글루코오스-1-인산을 글루코오스-6-인산으로 바꾸는 phosphoglucomutase(포스포글루코오스 자리옮김효소)의 보조효소이다. 또 2,3-포스포글리세르산은 2-포스포-D-글리세르산을 3-포스포-D-글리세르산으로 촉매하는 phosphoglyceromutase(포스포글리세르산 자리옮김효소)의 보조효소이다(그림 5.19).

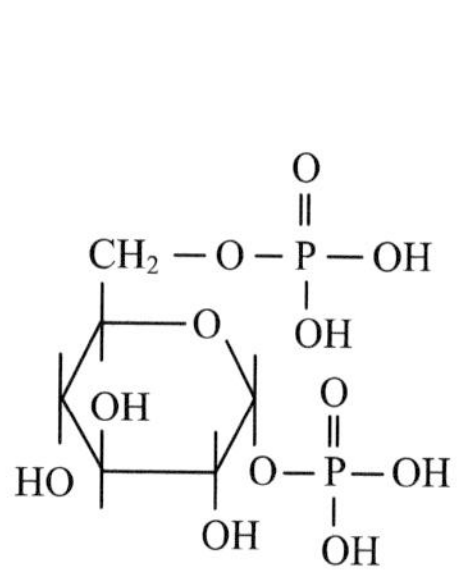

그림 5.19 Glucose-1,6-diphosphate

5. Thiamine pyrophosphate(TPP cocarboxylase)

티아민, 즉 비타민 B_1의 피로인산으로서 다음 세 가지의 반응을 촉매하는 데 관여하는 보조효소이다(그림 5.20).

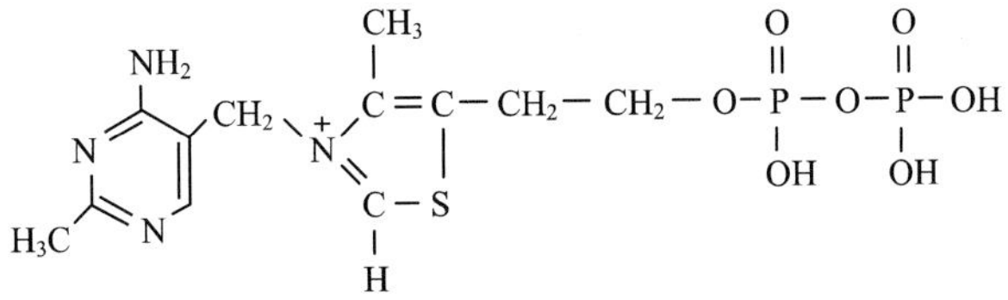

그림 5.20 Thiamine pyrophosphate

① α-케토산의 비산화적 탈탄산 반응
② α-케토산의 산화적 탈탄산 반응
③ 케톨의 생성 및 전달 반응

이들 반응에서 티아민의 티아졸 고리의 C_1가 수소원자를 양성자로 내놓고 카르바니온 이온이 되어 기질의 α-케토기의 탄소와 옆의 탄소 사이의 결합을 끊고(α-케토산의 탈탄산, 케토오스에서 케톨을 생성) 카르보닐 탄소와 결합하여 이를 활성화한다(그림 5.21).

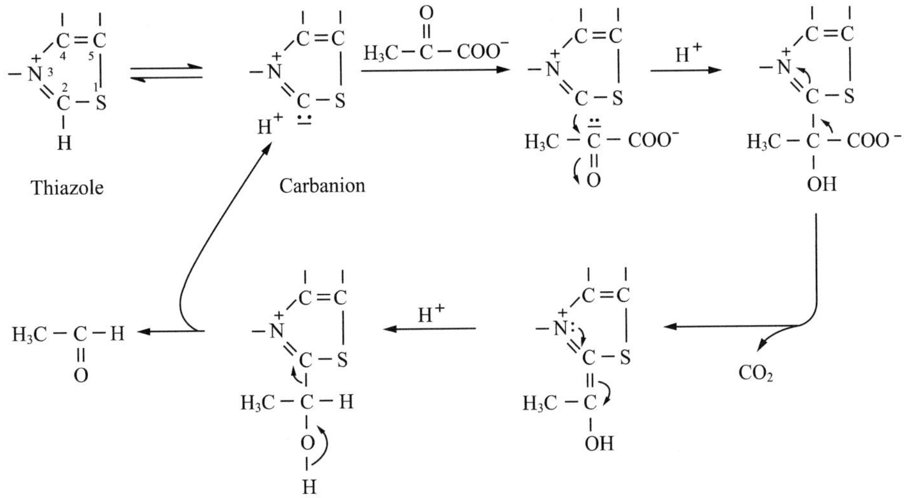

그림 5.21 TPP Cocarboxylase의 반응

기타 TPP가 관여하는 반응은 표 5.3과 같다.

표 5.3 TPP가 관여하는 반응

반응형식	효소명	반응식
비산화적 탈탄산 반응	Pyruvate decarboxylase (EC 4.1.1.1) 등	$CH_3COCOOH \xrightarrow{TPP} CH_3C\overset{O}{\underset{H}{\diagdown}} + CO_2$
산화적 탈탄산 반응	Pyruvate dehydrogenase (EC 1.2.4.1) 2-Deoxyglutarate dehydrogenase (EC 1.2.4.1) 등	$RCOCOOH + \begin{smallmatrix}(CH_2)_4COOH\\ S\text{---}S\end{smallmatrix}$ $\xrightarrow{TPP} RC\text{-}S \quad SH \overset{(CH_2)_4COOH}{} + CO_2$ $\underset{O}{\overset{\parallel}{}}$
Ketol 전달 반응	Transketolase (EC 2.2.1.1)	 D-xylose-5 -phosphate · D-ribose-5 -phosphate ⇌ D-glyceraldehyde 3-phosphate + D-sedoheptulose -7-phosphate
	Phosphoketolase (EC 4.1.2.9)	D-xylose-5 -phosphate · D-erythrose -4-phosphate ⇌ D-glyceraldehyde 3-phosphate + D-fructose-6 -phosphate D-xylose-5 -phosphate + Pi → acetyl phosphate + D-glyceraldehyde 3-phosphate + H_2O
Carboligase 반응	Glyoxylate carboligase (EC 4.1.1.47)	$2HOOC\text{-}CHO \xrightarrow{TPP} HOOC\text{-}CH(OH)\text{-}CHO + CO_2$ Tarttonate semialdehyde
	Acetolactate synthase (EC 4.1.3.18) 등	$2CH_3COCOOH \xrightarrow{TPP} CH_3\text{-}\overset{}{\underset{O}{C}}\text{-}\overset{OH}{\underset{COOH}{C}}\text{-}CH_3 + CO_3$ Acetolactate

6. S-Adenosyl methionine

활성메틸이라고도 하며, 메틸기 전달 반응의 메티오닌의 활성형이다. 황원자는 플러스의 전하를 가진 술포늄으로, 메틸기가 활성화되어 수용체로 전달한다(그림 5.22).

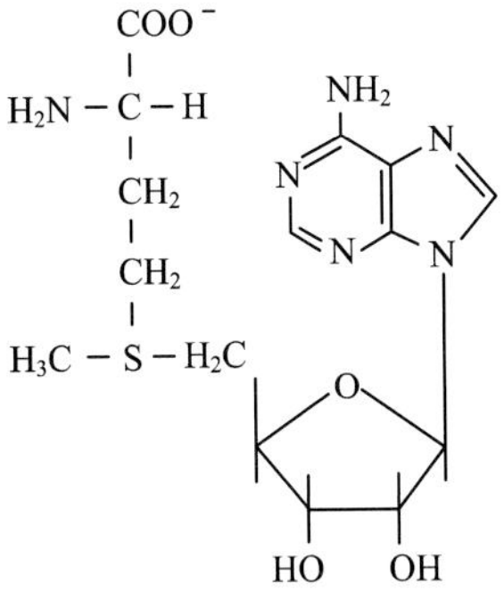

그림 5.22 Adenosyl methione

7. Coenzyme A(CoA)

아실기를 전달하며, 많은 생화학 반응에 관계하고 있다. 판토텐산을 함유한 판토테인 누클레오티드이다(그림 5.23).

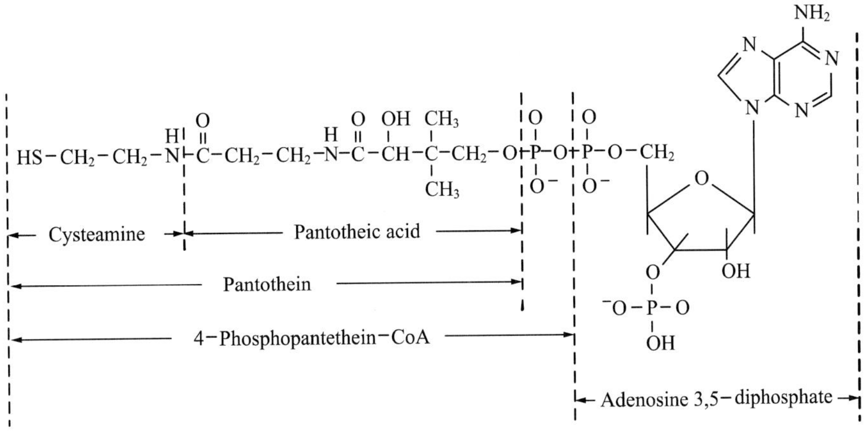

그림 5.23 Coenzyme A

아실기 제공체에서 아실기는 말단의 SH기로 전달되어 티오에테르 결합을 형성하여 활성화된다. 티오에테르 결합은 고에너지 결합으로, 아세틸(acyl) coenzyme A는 아세틸(아실)기를 다른 화합물로 전달시킨다.

$$CH_3Co-E-HS-CoA \;\rightarrow\; CH_3Co-SCoA+H-R$$

아세틸(아실) CoA가 관여하는 반응에는 다음과 같은 것이 있다.

① Choline acetyltransferase(콜린아세틸기 전달효소), amino acid acetyltransferase(아미노산 아세틸기 전달효소) 또는 glucosamine acetyltransferase(글루코사민 아세틸기 전달효소)의 보조효소로서 아세틸기를 알코올이나 아민으로 전달시켜 에스테르나 N-아세틸아미드를 생성하는 반응

② β-Ketothiolase(아세틸-CoA 아실기 전달효소)의 보조효소로서 두 분자의 아세틸-CoA의 결합에 의한 acetoacetyl-CoA 생성 반응

③ Citrate synthase(시트르산 생성효소)의 보조효소로서 α-탄소에서의 아세틸기의 축합 반응

8. Pyridoxal phosphate 및 pyridoxamine phosphate

Pyridoxine(비타민$_6$)의 알데히드 및 아민의 인산염으로 주로 아민산 대사에 관계하는 보조효소이다(그림 5.24).

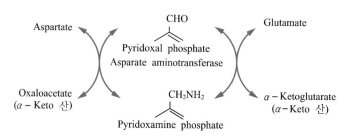

그림 5.24

① 아미노산의 아미노기를 α-케토산으로 전달하는 반응을 촉매하는 aminotransferase의 보조효소이다. 예로써 aspartate aminotransferase(아스파르트산 아미노기 전달효소)는 Asp의 아미노기를 α-케토글루타르산으로 바꾸어 Glu를 생성한다(그림 5.25).

그림 5.25 Pyridoxal phosphate의 보조효소 작용

② Glutamate decarboxylase(글루탐산 탈카르복시화효소) 등의 보조효소로서 아미노산의 α-카르복시기의 탈탄산 반응에 관여한다.

③ Glutamate racemase(글루탐산 라세미화효소) 등의 보조효소로서 D, L-아미노산의 전환 (라세미화) 반응에 관여한다.

기타 관여하는 반응은 표 5.4와 같다.

표 5.4 아미노산 대사에 관계하는 대표적인 비타민 B_6 : 효소와 반응형식

반응형식	효소	반응
I. C_2-H의 절단 1. 라세미화	각종 아미노산 racemase (EC 5.1.1 무리)	L-아미노산 $\rightleftharpoons$ D, L-아미노산 $\rightleftharpoons$ D-아미노산
2. 아미노기 전달 ① α-아미노기 전달 ② ω-아미노기 전달	각종 아미노산 아미노기 transferase (EC 2.6.1. 무리)	아미노산$_1$ + 2-oxo 산$_2$ $\rightleftharpoons$ oxo 산$_1$ + 아미노산
3. β-이탈, 치환	L-Serine dehydratase (EC 4.2.1.13)	Serine $\rightarrow$ pyruvate + NH_4^+
	Tryptophanase (EC 4.1.99.1)	L-Tryptophan + H_2O $\rightleftharpoons$ indol + pyruvate + NH_4^+
	β-Tyrosinase (EC 4.1.99.2)	L-Tyrosine + H_2O $\rightleftharpoons$ phenol + pyruvate + NH_4^+
	Tryptophan synthase (EC 4.2.1.20)	Indole glycerol phosphate + L-serine $\rightarrow$ L-trypytophan + glyceraldehyde 3-phosphate
4. r-이탈, 치환	Cystathionase (EC 4.4.1.1)	L-Cystathione + L-cysteine + α-ketobutyrate + NH_4^+
5. r-이탈, β-치환	Theronine synthase (EC 4.2.99.2)	O-Phosphohomoserine + H_2O $\rightarrow$ L-threonine + phosphate
6. β위치에서 R-CO기의 이탈	L-Aspartate 4-decarboxylase (EC 4.1.1.12)	L-Aspartate $\rightarrow$ CO_2 + L-alanine
	Kynureninase (EC 3.7.1.3)	L-Kynurenine + H_2O $\rightarrow$ anthranilate + L-alanine
II. C_2-COOH의 절단 1. 분리한 탈탄산 아미노산	각종 L-아미노산 decarboxylase (EC 4.1.1 무리)	L-Amino acid + CO_2 + amine

(계속)

반응형식	효소	반응
2. 탈탄산에 따른 아실기 부가	δ-Amino levulinate synthase (EC 2.3.1.37)	Succinyl-CoA + glycine $\rightarrow CO_2 + \delta$-amino levulinate
3. 탈탄산 의존 아미노산 전달	Dealkylglycine decarboxylase (EC 4.1.1.64)	α-Aminoisobutyrate + pyruvte $\rightarrow$ L-alanine + acetone + CO_2
III. $C_\alpha - C_\beta$ 사이의 절단	Threonine aldolase (EC 4.1.2.5)	L-Theronine $\rightleftharpoons$ glycine + acetaldehyde
	Serine hydroxymethyl transferase (EC 2.1.2.l)	L-Serine + tetrahydrofolate $\rightleftharpoons$ Glycine + 5, 10-methylentetrahydrofolate

9. Tetrahydrofolate(FH$_4$)

엽산은 pteroic acid와 글루탐산으로 된 비타민 B류의 하나로, 보조효소는 프테리딘 고리의 5, 6, 7, 8 위치에 네 개의 수소가 부가한 데트라히드로폴산이다(그림 5.26).

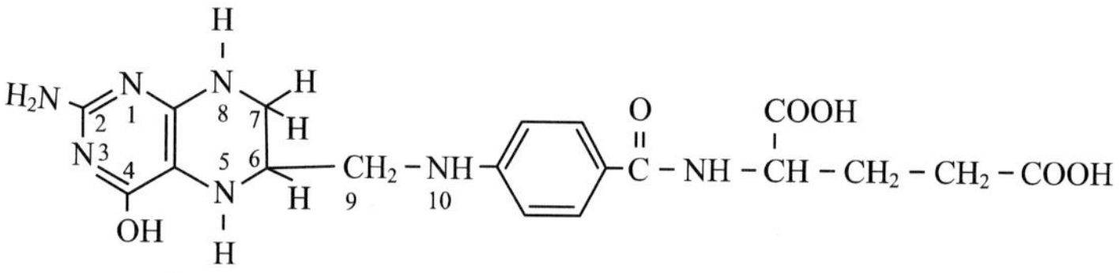

그림 5.26 Tetrahydrofolate

이는 포르밀(-CHO), 포름알데히드(HCHO), 히드록시메틸(-CH$_3$), 아미노메틸(-CH$_2$NH$_2$), 포름이미노(-CH=NH) 같은 1탄소 단편(one carbon fragment)을 5번째 또는 10번째 위치에 결합하여 수용체로 전달시키는 기능을 갖고 있다. 예로써 포르밀의 전달에서는 5(또는 10)-포름데트라히드로폴산이 형성되어 포르밀기가 활성화된 활성포르밀기로 되어 전달한다(그림 5.27).

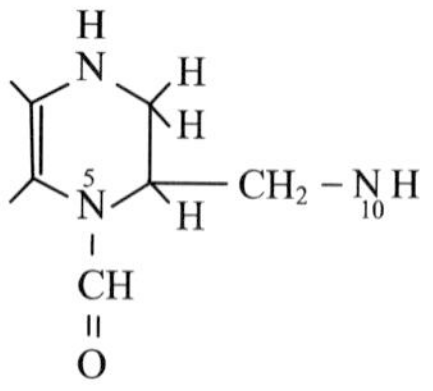

5-Formyl FH$_4$ 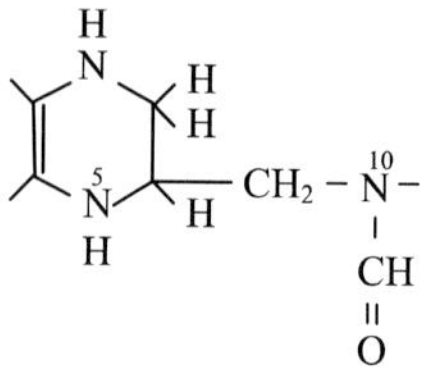   10-Formyl FH$_4$

그림 5.27

Serine aldolase(글리신 히드록시메틸기전달효소)는 글리신으로부터 세린의 생성을 촉매하는 데 FH_4를 보조효소로 하고 있다(그림 5.28).

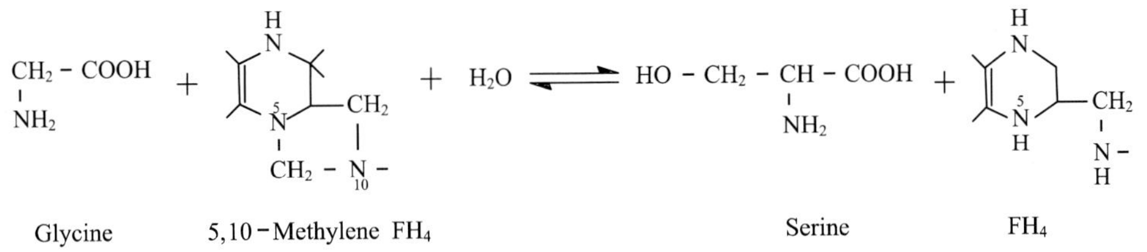

그림 5.28

Glycine   5,10-Methylene FH_4 Serine FH_4

기타 관여하는 반응은 표 5.5와 같다.

표 5.5 데히드로폴산 및 유도체가 관여하는 대사계

H_4 엽산 및 그 유도체	C_1 단위와 그 결합 위치			보조효소로서 관여하는 대사계
	N^5	N^{10}	N^5, N^{10}	
H_4 엽산	-H	-H	-	C_1 단위 대사의 기본이 되는 보조효소
5-Formyl-H_4 엽산	$-C{\displaystyle {\nwarrow O \atop \searrow H}}$	-H	-	Histidine의 대사분해
10-Formyl-H_4 엽산	-H	$-C{\displaystyle {\nwarrow O \atop \searrow H}}$	-	Purine nucleotide의 생합성, 단백질의 생합성
5-Formylimino-H_4 엽산	$-C{\displaystyle {\nwarrow NH \atop \searrow H}}$	-H	-	Histidine 및 purine 염기의 대사분비
5,10-Methlene-H_4 엽산	-	-	=CH-	Purine nucleotide의 생합성 Pyrimidine dinucleotide의 대사
5,10-Methylene-H_4 엽산	-	-	-CH_2-	Glycine-serine의 상호변환 Glycine의 분해와 생성
5,-Methyl-H_4 엽산	-CH_3	-H		Methione의 생합성, methane의 생성

cf) 엽산 : folic acid

10. Coenzyme B$_{12}$

비타민 B$_{12}$(cyanocobalamin)에 아데노신 리보오스의 5′C를 통해 결합한 것으로 methylmalonyl-CoA mutase(메틸말로닐-CoA 자리옮김효소)나 methyl-aspartate mutase(메틸아스파르트산 자리옮김효소)와 같이 디카르본산의 이성화를 촉매하는 효소의 보조효소로서 작용한다. 또 propanediol dehydratase(프로판디올 탈수효소)의 보조효소이다(그림 5.29).
기타 관여하는 반응은 표 5.6과 같다.

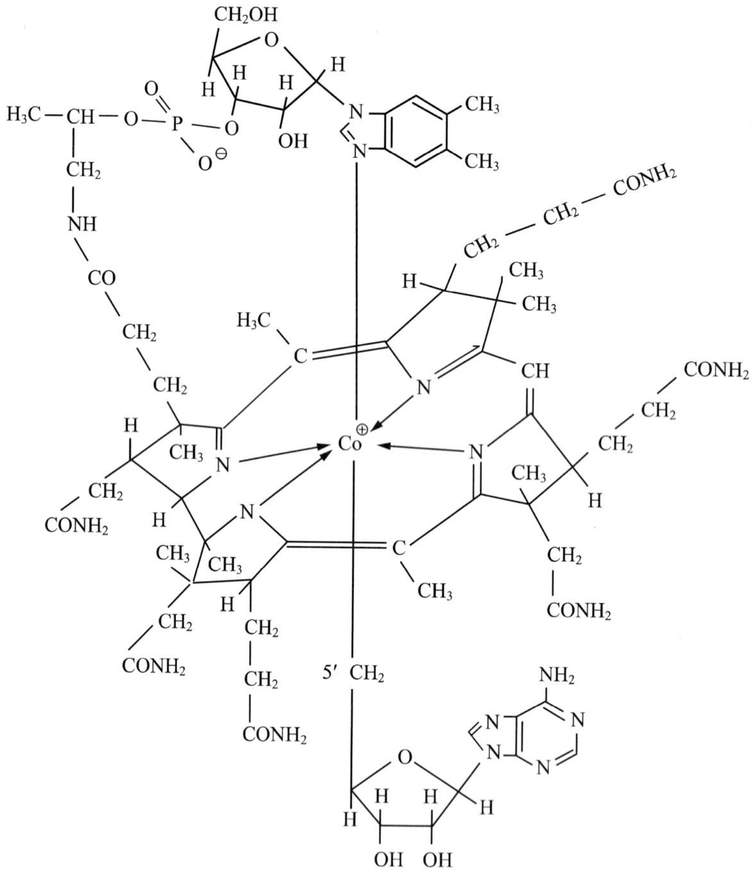

그림 5.29 Co B_{12}

표 5.6 비타민$_{12}$ 보조효소 의존 효소 반응

반응	효소	분포
I. C–C 결합의 개열을 수반하는 반응		
$\text{HOOCCCH}_2-\boxed{\text{CHCOOH}} \rightleftharpoons \text{HOOCCHCHCOOH}$ (with H, H on left carbon; NH$_2$ on boxed; CH$_3$, NH$_2$ on right)	Methylaspartate mutase (EC 5.4.99.1)	세균
$\text{HOOCCCH}_2-\boxed{\text{CSCoA}} \rightleftharpoons \text{HOOCCHCSCoA}$ (with H, H on left; O on boxed; CH$_3$, O on right)	R–Methylmalonyl-CoA mutase (EC 5.4.99.2)	동물, 세균

(계속)

반응	효소	분포
$\overset{\text{H}}{\underset{\text{H}}{\text{HOOCCCH}_2}}-\boxed{\overset{\text{CH}_2}{\underset{\text{CH}_2}{\text{C COOH}}}} \rightleftarrows \text{HOOCCHC COOH}\;\overset{\text{CH}_3}{\underset{\text{CH}_3}{}}$	2-Methylene glutarate mutase (EC 5.4.99.4)	세균

II. C-C 결합의 개열을 수반하는 반응

반응	효소	분포
$\text{R}-\overset{\text{H}}{\underset{\boxed{\text{OH}}}{\text{CH}}}-\overset{\text{H}}{\underset{\text{H}}{\text{C}}}-\text{OH} \rightarrow -\text{RCH}_2\text{CHO} + \text{H}_2\text{O}\;(\text{R} = \text{CH}_3,\text{H},\text{CH}_2\text{OH})$	Propanediol dehydratase (EC 4.2.1.28)	세균
$\text{R}-\overset{\text{H}}{\underset{\boxed{\text{OH}}}{\text{CH}}}-\overset{\text{H}}{\underset{\text{H}}{\text{C}}}-\text{OH} \rightarrow -\text{RCH}_2\text{CHO} + \text{H}_2\text{O}\;(\text{R} = \text{CH}_2,\text{OH},\text{CH}_3,\text{H})$	Glycerol dehydratase (EC 4.2.1.30)	세균
(구조식) $+ \text{R(SH)}_2 \rightarrow$ (구조식) $+ \text{R}-\text{S}_2 + \text{H}_2\text{O}$ $(\text{PPP} = \text{P}_3\text{O}_{10}^{4\ominus})$	Ribonucleotide-3 -phosphate reductase (EC 1.17.4.2)	세균, 원충

III. C-N 결합의 개열을 수반하는 반응

반응	효소	분포
$\overset{\text{H}}{\underset{\boxed{\text{NH}_2}}{\text{CH}_2}}-\overset{\text{H}}{\underset{\text{H}}{\text{C}}}-\text{OH} \rightarrow \text{CH}_3\text{CHO} + \text{NH}_3$	Ethanolamine ammonialyase (EC 4.3.1.7)	세균
$\overset{\text{H}}{\underset{\boxed{\text{NH}_2}}{\text{CH}_2}}-\text{CCH}_2\text{CHCH}_2\text{COOH} \rightleftarrows \text{CH}_3\text{CHCH}_2\text{CHCH}_2\text{COOH}$	L-β-Lysine- 5,6-aminomutase (EC 5.4.3.3)	세균
$\overset{\text{H}}{\underset{\boxed{\text{NH}_2}}{\text{CH}_2}}-\text{CCH}_2\text{CH}_2\text{CHCOOH} \rightleftarrows \text{CH}_3\text{CHCH}_2\text{CH}_2\text{CHCOOH}$	D-α-Lysine- 5,6-aminomutase (EC 5.4.3.4)	세균
$\overset{\text{H}}{\underset{\boxed{\text{NH}_2}}{\text{CH}_2}}-\text{CCH}_2\text{CHCOOH} \rightleftarrows \text{CH}_3\text{CHCH}_2\text{CHCH}_2\text{COOH}$	D-Ornithine- 4,5-aminomutase (EC 5.4.3.5)	세균
$\text{CH}_3\text{CH}-\overset{\text{H}}{\underset{\text{CH}_3}{\text{C}}}-\overset{}{\underset{\text{H}}{\text{CH}}}-\boxed{\text{NH}_2}\text{-COOH} \rightleftarrows \text{CH}_3\text{CH}-\text{CHCH}_2\text{COOH}\;\overset{}{\underset{\text{CH}_3\;\;\text{NH}_2}{}}$	L-Leucine- 2,3-aminomutase (EC 5.4.3.7)	세균(동물?)

11. Biotin

이 보조효소의 곁사슬 카르복시기는 apoenzyme 중의 한 리신 잔기의 ε-아미노기와 공유 결합하고 있다. 그러므로 이는 보결분자단에 속한다.

이산화탄소와 결합하여 활성화되며, 카르복시화 반응을 담당한다.

비오틴을 보조효소로 하는 효소에는 β-C의 카르복시화를 촉매하는 acetyl-CoA carboxylase(아세틸-CoA 카르복시화효소)나 카르복시기의 전달을 촉매하는 methylmalonyl -CoA carboxytransferase(메틸말로닐-CoA 카르복시기 전달효소) 등이 있다(그림 5.30).

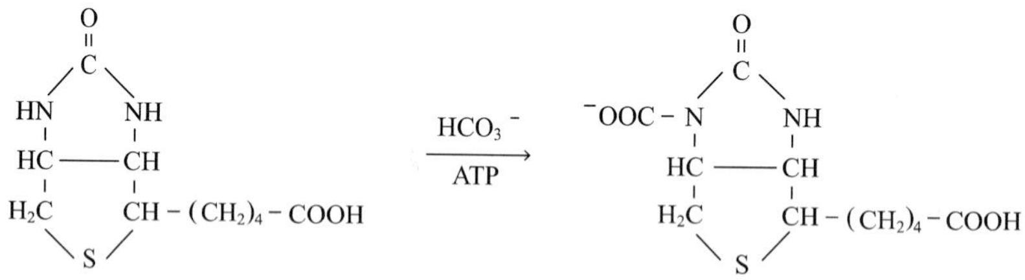

그림 5.30 **Biotin**

5.4
금속효소

많은 금속이 효소의 활성제(activator)로서 알려져 있다.

Carboxypeptidase A의 아연과 같이, 효소의 활성발현에 직접 관계하고 있는 것도 있고, lipase의 칼슘과 같이 효소가 활성을 발현하는데 필요한 입체 구조를 유지하여 간접적으로 활성발현에 기여하고 있는 경우도 있다.

금속효소란 넓은 의미에서는 촉매 활성을 발휘하는데 금속이온이 필요한 효소를 의미하나, 좁은 의미에서는 금속이온이 촉매 활성에 직접 관여하는 효소를 의미한다.

모든 효소 중 약 1/3은 금속이온을 필요로 한다. 현재 Na, K, Mg, Ca, Mn, Fe, Co, Ni, Cu, Zn, Se, Mo 등을 필요로 하는 효소가 알려져 있다. 이들 금속은 필수 금속이기도 하다.

금속이온의 역할은

① 효소 단백질에 결합하여 활성이나 안정성에 필요한 구조를 유지한다.
② 철-황 클러스터와 같이 특정 원자단으로서 결합한다.
③ Kinase의 Mg^{2+}와 같이 기질과 결합하여 기질 금속 복합체가 기질로 작용하게 한다.

금속이온과 효소의 결합은

① 헴철 chlorophyll, cobamide 같은 보결분자단으로서 결합하는 것

② 철-황 클러스터와 같이 특정 원자단으로서 결합하는 것

③ 아미노산 잔기 등으로 형성되는 금속 결합부위에 결합하는 것 - 등이 있다.

Na^+, K^+ 등 1가의 알칼리 금속은 비교적 결합이 약하여 활성화제로 작용하는 경우가 많다. Thermolysin(*Bacillus thermoproteolyticus*의 중성 단백질 가수분해효소)이나 amylase 등 효소의 안정성에 금속을 필요로 하는 것도 있다.

금속효소에 함유되는 금속이온은 단백질 1분자당 1개~수개이다. 금속이 관여하는 배위자로서는 His, Cys, Glu 등의 곁사슬이 있다.

많은 금속효소는 금속이온이 보결분자단으로 효소에 결합한다. 헴철이나 클로로필 같이 금속이온이 결합하기 좋도록 다른 화합물과 결합하고 있는 경우도 있으나 단백질의 카르복시기, 이미다졸기, 펩티드 결합 등을 사용하여 금속 결합 부위를 형성한다.

예로서 thermolysin 한 분자에는 Zn^{2+} 하나와 Ca^{2+} 네 개가 결합한다. Zn^{2+}은 세 개가 이미다졸기로 배위되어 있고, 물분자나 기질의 카르보닐기가 제4의 배위자가 된다. Ca^{2+}의 결합 부위는 Asp, Glu의 카르보닐기, 트레오닌의 수산기, 주사슬의 카르보닐기에 의해 각기 단백질 표면상의 특정 위치에 구성되어 있다.

금속 결합 부위는 활성 부위인 경우가 많으며 여러 기로 형성되므로 단백질의 구조결정에도 중요하다. 금속이온의 결합으로 단백질의 안정성에 큰 변화가 생기기도 하며, 단백질 주사슬의 상대적 위치 결정에 관여하는 것으로 생각된다. Na^+나 K^+의 1가 알칼리금속은 특이적인 결합 부위를 갖지 않는 경우도 많다.

표 5.7에 대표적인 금속과 그를 활성제로 하는 효소의 예를 나타낸다.

표 5.7 금속효소

활성제	효소
철	Succinate dehydrogenase, ferredoxin, catalase, cytochrome oxidase
동	Polyphenol oxidase, diamine oxidase
아연	Carboxypeptidase, alcohol dehydrogenase, aldolase, collagenase
칼슘	Amylase, Ca^{2+}-transporting ATPase
마그네슘	Alkaline phosphatase, kinase
몰리브덴	Xanthin oxidase, 아질산 reductase, xanthin dehydrogenase, aldehyde oxidase, sulfite oxidase
칼륨	Pyruvate kinase, β-methylaspartase
망간	Pyruvate carboxylase, superoxide dismutase, diamine oxidase, acid phosphatase
코발트	Methionine synthase
세린	Glutathione peroxidase
니켈	Urease
나트륨	Na^+, K^+ $\xrightarrow{\text{transporting}}$ ATPase

효소 반응속도론

6.1
효소의 개념

효소는 구조적으로는 단백질이고, 기능적으로는 촉매이다. 그러나 효소는 매우 뛰어난 효율성과 특이성(specificity)이 매우 높은 촉매작용을 나타낸다. 특이성은 정해진 형태의 반응만 촉매하는 '반응 특이성'과 정해진 분자 구조를 갖는 화합물만 촉매하는 '기질 특이성'으로 나누어 생각할 수 있다. 이를 비특이적 촉매인 산과 비교하면 표 6.1과 같다.

산(H_3O^+)은 녹말, 셀룰로오스, 단백질, 우레아, ATP 등 많은 화합물의 가수분해 반응을 촉매하지만 amylase, cellulase, protease, urease, ATPase는 각기 해당된 화합물의 가수분해만 촉매한다. 하나의 촉매 분자가 단위 시간에 몇 분자 기질의 화학 반응을 촉매하는가 하는 수(표 6.1의 속도상수 k가 이에 해당된다)를 비교하면 효소는 H_3O^+의 10^{10}배 이상의 고효율을 보이고 있다.

글루코오스에 작용하는 세 가지 효소를 살펴보자. Glucose oxidase는 산소의 존재 하에서 β-D-Glucose + O_2 → δ-gluconolactone + H_2O_2의 산화 반응을 촉매한다. 또 hexokinase(헥소오스 키나아제)는 ATP의 존재 하에서 glucose + ATP → glucose-6-phosphate + ADP라는 인산기의 전달 반응을 촉매한다. 한편, xylose isomerase(glucose isomerase라 하기도 한다)는 글루코오스의 약 1/2을 푸룩토오스로 이성화하는 가역 반응을 촉매한다.

$$Glucose \rightleftharpoons Fructose$$

이같이 각 효소가 촉매하는 반응은 한정되어 있다. 이를 '반응특이성(reaction specificity)'이라 한다.

표 6.1 비효소 촉매와 효소 촉매의 효율

반응의 종류	기질	촉매	온도 (℃)	속도상수 k [a] (M^{-1}/s)	활성화 에너지 E [b] (kcal/mol)
글루코시드 결합의 가수분해	아밀로오스	H_3O^+ (55% 황산)	25	1.6×10^{-6}	28.4
		α-아밀라아제(세균액화형)	25	7.5×10^{4}	3.3
우레아의 가수분해	우레아	H_3O^+	62	7.4×10^{-7}	24.6
		우레아제	21	5.0×10^{6}	6.8
ATP의 가수분해	ATP	H_3O^+	40	4.7×10^{-6}	21.2
		ATPase (미오신)	25	8.2×10^{6}	21.1
과산화수소의 분해	H_2O_2	Fe^+	22	56.0	10.1
		카탈라아제	22	3.5×10^{7}	1.7

a) 비효소 촉매 반응의 경우는 두 분자 반응속도상수를, 효소 촉매 반응의 경우는 k_o/k_m(낮은 기질 농도에서의 외견상의 두 분자 반응속도상수에 해당)을 나타낸다.

b) $k = A_e^{-E/RT}$로 쓴다. A는 빈도 인자, R은 기체상수, T는 절대온도

Glucose oxidase의 경우 같은 글루코오스라도 β-D-글루코오스는 좋은 기질이 되지만 α-D-글루코오스는 좋은 기질이 되지 않는다. 이같은 기질에 대한 선택성을 '기질특이성 (substrate specificity)'이라 한다. 효소에 따라 다르나 이런 반응 특이성이나 기질 특이성에는 약간의 폭이 있는 경우가 많다. 예로써, protease는 펩티드 결합(C-N)뿐 아니라 에스테르 결합(C-O)도 가수분해하는 것이 많다. Glucose isomerase도 특이성이 높긴 하나 2-데옥시-D-글루코오스에 대해서도 1/4 정도의 활성을 가진다.

효소의 또 하나의 촉매 특이성은 활성을 제3의 물질이 증가시키거나 감소시키는 조절(또는 제어)을 할 수 있다는 점이다. 일찍이 1894년 Fischer가 '열쇠와 자물통설'을 제창한 이래 효소의 활성 부위는 기질과 상보적인 입체 구조를 갖는 것으로 예상하였고, X선 결정해석으로 옳은 것으로 증명되었다(7장 참조). 이같이 다른 촉매에서 보기 힘든 특이성과 조절력을 가진 것은 효소가 각기 특유한 3차원 구조를 갖는 거대 단백질 분자라는 데 원인이 있다.

6.2 활성측정법

1. 검압법

검압법(檢壓法, manometry)은 주로 바르부르그 검압계(Warburg respirometer)를 사용하여 산화효소나 탈탄산효소 반응에서 생성(흡수)되는 기체량을 측정하여 활성으로 환산하는 방법이다.

원리는 효소와 기질 반응으로 발생(흡수) 또는 감소(증가)한 가스량을 정량하는 방법이다. 액면 하강(상승)이 hmm라면 기체 용적의 변화($x\mu l$: 표준상태)는 다음 식으로 계산한다.

$$x = k \cdot h \qquad (6.1)$$

여기서 k는 용기상수(flask constant)라고 하며 다음 식으로 구할 수 있다.

$$k = \frac{V_g \cdot (273/T) + V_f \cdot a}{P_o} \qquad (6.2)$$

여기서 V_f는 용기 내의 전액량(μl), V_g는 전체 기체상의 용적(μl), T는 절대온도, P_o는 압력계 액주(mm)로 환산한 표준 기압으로 통상 10,000 mm, a는 반응에 관여하는 가스의 분젠 흡수계수이다.

이 방법은 미량측정이 어렵고, 기체상과 액체상의 평형을 이용하기 때문에 급속한 변화를 추적하기 어렵다. 그래서 효소활성의 측정법으로서는 거의 이용되지 않고 있으나 대사연구에는 사용되고 있다.

2. 효소 전극법

산소소비량 측정에는 바르부르그 검압법 대신 산소 전극이 사용되고 있다. 이 방법은 미토콘드리아에서의 호흡과 산화적 인산화 반응 해석에 필수적이다. 또, 산소첨가 반응, 산화 반응, 무유세포의 호흡상수 측정 등에 효과적이다.

용액 등에 전극을 넣어 전압을 걸고 전류를 측정하면 전류가 흐르는 데 필요한 전압은 물질에 따라 다르다. Polarography는 이 전해 전류량에 따라 물질을 정량하는 방법이다. 산소는 비교적 낮은 마이너스 전압(-6 V)에서 환원되며, 이 전압에서 반응하는 물질은 매우 적기 때문에 산소를 정량할 수 있다.

마이너스극으로는 금이나 백금을 사용하며, 플러스극으로는 은-염화은 전극이나 염화제일수은 전극을 사용한다. 반응은 다음과 같다.

$$\text{마이너스극(Pt)} \qquad O_2 + 2H_2O + 4e \rightarrow 4OH^-$$
$$\text{플러스극(Ag}^- \text{ AgCl}^-) \qquad 4Ag + 4Cl^- \rightarrow 4AgCl + 4e$$

전기분해에 따른 분극과 정류상태까지 이르는 시간을 단축시키기 위하여 밀폐 용기 중에서 용액을 교반하면서 측정하며, 전극으로는 주로 Clark 전극을 사용한다.

효소센서에는 산소 전극 외에 과산화수소 전극이 있다.

효소 전극은 효소를 고정화한 막과 전극으로 구성되어 있다. 효소의 고정화 방법에는 흡착제에 의한 막조제 방법, 화학 결합법, 포괄법, 다리 형성법 등이 있다.

Glucose oxidase(글루코오스 산화효소)를 고정화하여 이를 클라크형 격막 산소 전극에 장착하여 센서를 구성하고, 글루코오스를 함유한 시료에 센서를 삽입하면 글루코오스가 막중의 glucose oxidase로 확산 산화되어 글루코노락톤이 생성된다. 이 반응에서 산소가 소비되기 때문에 막 근방의 산소농도가 감소하여 정상 전류값이 얻어진다. 그래서 글루코오스를 전류값으로 측정할 수 있다. 또 이 효소 반응으로 과산화수소도 생성되기 때문에 과산화수소 전극으로 글루코오스 농도를 측정할 수 있다.

같은 원리와 전극으로 고정화 invertase(β-프룩토푸라노시드 가수분해효소), mutarotase(알도오스-1-에피머화효소), glucose oxidase를 사용한 수크로오스센서, glucoamylase(글루칸 1,4-α-글루코시드 가수분해효소)와 glucose oxidase를 사용한 갈락토오스 센서도 있다.

과산화수소 전극은 양극과 음극 모두 백금 전극이 사용된다. 전위를 측정하기 위해 potentiostat를 필요로 하며, 양극 사이에 은-염화은 전극이나, 포화 염화수은 전극을 기준으로 적당한 전압을 가한다. 효소 반응으로 생성된 과산화수소는 이 전극에 확산되어 와서 전극과 반응한다. 과산화수소 전극은 cathode가 노출되어 있기 때문에 과산화수소가 쉽게 반응하여 전류가 얻어진다. 전류값은 과산화수소의 농도와 비례한다.

L-아미노산 측정 센서는 글루코오스와 마찬가지로 L-amino-acid oxidase(L-아미노산 산화효소) 고정화막과 효소 전극이나 과산화수소 전극을 조합하여 구성할 수 있으나, 이 효소는 여러 아미노산에 작용하기 때문에 특정 아미노산의 측정에는 적합하지 않다.

특정 아미노산을 측정하는 데는 탈아미노화효소, 탈카르복시화효소를 이용하여 이를 전기화학 디바이스와 조합한 센서를 사용한다.

알코올 측정에는 alcohol dehydrogenase(알코올 탈수소효소)나 alcohol oxidase(알코올 산화효소) 센서를 사용한다. Alcohol oxidase 고정화막과 산소 전극 또는 과산화수소 전극을 조합하여 간단히 센서를 만들 수 있다. 그러나 alcohol oxidase는 유기산 등도 산화한다.

유기산의 경우에도 이들 산화효소를 사용하며, lactate oxidase 고정화막을 사용하는 락트산 센서나 pyruvate oxidase(피루브산 산화효소) 고정화막을 사용하는 피루브산 센서 등이 있다.

우레아는 urease(우레아 가수분해효소)의 작용으로 가수분해되어 암모늄이온과 탄산이온이 되기 때문에 이들을 측정하는 전극과 urease 고정화막을 사용하여 우레아 센서를 만들 수 있다. 그러나 암모니아 전극은 이온의 방해나 휘발성 아민 등의 영향을 받는 경우가 많다.

혈액의 지질은 동맥경화증 등의 지표가 된다. 총콜레스테롤은 혈중 cholesterol esterase(콜레스테롤에스테르 가수분해효소)로 유리 콜레스테롤로 가수분해하여 cholestetol oxidase(콜레스테롤 산화효소)를 작용시키면 콜레스테논이 생긴다. 이 과정에서 산소가 소비되어 과산화수소가 생성되기 때문에 전극으로 산소나 과산화수소를 계측하여 총콜레스테롤을 정량한다.

마찬가지로 고정화 phosphorylase(가인산 분해효소) D와 choline oxidase(콜린 산화효소)를 사용하는 포스파티딜콜린 센서, 고정화 lipoprotein lipase(지방단백질 지방질 가수분해효소)와 통액형(通液型) pH 전극을 조합시킨 중성지질 센서도 있다.

혈액 효소활성 측정에 효소센서가 사용된다. 예를 들어, 혈액 중의 glutamicpyruvic transaminase(알라닌 아미노기 전달효소) 수준은 감염진단에 중요하며 이 효소활성을 피루브산 센서로 측정할 수 있다.

효소센서는 단일 화합물질을 계측하기 위해 개발되었기 때문에 여러 종류의 화학물질을 동시에 계측하는 데는 다수의 센서가 필요하다. 그러나 하나로 여러 종류의 화학물질을 계측할 수 있는 다기능 바이오센도 있다.

3. 분광학적 방법

이 방법은 조작이 간편하고 신속 정확하고 감도와 정밀도가 높아서 가장 널리 사용되고 있다. 이 방법은 반응 전후에 생기는 기질이나 색소의 흡광도 변화를 효소 활성으로 측정한다.

이 방법은 반응을 연속적으로 추적할 수 있다. 기질이나 생성물이 직접 흡광을 하지 않아도 다른 반응으로 발색시켜 비색적량한다.

반응의 검출에는 흡광, 형광, CD, NMR, ESR, IR, 라만 등의 분광학적 방법을 사용하며, 그중 흡광도 변화를 이용한 방법이 가장 많이 사용된다.

이 방법에 따른 효소 반응 해석에는 다음 두 가지가 있다.

① 정류상태 반응의 해석 : 기질과 생성물 사이의 분광학적 차이로 시간적 변화를 측정하여 효소 반응의 개시속도를 구하는 방법이다. 효소농도가 낮거나 다른 효소가 혼재하고 있어도 상관없다.

② 전정류상태(전이상) 반응의 해석 : 효소의 정보기(情報基)에서 정보를 스톱드 플로법이나 완충액을 사용하여 효소 반응을 더 직접적으로 측정한다. 상당한 정보속도가 필요하지만 ① 방법보다 정보량이 많다.

$$효소활성(\mu\text{mol/min}) = \frac{|A_t - A_o|}{t} \cdot \frac{T}{\varepsilon} \cdot \frac{Q}{l} \tag{6.3}$$

여기서 A_o는 반응이 일어나기 전의 흡광도, A_t는 반응이 일어난 1분 후의 흡광도, Q는 시료용액의 체적, T는 투과율, ε는 흡광도이다. 편의상 활성은 $\frac{|A_t - A_o|}{t}$로 나타내는 경우가 많다.

경시적으로 반응을 추적하는 방법은 분광광도계(파장 190~800 nm, 흡광도 0~2.0, 더블빔, 항온장치 부착)에 기록계를 접속시켜서 기질 용액을 먼저 셀에 넣어 항온으로 한 다음 효소용액(기질의 1/20~1/100)을 가하여 교반하면서 반응과정을 추적한다.

반응 중의 흡광도 변화를 직접 측정할 수 없는 경우는 효소 반응을 일단 정지시킨 후 시약을 가해 생성물이나 기질을 발색시켜 흡광도를 측정하는 간접법을 사용한다.

4. pH 스타트법

pH 스타트(pH - stat)는 protease 활성측정용 자동 적정장치로 개발되었다. 이 방법은 H^+의 흡수나 방출을 수반하는 다른 반응에도 사용할 수 있다.

이 장치는 효소의 촉매작용으로 생기는 염기나 산으로 인한 pH 변화를 pH 미터로 검출하고, 알칼리나 산을 자동으로 가해 적정한다.

이 방법은 시료액의 완충력이 강하면 H^+의 농도 변화가 생겨도 검출되지 않을 수 있다. 그러므로 완충액을 사용하지 않거나 사용하여도 아주 묽은 상태로 사용해야 한다. 또 시료 용액 중의 전극과 뷰렛 끝의 상대적 위치, 교반 속도 등이 알칼리나 산의 적정 속도에 영향을 미친다. 대기 중의 CO_2가 녹아들어 pH에 영향을 미치지 않도록 질소 가스 중에서 반응시킨다. 단백질을 기질로 사용하는 경우 분해에 따라 기질의 전하 변화가 크면 해리기 사이의 정전기적 상호작용에 대한 보정이 필요한 경우가 있다.

5. Bioassay 법

이 방법은 생물의 성장촉진, 저해, 기타 기능에 대한 특유한 효과의 발현을 지표로 생물활성물질을 정량한다. 여기에는 동식물을 이용하거나 동식물 조직이나 세포를 이용하는 방법과 미생물을 이용하는 방법이 있다. 그러나 동식물을 이용하는 방법은 개체 차이에 따른 오차와 조작의 번잡성 때문에 다른 방법보다 앞서 사용되는 일은 없다. 미생물 정량법은 특수장치가 필요하지도 않고, 간편하고, 특이성이 높기 때문에 많이 사용한다.

미생물 생육을 지표로 하는 정량법 중에는 미생물의 영양소로서 생육을 촉진하는 것(비타민 B, 아미노산 등)을 정량하는 방법과 미생물 생육을 저해하는 것(항생물질이나 대사 저해물질)을 정량하는 방법이 있다.

전자는 사용배지에 정량하려는 물질만 제외하고 다른 영양성분을 모두 가한 후 피검 물질을 가하여, 그 물질을 필수 생육인자로 하는 균주를 키우면 함량에 따라 미생물이 생육하기 때문에 균체량이나 대사물부터 피검물을 정량한다. 후자는 피검물질에 감수성인 균주를 택해 피검물질을 함유한 배지에서 생육저해도를 바탕으로 정량한다.

이 방법은 숙련과 대조용 표준품이 필요하고, 통계적 처리를 해야 한다. 그래서 호르몬 활성이나 혈압강하 또는 상승작용을 하는 효소활성은 이 방법 대신 biommunoassay 등의 면역학적 방법, 기질을 사용하는 시험관법으로 측정한다.

6. 형광법

이 방법은 $10^6 \sim 10^9$ M의 농도를 측정할 수 있고, 감도가 흡광법의 $100 \sim 1,000$배나 된다. 조건이 맞으면 radioassay 가까운 감도를 얻을 수 있으므로 효소를 매우 미량 사용하여 활성을 측정할 수 있고, 현미현광계를 사용하면 효소 한 분자의 활성도 측정할 수 있다.

또 들뜸광(excitation) 파장과 형광(emission) 파장 둘을 선택할 수 있기 때문에 특이성도 매우 높다. 정제하지 않은 세포 단편이나 세포 부유물 등의 미파괴세포도 효소활성 측정에 사용할 수 있다.

이 방법은 다음과 같이 나누어진다.

① 기질이 형광물질이고 기질 감소에 따른 형광감소를 측정할 수 있는 방법 : 적은 양의 기질 감소를 정확하게 측정할 수 없어서 기질농도기 높아야 한다.

② 기질이 비형광물질이고 효소 반응 생성물이 형광물질인 경우 : 극미량의 생성물을 측정할 수 있어서 이상적이다. 생성물만 형광을 갖는 인공기질도 많다.

③ 기질, 생성물 모두 비형광물질인 경우 : 생성물을 형광물질로 만들어 생성물을 측정한다.

④ 효소형광법 : 기질, 효소 모두 비형광성인 경우는 생성물을 다른 효소계로 변화시켜 형광물질로 만든다.

효소 반응계에 형광을 도입하여 형광 프로브를 만들어 효소 단백질 - 기질 - 보조효소의 결합 양식, 효소 반응 메커니즘, 효소의 성질 등을 해석한다.

효소 반응계에 형광을 도입하는데는 효소 단백질의 방향족 아미노산의 자연형광을 이용하는 방법, 효소에 형광물질을 결합시키는 방법, 보조효소의 형광을 이용하는 방법, 형광물질을 기질로 사용하는 방법, 다른 물질(예로서 저해제)의 형광을 이용하는 방법이 있다.

형광 프로브는 효소 반응속도의 해석, 효소 구조의 변화에 따른 형광감도의 변화, 형광프로브의 편광변화에 따른 효소 단백질의 구조변화 추정, 효소 활성 부위의 규정농도 측정 등에 응용할 수 있다.

7. 효소적 사이클링

이 방법은 효소의 기질 특이성을 이용하여 미량($\sim 10^{-14}$ mol)의 기질이나 효소활성을 증폭시키는 방법이다. 목적 기질이 다른 공존물이 영향을 받지 않을 정도로 증폭되기 때문에 일반 측정법으로서도 유용하다.

그림 6.1과 같이 과잉 기질 S_a, S_b의 존재하에서 미소량의 기질(보조효소) A(또는 B)는 효소 $E_a(E_b)$의 작용으로 같은 양의 생성물 $P_a(P_b)$를 생성하여 원래의 기질 A(B)로 되돌아간다.

이 한 사이클의 반응을 n번 반복하면 원래의 A(B)량의 n배의 P_a 또는 P_b량이 정확히 생긴다. 그래서 효소 반응(지시 반응)으로 P_a나 P_b를 측정하면 원래의 A(또는 B)를 n배로 증폭하여 측정할 수 있다.

사이클링 반응에는 A, B의 농도와 E_a, E_b의 농도가 K_m보다 낮아야 한다. 이 조건에서는 효소에 결합하지 않는 유리 A와 B의 비율이 많아 Michaelis - Menten 식($\nu = V/[S]/[S] + K_m$)은 $\nu = k[S](k = V/K_m)$이 된다.

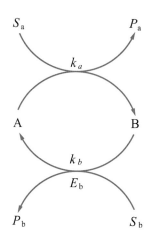

그림 6.1 **효소적 사이클링**

V는 반응계의 효소 농도에 비례하기 때문에 k도 효소농도에 비례한다. 사이클링 반응속도는 $\nu_c = k_c\,[A_0]$가 되며, 생성물 P의 양은 반응시간 t, 처음에 가한 A의 양 $[A_0]$에 비례하며, 비례상수 k_c는 사이클링률을 나타낸다. $k_c = k_a \cdot k_b / (k_a + k_b)$에서 $k_a + k_b =$ 일정할 때 $k_a = k_b$의 경우 k_c는 가장 크다.

실제로는 k_a와 k_b를 구해 k_c를 계산하여 반응시간을 고려하여 필요한 증폭시간을 구한다. k의 성질에서 $[E_a]$와 $[E_b]$를 증가시키면 큰 증폭률이 얻어진다. 그러나 효소농도가 너무 높으면(일반적으로 $300{\sim}400\ \mu g/ml$ 이상) A와 B가 효소에 결합하는 비율이 증가하여 k_c의 증가는 멈춘다. NADH, NADPH는 형광광을 갖기 때문에 직접 k_c를 측정할 수 있다.

이 방법은 NAD 사이클링, NADP 사이클링, CoA 사이클링 효소 등에 적용할 수 있다. 다른 적용 예도 있다.

8. 면역학적 방법

항체와 항원을 효소표지한 효소면역 측정법(enzyme immunoassay)을 이용하여 물질을 정량하는 방법으로, 효소에 항체나 다른 물질을 결합시켜 효소복합체로서 효소활성을 측정하는 방법이다. 이를 위해서는 효소분자에 대한 결합부위와 결합수, 기질의 사이즈를 고려해야 한다. EIA는 방사면역 측정법(radioimmunoassay)보다 간편하고 경제적이고 안정하여 임상검사에 많이 사용된다.

효소를 항체와 항원에 커플링시키는 방법은 글루탈알데히드법, 과요오드산법, 말레이미드법, 피리딜디술피드법 등이 있다(그림 6.2).

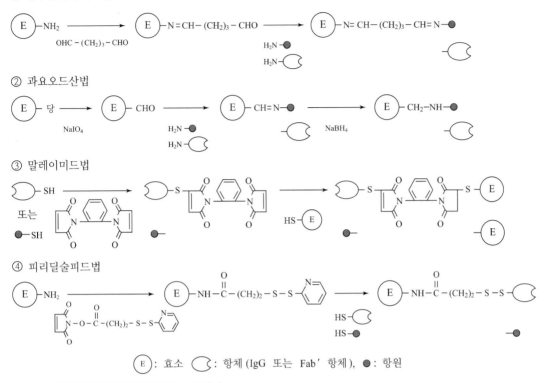

① 글루탈알데히드법

② 과요오드산법

③ 말레이미드법

④ 피리딜술피드법

ⓔ : 효소 ⌒ : 항체 (IgG 또는 Fab' 항체), ● : 항원

그림 6.2 단백질(항체 및 항원)의 효소 표지법

효소면역 측정법은 항원항체 결합물을 반응계에서 분리할 필요가 없는 비분리법과 분리해야 하는 분리법이 있다. 또 항원항체 반응의 형식에 따라 저해법과 비저해법이 있다.

(1) 분리법과 비분리법

어느 방법을 사용하여 항체나 항원을 정량하는가 하는 것은 효소표지된 항체나 항원의 효소활성이 비결합성 효소와 같은가 아닌가에 의한다. 결합형효소의 활성이 불변일 때는 항원항체 결합물을 반응계에서 분리한 다음 효소활성을 측정해야 한다.

결합형 효소의 활성이 저해받거나 활성화되는 경우는 항원항체 결합물을 반응계에서 제거하지 않고 활성측정할 수 있다. 즉, 항원이나 항체의 결합으로 표지효소의 입체 구조가 변하여 효소활성이 저해(항체나 항원의 결합에 의한 효소의 보조효소 결합부위에 대한 입체장해)되어 반응계 전체의 효소활성 저하를 그대로 볼 수 있기 때문에 항체량이나 항원량을 직접 정량할 수 있다.

Lysozyme 표지 하프텐은 항체량이나 항원량을 직접 정량할 수 있다. Lysozyme 표지 하프텐은 항체 결합으로 불활성형이 되는 것을 이용하여 EMIT법(enzyme multiplied immunoassay)이 사용된다. 보조효소가 하프텐에 결합한 FAD 표지 glucose oxidase는 항체 결합으로 보조효소 활성을 잃는다. 이를 이용하여 EMIA법(enzyme modulator immunoassay)이 사용된다.

효소기질 결합 하프텐이 4-methylumbelliferyl β-galactioside 표지 하프텐은 항체 결합으로 β-D-galactosidase의 작용을 받지 않는다. 이를 이용하여 SLFIA법(substrated labled florescent immunoassay)이 사용된다.

그러나 커플링 후도 대부분 거의 같은 효소활성을 갖고 있으며, 가장 많이 사용되는 EIA계는 분리법이다. 분리법은 다시 항원항체 반응으로 생긴 결합형과 유리형을 액상으로 분리하는 액상법(이차 항체법)과 지지체에 항원이나 항원을 결합시킨 고정상을 사용하여 분리하는 고정상법(일항체 고정상법, 이항체 고정상법, 샌드위치법 등)으로 나누어진다(그림 6.3).

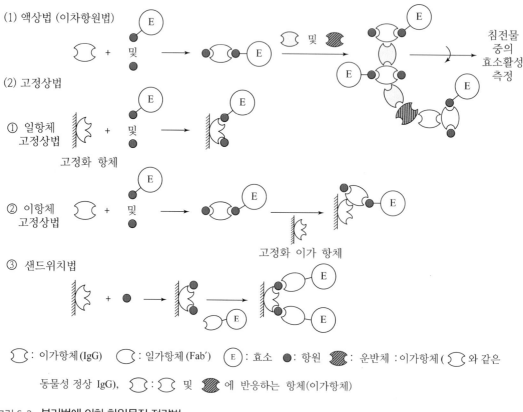

그림 6.3 분리법에 의한 항원물질 정량법

(2) 경쟁법과 비경쟁법

경쟁법은 항체에 대해 표지항원과 비표지항원이 경쟁적으로 결합하는 계에서 비표지 항원량을 정량하는 방법으로, 하프텐항원이나 고분자항원을 불문하고 모든 물질의 정량법으로 응용되고 있다.

비경쟁법은 표지물질(항원이나 항체)과 비표지물질(항원이나 항체)과 항원항체 결합 반응으로 비경쟁적 방법으로 정량하며, 이 방법은 일가 항원의 하프텐 정량에는 적합하지 않아 이가 이상의 다가항원에만 응용된다.

두 가지 모두 항체의 항원에 대한 해리상수가 작을수록 높은 측정 감도가 얻어지며, 비경쟁법에서는 그 이상으로 표지되는 효소활성의 측정 감도에 크게 의존한다.

EIA법은 분리법 - 비분리법, 경쟁법 - 비경쟁법을 잘 조합시켜 radioimmunoassay법으로 훨씬 감도 높게 측정할 수 있다.

9. 자동분석

임상화학용 자동분석장치는 다검체, 다항목 또는 소수검체 다항목을 미량검체, 소량의 시료량으로 단시간에 정밀도 높게 측정할 수 있다. 현재는 시료량 5 μl, 시약량 300 μl 정도로 동일검체, 동시 다중으로 측정하며, 정밀도는 효소활성값 5~10 unit/l 전후의 변동계수가 ± 5% 이내, 더 이상 높은 값에서는 ±2% 이하의 정밀도로 측정할 수 있다.

그러나 시료량, 시약량, 분광부의 측정도, 온도가 100% 정확하지 않을 수 있기 때문에 주의해야 한다. 기계가 고성능이라는 것만 믿고 이들을 소홀히 하면 오차가 커진다.

그러나 매우 우수하기 때문에 임상화학 외에 효소 단백질 정제 시에 염농도, 단백질량, 효소활성 측정, 기질 농도와 효소활성과의 관계, 온도와 효소활성값과의 관계를 측정하는 데도 많이 사용된다.

6.3
효소 반응의 형태

효소의 본체는 단백질이다. 그러나 효소의 분류는 효소의 기능에 따라 이루어진다(제15장 참조). 국제 기관인 효소위원회(Enzyme Committe)가 정하는 바에 의하여 효소는 촉매하는 반응 종류에 따라 다음 6가지 그룹으로 나누어진다.

① Oxidoreductase(산화환원효소)
② Transferase(전달효소)
③ Hydrolase(가수분해효소)
④ Lyase(분해효소)

⑤ Isomerase(이성화효소)

⑥ Ligase(연결효소)

반응속도론에서 중요한 문제는 각 효소가 몇 개의 기질에서 몇 개의 생성물을 만드는가 하는 점과 역반응을 무시할 수 있을 것인가(바꾸어 말하면 실제상 무가역 반응으로 볼 수 있는가)하는 점이다. 이런 관점에서 위의 6종류 효소가 촉매하는 주요 반응형식을 표 6.2에서 제시한다.

표 6.2 여러 효소 반응의 형식

분류 번호	효소분류명	반응형식[a]	예[효소번호]
1	Oxidoreductase (산화환원효소)	$A+B \rightleftharpoons P+Q$	Alcohol dehydrogenase [1.1.1.1]
2	Transferase (전달효소)	$A+B \rightleftharpoons P+Q$	Aspartate carbamoyltransferase [2.1.3.2], hexokinase [2.7.1.1]
3	Hydrolase (가수분해효소)	$A(+W) \rightleftharpoons P+Q$ $(S \rightarrow P)^{b}$	β-Amylase [3.2.1.2], pepsin A [3.4.23.1], urease [3.5.1.5]
4	Lyase (분해효소)	$A \rightleftharpoons P+Q$ $A \rightleftharpoons P(+W)$	Oxaloacetate decarboxylase [4.1.1.3], fumarate hydratase [4.2.1.2]
5	Isomerase (이성질화효소)	$A \rightleftharpoons P$	Alanine racemase [5.1.1.1], triosephosphate isomerase [5.3.1.1]
6	Ligase (연결효소)	$A+B+C \rightleftharpoons P+Q+R$	Tyrosyl-tRNA synthetase [6.1.1.1], acetryl-CoA synthetase [6.2.1.1]

a) W는 물을 나타낸다. (+W)로 한 것은 물은 반응물질의 일원이지만 용매이기 때문에 통상 속도식 중에 들어가지 않기 때문이다. 그러므로 속도식 형을 논할 때는 제외한다.
b) 많은 경우 역반응은 무시할 수 있기 때문에 가장 간단하게 이 형으로 쓸 수 있다.

그중에서 가장 단순하게 취급할 수 있는 것은 가수분해효소이다. 왜냐하면 기질은 한 개(물도 기질의 하나라 할 수 있으나 촉매 자체로 반응에 따른 농도변화는 무시할 수 있는 것이 보통이므로 통상 제외시킨다)이며, 많은 경우 역반응은 무시할 수 있을 정도로 작기 때문에 다음과 같이 나타낼 수 있다.

$$S \rightarrow P$$

S는 기질, P는 생성물(복수라도 P로 일관한다)을 나타낸다. 그 다음으로 단순한 것은 분류번호 5인 isomerase로, 이는 S도 P도 모두 한 개이며, 평형은 1에 가까운(역반응과 정반응이 같은 정도) 경우가 많다. 이는

$$S \rightleftharpoons P$$

로 쓸 수 있다. 다른 네 종류의 효소는 lyase를 제외하면 기질과 생성물 모두 두 개나 그 이상이므로, 속도식도 복잡하게 된다. 그래서 가장 단순한 반응 형식을 가진 가수분해효소를 예로 들어 설명한다.

6.4
효소 반응 속도의 지배 요인

효소 반응의 속도(ν)를 지배하는 요인은 다음과 같이 대별할 수 있다.

① 농도(기질농도[S], 효소농도$[E]_0$, 저해나 활성제의 농도[I], [A])
② 외적 환경인자(pH, 온도, 압력, 용매 등)
③ 기질의 분자 구조
④ 효소의 분자 구조와 존재상태(화학변형, 고정화 등)

반응속도론은 속도에 미치는 여러 요인의 영향과 형식을 해석하여 반응기구를 찾는 기본 방법을 사용하고 있다. 기초는 기질과 효소농도의 영향을 해석하는 것부터 시작한다. 1850년에 Wilhelmy는 수크로오스의 산가수분해 반응을 선광계로 연속 추적하여 1차 반응 형태를 발견하였다. 이것이 최초의 반응속도론이었다.

또 1차 반응속도상수 k_{app}가 촉매인 산의 농도와 비례하는 것도 알아냈다. 이 결과는 기질(수크로오스, S로 표시)과 촉매(산, A로 표시)에서 두 분자 반응으로 생성물(글루코오스와 프룩토오스, 일괄하여 P로 표시)이 생긴다는 기구,

$$A + S \xrightarrow{k_a} A + P \tag{6.4}$$

로 설명할 수 있다. 즉, 촉매 A의 농도는 반응에 따라 변화하지 않는 것을 고려하면 위 식에서 바로

$$\frac{d[P]}{d_t} = -\frac{d[S]}{d_t} = k_a[A][S] = k_{app}[S] \tag{6.5}$$

$$k_{app} = k_a[A] \tag{6.6}$$

이 유도되나 식 (6.5)는 전형적인 1차 반응의 식으로 속도가 [S]에 비례하며, 식 (6.6)은 속도상수 k_{app}가 촉매농도 [A]에 비례하는 것을 나타내, 실험 결과와 올바르게 부합되기 때문이다.

1920년 Henri는 선광계로 효모 invertase(β-프룩토푸라노시드 가수분해 효소)의 수크로오스의 가수분해 반응을 연속적으로 추적하여 속도(여기서는 간단하게 하기 위해 개시속도,

즉 $t = 0$에서의 속도$(d[P]/dt)_{t=0}$, 이를 ν로 한다)의 [S] 및 효소농도 $[E]_0$에 대한 의존성을 조사하였다.

그 결과 산가수분해와는 다른 특징을 발견하였다. 즉, $\nu \propto [E]_0$(그림 6.4(a))인 것은 산가수분해와 마찬가지이나 ν의 [S]에 대한 의존성은 그림 6.4(b)와 같이 포화곡선의 형을 취하며, [S]가 낮은 영역에서는 $\nu \propto [S]$이지만, [S]의 증가와 함께 일정값 V에 접근하고 있다.

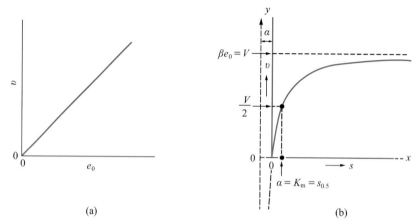

(a)   (b)

그림 6.4 (a) 개시속도(ν)와 효소전체농도(e_0)와의 관계
　　　　 (b) 개시속도(ν)와 기질 개시농도(s)와의 관계(포화선형)

$x = K_m + s, y = V - \upsilon$로 하면 $xy = K_m V$(일정)라는 포화곡선 방정식의 일부로 볼 수 있다.

Henri는 이 실험결과를 설명할 수 있는 반응기구로서 다음과 같은 두 가지 식을 제안하였다.

$$
\mathrm{I} \begin{cases} \mathrm{E + S} \underset{k_{-1}}{\overset{k_{+1}}{\rightleftarrows}} \mathrm{ES} & (6.7) \\[2mm] \mathrm{E + S} \xrightarrow{k_{+1}} \mathrm{E + P} & (6.8) \end{cases}
$$

$$
\mathrm{II} \begin{cases} \mathrm{E + S} \underset{k_{-1}}{\overset{k_{+1}}{\rightleftarrows}} \mathrm{ES} & (6.7) \\[2mm] \mathrm{ES} \xrightarrow{k_{+2}} \mathrm{E + P} & (6.8) \end{cases}
$$

두 가지 모두 효소와 기질이 결합하여 ES라는 복합체를 생성하는 점에서는 같으나 ES의 의미가 전혀 다르다. 즉, I의 식에서는 생성물질 P는 유리의 E와 S의 충돌로 생기고 ES는 쓸모없는 결합(식 (6.4)의 촉매기와 마찬가지)인데 반해 II 식에서 ES는 생성물을 만들기 위해 필수적인 중간체로 중요한 역할을 담당하고 있다.

효소의 특이성이 발현되기 위해서는 E와 S의 상보적 결합이 중요하며 Fischer의 '열쇠와 자물통설(1894)'도 이를 구체화한 것에 지나지 않는다. 그러나 I과 II 모두 같은 형([S]와 $[E]_0$의 함수형으로서)의 속도식

$$\nu = \frac{\beta [E]_0 [S]}{\alpha + [S]} \tag{6.9}$$

(α와 β는 상수)을 주어 그림 6.4(a), (b)에 나타낸 농도 의존성의 실험 결과는 식 I, II 어느 것으로도 설명할 수 있다. 즉, I과 II에 지시된 두 가지 전혀 다른 기구는 속도론적으로는 식별할 수 없다. 이는 속도론의 한계를 나타내는 예이다.

1913년 Michaelis와 Menten은 Henri와 마찬가지로 invertase의 반응에 대해 ν의 [S] 의존성을 상세히 검토하였다. 그들의 논문은 효소 반응속도론의 역사적 원전으로서 널리 이용되고 있으나 실은 Henri의 실험에는 두 가지 약점이 있다.

즉, 그 시대에는 pH라는 개념이 없어서 pH가 효소 반응속도에 중요한 영향을 주는 것을 알지 못했기 때문에(pH의 개념이 등장한 것은 1909년경이다) 그는 수용액 중에서 실험하였다고 보아야 한다. 두 번째로 그는 이 반응을 선광계로 연속 추적하였으나 수크로오스의 가수분해 반응 자체의 선광도 변화 외에, 생성된 글루코오스와 프룩토오스의 변선광 효과까지 포함된 측정속도를 그대로 가수분해 반응의 속도로 생각하였다.

그래서 Michaelis와 Menten은 완충액(pH 4.7)을 사용하여 일정 기간 간격으로 반응 용액을 뽑아내어 알칼리로 반응을 정지시켜서 생성당의 변선광을 완결시킨 후 선광도를 측정하였다. 이는 일반적으로 사용되는 불연속적인 반응의 추적법으로, 여러 기질 농도에서 그림 6.5와 같은 반응곡선을 얻었다.

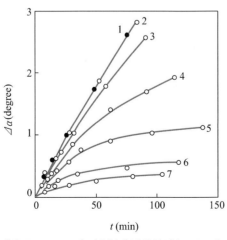

· 가로축 : 시간(min)
· 세로축 : 변선광을 완결시킨 반응용액의 선광각 변화($\Delta\alpha$)
· 실험조건 : 25±0.05℃, pH 4.7 (아세트산 완충액), 효소농도 일정
· 기질농도
　I(●) : 0.333 M　2(○) : 0.167 M
　3 : 0.0833 M　4 : 0.0416 M
　5 : 0.0208 M　6 : 0.0104 M
　7 : 0.0052 M

그림 6.5 Invertase의 작용에 의한 수크로오스의 가수분해 반응곡선(Michaelis와 Menten에 의함)

각 곡선에 대해 제로 시간의 접선을 그리면 개시속도 ν가 얻어진다. ν와 [S]의 관계는 포화곡선이 되어 식 (6.9)를 만족시키는 것으로 알려졌다. 이 결과에 따라 그들은 ES 복합체를 반응에 필수인 중간체로 하는 Henri의 식 II(식 (6.10), (6.8))를 효소 반응 기구 표현식의 원형으로 하여 유도되는 속도식

$$\nu = \frac{k_{+2}[\mathrm{E}]_0[\mathrm{S}]}{K_\mathrm{s} + [\mathrm{S}]} \tag{6.10}$$

을 효소 반응의 기본적인 속도식으로서 제창하였다. 여기서 K_s는 ES의 해리상수이다(식 (6.7) 참조). k_{+2}는 ES의 E와 P로 분해되는 속도상수(식 (6.6) 참조)이다. 즉, 식 (6.9)에서 $\alpha = k_\mathrm{s}$, $\beta = k_{+2}$가 된다. 설정한 반응식에서 속도식을 유도하는 방법을 다음에 제시한다.

6.5
속도식의 유도법
(정류상태와 전이상)

속도식이란 속도 ν를 측정 가능한 변수(위에서는 $[\mathrm{E}]_0$와 [S])와 상수로 표현한 것을 말한다. Henri의 식 II에 대해 속도식을 유도하는 두 기본적인 방법을 서술해 보자.

식 (6.7), (6.10)은 통상

$$\mathrm{E + S} \underset{k_{-1}}{\overset{k_{+1}}{\rightleftharpoons}} \mathrm{ES} \overset{k_{+2}}{\longrightarrow} \mathrm{E + P} \tag{6.11}$$

로 쓸 수 있다. 지금 $\mathrm{E + S} \rightleftarrows \mathrm{ES}$가 $\mathrm{ES} \to \mathrm{E + P}$에 비해서 빠르고, 평형이라고 하면, ES의 해리상수(이를 기질상수라 한다) K_s는

$$K_\mathrm{s} = \frac{k_{-1}}{k_{+2}} = \frac{[\mathrm{E}][\mathrm{S}]}{[\mathrm{ES}]} \tag{6.12}$$

으로 정의된다. 여기서 [E]와 [ES]는 쉽게 실측되지 않는 미지변수이다. 또 효소의 전농도 $[\mathrm{E}]_0$는 가한 효소의 양에서 알 수 있으며

$$[\mathrm{E}]_0 = [\mathrm{E}] + [\mathrm{ES}] \tag{6.13}$$

라는 효소종의 보존식이 성립된다. 통상 $[\mathrm{E}]_0$는 $10^{-6}\,\mathrm{M}$ 이하에서 [S]나 [P]에 비해 무시할 수 있을 정도로 작아서 $[\mathrm{S}] \gg [\mathrm{E}]_0 > [\mathrm{ES}]$이므로 기질과 생성물에 관한 보존식은 $[\mathrm{S}]_0$를 기질의 개시농도로 할 때

$$[\mathrm{S}]_0 = [\mathrm{S}] + [\mathrm{P}]$$

로 쓸 수 있으나 [S]나 [P]는 정량 가능하기 때문에 미지변수가 아니다.

한편 생성물 P는 ES → E+P의 과정에서 생겨, 가정에 따라 전반응(overall reaction) (식 (6.11))의 속도는 이 과정의 속도로 결정된다(이 과정을 속도지배단계라 한다). 그러므로

$$\nu = k_{+2}[ES] \tag{6.14}$$

로 쓸 수 있다. 여기서 [ES]는 미지변수이므로 속도식을 얻기 위해서는 이를 측정 가능한 변수로 표현해야 한다. 즉, 효소종은 E와 ES 두 가지이고 그들의 농도는 미지변수이므로 이를 얻는데는 두 대수 방정식으로 충분하다. 그들은 식 (6.13)에 의해 주어지므로 효소종의 농도 [E]와 [ES]에 관한 2원 1차의 연립방정식을 풀면 된다.

식 (6.12)에서 [ES]를 [E]로 표현하는 식

$$[ES] = [E][S]/K_s$$

을 얻어 이들 식 (6.13)에 대입하여 정리하면

$$[E] = \frac{[E]_0}{1 + [S]/K_s} \tag{6.15}$$

$$\therefore [ES] = \frac{[E]_0[S]/K_s}{1 + [S]/K_s} = \frac{[E]_0[S]}{K_s + [S]} \tag{6.16}$$

로 되며, 이를 식 (6.14)에 대입하여 상기 연속식을 얻을 수 있다.

이 방법은 E+S ⇄ ES를 신속 평형으로 다시 보아 ES → E+P를 속도지배단계로 생각한다는 두 가정에 입각하여 신속평형법(rapid equilibrium method) 또는 준평형법(quasiequilibrium method)이라 한다. Henri와 Michaelis는 함께 이 방법으로 속도식을 유도하였다.

이 방법은 전술한 두 가정을 포함하고 있으며 $k_{+1}[S] \gg k_{+2}$이고 $k_{-1} \gg k_{+2}$인 경우는 괜찮으나, 성립된다는 보증이 없기 때문에 이론적으로는 약점을 갖고 있다. Briggs와 Haldane(1925)은 더 일반적이고, 이론적으로도 우수한 방법을 제안하였다. 즉 '정류상태법(steady-state method)'이다.

1. 정류상태

그림 6.6에서 바닥에 구멍이 뚫린 원통형 용기 A에 일정 유속 $\nu_{in} = a(l/s)$로 물을 주입하는 경우를 생각해 보자. A속의 수량을 $x(l)$로 하고, 밑에서 유출하는 물의 속도 ν_{out}이 x에 비례한다고 하여 그 비례상수를 k로 하면 x의 시간 t에 대한 변화는

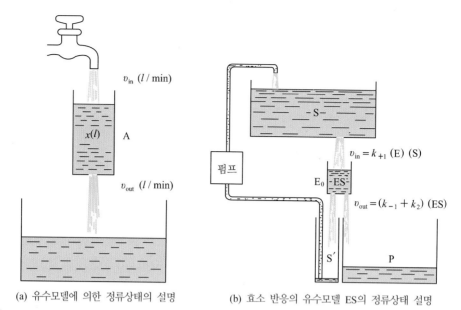

(a) 유수모델에 의한 정류상태의 설명　(b) 효소 반응의 유수모델 ES의 정류상태 설명

그림 6.6

$$d x / d t = \nu_{\text{in}} - \nu_{\text{out}} = a - kx \tag{6.17}$$

이라는 간단한 미분방정식으로 표현할 수 있다. 이를 풀면(초기조건 $t = 0$에서 $x = 0$)

$$x = \frac{a}{k} \left(1 - e^{-kt} \right) \tag{6.18}$$

가 된다. 이는 그림 6.7의 곡선 A로 표시된다. 즉, x는 시간과 함께 지수함수형으로 증가하여 $t \gg 1/k$라는 시간에서 일정 수준(a/k)에 도달한다. 이 상태에서는 유입속도와 유출속도가 균형을 이루어($\nu_{\text{out}} = \nu_{\text{in}} = a$), 수위는 정지하고 있는 것같이 보인다($dx/dt = 0$). 이 상태가 '정류상태'이다. 용기 A를 효소로 보고, x를 [ES]에 대응한다고 하고 Michaelis-Menten 식 (6.11)에 상당하는 모델(그림 6.6(b))을 고려하면 그림 6.6(a)와 유사한 생각에 의해 $\nu_{\text{in}} = k_{+1}[\text{E}]\,[\text{S}]$, $\nu_{out} = (k_{-1} + k_{+2})[\text{ES}]$가 되므로 [ES] ($= x$)의 시간 변화는

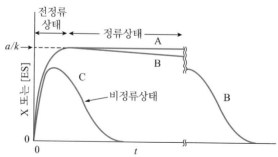

그림 6.7 정류상태 및 전정류 상태와 비정류상태

$$\frac{d[ES]}{dt} = \nu_{\in} - \nu_{out} = k_{+1}[E][S] - (k_{-1} + k_{+2})[ES] \tag{6.19}$$

이 된다. 이는 식 (6.10)을 사용하여

$$\frac{d[ES]}{dt} = k_{+1}[E]_0[S] - (k_{-1} + k_{+2} + k_{+1}[S])[ES] \tag{6.20}$$

이 되며, 기질 농도 [S] (그림 6.6(b)의 용기 S 중의 물의 양)이 $[E]_0$(용기 E의 용량)에 비해 크고 [S]의 감소가 무시할 수 있는 시간역에 대해서는 식 (6.20)은 식 (6.17)과 같은 형 ($a = k_{+1}[E]_0[S]$, $k = (k_{-1} + k_{+2} + k_{+1}[S])$으로 되므로 [ES]의 시간 변화(그림 6.7의 곡선 B)는 곡선 A와 같은 과정으로 정류상태에 달하는 것을 이해할 수 있을 것이다.

A의 경우와 달리 [S]는 실제로는 차차 감소하기 때문에 정류상태를 나타내는 평탄부는 조금씩 감소하여 [S]가 $[E]_0$와 같은 정도가 되면 급속히 제로에 가까워진다. 즉, 정류상태는 $[S] \gg [E]_0$의 조건하에서 지속된다.

정류상태에 달하기까지의 [ES]가 지수함수적으로 증가하는 영역을 '전정류상태(presteady state)'라 한다.

기질의 개시농도 $[S]_0$가 $[E]_0$와 같은 정도인 경우에는 정류상태의 평탄부는 없어져서 그림 6.7의 곡선 C와 같이 된다. 이를 비정류상태(nonsteady state)라 한다. 전정류상태와 비정류상태 같이 단시간에 변화하는 상태를 '전이상(transient phase)'이라 한다.

그 시간역은 곡선 A에 대한 식 (6.18)과 이에 대응하는 곡선 B로 알 수 있듯이, 전정류상태에 대해서는 $(k_{-1} + k_{+2} + k_{+1}[S])$라는 1차 반응속도상수($k$)로 정해지며, 이는 $10^0 \sim 10^3$/s 이상의 값이므로 반감기 $t_{1/2}$로서 대체로 $10^0 \sim 10^3$/s 이하로 되며, 1초 이하의 매우 빠른 시간이다. 그러므로 통상의 방법으로 반응을 추적할 때는 효소와 기질을 혼합한 순간에 정류상태가 성립한다고 생각하면 된다.

정류상태에서는 식 (6.11)을 다시

$$S \underset{ES}{\overset{E}{\rightleftarrows}} P \tag{6.21}$$

로 나타내는 사이클이 점차 회전하여 1회전에 한 분자의 S가 P로 변환된다.

전술한 Henri나 Michaelis - Menten 실험에서는 효소 자신의 변환($E \rightleftharpoons ES$)에는 주목하지 않고, $S \rightarrow P$라는 변화의 속도만 측정하였다.

이런 연구법을 '정류상태의 속도론(steady state kinetics)'이라 한다. 이 방법에서 E 자체의 변화는 전혀 관측되지 않고 블랙박스 중에 있다. 이에 대해 전이상에서 효소 자신의 변화 모습을 직접 관측하려는 연구법을 '전이상의 속도론(transient kinetics)'이라 한다.

이 방법에서는 전술한 바와 같이 짧은 시간 영역에서 E 자신의 거동을 측정의 대상으로 하기 때문에 빠른 반응의 측정 기술이 필요하며, 관측될 수 있도록 높은 효소 농도가 요구되게 된다.

이같이 효소 반응의 연구법에는 정류상태의 속도론과 전이상의 속도론이라는 두 가지 방법이 있다. 정류상태의 경우는 특별한 상태를 필요로 하지 않으며 저농도 효소용액에서 완결되기 때문에 보편적이긴 하나 간접적인 결과인 것은 어쩔 수 없다.

전이상의 경우는 고속 반응의 측정 장치와 상당한 고농도(10^{-6} M 이상) 효소용액을 필요로 하는 대신 있는 과정을 그대로 직접 관찰할 수 있기 때문에 반응 메커니즘에 관해서는 매우 상세한 결과를 얻을 수 있다.

최근 들어, 측정기술의 진보와 장치의 보급에 따라 효소 반응의 속도론적 연구는 고전적인 정류상태의 속도론에서 전이상의 속도론으로 옮겨가고 있다.

2. 정류상태법에 따른 속도식의 유도

그림 6.6에서 알 수 있듯이 [S] ≫ [E]$_0$일 때의 정류상태에서는 [ES]의 시간변화의 속도 $d[ES]/dt$는 생성물의 생성속도 $\nu = d[P]dt(= k_{+2}[ES])$에 비해 무시할 수 있을 정도로 작다. 그러므로 식 (6.19)의 오른쪽은 근사적으로 0으로 하여 둘 수 있다(정류상태 근사).

$$d[ES]/dt = k_{+1}[E][S] - (k_{-1} + k_{+2})[ES] = 0 \qquad (6.22)$$

이로부터 바로 식 (6.12)에 대신하는 하나의 대수 방정식이 얻어진다. 즉

$$\left(\frac{k_{-1} + k_{+2}}{k_{+1}}\right) = \frac{[E][S]}{[ES]} \qquad (6.23)$$

이 식과 효소종의 보존식 (6.13)을 조합시키면 [E]와 [ES]에 관한 2월 1차의 연립 방정식이 쉽게 풀려

$$[ES] = \frac{[E]_0[S]}{\left(\dfrac{k_{-1} + k_{+2}}{k_{+1}}\right) + [S]} \qquad (6.24)$$

가 얻어진다. 한편 생성물 P를 생산하는 과정은 식 (6.11)로 ES → E + P이므로 P의 생성속도 ν는 $k_{+2}[ES]$와 같다. 그러므로

$$\nu = \frac{k_{+2}\,[\mathrm{E}]_0\,[\mathrm{S}]}{\left(\dfrac{k_{-1} + k_{+2}}{k_{+1}}\right) + [\mathrm{S}]} \tag{6.25}$$

이 얻어진다. 이것이 구하는 속도식이다. 속도식을 얻기 위한 이 정류상태에서는 속도지배단계의 가정이나 신속 평형의 가정 모두 불필요하며, '정류상태 근사'만을 전제로 한다.

전술과 같이 신속평형법에 비해 더 보편적이고 이론적으로 우수하나 효소종의 수가 많아질수록 해석법이 더 번잡하게 되어 때에 따라서는 신속평형법과 함수형이 약간 다른 연속식이 얻어지는 경우도 있다.

$k_{-1} \gg k_{+2}$인 경우는 식 (6.25)는 신속 평형으로부터의 식 (6.10)과 완전히 일치한다. 즉, 정류상태법으로 얻어지는 속도식은 신속평형법으로 얻어지는 속도식을 특수한 경우로서 포함하는 더 일반적인 방법이다.

신속평형법과 정류상태법은 정류상태의 속도식을 유도하기 위한 기본적인 두 가지 방법이다. 때로는 두 가지를 결합한 방법도 유효하다.

6.6 정류상태 속도론의 기본 방법

1. 속도 파라미터와 구하는 방법

효소 반응의 가장 단순한 2단계 기구식 (6.11)에서 유도되는 속도식은 상술한 어느 쪽 방법으로 유도하여도

$$\nu = \frac{\beta e_0 s}{\alpha + s} \tag{6.26}$$

의 형을 취한다($s \equiv [\mathrm{S}]$, $e_0 \equiv [\mathrm{E}]_0$). 이 형태의 식은 Michaelis‑Menten의 두 단계 메커니즘뿐 아니고 더 복잡한 많은 메커니즘에 대해서도 성립되며, 매우 일반적인 형이다.

예로써 protease와 esterase는 에스테르를 기질로 할 때 '3단계 메커니즘'이라는 아실화 효소 ES′를 또 하나의 중간체로서 함유하는 메커니즘에 따르는 결과가 많이 알려져 있다. 이 식은

$$\mathrm{E + S} \underset{k_{-1}}{\overset{k_{+1}}{\rightleftharpoons}} \mathrm{ES} \overset{k_{+2}}{\longrightarrow} \underset{+\ \mathrm{P_1}}{\mathrm{ES}'} \overset{k_{+3}}{\underset{(+\ \mathrm{H_2O})}{\longrightarrow}} \mathrm{E + P_2} \tag{6.27}$$

로 쓸 수 있다. ES는 기질과 효소가 그대로의 모습(화학변화를 일으키지 않은 채)으로 결합한 'Michaelis의 복합체'로, ES′는 효소의 활성 부위에서 촉매작용을 담당하는 세린 잔기의

OH와 기질(일반적으로는 R‑CO‑X로 쓸 수 있고, X=O‑R′(에스테르 기질), HN_2(아미드 기질), NH R′(펩티드 기질)이다)과의 사이에 탈수 축합이 일어나 아실기가 효소와 공유 결합하여 생긴 아실화 효소이다. 이때 기질의 X 부분은 HX의 형이 되어 유리한다. 그래서 X 부분을 이탈기(leaving group)라 부르는 일이 있다.

위 식의 P_1은 OX에 해당되며, 에스테르 기질에서는 알코올이 된다. 이 단계(k_{+2}의 과정)를 아실화 과정이라 한다. 다음으로 ES′에 물이 작용하면 아실기가 산(RCOOH)으로 이탈되어(이것이 P_2이다) 효소의 세린 잔기는 원래대로 되돌아온다. 이 과정을 탈아실 과정(deacylation)이라고 한다. 이 3단계 메커니즘에서 유도된 속도식도 식 (6.26)의 형을 취하며

$$\alpha = \left(\frac{k_{-1} + k_{+2}}{k_{+1}}\right)\left(\frac{k_{+3}}{k_{+2} + k_{+3}}\right)$$
$$\beta = k_{+2}\left(\frac{k_{+3}}{k_{+2} + k_{+3}}\right) \qquad (6.28)$$

로 된다. 식 (6.11)의 2단계 메커니즘의 경우에는

$$\alpha = K_s = k_{-1}/k_{+1} \ \text{(신속평형법)}$$
$$= (k_{-1} + k_{+2})/k_{+1} \ \text{(정류상태법)}$$
$$\beta = k_{+2} \qquad (6.29)$$

이었던 것과 α와 β의 물리적 의미가 다른 것을 알 수 있다. 실험적으로 알 수 있는 것은 ν가 효소 농도(e_0)와 기질농도 (s)에 관해 어떤 함수형을 취할 것인가 하는 것뿐이므로 2단계 메커니즘과 상기의 3단계 메커니즘은 e_0와 s라는 농도인자 영향의 해석만으로는 식별할 수 없다.

그러므로 α와 β라는 두 상수의 물리적 의미는 반응 메커니즘에 의존하는(즉, 반응 메커니즘이 미지인 한 물리적 의미를 알 수 없다) 단순한 경험적 파라미터로서만 정의될 수 있다. 이 두 상수는 '속도 파라미터(rate parameter)' 또는 '반응 동력학 상수(kinetic constants)', 때로는 'Michaelis 파라미터'라 하며, α를 'Michaelis 상수(Michaelis constant)'라 하며 K_m으로 표시한다. β를 '분자활성(molecular activity)' 또는 '몰활성(molar activity)'이라 하며 k_0(k_{cat}로 쓰는 경우도 많다)로 표시한다. 이들 정의는 다음과 같다.

① k_0(분자 활성) : $\lim\limits_{s \to x} \nu = V$(최대속도)를 몰농도 ($e_0$)로 나눈 값

$$k_0 = V/e_0 = (\lim\limits_{s \to x}\nu)/e_0$$

② K_m(Michaelis 상수) : $\nu = V/2$로 될 때의 기질농도 ($s_{1/2}$) (식 (6.26) 참조).

그리고 효소 반응의 기본적인 현상론적 속도식, 즉 식 (6.26)은 통상

$$\nu = \frac{k_0 e_0 s}{K_m + s} = \frac{V_s}{K_m + s} \tag{6.30}$$

로 쓸 수 있다.

언뜻 보아 K_m은 평형(또는 해리)상수, k_0는 속도상수의 기호와 같이 보이나 전술과 같이 그들은 일반적으로 실제과정 그대로의 평형상수나 속도상수가 아니고 물리적 의미의 미확정적인 경험적 상수에 지나지 않는다는 것을 염두에 두어야 한다.

이같이 불명확한 점이 있으나 K_m과 $k_0(e_0$는 효소의 분자량이 미지인 경우는 불명하므로 일반적으로는 일정 효소농도에서의 최대속도 V를 대신 사용하는 일도 많다)라는 두 속도 파라미터는 기질농도 s를 바꾸어 ν를 측정한다는 간단한 실험으로 알 수 있는, 효소 반응속도론에서 가장 기본적인 파라미터이다.

물리적 의미는 반응 메커니즘을 설정하여 유도되는 연속식(기구적 속도식이라고 하며, 상술의 현상론적 속도식과는 구별된다. 예로써 식 (6.10), (6.25)가 그에 해당된다)과 '조합(照合)'하는 것으로 시작되어 '그 메커니즘에 기초한 해석'이 이루어진다(전술한 α, β의 내용을 나타내는 식 (6.28), (6.29) 참조). 속도론의 기본적 방법을 그림 6.8에 제시한다.

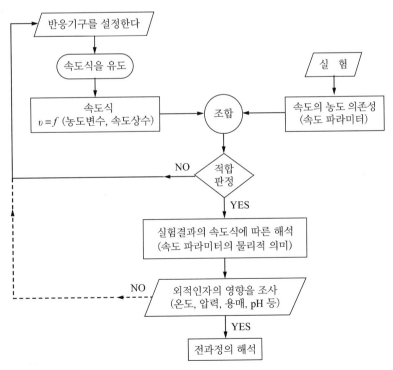

그림 6.8 **속도론의 기본적 방법**

(1) 속도 파라미터 구하는 식

ν에 대한 s의 쌍곡선형의 플롯(그림 6.4(b))에서 최소제곱법을 사용하여 V와 K_m을 구할 수 있으나 통상 식 (6.30)을 변형하여 얻은 직선 플롯을 사용하는 것이 편리하다.

① $\dfrac{1}{\nu} \sim \dfrac{1}{s}$ 플롯(Lineweaver - Burk 플롯 또는 양역수 플롯이라 한다)

$$\frac{1}{\nu} = \left(\frac{K_\mathrm{m}}{V}\right)\frac{1}{s} + \frac{1}{V}$$

② $\dfrac{s}{\nu} \sim s$ 플롯(Hanes - Woolf 플롯이라 한다)

$$\frac{s}{\nu} = \left(\frac{1}{V}\right)s + \frac{K_\mathrm{m}}{V}$$

③ $\nu \sim \dfrac{\nu}{s}$ 플롯(Eadie 플롯이라 한다)

$$\nu = - K_\mathrm{m}\left(\frac{\nu}{s}\right) + V$$

그림 6.9는 이들 세 가지 직선 플롯으로, 직선의 기울기와 양축 절편이 무엇에 해당되는가 쉽게 알 수 있다. 이로부터 K_m과 V가 쉽게 얻어진다. V는 통상 수%(5~10%)의 오차($\Delta\nu$)를 함유하며 실제값에 대한 비율은 s가 작은 쪽이 크다.

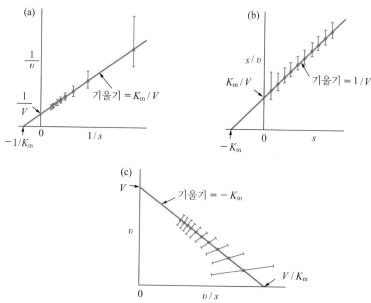

그림 6.9 기질농도 s와 개시속도 ν에 관한 세 가지 플롯
　　　ν가 V의 ±5% 오차를 함유한 것으로 하였다.

그림 6.9에는 $\Delta\nu/V = \pm 5\%$로 하였을 때 각 플롯에 나타나는 오차 범위가 나타나고 있다. 직선의 최소제곱법을 적용하는 경우 값이 큰 쪽에 무게가 걸리게 되므로, 그런 의미에서 ②의 $\dfrac{s}{\nu} \sim s$ 플롯이 가장 합리적이며, ①의 $\dfrac{1}{\nu} \sim \dfrac{1}{s}$ 플롯은 가장 많이 사용되지만 가장 좋지 않다고 할 수 있다. ③의 $\nu \sim \dfrac{\nu}{s}$ 플롯은 모든 점이 한정된 선분 범위 내에서 모아지기 때문에 편리하며, 오차나 직선이 서로 다른데 민감한 특색이 있으나 오차를 함유한 종속변수 ν를 양축에 함유하기 때문에 엄밀하게 말하면, 최소제곱법의 원리에 저촉된다(실질적으로는 크게 문제가 없다). 바른 K_m 및 V값과 오차가 정도(표준편차로 나타내는 것이 바람직하다)를 구하는 것은 매우 중요하며, 최소제곱법을 적용하는 것이 바람직하다.

④ $V \sim K_m$ 플롯(Cornish-Bowde의 직접적 직선 플롯)

앞의 세 가지 직선 플롯과 약간 성격이 다른 재미있는 플롯이 있다. 식 (6.30)을

$$V = \nu + \left(\frac{\nu}{s}\right) K_m \tag{6.31}$$

로 다시 쓰면, 이 식은 어떤 한 조의 s와 ν의 값에 대해 식 (6.30)을 만족시키는 K_m과 ν 사이의 직선관계를 나타내는 식으로, 가로축(K_m축)상의 $-s$점과 세로축(V축)의 ν점을 연결하는 직선을 그으면 식 (6.31)을 만족시키는 K_m과 V의 값이 되어야 한다.

다른 조의 s와 ν에 대해서도 마찬가지이므로 모든 s와 ν의 조에 대해 그은 직선은 한 점에서 만나게 되며, 그 좌표가 올바른 V와 K_m값을 준다(그림 6.10(a) 참조).

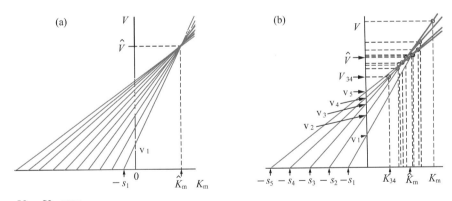

그림 6.10 $V \sim K_m$ 플롯

(a) 식 (6.31)에 의한 이론곡선. $-s_i$와 ν_i를 연결하는 직선은 한 점으로 만나며, 그 좌표에서 K_m과 V의 가장 양호한 값 $\widehat{K_m}$과 $\widehat{V}$가 구해지는 것을 나타낸다.

(b) ν가 오차를 함유한 경우. 임의의 두 직선(예로써 $i=3$과 $i=4$)의 교차점의 좌표는 한 조의 K_m과 V의 값(K_{34}와 V_{34})으로 얻어진다. 가장 양호한 값 $\widehat{K_m}$과 $\widehat{V}$는 중앙값에서 얻어진다.

실제로는 ν의 오차 때문에 한 점으로 모아지지는 않고, 임의의 두 직선의 교차점(그림 6.10(b)의 O)은 중앙값(median)의 주변에 분포하며 이 중앙값의 좌표가 가장 타당한 K_m과 V를 준다. 즉, 양단의 값을 차례로 버려 나가 마지막으로 남은 값(홀수 개의 데이터라면 한 개, 짝수 개일 때는 나머지 두 개 값의 평균치를 취한다)을 취하면 된다. s와 ν를 그대로 플롯할 수 있고, 통계적으로도 합리적인 방법이다.

일반적으로 K_m과 V를 정확하게 얻기 위해서는 기질 농도범위의 선택 방법이 중요하다. 즉, s를 $0.2\,K_m \sim 2\,K_m$ 범위로 취하는 것이 좋다.

(2) 저해와 활성화

효소와 기질의 계에 어떤 물질을 가하여 효소 반응속도가 저하하는 현상을 저해(inhibition)라고 하며, 저해를 일으키는 물질을 저해제 또는 저해물질(inhibitor)이라 한다. 반대로 효소 반응속도를 증대시키는 경우를 활성화(activation)라 하며, 활성화시키는 물질을 활성화제 또는 활성화물질(activator)이라 한다.

일반적으로 저해에는 두 가지 형태가 있다. 하나는 가한 물질이 효소의 특정 아미노산 잔기와 화학 반응을 일으켜(이를 화학 변형(chemical modification)이라 한다) 효소의 활성을 비가역적으로 저하 내지 상실시키는 저해이다. 이 형태의 저해는 효소의 활성에 관여하는 아미노산 잔기(활성 부위의 구성원)를 찾는 데 중요한 방법이 된다.

또 하나 저해제(I로 표시)가 가역적, 화학량론적으로 효소와 결합하여 반응속도를 저하시키는 저해가 있다. 단순히 저해라 하면 이 형태를 의미하는 경우가 많다.

효소의 화학 변형으로, 활성이 비가역적으로 상승되는 활성화도 알려져 있다.

활성화제(A로 표시)는 효소와 가역적, 화학량론적으로 결합하여 반응속도를 상승시키는 경우가 많다. 여기서는 가역적, 화학량론적인 결합물질에 의한 저해와 활성화를 살펴본다.

(3) 저해

기질과 분자 구조가 유사한 화합물은 효소의 기질 결합 부위에 결합하여 기질 결합을 저해할 수 있다. 이 경우는 기질(S)과 저해제(I)가 효소(E)에 함께 결합한 삼중체(ESI)는 존재할 수 없다.

이 형태의 저해는 S와 I가 E의 활성 부위를 서로 빼앗든가 두 가지가 서로 경쟁적으로 E에 결합한다. 이를 경쟁적 저해(competitive inhibition)라 한다. 반응식은

$$\begin{cases} \mathrm{E+S} \; \underset{k_{-1}}{\overset{k_{+1}}{\rightleftharpoons}} \; \mathrm{ES} \overset{k_{+2}}{\longrightarrow} \mathrm{E+P} & (6.11) \\[2em] \mathrm{E+I} \; \underset{K_i}{\rightleftharpoons} \; \mathrm{EI} & (6.32) \end{cases}$$

로 쓸 수 있다. 이 경우 효소종은 E, ES, EI의 세 가지로, 미지변수는 세 개이므로 속도식을 얻는 데는 세 가지 대수방정식으로 가능하다. [ES]의 정류상태에서 얻어지는 식 (6.23)

$$\left(\frac{k_{-1}+k_{+2}}{k_{+1}} \right) = \frac{[\mathrm{E}][\mathrm{S}]}{[\mathrm{ES}]} \tag{6.23}$$

는 그대로 사용되며, 효소종의 보존식은

$$[\mathrm{E}]_0 = [\mathrm{E}] + [\mathrm{ES}] + [\mathrm{EI}] \tag{6.33}$$

가 된다 또 EI의 해리평형의 식 (6.32)가

$$K_i = \frac{[\mathrm{E}][\mathrm{I}]}{[\mathrm{EI}]} \tag{6.34}$$

라는 EI의 해리상수 K_f 정의의 식이 얻어진다. 이는 제3의 방정식이 된다. K_f를 저해제상수(inhibitor constant)라 한다. [E], [ES], [EI]에 관한 3차원 연립 방정식 (6.23), (6.33), (6.34)를 풀어서 $\nu = k_{+2}[\mathrm{ES}]$에 대입하면 경쟁적 저해의 속도식

$$\nu = \frac{V_s}{K_{\mathrm{m}} \left(1 + \dfrac{i}{K_i} \right) + s} \tag{6.35}$$

($V = k_0 e_0$)가 얻어진다. 여기서 i는 저해제 농도[I]를 나타내며, K_{m}, V, k_0는 각기 저해제가 없을 ($i = 0$)때의 Michaelis 상수, 최대속도, 분자활성 (몰활성)이다. 식 (6.26)에 기초하여 저해될 때의 α와 βe_0를 각각 K_{p}(외견상의 Michaelis 상수) 및 V_{p}(외견상의 최대속도)로 하면 경쟁적 저해의 요소는

$$K_{\mathrm{p}} = K_{\mathrm{m}}(1 + i/K_i) \tag{6.36}$$
$$V_{\mathrm{p}} = V$$

이다. 즉 외견상 K_{m}이 증대하며 V는 불변인 것을 알 수 있다.

저해제 I의 유무에서 전술한 세 가지의 직선 플롯(그림 6.9(a), (b), (c))이 나타내는 패턴은 그림 6.11의 가장 위와 같이 된다.

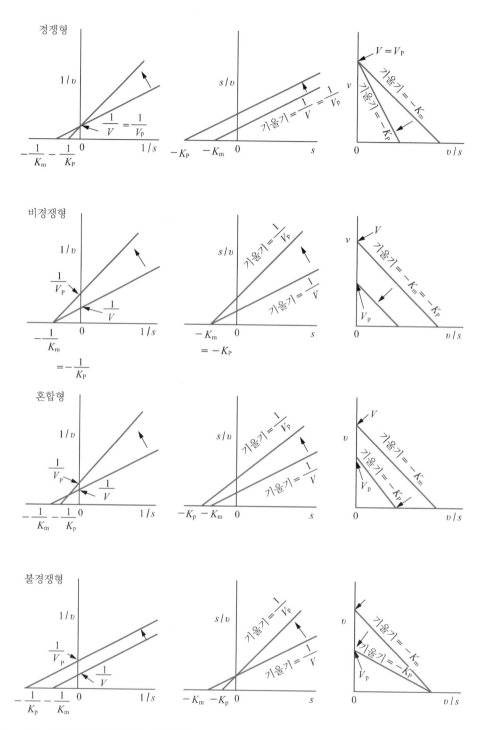

그림 6.11 ν의 s 의존성에 관한 세 가지 플롯의 각종 저해형의 영향

현상론적으로는 전술한 경쟁적 저해 패턴(직선 플롯에서 저해의 유무에 대한 두 직선의 상대적 관계)과는 다른 모습을 나타내는 저해제가 적지 않다. 직선 플롯에서 특징을 분류하면 그림 6.11과 같이 비경쟁형(noncompetitive type), 혼합형(mixed type), 불경쟁형(uncompetitive type)으로 나타난다. 이들은 저해제로 인해 K_m과 V가 여러 가지로 영향받는 것을 나타내고 있다.

즉, K_m은 변하지 않고 V만 감소하는 것을 비경쟁형, K_m이 증대(때로는 감소)하면서 V가 감소하는 것을 혼합형, K_m과 V가 같은 비율로 감소하는 것을 불경쟁형이라 한다.

어떤 반응기구(식)로 이런 여러 저해 패턴을 설명할 수 있을 것인가.

그림 6.8의 순서에 따라, 반응기구를 나타내는 식을 다음과 같이 설정해 보자.

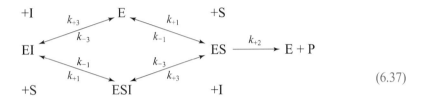

$$(6.37)$$

이 식은 기본적으로는 S도 I도 동시에 E와 결합하여 ESI라는 3중 결합물(3중 복합체)을 생성할 수 있다고 전제하고 있으며, 그 점에서 전술한 경쟁적 저해와 근본적으로 다르다. 그림으로 나타내면 그림 6.12(b)와 같다. 즉, 기질의 결합 부위(S 부위) 외에 저해제의 결합부위(I 부위)가 있고, ESI는 생성물을 생성할 수 없다(불활성)고 가정한다.

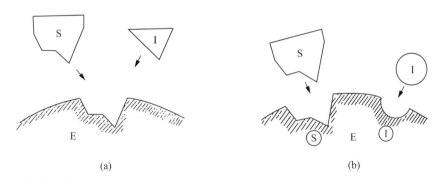

(a)   (b)

그림 6.12 저해 메커니즘
기질(S)과 저해제(I)의 결합부위가 공통된 경우 (a)와 각기 별개인 경우 (b) Ⓢ와 Ⓘ는 각기 S와 I의 결합부위를 나타낸다.

식 (6.37)의 표시법은 지금까지의 식을 간략화한 것으로, (E + S ↔ ES ; E + I ↔ EI ; ES + I ↔ ESI ; EI + S ↔ ESI ; ES ↔ E + P)를 모아서 쓴 것에 지나지 않는다. k_{+i}, k_{-i}, $k_{+i'}$, $k_{-i'}$ ($i = 1 \sim 3$)은 식 (6.37)과 같이 각 과정의 속도상수를 나타낸다.

E, ES, EI, ESI의 네 가지 효소종의 속도식을 얻는데는 농도에 관한 네 가지 대수방정식이 필요하다. 여기서는 간단하게 하기 위해 E와 S 또는 I와의 결합을 신속평형으로 보아 속도식을 유도한다. 네 개의 해리상수는 다음과 같이 정의된다.

$$K_s = \frac{k_{-1}}{k_{+1}} = \frac{[E][S]}{[ES]} \; ; K_{s'} = \frac{k_{-1'}}{k_{+1'}} = \frac{[EI][S]}{[ESI]}$$

$$K_i = \frac{k_{-3}}{k_{+3}} = \frac{[E][I]}{[EI]} \; ; K_{i'} = \frac{k_{-3'}}{k_{+3'}} = \frac{[EI][S]}{[ESI]} \tag{6.38}$$

위의 두 줄은 E와 EI에 대한 S의 결합, 아래 두 줄은 E와 ES에 대한 I의 결합으로, 그에 대한 속도상수 및 해리상수는 각각 다르므로, ESI에 관해서는 대시(′)를 붙여서 구별하고 있다. 이들 네 식 사이에는

$$K_s \, K_{i'} = K_i \, K_{s'} \tag{6.39}$$

이라는 관계가 있으며, 세 식은 독립한다. 이들 효소종의 보존식

$$[E]_0 = [E] + [ES] + [EI] + [ESI] \tag{6.40}$$

을 가한 네 방정식에서 각 효소농도를 구할 수 있다. $\nu = k_{+2}[ES]$이므로 얻어지는 속도식은

$$\nu = \frac{V/\{1 + (i/K_i)(K_s/K_{s'})\}}{1 + (K_s/s)(1 + i/K_i)/\{1 + (i/K_i)(K_s/K_{s'})\}} \tag{6.41}$$

$$= \frac{V/(1 + (i/K_{i'})}{1 + (K_s/s)(1 + i/K_i)/(1 + i/K_{i'})}$$

가 된다. 저해가 없는 ($i = 0$)식과 비교하여 외견상의 K_m 및 $V(K_p$와 $V_p)$는 각기

$$K_p = \frac{K_s(1 + i/K_i)}{1 + iK_s/K_iK_{s'}} = \frac{K_s(1 + i/K_i)}{1 + i/K_{i'}}$$

$$V_p = \frac{V}{1 + iK_s/K_iK_{s'}} = \frac{V}{1 + i/K_{i'}}$$

$$\therefore \; V_p/K_p = (V/K_s)/(1 + i/K_i) \tag{6.42}$$

이 된다(여기서는 신속평형법을 사용하고 있기 때문에 $K_m = K_s$가 되어 있는 점에 주의).

이 취급은 일반적으로 그림 6.11에 제시한 비경쟁형, 혼합형, 불경쟁형 세 가지 형식 중의 혼합형에 해당되나, 그 요점은 S의 효소에 대한 결합의 용이도는 E와 EI가 서로 다른(또 I의 결합에 대해서도 E와 ES는 다르다) 점, 환원하면 효소의 S 부위와 I 부위 사이에 '상호작용'

이 있어서 S와 I의 효소에 대한 결합이 독립이 아니고 서로 영향을 미치는 것을 전제로 하고 있다.

만약 S 부위와 I 부위가 완전히 독립되어 있다면 $K_{s'} = K_s$, $K_{i'} = K_i$이 되며, 식 (6.41)은

$$\nu = \frac{V_s}{(K_m +\ _s)(1 + i/K_i)} \tag{6.43}$$

로 간단화된다. 이때 K_m은 불변으로, V만 $\left(1 + \dfrac{i}{K_i}\right)$의 인자로 감소한다. 이것이 비경쟁적 저해이다.

또 I가 E에는 결합할 수 없고, ES에만 결합한다고 하면, $K_i = \infty$로 놓아

$$
\begin{aligned}
\nu &= \frac{V_x}{K_m + (1 + i/K_i')s} \\
&= \frac{V/(1 + i/K_i')}{\{K_m/(1 + i/K_i')\} + s}
\end{aligned} \tag{6.44}
$$

가 얻어진다. 이는 K_m도 V도 같은 비율로 적어지는($1/(\dfrac{1 + i}{K_i'}$배) 것을 나타내며, '불경쟁 저해'에 해당된다.

이같이 $K_s \neq K_{s'}$, $K_i \neq K_{i'}$로 놓은 '결합형'은 특수한 경우 비경쟁형과 무경쟁형도 포함 하는 일반적인 타입인 것을 알 수 있다.

저해형식에 대한 외견상의 $K_m (\equiv K_p)$ 및 $V(\equiv K_p)$의 내용은 표 6.3과 같다.

표 6.3 **각종 저해형의 K_p 및 V_p**

저해형식	외견상의 최대속도 V_p	외견상의 Michaelis 상수 K_p
경쟁형	V	$K_m/(1 + i/K_i)$
비경쟁형	$V/(1 + i/K_i)$	K_m
혼합형[a)]	$\dfrac{V}{1 + iK_m/K_i K_s'}$	$\dfrac{K_m(1 + i/K_i)}{1 + iK_m/K_i K_s'}$
불경쟁형	$V/(1 + i/K_i')$	$K_m/(1 + i/K_i)$

a) 이 형의 K_m은 식 (6.38), (6.41)의 K_s에 해당된다.

S 부위와 I 부위 사이의 '상호작용'에는 S와 I 결합을 '서로 강화시키는'(플러스의 상호작 용) 경우와 반대로 '서로 약화시키는'(마이너스의 상호작용) 경우가 있다. 전자의 심한 예가 불경쟁 저해로서, I 부위는 유리 효소의 경우 I를 받아들이지 않는 형을 취하고 있으나 S가

결합하면 효소의 입체 구조가 변화되어 I가 결합할 수 있다.

한편, E에 I가 결합하여 S 부위가 S를 받아들이지 못하는 형으로 변화한다고 하면 ESI는 존재할 수 없게 되어 외견상 '경쟁적 저해'로 보인다.

이같이 S 부위와 I 부위의 '상호작용'은 S 또는 I의 결합에 의한 효소의 입체 구조 변화에 따른 것으로 생각된다. 당초 ESI가 불활성(생성물을 생성할 수 없다)이라는 가정 자체도 I의 I 부위 결합으로 S 부위(활성 부위)에 미묘한 구조변화가 일어나 S가 결합하는 데는 영향이 없어도(비경쟁적 저해의 경우는 $K_s = K_{s'}$이다), 촉매작용에 직접 관여하는 잔기의 배향(配向)이 약간 변하는 것만으로 촉매력이 크게 변화하여 활성발현이 불가능하게 되기도 하며, 활성 증대를 가져오기도 한다.

앞의 경우는 저해, 뒤의 경우는 활성화라는 현상으로 나타난다. X선 결정해석으로 기질이나 기질 유사물질(analog) 등의 결합으로 효소의 입체 구조가 변하는 결과가 밝혀져 있다.

(4) 저해상수 구하는 법

표 6.3과 같이 일정 농도(i)의 저해제가 존재할 때의 속도 파라미터 ($K_p,$ V_p)는 저해가 없을 때의 속도 파라미터 (K_m, V) 외에 저해물질상수(K_i)를 i / K_i라는 형으로 함유하고 있다. K_i 외에는 알고 있으므로 $K_p / K_m,$ V_p / V 또는 $(K_p / K_p)/(V / K_m)$에서 $(1 + i / K_i)$가 구해지며 i값으로 바로 K_i가 구해진다.

경쟁적 저해와 비경쟁적 저해에 대해서는 식 (6.6)과 (6.43)은 다음과 같이 다시 쓸 수 있다.

경쟁적 저해

$$\frac{1}{\nu} = \frac{1}{V}\left(1 + \frac{K_m}{s}\right) + \left(\frac{K_m}{Vs\,K_i}\right)i \tag{6.45}$$

비경쟁적 저해

$$\frac{1}{\nu} = \frac{1}{V}\left(1 + \frac{K_m}{s}\right) + \frac{1}{VK_i}\left(1 + \frac{K_m}{s}\right)i \tag{6.46}$$

s_1과 s_2 두 기질농도에서 i를 바꾸어 ν를 측정, $1/\nu \sim i$ 플롯하면 직선이 되며, 교차점의 i축 좌표가 $-K_i$를, $1/\nu$축 좌표가 $1/V$을 주고, 교차점은 경쟁적 저해에서는 제2상 안에, 비경쟁적 저해에서는 가로축 상에 있는 것을 알 수 있다. 이는 K_i를 구하는 방법으로, '저해에 관한 Dixon 플롯'이라 하며, K_m 값을 알지 못해도 K_i를 구할 수 있다.

(5) 활성화

활성화의 모식도는 삼중 복합체를 포함한 저해의 경우와 매우 비슷하다. 다른 점은 활성제(A)와 S와 E의 삼중 복합체 ESA에서 생성물이 ES 에서보다 더 빠르게 생기는 점이다. 식은

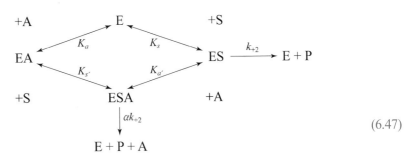

$$(6.47)$$

로 쓸 수 있다. E 및 ES와 A, E 및 EA와 S와의 결합을 신속평형으로 보아 각 복합체의 해리상수를 K_a, $K_{a'}$; K_s, $K_{s'}$ 로 하고, ESA는 ES보다 α배 빠르게 생성물을 생성한다고 한다. 상기 4종의 해리상수 정의의 식은 식 (6.38)의 I를 A로 바꾸는 것으로 족하다. 단 이 경우의 속도 ν는

$$\nu = k_{+2}[\mathrm{ES}] + \alpha k_{+2}[\mathrm{ESA}]$$

$$(6.48)$$

로 된다. 효소종에 관한 4원 1차의 연립 방정식을 풀어 얻어진 [ES]와 [ESA]의 식을 식 (6.48)에 대입하면 일반적인 속도식이 얻어진다. 여기서는 간단하게 K_a, K_{a}' ; K_s, K_{s}' 로 하며, 결과만 쓰면 $[\mathrm{A}] \equiv \alpha$로 하여

$$\nu = \frac{k+2e_0s}{K_s + s}\left(\frac{1 + \alpha\alpha/K_a}{1 + \alpha/K_a}\right)$$

$$(6.49)$$

으로 된다.

활성화제로서 작용하는 중요 물질 중에서 금속 이온(Mg^{2+}, Zn^{2+}, Mn^{2+} 등)이 있다. 이들 중에는 기질 S에 배위(配位)하여 SA 복합체를 만들면서 효소하고도 결합하여 이들만을 매개로 하여 활성인 E‑A‑S 복합체를 만드는 것도 있다. 이런 경우에 ES는 존재하지 않고, 효소종은 E, EA, ESA 세 종으로, S+A ⇌ SA라는 평형이 가해진다.

저해제나 활성제와 같이 가역적이면서, 화학량론적으로 효소와 결합하여 반응속도에 영향을 주는 물질을 활성제라 한다.

저해제상수(K_i)나 활성제상수(K_a)는 이들 활성제와 효소 복합체의 해리상수를 나타내며, K_m과는 달리 물리적 의미가 명확하다. 그러므로 활성제의 분자 구조 차이가 K_i값(또는 K_a

값)에 어느 정도 반영되는가 조사하여 결합 부위의 입체 구조에 관한 지식을 얻을 수 있다.

Fischer의 '열쇠와 자물통설', 즉 결합 부위와 활성제 분자와의 구조적 상보성에 따라 '열쇠'의 형을 바꾸어 '자물통'의 형을 찾으려 하는 방법이 있다.

6.7
pH의 영향

효소 반응속도는 pH에 의해 크게 영향을 받으며 그림 6.13과 같은 좌우대칭의 종 모양을 나타낸다. 그중 최대 반응속도를 나타내는 pH를 최적 pH라 한다. 각 효소는 고유의 최적 pH를 가지며, 중성 부근에 최적 pH를 갖는 효소가 많다.

가수분해효소는 활성 부위에 존재하는 아미노산 잔기 곁사슬의 해리기가 산이나 염기로서 촉매작용에 관여한다. pH 곡선은 촉매작용에 관여하는 두 해리기의 해리상태 변화를 나타낸다고 할 수 있다. 물론 이것이 모든 효소 반응속도의 pH 의존성을 만족시키는 것은 아니다. pH에 따라 변화하는 여러 현상을 이해할 수 있는 기본적이고 가장 간단한 모델이기 때문에 이를 통해 정량적인 해석법을 설명한다.

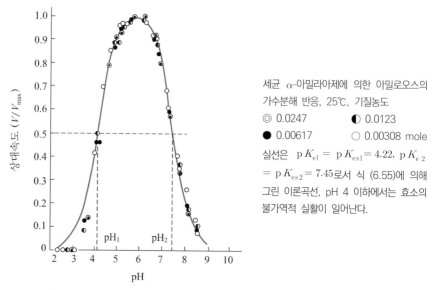

세균 α–아밀라아제에 의한 아밀로오스의 가수분해 반응, 25℃, 기질농도
◎ 0.0247   ◗ 0.0123
● 0.00617   ○ 0.00308 mole
실선은 pK_{e1} = pK_{es1}= 4.22, p$K_{e\,2}$ = pK_{es2} = 7.45로서 식 (6.55)에 의해 그린 이론곡선, pH 4 이하에서는 효소의 불가역적 실활이 일어난다.

그림 6.13 개시속도의 상대값(V/V_{max})과 pH와의 관계

그림 6.14는 효소의 촉매작용에 필수적인 두 해리기(이를 활성 해리기라고 한다). X와 Y의 해리상태가 pH와 함께 변해 가는 모습이다. 산성 영역에서는 둘 다 양성자가 부가된 상태(XH, YH)이며, pH 상승에 따라 한쪽 (pK가 낮은 쪽)만 해리하여(X, YH)로 된다. pH가

높아지면 Y도 해리하여 (X, Y)로 된다(X는 카르복시기 COOH $\rightleftarrows$ COO$^-$ +H$^+$, Y는 아미노 기 NH$_3^+$ $\rightleftarrows$ NH$_2$+H$^+$로 보아도 된다.

여기서는 전하를 무시하고 있다. 이 세 해리형 효소를 산성형부터 차례로 EH$_2$, EH, E라 한다. 이들은 각기 기질 S와 결합할 수 있고, 촉매작용은 중간의 EH형만 갖는다고 하면 Michaelis‑Menten의 두 단계 메커니즘을 바탕으로 pH 효과를 고려한 반응식으로 나타낼 수 있다. 여기서 옆 방향은 양성자(H$^+$)의 탈착을, 세로 방향은 기질 S의 결합해리를 나타낸다. 기질은 이 pH 영역에서 해리되지 않는 것으로 한다.

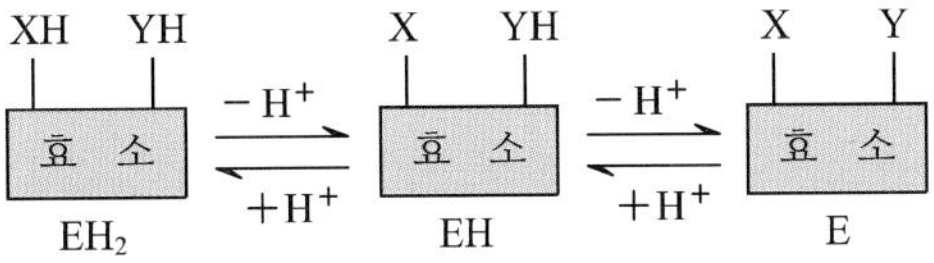

그림 6.14 두 개의 효소활성 잔기를 갖는 효소의 3상태 모델

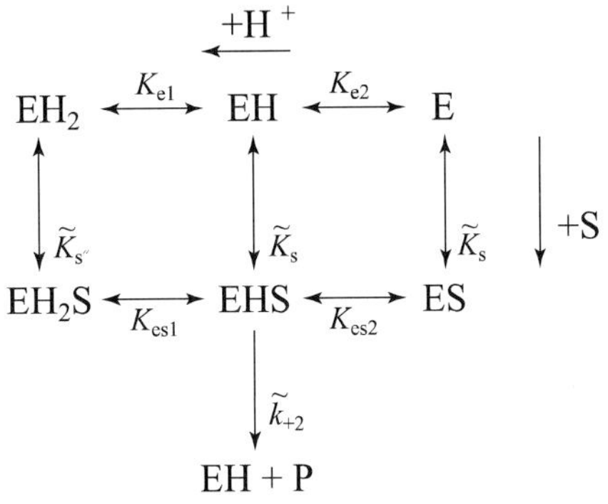

(6.50)

네 양성자의 해리상수는

$$K_{e1} = \frac{[\text{EH}][\text{H}^+]}{[\text{EH}_2]} \; ; \; K_{e2} = \frac{[\text{E}][\text{H}^+]}{[\text{EH}]}$$

$$K_{es1} = \frac{[\text{EHS}][\text{H}^+]}{[\text{EH}_2\text{S}]} \; ; \; K_{es2} = \frac{[\text{ES}][\text{H}^+]}{[\text{EHS}]}$$

(6.51)

로, 세 기질 효소 복합체의 기질의 해리상수(기질상수)는

$$\widetilde{K_{s''}} = \frac{[\text{EH}_2][\text{S}]}{[\text{EH}_2\text{S}]} \; ; \; \widetilde{K_s} = \frac{[\text{EH}][\text{S}]}{[\text{EHS}]} \; ; \; \widetilde{K_{s'}} = \frac{[\text{E}][\text{S}]}{[\text{ES}]}$$

(6.52)

로 정의된다. $\widetilde{k}_{+2}$는 EHS의 생성물 P의 생성 속도상수이다($\widetilde{}$를 표시한 문자는 pH에 의존 하지 않는 상수이다).

이상 모두 일곱 개의 해리상수 사이에는

$$\frac{K_{e1}}{K_{e1}} = \frac{\widetilde{K}_s{''}}{\widetilde{K}_s} \;;\; \frac{K_{es2}}{K_{e2}} = \frac{\widetilde{K}_s}{\widetilde{K}_s{'}} \tag{6.53}$$

라는 관계식이 존재하며 다섯 개만 독립한다. 이들은 식 (6.51)의 프로톤에 대한 네 개의 해리상수와 기질에 대한 한 개의 해리상수 $\widetilde{K}_s$를 택한다. 여섯 개의 효소종에 대해서는 효소의 전농도를 e_0로 하여

$$e_0 = [E] + [EH] + [EH_2] + [ES] + [EHS] + [EH_2S] \tag{6.54}$$

로 나타낸다. 이로써 효소종에 관한 6원 1차 연립 방정식이 갖추어졌다. 이를 풀어서 $\nu = \widetilde{k}_{+2}$ [EHS]에 대입하면 다음 속도식이 얻어진다.

$$\nu = \frac{\widetilde{V}s}{\widetilde{K}_s\left(1 + \dfrac{H}{K_{e1}} + \dfrac{K_{e2}}{H}\right) + s\left(1 + \dfrac{H}{K_{es1}} + \dfrac{K_{es2}}{H}\right)} \tag{6.55}$$

여기서 H는 $[H^+]$를 나타내며, 또 $\widetilde{V} \equiv \widetilde{k}_{+2}\, e_0$이다. 이 식은 Michaelis - Menten 식과 식 (6.30)과 같은 형으로, 임의의 pH에서 Michaelis 상수 K_m 및 최대속도 V는 $[H^+]$의 함수로서 다음과 같이 주어진다.

$$K_m = \widetilde{K}_s \frac{1 + \dfrac{H}{K_{e1}} + \dfrac{K_{e2}}{H}}{1 + \dfrac{H}{K_{es1}} + \dfrac{K_{es2}}{H}} \tag{6.56}$$

$$V = \widetilde{V} \frac{1}{1 + \dfrac{H}{K_{es1}} + \dfrac{K_{es2}}{H}} \tag{6.57}$$

$$\therefore \; \frac{V}{K_m} = \frac{\widetilde{V}}{\widetilde{K}_s} \frac{1}{1 + \dfrac{H}{K_{e1}} + \dfrac{K_{e2}}{H}} \tag{6.58}$$

분자활성 k_0의 식은 위 식 V를 k_0로, $\widetilde{V}$를 $\widetilde{k}_{+2}$로 바꾸면 된다.

여기서 V/K_m 식은 유리효소의 해리기 X와 Y의 해리상수 K_{e1}, K_{es2}만을 함유하며, V 식은 기질과 결합한 효소의 같은 해리기 X와 Y의 해리상수 K_{es1}, K_{es2}만을 함유하는 점에 주목한다. K_m에는 두 가지가 모두 포함된다.

log $(1/K_{\mathrm{m}})$ $(\equiv \mathrm{p}K_{\mathrm{m}})$, log (V/K_{m})을 pH에 대해 플롯하면 그림 6.15와 같다. 이는 'pH 효과에 관한 Dixon 플롯'이라 하며, 속도 파라미터의 pH 의존성을 나타내는 데 자주 사용된다. 점선은 기준선으로, 기울기가 +1, 0, −1이 되도록 그려져 있다.

두 기준선 교차점의 가로축 좌표는 근사적으로 $\mathrm{p}K_{\mathrm{e}}$ 또는 $\mathrm{p}K_{\mathrm{es}}$값으로, 교차점과 실선(실험치를 연결한 곡선)의 세로축에 따른 차이는 log2($\doteqdot$ 0.3)가 된다.

이유는 다음과 같다. log(V/K_{m})~pH 플롯을 살펴보면 식 (6.58)에서 H$\gg K_{\mathrm{e}1}$($\gg K_{\mathrm{e}2}$로 하고 있다)의 산성 pH 영역에서 분모는 $H/K_{\mathrm{e}1}$만 남고, log(V/K_{m})~pH 플롯은 +1 기울기의 직선이 된다. $K_{\mathrm{e}1}\gg H \gg K_{\mathrm{e}2}$가 성립되는 중간의 pH 영역에서 분모는 1만 남기 때문에 대수 플롯은 기울기 0의 직선이 된다. 또 $H\ll K_{\mathrm{e}2}$($\ll K_{\mathrm{e}1}$)로 되는 알칼리 pH 영역에서 분모는 $K_{\mathrm{e}2}/H$항만 되어, 상기의 플롯항은 기울기 −1의 직선이 된다.

두 기준선의 교차점은 $H= K_{\mathrm{e}1}$ 또는 $H= K_{\mathrm{e}2}$가 성립하는 pH에 상당하며, 두 $\mathrm{p}K_{\mathrm{e}}$값과 거의 같다. 이때 분모는 1+1=2로 되어 대수 플롯에서는 log 2만 실험값보다 높아진다.

log V~pH 플롯에서도 $\mathrm{p}K_{\mathrm{e}}$가 $\mathrm{p}K_{\mathrm{es}}$로 바뀌는 외에는 똑같다. $\mathrm{p}K_{\mathrm{m}}$에 관한 플롯은 log(V/K_{m})의 플롯과 log V의 플롯차로 보면 된다. 중요한 것은 한 해리기의 K_{e}와 K_{es}가 같은 경우 $\mathrm{p}K_{\mathrm{m}}$ 플롯이 평탄할 때는 $\mathrm{p}K_{\mathrm{es}2}= \mathrm{p}K_{\mathrm{e}2}$를 의미한다.

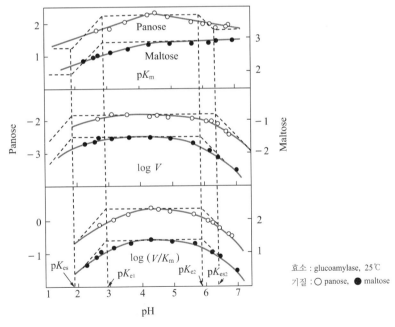

그림 6.15 K_{m}, V, V/K_{m}의 pH 의존성

그러므로 다시 식 (6.53)에 따라 $\widetilde{K_s} = \widetilde{K_{s'}}$를 의미한다. 즉, 이 해리기 (그림 6.14의 Y에 해당된다)의 양성자 해리상수는 기질 결합으로 영향을 받지 않는다. 또, 기질 결합의 용이도는 해리기가 양성자를 부가 또는 해리한 상태에서도 변함없는 것을 나타내고 있다.

이에 대해 그림 6.15의 $pK_m \sim pH$ 플롯은 산성 pH 영역에서는 평탄하지 않다. 이는 $pK_{es2} \neq pK_{e1}$(여기서는 $pK_{es1} < PK_{e1}$, 즉 $K_{es1} > K_{e1}$)인 것을 나타내며, 해리기(X에 해당) 양성자의 해리상수는 기질 결합으로 변화하거나(여기서는 $K_{e1} < pK_{es1}$), 해리상태에 따라 기질 결합의 용이도가 다른 $(\widetilde{K_s} = \widetilde{K_{s''}})$를 의미하고 있다.

이같이 대응하는 pK_e와 pK_{es}와의 차이는 해리기가 기질 결합에 미치는 역할을 추측할 수 있는 단서가 된다. 예로써, X가 카르복시기로서 그림 6.16과 같이 해리형이 기질의 OH기와 수소 결합하고 있다면 EH형쪽의 EH_2형보다 S와 결합하기 쉬운 $(\widetilde{K_s} < \widetilde{K_{s''}})$일 것이다. 그러므로 EH_2의 해리는 S에 의해 촉진되는 $(K_{e1} < K_{es1})$일 것이다. 물론 K_{es}와 K_e의 차이는 다른 효과, 예로서 S가 전하를 갖고 있는 경우는 정전기적인 효과 등에 의해 생기는 것으로 보인다.

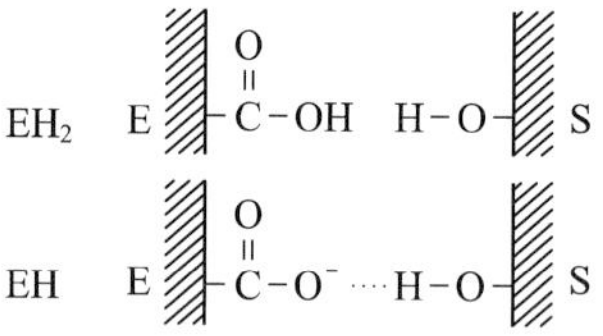

그림 6.16 **활성 해리기의 기질 결합 관여**

1. 활성 해리기의 확인

pK_e값은 유리효소의 활성 해리기의 pK로, S의 영향을 받지 않는 값이다. 단백질이 갖는 해리기는 여러 가지이며 그 pK값 및 해리열(ΔH_e)은 그림 6.17과 같이 약간의 폭은 있으나 어느 정도 특징적인 값을 갖고 있다. 이들 표준값을 기본으로 하여 효소 반응의 pH 효과에서 실측된 pK_e와 ΔH_e값으로부터 활성 해리기의 종류를 추정할 수 있다.

pK_e값은 전술한 Dixon 플롯으로는 정확하게 알 수 없다. 다음 방법이 우수하다. 그림 6.13에서 최적 pH(ν가 최대로 되는 pH)에서의 ν를 ν_{max} 라 하고, $\nu / \nu_{max} = 1/2$로 되는 pH를 pH_1, pH_2라 하면 이는 실측된 pH 곡선에서 구할 수 있다(그림 6.13). 식 (6.57)과 (6.58)은 V와 (V / K_m)의 pH 형태를 나타낸다.

이들은 모두 그림 6.11과 같은 좌우 대칭의 종형을 나타내며, 양자에 대해서 pH_1과 pH_2가 얻어진다. pK_2 식 (6.58)에 따르는 (V/K_m)~pH 플롯에서 얻은 H_1과 H_2값을 사용하여 다음과 같이 얻는다. 이들은 다음 식의 만족으로 입증된다.

$$H_1 + H_2 = K_{e1} + 4H_{max} \tag{6.59}$$

$$H_{max} = \sqrt{K_{e1} K_{e2}} + \sqrt{H_1 H_2}$$

여기서 H_{max}는 이 pH형의 최댓값 pH에서의 $[H^+]$이다. 이 식을 사용하면 실험적으로 얻은 pH_1, pH_2에서 pK_{e1}, pK_{e2}를 얻을 수 있다.

두 pK_e 값이 3pH 단위 이상 떨어져 있는 경우는 더 가까이 $pH_1 = pK_{e1}$, $pH_2 = pK_{e2}$가 성립되며, 양자가 접근하고 있을 때는 이런 편법은 사용할 수 없다.

이와 똑같이 하여 V~pH 플롯에서 pK_{e1}, pK_{e2}가 얻어진다. 해리열 ΔH_e는 van't Hoff의 식 $\left(\dfrac{d\ln k}{d(1/T)} = -\dfrac{\Delta H}{R} \right)$를 사용하여 pK_e의 온도변화를 실측하여 구한다. 해리기 종류를 측정하는데 유용한 또 하나의 기준은 그림 6.17 오른쪽과 같이 해리기 종류에 따라 양성자 해리에 따른 전하변화의 형태가 다른 점이다. 예로써

$$\text{카르복시기} : COOH \rightleftarrows COO^- + H^+ \ (0 \rightarrow \pm)$$

$$\text{이미다졸기} : {>}NH^+ \rightleftarrows {>}N + H^+ (+ \rightarrow +)$$

같이 카르복시기에서는 해리로 ($+$), ($-$)의 전하가 새로 생기므로 해리상수는 용매의 유전율 변화에 대해 민감하나 이미다졸기에서는 이런 변화는 없기 때문에 영향이 적은 경우가 일반적이다.

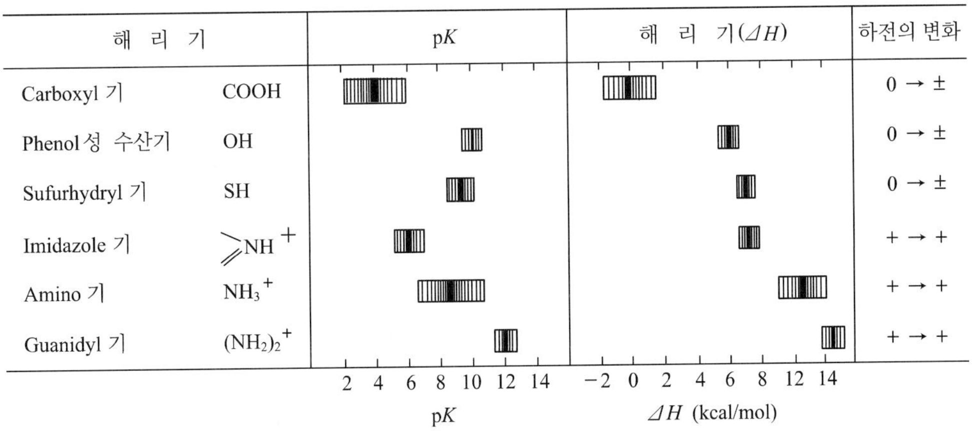

해 리 기		pK	해 리 기(ΔH)	하전의 변화
Carboxyl 기	COOH			$0 \rightarrow \pm$
Phenol성 수산기	OH			$0 \rightarrow \pm$
Sufurhydryl 기	SH			$0 \rightarrow \pm$
Imidazole 기	${>}NH^+$			$+ \rightarrow +$
Amino 기	$NH_3{}^+$			$+ \rightarrow +$
Guanidyl 기	$(NH_2)_2{}^+$			$+ \rightarrow +$

pK 축: 2 4 6 8 10 12 14, pK

ΔH 축: -2 0 2 4 6 8 12 14, ΔH (kcal/mol)

그림 6.17 **여러 해리기의 특성**

그러므로 적당한 유기용매(메탄올이나 디옥산 등)와 물의 혼합계에서 pK_e를 측정하여 용매 차이에 의한 pK_e값의 변화($\Delta pK_e = pK_e(혼합용매) - pK_e(물)$)를 구해 그 크기에 따라 상기의 해리에 의한 하전변화의 형태를 판정할 수 있다(0 → ±형에서는 유전율이 낮은 용매에서 pK_e가 커진다).

즉, pK_e, ΔpK_e 및 ΔpK_e의 세 기준에 따르면 활성 해리기의 확인은 한층 정확해진다. Glucoamylase에 의한 판노오스(α-glucopyranosyl-1,6-α-D-glucopyranosyl-1,4-D-glucose)의 가수분해 반응으로 얻은 활성 해리기의 특성을 표 6.4에 제시한다.

$pK_{e2} = 5.9$라는 값은 카르복시기의 표준값(그림 6.17)으로서는 적어서 오히려 이미다졸기의 표준값으로서 타당하나 $\Delta H_e = -0.8\ kcal/mol$이라는 작은 해리열은 카르복시기 특유의 값이다. $\Delta pK_e = +0.6$이라는 큰 값은 (0 → ±) 형태의 해리를 강하게 시사하며 이 활성 해리기는 카르복시기로서, COOH형이 촉매활성을 갖는 것으로 밝혀졌다.

표 6.4 Glucoamylase의 활성 해리기 특성

특성	해리기 1	해리기 2
$pK_e(25℃)$	2.9	5.9
$\Delta K_e(kcal/mol)$	~0	-0.8
ΔpK_e[a]	+0.2	+0.6
추정된 해리기(활성형)	COO^-	COOH

a) 30% 메탄올 용액 중에서의 pK_e값의 어긋남

또 하나 중요한 요인이 있다. 기질이 변하면 효소와의 결합상태도 약간 변화하므로 ES 복합체에서 양성자의 해리상수, 즉 pK_{es}값은 기질에 따라 값이 다르다. 그러나 pK_e값은 유리효소의 값이므로 기질의 종류와는 관계가 없다(표 6.5).

이 성질을 이용하여 동일 활성 부위(올바르게는 촉매잔기나 활성 해리기)에서 두 종 이상의 기질 반응을 촉매하는 것을 판단하는 실험적 증거를 얻을 수 있다.

예로서, glucoamylase는 α-1,4-글루코시드 결합 외에 α-1,6-글루코시드 결합을 가수분해하는가 아닌가는 아밀라아제의 특이성으로서 중요한 문제로, 말토오스와 이소말토오스(또는 판노오스)의 pH 의존성 가수분해 속도에서 얻어진 pK_e값은 서로 같아서 두 가지 글루코시드 결합을 동일 활성 부위에서 가수분해하는 것을 나타내고 있다.

이는 표 6.5의 다른 효소에 대해서도 마찬가지이다. 이는 다른 기질(예로써 에스테르의 아미드) 반응이 같은 효소의 촉매작용인가, 아니면 미량 섞여있는 다른 불순효소의 작용인가 판정하는 데도 유용하다.

표 6.5 다른 기질에 대한 pK_e와 $\triangle pK_{es}$[a)]

효소	기질	pK_{e1}	pK_{e2}	pK_{es1}	pK_{es2}
Glucoamylase	Maltose (α-1, 4) [b)]	2.9	5.90	1.9	5.9
	Panose (α-1, 6)	2.92	5.91	1.9	6.4
	Isomaltose (α-1, 6)	2.9	5.85	–	–
Fumarate hydrolase (Fumarase)	Fumarate	6.2	6.8	5.3	7.3
	L-Malate	6.2	6.8	6.6	8.4
Papain	α-N-Benzoyl-L-argrine ethylester	4.29	8.49	4.04	9.10
	α-N-Benzoyl-L-arginine amide	4.24	8.35	3.65	8.31
α-Chymotrypsin	N-Acetyl-L-phenyl-alanine ethylester	6.8	8.7	6.8	–
	N-Acetyl-1-phenyl-alanine amide	6.5	8.5	6.55	9.23

a) pK_{e1}, pK_{e2}는 V/K_m~pH 곡선에서 얻어진 유리효소에 대한 해리기 1, 2의 pK값

　pK_{es1}, pK_{es2}는 V~pH 곡선에서 얻어진 기질과 결합한 효소의 해리기 1, 2의 pK값

b) 가수분해되는 글리코시드 결합을 나타낸다.

2. 간단하게 pK_e 구하는 법

Michaelis‑Menten 식에서 $s \ll K_m$일 때는

$$\nu \doteqdot \left(\frac{V}{K_m}\right)s \tag{6.60}$$

이므로 (V/K_m)은 쉽게 얻어진다. 이를 이용하여 K_m의 1/5 이하의 낮은 기질농도에서 ν 자신의 pH 형태를 조사하면 바로 pK_{e1}, pK_{e2}를 구할 수 있다.

3. pH 안정성

효소 단백질은 강한 산성이나 알칼리성 pH에서는 변성을 일으켜 활성을 잃는다. ν의 pH 의존성을 조사할 때 실험 pH 영역에서 실활이 일어나는가 확인해야 한다. 효소 반응액을 일정 pH에서 일정 시간 유지시킨 후 최적 pH에서 일정 기질농도에서 ν를 측정하면 '잔존활성'이 얻어진다.

그를 플롯하면 pH 안정곡선이 얻어진다. 이는 물론 전처리 조건(시간, 온도 등)에 따라 다르다. 각 효소는 각기 특유의 pH 안정곡선을 나타낸다. 효소 반응속도는 각 효소의 pH 안정범위 내에서 측정해야 한다. pH 안정곡선과 최적 pH 곡선을 그림 6.18에 예시한다. 두 형태가 겹치는 곳은 ν 측정 시 실활이 일어날 가능성이 있으므로 주의해야 한다.

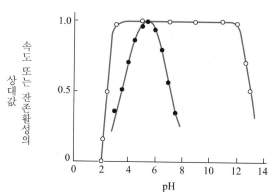

그림 6.18 │ 최적 pH(●)와 안정 pH(○)

6.8
온도의 영향

1. 최적온도

효소 반응속도는 일정 온도에서 최대가 된다. 이를 최적온도라 한다. 각 효소의 효소 반응속도는 일반 화학 반응과 같이 온도 상승과 함께 Arrhenius 식 $\dfrac{d\ln k_f}{dT} = \dfrac{E_f}{RT^2}$ 또는 $\dfrac{d\ln k_f}{d(1/T)} = -\dfrac{E_f}{R}$ 에 따라 증대하지만 효소 단백질의 열변성에 의한 실활로 일정 온도까지만 증가한다. 온도가 높을수록 반응속도의 증가와 변성의 영향이 커진다.

열변성(실활)의 속도는 역시 Arrhenius의 식에 따르나 활성화 에너지는 일반 화학 반응에 비해 매우 크다(100 kcal/mol 이상인 경우가 많다).

그래서 ν의 온도 T에 대한 플롯은 실활이 심하지 않은 온도범위에서는 凸형으로 상승하며, 일정 온도(최적 온도)를 넘으면 급속하게 저하한다(그림 6.19).

그러므로 최적 온도는 최적 pH와 같이 물리적 의미가 명확한 것은 아니고 ν를 측정하는 방법에 따라 상당히 다르다. 그 이유는 그림 6.20(a) (b)를 통해 알 수 있다.

즉, 고온에서는 반응 중에 효소가 실활하기 때문에 원래의 반응곡선이 40℃에서와 같이 직선이 되는 경우에도 80℃에서와 같이 도중에서 평탄한 커브로 나타난다. 만약 시간 t_1과 t_2에서 측정한 생성물량을 p_1, p_2로 하고, p_1/t_1, p_2/t_2를 '속도'(실제로는 이 시간 내의 평균속도가 된다)를 ν_1, ν_2라 하면 $\nu \sim T$플롯은 그림 6.20(b)와 같이 다른 최적 온도를 나타낸다.

통상, 기질농도가 높을수록 효소의 실활속도가 작기 때문에 '최적 온도'는 기질농도에 따라서도, 또 '속도' 측정방법에 따라서도 다소 변화한다. '개시 속도'($t=0$일 때의 ν)를 정확하게 측정할 수 있다면 최적 온도는 그림 6.20 값보다 훨씬 높아질 것이다. 그러므로 '최적 온도'란 매우 편의적인 것이라 할 수 있다. 효소의 최적 온도는 40~60℃인 경우가 많으나 내열성 효소는 90℃ 이상인 것도 있다.

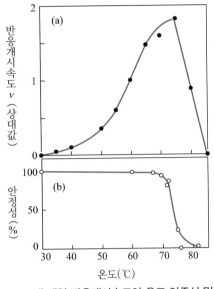

(a) 반응개시속도 ν와 온도의 관계. 기질 : p-nitrophenyl-α-D-glucoside. 2 mM, pH 6.8

(b) 불가역적인 열실활을 나타내는 안정성 - 온도곡선, 효소활성을 pH 6.8, 소정 온도에서 10분간 유지, 잔존활성을 (a)의 반응 조건에서 측정

그림 6.19 호열균의 α-glucosidase에 대한 반응개시속도의 온도 의존성 및 온도 안정성 곡선

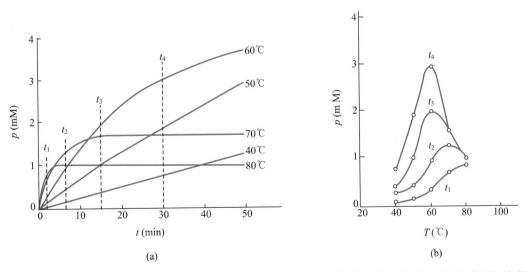

그림 6.20 (a) 효소 반응의 시간경과에 대한 온도의 영향. 활성화 에너지 20 kcal/mol의 효소 반응이 활성화 에너지 40 kcal/mol의 열실활 반응을 수반하여 일어나는 것으로 계산. p는 생성물 농도

(b) 시간에 따라 변화하는 최적 온도. 그림 6.20(a)에 제시한 반응시간 $t_1 \sim t_4$에서 생성물량 p를 온도에 대해 플롯한 것

2. 속도 파라미터의 온도 변화

전술과 같이 속도 파라미터 K_m, K_0(또는 V)의 내용을 반응기구가 확실하지 않은 한 불명확하다. 그러나 Michaelis 등의 2단계 기구식 (6.11)을 바탕으로 얻어진 이들 상수를 일단

$$K_m = K_s, \qquad k_0 = k_{+2} \tag{6.61}$$

로 '가정'하면 온도변화를 조사하여

$$E + S \underset{}{\overset{K_s}{\rightleftharpoons}} ES \; 및 \; ES \overset{k_{+2}}{\longrightarrow} E + P$$

로 설정한 과정의 표준 열역학량($\Delta G°$, $\Delta H°$, $\Delta S°$) 및 활성화 열역학량(활성화 파라미터) ($\Delta G^{\neq}$, $\Delta H^{\neq}$, $\Delta S^{\neq}$)을 평가할 수 있다.

이때 K_s는 ES의 '해리상수'이므로 K의 역수가 되어 있는 점에 주의해야 한다. 즉, E + S ⇌ ES로 쓰면 이 결합평형의 평형상수 K_a =[ES]/[E][S] (즉, 결합상수)는 $K_a = 1 / K_s$로 된다.

그러므로 평형, 즉 ES의 생성에 따른 표준 열역학량을 평가하는데는 K로서 $1 / K_s$를 사용해야 한다. 그러므로 ES의 생성에 따른 $\Delta G°$, $\Delta H°$를 각각 $\Delta G_s°$, ΔH_s로 하면

$$\Delta G_s° = RT \ln K_s \tag{6.62}$$

$$\frac{d \ln K_s}{d(1 / T)} = \frac{\Delta H_s}{R} \tag{6.63}$$

로 부호가 반대로 되어 있는 점에 주의한다. 저해물질상수 K_i에 대해서도 마찬가지이다.

k_0의 온도변화에서 $\Delta G^{\neq}$, $\Delta H^{\neq}$, $\Delta S^{\neq}$는 ES의 생성물 분해과정 (k_{2+}의 과정)의 활성화 자유 에너지($\Delta G_p^{\neq}$), 활성화 에너지(Ep), 활성화 엔탈피($\Delta H_p^{\neq}$), 활성화 엔트로피($\Delta S_p^{\neq}$)가 얻어진다.

그러나 이들 값은 K_m이나 k_0가 단일한 과정의 평형상수나 속도상수가 아닌 한 복합적인 가능성에 유의해야 한다. 오히려 K_m이나 k_0에 대한 온도의 영향을 조사하여 이들의 물리적 의미가 명확하게 되는 경우도 많다(그림 6.8 참조).

예로써, 그림 6.21은 acetylcholine esterase(아세틸콜린에스테르 가수분해효소)의 네 가지 동족기질(leaving group만 다르다)의 가수분해 반응에서 k_0의 Arrhenius 플롯으로서 기질 III과 IV(표 6.6 참조)의 경우는 통상의 직선이 되는데 반해 기질 I과 II의 경우는 고온에서 낮은 활성화 에너지를 가한 것 같이 위에 凸의 곡선을 나타낸다. 이 결과는 다음과 같은 3단계 메커니즘으로 생각하면 이해하기 쉽다. 즉,

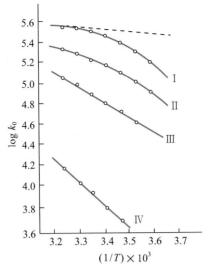

기질 Ⅰ : Acetylcholine

Ⅱ : Dimethylaminoethylacetate

Ⅲ : Methylaminoethylacetate

Ⅳ : Aminoethylacetate

그림 6.21 Acetylcholineesterase 반응의 log $k_0 \sim 1/T$

$$E + S \rightleftharpoons ES \xrightarrow{k_{+2}} ES' \xrightarrow{k_{+3}} E + P_2 \qquad (6.27)$$
$$+$$
$$P_1$$

에서 이들 기질의 경우 아실화효소 ES'는 완전히 같으므로 k_{+3}은 기질에 따라 변화되지 않고, k_{+2}만 기질 고유의 값을 가진다. 전술과 같이 k_0는 $k_0 = k_{+2} k_{+3} / (k_{+2} + k_{+3})$으로 주어지므로 측정된 온도 영역에서 항상 $k_{+2} \ll k_{+3}$이 성립되는, 즉 k_{+2} 과정(아실화 과정)이 속도 지배과정인 경우에는 $k_0 \fallingdotseq k_{+2}$가 되며 이 플롯은 직선이 된다. 기질 Ⅲ과 Ⅳ는 이에 해당되며 직선의 기울기는 아실화 과정의 활성화 에너지를 나타낸다.

기질 Ⅰ과 Ⅱ에서 Arrhenius 플롯이 위에 凸의 곡선이 되는 것은 k_{+2}(아실화 과정)와 k_{+3} (탈아실 과정)이 다른 활성화 에너지를 가지며 저온 영역에서는 $k_{+2} \ll k_{+3}$이, 고온 영역에서는 $k_{+2} \gg k_{+3}$이 성립(지배속도가 이동하여 변한다)하는데 대해 중간 온도 영역에서는 $k_{+2} \fallingdotseq k_{+3}$이 되고, k_0는 이 두 속도상수를 합하고 있다.

이 경우 기질 Ⅰ의 고온 영역에서는 플롯에 대한 극한접선의 기울기에서 탈아실 과정(전기질에 공통)의 활성화 에너지가 평가될 수 있다. 기질에 따라 다른 아실화 과정(k_{+2} 과정)의 $\Delta H^{\neq}$와 $\Delta S^{\neq}$는 이런 해석으로 표 6.6과 같이 구해진다.

표 6.6　아실화효소의 생성속도, 활성화 엔탈피 및 활성화 엔트로피

기질	$k_0(25℃)(s^{-1})$	$\Delta H^{\neq}$ (kcal/mol)	$\Delta S^{\neq}$ (cal/deg·mol)
Ⅰ. Acetylcholine	$1.5 \sim 3.4 \times 10^6$	$14 \sim 19$	$16 \sim 34$
Ⅱ. Dimethylaminoethylacetate	$3.3 \sim 3.5 \times 10^5$	$6.7 \sim 8$	$-(6.5 \sim 10.5)$
Ⅲ. Methylaminoethylacetate	1.1×10^5	8	-9
Ⅳ. Aminoethylacetate	9×10^3	9.5	-9

　　그림 6.22(a)는 2단계 반응기구식 (6.11), (b)는 3단계 반응기구식 (6.27)에 대한 자유 에너지 형태이다. 엔탈피, 엔트로피에 대해서도 마찬가지로 그릴 수 있다.

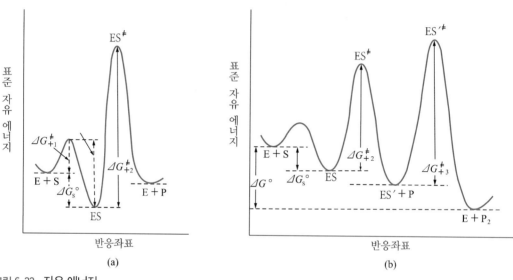

(a)　　　　　　　　　　　　　　(b)

그림 6.22　자유 에너지
　　(a) 2단계 메커니즘, (b) 3단계 메커니즘

　　열역학량의 해석 : 전술과 같이 평형상수 K와 온도변화에서 얻어지는 표준 열역학량의 값은 반응의 성격을 추정하는 데 유용한 경우가 많다. 열역학적인 의미에서 반응이 일어나는 용이도는 $\Delta G° = -RT \ln K$ 의 표준 자유 에너지 변화 $\Delta G°$의 마이너스 정도에 따라 결정된다. 일반적으로

$$\Delta G = \Delta H - T\Delta S$$

이므로 $\Delta G°$를 지배하는 요인은 두 가지로 ΔH가 마이너스일수록 또 $\Delta S°$가 플러스일수록 $\Delta G°$의 마이너스값에 기여하여 반응 진행에 유리하게 된다. $\Delta H > 0$에서도 $T\Delta S°$가 이를 뒤집을 정도로 큰 플러스 값을 가지면 $\Delta G° < 0$으로 된다. 즉, 양자의 균형이다. ΔH가

$T \Delta S°$를 넘어설 정도로 큰 마이너스 값일 때의 반응은 '엔탈피 구동'이라 하며, 반대로 T $\Delta S°$가 큰 플러스 값이어서 $\Delta G°$를 마이너스로 하는 데 영향을 끼치고 있을 때는 '엔트로 피 구동'이라 한다.

'반응속도'를 결정하는 활성화 파라미터($\Delta G^{\neq}$, $\Delta H^{\neq}$, $\Delta S^{\neq}$)에 대해서도 마찬가지이다. $\Delta G^{\neq}$ 플러스의 값이 작을수록 반응은 빨리 진행하며, 이 ΔG는 $\Delta H^{\neq}$의 플러스의 값이 작을수록 또 $\Delta S^{\neq}$가 플러스가 될수록 작아진다.

일정 온도에서 측정하면 $\Delta G°$나 $\Delta G^{\neq}$ 밖에 얻어지지 않으나 온도를 변화시켜 측정하면 엔탈피나 엔트로피의 어느 쪽이 더 영향을 미치고 있는가 알 수 있어서 반응기구 추정에 도움이 되는 경우가 많다. 특히 전술한 Boltzmann의 관계식으로 엔트로피항을 해석하는 것이 더 구체적인 경우가 많다.

예로써, Bender 등은 산성에서 α-키모트립신과 표 6.7의 R기를 아실기로 갖는 기질 R- CO-O-R′을 반응시켜서 아실화 키모트립신(식 (6.27)의 ES′에 해당된다)을 만들어 분리, 중성 pH에서 탈아실 반응시켜 RCOOH(식 (6.27)의 P2에 해당)의 생성속도에서 k_{+3}(탈아실 과정의 속도상수)를 측정하여 표 6.7의 결과를 얻었다.

α-키모트립신은 방향족 아미노산 잔기의 C말단의 펩티드 결합을 빠르게 가수분해하는 효소이다. 그러므로 표 6.7의 두 가지 기질은 '좋은 기질(특이적인 기질)'이다. R=CH3인 가장 아래쪽 기질은 이와 반대로 '나쁜 기질(비특이적인 기질)'이다. 두 가지는 k_{+3} 값이 3,500 배 다르게 나타난다. 이는 활성화 자유 에너지 $\Delta G_{+3}^{\neq}$으로 약 6 kcal/mol의 차에 해당된다. 즉, $\Delta H_{+3}^{\neq}$은 좋은 기질, 나쁜 기질이 거의 차이가 없고, $\Delta G_{+3}^{\neq}$의 차이는 바로 $\Delta S_{+3}^{\neq}$의 차이(좋은 기질일수록 $\Delta S^{\neq}$의 마이너스 값이 작다)에 따른다.

표 6.7 아실화 α-키모트립신의 탈아실화 반응의 활성화

아실화효소	k_{+3}(상대값)	$\Delta G_{+3}^{\neq}$ (kcal/mol)	$\Delta H_{+3}^{\neq}$ (kcal/mol)	$\Delta S_{+3}^{\neq}$ (e. u.)
Ⅰ. N-Acetyl-L-tyrosyl	3,540	14.3	10.3	-13.4
Ⅱ. N-Acetyl-L-tryptophanyl	942	17.9	12.0	-19.8
Ⅲ. Trans-cinnamoly	14.7	20.1	11.2	-29.6
Ⅳ. Acetyl	1	20.4	9.7	-35.9

이 결과는 분자론적 반응기구로서 그림 6.23과 같이 매우 합리적으로 설명될 수 있다 즉, $\Delta S^{\neq}$는 바닥상태(여기서는 ES′)에서 활성화 상태(전이상태)로 옮겨지는 데 필요한 엔트로 피이며, 전이상태에서는 탈아실 과정(RCO-O 결합의 가수분해 절단)을 일으키는 데 필요한 입체배치가 요구되는 것으로 생각할 수 있다.

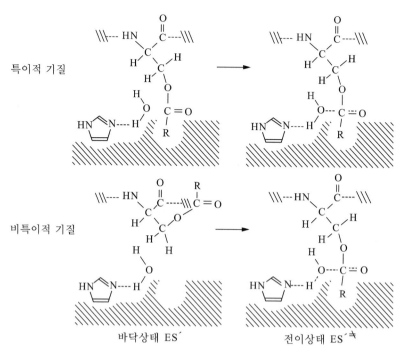

그림 6.23 키모트립신의 아실화상태(ES′)와 탈아실 반응의 활성화 상태(ES^{1≠})

이 반응에서는 α-키모트립신의 촉매작용에 필수적인 His 57, Ser 195, Asp 102의 세 잔기 중 His 57의 이미다졸기와 Ser 195의 OH기가 직접 가수분해 반응에 관여하는 것으로 알려져 있다.

그러므로 이 경우에는 아실화효소의 경우 기질의 RCO‑O 결합이 이 두 잔기의 공격을 받는 데 적합한 입체 구조를 취해야 한다. 이것이 전이상태로서의 필요조건이다. 이 요구는 자유도가 낮은, 즉 엔트로피 레벨이 낮은 상태이다.

한편 바닥상태에서 특이적인(좋은) 기질은 방향족 아미노산 잔기가 그림 6.23과 같이 효소의 '소수성 포켓' 중에 이미 고정되어 있으며 전이상태로 옮겨지기 쉬운 배치를 취하고 있는 것으로 생각되는 데 반해, 비특이적인 (나쁜) 기질의 경우는 R기가 이 포켓에 고정되지 않고 커다란 자유도를 가지고 운동하고 있는 것으로 생각된다.

나아가 바닥상태에서 비특이적인 기질의 엔트로피 레벨은 특이적 기질의 경우보다 매우 높은 것으로 생각된다(그림 6.24). 즉, $\Delta S_{+3}^{\neq}$ 은 비특이적 기질 쪽이 더 작은 마이너스 값으로 그치게 되며, 표 6.7의 데이터는 이 모델로 잘 설명될 수 있다.

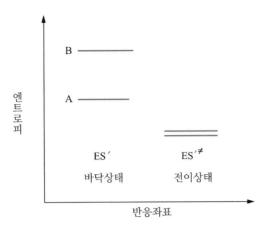

그림 6.24 **엔트로피**

$\Delta S°$나 $\Delta S^{\neq}$ 내용의 해석은 전술한 내용 외에 여러 요인을 포함한다. 단순한 예로써 아세트산의 해리를 보면

$$CH_3COOH \rightleftarrows CH_3COO^- + H^+$$

해리의 결과로써 플러스와 마이너스의 이온이 생기나 전장 때문에 쌍극자인 물분자가 이온 주변에 치밀하게 배향하여 '전하 수축(electrostriction)'이 생긴다. 이는 일종의 '동결(凍結)'로써 엔트로피는 양성자의 해리에 따라 상당히 감소한다 ($\Delta S° \fallingdotseq -22e.u.$). 반대로 플러스 마이너스 이온의 중화로 동결되어 있던 물분자가 해방되어 자유도를 증가시키기 때문에 엔트로피의 증대가 일어난다.

열역학량은 거시적인 물리량이므로 이로부터 미시적인 변화의 모습을 정확하게 알기는 어려워도 전술과 같은 구체적인 예는 열역학량을 해석하는 실마리가 된다고 할 수 있다.

6.9
기질과 아날로그 분자 구조의 영향

여러 번 언급한 것처럼 Michaelis 상수 K_m이나 분자활성 k_0는 물리적인 의미가 불명확하나 기질의 분자구조와 K_m, k_0의 관련을 조사하는 데는 유용하다. $K_m = K_s$로 생각하면 K_m도 저해물질상수 K_i와 같은 성질(함께 기질이나 저해제와 효소와의 복합체의 해리상수)로 간주되기 때문에 기질과 아날로그를 일괄하여 K_m이나 K_i와 분자기구 관련을 고려하는 것도 의미가 있다.

잘 알려진 것으로 acetylcholine esterase(아세틸콜린에스테르 가수분해효소)의 기질이나 이와 유사한 구조를 갖는 저해제(analog)의 K_m 이나 K_i 를 상호비교하여 분자 구조 일부만 다른 효과를 조사한 결과가 표 6.8이다.

표 6.8 기질 및 아날로그와 효소와의 친화력

기질 및 아날로그		$K_{sa}(M)^{b)}$	K_{sa}/K_{sa}^+
$(CH_3)_2N^+HCH_2CH_2OH$	$(I)^{a)}$	4.5×10^{-4}	
$(CH_3)_2CHCH_2CH_2OH$	(I)	1.4×10^{-2}	31
$(CH_3)_2N^+HCH_2CH_2OCOCH_3$	$(S)^{a)}$	1×10^{-3}	
$(CH_3)_2CHCH_2CH_2OCOCH_3$	(S)	8×10^{-3}	8

a) (I)는 경쟁적 저해제, (S)는 기질   b) K_{sa} 는 K_m 또는 K_i 를 나타낸다.

기질이나 저해제의 N^+이 C로 변하여 효소와 복합체의 해리상수가 8~30배나 증대된다(결합상수가 1/8~1/30이 된다). 이 차이는 N^+의 플러스 전하 유무에 의한 것으로 생각된다. 이 결과로부터 효소의 활성 부위에 마이너스 전하를 가진 부분(anion 부위라 한다) 이 기질의 N^+을 끌어당겨 촉매작용을 받기 쉬운 상태로 기질을 결합시키는 것으로 생각되고 있다.

글루코오스나 이와 유사한 구조를 가진 당은 피라노오스 고리가 의자형(Cl 형)으로 고정되어 있기 때문에 이들이 결합하는 효소의 활성 부위의 상보적인 구조를 추정하는 데 도움이 된다.

Glucoamylase(글루칸 α-1,4-글루코시드 가수분해효소)는 녹말의 비환원성 말단에서 글루코오스 단위로 차례로 가수분해하여 나가는 효소로 활성 부위에는 글루코오스 잔기를 특이적으로 인식하는 부분(이를 섭사이트라 한다)이 있는 것으로 생각된다. 사실 글루코오스는 glucoamylase의 경쟁적 저해제이다.

α-글루코오스를 기준으로 하여 이와 부분적으로 구조가 다른 일련의 단당에 대해 K_i값을 비교하여 놓았다(표 6.9). 이 표에서 α-글루코오스의 $C^1 \sim C^4$의 OH기의 입체배치가 변하거나 OH기가 H로 치환되어 K_i로서 약 3~4배(표준 자유 에너지 변환 ΔG°로서 약 0.6~0.7 kcal/mol)의 차이)의 결합력이 감소하고 있는 것을 알 수 있다.

만약 다른 부분에서 효소와의 상호작용(결합)의 상태에 변화가 없다면 이 자유 에너지 차이 $(\Delta(-\Delta G^\circ))$는 α-글루코오스와 구조가 다른 부분의 분자 전체의 결합 친화력에 대한 기여 정도(이를 부분 친화력이라 한다)를 정량적으로 나타낸다고 할 수 있다.

예로써, α-글루코오스와 β-글루코오스의 K_i의 비(K_i^α / K_i^β)에서 C의 OH기의 부분 친화력 $-\Delta g_1$은

$$-\Delta g_1 = RT \ln (K_i^\alpha / K_i^\beta) \tag{6.64}$$

표 6.9 Glucoamylase에 대한 글루코오스 유사체의 저해(pH 4.5, 25℃)

저해물질	구조가 다른 부분	K_i(M)	$\Delta G°$ (kcal/mol)	$(\Delta(-\Delta G°))$ (kcal/mol)
α-Glucose	(기준)	0.060	1.67	
β-Glucose	C^1의 OH	0.16	1.09	0.6
α-Mannose	} C^2의 OH	0.16	1.09	0.6
2 - Deoxyglucose		0.18	1.02	0.7
α-Glactose	C^4의 OH	0.22	0.90	0.8
α-Xylose	C^5의 CH_2OH	0.24	0.85	0.8

에 의해 0.6 kcal/mol로 평가된다. 이들 결과에서 α-글루코오스는 모든 OH기 및 CH_2OH기 부분에서 거의 같은 강하기로 효소와 결합하고 있는 것으로 추정된다.

이는 열쇠를 변화시켜 자물통의 구조를 밝히려는 방법으로, 결합하는 각 부분 사이에 상호작용이 없다는 가정 하에 '조정된 모델'을 전제로 한 고전적인 '활성 부위 구조의 탐색법'이다. 정확하다고 할 수는 없으나 입체구조가 해명되어 있지 않은 효소에 대해서는 간단하고 유용한 방법이다.

기질의 분자구조와 속도 파라미터, 특히 k_0와의 상관관계는 많은 실험 데이터가 축적되어 있으나 상기 K_s나 K_i의 경우와 같이 단순하지 않아서 여러 요인이 관여할 수 있기 때문에 명쾌한 해석은 불충분하다. 여기서는 비교적 명확한 경우에 대해 간단히 서술한다.

1. 전자밀도 효과

기질의 촉매 반응을 받는 원자단의 경우 전자밀도 차이를 일으키는 분자구조 차이는 유기화학 반응과 같은 반응성 차이로 나타난다. 예로써 아실기에 벤젠핵을 갖는 에스테르 기질을 protease나 esterase로 가수분해시키는 반응 등에서 페닐기에 대한 치환기의 도입은 가수분해되는 C-O 결합의 양 원자의 전자밀도를 변화시키기 때문에 k_0 현저한 영향을 준다. 그를 해석하여 촉매작용을 일으키는 효소의 활성기의 성질을 판정할 수도 있다.

2. 기질 중합도의 영향

Protease나 amylase 등 고분자 기질의 가수분해 반응을 촉매하는 효소는 기질 중합도의 증대에 따라 $1/K_m$과 k_0가 증가하는 예가 많이 알려져 있다. 이런 효소의 활성 부위는 기질 구성단위인 아미노산이나 글루코오스 잔기를 특이적으로 결합시킨 몇 개의 섭사이트로 되어 있다고 생각할 수 있다.

특히 아밀라아제의 경우는 α-1,4-글루코시드 결합만으로 된 직쇄상 기질의 중합도와 속도 파라미터의 관계가 정량적으로 해석되고 있다. 이 경우 기질의 결합양식은 한 가지가 아니고 생성물을 생성하는 생산적 복합체(Michaelis-Menten 메커니즘의 ES에 해당) 외에 촉매 부위를 피한 비생산적 복합체가 생성된다(lysozyme과 N-acetyl glucosamine의 트리머와의 복합체 X선 결정해석이 그를 증명하고 있다).

이같이 E와 S와의 결합 양식이 다양하기 때문에 속도 파라미터의 내용도 복잡해지며, 결과적으로는 중합도의 증가와 함께 K_m이 감소하여 k_0는 어느 일정의 중합도까지 증가하며, 그 이상에서 일정해진다. 이는 이론적으로도 실험적으로도 확실하며, 통일적이고 정량적인 해석이 가능하다.

k_0가 중합도와 함께 증가하는 것은 가수분해되는 통합의 성질이 변하기 때문만이 아니고 생산적인 복합체의 비율이 증가하기 때문이다.

3. 유도 적합설

효소 단백질은 견고한 부동형이 아니고, 입체 구조는 어느 정도 유연성을 가지는 것으로 알려져 있다. X선 결정해석으로, 기질 결합에 의해 효소의 입체 구조가 약간 변화하는 결과가 알려져 있다.

Koshland는 기질 결합이 효소의 입체 구조를 촉매작용에 유리한 형으로 변화시킨다는 '유도적합(induced fit)설'을 제창하였다. 확실한 실험적 증거는 없으나 잘 설명되는 결과도 있다. 기질 구조 차이가 유도적합에 반영되어 k_0를 일으키는 경우도 있을 것이다.

6.10
속도식이 Michaelis형이 되지 않는 경우 −협동성과 기질 저해

지금까지 서술한 것은 모든 속도식이 포화곡선형

$$\nu = \frac{\beta e_0 s}{\alpha + s} \tag{6.24}$$

을 취하는 경우(그림 6.4(b) 참조)이다. 효소 중에는 이와 전혀 다른 기질 농도 의존성을 나타내는 것도 적지 않다.

그 대표적인 것으로서 협동성(cooperativity)이라는 현상이 있다. 그림 6.25는 S자형(sigmoid)의 $\nu \sim s$ 플롯을 나타내는 일례로 이런 효소를 다른 자리 입체성효소라 한다. 속도식은 근사적으로

$$\nu = \frac{V s^n}{K_n + s^n} \tag{6.65}$$

으로 나타내며 V는 최대속도(즉 $\underset{s \to \infty}{\lim} \nu$), K_n은 기질농도의 n제곱의 dimension을 갖는 상수이다. 이 식을 변형하면

$$\log\left(\frac{\nu}{V - \nu}\right) = n \log\ s - \log K_n \tag{6.66}$$

로 나타낼 수 있으며, $\log[\nu/V\text{-}\nu]$의 $\log\ s$에 대한 플롯에서 n과 K_n값이 얻어진다. 이를 Hill 플롯이라 하며, n값을 Hill 계수라 한다.

속도식 (6.65)는 효소에 n개의 기질이 동시에 결합하여 생기는 중간 복합체 ES_n을 거쳐서 반응이 진행한다는 가상적인 모델

$$\text{E} + n\text{S} \overset{K_n}{\rightleftharpoons} \text{ES}_n \overset{k_n}{\longrightarrow} \text{E} + n\text{P} \tag{6.67}$$

에서 쉽게 유도할 수 있다. 이 모델에서는 효소에 n개의 기질 결합 부위가 있어서 n개의 기질이 '협동적(cooperative)'으로 결합하는 것을 가정하고 있으므로 실제로는

$$\text{E} + \text{S} \overset{K_1}{\rightleftharpoons} \text{ES}, \ \text{ES} + \text{S} \overset{K_2}{\rightleftharpoons} \text{ES}_2, \ \cdots, \ \text{ES}_{n-1} + \text{S} \overset{K_n}{\rightleftharpoons} \text{ES}n$$

와 같은 단계적 결합이 일어난다고 생각하는 것이 타당하다.

식 (6.67)은 n개의 기질 결합 부위 사이의 강한 상호작용으로, S 결합 하나가 일어나면 이것이 계기가 되어 다른 부위의 결합을 강하게 보호한다. 그래서 상기한 $ES \sim ES_{n-1}$ 중간 복합체 농도가 무시될 수 있는 특수한 경우를 만든다.

그러므로 현실적으로는 Hill 플롯이 직선으로 간주되는 경우도 많으나 n값은 정수가 되지 않는 경우가 많다. 또 Hill 플롯이나 식 (6.65)는 타당한 모식으로부터 유도된 것이라기보다 데이터를 처리하기 위한 경험적인 편법으로 생각하는 것이 좋다.

Hill 계수 n값이 1보다 큰 경우를 '플러스의 협동성'이라 한다. $\nu \sim s$ 플롯은 S 자형을 나타낸다. 이에 대해 $n < 1$의 경우는 '마이너스의 협동성'이라 하며 $\nu \sim s$ 플롯은 S이 아니고 $n = 1$(즉, Michaelis Menten형)의 경우보다 높은 S 영역에서 완만한 형을 나타낸다.

이런 '협동성'은 복수의 서브유닛인 폴리펩티드 단위 (구형 단백질)로 구성되어 있는 효소 또는 헤모글로빈 같은 단백질(이를 oligomeric protein이라 한다)에 자주 보이는 현상으로 '다른자리 입체성 효과'로 알려져 있다. 효소로는 그림 6.25에 제시한 asparatate cabamoyl transferase(아스파르트산 카르바모일기 전달효소 ; ATCase)가 다른자리 입체성 효소 중에서 가장 먼저 알려져 있다.

저분자 화합물이 조절 인자로서 다른자리 입체성 단백질의 특성을 변화시키는 일이 많다. ATCase의 경우는 시티딘-3-인산(CTP)이 Sigmoid성이 커져서 저해제로서 작용하지만 ATP는 Sigmoid성을 약화시켜 활성화제로서 작용한다(그림 6.25).

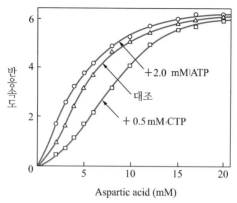

그림 6.25 대장균의 aspartate carbamoyl transferase의 기질포화곡선과 다른자리 입체성 조절 인자

상기와 같은 다른자리 입체적인 단백질의 협동성을 설명하는 분자론적 메커니즘으로 두 가지 대표적인 이론, 즉 Monod-Wyman-Changeux의 이론(MWC 이론)과 Koshland-Némethy-Filmer 이론(KNF 이론)이 있다.

‘기질저해’란 높은 기질농도에서 속도가 저하한다는 것을 말한다. 가장 간단한 예는

$$E + S \underset{}{\overset{K_s}{\rightleftharpoons}} ES \xrightarrow{k_{+2}} E + P$$

$$E + S \underset{}{\overset{K_s{'}}{\rightleftharpoons}} ESS(불활성) \tag{6.68}$$

와 같이 가수분해효소의 경우 물이 결합해야 할 부위에 기질이 결합한 3중 복합체 ESS를 생성하여 이것이 생성물을 만들지 않는다고 생각하면 설명될 수 있다.

6.11
다기질 반응

이상, S → P라는 가장 단순한 형태의 효소 반응에 대해서 서술하였으나, 표 6.2와 같이 복수의 기질과 생성물을 함유한 가역 반응을 촉매하는 효소도 많다. 그런 경우 속도식에는 각 기질이나 생성물의 농도가 추가되

어 복잡하게 된다. 그래서 해석은 번잡해지지만 반응기구 차이가 속도식의 형으로 쉽게 반응되므로 이를 이용하여 기구를 식별할 수 있는 장점이 있다.

Cleand는 다기질 - 다생성물의 가역 반응의 해석법을 집약하여 반응기구의 해석법이라 할 수 있는 정석집을 펴내어 많은 효소 반응에 활용되고 있다.

$$A + B \rightleftarrows P + Q$$

로 표시되는 두 기질 두 생성물의 가역 반응을 예로 들면 다음 세 가지가 주로 고려된다.

① Ordered Bi Bi 메커니즘(순차적 <둘> <둘> 메커니즘, 기질 A와 B의 효소에 대한 결합 순서 및 생성물 P와 Q가 효소로부터 방출하는 순서가 정해져 있는 것)

　　효소상태를 다음과 같이 나타낸다.

$$\left.\begin{array}{l} E + A \longleftrightarrow EA. \ EA + B \longleftrightarrow EAB \\ (EAB \longleftrightarrow EPQ) \\ EPQ \longleftrightarrow EQ + P. \ EQ \longleftrightarrow E + Q \end{array}\right\} \quad (6.69)$$

② Random Bi Bi 메커니즘(무순서적 <둘> <둘> 메커니즘, 기질 결합 및 생성물 방출 순서가 정해져 있지 않은 것)

$$E + A \longleftrightarrow EA. \ E + B \longleftrightarrow EB$$
$$EA + B \longleftrightarrow EAB. \ EB + A \longleftrightarrow EAB$$
$$(EAB \longleftrightarrow EPQ)$$
$$EPQ \longleftrightarrow EQ + P. \ EPQ \longleftrightarrow EP + Q$$
$$EQ \longleftrightarrow E + Q. \ EP \longleftrightarrow E + P \quad (6.70)$$

③ Ping Pong Bi Bi 메커니즘(핑퐁 <둘> <둘> 메커니즘, 기질 B가 효소에 결합하기 전에 생성물 P가 생기는 것)

$$\left.\begin{array}{l} E + A \longleftrightarrow EA. \ (EA \longleftrightarrow FP) \\ (FP \longleftrightarrow F + P) \\ \hline F + B \longleftrightarrow FB. \ (FB \longleftrightarrow EQ) \\ EQ \longleftrightarrow E + Q \end{array}\right\} \quad (6.71)$$

①과 ②는 두 기질이 효소에 결합하고 나서가 아니고는 생성물이 생기지 않는 타입으로

'연속적(sequential) 메커니즘'이라 한다. $\left(\begin{smallmatrix} EAB \\ EPQ \end{smallmatrix}\right)$는 화학변화로 기질이 생성물로 변환되는 중요한 과정으로, 몇 단계의 중간과정을 함유하며, 연속식의 함수형으로 변화가 없고 식별할 수 없기 때문에 일괄하여 취급한다.

③의 'Ping Pong 기구'에서 E와 F는 효소 자신의 상태가 다른 것을 나타낸다.

즉, glucose oxidase(글루코오스 산화효소) 같은 플라빈 효소의 경우는 각기 산화형(FAD형)과 환원형($FADH_2$형)의 효소에 해당된다. 식 (6.70)의 점선 위와 아래 반반씩은 각기 효소를 하나의 반응물질로 하는 화학 반응으로 간주하여 '반반응(half reaction), 또는 부분 반응(partial reaction)'이라 한다.

기질 A와 B만으로 출발한 정반응 및 생성물 P 또는 Q의 공존 아래서 정반응에 대해 각 기질이나 생성물 속도를 계통적으로 바꾸어 개시속도 ν를 측정하여 $1/\nu \sim 1/[A]$ 플롯에 대한 [B]나 [P] 등의 영향을 정량적으로 해석하여 상기의 세 기구를 모두 식별할 수 있다.

이는 속도식의 함수형이 기구에 따라 다르기만 하면 기구 식별이 가능하다는 원리에 의하고 있으며, 반응이 복잡할수록 속도론적으로 반응기구를 식별할 수 있는 가능성이 증가한다.

단 여기서 말하는 반응기구란 기질의 효소에 대한 결합 순서와 생성물의 효소에서 이탈하는 순서 레벨의 메커니즘에 불과하며, EAB $\rightleftarrows$ EPQ 등 화학변화를 함유한 중요한 과정의 상세한 기구는 정류상태의 속도론에서는 알 수 없다. 이는 다음에 언급하는 전이상의 속도론으로 밝혀진다.

6.12
전이상의 속도론

정류상태의 속도론에서는 효소 자신에 주목하는 일 없이 기질 → 반응을 대상으로 하여 그를 지배하는 제 요인의 영향을 해석하는데 반해, 전이상의 속도론에서는 오히려 효소 자신의 변화를 주로 직접 또는 간접적으로 추적하고 있다. 전술과 같이 이 방법에서 효소는 촉매라기보다 '반응물질'로 취급된다.

예로써, catalase나 peroxidase(과산화효소) 같이 헴을 보조효소로 하는 효소는 기질 결합으로 헴 가시부의 흡수 스펙트러가 변화하므로 이를 이용하여 E + S $\rightleftarrows$ ES라는 과정의 시간변화를 직접 관측할 수 있다.

Chance(1940)는 고속의 용매 반응을 추적하기 위해 스톱드 플로(stopped - flow)라는 장치를 개발하여 peroxidase 반응을 수 초 내에 추적하였다. 원리는 여러 파장에서의 흡수변화이다. 이를 해석하여 Henri와 Michaelis - Menten이 정류상태의 속도론으로 예언하고 있던 ES 복합체의 존재와 그 의의를 비로소 분광학적 및 속도론적으로 증명하는 데 성공하였다.

그림 6.26(a)는 서양고추냉이의 peroxidase(E) 용액과 기질 H_2O_2(S)와 수소 제공체인 leucomalachite green(AH_2)을 함유한 용액을 스톱드 플로 장치를 사용하여 신속하게 혼합하였을 때 생기는 400 nm의 흡수시간 변화로 ES 복합체의 생성과 분해를 나타내고 있다.

그림 6.26(b)는 생성물인 malachite green(A)이 출현하는 시간경과를 610 nm에서 관찰한 것이다. (a)는 혼합(반응개시) 직후에 흡수변화가 최대에 이르렀다가 감소하는(그림 6.7의 비정류상태에 해당)데 대해 (b)는 초기에 늦게 증가하는 곡선으로 최댓값에 달하여 반응이 종결되고 있다. 이는 ES를 중간체로 하는 Michaelis - Menten형의 반응 메커니즘

$$E + S \underset{k_{-1}}{\overset{k_{+1}}{\rightleftarrows}} ES \tag{6.72}$$

$$ES + AH_2 \xrightarrow{k_{+2'}} E + A + 2H_2O \tag{6.73}$$

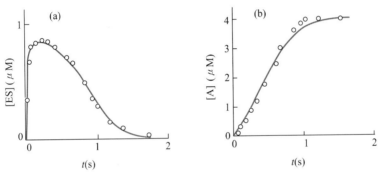

그림 6.26 스톱드 플로장치를 사용하여 얻은 peroxidase의 반응곡선
(a) 400 nm의 흡수변화에서 얻은 효소 - H_2O_2 복합체(ES)의 농도변화
(b) 생물 말라카이트그린(A)의 농도변화(610 nm의 흡수변화) 반응은 같은 양의(로이코말라카이트그린 +H_2O_2 용액 peroxidase 용액을 효소 : 1 μM, H_2O : 4 μM, 로이코말라카이트그린 (AH_2) 15 μM, pH 4.0(아세트산 완충액), 실선은 식 (6.72), (6.73)의 메커니즘에 대해 계산된 이론곡선

에 따라 정량적으로 해석된다. 위 식에서 얻은 속도의 미분방정식은

$$\frac{d[ES]}{dt} = k_{+1}[E][S] - (k_{-1} + k_{+2}[AH_2])[ES] \tag{6.74}$$

$$\frac{d[A]}{dt} = k_{+2'}[ES][AH_2] \tag{6.75}$$

이 되며, 효소종 및 기질 보호에 관해

$$[E]_0 = [E] + [ES] \tag{6.76}$$

$$[S]_0 = [S] + [A] + [ES] \tag{6.77}$$

가 성립된다. 또 $[AH_2]_0 \gg [E]_0 > [ES]$ 이므로

식 (6.73)의 두 분자 반응은 1차 반응으로 취급할 수 있어서

$$k_{+2} \equiv k_{+2}' [AH_2]_0$$

로 두면, 식 (6.73)은 Henri-Michaelis-Menten 메커니즘에서

$$ES \xrightarrow{k_{+2}} E + P \tag{6.6}$$

에 해당되는 것으로 볼 수 있다. 그러므로 식 (6.74), (6.75)는

$$\frac{d[ES]}{dt} = k_{+1}[E][S] - (k_{-1} + k_{+2})[ES] \tag{6.78}$$

$$\frac{d[A]}{dt} = k_{+2}[ES] \tag{6.79}$$

으로 쓸 수 있으며, 이들은 각기 정류상태의 속도론에서의 식 (6.19), (6.14)와 똑같은(A는 생성물 P에 해당된다) 점에 주목하자.

정류상태의 속도론에서는 $[S] \gg [E]_0$ 이기 때문에 $d[ES]/dt \approx 0$ 으로 하였으나 여기에는 사용할 수 없다. 식 (6.76), (6.77)의 두 대두방정식과 식 (6.78), (6.79)라는 두 미분 방정식을 동시에 풀어서 미지변수[E], [ES], [S], [A]의 시간경과를 모두 기술할 수 있다(정류상태의 속도론에서는 [S] 또는 [P]는 측정 가능한 기지 변수인 점에 주의).

이로부터 얻어지는 미분 방정식은 비선형으로, 해석적으로는 풀리지 않기 때문에 아날로그 계산기나 디지털 계산기를 사용하여 푼 결과를 그림 6.27에 제시한다. [ES]와 [P]의 곡선은 그림 6.26의 (a)와 (b)에 대응하는 점에 주의한다.

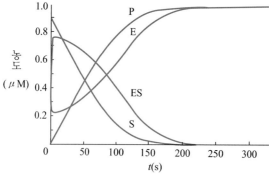

$[E]0 = 1\,\mu M$, $[S]0 = 8\,\mu M$
$k_{+1} = 1 \times 10^6\,M^{-1}/s$, $k_{-1} = k_{+2} = 1/s$
로 계산 S와 P 곡선의 세로축 스케일은 1/8로 축소하였다.

그림 6.27 $E + S \underset{k_{-1}}{\overset{k_{+1}}{\rightleftharpoons}} ES \xrightarrow{k_{+2}} E + P$의 디지털 계산기에 의한 풀이

양자는 식 (6.76)을 $t=0$에서 시간 t까지 적분하면 밝혀지듯이

$$[A]t = \int_0^t k_{+2}[ES]\,dt \tag{6.80}$$

이라는 관계로 연결된다.

즉, (a)의 미분형이 (b)이며, (b)의 미분형이 (a)가 된다. Peroxidase 반응에 관한 그림 6.26(a) (b)의 실험결과 (0)는 ($k_{+1}=1.2\times10^7\,M^{-1}/s$, $k_{-1}=0.2/s$, $k_{+2}=3.0\times10^5\,M^{-1}/s$)로서 식 (6.72), (6.73)의 기구에 따라 얻어진 이론곡선(그림 6.26의 실선)과 잘 일치한다.

이로부터 Michaelis‑Menten의 ES 복합체를 필수적인 중간체로 하는 효소 반응의 기본적인 기구가 비로소 실험적으로 증명된 것이다.

1. 전이상의 고속 효소 반응 관측

둘 이상의 기질을 함유한 반응에서는 한쪽 기질을 빼면 전반응은 진행하지 않기 때문에 다른 쪽의 기질과 효소의 부분 반응을 관측할 수 있다. 가수분해효소 같은 한 기질의 반응에서도 반응 초기의 빠른 과정을 스톱드 플로법 등 고속 반응의 측정장치를 사용하여 연구할 수 있다. 이런 전이상의 연구는 반응 메커니즘 해명에 유용하다.

효소 반응에 많이 사용되는 고속 반응 추적장치에는 다음과 같은 것이 있다. 스톱드 플로법은 두 용액을 급속히 고효율로 혼합, 반응시켜서 관측 cell 내에서 반응 과정을 광흡수나 형광변화 등으로 검출하여 기록하는 것으로 대략 10^{-3} s(ms) 정도 이상의 반감기를 갖는 반응에 적용할 수 있으며, 가장 널리 활용되고 있는 방법이다. 장치의 개념도와 형광 변화의 관측에서 얻어진 반응곡선의 예를 그림 6.28과 6.29에 제시하였다.

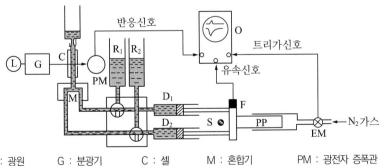

I : 광원	G : 분광기	C : 셀	M : 혼합기	PM : 광전자 증폭관
O : 메모리 스코프	R₁ R₂ : 시료 저장고	D₁ D₂ : 시료 구동 시린지
F : 유속검출기	PP : 가압피스톤	EM : 전자밸브	S : 정지핀

그림 6.28 **스톱드 플로장치**

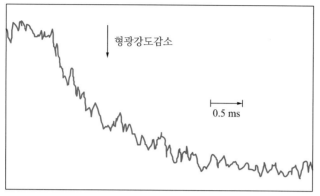

Glucoamylase와 maltoheptaose(G_7)
와의 결합 반응을 효소 단백질의 형광감
소를 지표로 측정하였다.

그림 6.29 스톱드 플로법에 의한 효소 - 기질 결합 반응의 관측 예

온도 샵법(temperature - jump method)은 스톱드 플로법에 잘 사용되는 방법으로, 평형에 있는 가역 반응계의 온도를 급속히(10^{-8}~10^{-6} s) 올려서(1~10℃) 계가 새로운 평형을 향해 가까워지는(친화) 과정을 광흡수나 형광변화로 추적한다(그림 6.30 (a), (b)).

온도증가에 따른 평형의 어긋남은 작고, 가역 반응 밖에 적용할 수 없는 경우가 많으므로 스톱드 플로법으로 측정할 수 없을 정도로 빠른 과정(ES의 생성 등)에 주로 활용되고 있다.

2. 해석의 기초

정류상태의 속도론에서는 개시속도를 속도의 지표로 삼는데 반해 전이상의 속도론에서는 통상 그림 6.29나 6.30과 같이 1차 반응의 형으로 반응곡선(완화곡선)이 얻어지므로 외견상의 1차 반응속도상수 k_{app}가 속도의 지표로 사용되고 있다. 이는 온도 샵법 등의 '완화법'에서 사용되는 '완화시간' τ의 역수와 같다. τ는 반응에 의한 변화량 Δc가 전체 변화량 $\Delta \bar{c}$의 $1/e$에 달하는 데 요하는 시간에 상당한다(그림 6.30 참조).

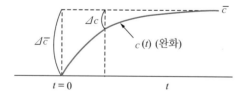

온도 샵법의 원리, $t = 0$에서 급격한 온도
상승을 일으킬 때의 성분농도 c의 변화를
나타낸다. $\bar{c}$는 상승 후의 온도에서의 성분
의 평균농도

그림 6.30 단계적 섭동에 의한 완화현상

효소와 1 : 1로 결합하는 물질(기질, 아날로그 등)을 리간드(ligand)라 하며, L로 표시하면

$$E + L \underset{k_{-1}}{\overset{k_{+1}}{\rightleftharpoons}} EL \tag{6.81}$$

라는 1단계의 가역 반응에서는 [L]≫[E]₀의 조건에서

$$k_{app} = \frac{1}{\tau} = k_{-1} + k_{+1}[L] \tag{6.82}$$

로 유도된다. 그러므로 [L]을 변화시켜 k_{app}를 측정, [L]에 대해 플롯하면 직선이 되며, 그 절편과 기울기에서 k_{-1}과 k_{+2}가 구해진다(그림 6.31 참조).

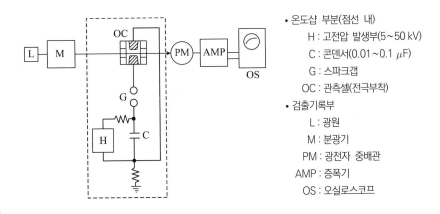

• 온도샵 부분(점선 내)
  H : 고전압 발생부(5~50 kV)
  C : 콘덴서(0.01~0.1 μF)
  G : 스파크갭
  OC : 관측셀(전극부착)
• 검출기록부
  L : 광원
  M : 분광기
  PM : 광전자 중배관
  AMP : 증폭기
  OS : 오실로스코프

그림 6.31 온도 샵 장치

효소와 리간드의 결합 반응에서는 이 플롯이 그림 6.31과 같이 포화곡선형을 나타내는 예가 많이 알려져 있다. 이는 E와 L의 결합이 1 단계가 아니고 빠른 두 분자적 결합과정으로 이어지며, 느린 1분자적 이성화 과정을 함유한 두 단계로 이루어지는 것으로 생각하면 합리적으로 설명된다.

$$E + L \underset{k_{-1}}{\overset{k_{+1}}{\rightleftharpoons}} EL_{int} \underset{k_{-2}}{\overset{k_{+2}}{\rightleftharpoons}} EL \tag{6.83}$$
$$\quad\quad\quad\text{빠르다} \quad\quad\quad \text{느리다}$$

이런 두 단계 반응에서는 최대한 두 완화가 관측되며, 이상적인 경우에는 반응곡선은 $A_1 e^{-1/\tau_1} + A_2 e^{-1/\tau_2}$ 형을 취한다(A_1, A_2는 반응 시그널의 크기를 나타내는 계수로 τ_1, τ_2는 두 완화시간 $(\tau_1 < \tau_2)$을 나타낸다)이다. 이 $1/\tau_1 (\equiv k_a)$와 $1/1/\tau_2 (\equiv k_b)$는 [L]>[E]₀일 때

$$k_a = \frac{1}{\tau_1} = k_{-1} + k_{+1}[L] \tag{6.84}$$

$$k_b = \frac{1}{\tau_2} = k_{-2} + \frac{k_{+2}\,[L]}{K_{-1} + [L]} \qquad (6.85)$$

로 주어진다. 여기서 $K_{-1} = k_{-1}/k_{+1}$, 즉 빠른 결합 과정에서 생기는 중간 복합체 EL_{int}의 해리상수이다. k_a와 k_b의 [L]에 대한 플롯은 그림 6.32(a), (b)와 같이 되며, 이로부터 네 속도상수가 얻어진다.

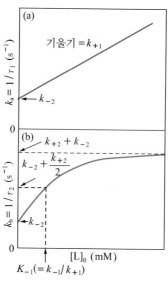

(a) 빠른 고정에 대응하는 변화
(b) 느린 과정에 대응하는 변화
$[L]_0$은 일반적으로 반응물질의 평형농도의 합 ($[\bar{E}] + [\bar{S}]$)을 나타낸다.

그림 6.32 화학완화법의 외견상의 일차 반응속도상수(k_a와 k_b) 또는 완화시간의 역수($1/\tau_1$과 $1/\tau_2$)의 농도 $[L]_0$의 존성
빠른 두 분자 결합 과정에 이어 느린 한 분자 과정을 포함한 두 단계 반응의 경우

일반적으로 두 단계에서도 하나의 친화 밖에 관측되지 않을 정도로 작은, 즉 최초의 결합 과정이 느릴 때가 이에 해당된다. k_a가 관측되지 않고 k_b만 구해질 때는 그 [L] 의존성은 Michaelis-Menten 식으로 정수항 (k_{-2})을 가한 형이 되며, 이로부터 k_{-1}, k_{-2}, k_{+2}가 구해진다(그림 6.32(b) 참조).

그러므로 하나의 완화가 관측되며 그 속도상수가 [L]에 대해 포화곡선형을 나타내는 경우는 식 (6.81)과 같이 한 단계가 아니고, 식 (6.83) 같은 두 단계가 된다.

식 (6.83)의 전체 해리상수가 K_d는 E와 L과의 결합 평형을 분광광학계 등을 사용한 정적인 측정으로 얻을 수 있으며, 이는

$$K_d = \frac{[E][L]}{[EL_{int}] + [EL]} = \frac{K_{-1}}{1 + (k_{+2}/k_{-2})} \qquad (6.86)$$

으로 나타낸다. $k_{+2} > k_{-2}$일 때는 EL_{int}는 느슨하게 결합한 복합체이며, EL은 강하게 결합한 복합체이다.

즉, 효소와 리간드의 특이적인 결합은 한꺼번에 일어나는 것이 아니고 느슨한 결합상태(EL_{int})를 경유하여 일어나는 것으로 생각된다. 효소와 여러 리간드 등의 결합에 대해 얻어진 이런 종류의 데이터를 표 6.10에 제시한다.

표 6.10 효소와 리간드 결합 반응의 속도상수

효소 (효소번호)	리간드	온도 (C°)	pH	k_{+1} (M^{-1}, s^{-1})	k_{-1} (s^{-1})	K_{-1} ($=k_{-1}/k_{+1}$) (M)	k_{+2} (s^{-1})	k_{-2} (s^{-1})	방법[a]
Alcohol dehydrogenase [EC 1.1.1.1]	NADH	23	7.0	1.7×10^7	44	2.6×10^{-5}	120	10	SF
Lactate dehydrogenase [EC 1.1.1.28]	tetra-iodefluor-seine	14	7.0	1.0×10^8	5.8×10^3	5.8×10^{-5}	7.1×10^3	4.7×10^3	TJ
Creatine kinase [EC 2.7.3.2]	ADP Mg·ADP	11	7.6	2.3×10^7 5.3×10^6	1.8×10^4 5.1×10^3	7.8×10^{-4} 9.6×10^{-4}	1.7×10^4 1.7×10^4	2.4×10^3 2.4×10^3	TT
Glucoamylase [EC 3.2.1.3]	glucono-lactone	25 5	4.5 4.5	– –	– –	8×10^{-3} 7×10^{-3}	900 150	60 10	SF
Lysozyme [EC 3.2.1.17]	(NAG)₃	22	5.9	1.75×10^6	140	8.0×10^{-5}	115	10	SF
Subtilisin BPN′ [EC 3.4.21.14]	phenyl-borate	25	6.5			3.6×10^{-3}	1.4×10^3	2×10^3	TJ
Serine tRNA synthetase [EC 6.1.1.11]	tRNA^{ser}	24	7.2	4×10^8	550	1.4×10^{-6}	1×10^3	150	TJ

a) SF : 스톱드 플로법, TJ : 온도 샵법

효소의 특이성

효소촉매가 갖고 있는 높은 특이성은 다른 촉매와 구분되는 가장 큰 특징이다. 특이성이란 어떤 한 가지만을 택하는 성질이다. 효소는 좋고 싫은 것에 대한 구분이 명확하여 좋은 것만을 택한다.

특이성은 효소와 기질 사이의 상호작용이다. 기질과 효소 사이의 수소 결합이나 소수 결합 등의 상호작용이 특이성을 만들고 있다 그러므로 특이성이란 기질이 효소에 결합할 때의 선택성이나 선택성의 강도라 할 수 있다.

특이성에는 촉매 특이성, 기질 특이성, 구조 특이성, 생성물 특이성 등 여러 측면이 있으며 관점에 따라 구분이 다르다.

7.1
촉매 특이성

효소는 특정 기질만을 선택하여 특정 반응만을 촉매한다. 아밀라아제는 녹말의 가수분해 반응을 촉매하지만 산화환원 반응은 촉매할 수 없다. 이같이 효소는 촉매할 수 있는 반응이 정해져 있으며 다른 반응에 서로 간섭하지 않는다. 이를 촉매 특이성(또는 반응 특이성)이라 한다.

촉매 특이성은 각 효소가 기질에 대해 특정 전이상태만을 선택적으로 안정화하는데 의하며, 다른 반응에 대한 활성화 에너지는 높다.

반대로 다른 기질에 작용하는 효소라도 촉매하는 반응이 같으면 기질이나 생물의 종류를 불문하고 촉매 부위가 서로 유사한 경우도 있다. 보조효소나 금속이온은 한정되어 있기도 하기 때문에 다기능이지만 효소는 그중 특정 기능을 선택하여 사용한다.

반응 특이성에는 일정한 폭이 있다. 예로서, 단백질 가수분해효소류는 아미드 결합뿐 아니라 에스테르 결합도 가수분해하는 것이 많다. 반응 메커니즘면에서 이들은 동종 반응이기 때문에 당연한 일이라 할 수 있다.

동물의 지방산 합성복합체나 acetyl-CoA carboxylase(아세틸-CoA 카르복시화효소)를 비롯한 다기능효소는 진화한 효소이다. 이들은 복수의 도메인으로 형성되며, 복수의 활성 부위를 갖고 있기 때문에 복수의 반응을 촉매할 수 있다.

효소가 나타내는 촉매 특이성은 효소의 이름에 그대로 반영된다. 즉, 효소위원회에서 명명하는 효소 이름은 각 효소가 촉매하는 반응을 기본으로 하고 있기 때문에 효소의 이름만 보아도 촉매 특이성을 알 수 있다.

촉매 반응은 크게 산화환원 반응, 가수분해 반응, 전달 반응, 분해 반응, 이성질화 반응, 연결 반응 6가지로 분류하고 있다(제15장 참조).

7.2
구조 특이성

효소는 기질이나 보조효소에 대한 특이성이 높다. 이것은 효소가 분자를 인식하는 능력을 가지기 때문이다. 효소 활성 부위와 리간드가 특이적으로 상호작용할 때 효소기능이 발현된다.

L-아미노산 산화효소는 L형 아미노산만 기질로 하며, D형 아미노산과는 결합하지 않는다. 이같이 효소가 광학적 또는 기하학적인 이성체를 구별하여 선택적으로 받아들이는 것을 구조 특이성이라고 한다.

1. 입체 특이성

키랄 분자에는 한 짝의 거울형 이성체(enantiomer)가 존재한다. 자연계에 존재하는 생물의 분자에는 부제탄소원자(C_{abcd}, a, b, c, d는 결합원자(단))를 갖는 것이 많다. 부제탄소원자를 갖는 것은 키랄이다.

효소는 한 쌍의 거울형 이성체 중 한쪽에만 작용하는 것이 대부분이다. 즉, 양거울형 이성체에 대한 효소 반응속도에는 극단적인 차이가 있다. 이같이 다른 입체 특이체에 대해 반응속도가 다른 것을 효소의 입체 특이성(협의)이라고 한다. 효소가 입체 특이성을 나타내는 것은 효소 자신이 키랄인 촉매이기 때문이다. 키랄인 기질은 키랄인 활성 부위에 결합하면 확실히 구별된다.

N-아세틸-L-페닐알라닌 메틸에스테르는 키모트립신의 특이적인 기질이다.

D형은 효소에 결합하여 아실효소를 형성하지만 탈아실화 속도가 매우 느리다. 키모트립신에는 기질의 방향족 곁사슬, 아실아미노기, 절단되는 펩티드(또는 에스테르) 결합, α-H에 대해 각기 ar, am, n, h라는 섭사이트가 존재한다. 그림 7.1의 ar은 소수성포켓, am은 Ser 214의 C=O, n은 Ser 195 및 Gly 193의 주사슬 NH에 대응한다. L형은 기질의 각 부분이 섭사이트에 올바르게 결합한다. 그러나 D형은 올바르게 결합하지 못하기 때문에 탈아실화되기 어렵다.

이같이 효소가 엄밀한 입체 특이성을 나타내는 예는 수없이 많다. 효소의 입체 특이성에는 거울형 이성체 구별능력과 쌍성 이성체(diasteromer) 구별능력이 있다. 전자를 이용하면 라세미체를 광학 분할할 수 있다. 즉, D, L-아세틸 아미노산에 aminoacylase(아실 아미노산 가수분해효소)를 작용시키면 L형만 가수분해된다. 이것은 D형과 L형의 반응속도 차이를 이용하고 있다.

Aspartase(아스파르트산 탈암모니아-분해효소)가 푸마르산에 암모니아를 부가하는 반응은 L-아스파르트산만 생성된다. 이같이 어떤 반응에서 여러 가지로 생성될 수 있는 입체 이성체 중, 특정한 하나가 선택되어 많이 생성되면 이 반응은 입체 선택적이라 할 수 있다. 효소 반응에서 입체 선택성은 100%이다.

　대칭면을 갖는 기질이라도 효소가 작용할 때는 비대칭적으로 작용한다.

2. 입체 선택성

Aspartase가 푸마르산에 암모니아를 부가하는 반응에서는 L-아스파르트산만 생긴다(식 7.2).

$$\text{si-si면} \quad \overset{\ominus}{O_2}C-C \overset{H}{=} C \overset{CO_2^{\ominus}}{_H} \qquad \xrightarrow{H^\oplus} \qquad {}^{\ominus}O_2CCH_2-C\overset{NH_3^\oplus}{\underset{H}{\overset{|}{-}CO_2^\ominus}}$$

$$\text{re-re면}$$

$$(7.1)$$

이같이 어떤 반응에서 생성될 수 있는 입체 이성체 중 특정한 하나가 선택되어 많아지는 것을 입체 선택성이라 한다. 효소 반응은 일반적으로 100%의 입체 선택성을 나타낸다.

　Alcohol dehydrogenase(ADH)가 아세트알데히드를 에탄올로 환원시키는 반응의 입체화학 은 식 7.2와 같다.

$$\text{re면} \quad \overset{H}{\underset{CH_3}{C}}=O \quad \overset{H_R \; H_S}{\underset{\overset{|}{N}}{\bigcirc}}CONH_2 \quad \underset{\pm H^\oplus}{\rightleftharpoons} \quad \overset{H_R}{\underset{H_S}{C}}-OH \quad \overset{H}{\underset{\overset{\oplus}{N}}{\bigcirc}}CONH_2$$

$$\text{si면}$$

$$(7.2)$$

3방현탄소(sp^2 탄소)를 C_{abc}로 나타내자. 아세트알데히드의 경우 세 원자(단)로 구성하는 평면을 위에서 보아 우선순위에 따라 O → CH_3 → H를 돌면 오른쪽으로 돌기 때문에 위쪽 을 re면이라고 한다.

　거울형 이성체면이 이러하다면 ADH는 NADH의 수소를 아세트알데히드의 re면에만 부가 한다. 반대로 에탄올의 수소를 NAD의 re 면에서 C-4에 부가한다(A형 탈수소효소). 식 7.1 의 푸마르산은 sp^2 탄소가 둘이기 때문에 위쪽을 si-si 면, 아래쪽을 re-re 면으로 표시할 수 있다.

Aspartase의 반응에서는 NH_3가, fumarase(푸마르산 수화효소)의 반응에서는 OH^-가 푸마르산의 $si - si$ 면에 부가한다. 이같이 효소는 거울형 이성면이나 다이아스테레오면을 구별하여 반응하기 때문에 특정 입체 이성체가 입체 선택적으로 생산된다.

3. 프로키랄 중심에서의 동종리간드 구별성

대칭면을 갖는 기질이라도 효소가 작용할 때는 비대칭적으로 작용한다. 예로서, 식 7.2를 다시 살펴보자. ADH는 NADH의 C-4의 두 수소 중 pro-R의 수소(H_R)를 떼어 아세트알데히드에 부가시키는 A형 탈수소효소이다. 반대로 에탄올을 탈수소하는 경우는 C-1의 두 탄소를 구별하여 한쪽 수소만 NAD로 옮긴다.

에탄올의 1위의 탄소는 $C_{aa' bb}$형(a=a') 1로, 키랄중심은 아니나 키랄 발생 전 상태에 있다는 의미로 프로키랄 중심이라 한다. 두 동종 리간드 a, a'를 구분하여 표시할 수 있다. 에탄올 2에서 H_A를 표시하려고 하면 우선순위를 $H_A > H_B$

로 생각하여 순위 쪽을 결정한다. $OH > CH_3 > H_A > H_B$이므로 R이 된다. 그래서 H_A를 pro-R (H_R)로 표시한다. 마찬가지로 H_B는 pro-S(H_S)가 된다. ADH는 에탄올의 pro-R 수소를 NAD로 옮긴다(식 7.2).

이 표시법은 원자뿐 아니라 원자단에도 적용할 수 있다. 예를 들어, 시트르산 3에 적용하면 CH_2COOH는 pro-R, $C'H_2COOH$는 pro-S가 된다. 시트르산의 두 카르복시메틸기도 활성 부위의 키랄 환경에 놓이면 구별되어 한쪽만 작용받는다. 예를 들어, aconitase(아코니트산 수화효소)가 작용하면 OH는 pro-R의 카르복시메틸기에만 들어가며 pro-S에는 들어가지 않는다(식 7.3).

$$\tag{7.3}$$

효소는 어떻게 이들 두 동종 리간드를 구분하는가. Ogston은 1948년 효소가 대칭인 기질 ($C_{aa,bd}$)의 리간드 a, b, C와 서로 다른 3점에서 결합하는 것으로 하면, 두 리간드 a, a′를 구별할 수 있다고 하였다(3점 결합설). 이것은 그림 7.1을 보면 알 수 있다. a와 b 중 효소와 결합할 수 있는 것은 a뿐이며, 만약 a′가 거기에 결합하면 b와 d에서 상호작용할 수 없게 된다. 그러므로 잘못 들어가면 촉매작용을 받지 못한다. 이 결과 대칭이어야 할 기질이 입체적 인자에 의해 비대칭이 되면 3점 결합하지 않는다. 키랄 활성 부위에 들어가면 대칭인 기질에 키랄리티가 부여되어 효소는 프로키랄 중심의 에난티오적이거나 다이아스테레오적인 두 동종 리간드를 구별할 수 있다(그림 7.1).

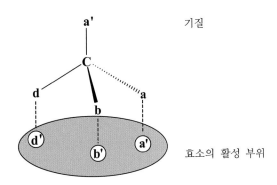

그림 7.1 Ogston의 3점 결합설

7.3
기질 특이성
– subsite설

효소는 아무 것이나 기질로 받아들이지 않고, 기질 결합 부위와 상보적인 구조를 갖는 것만 받아들인다. 또 기질이 효소의 기질 결합 부위에 결합하였다고 하여 모두 효소의 촉매작용을 받는 것은 아니다.

촉매작용을 받아 생산물을 생산할 수 있는 결합을 생산성 결합, 그렇지 않은 결합을 비생산성 결합이라 한다. 이를 기질 특이성이라 하며 이를 설명하는 데 섭사이트설을 사용한다.

Michaelis 반응식을 확대 해석하면 기질의 결합양식이 한 가지가 아니고 다양한 것을 알수 있다. 예로써, 그림 8.3의 모형은 기질의 하나인 말토트리오스기가 glucoamylase와 생산성 및 비생산성으로 결합하는 양식을 나타내고 있다.

그러나 활성 부위 중에 기질인 말토트리오스의 각 글루코오스 잔기가 결합하는 부위가 각각 존재한다고 하고, 이를 섭사이트라 하면 효소의 활성 부위는 여러 개의 섭사이트 구조의 단위로 조립된 것으로 생각할 수 있다.

기질의 결합 양식은 한 가지가 아니고, 여러 가지인 것으로 생각된다. 결합 양식을 j로 표시하면 기질의 j라는 결합 양식의 결합상수

$$K_j = [ES]_j / [E][S] \qquad (7.4)$$

로 나타낼 수 있다. $[ES]_j$는 j양식으로 결합한 기질 - 효소 복합체의 농도이고, $[E]$는 효소농도, $[S]$ 기질농도이다. 여기서 결합상수를 섭사이트에 따라 살펴보자. 먼저 각 섭사이트는 기질의 각 구성단위, 즉 효소(E)가 아밀라아제이면 녹말 등 당질의 글루코오스 잔기에 대해 고유의 친화력(글루코오스 잔기를 끌어당기는 힘)을 갖는 것으로 생각하여 이를 A로 표시한다.

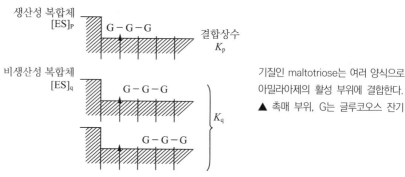

그림 7.2 Michaelis 메커니즘의 확대와 기질의 다양한 결합양식

친화력은 글루코오스 잔기의 OH기와 섭사이트 곁사슬 사이의 수소 결합 등으로 생긴다. 섭사이트는 그림 7.2의 왼쪽부터 차례대로 1, 2, 3 …으로 번호를 붙이면 첫 번째의 섭사이트 친화력은 A_1으로 표시하며 이하 A_2, A_3이다. 이를 A_j로 하면 앞의 결합상수 K_j는

$$K_j = 0.018 \exp\left(\sum_i^{cov} A_i / RT \right)_j \qquad (7.5)$$

의 관계를 가진다. $\sum_i^{cov} A_i$는 기질인 글루코오스 잔기가 결합한 섭사이트에 대해 친화력 A_i를 가산한다는 의미이다.

기질이 결합하지 않은 섭사이트의 친화력은 가산하지 않는다. 즉 그림 7.2의 모형에서 생산성 결합한 기질의 결합상수 K_p는 기질인 말토트리오스의 글루코오스 잔기가 결합한 섭사이트(섭사이트 1과 2와 3)의 친화력 A_i의 합($A_1 + A_2 + A_3$)으로 나타내므로

$$K_p = 0.018 \exp[(A_1 + A_2 + A_3) / RT]_P$$

가 된다.

Michaelis 상수 K_m과 분자활성 k_0를 결합상수 K_j(여기에는 생산성인 K_p와 비생산성인 K_q가 함유된다)로 표시한다. 실험으로 구한 식 K_m과 k_0가 섭사이트 친화력 A_i로 표현된다.

$$\frac{1}{K_m} = 0.018 \sum_j \exp\left(\sum_i^{cov} A_i / RT\right)_j \tag{7.6}$$

$$k_0 = k_{int} \sum_p \exp\left(\sum_i^{cov} A_i / RT\right)_p / \sum_j \exp\left(\sum_i^{cov} A_i / RT\right)_j \tag{7.7}$$

실험값(K_m과 k_0)에서 섭사이트 친화력 A_i가 구해진다. 따라서 섭사이트 친화력 A_i가 구해지면 기질에 대한 K_m과 k_0가 계산될 수 있다. 그림 7.3은 몇몇 효소에 대한 섭사이트 친화력을 구해 활성 부위 배열을 조사한 결과이다.

친화력 및 배열 방법은 효소마다 고유하다. 이를 섭사이트 구조라 한다. 그림 중의 ▲은 촉매기의 위치이다. 해리기에 인접한 섭사이트는 친화력이 약하거나 마이너스의 친화력(반발력)을 갖는 일이 많다. 그러나 이들 섭사이트가 실제로 제로나 마이너스의 친화력을 갖는 것은 아니고 실제 친화력이 촉매 반응 시 기질 잔기의 적합(변형) 때문에 소비되는 에너지와 상쇄되는 겉보기 값으로 해석된다.

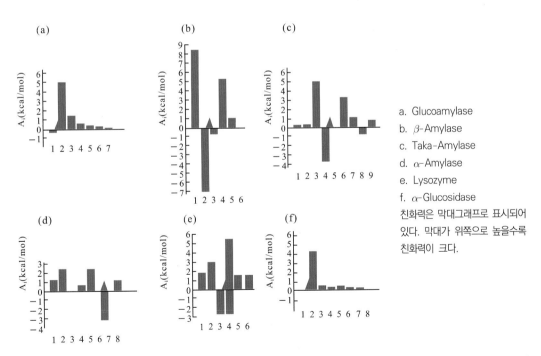

a. Glucoamylase
b. β-Amylase
c. Taka-Amylase
d. α-Amylase
e. Lysozyme
f. α-Glucosidase

친화력은 막대그래프로 표시되어 있다. 막대가 위쪽으로 높을수록 친화력이 크다.

그림 7.3 효소의 subsite 구조

즉, 친화력 A_i는 섭사이트와 기질 잔기와의 상호작용을 직접 관측하여 얻어지는 것이 아니고 촉매 반응에 의한 생성량을 관측(정류상태 속도론 또는 생성물량 분석)하여 얻어지기 때문이다. 그러나 적합의 에너지면은 아직 실증되지 않았다. 또 lysozyme의 경우는 기질 잔기의 변형에 의한 적합은 없다고 한다. 섭사이트 구조는 각 효소마다 다르며 기질 특이성과 깊은 관계에 있다.

그림 7.4의 실선은 glucoamylase의 섭사이트 구조(그림 7.3(a))를 바탕으로 세로축에 나타낸 각 기질에 대한 K_m과 k_0를 계산한 결과이다. 실선의 데이터(그림의 •)는 섭사이트 구조를 계산하여 그린 이론 곡선(그림의 실선)과 합치하고 있다.

즉, 섭사이트설이 옳은 것으로 증명되고 있다. 속도론량(K_m, k_0)이 기질 길이에 따라 다른 것은 섭사이트론으로 정량적으로 설명된다. 즉, 섭사이트설로 기질 특이성은 실험결과와 일치되게 설명할 수 있다.

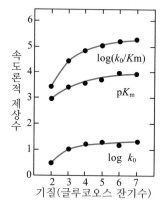

실험값(•)은 섭사이트설에 따라 그린 이론곡선(실선)에 잘 따르고 있다.

그림 7.4 Glucoamylase의 속도론량과 기질중합도의 관계

이상 설명한 섭사이트설은 녹말분해효소에서 정식화되어 실험적으로 확립되어 왔다. 또 섭사이트의 실체를 뒷받침하는 연구가 다각적으로 이루어지고 있다. 그러나 섭사이트설은 녹말분해효소에만 적용되는 것은 아니다. 다른 효소에 대해서도 일반적으로 적용될 수 있다.

실제 섭사이트라는 개념은 원래 아밀라아제가 아니고 phosphorylase(가인산분해효소)와 단백질 가수분해효소에서 생겼다.

당질분해효소(amylase, lysozyme 등)의 섭사이트는 기질잔기(글루코오스나 N-acetylglu-cosamine) 등 상보적인 위치로 생각된다. 이는 일반적으로 큰(긴사슬) 분자를 기질로 하는 핵산분해효소나 단백질 분해효소 등에 공통한다. 사실 ribonuclease(리보핵산 가수분해효소)의 경우도 누클레오티드를 단위로 하는 섭사이트의 개념이 도입되고 있다.

한편 작은 분자를 기질로 하는 효소의 경우는 그 기질분자의 크기를 바탕으로 곁사슬이나

일정의 원자단, 예로써 아미노산의 $-CH_2-CH_2-CH_2-CH_2-$ 중에서 $-CH_2-$와 상보적인 부위와 결합하면 된다.

섭사이트 설에는 두 가지 기본 가정이 있다. 그중 하나는 각 섭사이트는 서로 상호작용하지 않고 독립하고 있어서 협동성을 갖지 않는다는 점이다. 따라서 한 섭사이트에 리간드가 결합하였다 하여 섭사이트의 친화력이 변하는 일은 없다는 설이다.

또 하나는 전술과 같이 촉매 반응의 고유한 속도상수 K_m에 대한 것이다. 촉매작용을 받은 원자나 원자단(글루코시드 결합, 펩티드 결합 등)은 모든 기질 및 유사물질에 공통으로 존재하며, 촉매작용 자체의 속도, 즉 속도상수 K_m은 기질 및 유사물질의 종류, 결합 양식과 관계없이 일정하다는 설이다.

그러므로 반응속도(분자활성)가 기질 등의 리간드에 따라 다른 것은 촉매작용(화학 반응 과정)을 받는 원자단 외의 곁사슬, 유도체, 잔기의 수 등을 바탕으로 섭사이트에 대한 결합 양식이 리간드에 따라 다르기 때문이다.

분자활성 k_0는 모든 결합양식 중 생산성 양식이 점하는 비율로 정한다. 그래서 섭사이트의 개념을 도입하여 분자활성 k_0, 나아가서는 기질의 특이성을 생각해 보자.

식 (7.5)에서

$$\sum_j K_j = 0.018 \sum_j \exp\left(\sum_i^{cov} A_i / RT\right)_j \tag{7.8}$$

각 기질 및 유사물질(나쁜 기질)의 모든 결합 양식 $\left(\sum_j K_j\right)$은 결합되는 섭사이트의 친화력 A_j로 정해진다. 이들 중 생산성 $\left(\sum_p K_p\right)$ 및 비생산성 $\left(\sum_q K_q\right)$의 양식은

$$\sum_p K_p = 0.018 \sum_p \exp\left(\sum_i^{cov} A_i / RT\right)_p \tag{7.9}$$

$$\sum_q K_q = 0.018 \sum_q \exp\left(\sum_i^{cov} A_i / RT\right)_q \tag{7.10}$$

이다. 분자활성 k_0는 모든 결합 양식 중 생산성 양식이 점하는 비율에 비례한다. 그러나 그 비율은(기질 및 나쁜 기질) 결합되어 점유하는 섭사이트 친화력의 합으로 결정되며, 결국 기질 특이성은 각 효소 고유의 섭사이트 구조에 따라 결정된다.

$$k_0 = k_{int} \cdot \frac{\sum_p K_p}{\sum_j K_j} \tag{7.11}$$

$$\sum_j K_j = \sum_p K_p + \sum_q K_q$$

일반적으로 기질 결합 부위가 몇 개의 섭사이트로 구성된다고 생각하여 기질 및 유사물질에 대한 분자활성 차이를 묘사한 것이 그림 7.5이다. 나쁜 기질은 결합하여 점유하는 섭사이트의 수도 작고, 그만큼 생산성 양식을 취할 확률이 적고, k_0가 적어진다. 한편 좋은 기질은 결합하여 점유하는 섭사이트의 수도 많고, 그만큼 친화력의 합도 크게 되므로 생산성 양식을 취하는 비율이 높고, 분자활성은 커지고, 특이성이 높아진다.

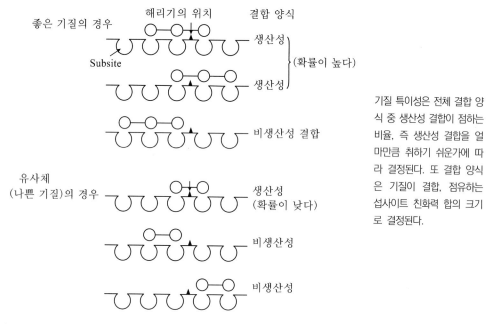

기질 특이성은 전체 결합 양식 중 생산성 결합이 점하는 비율, 즉 생산성 결합을 얼마만큼 취하기 쉬운가에 따라 결정된다. 또 결합 양식은 기질이 결합, 점유하는 섭사이트 친화력 합의 크기로 결정된다.

그림 7.5 생산성과 비생산성의 결합양식

이렇게 생각하면 섭사이트는 단백질 가수분해효소, 아밀라아제 등 거의 모든 효소에 적용된다고 할 수 있다.

여기서 또 하나 생각할 수 있는 것은 지금까지 살펴본 바와 같이 섭사이트와 결합 양식의 확률을 생각하면, 화학시약으로 활성 부위를 변형시키든가 화학물질을 활성 부위에 결합시키면 기질의 결합 양식(어떤 섭사이트에 결합되는 확률)을 바꿀 수 있다

즉, 기질의 특이성을 변화시킬 수 있지 않겠는가 하는 점이다. 식 (7.2)에서 K_p를 크게 하거나 K_q를 작게 하면 k_0는 커지게(활성 증대)된다.

그림 7.7에 따르면 어떤 섭사이트를 화학변형하든가, 기질 유사체를 어떤 섭사이트에 결합시키면 결합 양식이 변화하여 생산성 결합이 증가하거나 비생산성 결합이 줄어들게 되어 결국 k_0가 커지게 될 것이다. 이를 그림으로 설명한 것이 그림 7.6, 그림 7.7로, 비생산성 결합이 형성되지 않아도 생산성 결합이 증가하게 된다.

기질의 경우   해리기

Subsite   Subsite

생산성 결합

유사체(나쁜 기질)의 경우

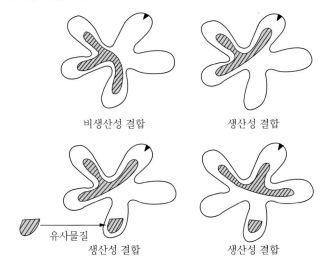

어느 섭사이트에 유사물질이
들어가면 결합 양식의 비율
이 변하여 나쁜 기질도 생산
성인 것이 늘어나 활성이 증
가한다.

비생산성 결합   생산성 결합

유사물질
생산성 결합   생산성 결합

그림 7.6 작은 기질의 결합양식 (위)과 유사물질의 도입에 의한 결합 양식의 변경(아래)

이 섭사이트를 변형시키든가
유사체를 결합시키면

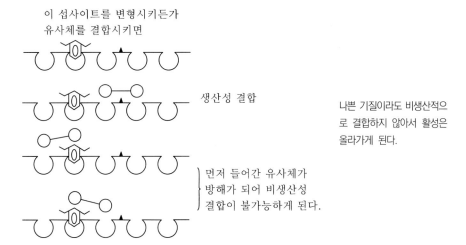

생산성 결합

나쁜 기질이라도 비생산적으
로 결합하지 않아서 활성은
올라가게 된다.

먼저 들어간 유사체가
방해가 되어 비생산성
결합이 불가능하게 된다.

그림 7.7 결합 양식의 변경에 의한 활성의 증가

이를 증명하는 결과가 있다. 아세틸리신 에틸에스테르와 벤조일아르기닌 에틸에스테르는 단백질 분해효소인 트립신의 좋은 기질이다. 좋은 기질 일부로 보이는 아세틸글리신에틸에스테르 자신은 좋은 기질이 아니다. 그러나 좋은 기질의 또 한쪽 부분으로 보이는 에틸이나 프로필 또는 부틸암모늄 이온을 공존시키면 아세틸글리신 에틸에스테르 분해 반응의 분자활성은 공존하지 않을 때에 비해 약 열배나 커진다.

이는 에틸암모늄 이온이 활성 부위의 일부(subsite)에 결합하기 위해 좋지 않은 기질인 아세틸글리신 에틸에스테르는 나머지 기질 결합 부위(촉매기가 있는 섭사이트)에 부득이 결합하지 않을 수 없어서 결과적으로 생산성 결합이 많아지게 되며, 비생산성 결합이 감소하게 되어(식 (7.7) 참조) 분자활성이 커졌다고 해석된다. 이를 그림으로 표시한 것이 그림 7.8이다.

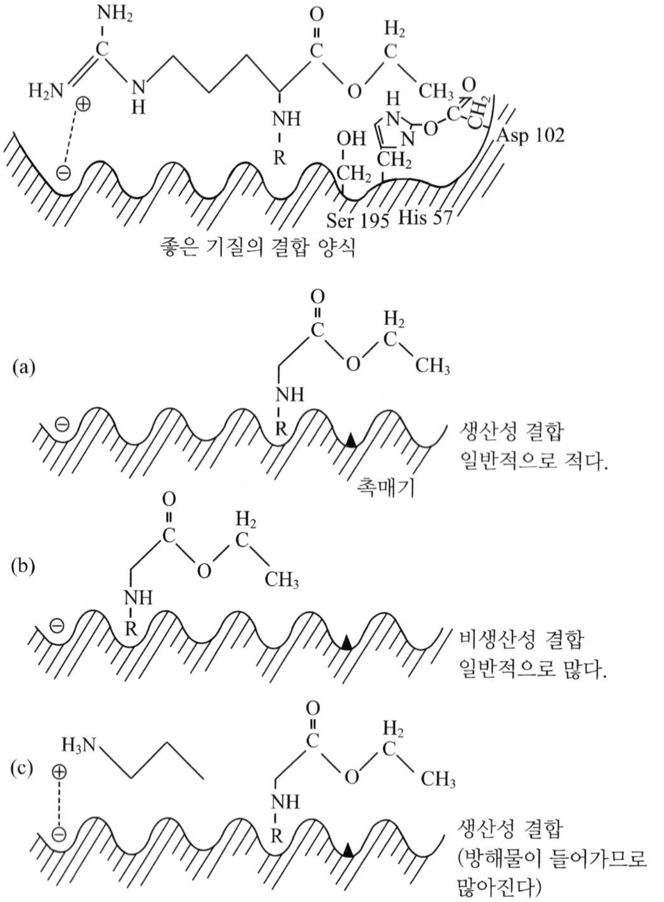

그림 7.8 　나쁜 기질이라도 다른 물질이 들어가면 결합 양식이 어쩔 수 없이 변경되어 결과적으로 좋은 기질 같이 작용받는다

아세틸글리신 에틸에스테르는 그만큼 촉매기를 걸치고서 생산성 결합을 할 수 있다(그림 7.8(a)). 그러나 그럴 확률보다 비생산성 결합(그림 7.9(b))할 확률이 높다. 또 그림과 같이 비생산성 결합하면 이와 경쟁하기 때문에 생산성 결합을 취하기 어려워진다.

그러나 프로필(또는 부틸) 암모늄 이온이 공존하면 그 이온적 성질 때문에 기질 결합 부위의 특정 섭사이트에 결합하여 결국 아세틸글리신 에틸에스테르는 비생산성 결합을 취할 수 없고(그림 7.9(c)). 생산성 결합하게 되어 분자활성이 증대한다고 생각된다.

한편 아세틸글리신 에틸에스테르의 모든 결합 양식 $\sum_j K_j$(생산성, 비생산성 모두 포함하여)이 프로필암모늄 이온이 공존할 때와 공존하지 않을 때 변화가 없으며 k_0는 변하는 일이 있어도 $\dfrac{1}{K_m} = \sum_j K_j$이므로 K_m은 변하지 않게 된다.

이같이 섭사이트를 바탕으로 한 결합 양식의 확률을 고려할 뿐으로 실험결과를 모순없이 설명할 수 있다. 그러나 여기서 전개한 해석은 실험 데이터(K_m과 k_0)에 따라 확립된 섭사이트에 따른 것이다.

7.4 기타 특이성

또 하나의 특이성으로서 '생성물 특이성'이 있다.

Glucoamylase는 글루코오스 잔기의 수가 다른 각종 당질을 기질로 한다. 즉, maltose, maltotriose, maltotetraose, amylose, amylopectin, 녹말, isomaltose, panose 등 기질이 되는 여러 당질이 있다.

이들은 글루코오스가 α-글루코시드(α-1,4와 α-1,6) 결합으로 연결된 중합체라는 점에서는 같으나 기질인 당질은 다양하다. 그러므로 기질에 대한 특이성이 높다고 할 수는 없다. 그러나 생성물은 모두 β-글루코오스이다(그림 7.9).

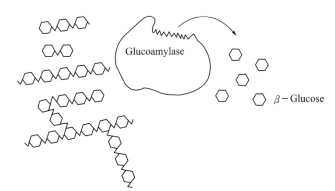

여러 α-glucoside 당질(α-glucan)을 가수분해하므로, 기질 특이성은 그다지 높지 않으나 생성물은 모두 β-glucose 뿐이다. 이도 효소가 촉매하는 반응의 특징이다.

그림 7.9　생성물 특이성

단백질 분해효소의 하나인 carboxypeptidase A는 각종 펩티드나 단백질을 기질로 한다. 그러나 반응, 생성물은 항상 L - 아미노산이다. 이같이 기질 종류나 반응속도에 관계없이 생성물이 하나로 정해져 있는 효소도 적지 않다. 이도 효소가 촉매하는 반응의 특정이다. 기질 특이성이라는 점에서는 문제가 있으나 생성물에 관한 특이성은 매우 높다. 이런 효소는 '생성물 특이성'을 갖는다고 할 수 있다.

또 다른 관점에서의 특이성이 있다.

그림 7.10의 말토오스(G^1 - G^2, G는 글루코오스 잔기)는 왼쪽의 글루코오스가 비환원성 말단, 오른쪽 글루코오스(G^2)가 환원성 말단이다. 지금 어느 한쪽 글루코오스 잔기에 방사성 원소가 표지되어 있으나 어느 쪽인가는 알 수 없다. 그림 7.10은 그 해석 방법을 도시한 것이다.

Glucosyltransferase는 시클로헥사아밀로오스(글루코오스 잔기가 고리형으로 연결된 것)를 분해함과 동시에 당질(말토오스)을 전달하여 G^2에서 G^8까지의 혼합물을 생성한다. 혼합물에서 말토트리오스(G^3)를 분리한다.

말토트리오스는 글루코오스 잔기가 G^0 - G^1 - G^2로 중합하고 있으나 G^0이 표지되어 있는가 G^2가 표지되어 있는가는 알 수 없다. 그래서 말토트리오스를 β-아밀라아제로 분해한다. β-아밀라아제는 α-1,4-글루칸을 비환원성 말단에서 말토오스 단위로 분해하는 효소이다. 그러므로 말토트리오스는 비환원성 말단에서 말토오스와 글루코오스로 분해된다.

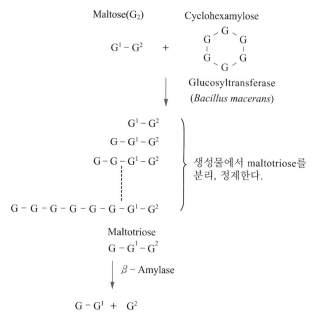

그림 7.10 **효소의 기질에 대한 특이성을 활용한 새로운 식별 정량 분석법의 원리**

생성물을 크로마토그래피로 분리하여 방사성 표지가 말토오스(G‑G_1) 쪽에 있는가 글루코오스(G_2) 쪽에 있는가 조사하면 비로소 말토오스(G_1‑G_2)에서 어느 쪽의 글루코오스(G_1 또는 G_2)가 표지되어 있는지 결정할 수 있다.

이같이 하여 효소가 기질의 비환원성 말단에서부터 작용하는가 환원성 말단에서부터 작용하는가 알 수 있다. 단백질 가수분해효소의 경우도 N말단에서부터 작용하는 aminopeptidase가 있는가 하면 C말단에서부터 작용하는 carboxypeptidase도 있다. DNA를 가수분해하는 효소도 5′‑말단에서부터 작용하는 것과 3′‑말단에서 작용하는 것이 있다. 기질 중간에 작용하는 것도 있다. 이들 방향성도 효소가 갖는 특이성의 하나이다.

7.5
기질 특이성의 전환

유전공학의 발달에 따라 단백질의 1차 구조를 쉽게 바꿀 수 있게 되었다. 그러나 효소의 특이성을 인위적으로 바꾸는 것은 쉽지 않다. 효소의 구조와 기능에 대한 지식이 아직 부족하기 때문이다. 효소의 기질 특이성과 보조효소 특이성, 다른자리 입체성 조절기능을 바꾼 예를 살펴본다.

1. 기질 특이성 전환

X선 해석으로 밝혀진 돼지 심근 lactate dehydrogenase(락트산 탈수소효소, LDH)의 활성부위는 그림 7.11과 같다. His 195의 이미다졸은 양성자화되어 피루브산의 C=O와 수소 결합하며, 분극을 촉진하여 H^+를 제공한다(식 7.12).

역반응에서는 일반 염기촉매로서 작용한다. Arg 109를 Gln으로 치환하면 H^- 전달의 속도는 천연 효소의 0.07%까지 저하한다. 피루브산에 대한 친화성은 5%로 저하하지만 NADH에 대한 친화성에는 변화가 없다. Arg 109도 C=O의 전자를 받아 분극을 촉진하는 것으로 생각된다.

Asp 168 → Ala 또는 Asn을 치환하면 피루브산에 대한 친화성은 저하하지만 락트산에 대한 친화성은 변하지 않는다. Asp 168의 COO^-는 His 195의 이미다졸륨 이온을 안정화하고 있는 것으로 생각되고 있다 Arg 171은 기질의 COO^-와 동일 평면상에 있으며 이온 결합과 두 수소 결합으로 강하게 결합하고 있다.

B. stearothermophilus LDH의 기질 특이성을 피루브산/락트산형에서 옥살로아세트산/말산형으로 변환시킨 결과, 피루브산의 메틸기 근방 잔기 중 Glu 102 → Arg으로 치환한 효소는 k_{cat}/K_m 값에서 볼 때 옥살로아세트산이 피루브산보다 8,400배나 높은 기질 특이성을 보였다(그림 7.12). 아미노산 잔기 하나의 치환으로 두 기질에 대한 친화성이 수백만 배나 변한 결과이다.

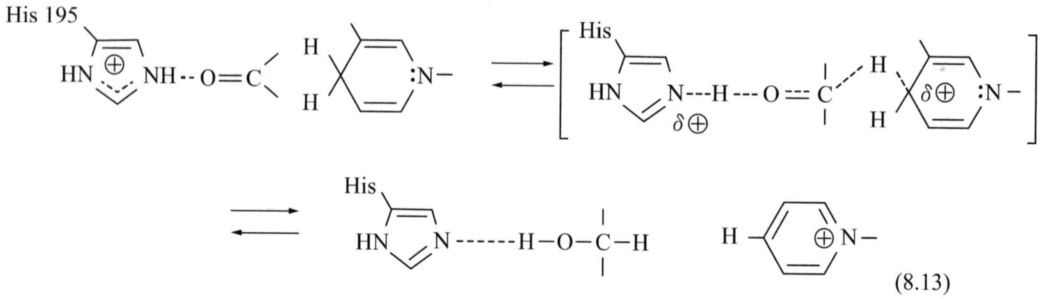

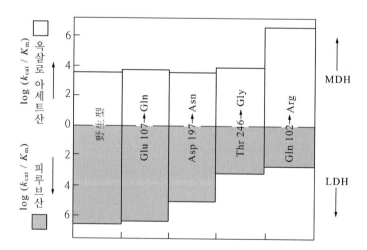

$$(8.13)$$

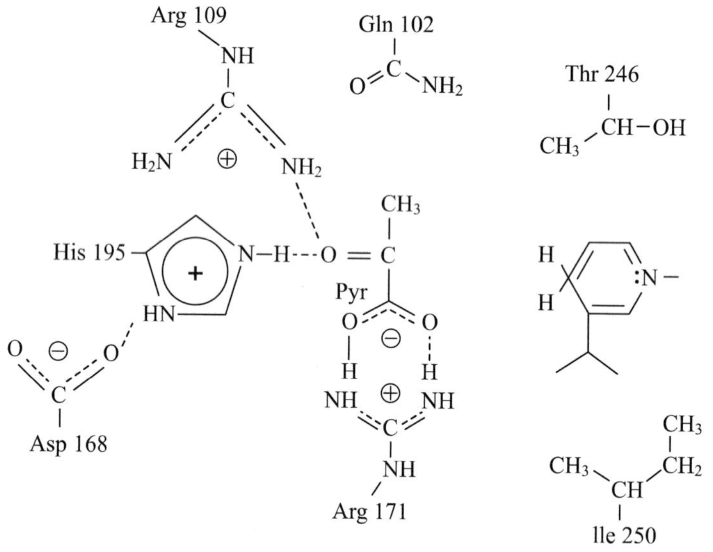

그림 7.11 Lactate dehydrogenase의 활성 부위와 기질 결합(NADH의 dihydronicotinamide 부분)

그림 7.12 Lactate dehydrogenase의 기질 특이성 전환

이것은 기질 인식 부위에 옥살로아세트산의 또 하나의 COO⁻에 대한 짝이온을 도입한 효과로 생각된다. Thr 246을 Gly로 치환하여 높이가 떨어진 경우는 피루브산에 대한 특이성은 저하하지만, 옥살로아세트산에 대해서 그다지 높아지지도 않는다.

2. 보조효소 특이성 전환

Glutathione reductase(글루타티온 환원효소)는 식 7.12의 반응을 촉매하는 플라빈 효소이다.

$$\text{GSSG} + \text{NADPH} + \text{H}^{\oplus} \rightarrow 2\text{GSH} + \text{NADP}^{\oplus} \tag{7.12}$$

(GSH=환원형 글루타티온 γ‑Glu‑Cys‑Gly)

Perham 등은 NADP에 특이적인 효소를 NAD형으로 개조하고 있다. 사람효소에는 NADPH의 두 인산기 근처에 아르기닌이 존재하는 것으로 밝혀졌다. 대장균 효소의 대응 잔기에서 Arg 198을 Leu으로, Arg 204를 Met으로 치환하면 NADPH에 대한 K_m이 25배 증가하며, k_{cat}는 5%로 저하한다(그림 7.13).

한편 NAD에 대한 K_m은 3~4배 작아진다. NAD 특이적인 lipoamide dehydrogenase(디히드로리포아미드 탈수소효소)의 보조효소 결합 부위의 아미노산 배열에 가까워지며, Ala 179

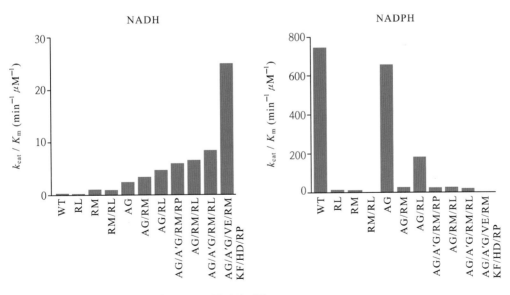

그림 7.13 **Glutathione reductase의 보조효소 특이성 전환**
Arg 204 → Leu ; RM, Arg 198 → Met ; AG, Ala 179 → Gly ; A′G, Ala 183 → Gly ; RP, Arg 204 → Pro ; VE, Val 197 → Glu ; KF, Lys 199 → Phe ; HD, His 200 → Asp

→ Gly, Ala 183 → Gly, Val 197 → Glu, Arg 198 → Met, Lys 199 → Phe, His 200 → Asp, Arg 204 → Pro와 같이 7잔기를 치환하면 NADPH보다 NADH에 높은 활성을 나타낸다.

특이성을 k_{cat}/K_m으로 표현하면 변이효소의 NADPH에 대한 특이성은 원 효소의 1/250로 감소하고 NADH에 대한 특이성은 70배 증가한다. 그래서 두 보조효소에 대한 특이성은 천연효소의 18,000배나 변하고 있다.

효소의 생성과 조절

효소는 다른 촉매보다 촉매력이 강하고 특이성이 높고 조절이 가능하다. 효소가 작용하는 곳은 생체 세포 안으로 생체의 생리기능과 밀접하게 관계하고 있다. 그러므로 효소는 대사 조절이나 제어에 참여하여 생명 유지에 결정적인 중요 역할을 하고 있다. 그런 의미에서 여기 서는 생체 내 물질대사와의 관계에서 효소작용이 어떻게 조절, 제어되는가 살표보기로 한다.

조절에는 여러 가지가 있다. 크게 나누면 효소 양의 조절과 효소작용의 조절 두 가지가 있다. 양적인 조절의 대표적인 것은 효소의 합성, 즉 아미노산으로부터 효소를 만드는 일이다.

또 효소활성을 갖지 않는 효소 전구체에서 활성효소가 생성되기도 하고 호르몬이 효소를 눈사태처럼 이어서 유도시키는 경우도 있다. 한편 질적인 조절로는 대사산물(보통 작은 분자)이 효소와 상호작용하여 효소의 질적인 변화를 유도하여 활성효소로 전환시킨다.

또 효소가 다른 효소에 작용하여 인산화, 탈인산화와 같이 질적 변화를 일으켜 활성화 또는 불활성하는 일도 있다.

효소활성이 상승하거나, 효소활성이 없는 상태에서 있는 상태로 변할 때, 효소 단백질 분자의 화학변형이 일어나는 경우는 활성화라 하지 않고 효소 전구체의 활성화라 한다. 즉, zymogen의 활성화가 이에 속한다.

이에 비해 어떤 효소에 SH기 환원제를 첨가하여 활성이 증가하는 것은 효소활성의 부활 (stimulation of enzyme activity)이라 하며, 간단히 효소가 활성화되었다고 한다. 또 다른자리 입체성 활성화제(+ 의 moduator)가 효소분자와 상호작용하여 상승한 활성도 효소의 활성화 라 하여도 된다.

그러나 활성화(activaiton)라는 용어는 zymogen의 활성화하는 다른 현상의 용어와 비슷하기 때문에 혼동하지 말아야 한다. 효소의 활성화는 온도, pH, 용액의 이온세기 등 비특이적인 인자 및 각 효소 특유의 인자의 작용으로 이루어진다.

특정 금속이온이나 보조효소 등의 보조인자 외에 인위적 활성화제, 즉 활성에 필수적인 SH기를 보호할 목적으로 첨가되는 시스테인이나 2-메르캅토에탄올 등이 있다. 이들 시약은 원래 천연의 효소가 갖고 있던 인자는 아니기 때문에 활성화제라고 하는 것이 적합하다.

활성화제의 활성화 짜임새는 보조효소를 포함한 보조인자와 다른자리 입체성 활성화제를 제외하고는 밝혀지지 않은 경우가 많다.

어떤 첨가물이 외견상 활성화를 일으켰다 하더라도 단지 효소의 실활 방지 작용에 그치는 경우도 있다. 또, 조효소로 실험할 경우 어떤 첨가물에 의한 활성화 현상은 해당 효소 자체의 활성화가 아니고 효소에 공존하는 저해물질의 제거 또는 저해 물질과의 해리나 치환에 지나지 않는 경우도 있다.

효소의 생성은 생물의 가장 기본적인 반응으로, 생체 내의 모든 물질대사가 원활하게 진행되기 위해서는 대사계에 관여하는 효소가 먼저 생성되어야 한다. 또 생물은 주어진 환경에 따라 여러 짜임새로 대사조절하고 있으나 효소 생성 반응의 조절은 그중에서도 가장 중요하다.

8.1
효소 단백질 생합성

1. 효소는 단백질이다

인체의 유전정보, 즉 유전자는 단백질에 대한 정보만 있고 지방질, 탄수화물, 뼈 등에 관한 정보는 없다. 그런데 어떻게 하여 수정이 되어 개체가 태어나고 수많은 성분, 수많은 세포와 기관으로 성장하고 대사를 하고 움직이고 생존하는가?

유전정보는 효소 단백질의 정보만 있어서 유전정보에 의하여 만들어진 효소가 지방질, 단백질, 탄수화물, 뼈 등을 합성, 분해하고, 음식을 소화 흡수하여 에너지로 이용한다.

즉, 생체가 공장이라고 하면 유전자는 설계도이고 효소는 목적별 설계도에 따라 만들어진 로봇일꾼으로 역할별로 대사와 생명에 관한 일을 담당하고 있는 것이다.

2. 유전정보 코드

유전자(DNA)는 염기가 사슬처럼 길게 이어져 있으며 염기 3개가 모여서 하나의 아미노산 코드를 만들어서 인식한다. 아미노산 중에는 코드가 하나인 것도 있고 6개까지 있는 것도 있다. 이들 코드 순서에 따라 아미노산이 이어져서 단백질을 구성한다(그림 8.1, 표 8.1).

읽히는 방향 ⟶

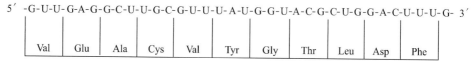

5′ -G-U-U-G-A-G-G-C-U-U-G-C-G-U-U-U-A-U-G-G-U-A-C-G-C-U-G-G-A-C-U-U-U-G- 3′

| Val | Glu | Ala | Cys | Val | Tyr | Gly | Thr | Leu | Asp | Phe |

그림 8.1 유전암호와 아미노산 배열

3. 효소 단백질 합성

효소 단백질 합성에는 mRNA, tRNA, 리보솜, 아미노산이 필요하고 합성은 개시, 신장, 종결의 순서로 이루어진다.

유전정보는 DNA → mRNA → 단백질로 전달되어 단백질을 합성하며 mRNA는 DNA의 유전정보(코드)를 상보적으로 전사하고, 이 정보(코드)에 따라 다시 상보적인 아미노산 정보

(코드)를 가진 아미노산별 tRNA가 각 아미노산을 운반하여 리보솜 위에서 연결하여 단백질로 합성하여 나간다(그림 8.2, 8.3).

표 8.1 단백질을 구성하는 아미노산별 유전암호(DNA 염기 코드)

	제2염기				제1염기			
	U		C		A		G	
U	UUU	Phe	UCU	Ser	UAU	Tyr	UGU	Cys
	UUC	Phe	UCC	Ser	UAC	Tyr	UGC	Cys
	UUA	Leu	UCA	Ser	UAA	종결	UGA	종결
	UUG	Leu	UCG	Ser	UAG	종결	UGG	Trp
C	CUU	Leu	CCU	Pro	CAU	His	CGU	Arg
	CUC	Leu	CCC	Pro	CAC	His	CGC	Arg
	CUA	Leu	CCA	Pro	CAA	Gln	CGA	Arg
	CUG	Leu	CCG	Pro	CAG	Gln	CGG	Arg
A	AUU	lle	ACU	Thr	AAU	Asn	AGU	Ser
	AUC	lle	ACC	Thr	AAC	Asn	AGC	Ser
	AUA	lle	ACA	Thr	AAA	Lys	AGA	Arg
	AUG	Mct	ACG	Thr	AAG	Lys	AGG	Arg
G	GUU	Val	GCU	Ala	GAU	Asp	GGU	Gly
	GUC	Val	GCC	Ala	GAC	Asp	GGC	Gly
	GUA	Val	GCA	Ala	GAA	Glu	GGA	Gly
	GUG	Val	GCG	Ala	GAG	Glu	GGG	Gly

* 암호는 5′ → 3′ 방향으로 읽는다.

5′ ··· − TTT − TCA − GCA − CTG − CAT − AAA − ··· 3′ 이중나선 DNA

3′ ··· − AAA − AGT − CGT − GAC − GTA − TTT − ··· 5′

↓ 전사 (transcription)

5′ ··· − UUU − UCA − GCA − CUG − CAU − AAA − ··· 3′ mRNA 사슬

↓ 번역 (translation)

··· − Phe − Ser − Ala − Leu − His − Lys − ··· 단백질의 아미노산 배열

↓

N ~~~~~ 3차 구조의 단백질

그림 8.2 유전정보(코드)의 전달에 의한 단백질 합성

리보솜은 큰 서브유닛(50S)과 작은 서브유닛(30S)이 결합하여 작용하며 단백질을 합성하는 장소이다(그림 8.4).

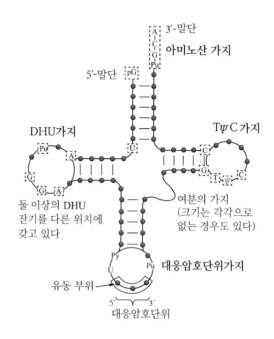

그림 8.3 tRNA

4. 개시

mRNA가 개시 tRNA 및 짝이 되는 작은 리보솜과 결합하면 개시 tRNA의 상보적 코드와 mRNA의 개시 코드가 짝을 이루어 결합하고 큰 리보솜이 결합하여 리보솜을 완성한다(그림 8.4).

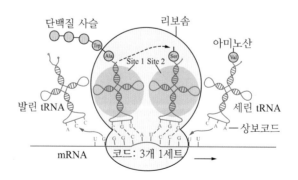

그림 8.4 단백질 합성

5. 펩티드 사슬 신장

아미노산은 20가지가 있으므로 아미노산을 운반하는 tRNA도 20가지 있으나 개시코드와 종결코드 tRNA는 없다.

tRNA는 mRNA의 코드에 맞는 상보적 아미노산 코드에 맞추어 아미노산 팔로 아미노산을 리보솜으로 운반하여 먼저 결합한 아미노산과 펩티드 결합으로 사슬을 신장시킨다.

tRNA가 운반한 아미노산이 폴리펩티드 사슬에 하나씩 결합되며 A자리 mRNA와 상보적인 코드의 다음 tRNA가 A자리에 들어와 mRNA와 결합하고, P자리 tRNA에 결합되어 있던 아미노산과 새로 운반된 A자리의 아미노산이 펩티드 결합하면 리보솜이 mRNA의 3′ 말단 방향으로 이동하면서 A자리에 있던 tRNA는 P자리로 이동하고 P자리에 있던 tRNA는 E자리로 이동하여 떨어져 나간다. 이 과정이 반복되면서 폴리펩티드 사슬이 신장된다(그림 8.5).

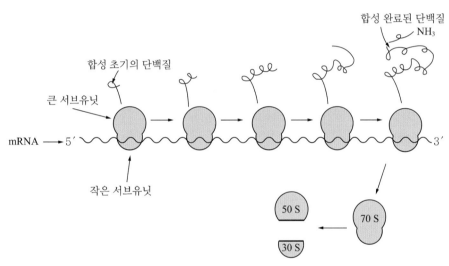

그림 8.5 폴리펩티드 사슬의 신장

6. 종결

리보솜이 mRNA의 종결 코드에 닿으면 tRNA가 아니라 방출인자 단백질이 A자리에 결합하여 tRNA에 결합되어 있는 폴리펩티드 사슬을 tRNA로부터 분리하여 방출시킨다.

8.2
**효소의
양적인 조절**

1. 유도에 의한 조절

반응속도는 효소량에 비례한다. 효소량이 많을수록 반응속도는 빨라지고, 적을수록 느려진다. 그러므로 반응을 빨리하기 위해서는 효소량을 증가시키면 된다.

그러나 효소가 항상 비치되어 있는 것은 아니므로 필요할 때 펩티드 결합으로 아미노산을 연결하여 효소를 만든다. 그러나 아무 제한 없이 효소를 계속 만드는 것은 아니다. 어떤 신호를 받아서 효소합성이 개시되거나 종료되는 장치를 갖고 있다.

단백질 합성개시 신호는 특별한 것이 아니고 대사과정에서 효소작용으로 생성되는 물질(많은 경우 최종산물)이다(그림 8.6).

생육에 트립토판이 필요한 균주를 글루코오스, 무기염류, 물로 된 간단한 배지에서 배양하면 균주는 트립토판을 만드는 효소를 분비하여 글루코오스와 무기염류에서 트립토판을 만든다. 이것을 효소의 유도라고 한다.

그러나 배지에 트립토판을 가해 놓으면 균주는 트립토판을 만드는 효소를 만들지 않게된다. 트립토판이 있어서 만들 필요가 없기 때문이다. 이것을 효소의 억제라 한다. 대장균 배지에 락토오스가 존재하면 β-galactosidase(β-갈락토시드 가수분해효소)가 유도되지만 존재하지 않으면 유도되지 않는다.

최종산물이 두 경로에서 공급되는 물질(C, E)로부터 만들어지고 있을 때 공급이 부족한 쪽의 효소를 다른쪽 경로의 최종산물(E)이 활성화하는 경우도 있다(그림 8.7).

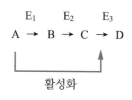

그림 8.6 유도에 의한 효소의 활성화(같은 경로)

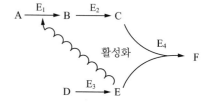

그림 8.7 유도에 의한 효소의 활성화(다른 경로)

(1) 유도효소계

효소합성 개시신호는 대사 과정에서 효소작용으로 생성되는 물질(많은 경우 최종산물)이다. 효소합성을 개시(induce)하는 신호 물질을 유도물질(inducer)이라 한다. 유도물질이 단백질 합성의 신호가 되는 짜임새를 그림 8.8에 제시하였다.

각 구조 유전자는 각 효소(A, B, C)의 아미노산 결합 순서를 정하는 정보를 갖고 있으나 유전자가 갖는 정보는 효소의 1차 구조로 번역되어 복제된다(그림 8.8).

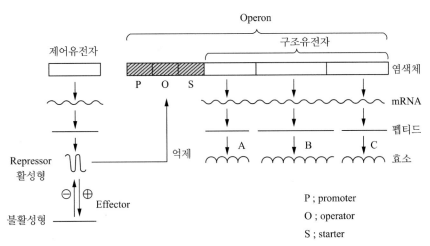

그림 8.8 **오페론에 의한 효소의 유도**

구조유전자가 갖는 정보는 구조유전자에 대응하는 mRNA에 전사되며 이 전사는 operator 유전자가 제어하고 있다. 즉, 전사는 operator 유전자 위치에서 개시된다. 그러나 전사가 끊임없이 지속되는 것은 아니다.

보통 상태에서는 제어유전자가 만드는 repressor(억제인자)가 operator 유전자에 부착하고 있어서 전사개시를 방해한다.

그러므로 억제인자만 떼어내면 mRNA로 전사가 개시될 수 있다. 억제인자와 상호작용할 수 있는 유도물질이 들어가면 억제인자와 결합한다. 그러면 억제인자는 구조적 성질이 변하여 operator 유전자에서 떨어지므로 방해물이 없어져서 전사가 개시되어 mRNA가 만들어지고 이어서 효소가 합성된다. 이것이 '효소의 유도'이다.

그러나 효소가 유도, 합성되어 어느 정도 축적되면 이번에는 그 효소(일반적으로 일련의 체계화한 효소군 중의 마지막 단계 효소)가 유도물질을 공격하기 시작한다. 그 결과 유도물질이 분해되어 없어져서 유도물질과 억제인자의 결합체는 줄어든다.

억제인자가 원래의 형을 취하기 때문에 떨어져 있던 억제인자가 다시 operator 유전자에 부착하기 시작하여 구조유전자의 전사와 효소복제가 멈추게 된다. 이 과정이 반복되어 효소의 양은 일정하게 유지된다.

① 대장균 락토오스계(그림 8.9) : 대장균 β-galactosidase(β-갈락토시드 가수분해효소)는 효소유도의 전형적 예이다. 대장균에 들어있는 β-galactosidase의 양은 많지 않다. 그러나 배지에 락토오스를 가하면 효소가 유도 합성되어 일정량까지 증가한다. 이 경우 β

-galactosidase뿐 아니라 β-갈락토시드 투과효소 및 galactoside acetyltransferase(갈락토시드 아세틸기 전달효소)도 동시에 유도된다. 그림 8.8의 A, B, C는 이것을 의미한다.

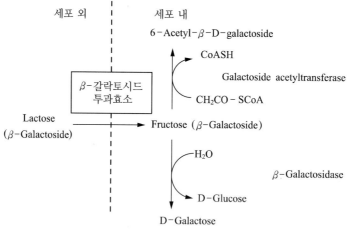

그림 8.9 락토오스 분해계

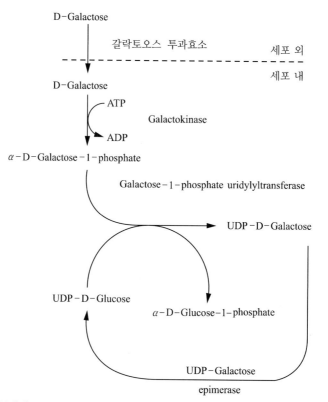

그림 8.10 갈락토오스 분해계

② 갈락토오스계 : 그림 8.10은 갈락토오스를 분해 이용하는 효소를 나타내고 있다. 대장균과 티프스균 배지에 탄소원으로 D-갈락토오스를 가하면 대사과정의 갈락토오스 투과효소, galactokinase(갈락토오스 키나아제), galactose-1-phosphate uridyltransferase(UTP-헥소오스-1-인산 우리딜릴기전달효소), UDP-galactose epimerase(UDP-글루코오스-4-에피머화효소)가 유도되어 나온다(그림 8.10).

③ 아라비노오스계 : 아라비노오스의 대사에는 그림 8.11과 같은 여러 효소가 관여한다. 배지에 L-아라비노오스를 가하면 L-아라비노오스 투과효소, L-arabinose isomerase(L-아라비노오스 이성질화효소), ribulokinase(리불로오스 키나아제), ribulosephosphate-4-epimerase(L-리불로오스인산-4-에피머화효소)가 유도되어 10~100배 증가된다(그림 8.11).

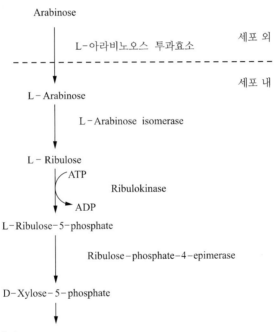

그림 8.11 아라비노오스의 대사

(2) 되돌림 저해계

일련의 대사과정 중의 산물이 그보다 앞단계에 작용하는 효소의 활성을 저해하는 것을 되돌림 저해라고 한다. 다음과 같은 일련의 효소 반응에서 최종생산물 D가 반응계열 최초의 효소 E_1의 저해제로서 작용한다.

효소 E_1이 저해되면 전체 반응은 멈추고 만다. 즉, D가 충분하면 이 반응계열은 작동하지 않는다. D가 소비되어 줄어들면 반응계는 작동하기 시작한다. 이와 같이 하여 효소의 활성이 조절되고 있다(그림 8.12).

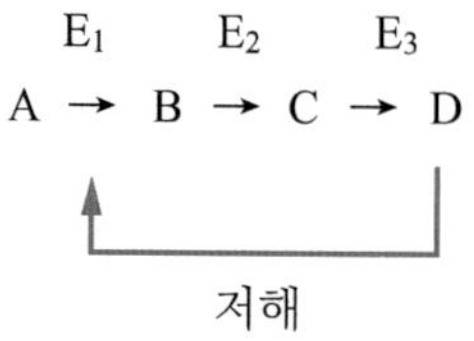

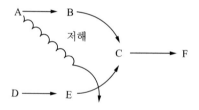

그림 8.12 되돌림 저해 (같은 경로)

여기에는 최종산물이 반응 첫 단계의 효소활성을 저해하는 경우(effector)와 일련의 반응계 효소의 합성을 저해하는 경우(repressor)가 있다. 뒤의 경우는 유도에 의한 조절에 속하며, 이들 두 가지가 함께 효소활성을 조절하는 경우는 많다.

① 다른 경로 되돌림 저해 : 합성 경로가 두 가지로, 최종산물을 충분히 합성하는 쪽의 대사산물이 다른쪽 경로의 효소를 저해하는 경우이다(그림 8.13).

그림 8.13 되돌림 저해 (다른 경로)

② 같은 경로 되돌림 저해 : 중간에서 경로가 나누어져 각기 다른 반응산물(X, Y)을 생성하는 경우 서로 다른 대사산물이 초기 반응의 효소를 되돌림 저해한다. 이 경우 반응산물이 초기의 공통 경로에 작용하는 한 효소만 저해하는 경우(그림 8.14)와 초기의 경로의 두 효소와 나누어진 후의 자기 경로의 효소를 함께 되돌림 저해하는 경우(그림 8.15)가 있다.

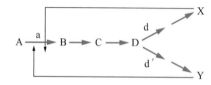

그림 8.14 같은 경로 되돌림 저해 (한 단계)

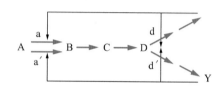

그림 8.15 같은 경로 되돌림 저해 (다단계)

③ 순차적 되돌림 저해 : 중간에서 경로가 나누어져 각기 다른 반응산물(X, Y)을 생성하는 경우, 서로 다른 생성물이 갈라진 이후의 반응경로에 작용하는 효소를 되돌림 저해하고, 갈라지기 전의 반응물질(D)이 초기 반응의 효소를 차례로 되돌림 저해한다(그림 8.16).

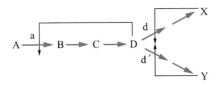

그림 8.16 **순차적 되돌림 저해**

④ 협동적 되돌림 저해 : 중간에서 경로가 나누어져 각기 다른 반응산물(X, Y)을 생성하는 경우, 반응산물 X와 Y는 각기 자기 경로를 되돌림 저해한다. 그러나 초기 반응의 효소 a는 X나 Y 하나만으로 저해되지 않고 두 가지가 함께 있어야 되돌림 저해를 받는다(그림 8.17).

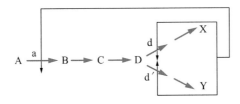

그림 8.17 **협동적 되돌림 저해**

⑤ 상승적 되돌림 저해 : 반응산물이 두 경로로 만들어지는 경우 반응산물이 공존하면 단독으로 존재할 때에 비해서 되돌림 저해 효율이 상승하는 경우이다(그림 8.18).

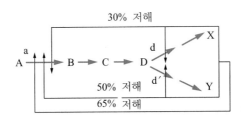

그림 8.18 **상승적 되돌림 저해**

아미노산 대사나 핵산 염기 합성에는 대사 최종 산물이 합성 경로의 효소합성을 억제한다.

먼저 합성된 aporepressor에 대사경로의 최종 산물(effector)이 결합하면 repressor의 활성을 나타내 구조유전자의 활성 발현을 억제한다(그림 8.19).

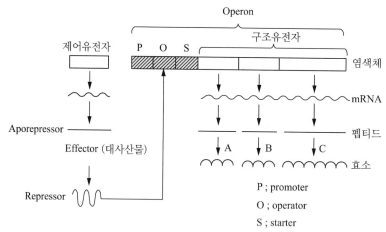

그림 8.19 억제효소계

① 대장균의 트립토판 합성계 : 트립토판은 그림 8.20과 같이 합성된다. 대장균 배지에 트립토판 양이 적어지면 트립토판 합성에 관여하는 anthranilate synthase(안트라닐산 생성효소), indole-3-glycerolphosphate synthase(인돌-3-글리세롤인산생성효소), tryptophan synthase(트립토판 생성효소)가 왕성하게 합성되지만, 많아지면 적게 합성되어 효소활성이 저하한다(그림 8.20).

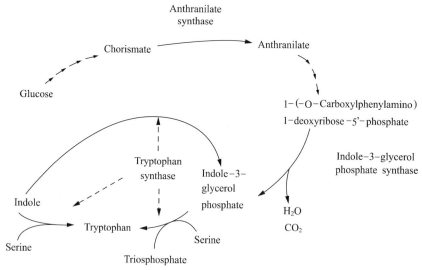

그림 8.20 대장균의 트립토판 합성

② 히스티딘 합성계 : 쥐티프스균이 히스티딘을 합성하는 데는 9가지의 효소가 관여하고 있다. 배지에 히스티딘을 가하면 이들 효소의 합성이 모두 억제된다. 즉, 히스티딘 합성 경로의 효소는 하나의 Operon을 구성하는 9개의 구조유전자가 지배하고 있다고 할 수 있다(그림 8.21).

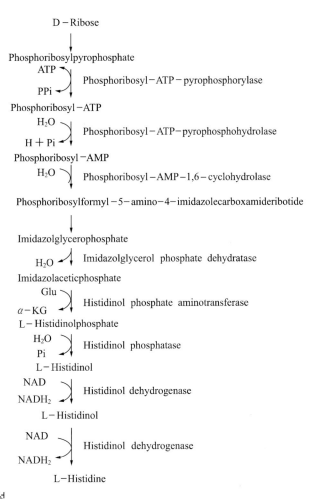

그림 8.21 히스티딘 합성

③ 대장균의 alkalin phosphatase : 대장균의 alkaline phosphatase(알칼리성 인산 가수분해효소)는 무기인산 농도가 낮으면 합성되지만 높으면 합성되지 않는다. 다른 오페론과 달리 이 대장균에는 제어유전자가 둘 존재한다. 효소합성에 관여하는 유전자를 구조유전자(P), 두 개의 제어유전자를 R_1, R_2라 하고, 유전자 조성과 효소활성의 유도에 관한 것을 정리하면 표 8.2와 같다.

표 8.2 대장균 alkaline phosphatase 유전자 조성과 효소합성의 유도

유전자 조성	효소의 합성	
	인산농도가 낮은 배지	인산농도가 높은 배지
$P^- \ R_1^+ \ R_2^+$	−	−
$p^+ \ R_1^+ \ R_2^+$	+	−
$P^+ \ R_1^- \ R_2^+$	+	+
$P^+ \ R_1^+ \ R_2^-$	+	+
$F'R_1^+P^-/P^+R_1^-R_2^+$	+	−

야생균주는 $P^+R_1^+R_2^+$로, 무기인산 농도가 높으면 효소합성이 저해된다. 즉, 구조유전자(P)와 두 제어유전자(R_1, R_2)가 존재한다. $P^-R_1^+R_2^+$의 돌연변이주는 구조유전자 P가 결손된 균주로, 인산농도와 관계없이 효소합성을 하지 않는다.

배지의 무기인산농도가 높아도 alkaline phosphatase 합성이 저해되지 않는 돌연변이 균주는 $P^+R_1^-R_2^+$, $P^+R_1^+R_2^-$ 두 가지로 분류된다. 야생주가 돌연변이주보다 우성인 것을 이용하여 R_1 및 P를 함유한 episome F'를 사용하여 $F'R_1^+P^-$ / $P^+R_1^-R_2^+$ 균주를 만들면 높은 인산농도에서 저해된다.

이상의 결과는 두 개의 제어유전자가 repressor 합성에 관여하는 것을 나타내고 있다. 이에 의한 조절 메커니즘은 그림 8.22와 같다.

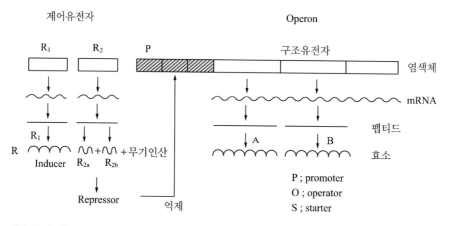

그림 8.22 대장균 alkaline phosphatase의 효소합성 조절

2. 호르몬에 의한 조절

(1) Cascade계

아드레날린은 혈중 글루코오스량의 증가에 관여하는 호르몬의 하나이다. 호르몬도 효소의

양조절에 관여한다.

아드레날린이 간장세포의 막 세포에 있는 수용체에 결합하면 막 안쪽에 부착하고 있는 adenylate cyclase(아데닐산 고리화효소)가 활발하게 작용하기 시작한다. 그 결과 다량의 ATP가 고리형 AMP(cyclic AMP)로 전환된다.

이어서 cAMP가 proteinkinase(단백질키나아제)를 활성화시켜 효소가 활성화되며, 결국 최종적으로 다량의 글루코오스가 혈액 중에 방출되게 된다. 아드레날린의 초기작용을 그림 8.23(b)에 제시한다.

또 최종 생성물인 글루코오스까지 이르는 각 과정에 관여하고 있는 일련의 효소들은 그림 8.24와 같다. 아드레날린에 의한 효소의 유도 시 중요한 것은 효소가 촉매하는 반응의 기질과 생성물이 역시 효소라는 점이다.

이들 연속되는 일군의 효소계는 최종적으로 막대한 양의 생성물을 생산한다. 간단한 계산으로도 한 개의 아드레날린이 10개의 adenylate cyclase를 활성화하고 이 효소 하나가 역시 cAMP를 만드는 것과 같이 각 단계에서 10배씩 늘어난다면, 하나의 아드레날린이 6단계를 거치는 동안 10^6개의 글로코오스를 생성하게 된다. 즉, 마치 눈사태와 같이 늘어나는 것이다.

이같이 눈사태 같은 증식 현상을 단계식 증폭(cascade) 기구라 한다.

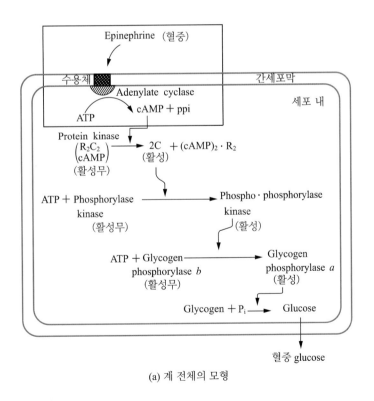

(a) 계 전체의 모형

(계속)

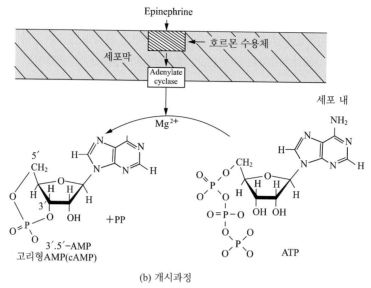

(b) 개시과정

그림 8.23 호르몬에 의한 효소의 유도

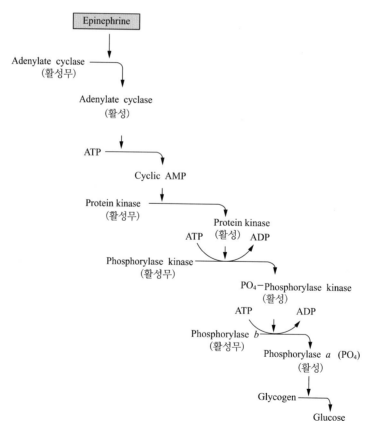

그림 8.24 효소의 단계식 증폭 메커니즘

(2) 식물발아

식물 종자는 적당한 온도와 수분에 놓아두면 발아한다. 흡수는 휴면 상태에 있던 종자가 발아라는 대사활성이 왕성한 상태로 전환시키는 방아쇠가 된다. 종자 발아 후의 생육과 발아기를 통하여 유전 정보는 배(胚) 부분에 내장되어 있다. 그리고 배유(胚乳)에 저장되어 있던 녹말은 발아로 생기는 녹말분해효소인 아밀라아제가 분해하여 에너지원이 된다.

① 엿기름 : 엿기름(malt)은 보리싹을 틔운 것으로 맥주 원료가 된다. 또 쌀에서 단술 → 조청 → 엿을 만드는 효소 첨가제, 즉 엿기름으로 사용된다. 이 상태의 엿기름은 대사가 저장형 보리에서 발아형으로 전환하고 있기 때문에 저장 녹말의 분해에 관계하는 α-아밀라아제, β-아밀라아제, 저장 단백질을 분해하는 protease와 carboxypeptidase(카르복시 말단펩티드 가수분해 효소) 등 각종 가수분해효소의 활성이 강해진다.

② 지베렐린 : 맥주의 제조에는 안정한 아밀라아제 활성을 가진 맥아가 필요하다. 배가 분비하는 물질이 배유에 α-아밀라아제가 생기게 한다. 이 물질은 gibberellin이라는 식물 호르몬이다. 지베렐린은 테르페노이드에 속하는 이차대사산물이다(그림 8.25).

테르페노이드는 이소프렌 단위의 골격을 갖는다(그림 8.26). 두 이소프렌 단위끼리의 결합으로 모노테르펜(10 - C)이 형성되어 세 개로 된 세스퀴테르펜(15 - C), 여섯 개로 된 트리테르펜(30 - C)이 각기 형성된다.

지베렐린은 메발론산에서 *ent* - kaurene을 거쳐 생합성되는 디테르펜이다. 현재까지 분리된 지베렐린은 50종을 넘으며, 고등식물계에 널리 분포하고 있다.

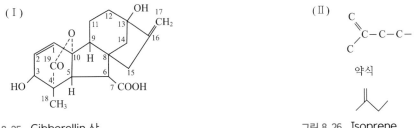

그림 8.25 Gibberellin 산   그림 8.26 Isoprene

③ 발아와 아밀라아제 : 건조상태의 종자에는 α-아밀라아제가 존재하지 않는다. 보리가 수분을 흡수하면 배에서 지베렐린이 합성되며, 합성된 지베렐린의 작용으로 아밀라아제가 합성된다. 그러면 배에서 합성되는 지베렐린이 어떻게 하여 발아 종자 중의 호분층에 운반되는가. 벼의 경우 α-아밀라아제 활성은 배와 배유의 경계선, 즉 배에 속하는 배반상피세포(胚盤上皮細胞)에 처음 나타난다. 발아에 따라 배반 주변의 배반 상피세포에 가까운 호분층 쪽에 α-아밀라아제 활성이 강해진다.

배반상피세포는 조직적인 분류로 배에 속하며, 배유세포에서 파생된 호분층과는 발생학적으로 전혀 다른 조직으로 구별된다. 그러나 전자현미경으로 살펴보면 배반상피세포와 호분층은 형태적으로 매우 비슷하다. 또 배반상피세포와 호분층에는 모두 금속을 함유한 과립이 존재하고 있다. 배에서 떨어진 호분층에는 지베렐린이 전송되지 않든가 지베렐린이 α-아밀라아제를 유도 합성하지 않는 것으로 보인다.

④ 호분층에 대한 지베렐린 작용 : 호분층은 화본과(벼과) 식물의 외피(과피 및 종피)와 녹말로 된 배유 사이에 하나 내지 여러 층으로 배유를 둘러싼 단백질이 풍부한 세포이다. 발아 시기와 싹이 나는 초기의 생장기에는 매우 활발하나, 그 후는 바로 쇠퇴하여 죽는 조직이다. 기능은 발아 전의 저장조직으로서의 역할과 발아 중에 배유 저장물질을 소화하는 일련의 가수분해 효소를 분비하는 일이다.

보리의 배를 제거한 호분층을 지베렐린산(GA_3)으로 처리하면 6~10시간의 유도기 후에 α-아밀라아제가 합성되기 시작한다. 한편 다른 식물 호르몬인 앱시스산(abscisis acid)은 α-아밀라아제의 유도적 합성을 저해한다.

⑤ 무세포계에 대한 지베렐린산의 효과 : 호분층에 지베렐린산을 첨가하면 약 8시간의 유도기 후에 α-아밀라아제나 protease(단백질 가수분해효소), ribonuclease(리보핵산 가수분해효소), β-glucanase(β-글루칸 가수분해효소) 등의 가수분해효소가 합성(de novo)되기 시작한다. 이는 지베렐린의 작용기구는 유전정보의 발현, 효소합성에 필요한 전령 RNA(mRNA) 생산에 대한 직접적 제어작용을 하는 것을 시사한다.

보리 호분층에서 RNA를 조제하여 보리 배아의 무세포계를 가하면 α-아밀라아제가 합성된다. 그러나 지베렐린을 가하지 않은 쪽에서는 전령 RNA의 번역 생성물인 α-아밀라아제 단백질이 생기지 않는다.

이들 결과는 지베렐린산에 의한 호분층의 α-아밀라아제의 유도합성은 RNA 수준에서 일어나는 것을 나타낸다.

8.3
효소활성의 조절 (질적인 조절)

1. 대사산물에 의한 조절

최종 대사산물이 대사 경로를 촉매하는 효소를 저해하는 것을 되돌림 저해(feedback inhibition)라 하고, 기질의 전구물질이나 대사산물이 대사 경로의 효소를 활성화하는 것을 활성화라고 한다.

(1) 되돌림 저해

여기에는 두 가지가 있다.

하나는 과잉의 최종산물이 반응 첫 단계의 효소활성을 억제하는 경우로, effector라 한다. 다른 하나는 최종산물이 일련의 반응계효소의 합성을 저해하는 경우로 이런 물질을 repressor라 한다. 이 두 가지 작용은 동일한 대사경로에서 동시에 작용하는 경우가 많다.

L-히스티딘 합성경로의 최종산물인 L-히스티딘은 합성경로의 첫 단계를 촉매하는 phosphoribosyl-ATP-pyrophosphorylase(ATP-포스포리보실기 전달효소) 활성을 특이적으로 저해하며, 나머지 단계의 효소합성도 억제한다(그림 8.27).

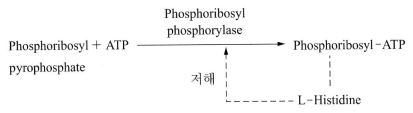

그림 8.27 L-Histidine 생합성 경로

피리미딘 합성계에서도 우라실과 유도체는 대사경로의 효소(dihydroorotate hydrolase와 dihydroorotate dehydrogenase)합성을 저해한다. 또 최종산물인 CTP는 대사 초기 단계를 촉매하는 aspartate transcarbamoylase(아스파르트산 카르바모일기전달효소)를 저해한다(그림 8.28).

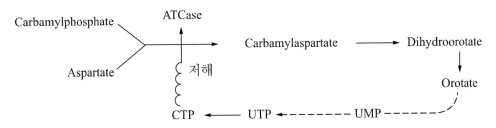

그림 8.28 피리미딘 합성경로의 되돌림 저해

이와 다른 형식의 저해도 있다. 최종산물은 같지만 합성경로가 두 가지인 경우가 있다. 한쪽 경로에서 최종산물이 충분히 합성되고 있으면 중간물질이 다른 경로를 저해한다. 피리미딘 누클레오티드의 합성경로에서 dCTP 합성에 이런 결과를 볼 수 있다. dCTP 합성 경로는 *de novo*, Salvage계 두 가지가 있다. *de novo*계가 왕성하면 *de nove*계 중간 대사산물인 UDP가 Salvage계 효소인 deoxycytidine kinase를 저해한다(그림 8.29).

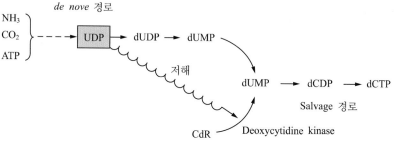

그림 8.29 dCTP 합성경로

ATP는 글루코오스 → acetyl-CoA → TCA 사이클을 통해 만들어진다. 그러나 acetyl-CoA는 중성지방에서도 생기며, 중성지방의 중간물질인 acyl-CoA는 글루코오스 대사계 효소를 저해한다. 즉, 지방이 에너지원으로 이용될 때는 당대사가 억제된다(그림 8.30).

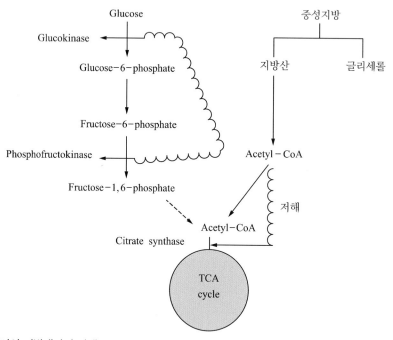

그림 8.30 당대사와 지방대사의 관계

(2) 대사 산물(또는 전구물질)에 의한 조절

이것은 되돌림 저해와 반대로 기질의 풍부한 전구물질이 반응경로의 효소를 활성화시키는 것을 말한다.

글리코겐 합성 시 전구물질인 glucose-6-phosphate가 많이 존재하면 glucose-6-phosphate는 글리코겐 합성 최종단계에 작용하는 효소 UDP glucose : glycogen-4-α-D-glucosyl-transferase(글리코겐 생성효소)를 활성화시킨다(그림 8.31).

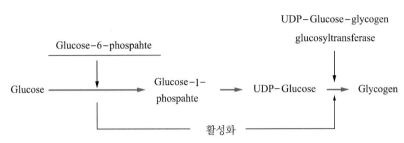

그림 8.31 글리코겐 합성

TCA 사이클 효소인 isocitrate dehydrogenase(이소시트르산 탈수소효소)도 이와 같은 메커니즘으로 TCA 사이클 첫 단계 기질인 시트르산이 활성화시킨다(그림 8.32).

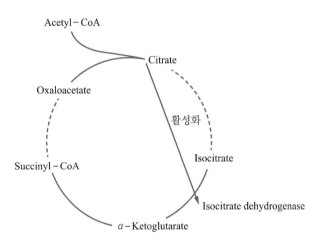

그림 8.32 시트르산에 의한 isocitrate dehydrogenase의 활성화

이와 다른 메커니즘으로 한 물질이 두 경로로부터 합성될 때 공급이 불충분한 쪽 효소를 다른 경로의 최종산물이 활성화하는 경우가 있다. TCA 사이클 중간대사 산물인 시트르산 합성경로에서 시트르산은 옥살로아세트산과 acetyl-CoA에서 합성된다.

Acetyl-CoA는 옥살로아세트산 합성 경로의 속도지배효소인 phosphoenol pyruvate carboxylase(포스포엔올피루브산 카르복시키나아제)를 활성화한다(그림 8.33).

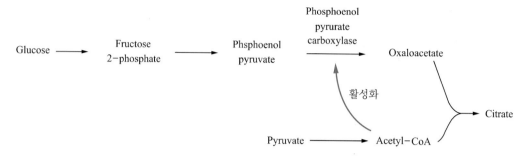

그림 8.33 Acetyl-CoA에 의한 phosphoenolpyruvate carboxylase의 활성화

　　이상의 되돌림 저해와 전구물질 또는 중간 대사산물에 의한 활성화는 속도지배단계에서
서로 혼합 작용하여 대사를 원활히 조절한다. 아미노산 대사에서는 L-발린의 threonine
deaminase(트레오닌 탈수효소)의 활성화와 L-이소루신의 저해가 함께 작용하여 대사를 조절
한다. 활성 알데히드와 피루브산에서 L-발린이 과잉으로 생기면 L-발린이 threonine
deaminase를 활성화시켜 α-케토아세트산을 만들어 활성 알데히드와 함께 이소루신을 합성한
다. 이소루신이 충분히 합성되면 threonine deaminase가 저해된다(그림 8.34).

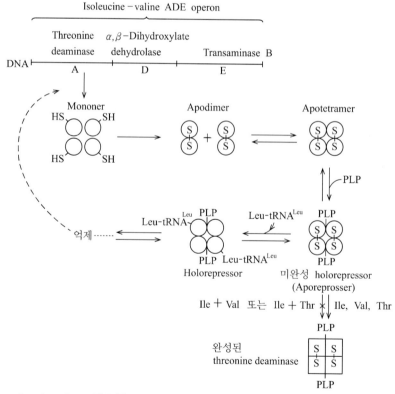

그림 8.34 Threonine deaminase의 조절

이와 다른 조절 메커니즘으로 대장균의 glutamine synthetase(글루탐산-암모니아 연결효소) 조절이 있다. 글루타민 합성 경로의 속도 지배효소인 glutamine synthetase에는 8개의 인자(AMP, CTP, carbamylphosphate, alanine, glycine, tryptophane, histidine, glucosamine-6-phosphate)가 저해적으로 조절하고 있다. 이들 저해는 단독일 때는 10~15% 정도에 지나지 않으나, 복수일 때는 상승적으로 저해한다(그림 8.35).

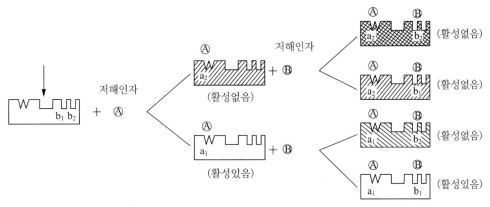

그림 8.35 대장균 글루타민 합성효소의 제어 메커니즘

이는 그림 8.35와 같이 저해인자 Ⓐ는 a_1, a_2 어느 쪽에나 결합하지만, a_2에 결합할 때만 저해작용을 나타낸다. 저해인자 Ⓑ도 b_1, b_2 어느 쪽에나 결합하지만 b_2에 결합할 때만 저해작용을 나타낸다.

a_2 및 b_2에 저해인자 Ⓐ, Ⓑ가 결합하면 a_1, b_1의 조절 부위와 촉매 부위는 영향을 받아 기능을 상실하며, a_1, b_1에 결합하면 촉매 부위는 영향을 받지 않으나, a_1, a_2의 조절 부위는 저해인자와는 결합력을 상실한다.

저해인자 Ⓐ가 a_1이나 a_2에 결합하여도 Ⓑ가 b_1이나 b_2에 결합하는데는 아무런 영향을 미치지 않는다. 또 Ⓑ가 b_1이나 b_2에 결합하여도 Ⓐ가 a_1이나 a_2에 결합하는데는 아무런 영향이 없다.

2. Protease에 의한 활성화

(1) 전구체의 활성화

효소 중에는 활성을 갖지 않는 전구체로서 생합성되어 특수한 변형을 받아야 활성화되는 경우가 있다. 활성화가 단백질 가수분해효소가 펩티드 사슬을 한정 분해하여 생길 때는 효소 전구체를 zymogen이라 하는 경우가 많다.

Glycogen phosphorylase(글리코겐 가인산분해효소)와 같이 불활성의 a형이 인산화로 활성형인 b형으로 변화되는 경우, a는 b의 전구체이지만 이를 zymogen이나 proenzyme이라고 하지 않는다.

Zymogen 또는 pro(pre)enzyme이라는 효소 전구체의 활성화는 모두 한정 분해에 의하는 것도 아니다.

또 zymogen은 촉매활성을 전혀 갖고 있지 않은 것은 아니고, 매우 약하고, 질적으로 다른 활성을 갖고 있는 경우도 있다. 혈액응고, 보조인자 결합 반응 및 피브린 용해 현상에 관여하는 protease에는 전구체의 존재와 한정분해에 따른 순차적인 활성화가 존재하고, 전체적으로 생체에 거대한 증폭기구를 만들고 있다(cascade 반응). 세포 내에 존재하는 비분비성 protease에도 마찬가지 전구체 활성화 기구가 존재할 가능성도 있다.

Protease에 의한 효소 전구체의 활성화는 세포 내외를 불문하고 비가역적인 생체 제어 짜임새의 한 가지로 중요한 의의를 갖고 있다.

단백질 분해효소(protease)가 불활성 효소 전구물질(예로써 trypsinogen)의 펩티드 결합 일부를 절단하여 전구체를 활성 효소(trypsin)로 전환시킬 때 효소 '전구체'는 protease의 기질, '활성인 효소'는 생성물이다. 그러므로 매우 소량의 protease가 많은 기질(전구체)을 생성물(활성효소)로 전환시킨다. 이는 효소의 양적인 조절이다(그림 8.36).

예로써 protease인 enterokinase(엔테로펩티드 가수분해효소)는 전구체인 trypsinogen을 공격하여 N말단부터 여섯 개의 아미노산으로 된 펩티드를 절단하여 방출한다. 이 절단으로 효소 전구체 구조의 일부가 변화하여 활성인 효소 트립신의 구조가 완성된다.

Chymotrypsinogen도 trypsinogen과 마찬가지로 소장 내에 췌액으로 분비되면 trypsin 및 chymotrypsin이 활성화시킨다. 키모트립시노겐에는 A, B, C 세 가지가 알려져 있으나 키모트립시겐이라 하면 A를 의미하는 경우가 많다.

키모트립시노겐 A는 한 가닥의 폴리펩티드 사슬로, 분자량 약 25,000이다. 여기에 트립신이 작용하면 N 말단에서 15번째의 Arg과 16번째의 Ile 사이가 끊어져 π-키모트립신이 생긴

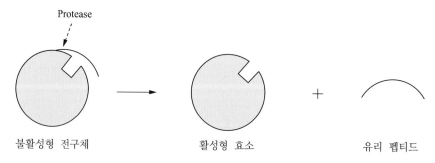

불활성형 전구체   활성형 효소   유리 펩티드

그림 8.36 **불활성형 전구체 효소의 활성화**

다. π-키모트립신은 다시 자기촉매적으로 분해되어 δ-키모트립신을 거쳐 최종적으로 안정한 α-키모트립신이 된다. 효소활성은 α-키모트립신을 I로 할 때 π-키모트립신은 2.5, 6-키모트립신 1.5로 중간 생성물 쪽이 높다.

이같이 키모트립시노겐의 N말단 가까운 결합이 단지 한 곳 절단될 뿐으로 강한 효소활성이 나타난다. 그러나 이 경우는 트립시노겐의 경우와 달리 N말단의 펩티드는 S-S 결합으로 나머지 펩티드 부분에 결합된 채로 있다(그림 8.37).

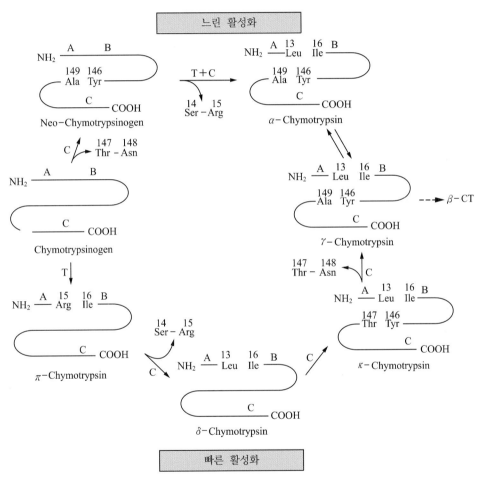

그림 8.37 **효소전구체**(chymotrypsinogen)의 활성화(chymotrypisin)
효소전구체 꼬리가 절단되면 효소로서 활성화된다.

이런 예는 이들 효소 외에도 여러 가지가 있다. 그들 중 일부를 표 8.3에 제시한다. 이들은 모두 protease가 전구체를 활성화시켜 protease를 생성한다. 흥미있는 점은 단백질 분해효소는 모두 활성이 없는 전구체로서 존재한다는 점이다.

표 8.3 Protease에 의한 단백질 분해효소의 활성화

효소 전구체	활성화	효소	효소 전구체 합성 부위
Chymotrypsinogen	trypsin →	Chymotrypsin	췌장
Proesterase	trypsin →	Esterase	췌장
Procarboxypeptidase B	trypsin →	Carboxypeptidase	췌장
Procarboxypeptidase A	chymotrypsin C →	Carboxypeptidase	췌장
Trypsinogen	enterokinase 또는 trypsin →	Trypsin	췌장
Pepsinogen	pepsin →	Pepsin	위

　　Protease는 다른 효소와 달리 기질이 단백질(효소)이다. 그래서 protease가 아무 때나 아무 곳에서 작용하면 곤란하다. 생체의 장기, 예로써 췌장 중에 protease가 활성형으로 존재하면 췌장을 다 분해해 버리고 말기 때문이다.

　　그래서 각 protease는 각기 저해물질이 결합하여 불활성형으로 존재하든가 또는 활성이 없는 전구체로서 존재하며, 필요에 따라 장소와 시간을 골라 활성을 갖게 된다. 이런 형태의 효소 조절은 생물이 수억 년이라는 시간에 걸쳐 개발한 방법이다.

　　또 하나 protease에 의한 효소의 활성화로 혈액응고를 들 수 있다.

　　부상당했을 때 피가 멈추지 않으면 목숨을 잃게 된다. 혈액응고는 그림 8.38과 같은 작용

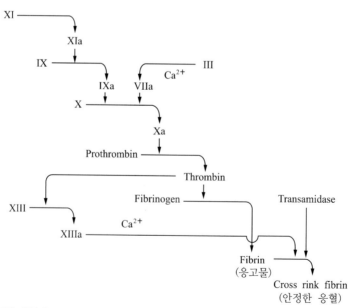

그림 8.38 혈액 응고의 짜임새

으로 일어난다. 모두 응고 최종 과정에서 안정한 혈액 응고물이 생겨서 상처를 보호하므로 혈액의 외부 유출이 방지된다. 그러므로 응고물이 생성되기까지의 과정이 중요하다. 이 과정도 효소(protease)가 촉매하여 새 효소를 눈사태처럼 계속 생기게 한다. 즉, 효소의 계단식 폭포 증폭기구이다(그림 8.38).

(2) Zymogen의 활성화

곡류 중의 효소(주로 아밀라아제)는 효소로 합성된 다음 효소들끼리 중합체를 형성하거나, 다른 것과 결합하여 불활성형으로 존재하는 것이 있다. 이를 zymogen(잠재형 효소)이라 한다.

이들은 발아에 따라 활성화되는데 SH기와 SS기의 가역적 전환 반응과 단백질 가수분해효소의 작용으로 효소분자로 분리되어 활성화된다. 그러나 zymogen 효소는 불용성이라 분리할 수 없었기 때문에 어느 쪽의 작용인지 확실하게 밝히지 못하였다.

가용성 zymogen을 얻어 papain(파파야의 단백질 가수분해효소)과 2-mercaptoethanol(SS기 환원제)로 처리 시험한 결과, 한쪽만 처리하면 부분적으로 활성화되지만, 두 가지 처리를 병행하면 완전히 활성화되는 것과 papain 처리로는 거의 활성화되지 않고 2-mercapto-ethanol로만 활성화되는 것이 있다(그림 8.39).

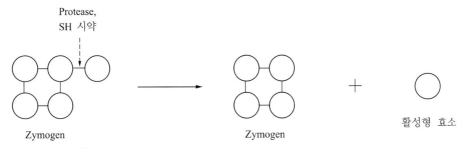

그림 8.39 **Zymogen의 활성화**

보리, 벼, 밀 등의 zymogen β-아밀라아제는 활성이 없다. 싹을 틔우면 지베렐린의 작용으로 환원제와 단백질 가수분해효소가 작용하여 활성형 β-아밀라아제로 바뀐다. 즉, 발아에 따라 활성화되는 것이다. 보리싹을 틔운 것을 엿기름이라고 한다. 엿기름에 들어있는 β- 및 α-아밀라아제 작용을 이용하여 쌀을 가수분해하여 단술(말토오스 용액)을 만든다.

발아에 따라 지베렐린에 의해 β-아밀라아제가 활성화되는 메커니즘은 호르몬에 의한 조절 항에 설명되어 있다. β-아밀라아제의 활성화에는 지베렐린이라는 호르몬이 관여하고 있기 때문에 호르몬에 의한 효소의 활성화로 볼 수 있다. 그러나 이 경우는 이미 생산되어 있던 불활성 효소를 다른 효소나 환원제의 작용으로 활성화시킨다는 점에서 양적인 유도는 아니다.

프로테아제가 활성화시키는 메커니즘은 전구체의 활성화와 같다고 할 수 있으나, 그 경우는 폴리펩티드 사슬의 일부가 전달되어 나가서 활성화되는 것이고, 이 경우는 분자 사이의 결합을 분해하여 효소를 자유로운 분자로 떼어내는 점이 다르다.

3. 변형에 의한 조절

Phosphorylase(가인산분해효소)는 동물 및 식물에 널리 존재하며 시험관 내(*in vitro*)에서는 녹말이나 글리코겐의 α-1,4-글루코시드 결합의 비환원 말단부터 가역적인 가인산분해 반응을 촉매한다.

이 때문에 글루코오스-1-인산의 글루코오스 잔기를 녹말 등의 비환원 말단에 α-1,4-결합으로 첨가하는 반응도 촉매한다. 그러나 동물체내(*in vivo*)에서는 글리코겐의 가인산분해 반응만 촉매한다.

토끼 근육의 phosphorylase는 생체에서 phosphorylase a와 b 두 가지 형으로 존재한다. Phosphorylase b는 phosphorylase kinase(가인산분해효소 키나아제)의 작용을 받아 인산화되어 phosphorylase a로 된다. 반대로 phosphorylase a는 phosphorylase phosphatase(가인산분해효소 인산가수분해효소)의 작용을 받아 탈인산화되어 phosphorylase b로 되돌아간다(그림 8.40, 8.41).

탈인산화된 phosphorylase(b)는 AMP가 존재하지 않는 조건에서는 거의 촉매활성을 갖고 있지 않으나 인산화된 phosphorylase(a)는 AMP가 없어도 활성을 갖는다.

Phosphorylase b는 AMP를 받아들이면 phosphorylase a와 거의 같은 정도의 활성을 나타낸다. 그러므로 phosphorylase는 효소(phosphorylase a 및 b)의 조절(활성화 및 불활성화)에 관여한다.

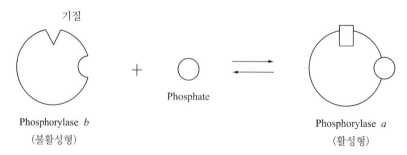

기질

Phosphorylase b
(불활성형)

Phosphate

Phosphorylase a
(활성형)

그림 8.40 변형에 의한 효소의 활성화

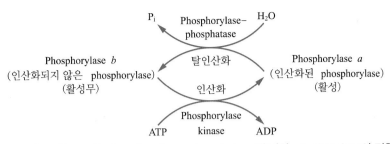

그림 8.41 Phosphorylase kinase와 phosphorylase-phosphatase에 의한 phoshorylase의 전환

토끼근육 phosphorylase b는 AMP, 기질 등을 받아들이지 않았을 때 주로 다이머(분자량 97,000의 서브유닛)로 존재하며, phosphorylase에 의해 Ser 잔기(N 말단부터 14번째)가 인산화되어 phosphorylase a로 되면 주로 테트라머로 존재한다. 그러나 기질이 첨가되어 촉매작용할 때 phosphorylase a는 다이머이다.

Phosphorylase b가 효소의 촉매작용을 받아서 인산화되든가 AMP를 받아들이는 등으로 '활성효소'로 전환되는 사실은 알려져 있으나 자세한 질적 전환의 짜임새에 대해서는 잘 알려져 있지 않다. 식물의 phosphorylase는 인산화, 탈인산화, AMP의 수용 등에 따른 활성 조절은 일어나지 않고, 활성형으로만 존재한다.

4. 다른자리 입체성 작용에 의한 조절

Threonine deaminase(트레오닌 탈수효소)는 L-루신에 의해 저해되지만 D-이소루신, L-발린 등 L-루신 이외의 물질이나 중간생성물에 의해 저해되는 일은 거의 없다. Threonine deaminase에게 L-루신은 기질도 생성물도 아닌 물질로 효소의 활성을 조절하기 위한 소자이다.

또 이 효소의 L-루신을 받아들이는 결합 부위는 기질이나 생성물 결합 부위와 다르게 존재한다. 그래서 활성 부위와 다르다는 의미에서 'allosteric site(입체성 다른자리)'라 한다. 또 다른자리 입체성 물질을 다른자리 입체성 인자라 한다.

그래서 다른자리 입체성 부위를 가지고 다른자리 입체성 물질과 결합하여 활성을 조절할 수 있는 효소를 다른자리 입체성 효소라 한다.

Threonine deaminase는 다른자리 입체성 인자로서 작용한다. 기타 많은 다른자리 입체성 효소가 알려져 있으나 그중에서도 aspartate transcarbarmylase(아스파르트산 카르바모일기 전달효소)는 가장 유명한 다른자리 입체성 효소이다.

다른자리 입체성 효소는 보통의 효소, 즉 Michaelis형의 촉매작용을 나타내는 효소와 기질 농도에 대한 촉매 속도의 의존성이 다르다. 즉, 개시속도 ν를 기질 개시농도 $[S]_0$에 대해 플롯하였을 때 Michaelis형 효소같이 쌍곡선형의 포화곡선을 나타내지 않는다.

낮은 기질 개시농도에서 개시속도가 작은 것은 쌍곡선형 효소와 같으나 기질농도를 높여도 개시속도가 쌍곡선으로 올라가지 않고 비교적 낮은 상태로 상당히 계속된 후 어느 농도에서 급격히 올라가는 S자형(Sigmoid)형 곡선을 나타내는 차이점을 보인다. 다른자리 입체성 인자가 기질 자신인가 기질 외의 물질인가에 따라 다른자리 입체성은 homotropic, heterotropic으로 구별된다.

어느 쪽이든 그림 8.42와 같이 Michaelis형과는 매우 다른 특이한 기질농도 의존성을 나타내고 있다.

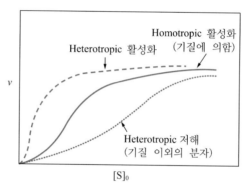

ν의 $[S]_0$ 의존성을 조사하면 효소의 특성을 알 수 있다.

그림 8.42 다른자리 입체성을 나타내는 $\nu \sim [S]_0$ plot

개시속도의 기질농도 의존성이 S자형이 되는 것은 효소에 결합하는 물질이 기질 하나뿐 아니고 기질 외에 적어도 하나 이상의 물질(기질)이 결합하기 때문이다. 즉, 결합하는 부위가 둘 이상이다.

또 다른자리 입체성 거동이 활성화로 나타날 때는 하나의 물질이 결합하면 두 번째 물질이 더 결합하기 쉬워지는 것을 의미한다.

반대로 저해로 나타날 때는 하나의 물질이 결합하면 다른 물질이 결합하기 어려워지는 것을 의미한다.

이같이 결합부위 사이가 독립되지 않고 서로 상관하고 있는 것을 협동성(cooperativity)이라 한다. 즉, 다른자리 입체성 효소는 복수의 리간드 결합부위를 갖고 있고, 각 부위가 리간드 결합 시 협동성을 나타낸다.

S자형 거동을 나타내는 것은 어떤 장점이 있을까. 그림 8.43은 S자형과 포화형 곡선을 비교하기 쉽게 그린 것이다. 가로축은 물론 기질 개시농도$[S]_0$, 세로축은 최대속도에 대한 상대값으로 표시되고 있다.

기질농도가 낮을 때 큰 속도(유사 상대값)를 주기 위해서는 포화곡선 쪽이 좋다. 같은 크기의 속도, 예로써 상대값 $\nu/V = 0.1$을 줄 때의 기질농도는 포화형 쪽이 S자형보다 훨씬 낮다. 그러나 속도의 조절이라는 점에서는 다르다.

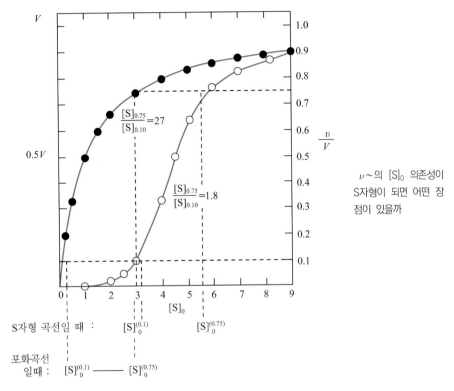

그림 8.43 $\nu \sim$ [S]$_0$ plot의 포화형 곡선과 S자형 곡선의 비교

즉, 속도 ν/V를 0.1에서 0.75로 올릴 필요가 생겼다고 하자. S자형에서는 기질농도를 3.2에서 5.6으로 1.8배만 증가시키면 된다. 그러나 포화형에서는 무려 27배나 기질을 증가시켜야 한다. 반대로 속도를 급하게 내려야 할 때(예로써 ν/V를 0.75에서 1로 내린다고 하자)도 상황은 같다.

이같이 같은 속도의 상승 또는 하강에 적응하는 기질농도의 차이는 S자형 쪽이 적어도 된다. 즉, 응답(response)이 빠르다. 그러므로 조절이라는 점에서는 S자형이 당연히 우수하다.

효소의 다른자리 입체성의 실상을 아는 것은 쉽지 않다. 그러나 다른자리 입체성 효소가 나타내는 S자형 거동을 설명할 수 있는 가설이 두 가지 있다. 하나는 Monod, Wyman, Changeux 등이 낸 것으로 MWC 모형 또는 대칭 모형이라 한다(그림 8.44).

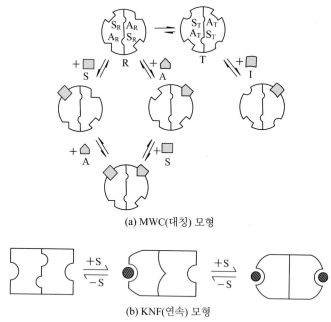

(a) MWC(대칭) 모형

(b) KNF(연속) 모형

그림 8.44 다른자리 입체성에 대한 두 가설

  Dimer 효소를 예로 들어 보자. 다른자리 입체성 효소는 기질에 대한 친화성이 다른 R(느슨한 상태)과 T(치밀한 상태)라는 두 상태를 취한다. R과 T는 평형이지만 T쪽으로 쏠려 있다. 그러므로 기질이 없을 때 효소는 거의 T상태를 취하고 있다. 기질과 다른자리 입체성 인자는 함께 R상태의 효소에 결합한다. 그러나 T상태에는 거의 결합하지 않는다.

  그림의 S는 기질, A는 다른자리 입체성 인자가 각기 결합하는 부위이다. 기질(또는 다른자리 입체성 인자)이 R상태의 효소에 결합하여 생긴 복합체는 R ⇌ T평형계에서 제외되기 때문에 그 몫 R ⇌ T평형은 R상태 쪽으로 어긋나게 된다. 그와 함께 최초의 분자(기질 또는 다른자리 입체성 인자)가 결합하면 비로소 결합부위가 유도된다.

  이렇게 하여 일단 한 분자가 결합함에 따라 차차 많이 결합하여 간다(이를 플러스의 협동성이라 한다. 이에 반해 최초의 분자가 결합하면 다음 분자가 결합하기 어려운 것을 마이너스의 협동성이라 한다). 이것으로 S자형 거동이 설명된다.

  MWC 모형으로 설명할 수 없는 현상(마이너스의 협동성)도 있어서 Koshland, Nemethy, Filmer는 새로운 모형을 창안하였다. 이는 KNF 모형 또는 연속모형이라고 한다(그림 8.44(b)).

  기질이나 다른자리 입체성 인자가 결합하면 효소의 서브유닛 구조가 변화하며 인접한 서브유닛에 영향을 주기 때문에 두 번째의 기질이나 다른자리 입체성 인자의 결합이 강해지거나(플러스의 협동성) 약해지거나(마이너스의 협동성) 한다.

KNF 모형에서는 구조 변화가 서브유닛 사이에 차례로 연속하여 생긴다고 한 반면 MWC 모형에서는 서브유닛 구조 변화는 협주적 또는 전체 또는 모두 아닌 형(all or none)으로 생긴다고 한다.

어느 쪽이건 효소가 새로 만들어지거나 유도되는 양적인 조절이 아니고 존재하는 효소의 양에 변화는 없으나 질적인 변화에 의해 촉매 반응속도가 빨라지거나 느려지게 되는 조절이다.

5. 저해제에 의한 조절

저해제는 효소의 활성 부위에 결합하지만 촉매작용을 받지 않는 물질로, 기질보다 강하게 결합하는 것이 많다. 저해제가 활성 부위에 결합하면 기질이 결합하지 못하게 되어 효소는 촉매작용을 할 수 없게 된다. 물론 여기에는 활성 부위를 기질과 서로 같이 결합하려고 경쟁하는 경쟁적 저해제와 기질 결합 부위와는 다른 부위에 결합하여 활성 부위 구조를 변화시켜 기질결합이 일어나지 못하도록 하는 비경쟁적 저해제가 있다.

생체에는 많은 효소 저해제가 있어서 효소가 작용하지 못하게 한다. 단백질 가수분해효소를 그대로 놓아두면 몸을 구성하는 단백질을 가리지 않고 가수분해하여 몸을 망치게 된다. 그러므로 단백질 가수분해효소는 만들어지고 나서 아무데서나 제멋대로 작용하지 않도록 묶어 놓는 장치가 필요하다. 이 장치가 저해제이다.

단백질 가수분해효소를 필요할 때 필요한 만큼 사용할 수 있도록 저해제로 묶어서 비축하여 놓고, 필요할 때 지시를 받아 저해제를 풀어서 사용한다.

그러나 동물이 죽으면 이 통제 장치가 흐트러져버린다. 그래서 몸속에 존재하는 단백질 가수분해효소가 제멋대로 작용하기 시작하여 자기 몸을 자기가 가수분해하기 시작한다. 새우젓은 자체 소화효소의 자기소화 반응을 이용하여 단백질을 아미노산과 펩티드로 가수분해한 식품이다. 다른 젓갈류도 마찬가지이다.

생명현상과 효소

모든 생명현상에는 효소가 관여하고 있다. 이 장에서는 생명현상에 효소가 어떻게 관여하고 있는가 살펴본다. 그러나 매우 폭넓은 분야이기 때문에 일부 중요한 내용만을 소개한다. 대사와 관련된 내용은 일반 생화학 전문서에서 많이 다루고 있으므로 전문서를 참고하기 바란다.

9.1
에너지 순환
– 해당과
TCA 회로

생물은 생명활동을 위해 에너지가 필요하며 식물은 광합성(탄소동화작용)을 통하여 태양 에너지를 당으로 축합하고 식물체 구성 물질을 만든다.

그러나 동물은 에너지 물질을 만들 수 없으므로 식물이 만든 에너지 물질(탄수화물, 지방질, 단백질)을 섭취하거나 다른 동물을 섭취하여 얻은 에너지 물질로 생명활동을 한다.

섭취한 탄수화물·지방질·단백질은 소화, 흡수, 분해되어 에너지를 발생하거나 저장하고, 세포와 조직, 구성 요소를 합성·조립하며, 그 중심에 TCA 회로가 있다(그림 9.1).

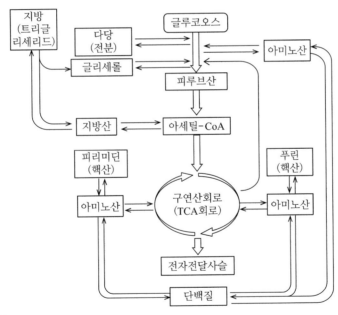

그림 9.1 에너지 순환

식물은 엽록소에 의한 탄소동화작용으로 이산화탄소를 포도당으로 축합하면서 태양 에너지를 담아 녹말로 저장된다.

$CO_2 \downarrow$ 고정 $\xrightarrow[\text{탄소동화}]{\text{태양 에너지}}$ Glucose(starch) → 동물섭취 → 해당 → TCA 회로 → $CO_2 \uparrow$ 유리

에너지(ATP) 생성

이화

식물(독립영양생물)   동물(종속영양생물)

TCA 회로는 탄수화물, 지방질, 단백질을 상호 전환시키므로 포도당이 부족하면 지방질과 단백질도 에너지원으로 사용하며, 남으면 지방질로 축적하였다가 사용하며, 몸의 구성 성분도 합성한다.

사람은 밥, 빵, 국수 등의 녹말을 포도당으로 섭취하여 분해 이용하며 산소가 적게 필요한 해당단계와 산소가 많이 필요한 TCA 회로 2단계에 걸쳐 포도당의 에너지를 ATP 형태로 얻는다.

해당에서는 10가지 효소가 작용하며 포도당의 탄소 6개 분자는 중간에 탄소 3개짜리 2개로 나누어져 마지막에 피루브산이 되고 ATP 7개를 생산한다(그림 9.2).

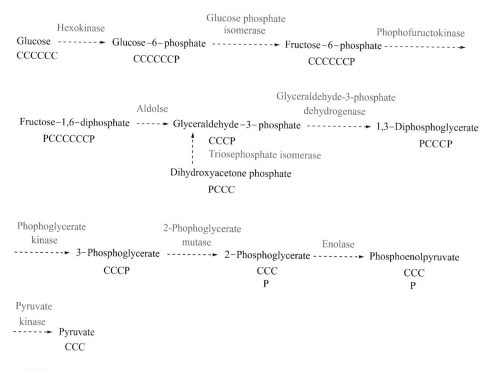

그림 9.2 혐기적 해당

TCA 회로에는 8가지 효소가 작용하며 피루브산은 탄소 2개짜리 아세틸-CoA가 되어 옥살로아세트산과 결합한 다음 탄소 2개가 CO_2로 분해되어 공기로 되돌아가면서 ATP 20개를

생산한다(그림 9.3).

생태계 전체로 보았을 때, 공기 중의 이산화탄소는 식물의 탄소동화작용으로 식물, 동물, 미생물 등으로 고정되었다가, 죽으면 효소의 작용으로 분해되어 단백질의 질소는 암모니아 가스, 황은 황화수소, 탄소는 이산화탄소로 분해되어 공기 중으로 되돌아가는 순환 과정이고, 해당과 TCA 회로는 이산화탄소를 매개로 한 에너지 순환 과정이다.

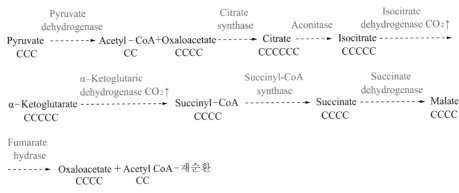

그림 9.3 **TCA 회로**

9.2
선천적 대사이상

생명현상은 효소가 담당한다.

효소 유전자에 장해가 생기면 효소가 정상적으로 만들어지지 않아 이상이 생긴다. 이런 병을 선천적 대사이상이라고 한다.

효소에는 고정적으로 활성을 나타내는 효소와 호르몬이나 기타 대사산물에 의해 활성이 변동되는 효소(속도지배 효소)가 있다. 질병은 이들 속도지배 효소의 이상으로 생긴다. 효소에 따른 질병은 효소의 결손이나 저하에 따른 선천적 대사이상과 호르몬이나 비타민 결손에 의한 이차적 효소활성 이상이 있다. 이차적 효소활성 이상은 부족한 물질을 보급하면 치료할 수 있다.

오랫동안 인간은 선천성 대사이상에 대한 근본적인 치료법이 없었다. 그러나 발달하고 있는 생명과학으로 시도한 치료법이 있다. 그중 하나는 유전공학적 방법이고, 다른 하나는 효소 보충법이다.

유전공학은 매우 발전하여 특정 유전자, 즉 DNA 단편을 잘라 내거나 연결하거나, 증폭하거나, 재조합하거나, 구조를 결정할 수 있다. 이 기술을 유전병의 원인 해석과 진단에 사용한다. 결함 유전자 대신 정상 유전자를 이식하기도 한다. 물론 인간의 치료에 응용할 수 있게 되어도 자손까지 영향을 미칠 수 있는 유전자를 도입하는 것은 어려운 경우도 있다.

선천적 대사이상증 환자에게 해당효소를 외부에서 보충시키는 방법도 있다. 그러나 효소를 외부에서 투여하여도 목적한 조직이나 세포까지 잘 도달하지 않고 파괴되거나 면역 반응을 일으키고 만다. 그래서 리포솜이라는 지질막에 끼워서 투입하는 방법도 있다.

1. 선천적 대사이상의 형식

생체 반응이 $A \xrightarrow{E_1} B \xrightarrow{E_2} C \xrightarrow{E_3} D$와 같은 과정으로 진행되고 있을 때, 효소 E_3의 결손에 따른 대사이상은 다음과 같은 다섯 가지가 있다.

(1) $A \rightarrow B \rightarrow C \rightarrow \times D$

$$\text{Phenylalanine} \rightarrow \text{tyrosine} \rightarrow \text{dioxyphenylalanine} \xrightarrow{\text{tyrosinase}} \times \text{melanine}$$
$$\downarrow$$
$$\text{adrenaline}$$

즉, D가 생성되지 않아 D 이하의 경로가 차단되는 경우이다. 예로서 페닐알라닌이 멜라닌 색소로 형성되는 반응 경로 중에서 tyrosinase(모노페놀 일산소화효소)가 결핍되면 멜라닌 합성이 불가능하게 되어 신체는 눈동자까지 희게 되는 백자병(白子病)에 걸린다.

(2) $A \rightarrow B \rightarrow C \rightarrow \times D$
$$C$$
$$C$$

$$\text{Phenylalanine} \rightarrow \text{tyrosine} \rightleftharpoons p\text{-hydroxyphenyl pyruvate} \rightarrow \text{homegentisate}$$
$$\text{homegentisate}$$
$$\text{homegentisate}$$

$$\xrightarrow{\text{homegentisate-1,2-dioxygenase}} \times 4\text{-maleylacetoacete}$$

D의 생성이 차단되어 C가 축적되는 경우이다. 즉, 차단 반응 앞 단계의 물질이 축적된다. 페닐알라닌의 대사경로 중에서 homogentisate-1,2-dioxyginase(호모겐티스산-1,2-이산화효소)가 결손되면 호모겐티스산이 대사되지 않아 축적된다.

그래서 오줌으로 대량으로 배설된다. 그리고 오줌 중에서 산화되어 검은 색소가 생기기 때문에 오줌이 까맣게 된다. 이 병을 알캅톤뇨증(alcaptonuria)이라고 한다.

(3) A → B → C → × D
    A   B
    A   B

Glycogen → glucose-1-phosphate → glucose-6-phosphate $\xrightarrow{\text{glucose-6-phosphatase}}$ glucose
Glycogen   glucose-6-phosphate
Glycogen   glucose-6-phosphate

차단 반응 수단계의 물질까지 축적되는 경우이다. 예로서 글리코겐의 해당과정에서 glucose-6-phosphatase(글루코오스-6-인산가수분해효소)가 결손되면 glucose-6-phosphate와 글코겐이 축적된다.

(4) A → B → C → × D
          ↓
         X → Y → Z

Phenylalanine $\xrightarrow{\text{phenylalanine-4-hydroxylase}}$ × tyrosine
       ↳ phenylpyruvate

별도의 대사경로로 들어가는 경우이다. 페닐알라닌이 티로신으로 변하는 과정 중에 phenylalanine-4-hydroxylase(페닐알라닌-4-일산소화효소)가 결손되면 페닐알라닌은 엉뚱한 경로를 거쳐 혈중이나 오줌 등에 페닐피루브산으로 다량 배설되는 페닐케톤뇨증(phenylketonuria)에 걸린다. 놓아두면 지능이 저하하므로 페닐알라닌 결핍증 치료법으로 치료한다.

(5) A → B → C → × D
          ↓   ↑
         C' → C'

우회하는 경우이다. 레시니한-증후군(Lesch-Nyhan syndrome)은 푸린체 대사와 우르산 생성 과정에서 hypoxanthine-guanine phosphoribosyltransferase(히포크산틴 포스포리보실기 전달효소)가 결손되면 PRPP가 소비되지 않고 다른 경로로 쓰여져 푸린이나 우르산 생성을 촉진시킨다. 우르산이 축적되면 신체 마비, 통풍, 지능발육 장해, 공격적 성격, 자학적 성격이 된다. 푸린을 거쳐 이노신산을 형성하는 경우도 있다(그림 9.4).

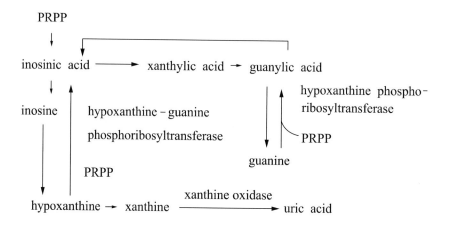

그림 9.4

2. 선천적 대사이상의 종류

(1) 당대사의 선천적 이상

탄수화물의 대사이상은 표 9.1과 같다.

표 9.1 탄수화물 대사이상

결손효소	이상증	병명
		당원병(글리코겐 저장중)
Glucose-6-phosphatase	Glucose-6-phosphate, 글리코겐의 축적	① von Gierke씨병
α-Glucosidase	//	② Pompe씨병(한계 덱스트린증)
	(글리코겐 분자 바깥쪽만 이용)	③ Cori씨병
α-1,4-Branching enzyme	가지 없는 글리코겐(난용성) 생성 축적	④ Anderson씨병
Phosphorylase	글리코겐의 이용 저해, 갑작스런 운동장해	⑤ McArdle씨병
근육 6-phosphofructokinase	//	
간장 phosphorylase kinase	//	
UDP-Glucosehexose-1-phosphate uridyltransferase	갈락토오스의 대사 이용 저해	갈락토오스혈증
Glactokinase	//	//
간장 fructokinase	프룩토오스의 대사 이용 저해	프룩토오스뇨증
	히드록시피루브산을 축적하여 락트산 탈수소효소가 글리세르산으로 만든다.	
Glycerate dehydrogenase	옥살산 생성 촉진	옥살산염뇨증, 글리세르산뇨증
Xylose reductase	크실로오스의 대사이상	펜토오스뇨증

① 당원병 : 혐기적 해당계의 효소 결손으로 글리코겐이 축적되는 증세이다. 대사이상으로 혈중이나 소변 중에 갈락토오스, 프룩토오스, 펜토오스 등이 증가하여 글루코오스에 의한 당뇨병과 혼동된다.

② 갈락토오스혈증 : 이 과정 중에 galactose-1-phosphate uridyltransferase(UTP 헥소오스-1-인산우리딜릴기 전달효소)가 결손되면 갈락토오스 혈증(galactosemia)을 일으켜 유아 성장 시 지능저하, 간종, 간경변, 흑내장(黑內障, aniaurosis) 등이 생긴다.

$$Galactose \rightarrow galactose\text{-}1\text{-}phosphate + UDP\text{-}glucose$$
$$\uparrow\downarrow \quad galactose\text{-}1\text{-}phosphate \ \ uridyltransferase$$
$$UDP\text{-}galactose + glucose\text{-}1\text{-}phosphate$$

③ 혈중 푸룩토오스 증가에 의한 질병 : Fructokinase(프룩토오스 키나아제)의 결손으로 양성 프룩토오스 혈증이 생기지만 무증상으로 경과된다.

④ 펜토오스 혈증 : L-Xylose dehydrogenase(L-크실로오스 탈수소효소) 결손으로 혈중 L-크실로오스가 출현하지만 대부분 무증상으로 경과된다.

(2) 지질대사의 선천적 대사이상

지질성분(콜레스테롤, 중성지질, 인지질)이 혈중에 증가하며, 동시에 혈청 리포프로틴이 증가하는 증상과 리포프로틴 결손증이 있다. 지질 축적증은 지질의 종류에 따라 증상이 다르다.

콜레스테롤 대사 장해는 편평골 결손, 안구 돌출, 요붕증(尿崩症), 계통장해, 연조직 장해, 골장해 등의 증상을 나타낸다(Hand-Schüller-Christian병). 글루코세레브로시드의 대사장해는 비종, 간종, 장간골 및 골반피질 침식, 빈혈 황색색소 침착 등을 일으킨다(Gaucher병).

강글리오시드 대사장해는 gangoylism이나 Tay-Sachs병을 일으키고, 스핑고미엘린 대사장해로 간장, 뇌 등에 스핑고미엘린이 축적되는 Niemann-Pick병, 술파티드 등의 복합지질이 중추신경이나 말초신경에 축적되어 일어나는 대사이상 등이 있다. 이들 증상은 해당 지질 분해효소의 결손에 의한다.

(3) 아미노산 대사이상

글리신, 발린, 루신, 이소루신 등이 오줌 속에 다량 출현하는 이상증, 페닐알라닌, 티로신의 내사이싱으로 나타나는 일집돈뇨증과 페닐케톤뇨증이 있다.

프롤린, 히드록시프롤린, 히스티딘, 시스타티온, 리신, 아르기노숙신산 등의 대사 장해로 혈중이나 요중에 다량 출현하면 정신증상, 신경증상, 백치, 경련, 의식 장해, 간경직 등이 유발된다(표 9.2).

표 9.2 아미노산 대사이상

결손효소	이상증	병명
Phenylalanine-4-monooxyginase	페닐알라닌을 축적하여 곁반응으로 페닐 피루브산, 페닐락트산으로 배설	페닐케톤뇨증
Tyrosine aminotransferase 및 4-hydroxyphenylpyruvate dioxyginase	티로신, 4-히드록시페닐피루브산 축적	티로신증
Homogentisate-1,2-dioxyginase	호모게티스산 축적 배설	알캅톤뇨증
Histidine ammonialyase	히스티딘 축적	히스티딘 혈증
Glutathione synthetase	글루타밀시스테인 축적, 곁반응으로 5-옥소프롤린 생성	5-옥소프롤린뇨증, 피로글루타민뇨증
1-Proline-5-carbonate dehydrogenase	프롤린 축적	고프롤린 혈증
Carbamoylphosphate synthetase	NH_3 축적	고암모니아 혈증
Ornithine carbamoyltransferase	//	//
Argininosuccinate synthase	시트룰린 축적	시트룰린혈증
Argyninosuccinate lyase	아르기니노숙신산 축적 배설	아르기니노숙신산뇨증
Arginase	아르기닌 축적	고아르기닌혈증
Saccharopine dehydrogenase	리신 축적	고리신혈증
Valine aminotransferase	발린 축적	고발린혈증
2-Oxoisovalerate dehydrogenase	가지사슬 아미노산, 케토산 축적	단풍시럽뇨증
Isovaleryl-CoA dehydrogensa	이소발러르산 축적, 배설	이소발러르산뇨증
Methylcrotonyl-CoA carboxylase	메틸크로톤산 축적, 배설	메틸크로톤산뇨증
Cystathione β-synthase	호모시스틴, 축적, 배설	호모시스텐뇨증
4-Hydroxyphenylpyruvate dioxyginase	티로신, 4-히드록시페닐피루브산, 4-히드록시페닐락트산뇨 배설	신생아 티로신뇨증

(4) 핵산대사의 선천적 이상

① 푸린 대사이상 : Lesch-Nyhan 증후군이 있다. 증상은 고우르산증, 통풍이 나타나며 이들은 푸린체인 *de novo* 생합성의 과잉에 의한다. 이중 푸린체인 hypoxanthine phosphoribosyltransferase(히포크산틴 포스포리보실기 전달효소)가 결손되어 일어난다. 증상으로 생후 마비, 신체 및 지능발육 장해, 공격적 성격, 자학적 성격이 나타난다. 크산틴 축적증(xanthinosis)은 크산틴을 우르산으로 만드는 xathine oxidase(크산틴 산화효소) 결손에 의하며, 혈청과 요에 크산틴, 히포크산틴이 증가하고, 우르산이 감소한다.

② 오르트산뇨증 : Orotate phosphoribosyltransferase(오로트산 포스포리보실기전달효소)와 orotidylate decarboxylase(오로트산 탈탄산효소) 결손에 의하며, 피리미딘 생합성계의 대사이상으로 생긴다.

$$\text{Oratate} \xrightarrow[\text{phosphoribosyltransferase}]{\text{Orotate}} \text{Orotidylate} \xrightarrow[\text{decarboxylase}]{\text{Orotidylate}} \text{uridylate} \cdots\!\!\rightarrow \text{핵산}$$

이 중 오로트산 포스포리보실기전달효소가 결손되면 오로트산이 축적된다. 이 병은 선천성 대사이상증으로 갓난 아기에게 빈혈, 설사, 발육장해, 기능저하 등이 나타난다. 오줌에는 정상인의 1,000배나 되는 오로트산이 검출된다.

(5) 적혈구의 선천적 대상이상과 용혈성 빈혈

적혈구막의 안정성에 관여하는 인자는 다음과 같다.

① 막에 존재하는 Mg, Na, K 의존성 ATPase와 ATP 양 : ATP가 감소하면 당이 결핍되어 평활구상 적혈구가 된다. ATP 생성에 관여하는 pyruvate kinase(피루브산 키나아제), diphosphoglycerate mutase(디포스포글리세르산 자리옮김효소), triosephosphate isomerse(트리오스인산 이성질화효소), hexokinase(핵소오스 키나아제) 등이 결손되면 용혈성 빈혈을 일으킨다.

② 환원형 글루타티온(GSH) 양 : GSH기는 헤모글로빈이 메트헤모글로빈으로 되는 것을 막아 적혈구막의 안정성을 유지한다. 그래서 환원형 글루타티온 생성에 관여하는 glucose-6-phosphate dehydrogenase(글루코오스-6-인산 탈수소효소), 6-phosphogluconate dehydrogenase(6-포스포글루콘산 탈수소효소) 등이 결손되면 빈혈을 일으킨다.

③ 이상 헤모글로빈 양 : Hb M, Hb S, β-서브유닛에 이상이 있는 헤모글로빈 등은 용혈되기 쉽다. NADH-methemoglobin reductase 이상의 선천적 메트헤모글로빈 혈증도 있다.

④ 2,3-Diphosphoglycerate 양 : 적정량 유지되지 않으면 빈혈이 유발된다.

(5) 콜린에스테르 가수분해효소 이상

건강한 사람의 근육이완제인 suxamethionium, succinyldicholine 등을 투여하면 일반적인 경우 일정 시간 후에는 근육 이완현상이 없어지지만 환자는 이완현상이 계속되어 호흡근육 마비를 일으키는 경우가 있다. 근육 이완현상은 choline esterase(콜린에스테르 가수분해효소)가 콜린을 분해하면 없어진다.

즉, 정상적인 경우 혈청 속의 콜린에스테르 가수분해효소는 저해제(dibucaine)가 80% 저해시키나 환자 혈청의 효소는 80%(DN 80), 20%(DN 20), 60%(DN 60) 저해되는 세 가지로 나타난다. DN 80은 효소의 정상 유전자만 두 개 있다. +/+ DN 60은 정상 유전자와 비정상 유전자 각각 하나씩, +/m DN 20은 정상, 이상 유전자 하나씩 있다.

환자는 이런 유전자의 이상에 따라 생긴다. 이상 유전자가 만든 효소는 콜린을 가수분해하는 힘이 없어서 근육이완제(succinyldicholine)가 분해되지 않아서 호흡마비를 일으킨다.

(6) 이차적 효소이상 질병

효소 자체적인 원인이 아니라 호르몬이나 기타 원인에 의한 효소활성 변화에 따른 질병이다.

예로서 췌성 당뇨증은 췌장에서 분비되는 인슐린 저하로 간 등에 지방조직의 효소활성 변동을 일으켜 고혈당을 초래하는 병이다. 즉, 모든 반응은 글루코오스를 만드는 방향으로 전환된다.

한편 지방조직에서는 lipoprotein lipase(지방단백질 지방질 가수분해효소) 활성이 상승하여 혈중 유리지방산 농도가 높아진다. 즉, 인슐린 결핍 등의 호르몬 이상이 효소화학적 변화를 일으켜 당뇨병과 기타 질병을 일으킨다.

9.3
수정과 효소

수정은 정자세포와 난자세포가 서로 자기와 동일한 종의 세포로 인식하여 접합, 융합을 통해 정핵과 난핵이 합쳐지는 현상이다. 수정은 유성생식하는 세포의 종을 유지하기 위한 가장 기본적이고 중요한 생명현상으로, 수정으로 새로운 생명체인 배(胚)의 발생이 시작된다.

모든 포유류, 조류, 파충류, 꼬리 있는 양생류의 대부분과 연골어류 모두, 일부 경골어류는 체내수정한다. 정액은 고환에서 나와 부고환을 거쳐 나오는 정자와 정낭과 전입선에서 나오는 정장(精漿)이 합쳐진 액이다. 전립선에서 나오는 액은 정장의 10~30%를 차지하며 정낭에서 나오는 액은 60~80%를 차지한다. 정자의 운동은 전립선액이 촉진하며, 정낭액이 장해한다. 정자 중에는 40종 이상의 효소가 들어 있다. 정자와 난자 효소의 기능을 크게 나누면

① 정자의 에너지 획득을 위한 효소
② 정자를 난자에 접근시키는 효소
③ 정자가 난자를 인식하게 하는 효소
④ 정자가 난자의 세포막을 찢어 여는 효소
⑤ 정자가 난핵에 접근하였을 때 정자핵을 노출시키는 효소

⑥ 정자핵을 난자핵과 융합시키는 효소

등이 함유되어 있다.

1. 정액의 응고와 액화

사정된 후의 정액은 5분 이내에 응고된다. 그래서 겔이 정자를 둘러싸 정자는 움직이지 못하게 된다. 그 후 약 20분 정도 지나면 액화가 일어나 정자는 움직이게 된다. 사람의 경우 전반부에 사정되는 부분은 응고되지 않거나 응고되어도 바로 액화되지만 후반부에 사정되는 부분은 딱딱한 응고물이 된다. 정낭에서 나오는 응고 단백질이 함유되어 있기 때문이다.

정액의 응고와 액화의 상태는 동물에 따라 달라서 소, 개의 경우는 응고되지 않는다. 돼지는 응고선에서 응고 단백질을 내어 사정액의 60%가 응고한다. 그러나 액화되지는 않는다.

쥐(주로 흰쥐)나 모르모트(marmotte)는 정낭의 응고선에서 응고 단백질이 분비된다. 사정 후 정액은 응고된 상태로 수일간 유지되며, 질내(膣内)에서도 녹지 않는다. 응고선에서 나오는 응고 단백질은 염기성으로 분자 내에서 Lys의 아미노기와 Glu의 γ-카르복시기(C_5) 사이에 다리를 형성한다. 이 분자내 다리 형성 반응을 특이적으로 촉매하는 효소 glutamylpeptide γ-glutamyltransferase(글루타밀펩티드 γ-글루타밀기 전달효소)도 있다(그림 9.5).

다리형성 반응은 pH 6.0∼8.0에서 이루어지며 최적 pH는 7.4이다. NaCl과 칼슘의 존재하에서 활성화된다.

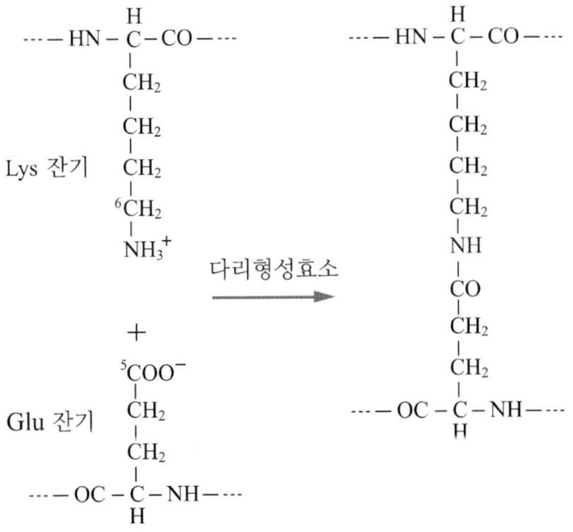

Glutamylpeptide γ-glutamyltransferase (transglutaminase)가 촉매한다.

그림 9.5 정액을 응고시키는 다리형성 반응

응고한 정액이 액화하는 현상에는 다음과 같은 세 가지 단백질 분해효소가 관여하고 있다.

정장 중에 존재하는 첫 번째 단백질 분해효소는 불활성형 효소 전구체인 pepsinogen이다. 정장 펩시노겐은 산성 pH에서 pepsin으로 활성화된다. 정장의 pH는 3.0~6.0의 산성이므로 질 속에서 활성화된다. 활성화된 펩신은 정액 단백질을 pH 2.5 부근에서 가장 잘 분해한다.

또 정장 펩신은 pH 5에서 우유 단백질을 응고시키는 작용을 한다. 펩시노겐은 일단 펩신으로 활성화되면 알칼리성에서는 불안정하게 된다. 정장 펩시노겐의 이런 성질은 위 펩시노겐과 매우 비슷하다. 정장 펩시노겐은 위나 십이지장 점막액에 존재하는 펩시노겐 II 군과 면역학적으로 같은 구조를 갖고 있다.

정장 중에 존재하는 두 번째 단백질 분해효소는 전립선에서 분비되는 중성 proteinase인 seminin이다. 작용 양식은 소화관의 키모트립신과 비슷하나 저해제에 의한 저해는 키모트립신과 다르다.

정액의 응고는 세미닌의 작용으로 생각되나 응고한 정액의 액화에는 여러 효소가 관여하는 것으로 생각되고 있다.

세 번째 단백질 분해효소는 플라스미노겐 활성화인자이다. 이 효소는 전립선이나 요도구선(尿道球腺)에서 분비되며 면역학적으로는 오줌 속에 존재하는 urokinase(플라스미노겐 활성인자)와 같다. Urokinase는 불활성 효소 전구체인 플라스미노겐 중의 Arg과 Val 사이의 펩티드 결합 한 곳을 가수분해하여 플라스민으로 활성화시킨다. 플라스민은 활성화된 단백질 분해효소로서 암컷 성기의 섬유소 피브린을 제거하여 정자가 통과하기 쉽게 하는 역할을 한다.

2. 정자와 난자의 상호작용

포유류의 정자는 고환에서 부고환을 거쳐 사출되며, 질에서 수란관까지 이동하는 사이에 형식적, 기능적으로 변화하여 난자에 진입하는 능력을 갖게 되고 운동성에도 변화가 일어난다.

사람 등의 정자는 첨체부, 두부, 중부, 미부로 구성되며 편모형을 하고 있다(그림 9.6). 정자의 머리부는 핵과 그에 인접한 첨체(acrosome)로 구성되어 있다. 정자가 난자로 진입하는 현상을 첨체 반응이라 한다.

첨체 반응은 정자가 난자 표면의 투명대에 도달하면 정자의 첨체 끝부분의 막투과성에 변화가 일어나 칼슘이온의 침입으로 막이 파괴되어 첨체 극체가 노출되는 일로 개시된다. 이때 칼슘이 필요하다.

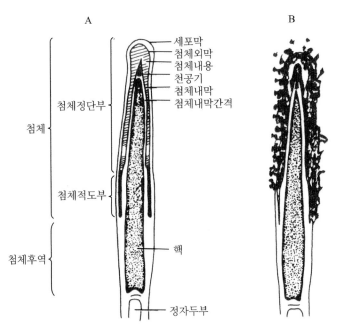

A B

세포막
첨체외막
첨체내용
천공기
첨체내막
첨체내막간격

첨체정단부

첨체

첨체적도부

첨체후역

핵

정자두부

그림 9.6　정자 첨체(A)와 첨체 반응으로 정단부에 변화가 생긴 첨체(B)

　　정자 첨체의 내용물로서 들어 있는 단백질분해효소 전구체인 proacrosin을 정자 표층의 단
백질분해효소가 가수분해, 활성화시켜 acrosin이 된다. 아크로신은 난자의 보호피막을 파괴
한다.

　　정자가 난자표층의 투명대를 통과하는 순간에 첨체막의 내측 부분의 세포막에서 액틴 모
양의 소섬유로 된 첨체 돌기가 생긴다.

　　정자 첨체포 중의 아크로신은 불활성형의 효
소 전구체 프로아크로신으로 존재하고 있다. 프
로아크로신은 고환 분비물 중에 존재하는 트립
신 저해물질을 제거하면 프로아크로신이 자체
적 자기촉매로 아크로신으로 활성화된다.

　　아크로신의 분자량은 22,000~77,000으로 다
양하다. 돼지 정자의 프로아크로신은 단계적으
로 저분자화하여 분자량 25,000의 γ-아크로신
이 된다(그림 9.7).

　　활성화한 아크로신은 여러 단백질을 가수분
해할 수 있다. 아크로신은 펩티드 사슬의 Arg과
Gly 사이, Lys과 Ala 사이를 가수분해한다. 또

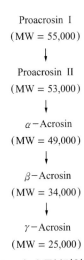

Proacrosin I
(MW = 55,000)
↓
Proacrosin II
(MW = 53,000)
↓
α−Acrosin
(MW = 49,000)
↓
β−Acrosin
(MW = 34,000)
↓
γ−Acrosin
(MW = 25,000)

그림 9.7　Proacrosin으로부터의 acrosin 활성화

저분자 합성기질의 경우는 벤조일아르기닌 에틸에스테르를 pH 8~8.5 부근에서 잘 분해한다. 이들 기질 특이성은 췌장의 트립신과 똑같다.

아크로신의 활성기는 트립신과 매우 비슷하다. 유기 인산화물인 diisopropylfluorophosphate (DFP)가 저해하므로, 활성 중심에 Ser 잔기를 가지며, L-1-chloro-3-tosylamide-7-amino-2-heptanone(TLCK)가 비가역적으로 저해하므로 활성 부위에 히스티딘이 존재하고 있는 것으로 추정된다.

그러나 어째서 정자 효소인 아크로신이 소화관의 효소인 트립신과 매우 비슷한지는 밝혀져 있지 않다.

유리상태의 아크로신은 정자나 정자 중의 저해물질이 저해하지만 정자표층의 막결합형 아크로신은 저해되지 않는다. 막결합형 아크로신은 난세포를 싸고 있는 투명대를 정자의 첨체가 예리하게 찢고서 들어가는데 사용되는 단백질 분해효소이므로 안정하지만, 아크로신이 암컷 생식기관 아무데서나 작용하면 곤란하므로 정자나 정자 중의 저해물질이 저해하고 있다.

9.4
발암과 효소

1. Aflatoxin

효소는 생물이 살아 나가기 위해 만드는 촉매로 필수적이다. 그러나 효소 중에는 촉매활성이 발현되면 오히려 생물에게 해가 되는 것도 있다.

아플라톡신 B_1은 자연계에서 발견된 화합물 중에서 가장 강한 발암성을 나타내며, *Aspergillus flavus*라는 황색 분생포자를 만드는 곰팡이가 만드는 독으로, 화학구조가 조금씩 다른 B_1, B_2, G_1, G_2, G_{2a}, B_{2a} 등이 있다.

50 g짜리 오리 병아리에게 아플라톡신을 10만 분의 일 투여하면 독성이 나타난다(표 9.3).

아플라톡신 감수성 동물로는 칠면조, 병아리, 오리 병아리, 토끼, 고양이, 새끼 쥐, 모르모트, 옥새송어 등이 있고, 저항성 동물에는 양, 생쥐 등이 있다.

표 9.3 오리 병아리에 대한 아플라톡신의 독성

아플라톡신	실험대상1 LD$_{50}$	실험대상2 치사량
B_1	17.5 μg	18.2 μg
G_1	45.7 μg	39.2 μg

LD$_{50}$은 50%가 치사하는 양

아플라톡신은 형광물질로 햇빛에 분해된다. 분해는 생체 내에서도 일어나지만 골격구조는 분해되기 힘들다.

아플라톡신이 함유된 사료를 소에게 주면 우유에 청자색 형광을 내는 아플라톡신 M과 자색의 형광을 내는 M₂가 따라 나온다(그림 9.8). 아플라독신 M₁은 B₁에 4위의 히드록시화로 만들어지는 화합물이다. 이들의 독성은 B₁, B₂보다 훨씬 약하며, B₁은 효소작용으로 M₁으로 바뀐다.

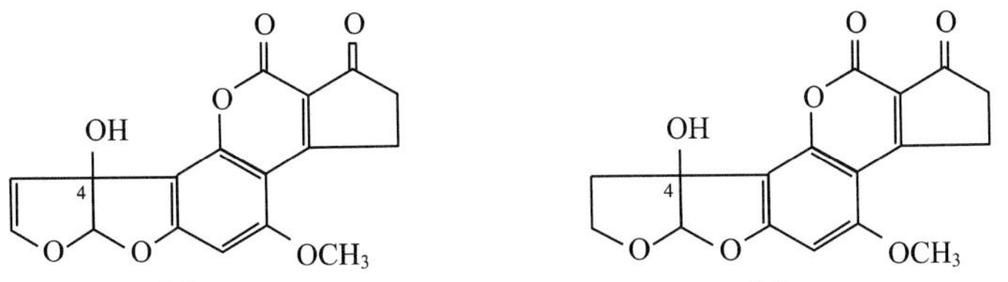

M₁은 B₁ 4위의 hydroxyl화로, M₂는 B₂ 4위의 hydroxyl화로 생긴다.

그림 9.8 **아플라톡신 M₁과 M₂**

쥐나 생쥐 간장의 미크로솜에는 아플라톡신 B₁의 4위를 히드록시화하는 효소가 존재하며 생쥐 효소가 쥐 효소보다 5배 강하다.

아플라톡신은 세포수, 단백질 합성, RNA 합성, DNA 합성을 저해한다. 아플라톡신 B₁ 분자가 발암 활성을 나타내기 위해서는 아플라톡신 B₁의 2, 3위가 간장에 존재하는 일종의 산소 첨가효소(미크로솜의 cytochrome P-450)의 작용으로 2,3-에폭시드화해야 한다. 아플라톡신은 발암 전구체이며, 에폭시드가 발암활성을 가진다(그림 9.9).

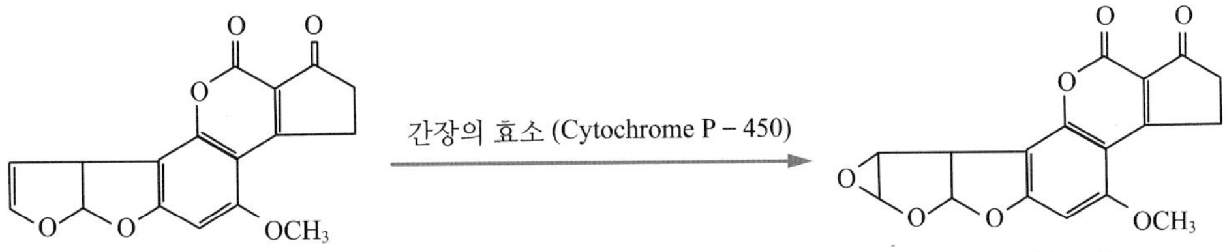

간장의 효소 (Cytochrome P – 450)

아플라톡신 B₁
(발암 전구물질)

2,3 – Epoxide
(발암제)

그림 9.9 **간장효소에 의한 아플라톡신 B₁의 활성화**

아플라톡신 2,3-에폭시드는 DNA와 결합하기 때문에 DNA의 유전정보를 전령 RNA (mRNA)에 전사할 수 없어서 아플라톡신을 투여하면 RNA 합성이 저해된다(그림 9.10). RNA 합성이 저해되면 RNA 정보를 번역하여 단백질을 합성하는 과정도 저해된다.

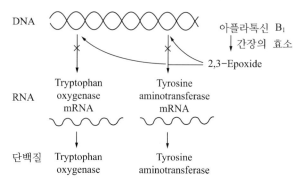

그림 9.10 아플라톡신 B₁에 의한 RNA 합성의 저해

아플라톡신 B₁의 투여로 인한 전령 RNA 합성의 저해는 tryptophan oxygenase(트립토판 산소화효소) 전령 RNA와 tyrosine aminotransferase(티로신 아미노기 전달효소) 전령 RNA 합성의 저해로 이루어진다.

간장의 미크로솜 cytochrome P-450(RH, 환원 플라보 단백질 : 산소 산화환원효소)은 보통 간장 중에서 방향족 화합물의 해독작용에 관계하는 효소이다. 그러나 아플라톡신 B₁을 2,3-에폭시드로 전환시켜 발암을 일으키는 바람직하지 못한 작용을 한다.

2. Benzopyrene

이는 물질의 연소(즉, 담배연기나 자동차 배기가스 등) 시 발생하는 다환의 방향족 탄화수소 화합물이다.

3,4-벤조피렌은 독성이 없으나 몸에 들어가면 효소의 대사작용으로 7, 8위의 이중 결합이 산화되어 에폭시드로 된 다음 7, 8위가 함께 수산화되고, 다시 9, 10위가 산화되어 생기는 에폭시드와 10-옥시드가 발암 활성을 가진다.

또 간장의 미크로솜에는 3,4-벤조피렌을 대사하여 에폭시드로 전환시키는 산소 부가효소 arene monooxidase(아렌 일산화효소) 또는 3,4-벤조피렌을 직접 수산화하는 미크로솜 cytochrome P-450의 작용으로 7,8-diol-9,10-oxide가 생긴다(그림 9.11).

3,4-벤조피렌의 10위와 11위로 둘러싸인 부분은 DNA와 결합하는 부위이다. 이상의 결과 암원성 화합물 3,4-벤조피렌은 몸속, 특히 해독을 담당하는 간장에서 효소작용으로 대사되어 발암물질로 변화된다.

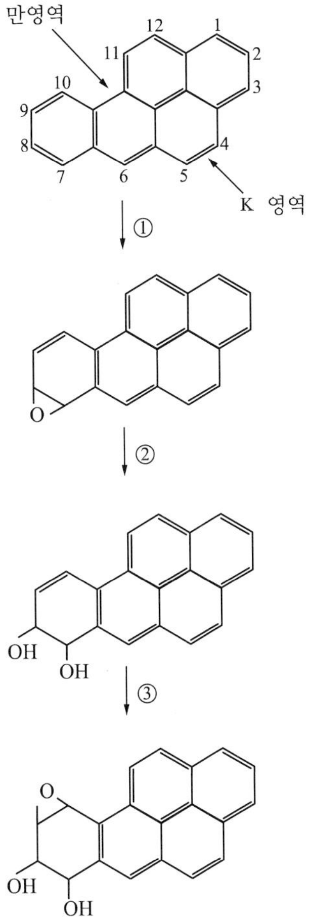

① Arene monooxidase
② Epoxide는 불안정하여 가수분해되어 수산화
물로 된다. (1, 2) 미크로솜의 cytochrome
P-450은 ①, ②의 두 반응으로 직접 수산화
물로 만든다.
③ 산소첨가효소(①과 동일)가 에폭시드를 만
든다.

그림 9.11 Benzopyrene의 대사에 의한 발암성 활성화 반응

3. Phenacetin

약은 양날의 검으로, 부작용이 없는 약은 없다. 약은 독이 될 수도 있다는 말이다.

페나세틴은 해열진통제이다. 남용하면 메트헤모글로빈혈증, 신장장해 또는 신장암, 방광암 등이 생긴다.

약물이나 생체 이물이 체내에 들어오면 간장의 약물대사 효소(일군의 cytochrome P-450) 작용으로 대사된 후 다른 화합물과 결합하여 물에 녹기 쉬운 형의 포합체로 되어 배설된다. 이것이 일반적인 해독 과정이다.

페나세틴(I)의 정상적인 대사에서는 1위의 에틸기가 탈에틸화 작용으로 빠져나가서 히드록시기가 붙은 4-아세토아미노페놀(II)로 대사되며 강한 해열 진통 효과를 나타낸다. 그러므로 현재는 페나세틴 대신 4-아세토아미노페놀이 직접 사용되고 있다(그림 9.12).

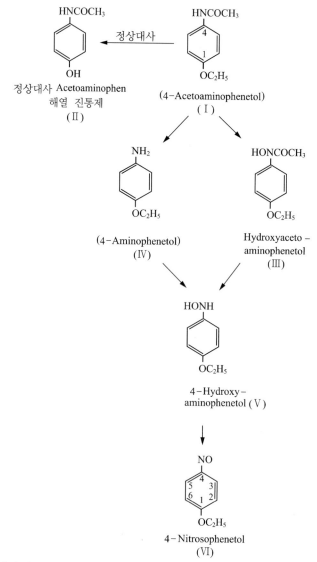

그림 9.12 페나세틴의 대사 경로

 통상 사용되는 약물대사 효소활성을 갖는 쥐 간장의 S9 분획 대신 햄스터(hamster ; 큰쥐의 일종)의 S9 분획을 사용하여 페나세틴 대사산물이 미생물의 돌연변이성에 주는 영향을 조사한 결과, 쥐와 햄스터의 S9 분획 사이에 차가 있는 것으로 밝혀졌다.
 페나세틴에 햄스터의 S9 분획을 작용시켜 얻은 생성물을 HPLC로 분리하여 조사한 바, 4-아미노페니톨(VI)의 N 수산화물인 4-히드록시아미노페니톨(V)과 4-니트로소페니톨(VI)이 살모넬라균에 돌연변이성을 일으키는 것으로 밝혀졌다. 남용된 페나세틴은 생체 방어효소의 작용으로 돌연변이성 물질로 변한 것이다(표 9.4).

표 9.4 쥐와 hamster의 S-9 분획의 상대효소활성

반응	쥐		hamster
N말단 산화반응			
Ⅰ→Ⅲ	1	:	1
Ⅳ → Ⅴ+Ⅵ	1	:	1
달아세틸화반응			
Ⅰ → Ⅳ	1	:	8
Ⅲ → Ⅴ+Ⅵ	1	:	150

9.5
생체 방어기구와 뱀독 효소

1. 뱀독

뱀의 독에는 20여 가지 효소가 들어있다. 그중 L-아미노산 산화효소와 catalase는 산화효소이고 나머지는 모두 가수분해효소이다. 이들 효소는 일반 동물의 리소솜의 효소 분포와 비슷하기 때문에 뱀독은 뱀 선조직의 리소솜에서 나오는 것으로 보인다.

뱀독은 매우 안정하고 건조하여 차광하면 장기간 보존하여도 활성이 거의 실활되지 않는다.

뱀독은 다음과 같이 크게 세 가지로 나눌 수 있다.

① 신경 정신독
② 출혈 작용독
③ 혈액 순환장해 작용독

이같이 뱀독은 다른 생물이 갖는 특유의 생체 방어기구를 돌파하는 작용을 한다.

2. 신경독

뱀의 신경독에는 중추신경에 작용하여 호흡마비를 일으키는 것과 말초신경에 작용하여 운동신경과 지각 신경을 마비시키는 것이 있다(표 9.5).

표 9.5 뱀의 신경독

종류	명칭	성질	비고
중추신경독 (호흡 마비)	크로크린	분자량 약 1만의 산성 단백질	살모사 독
	크로타민	저분자의 염기성 단백질	
말초신경독 (운동신경, 지각 신경 마비)	cardiotoxin	분자량 6,900의 폴리펩티드	코브라 독의 36%를 차지한다. 생쥐에 대한 LD_{50}은 1.48 $\mu g/g$이다.
	에브라톡신	분자량 7,000의 염기성 폴리펩티드	바다뱀의 독 cardiotoxin과 유사

신경 충격이 시냅스 소포체에 전달되면 소포에서 아세틸콜린이 시냅스 간격에 방출된다. 방출된 아세틸콜린은 시냅스 후막에 있는 아세틸콜린 수용체에 결합한다. α-Toxin, α-bungarotoxin, cobrotoxin, 에브라톡신 등 뱀의 신경독은 아세틸콜린 수용체에 특이적으로 결합한다. 뱀의 신경독이 아세틸콜린 수용체에 결합하면 신경 - 근육의 전달이 차단된다. 뱀의 신경독은 아세틸콜린 수용체와 매우 결합하기 쉽다.

3. 뱀독의 출혈인자

뱀독의 출혈인자는 현저한 독작용을 나타낸다. 뱀에게 물리면 상처에서 출혈, 괴사, 부종 등이 나타난다. 그러나 신경독보다 치사작용은 높지 않다. 코브라에는 거의 없고, 살모사 등에 많다.

출혈작용은 단백질 분해효소 활성이 없는 인자와 단백질 분해효소 자체 인자 두 가지 요소에 의한다.

단백질 분해활성이 없는 반시뱀독의 출혈인자를 생쥐의 장간막 미소 순환계에 작용시키면 말초혈관의 수축확장과 미소 순환계의 출혈이 나타난다. 출혈인자는 모르모트의 회장이나 쥐의 평활근을 수축시킨다. 이들 결과로부터 출혈인자는 평활근 장치나 신경 어느 쪽엔가 먼저 작용하고 나서 혈관내피 세포 간격 사이의 열린 곳에서 출혈하거나, 적혈구가 혈관내 세포의 세포질을 통과하여 누출시키는 것으로 생각된다.

단백질 분해 활성에 의한 출혈은 단백질 분해효소의 작용이다. 이 출혈인자에는 칼슘이온이 2.5개, 아연이 1개 붙어 있다. 금속을 제거하면 출혈 활성을 잃는다.

살모사독에는 a, b, c 세 단백질 가수분해효소가 있다(그림 9.13). 그중 b는 출혈작용을 하고 c는 부종작용을 한다. b에는 칼슘이 두 분자 들어 있다.

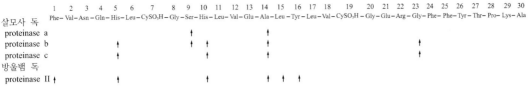

그림 9.13 살모사독 proteinase와 방울뱀독 proteinase에 의한 performic acid 산화 인슐린 β 사슬의 절단 위치

살모사 단백질 가수분해효소 b와 c는 금속 단백질 가수분해효소 특유의 기질 특이성을 나타내어 His‑Leu 사이, Ala‑Leu 사이, Ala‑Leu 사이, Gly‑Phe 사이의 펩티드 결합을 가수분해한다(그림 9.13). 금속 단백질 가수분해효소는 Leu의 아미노기쪽 펩티드 결합을 잘 분해한다. 두 효소의 차이는 Ser‑His 사이의 펩티드 결합의 가수분해력 차이에 있다.

뱀독 중에는 이들 인자 외에 적혈구를 파괴하여 헤모글로빈을 용출시키는 인자도 있다.

4. 혈액순환 장해작용

혈액순환 장해작용은 살모사과의 뱀독에 많으며, 혈압강하의 아나필락시(anaphylaxis) 모양의 쇼크가 일어난다. 이 원인 물질은 뱀독 자체에 존재하는 것이 아니고 뱀독 속에 존재하는 단백질 분해효소가 혈액 단백질인 kininogen II 등을 가수분해하여 bradykinin을 유리하기 때문이다. 혈압강하 작용을 하는 펩티드 브라디키닌은 Arg‑Pro‑Pro‑Gly‑Phe‑Ser‑Pro‑Phe‑Arg의 구조를 갖는다(그림 9.14).

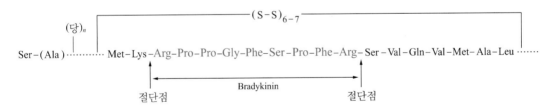

그림 9.14 살모사독에 의한 소 kininogen II 의 절단과 bradykinin의 생성

브라디키닌은

① 평활근의 강한 수축작용
② 말초혈관 확장에 의한 쇼크성 혈압 강하
③ 모세혈관 투과성의 항전과 백혈구의 집적
④ 동통(疼痛)의 발현

등 많은 생리작용을 한다.

살모사의 단백질 가수분해효소는 전형적인 세린 단백질 가수분해효소로, 췌장에서 분비되는 트립신과 비슷하다. 콩의 트립신저해제는 저해하지 않는다.

살모사의 브라디키닌 생성효소는 보통 단백질에는 거의 작용하지 않으며, 저분자의 합성 에스테르에 잘 작용한다. 기능적으로 비슷한 효소로는 동물 췌장의 kallikrein이 있다.

5. 생체 방어기구를 돌파하는 뱀독

생물에는 자기 몸을 지키기 위한 방어기구가 여러 가지 겹쳐져 있다. 특히 생물체를 구성하는 단백질에 대한 생체방어 기구는 놀랍다. 단백질의 파괴자인 단백질 분해효소는 세포 밖에서 미생물, 곤충 또는 뱀이나 동물의 독으로서 침입하는 것과 몸속 세포 중의 리소솜에 들어 있던 것이 세포의 파괴나 화상, 상처 등으로 리소솜에서 빠져나오는 것이 있다.

효소는 무차별적으로 단백질 가수분해 작용을 발현하는 일이 있다. 이들에 대한 방어기구의 하나로서 단백질 가수분해효소 저해제가 생체 여기저기 도사리고 있다.

생물체에 들어 있는 단백질 가수분해효소 저해제는 단백질로 된 것이 많고, 공격효소인 단백질 가수분해효소와 일대일의 복합체를 만들어, 단백질 가수분해효소가 갖는 촉매활성의 발현을 저지한다.

사람 혈장 단백질의 약 10%는 단백질 가수분해효소 저해제이다.

사람 혈장의 단백질 가수분해효소 저해제계는 혈중 단백질 가수분해효소의 활성을 저해하거나 응혈, 섬유소 용해, 키닌(통증을 일으키는 기염(起炎) 펩티드)의 유리 등 생체가 수행하는 생리적 반응을 조절하기 위한 중요한 역할을 담당하고 있다. 이외에 혈장 중의 단백질 가수분해효소 저해제는 외부에서 침입해 오는 단백질 가수분해효소에 대해서는 활성이 발현되지 못하게 하여 생체를 방어한다.

이같이 생체에는 여러 방어기구가 얽혀있는데도 뱀독은 방어망을 뚫고 들어간다.

뱀독에는 사람 혈장에 존재하는 방어용 단백질 가수분해효소 저해제를 실활시켜서, 침입 단백질 가수분해효소가 몸에서 제멋대로 작용하게 하는 금속 단백질 가수분해효소가 존재한다. 이는 단백질 가수분해효소 II라 하며, 저해제의 아미노 말단 쪽의 Ala - Met 사이의 펩티드 결합한 곳을 가수분해하여 저해제로서의 효력을 잃게 만든다.

9.6
술과 간장 질환과 효소

술은 백약의 왕이라 한다. 적당량 마시면 스트레스를 해소하여 활력을 충전시켜 주고, 동맥경화증을 예방하기도 한다. 그러나 과음은 해를 부른다.

같은 양을 마셔도 크게 취하는 사람이 있는 반면, 별로 취하지 않는 사람도 있다. 즉, 술에 강한 사람, 약한 사람이 있다. 또 인종에 따라서도 차이가 난다. 동양인은 백인에 비해 술에 약하다.

마신 알코올의 약 20%는 위에서, 나머지 80%는 소장에서 흡수되어 간장으로 보내진다. 거기서 alcohol dehydrogenase(알코올 탈수소효소)가 산화하여 아세트알데히드가 된다. 아세트알데히드는 aldehyde dehydrogenase(아세트알데히드 탈수소효소)가 아세트산으로 만든다. 아세트산은 마지막으로 탄산가스와 물이 된다.

$$\underset{\text{(C}_2\text{H}_5\text{OH)}}{\text{Ethanol}} \xrightarrow{\text{Alcohol dehydrogenase}} \underset{\text{(CH}_3\text{CHO)}}{\text{Acetaldehyde}} \xrightarrow{\text{Aldehyde dehydrogenase}} \text{Acetic acide}$$

술을 마셨을 때 나타나는 증상 중에는 에탄올의 직접 작용도 있으나 아세트알데히드의 작용이 많다. 예로써, 얼굴이나 몸이 빨갛게 되는 것이나 구토, 두통 등의 아세트알데히드의 작용이다. 그래서 술에 약한 사람, 술을 마시면 불쾌증상이 나타나는 사람은 아세트알데히드의 양이 많기 때문이다.

아세트알데히드의 양에 개인차가 생기는 원인은 여러 가지이다. 전에는 alcohol dehydrogenase의 작용 차이에 의한 것이라는 설이 지배적이었으나 지금은 aldehyde dehydrogenase 작용의 차이가 더 큰 영향을 미치는 것으로 생각되고 있다.

술에 약한 사람은 아세트알데히드의 대사 능률이 나빠서 술을 조금만 마셔도 아세트알데히드가 몸에 축적되어 여러 불쾌증상을 일으킨다. 간장의 aldehyde dehydrogenase는 5종이 있으나 그중 아세트알데히드를 분해하는 것은 주로 I형과 II형이다. 그중 II형은 황인, 백인 모두 갖고 있으나 황인의 50%는 아세트알데히드와 친화력이 큰 I형이 유전적으로 결손되어 있다. 그래서 동양인은 술에 약한 사람이 많다.

간장은 알코올 대사의 가장 중요한 기관이다. 술을 계속 많이 마시면 간장에 장해가 생긴다. 하루 소주 2홉(한 병)을 5년 이상 마신 사람을 상습 음주자, 3홉(한 병만) 이상 마신 사람을 대주가라 할 때, 간질환으로 입원한 환자 중 25%는 상습 음주자, 10%가 대주가라는 통계가 있다. 간질환의 원인으로서는 술 외에 간염바이러스나 약에 의한 장해 등도 있다.

알코올이 간장에 해를 주는 원인은 다음과 같다.

① Alcohol dehydrogenase가 에탄올을 아세트알데히드로 바꿀 때, NAD^+를 사용하여 NADH가 생긴다. 그래서 알코올을 부지런히 대사하면 NADH가 많이 생긴다. 이것이 다른 물질의 대사에 영향을 미쳐서 지방산 대사를 저하시켜 지방이 간장에 축적된다. 이것이 지방간이다.

② 아세트알데히드는 간장세포의 독이다. 즉, 간세포 중의 미토콘드리아 등의 세포 소기관에 장해를 준다.

③ 알코올대사의 항진이 원인이 되어 저산소 상태를 초래한다.

④ 알코올 자체가 간세포의 세포막 장해를 일으킨다.

등이다.

간장 상태의 이상 유무를 검사하는 방법으로 혈액 중의 알코올 대사와 관련된 효소를 측정하는 방법이 있다.

혈청 중에는 여러 효소가 존재하고 있다. 그중에는 혈액에 존재하거나 여러 장기의 세포에 존재하는 것도 있다. 그러나 조직이 파괴되어 나오는 것도 있다. 그래서 특정 장기에만 존재하는 효소의 농도가 혈액 속에 증가하면 해당 장기에 이상이 있다고 판정할 수 있다.

간 검사에 이용되는 효소는 glutamic - oxaloacetate pyruvate transferase(아스파르트산 아미노기전달효소, GOT), glutamic - pyruvate transferase(알라닌 아미노기 전달효소, GPT), γ-glutamyl transpeptidase(γ-글루타밀기 전달효소, γ-GDP) 등이다. GOT, GPT는 transaminase(옥시이미노기 전달효소)라는 효소로서 아미노산과 케토산 사이의 아미노기 전달 반응을 촉매한다(그림 9.15).

$$\text{Glutamate} + \text{Oxaloacetate} \underset{\longleftarrow}{\overset{\text{GOT}}{\longrightarrow}} \alpha \text{ - Ketoglutarate} + \text{Aspartate}$$

$$\text{Glutamate} + \text{Pyruvate} \underset{\longleftarrow}{\overset{\text{GPT}}{\longrightarrow}} \alpha \text{ - Ketoglutarate} + \text{Alanine}$$

GOT는 간장, 심장의 근육, 골격근, 신장 등에, GPT는 간장, 신장 등에 많다. 이 두 효소는 모두 정상상태에서는 세포 내부에 존재하며 혈청 중에는 아주 적은 양 밖에 없지만 간장 등이 염증을 일으켜 조직이 파괴되면 혈액 중으로 흘러나온다. 그래서 GOT나 GPT의 혈중 농도가 상승하면 간질환을 나타내는 것으로 판정할 수 있다. 따라서 술이 간장을 손상시켰는가 체크할 수 있다.

γ-GTP는 그림 9.15와 같이 γ-글루타밀펩티드에서 γ-글루타밀기를 다른 아미노산이나 펩티드로 전달하는 효소이다. γ-GTP는 신장에 가장 많고, 췌장, 폐, 간장 등에도 있다. 그러나 신장이나 췌장의 질환으로는 혈청중의 γ-GTP는 상승하지 않는다.

γ-GTP는 알코올성 간장 장해나 만성 간장 장해의 경우 상승하기 때문에 그들 질환의 지표가 된다.

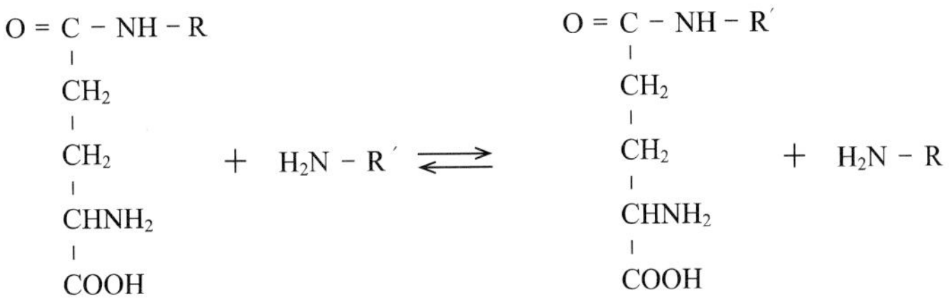

$$O = C - NH - R$$
$$CH_2$$
$$CH_2$$
$$CHNH_2$$
$$COOH$$

$+ \ H_2N - R' \rightleftharpoons$

$$O = C - NH - R'$$
$$CH_2$$
$$CH_2$$
$$CHNH_2$$
$$COOH$$

$+ \ H_2N - R$

γ-Glutamylpeptide   다른 peptide 또는 아미노산

그림 9.15 Glutamyltranspeptidase의 작용

혈청 중의 효소는 간질환 뿐 아니고, 여러 병의 진단에 사용되고 있다. 혈청 중의 α-아밀라아제 농도는 췌장염일 때 높아지고, 위축할 때 저하한다. Creatine kinase나 aldolase(프룩토오스 이인산 알돌라아제)는 근육장해 시 상승한다.

9.7
담배와 적혈구 elastase

백혈구에는 다형핵 백혈구(多刑核 白血球), 단구, 림프구 등이 들어 있다. 다형핵 백혈구와 안구·단구가 조직으로 나와 분화한 매크로파지는 몸에 침입한 세포 등의 이물을 잡아먹는다. 림프구는 면역에 관계하는 세포이다.

다형핵 백혈구라는 이름은 핵이 불규칙한 형을 하고 있기 때문에 붙은 이름이다. 세포 중에는 입자가 매우 많으며, 입자의 염색성에 따라 호중구(好中球) , 호산구(好酸球) , 호염기구(好鹽基球)로 나눈다. 호중구가 가장 많고 세포 감염 시 잡아먹는 작용의 주축이 된다. 그런 의미에서 여기서 말하는 백혈구는 호중구를 의미한다.

백혈구에는 여러 효소가 있으며, 그중에는 elastase(엘라스틴 가수분해효소)라는 효소가 있다. Elastase는 단백질분해효소의 하나로 엘라스틴이라는 섬유상 단백질을 잘 분해한다. 엘라스틴은 탄력성이 있어서 관절 바깥 쪽에서 관절을 지탱하는 인대와 같이 신축이 필요한 조직에 많고 대동맥과 폐에도 많다.

몸의 조직은 아무 때나 elastase 등이 파괴시키지 않도록 방어기구를 갖고 있다. 즉, 폐에는 α_1-proteinase inhibitor가 있어서 elastase나 트립신 등의 단백질 가수분해효소와 결합하여 효소작용을 억제한다.

담배를 피우면 폐기종이라는 병에 걸리는 일이 많은데 이는 폐의 파괴, 즉 세포나 폐기관지가 파괴되고 마는 병이다. 원인은 담배 연기의 성분이 백혈구를 폐로 불러내는 작용을 하는 데 있다. 폐로 모인 백혈구는 elastase를 방출한다. 폐조직 중에 α_1-proteinase inhibitor가 정상적으로 존재하면 elastase가 α_1-proteinase inhibitor 분자 중의 Met을 산화시켜 버려서 효소작용을 억제하지 못하게 된다. 그래서 담배연기는 폐의 엘라스틴이란 조직을 파괴하게 된다.

9.8
노화와 효소

노화는 효소와 중요한 관계가 있다. 그러나 아직 밝혀지지 않은 점이 많다. 노화의 원인에 대해서는 다음과 같은 설이 있다.

① 프로그램설　　　　　　② 에러설
③ 체내 시계설　　　　　　④ DNA 노쇠설
⑤ 다리설　　　　　　　　⑥ 산소독설
⑦ 노폐물 축적설　　　　　⑧ 프리 라디컬설
⑨ 스트레스설

그러나 어느 것이 옳은지 밝혀져 있지 않다.

프로그램설은 각 생물에는 노화나 죽음이 미리 프로그램되어 있다는 설이다.

생물은 수정 → 발생 → 성숙 → 생식이라는 프로그램을 갖고 있고 이의 연장으로서 → 노화 → 죽음에 이른다는 설이다. 프로그램이 어떤 형태로 진행되는가는 여러 가지로 논의되고 있으나 어떤 기구라 하더라도 효소는 중요한 역할을 하는 것으로 생각된다.

Error설은 DNA → RNA → 단백질로 정보가 전달될 때, 번역 시 잘못이 생겨서 아미노산 배열순서가 잘못된 이상 단백질이 생겨 노화가 일어난다는 설이다. 단백질 중에서 효소에 일어나는 이상이 주요 원인으로 생각되고 있다.

방사선이 DNA를 손상시켜 노화가 일어난다는 설도 있다. 생물은 방사선 등에 의해 생긴 DNA의 상처를 수복하는 효소계를 갖고 있다. 노화는 DNA의 손상과 수복능력의 균형이 깨졌을 때 일어난다는 생각에 따라 여러 동물을 조사해 본 결과, 수명과 DNA 수복능력에 상관관계가 있었다. 즉, 수명이 긴 동물세포일수록 DNA 수복 효소계가 강하였다.

비슷한 결과가 superoxide dismutase(초산화물 불균등화효소)의 효소력과 수명 사이에도 나타난다. 산소를 호흡하는 동물의 경우는 몸 안에서 반응성이 매우 높은 활성산소 분자가 발생한다. 이것이 몸 안의 여러 성분과 반응하여 해를 입힌다. 이것이 산소독설이다. 초산화물이란 활성산소의 일종인데 생체 내에는 초산화물을 분해하는 superoxide dismutase라는 효소가 방어를 담당하므로 이 효소의 활성이 높은 동물일수록 장수한다.

노폐물 축적설도 효소와 관계가 있다. 나이가 많은 사람의 조직에는 lipofuscin pigment라는 황갈색 과립이 침착한다. 리포푸신 안에는 산성 phosphatase(인산가수분해효소), esterase, cathepsin 등의 가수분해 효소가 몇 섞여 있다. 이들 효소는 세포 속의 리소솜이라는 세포 내 소기관에 있는 효소로, 세포 내의 불필요한 것을 소화분해하는 작용을 하고 있다.

리포푸신은 리소솜의 소화력이 떨어져 소화되지 않는 나머지 찌꺼기로 생각된다. 실제 젊은 쥐의 뇌에 리소솜의 가수분해효소를 저해하는 약제를 주사하면 뇌 속에 리포푸신과 같은 것이 생긴다.

다리설은 여러 단백질 분자 사이에 다리가 만들어져서 단백질의 기능이 저해되고 세포나 기관에 나쁜 영향을 주어 노화가 일어난다는 설이다. 피부, 힘줄, 연골, 혈관벽 등의 주성분인 콜라겐이나 같은 무리인 단백질의 경우는 나이를 들면 다리가 생겨 나온다. 이들 다리의 형성은 피부의 주름, 혈관벽의 경화, 관절의 경화 등과 관계가 있다.

또 눈의 수정체 단백질에도 노화와 함께 다리가 형성되어 불용화로 탁하게 되어 노인성 백내장이 되기도 한다. 뇌의 신경세포 중에 노화와 함께 생기는 섬유상 물질도 단백질간의 다리 생성에 의한 것으로, 노인성 치매와 관계가 있는 것으로 보인다.

Transglutaminase(단백질 - 글루타민 γ-글루타밀기 전달효소)는 단백질 중의 Lys 곁사슬의 아미노기와 Glu 곁사슬의 카르복시기를 연결하여 펩티드 결합 다리를 만드는 작용을 한다. 이 효소가 작용하기 위해서는 칼슘이 필요하다. 정상상태에서 칼슘은 낮은 농도로 고정되어 있기 때문에 효소가 작용하여 다리를 만들지는 않지만 노화와 함께 칼슘 농도를 조절하는 기구가 잘못되어 이 효소가 작용하기 시작한다.

9.9 자극과 전달

1. 근육의 수축 이완

근육세포 내에는 매우 가는 실모양의 근원섬유 구조가 있다. 근원섬유는 액틴과 미오신이라는 단백질의 가는 필라멘트가 서로 다발을 형성하고 있다. 미오신 자체는 ATP 분해작용를 갖는 ATP 가수분해효소이다. 근육세포에는 근소포체(筋小胞體)라는 미소한 자루형 구조물이 칼슘이온을 저장하고 있다.

근육세포가 신경의 작용을 받으면 근소포체에서 칼슘이온이 방출되어 세포 내 칼슘이온 농도가 높아진다. 그러면 미오신 필라멘트와 액틴 필라멘트 사이의 상호작용으로 미오신의 ATP 분해력이 급격히 높아지며 여기서 얻어지는 에너지로 액틴 필라멘트와 미오신 필라멘트가 함께 미끄러져 들어가 근원섬유가 수축된다(그림 9.16).

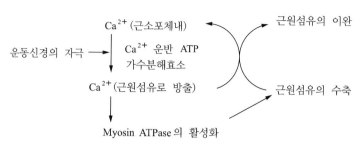

그림 9.16 **근육의 수축 이완과 효소**

먼저 방출되었던 칼슘이온이 다시 근소포체로 되돌아와서 세포 내 칼슘이온 농도가 낮아져 근원섬유 미오신의 ATP 분해작용이 억제되어 수축력을 잃으면 수축되었던 근육은 이완된다. 이때 칼슘이온을 잡아들이는 것은 근소포체막에 있는 Ca^{2+} - transporting ATPase(Ca^{2+} - 운반 ATP 가수분해효소, 칼슘펌프)라는 효소이다. 이같이 우리 손발을 움직이는 근육의 수축과 이완도 근육세포에 있는 효소작용의 결과이며, 그 에너지원인 ATP를 공급하는 것도 해당계 효소의 작용이다.

2. 신경 자극 전달

ATP의 에너지를 이용하는 생체 활동은 모두 효소작용으로 이루어진다. 우리의 모든 감각은 신경을 통해 뇌로 전달되며, 감각에 따라 의식적 또는 무의식적으로 반사하여 수족을 움직인다. 이런 신경, 뇌의 작용에 효소가 필요하다.

신경세포의 안은 세포 밖에 비해서 Na^+ 이온농도가 낮고 K^+ 이온 농도가 높아서 세포막은 정지시(자극을 전달하지 않는 상태)에는 안쪽이 마이너스, 바깥쪽이 플러스를 띠고 있다. 신경세포의 한끝이 자극을 받으면 순간적으로 해당 부분의 막 절연이 파괴되어 세포막을 가르고 밖에서 Na^+ 이온이 들어와서 안팎의 대전이 반대로 되고(활동전위의 발생), 이 자극이 옆으로 계속 이어져 간다. 이때 K^+ 이온은 계속 세포 밖으로 유출된다.

이같이 신경세포에서 일어나는 자극의 전달에는 세포막 안팎에 Na^+ 이온, K^+ 이온의 농도차가 있어야 한다. 농도차를 유지하기 위해서는 세포 안에서 Na^+ 이온을 밀어내고 세포 밖에서 K^+ 이온을 잡아들여야 한다(그림 9.17).

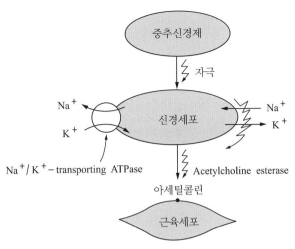

그림 9.17 신경의 자극전달과 효소

이 역할은 ATP의 에너지를 이용하는 막의 Na^+/K^+-transporting ATPase(Na^+/K^+-운반 ATP 가수분해효소)가 담당하고 있다. 손발을 움직이기 위한 신경자극이 근육세포로 전달될 때는 효소작용으로 합성된 아세틸콜린이 운동신경 말단에서 근육세포 표면으로 방출된 후, 수십 마이크로초 내에 acetylcholine esterase(아세틸콜린에스테르 가수분해효소)가 분해해버 린다. 아세틸콜린이 남아 있으면 근육이 작용하지 못하기 때문이다.

그래서 이 효소가 작용하지 못하면 운동마비가 일어난다. 독가스 중에는 이 효소의 작용 을 저해하는 것이 있다.

3. 심장박동

심장은 사람이 태어나자마자 움직이기 시작하여 죽을 때까지 단 한 번도 쉬지 않고 규칙 적으로 박동하여 혈액을 몸으로 보낸다. 하루 7,000 *l*의 혈액을 보내며, 일생 동안(75년 기 준) 2억 *l*의 혈액을 보낸다. 심장이 멈추면 동물은 죽게 된다. 심장의 박동은 골격근과 거의 마찬가지 짜임새로 미오신효소가 원동력이 된다.

규칙바른 박동은 대정맥에서 심장으로 들어가는 입구 근처에 있는 pacemaker(심장 조율 기) 세포가 내는 자극신호에 의하고 있다. 이 자극신호 발생의 짜임새는 신경세포의 자극전 달과 매우 비슷하다.

페이스메이커 세포에도 세포막을 사이로 두고 Na^+ 이온, K^+ 이온의 농도차가 존재하며 세포막 안쪽이 마이너스, 바깥쪽이 플러스로 하전되어 있다. 페이스메이커 세포의 세포막은 매분 약 60회 전기적 성질이 자동적으로 변하여, Na^+ 이온이 세포 안으로 들어가 플러스,

마이너스가 순간적으로 뒤바뀐다. 이 전기적 변화가 심장을 움직이고 있는 근육세포에 자극으로 전해진다(그림 9.18).

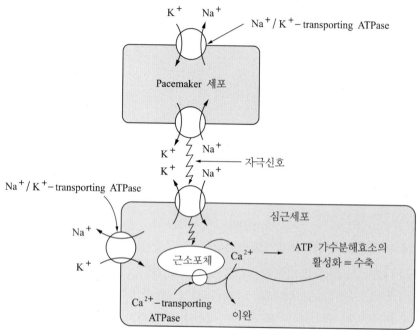

그림 9.18 **심장박동과 효소**

페이스메이커 세포의 자극 신호발생 기능 유지를 위해서는 신경세포와 마찬가지로 세포 내외에 Na^+ 이온, K^+ 이온의 농도차를 유지해야 하며, 이를 위해 항상 세포막에서 Na^+ 이온을 밀어내고 세포 밖에서 K^+ 이온을 잡아들여야 한다.

이 작용은 페이스메이커 세포막에 있는 Na^+/K^+-transporting ATPase가 한다. 이 효소가 작용하지 않으면 페이스메이커 세포는 심장박동을 위한 자극신호를 보낼 수 없게 된다.

심장근육의 세포도 마찬가지로 세포막을 사이에 두고 농도차가 존재하며 안쪽이 마이너스, 바깥쪽이 플러스로 하전되어 있다. 세포가 페이스메이커로부터 자극을 받으면 Na^+ 이온이 들어가 막의 하전이 반대로 되어 세포 내의 근소포체에서 칼슘이온의 방출로 미오신의 ATP 분해효소 활성이 높아져서 심장근육세포가 수축한다.

심장근육세포에서도 페이스메이커 세포와 같은 Na^+/K^+-transporting ATPase가 세포막에 있어서 이온을 잡아들이고 있으며 이 효소의 작용으로 Na^+, K^+ 이온의 농도차가 없어지면 다음 수축을 위한 자극을 받아들일 수 없게 된다. 디기탈리스 등의 강심제를 너무 많이 사용하면 이 효소의 작용이 저해되어 심장수축이 불규칙하거나 불가능하게 된다.

심장근육은 일단 수축한 뒤 바로 이완하여 이어서 보내야 할 혈액을 심장 안에 받아들이며 심근세포의 이완 시는 근소체의 Ca^{2+}-transporting ATPase가 골격근과 마찬가지로 작용한다.

9.10
혈압 조절, 상처 통증 알리기

신장이나 위 등에는 레닌(renin)이라는 효소가 있으며 혈중의 angiotensinogen에 작용하여 angiotensin I을 만든다. 안기오텐신 I은 아미노산 10잔기의 펩티드로 혈중의 angiotensin converting enzyme(디펩티딜 카르복시 말단펩티드 가수분해효소)의 작용으로 안기오텐신 II가 된다.

이것은 8개의 아미노산 잔기로 된 펩티드로, 강한 혈관 수축작용이 있으며 혈압을 상승시켜 부신피질에서 분비되는 알도스테론 등의 호르몬 분비를 촉진한다.

한편 이 작용을 멈추고 싶을 때는 혈중에 있는 angiotensinase(안기오텐신 가수분해효소)라는 펩티드 가수분해효소가 작용하여 안기오텐신 II의 티로신과 이소루신 잔기 사이의 펩티드 결합을 절단하여 불활성화시킨다. 이같이 효소는 간접적으로 혈압조절에 관계하고 있다 (그림 9.19).

또 혈액 중에는 prokallikrein이라는 불활성 단백질 가수분해효소 전구체가 있어서 어떤 인자의 작용으로 칼리크레인이라는 단백질 가수분해효소로 변환된다. 칼리크레인은 같은 혈액 중에 있는 kininogen이라는 단백질에서 bradykinin(아미노산 9잔기로 연결된 펩티드)을 유리한다.

브라디키닌은 국소에서의 혈관벽 투과작용을 증가시켜서 염증, 통증을 일으키는 물질로 생체에 위험을 알리는 신호 역할을 한다. 브라디키닌은 이외에 혈압을 강하시키는 등 여러 생리작용을 갖는다. 불필요해진 브라디키닌은 kininase(디펩티딜 카르복시말단펩티드 가수분해효소)가 분해한다.

Angiotensinogen
　↓ Renin
Angiotensin Ⅰ
　↓ Angiotensin Ⅰ- converting enzyme
Angiotensin Ⅱ
　↓ Angiotensinase
불활성 물질

그림 9.19 Angiotensin의 대사와 효소

또 혈관벽이 손상되었을 때 상처를 보호하기 위한 응혈 반응이나 혈관 중에 형성된 불필요한 응혈덩어리를 제거하는 플라스민의 반응도 혈중 효소가 관여한다.

9.11
광합성 - 지상 최대의 화학 반응과 효소

음식인 동물성, 식물성 식품 모두 녹색식물의 광합성 반응으로 만들어진다. 소의 먹이가 되는 풀이나 곡식도 광합성으로 성장한 식물체이다. 식물의 광합성 반응은 지상 최대의 화학 반응으로 공기나 물속의 탄산가스에서 1년간에 전 지구상의 식물이 생산하는 유기물의 양은 $1.5 \sim 1.7 \times 10^{12}$ t에 달한다. 그 중 2/3는 육상식물, 1/3은 해양식물이다.

광합성은 녹엽의 많은 효소가 관여하는 복잡한 반응이다. 빛에너지를 받으면 클로로필이나 시토크롬이 관여하는 명반응의 광인산화 반응으로 ATP가 만들어지며, 관련 효소 ferredoxin-NADP$^+$ reductase(페레독신-NADP$^+$ 환원효소)가 NADP$^+$를 환원시켜 NADPH를 만든다.

암반응에서는 명반응 과정으로 만들어진 ADP와 NADPH를 이용하여 탄산가스에서 글루코오스를 만든다(탄산동화). 이 반응은 칼빈 사이클이라고도 한다(그림 9.20). 그림 9.20에 탄산 고정을 위해 녹엽 중에서 일어나는 반응과 관여 효소가 제시되어 있다.

뿌리혹박테리아나 남조류 등은 공기 중의 질소를 받아들여 암모니아나 질산으로 바꾸는 작용을 한다(공중질소의 고정). 이 반응은 식물성장에 필요한 질소비료의 급원 역할을 한다. 콩과 식물은 뿌리혹박테리아와 공생하고 있으며 콩밭은 1년에 1 ha당 100~200 kg의 공중질소를 고정하여 단백질로 만든다. 이 공중질소의 고정에도 많은 효소가 관여한다.

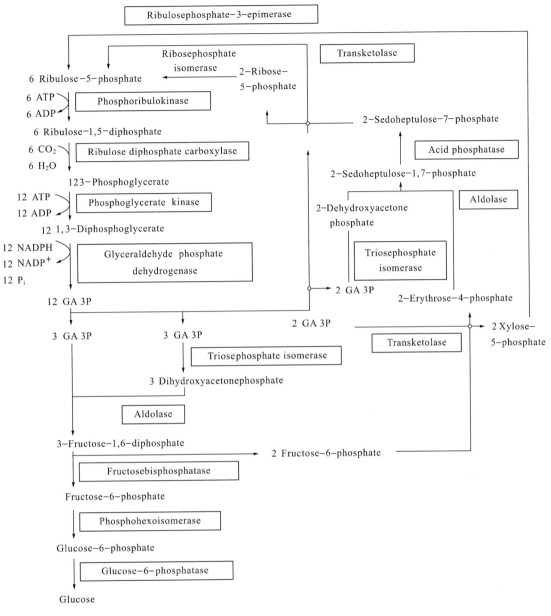

그림 9.20 광합성 칼빈 사이클(암반응)과 효소
GA 3P는 glyceraldehyde - 3 - phosphate

9.12
반딧불 형광과 효소

여름 초저녁의 시골을 깜박거리며 수놓는 반딧불의 형광은 luciferase (*Photinus*-루시페린-4-일산소화효소(ATP 가수분해))라는 효소가 관여하고 있다. 반딧불의 에너지는 반딧불 꼬리에 함유된 루시페린이라는 물질이 공기 중의 산소에 산화되어 공급된다.

　루시페린을 화학적으로 산화시키면 에너지가 열로 변하고 말아서 밝은 빛을 얻을 수 없다. 루시페린 산화 에너지를 빛으로 방출하기 위해서는 효소가 필요하다. 반딧불 빛이 깜박이는 것은 luciferase가 일정 시간 간격으로 강약을 조절하기 때문이다.

　이것은 반딧불의 뇌에서 꼬리로 전해지는 자극에 의한다. 그래서 머리를 잘라 버리면 꼬리는 반짝거리지 않고 잠시 연속광을 내다 만다. 반딧불은 종류에 따라 luciferase에 의한 명멸 반응이 다르다. 반딧불의 유충은 이런 명멸을 조절할 수 없어서 약한 연속광을 낸다.

9.13
시차병과 효소

　많은 생물에는 약 24시간을 주기로 하는 개일성 리듬이라는 활동성 변동이 있는데 수면 활동이 전형적인 예이다. 서울과 뉴욕의 시차는 9시간 정도이다. 서울에서 뉴욕으로 가는 비행기를 탄 사람은 시차병이 일어난다. 이것은 우리 몸에 생물시계라는 작용이 있어서 뉴욕에 도착하고 나서도 얼마동안은 서울 시간으로 몸의 생리활동 주기가 움직이기 때문이다.

　생물시계의 본체는 잘 알려져 있지 않으나, 뇌하수체의 부신피질자극호르몬(ACTH), 기타 많은 호르몬의 분비량에 일주 변동이 있는데 낮의 오전에 피크가 있다. 그래서 ACTH 자극으로 분비되는 호르몬인 코르티코스테론, 코르티손, 기타의 양에도 일주 변동이 생겨 그들의 지배를 받는 효소의 생성, 분비에도 일주성이 생긴다.

　하등생물로는 쌍편모류인 고니오락스라는 해산 단세포가 있다. 이것은 해수 중에 발생하여 적조를 일으키며 야광충 같이 파도의 자극으로 섬광을 내는 발광생물의 하나이다. 이 생물의 발광은 밤에 강하다.

　실험실 내에서 자극하여도 발광은 밤에 비해 훨씬 약하다. 이것을 바깥의 광을 차단한 실험실에서 일정 조명 하에 수일간 배양하여도 이 리듬은 계속되며 바깥이 낮일 때는 발광이 약하고 바깥이 밤일 때는 발광이 강하다.

　발광은 세포 내에 있는 luciferase 작용이지만, 세포를 모아 갈아서 추출한 액에서 luciferase 양은, 낮에 모은 세포보다 밤에 모은 세포가 훨씬 많다.

　단세포의 어디에 24시간 주기를 기억할 짜임새가 있는지 아직 잘 알려져 있지 않으나 연구결과 핵의 DNA에 있는 luciferase 합성의 정보를 RNA에 전사하는 반응에 일주성이 있는 것을 확인하여 세포핵 중에 밤낮의 24시간 주기를 기억하고 있는 시계가 있는 것으로 생각한다.

9.14
음식의 소화와 흡수

1. 탄수화물

녹말 음식을 먹으면 타액의 α-아밀라아제가 아밀로오스와 아밀로펙틴의 α-1,4-결합의 여기저기를 절단하여 작은 올리고당 조각으로 만들고 소장점막에서 분비되는 α-glucosidase(α-글루코시드 가수분해효소)가 단당으로 절단하여 흡수된다.

소장 표면의 점막세포 안의 Na^+ 이온농도는 세포막, 즉 장내용물보다 낮다. 그래서 바깥에서 세포 안으로 Na^+ 이온이 들어가기 쉽다. 이 Na^+ 이온의 흐름을 타고 글루코오스가 세포 내로 운반되어 들어간다. 글루코오스와 함께 들어온 Na^+ 이온은 Na^+/K^+-exchanging ATPase(Na^+/K^+-운반 ATP 가수분해효소)가 ATP의 에너지를 사용해서 Na^+ 이온을 밖으로 밀어낸다(그림 9.21).

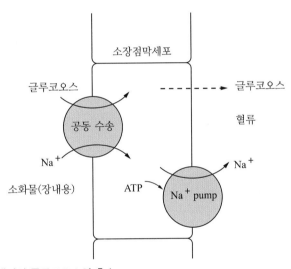

그림 9.21 소장 점막세포에서의 글루코오스의 흡수

2. 단백질

음식 중의 단백질은 너무 커서 소화관을 통과하지 못한다. 그래서 작게 절단하여야 한다. 단백질 음식은 위산의 작용으로 변성되어 입체 구조가 흐트러져서 소화효소의 작용을 받기 쉽게 된다.

위에서는 펩신이 분비된다. 펩신은 단백질의 펩티드 사슬을 절단하여 여러 토막으로 만든다. 음식이 십이지장으로 이동하면 단백질은 트립신, 키모트립신, elastase(엘라스틴 가수분해효소) 등이 아미노산 2~3잔기의 올리고펩티드나 아미노산으로 분해한다.

췌액에는 carboxypeptidase(카르복시말단 펩티드 가수분해효소) A 및 B가 있어서 올리고펩티드를 아미노산으로 완전히 가수분해한다. 아미노산은 글루코오스와 마찬가지로 Na^+ 이온이 수송하여 흡수한다. 즉, 다음과 같은 효소가 작용한다(그림 9.22).

```
      Pepsin              Carboxypeptidase A
      Trypsin             Carboxypeptidase B
      Chymotrypsin        Dipeptidase
      Elastase            Aminopeptidase
단백질 ─────────→ 펩티드 ─────────────→ 아미노산, 짧은 펩티드 ──→ 흡수
```

그림 9.22 단백질의 소화

3. 지방질

지방질은 지방질 가수분해효소의 작용으로 세 개의 지방산 중 가운데 것만 남고 나머지 두 개가 절단되어 한 분자의 2-모노아실글리세롤과 두 분자의 지방산으로 되어 흡수된다. 또 cholinesterase(콜린에스테르 가수분해효소), phospholipase(인산지방질 가수분해효소) 등도 여러 지방질을 가수분해하여 흡수시킨다.

4. 핵산

췌장이나 소장에는 리보핵산 가수분해효소, 데옥시리보핵산 가수분해효소가 있어서 RNA와 DNA를 가수분해하여 흡수한다.

5. 위산 분비와 효소

위에서는 위산이 분비된다. 우리의 몸은 거의 중성이지만, 위에서는 pH 1인 1 N 염산을 하루에 2.5 l 분비한다.

위점막세포에는 ATP의 에너지를 사용하여 H^+ 이온을 선택적으로 운반하는 H^+/K^+-exchainging ATPase(H^+/K^+-운반 ATP 가수분해효소)가 있다. 이 효소는 ATP 분해로 얻은 에너지로 세포막 밖에서 안으로 H^+ 이온을 운반하며, 대신 K^+ 이온을 세포 내로 옮긴다. 다음 K^+ 이온, Cl^+ 이온이 함께 세포 밖으로 운반되어 나가기 때문에 K^+ 이온의 분포에는 변화가 없고 점막세포의 밖, 즉 위속에 HCl이 만들어진다(그림 9.23).

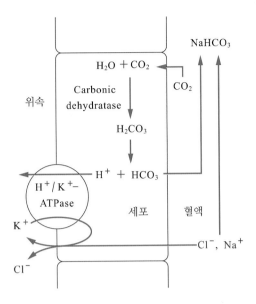

그림 9.23 위산분비와 효소

그 결과 세포 내는 수소이온이 부족하여 알칼리성이 되고 말 상황이지만, 혈액 중의 탄산 가스가 세포 내로 들어와

$$CO_2 + H_2O \xrightarrow{(1)} H_2CO_3 \xrightarrow{(2)} H^+ + HCO_3^-$$

와 같이 되어 수소이온을 보충한다. (1)의 반응은 carbonate dehydratase(탄산 탈수소효소)의 작용에 의하며 (2)는 빠른 비효소 반응이다.

Cl^+ 이온은 혈액 중의 NaCl에서 보급되며 떨어져 남은 Na^+ 이온과 HCO_3^+에서 약알칼리성의 $NaHCO_3$가 만들어진다. 만들어진 중탄산나트륨은 혈액을 타고 운반되어, 췌장에서 췌액과 섞여 십이지장으로 분비되어 위에서 보내져 오는 음식물의 염산을 중화하는 데 사용한다.

9.15
에너지 저장과 효소

1. 글루코오스를 글리코겐으로 저장하는 효소

소장에서 점막세포로 흡수된 글루코오스는 정맥, 간문맥을 통해 혈액에 의해 간장으로 운반되어 효소작용으로 글리코겐이 되어 간장에 저장된다. 여기에는 다섯 종류의 효소가 관계한다(그림 9.24).

$$\text{Glucose} + \text{ATP} \xrightarrow[\text{ADP}]{\text{① Hexokinase}} \text{Glucose-6-phosphate} \xrightarrow{\text{② Phosphoglucomutase}}$$

$$\text{Glucose-1-phosphate} \xrightarrow[\text{UTP-pyrophosphate}]{\substack{\text{③ Glucose-1-phosphate} \\ \text{uridyltransferase}}} \text{UDP-glucose} \xrightarrow[\substack{\text{Glycogen-UDP} \\ \text{(n개의 글루코오스)}}]{\text{④ Glycogen synthase}}$$

$$\text{Glycogen} \xrightarrow{\text{⑤ 1, 4-}\alpha\text{-glucan branching enzyme}} \text{Glycogen (가지가 많다)}$$
((n + 1)개의
글루코오스)

그림 9.24 글리코겐의 합성

2. 글리코겐을 글루코오스로 만드는 효소

간장에 저장된 글리코겐은 다시 글루코오스로 만들어져 혈액을 통해 몸의 각 부분으로 보내진다. 특히 뇌는 글루코오스만 에너지원으로 이용한다. 다른 장기는 잘 때 에너지가 적게 소비되지만 뇌는 수면 시에도 같은 양의 글루코오스 에너지가 필요하다. 혈중 글루코오스는 뇌의 유일한 에너지원이다.

글루코오스는 간장세포에서 에너지원으로 사용되며, 단백질, 지방질, 핵산 등 몸의 구성 물질을 합성 원료로도 사용된다. 간장세포에서 글리코겐이 글루코오스로 되돌아가는 과정은 장관 내에서의 소화와 같은 반응이지만, 다른 효소가 작용한다.

즉, 글리코겐에 먼저 가인산 분해효소가 작용하여 글루코오스 사슬의 말단에 인산을 하나씩 결합시켜서 glucose-1-phosphate로 절단하여 나가는 가인산분해 반응이 일어난다. Glucose-1-phosphate는 다음에 phosphoglucomutase(포스포글루코 자리옮김효소) 작용으로 인산기가 떨어져서 글루코오스가 되어 혈액을 통해 필요한 장소로 옮겨진다(그림 9.25).

인산이 결합된 글루코오스는 간장의 세포막을 통과할 수 없으나, 인산이 떨어지면 통과할 수 있다. 가인산 분해효소는 말단부터 글리코겐의 α-1,4-결합을 글루코오스로 차례로 잘라내며, α-1,6-결합의 가지 결합 약간 전에 멈춘다.

이때 4-α-glucanotransferase(4-α-글루칸 전달효소)가 작용하여 남아있는 짧은 글루코오스 사슬을 다른 글루코오스 사슬의 말단으로 옮긴다. 남아있는 α-1,6-결합의 글루코오스 잔기 하나로 된 가지를 가지절단 효소가 잘라 없앤다. 그러면 다시 가인산분해효소의 작용이 시작된다(그림 9.26).

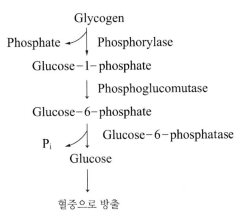

그림 9.25 간장에서의 글리코겐의 분해

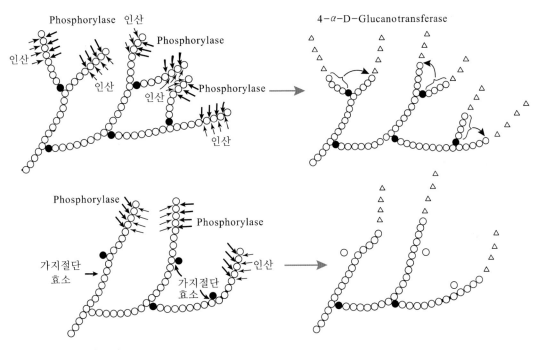

그림 9.26 글리코겐 분해
○는 α-1, 4 결합으로 연결된 글루코오스. ●는 α-1, 6으로 연결된 글루코오스. △는 glucose-1-phosphate.

3. 근육이 배설한 락트산을 글리코겐으로 만드는 효소

근육은 에너지원으로 ATP가 필요하다. ATP는 근육세포 내에서 해당계의 효소가 작용하여 만들며, 이때 만들어지는 피루브산은 시트르산 회로나 전자전달계에 들어가지 않고 락트산으로 변하며, 글루코오스에서 출발할 때는 글루코오스 한 분자당 세 개, 유리 글루코오스에서 출발할 때는 두 개의 ATP가 만들어진다. 락트산은 간장에 보내져서 효소 반응으로 글루코오스나 글리코겐으로 재생된다.

4. 발열은 ATP 합성효소의 휴식으로

이상의 반응에서는 글루코오스의 연소 에너지는 ATP형으로 축적된다. ATP를 만들지 않고 연소하면 에너지는 열로 된다. 이 반응도 체온유지에 중요하다.

추울 때나 아플 때 몸이 떨리는 것은 근육운동으로 에너지를 소비시켜 열을 발생시키기 위해서이다. 근육운동은 ATP 에너지로 생기므로 이 경우는 일단 ATP형으로 저장된 에너지가 모두 열이 된다.

계속 열을 발생시키기 위해서는 신경 명령으로 전자전달계의 효소 반응이 ATP를 만들지 않고 진행되어 ATP 합성을 위해 발생하는 에너지를 간장에서 열발생에 직접 사용한다.

추운 데서 사는 동물은 머리에서 어깨까지 갈색 지방조직이 발달한다. 갈색 조직에는 미토콘드리아와 혈관계가 발달하여 있다. 신경 명령으로 조직의 지질 가수분해효소가 활성화되어 지질을 지방산으로 분해하고 이어서 미토콘드리아의 효소계가 ATP를 만들지 않고 지방산을 발열시켜서 흐르는 혈액을 따뜻하게 한다.

그래서 바다표범이 추운 남극이나 북극에서 새끼를 낳아도 이런 메커니즘으로 열을 발생시켜 체온을 유지한다.

9.16 인체의 소화

소화기계는 위장관인 입, 인두, 식도, 위, 소장, 대장과 부속기관인 침샘, 간, 담낭 및 췌장, 조직으로 구성되며, 약 9 m 길이로 장신경과 중추신경계의 조절을 받는다.

음식의 단백질과 다당류는 분자가 커서 장상피를 통과할 수 없으므로 분자로 분해, 즉 소화시켜야 하며 소화는 위의 염산, 간의 담즙, 외분비기관 분비 소화효소의 작용으로 이루어진다. 소화된 물질은 위장관의 내강으로 들어가서 장 상피세포층을 가로질러 혈액이나 림프로 흡수된다.

인체의 소화효소는 표 9.6과 같다.

표 9.6 인체의 소화효소

소화액	대상성분	소화효소	소화 전 물질(기질)	소화 후 물질(생성물)
타액	당질	α-Amylase	녹말(다당)	α-Limit dextrin(다당) maltotriose(삼당)·maltose(이당)
위액	단백질	Pepsin	단백질·폴리펩티드	Tripeptide
	지질	Lipase	트리글리세리드	Glycerin·지방산
십이지장액	당질	Amylase	녹말(다당)	α-Limit dextrin(다당) maltotriose(삼당)·maltose(이당)
	단백질	Carboxypepdidase	단백질·폴리펩티드	C말단에서 산성, 중성아미노산을 분해 (C말단 Lys, Arg, Pro, Gly 이외)
		Carboxypepdidase B	단백질·폴리펩티드	C말단에서 Lys,Arg 절단
		Chymotrypsin	단백질·폴리펩티드	올리고펩티드
		Trypsin	단백질·폴리펩티드	올리고펩티드
		Enterokinase	Trypsinogen	Trypsin
		Proesterase	Elastin	지방족 아미노산과 연결된 결합 절단
	지질	Lipase	트리글리세리드	모노글리세리드·지방산
		Phosphorylase A_2	인지질	지방산·리소인지질
		Co-lipase	지방적	지방산에 리파아제 결합
		α-Glucosidase	콜레스테롤 에스테르	콜레스테롤
	기타	Ribonuclease	RNA	누클레오티드
		Deoxyribonuclease	DNA	누클레오티드
장액	당질	α-Dextrin endo-1,6-α-glucosidase	α-Limit dextrin(다당)	글루코오스(단당)
		Oligo-1,6-glucosidase	Isomaltose(삼당)	글루코오스(단당)
		α-Glucosidase	Maltotriose(삼당) 말토오스(이당)	글루코오스(단당)
		Sucrase	설탕(이당)	글루코오스(단당)·프룩토오스(단당)
		Lactase	유당(이당)	글루코오스(단당)·갈락토오스(단당)
	단백질	Dipeptidase	Dipeptide	아미노산 2분자
		Aminopeptidase	Polypeptide	N말단에서 아미노산을 분해
		Enterokinase	Trypsinogen	트립신
		Nuclease	핵산	오탄당·염기

1. 위장관

구강은 분비 타액과 함께 음식을 씹어서 조각으로 만들어 인두와 식도를 통하여 위로 보낸다. 타액의 아밀라아제는 녹말을 분해하지만 작용시간이 짧아서 분해율은 낮다.

위에서는 큰 분자의 음식물을 부분 소화하여 소장으로 보내며 내분비선에서 분비된 펩시노겐은 활성형 pepsin이 된다.

위는 염산을 분비한다. 염산은 단백질을 변성시켜서 펩신의 작용을 잘 받게 하여 소화되도록 하고 녹말도 호화 상태로 구조를 흐트려뜨려 아밀라아제 작용을 잘 받게 한다.

음식물의 세균은 염산에 의하여 대부분 죽고 일부 살아남아 무리를 형성하거나 대장으로 간다.

음식은 위에서 단백질과 다당류의 분자 파편, 작은 지방구, 염류와 물, 기타 식품으로 이루어진 유미즙(chyme)이 되어 소장으로 간다.

소장은 3 m 길이이며, 녹말은 amylase가 단당으로, 지방질은 lipase가 지방산과 글리세롤로, 단백질은 protease가 아미노산으로 분해한다. 이들 분해물은 상피세포로 흡수되어 혈액이나 림프로 들어가고, 비타민, 무기질, 수분도 흡수된다.

소장은 십이지장(duodenum), 공장(jejunum), 회장(ileum)으로 되어 있으며, 유미즙은 소장의 윗부분 1/4에 위치한 십이지장과 공장에서 대부분 소화 흡수된다. 췌장과 간의 분비물은 도관을 통해 십이지장으로 배출된다.

췌장은 소화효소와 중탄산이온(HCO_3^-)을 분비하여 유미즙의 염산을 중화시켜서 소장효소가 작용하도록 한다.

간에서 분비하는 담즙에는 중탄산이온, 콜레스테롤, 인지질, 담즙색소, 유기 노폐물, 담즙염(bile salt)이 있다. 중탄산이온은 산을 중화하고 담즙염은 지방질을 유화시켜서 소화효소의 작용을 받을 수 있게 한다. 소장의 효소는 소장 세포 내강 표면에 존재하는 것과 췌장에서 분비되는 것이 있다.

소장에서 단당류와 아미노산은 장상피 세포막에 있는 운반체 – 매개 과정으로 흡수되고 지방산은 확산으로 장상피 세포로 흡수된다. 무기질 이온은 운반체에 의해 능동적으로 흡수되고, 물은 삼투압 기울기 확산으로 수동적으로 흡수된다.

음식 성분은 대부분 소장에서 흡수되고 물과 염류, 미소화물만 소량 대장으로 이동하여 일시 저장되면서 세균이 일부 대사하고 염류와 물을 흡수하여 대사물을 농축시키고 직장에서 변을 배출한다.

2. 탄수화물 소화

녹말은 입의 타액 α-아밀라아제가 일부 분해하지만 위산이 α-아밀라아제를 바로 불활성 시키므로, 분해 양이 적고 대부분 소장에서 췌장 아밀라아제가 분해한다.

녹말은 말토오스와 짧은 가지 덱스트린으로 분해된 다음 소장 상피세포의 내강막 α-글루코시다아제가 글루코오스로 분해한다. 유당과 설탕은 글루코오스, 갈락토오스, 프룩토오스 등으로 분해되어 장상피를 통하여 혈액으로 수송된다.

프룩토오스는 글루코오스 운반체(GLUT 글루코오스 운반단백질)를 통한 촉진-확산으로 상피세포로 흡수되고 글루코오스와 갈락토오스는 나트륨-글루코오스 수용체(SGLT)를 통해 나트륨이온과 함께 2차 능동수송으로 들어간다.

단당류는 상피세포의 기저측막 글루코오스 운반체를 통한 촉진-확산으로 간질액으로 들어가서 모세혈관을 통해 혈액으로 확산된다.

흡수된 글루코오스는 세포질 내의 인슐린 의존성 글루코오스 운반체가 작용하여 근육과 지방세포에 들어가서 에너지로 사용되고, 나머지 세포에는 촉진확산으로 들어가서 에너지로 사용된다.

3. 단백질 소화

성인에게 필요한 단백질은 하루 약 $40 \sim 50\,g$이며 효소나 점액으로 위장관으로 분비되거나 상피세포에서 분해되어 들어간다. 내강의 단백질은 대부분 아미노산으로 분해되어 소장으로 흡수된다.

단백질은 위에서는 pepsin, 소장에서는 췌장에서 분비된 trypsin과 chymotripsin이 펩티드로 분해하고 이것을 췌장에서 분비된 carboxypeptidase(카르복시말단펩티드 가수분해효소)와 소장 상피세포의 내강막 aminopeptidase(아미노말단펩티드 가수분해효소)가 아미노산으로 분해한다.

아미노펩티다아제는 단백질과 펩티드를 아미노말단부터, 카르복시펩티다아제는 카르복시말단부터 아미노산으로 차례로 분해한다. 상피세포 내강막에는 20종류의 peptidase가 있어서 여러 방법으로 펩티드를 아미노산으로 분해한다.

분해된 유리 아미노산은 나트륨이온과 연결된 2차 능동수송으로 상피세포로 들어간다. 아미노산은 20종류로 각기 다른 운반체가 있다. 아미노산 $2 \sim 3$개로 이루어진 펩티드는 수소이온농도 기울기에 의한 2차 능동 수송으로 흡수되며 내강의 아미노산 흡수는 에너지가 필요하다. 디펩티드와 트리펩티드는 상피세포질 안에서 분해되어 기저측막의 촉진-확산 운반체를 통해 간질액으로 들어간다.

소화되지 않은 단백질은 장상피를 통과하여 극소량이 간질에 근접하며 유아는 단백질 흡수력이 높아서 모유의 항체를 흡수하여 수동면역력을 갖추게 한다.

펩신은 불활성 전구체 펩시노겐으로 분비되어 위 염산의 강산성 pH에서 자가촉매작용으로 펩신으로 전환되며 강산성에서만 활성을 갖는다.

소장에서는 중탄산염이 수소이온을 중화하므로 위에서 분비된 펩신은 불활성화된다. 펩시노겐은 산의 분비와 평행으로 분비된다.

펩신은 단백질 소화에 필수적인 것은 아니다. 병에 걸려 펩신이 결여되어도 단백질은 소장효소에 의해 완전히 소화되기 때문이다.

그러나 펩신은 단백질 소화를 촉진시키고 전체 단백질의 약 20% 정도를 소화하고 콜라겐도 소화하므로 고기를 작은 토막으로 만들어 표면적을 증가시켜서 이후의 소화를 촉진시키기 때문에 유용하다.

4. 지방질 소화

중성지방은 소장에서 췌장 lipase(삼아실글리세롤 지방산 가수분해효소)가 글리세롤의 1번과 3번 지방산 에스테르 결합을 분해하여 유리지방산 2개와 모노글리세리드로 만든다.

$$트리글리세리드 \xrightarrow{\text{lipase}} 모노글리세리드 + 지방산\ 2$$

지방질은 물에 녹지 않으므로 위 상부에서 큰 지방구가 된다. 리파아제는 수용성이라 지방구 표면에서만 분해되므로 분해가 느리다. 그래서 유화시켜서 직경 1 nm 이하의 작은 구로 만들어 표면적을 넓혀서 리파아제 작용을 쉽게 받게 한다.

혼탁액의 작은 지방구를 유탁액(emulsion)이라고 하며 유화제가 유화시킨다. 유화제는 식품에 포함된 인지질과 담즙염으로 비극성 부분(소수성 부분)은 지방구의 비극성 부분과 결합하고, 극성부분(친수성부분)은 물과 결합하여 물과 기름을 섞이게 하고 큰 지방구로 재결합하는 것을 막는다.

지방구가 유화제로 덮여 있으면 리파아제가 작용하기 어려우므로 췌장에서 양친매성 보조효소(colipase)를 분비하여 지방구에 결합한 다음 리파아제와 결합하여 지방구를 분해시킨다.

생성된 지방산과 글리세롤은 불용성이므로 담즙산염이 미셀화시켜서 흡수되도록 한다. 미셀은 직경이 4~7 nm로 유탁액의 지방구와 유사하며 담즙염, 지방산, 모노글리세리드, 인지질로 되어 있고 중심부분에는 지용성 비타민과 콜레스테롤이 들어 있다.

5. 췌장의 효소 분비

이자의 소화효소가 포함된 분비액을 췌장액이라 하며, 하루 1리터에서 3리터 정도 분비하며 pH 7.5~8.8의 약알칼리성으로 미액을 중화시킨다.

콜레시스토키닌의 자극으로 분비되는 소화효소는 췌장 아밀라아제, lipase, protease, nuclease가 있다. 췌장에서는 3대 영양소 소화 효소가 모두 분비되지만, protease가 가장 많아서 약 70%를 차지한다. 그중 가장 많은 것은 trypsin, chymotrypsin, carboxypeptidase이다.

췌장(pancreas)에서는 중탄산이온과 많은 종류의 소화효소를 도관으로 분비하며, 이 췌장관은 십이지장으로 들어가기 전에 간에서 오는 총담관과 합해진다. 효소는 도관계 췌장 끝의 선세포가 분비하며 중탄산이온들은 도관 안쪽에 연결된 상피세포가 분비한다.

췌장의 효소는 lipase, amylase, protase, nuclease로 지방질, 다당, 단백질, 핵산을 지방산, 단당, 아미노산, 뉴클레오티드로 소화시킨다.

단백질 가수분해효소는 비활성 전구체로 분비된 후 십이지장의 다른 효소들에 의해 활성화된다. 전구체인 트립시노겐은 enterokinase(엔테로펩티드 가수분해효소)가 분해하여 활성형 트립신이 되며, 트립신은 다른 단백질 가수분해효소들을 부분 가수분해하여 활성화시킨다.

췌장에서 분비된 아밀라아제, 리파아제 등은 처음부터 활성형으로 분비된다. 음식물을 섭취하는 동안 세크레틴과 CCK의 자극으로 췌장 분비물이 증가한다. 세크레틴은 주로 중탄산이온을 분비시키고 CCK는 효소를 분비시킨다.

내강의 산과 지방산은 소장벽의 구심성 신경말단에 작용하여 췌장의 소화효소와 중탄산이온을 분비시킨다. 즉, 소장의 영양소들이 호르몬과 신경계의 반사작용을 통해 관련된 소화분비물을 유도하는 것이다.

효소의 새로운 전개

10.1
단백질공학

유전자공학 기술로 효소 유전자를 분리하여 유전자의 특정 염기배열을 변경할 수 있다. 또 DNA를 임의의 길이 대로 화학합성할 수도 있다. 효소를 코드하는 DNA상의 특정 위치의 DNA를 화학합성한 DNA로 치환할 수도 있다. 이런 기술을 이용하여 효소의 기능변환을 시도하는 것을 단백질공학이라 한다(그림 10.1).

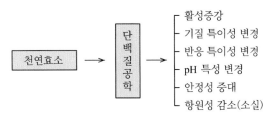

그림 10.1 단백질 공학에 의한 효소의 개량

Fersht 등은 *Bacillus stearothermophilus*의 tyrosyl tRNA 합성효소의 활성 부위의 아미노산 잔기를 위치 특이적 변이에 의한 DNA 조작으로 Thr 51을 Ala이나 Pro으로 바꾸었다. 그 결과 51번째의 Thr을 Pro으로 바꾸면 K_{cat}/K_m은 활성이 25배로 증대하였다. 그러나 Ala으로 바꾸었을 때는 별로 증대하지 않았다.

그러므로 Pro으로 바꾸면 Thr이 관여하고 있는 α - 헬릭스 구조가 일그러져 활성 부위 아미노산 잔기의 His 48의 위치가 변화하여 K_{cat}/K_m이 증대하는 것으로 생각된다. 그러나 일부러 활성을 상승시키기 위해 디자인한 결과는 아니다.

Craik 등은 쥐의 트립신 유전자를 분리하여 216, 222번째의 Gly을 메틸기를 증가시킨 Ala으로 바꾸었다. 원래의 트립신은 Lys 잔기를 갖는 기질보다 Arg 잔기를 갖는 기질을 잘 가수분해하지만 226번째의 Gly을 Ala으로 바꾸면 반대의 결과를 나타냈다.

즉, 기질 특이성이 변경되었다. 그러나 각 K_{cat}/K_m은 원래의 효소에 비해 매우 작아지고 효소활성은 오히려 저하하였다. 그러므로 기질 특이성을 바꾸었다 하여도 활성이 떨어지고 말아 실용성은 없다.

이같이 단백질공학에 의한 효소의 특성 해석은 효소의 기능을 해명하는 데 중요하다. 효소의 기능을 부위 특이적 변이로 바꾸기도 한다. 아미노산을 몇 잔기 바꾸면 효소활성이 매우 달라지거나 특성이 변한다.

단백질공학으로 효소의 기능과 성질을 개량 내지 변경시킬 수 있는 것으로는 다음과 같은 것들이 있다. K_{cat}/K_m 값은 이미 살펴보았다. 고온의 열안정성은 단백질 내부의 소수 결합의 강화나 이온 결합의 부가로 증가시킬 수 있고, 상온에서의 안정성은 S - S 결합의 부가와 수소 결합의 형성으로 증가시킬 수 있다.

효소를 수용액 중에서 유기용매 합성에 사용하는 경우 기질농도를 올릴 수 없기 때문에 반응효율이 낮다. 그래서 만약 효소를 유기용매 중에서 사용할 수 있다면 매우 유력한 합성 촉매가 된다. 그래서 단백질공학으로 유기용매 중에서 안정한 구조를 갖는 효소를 개발하고 있다.

또 기질 특이성이나 반응 특이성이 고온고압에서도 발휘될 수 있도록 하여 촉매 기능을 향상시키고, 보조효소의 요구성도 바꾸어 보조효소가 필요 없는 효소를 만들려는 시도도 있다.

또 최적 pH의 변경, pH 안정범위의 확대도 가능하다.

효소를 의약품으로 생체 내에 직접 투여하면 생체의 단백질 가수분해효소가 분해시켜 버린다. 그러므로 단백질 가수분해효소에 대한 내성효소를 만드는 데도 이 기술이 필요하다.

다른자리 입체성 효소인 경우 단백질공학으로 제어할 수 있고, 분자량이나 서브유닛 구조도 최적화할 수 있다.

단백질에 분비성을 부여하고 생체막으로 분비되도록 하고, 다른 효소와 하이브리드를 형성시키고, 효소를 의약으로 사용할 때 나타나는 면역성올 완화시키고, 효소의 표면구조를 변화시켜 표면의 성질을 바꿀 수도 있다. 이같이 매우 폭넓은 가능성을 지닌다.

그러나 실제로는 어려운 기술로 목적한 결과가 나타나는 경우는 많지 않고, 실용화 수준에 이르지 못하는 경우가 많다.

단백질공학의 방법을 그림 10.2에 예시한다.

10.2
탄수화물 공학

유전자공학과 단백질공학 외에 탄수화물공학이 제3의 바이오테크놀로지로 주목받고 있다.

탄수화물공학은 올리고당, 당단백질, 당지질 proteoglycan 네 가지를 연구 대상으로 하며, 탄수화물 레벨에서의 생체기능 조절의 해명, 당사슬의 구조 및 기능의 해석, 재구성 기술의 개발을 목표로 한다. 여기서는 당단백질을 중심으로 살펴본다.

1. 당의 역할

생체에서 당은 단백질과 공유 결합하고 있으며 다양하고 중요한 기능을 담당하고 있다. 당단백질은 자연계에 널리 존재한다. 사람 혈액 중에 존재하는 수십 종의 단백질 중 당단백

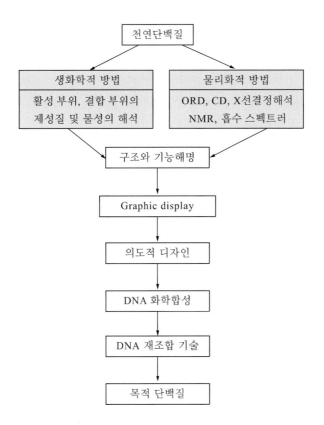

천연단백질

생화학적 방법
활성 부위, 결합 부위의
제성질 및 물성의 해석

물리화적 방법
ORD, CD, X선결정해석
NMR, 흡수 스펙트러

구조와 기능해명

Graphic display

의도적 디자인

DNA 화학합성

DNA 재조합 기술

목적 단백질

그림 10.2 단백질공학

질이 아닌 것은 알부민과 prealbumin뿐이다. 잘 알려진 fibrinogen, transferrin, ceruloplasmin, 면역글로불린, α_1 산성 단백질 등은 모두 당단백질이다. 또 갑상선 thyroglobulin 등의 호르몬 전구체, 구조 단백질인 콜라겐, 암의 신약 인터페론 등 당단백질의 수는 일일이 열거할 수 없다.

이렇듯 많은 단백질이 당단백질로 존재한다는 것은 생체에서 중요한 역할을 담당하고 있는 것을 반증한다.

당은 전세기 말부터 Fischer의 선구적 역할로 우수한 연구 경과가 얻어져 있었으나, 영양원 이외의 생물학적 의의를 발견하지 못하여 긴 역사 속에서 중심적 과제가 되지 못하였다.

그러나 당단백질이나 당지질 등의 당부분이 세포 사이의 인식에 관한 마커 또는 생체 내 대사나 활성발현을 조절하는 인자로서 생체에서 분자인식 과정의 중요한 부분을 담당하고 있는 것으로 밝혀져 주목받고 있다.

당단백질은 기관, 요관, 자궁 등의 점성 분비물의 주성분이다. 눈의 경우 안구 회전을 위한 윤활유로서 작용하며, 각막이 건조되는 것을 방지하고, 먼지 등으로 인한 손상을 방지한다.

입이나 소화관에서는 음식물을 싸서 원활하게 통과되도록 하고, 음식에 의해 소화관이 손상되는 것을 방지한다.

Mucin은 위산이나 소화효소로부터 위장관을 보호한다. 콧물 성분도 당단백질로서 세균이나 다른 부식성 불순물을 걸러서 폐를 무균상태로 보호하는 작용을 한다. 자궁의 점성 단백질은 세균의 침입을 방지한다.

당단백질이 갖는 기능은 다음과 같다.

(1) 당단백질의 물리화학적 성질, 예로써 무신의 점성

(2) 생체막과 당단백질의 상호작용

① 분비
② 혈청에서의 당단백질 제거
③ 세포 표면과 바이러스, 혈액형 항체, 렉틴과의 반응

(3) 생체막과 생체막과의 상호작용

① 분비
② Contact inhibition
③ 생물체 내의 세포의 이합집산
④ 분화와 성장
⑤ 세포의 접착과 응집
⑥ 배우자의 인식

(4) 분자와 분자의 상호작용

면역글로불린의 항체 인식

2. 탄수화물공학의 응용 범위

당단백질로 된 효소의 경우 당사슬을 제거하면 pH, 열, 금속이온, protease 등에 대한 안정성이 저하되는 경우가 많다. 당이 효소의 안정화 역할을 하기 때문이다.

효소 단백질로 된 의약품을 생체에 주사하는 경우 효소 제제는 이물질로 인식되어, 항원항체 반응으로 체물질보다 수십 배 빠르게 체외 배설된다. 이 인식에 당사슬이 관여하여 완화시키는 경우가 많다.

이같이 효소분자의 용해성 증가, 안정성 증가, 면역완화에 따른 약효의 지속화, 알레르기 반응의 감소, 유화작용의 증가, 방부, 항산화 효과 등에 따른 식품의 기능성 증가 등을 목표로 인공적으로 효소에 당사슬을 부가시키는 방법이 있다.

탄수화물공학은 다음과 같은 응용범위를 갖는다.

(1) 신규 기능성 단백질

효소 등의 기능발현에는 당질이 필요한 것이 많다. 당질의 첨가 내지 개변으로 기질 특이성 내열성, 안정성 등의 기능성을 강화시킬 수 있다.

(2) 고기능 생물 반응기(bioreactor)용 재료

배양세포를 사용한 유용물질의 생산 시 세포의 기능이나 증식에 관여하는 당질을 함유하는 세포 지지체 재료를 개발하여 고기능 생물반응기를 구축할 수 있다.

(3) 신규 분리정제용 재료

당질은 면역 반응 등 세포인식의 주요 인자이다. 이를 이용하여 목적하는 유용세포를 선택적으로 분리하거나 불필요한 성분을 고효율로 제거할 수 있다.

(4) 신규 인공장기 재료

생체 내에 장기이식되는 인공장기용 재료에는 생체 내의 각 세포 조직에 친화성이 있어서 생체 내로 들어가고 적당한 기간을 거친 후 분리되어 완전히 교환되는 것이 바람직하다. 당질은 여러 생체조직의 친화성 차이를 담당하고 있으므로 재료 표면에 당질을 첨가시키거나 당질로 재료를 직접 만들어서 이상적인 인공장기 재료로 할 수 있다.

(5) 고기능 biosensor

당질은 생체 내의 수용체-단백질에 의해 인식되고 있으므로, 이들의 상호작용을 밝히면 이를 재료로 한 목적 물질을 고감도로 정밀하게 인식할 수 있는 바이오센서를 개발할 수 있다.

(6) 신규 화장품 재료

당질을 중심으로 하는 세포간 물질은 피부의 건강유지, 기능유지 등에 커다란 역할을 하고 있으므로 당질을 화장품 재료로 응용할 수 있을 것이다.

(7) 신규 진단 약품의 개발

생리활성 물질에 당질을 도입하여 해당물질의 생체세포에 대한 친화성을 조절할 수 있다.

이를 이용하여 진단약(예로써 암의 병소부에만 집중하는 것)을 개발할 수 있다.

(8) 기능성 식품

당질과 생체 세포의 특이적인 상호작용을 해명하여 당질기능을 이용한 식품의 선도 유지제, 신미각 물질, 장내 세균 제어제, 충치예방제, 물성개량제 등 기능성 식품을 만들 수 있다.

3. 당단백질 조제 방법

천연에 존재하는 협의의 당단백질(프로테오글리칸 및 콜라겐은 제외)의 당과 단백질의 결합은 주로 N-글리코시드 결합(Asp의 아미드 CO‑NH의 N)과 O-글리코시드 결합(Ser이나 Thr의 OH의 O) 두 종류로 분류된다.

유전공학적 방법으로 당사슬을 부가시키는 것은 불가능하다. 당단백질 합성에 관여하는 효소의 유전자가 밝혀지지 않는 경우가 대부분이기 때문이다. 그래서 당단백질은 ① 천연물에서 추출하는 방법, ② 효소적으로 합성, 부가하는 방법, ③ 화학적으로 합성, 부가하는 방법으로 얻는다.

효소적 방법으로는 방법으로는 당전달효소나 가수분해효소의 전달작용을 이용하여 단계적으로 당을 부가하는 방법이 있다. 효소‑보조효소의 친화성에 의한 당유도 보조효소‑단백질 효소(비공유 결합) 복합체를 형성하는 방법도 있다.

화학적 방법으로는 단백질을 환원 아미노화시켜 비기능성 커플링제를 중심으로 단백질과 당 사이에 다리를 연결하는 방법과 당을 변화시켜 효소에 직접 공유 결합시키는 방법이 있다. 여기서는 당을 효소에 직접 공유 결합시키는 방법을 살펴본다.

4. 고구마 β–아밀라아제에 대한 당의 부가–기능과 성질의 변화

다음은 필자가 개발한 방법으로 당을 효소에 직접 공유 결합시키는 방법이다. 이 방법은 상기와 같은 목적 외에 서브유닛 구조의 기능을 해석하는 데도 큰 효과를 나타낸다.

β-아밀라아제는 녹말과 글리코겐 등 글루칸의 α-1,4-결합을 비환원성 말단에서 차례대로 가수분해하여 β-말토오스를 유리하는 효소로, 식물과 미생물에만 존재하고 있다.

다른 β-아밀라아제는 모두 분자량 5만 전후의 모노머인데 반해 고구마에 얻어지는 β-아밀라아제만 분자량 55,707의 동일 서브유닛으로 형성되는 테트라머이다.

이와 같이 고구마 β-아밀라아제만 테트라머의 서브유닛 구조를 형성하고 있는 것은 특별한 의의, 즉 촉매기능의 발현 또는 효소 반응의 제어나 효소분자의 안정화 기능을 담당하기 위한 것으로 생각되나 기능은 전혀 밝혀져 있지 않고, 고도 희석하면 해리 실환된다는 보고에 따라 모노머는 활성을 가지지 않는 것으로 알려져 왔을 뿐이다.

필자는 고구마 β-아밀라아제의 서브유닛 구조와 기능을 밝히기 위해 다음과 같이 당을 부가시켜 해석하였다.

고구마 β-아밀라아제를 여러 화학 시약으로 처리하여 모노머로 분리하였으나 해리된 모노머는 활성을 나타내지 않았다 그러나 $NaIO_4$로 산화시킨 가용성녹말 및 말토헥사오스를 pH 9.7에서 β-아밀라아제에 부가시킨 결과, 활성을 나타내는 안정한 모노머 및 펜타머가 조제되었다. 그러나 모노머의 수율은 최대 50% 이하였고 비활성도 비변형 효소의 1/2 정도로 저하되었다.

필자는 비활성의 저하 원인이 당부가시의 알칼리 pH에 의해 모노머의 활성 부위가 손상되는데 있는 것으로 판단하여 β-아밀라아제의 경쟁적 저해제인 α-시클로덱스트린으로 활성 부위를 차단하여 효소를 보호한 다음 당을 부가시킨 결과, 비변형 효소와 동일한 비활성을 나타내는 모노머를 60% 이상의 수율로 얻는 데 성공하였다(그림 10.3).

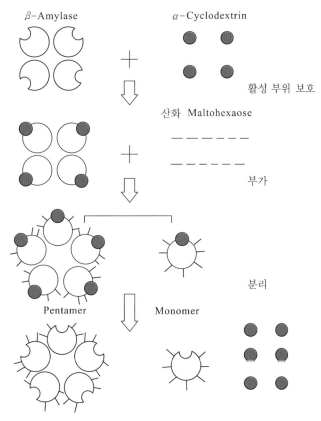

그림 10.3 고구마 β-amylase에 대한 산화당의 부가

이와 같이 불안정하여 활성을 나타내지 않던 모노머에 당을 부가시키자 안정화되어 활성을 나타낸 것은 고구마 β-아밀라아제의 서브유닛 구조는 촉매기능 때문이 아니고 효소의 안정화 기능을 위한 구조로서 존재한다고 하는 사실을 나타내고 있다.

또 고구마 β-아밀라아제의 서브유닛 구조에는 S - S 결합이 관여하고 있지 않고, 저해제인 α-시클로덱스트린이 활성 모노머뿐 아니고 비변형 효소에 대해서도 강한 안정화제로서 작용한다는 점, 당의 부가 반응은 효소분자 표면의 Lys의 ε-NH$_2$기와 산화 글루칸의 CHO기와의 Schiff 염기 형성에 따른 공유 결합으로 일어난다는 점 등도 밝혀졌다(그림 10.4 10.5).

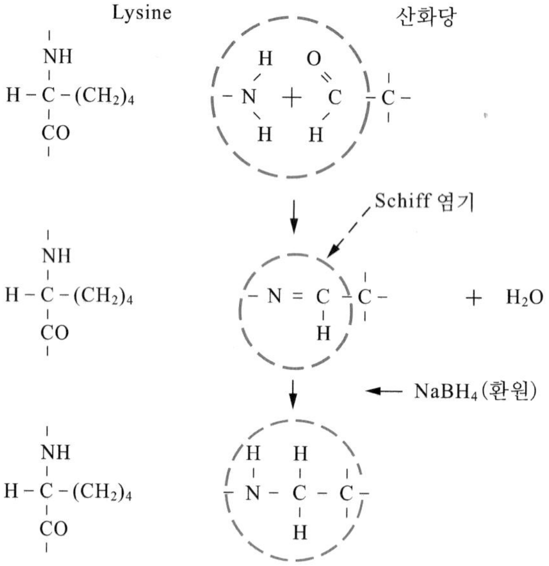

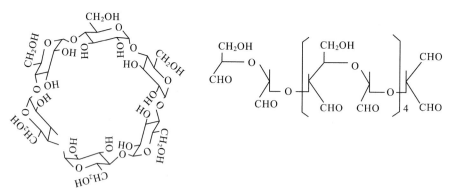

그림 10.4 Lys의 ε-아미노기와 산화당의 반응(Schiff 염기의 형성과 환원)

그림 10.5 α-Cyclodextrin(왼쪽)과 NaIO$_4$ 산화 maltohexaose(오른쪽)

이 방법은 다음과 같은 분야에 적용될 수 있다.

(1) 효소 입체구조의 정밀해석

효소(단백질)의 정밀 입체 구조 해석은 결정의 X선 해석에 의하나 현재의 기술 수준으로 분자량 7만까지가 최대 한계이다. 따라서 지금까지 불가능으로 알려져 왔던 서브유닛 구조를 갖는 대분자량의 효소(단백질)를 변형시켜 안정한 소규모 서브유닛 단위로서 분리한 뒤, 결정화하여 입체구조를 정밀해석할 수 있다.

(2) 서브유닛 구조의 해석

서브유닛 구조를 갖는 효소의 경우 서브유닛 구조의 결합 양식과 서브유닛이 단독으로 촉매기능을 발현하는가 여부를 해석하는 방법은 여러 가지 있으나, 그중 화학시약에 의한 방법으로는 변성, 중합 등이 일어나 적용되기 어려운 경우가 많다. 그런 경우 이 방법의 적용으로 안정한 모노머로서 분리하여 용이하게 해석할 수 있다.

(3) 효소 안정성의 증가

불안정하여 거의 활성을 나타내지 않던 모노머가 당사슬 부가로 활성을 갖는 안정한 상태로 분리되었다. 따라서 산업적으로 불안정한 효소의 안정성을 증가시키는 방법으로 이용할 수 있다.

특히 다른 화학물질에 의한 방법은 독성 때문에 식품 산업이나 의약품 산업에 사용되지 못하는 경우가 많으나, 식품으로서 안정하며 염가인 녹말을 사용한다는 점에서 매우 경제적이며 이용범위가 넓다.

(4) 면역완화제

인체에 약을 투여할 경우 이물질이기 때문에 항체항원 반응에 의해 체물질보다 수~수십 배 빠른 속도로 체외 배설되므로 매우 비효율적, 비경제적인 경우가 많다. 단백성 의약일 경우 이 방법의 도입으로 항체 인식부 부위를 차단하여 면역완화효과에 의한 지속적인 약효를 기대할 수 있다.

(5) 고정화

이 방법은 단백질 분자 표면의 Lys의 ε-NH$_2$기와 산화 글루칸의 CHO기와의 Schiff 염기 형성에 의하고 있다. 이를 이용해 안정성이 높고, 염가인 녹말과 유기자원 중 가장 저렴하며 막대한 셀룰로오스를 산화시켜 간단한 직접 반응으로 효소와 미생물을 고정화시킬 수 있다.

10.3
항체 촉매

1. 전이상태 아날로그

항체는 물질을 인식하기 위해 만들어진 생체 기능성 단백질로, 특정 분자를 인식하여 특이적으로 결합한다. 이 항체에 촉매기능을 부여한 것이 항체 촉매이다. 특정 항체는 특정 항원을 식별하여 결합한다.

특정 물질을 식별, 결합하는 것은 효소가 특정 기질을 식별하여 결합하는 성질과 비슷하다. 실제 반응중간체 유사 화합물을 항원으로 하여 만든 항체는 에스테르를 가수분해하는 활성을 갖는다. 촉매활성을 갖는 항체를 '업자임(abzyme)'이라고 한다.

1948년 Pauling은 효소활성에 대해 '효소의 활성 부위는 전이상태 반응의 기질과 결합하여 에너지적으로 안정한 전이상태로 이행하는 것을 촉진한다'고 하였다. 이에 더하여 Jencks는 '항체에 존재하는 항원 결합부위는 화학 전이상태 반응에 있는 기질과 특이적으로 결합할 수 있다'고 하였다.

이 생각이 올바르면 전이상태 기질의 결합부위를 갖는 항체는 반응의 활성화 자유 에너지를 감소시켜 반응을 촉진할 수 있다. 즉, 그런 항체는 촉매로서 기능할 수 있다. 그러나 그런 항체를 얻기 위해서는 전이상태의 기질을 항원으로 동물 주사해야 하며, 전이상태 분자는 불안정하여 과도기적으로 밖에 존재하지 않기 때문에 쉽지 않은 문제이다.

해결책은 전이상태 아날로그를 항원으로 이용하면 된다. 전이상태 아날로그는 구조나 전하 분산이 전이상태와 매우 유사하며, 분리할 수 있는 화합물이다. Schultz나 Lerner 등의 카르본산 에스테르의 가수분해 예에서 이 반응은 전이상태로서 분리 불가능한 사면체 중간체를 거쳐 이행해 나간다(그림 10.6).

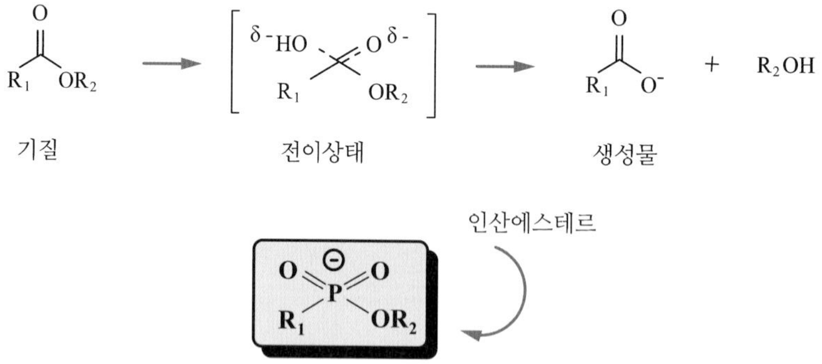

그림 10.6 전이상태 아날로그

이 전이상태에 매우 유사한 구조로서 그들은 중심의 탄소원자를 인원자로 치환한 인에스테르를 분리하여 hapten(면역원성을 갖지 않는 저분자량의 화합물)으로서 이용하였다.

여기서 인산 에스테르를 고려하면 이 에스테르는 사면체형의 구조를 하고 있으며, P-O 사이의 결합 거리는 C-O 사이보다 15% 정도 길고, 실제 전이상태의 C-O 사이 결합 거리에 가깝다. 그러나 이런 저분자량의 전이상태 아날로그(하프텐)의 경우는 면역원성을 갖지 않는다.

면역 응답을 일으켜 특이적 항체를 생산하는 B림프구가 유도 분화되기 위해서는 이 전이상태 아날로그를 적당한 지지체(예로서 소혈청알부민 등의 단백질)와 결합시켜 일정한 크기를 갖는 항원으로 해야 한다.

나아가 항원에는 여러 항원 결정기가 존재하기 때문에 생체에 침입하는 항원이 단일 종류라 하여도 이 복수의 항원 결정기에 대응하여 복수의 항체, 즉 폴리클로널 항체가 만들어진다.

항체촉매에 대한 돌파구는 균일한 세포집단이 발생하는 단클로널 항체가 열었다.

Köhler와 Milstein이 확립한 hybridoma(증식력을 거의 갖지 않는 항체 생산세포(B 세포)와 골수종세포(미엘로마)와의 세포 융합으로 형성되는 항체 분비성 잡종세포) 기술로 항원의 특정 부분만 확실히 표지하는 단일항체, 즉 단클로널 항체를 만들었다(그림 10.7).

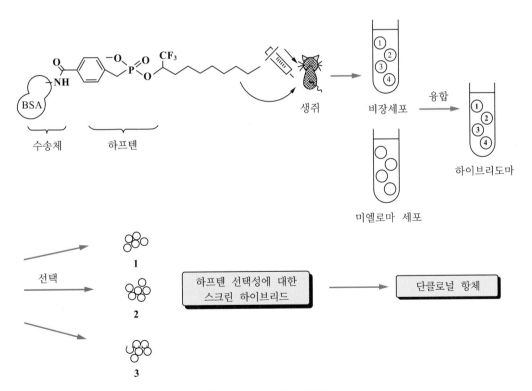

그림 10.7 전이상태 아날로그를 하프텐으로 하는 단클로널 항체 만들기

2. 항체 촉매의 응용

　에스테르 가수분해 반응에 항체 촉매가 이용된다. 전이상태 아날로그를 하프텐으로 하고, 소혈청알부민을 지지체로 하는 하프텐 항원을 생쥐에게 면역시켜 단클로널 항체를 만들어 항체효소로 이용한다. 이 항체는 광학활성체를 분자인식하여 부제촉매로 작용하며, 천연에 존재하는 효소(지질 가수분해효소)에 필적할 만한 기능을 갖는다(그림 10.8).

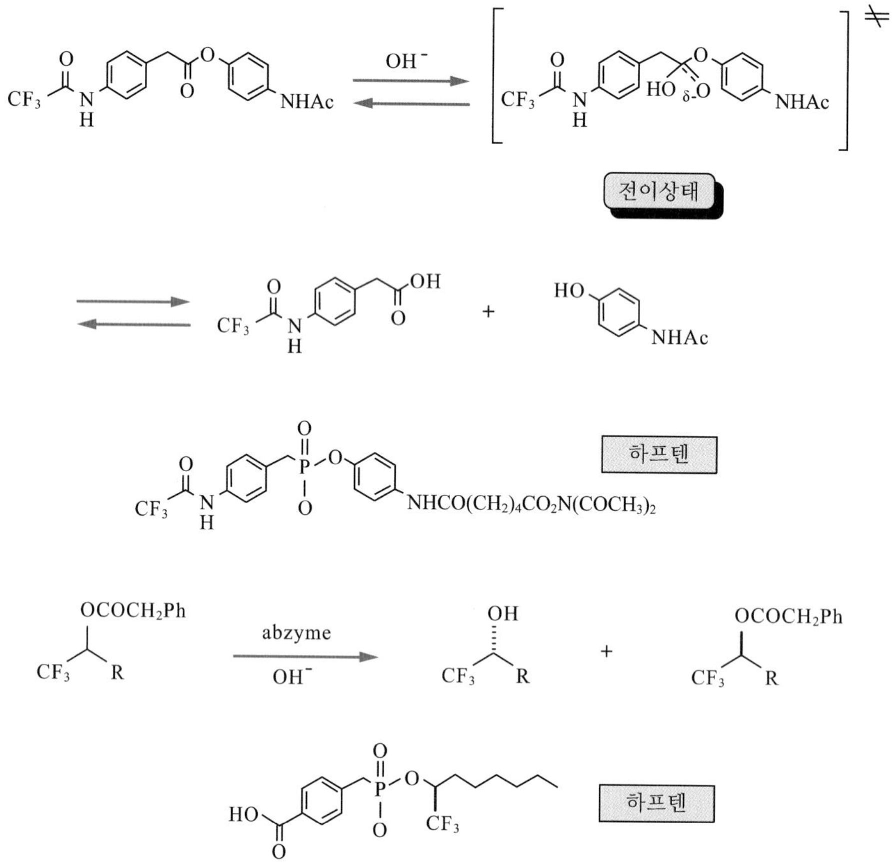

그림 10.8 **항체 효소에 의한 부제 가수분해 반응**

　이 항체 효소법은 효소 반응에서는 발견되지 않은 Diels - Alder 반응도 촉진할 수 있고, 전이상태 안정화 방법과 다른 Claisen 반응에도 응용되고 있다(그림 10.9, 10.10).

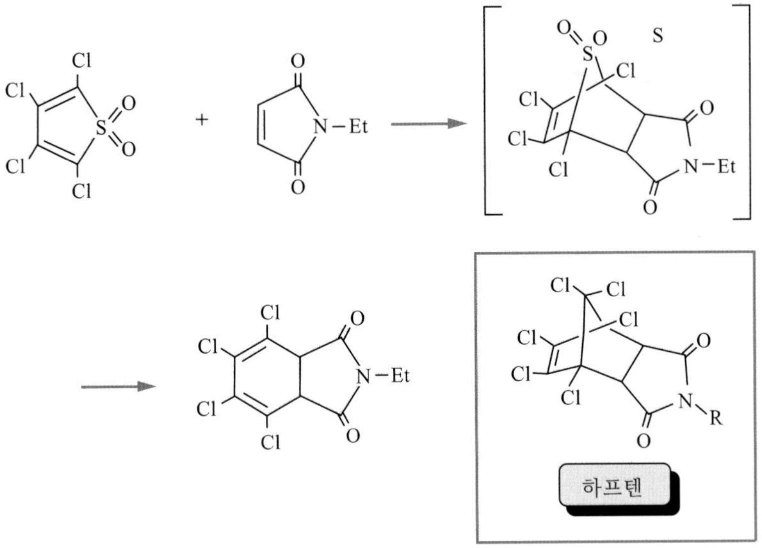

그림 10.9 Diels - Alder 반응

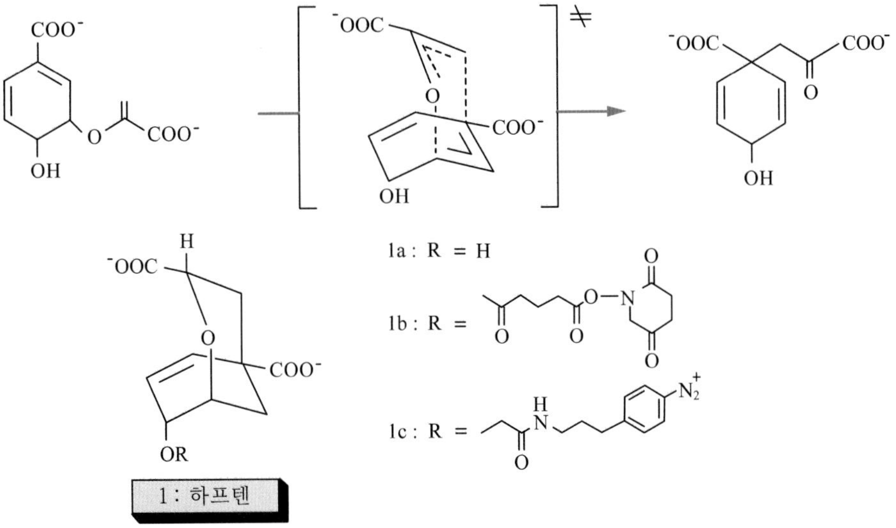

그림 10.10 Claisen 전위 반응

　항체는 결합 부위에 항원과 꼭 들어맞는 입체적, 전하적인 상보적 결합부위를 만들어 항원과 높은 친화성을 이루고 있다. 그래서 플러스 전하를 갖는 항원에 대해 마이너스 전하를 갖는 아미노산 잔기가 결합부위로 유도되며, 소수적인 항원에 대해서는 소수적인 아미노산 잔기가 유도되는 경향이 있다.

　이를 이용하여 항체 결합부위의 적당한 위치에 전하를 유도하여 이탈 반응을 촉진하거나 시스, 트랜스 이성화를 촉진할 수 있는 항체효소를 만들었다(그림 10.11).

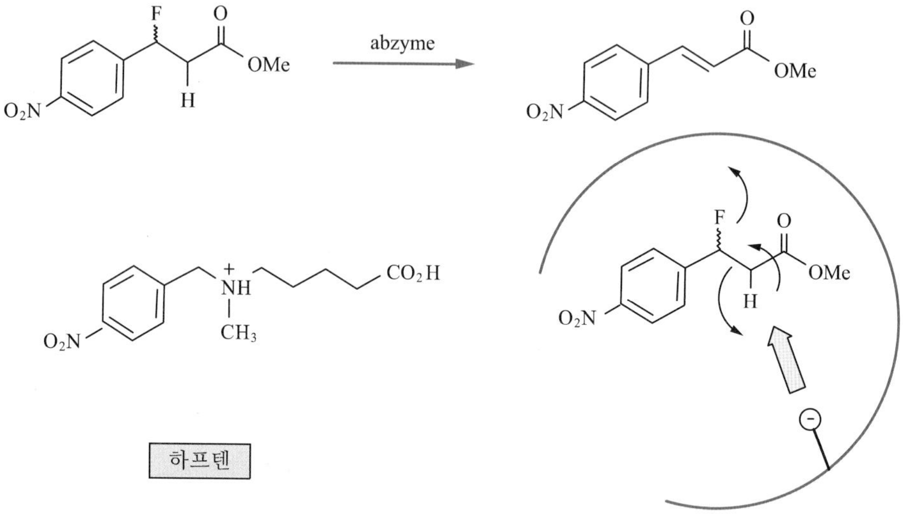

그림 10.11 하프텐 - 항체 상보성

    생체 내에서는 특정 에스테르 결합과 펩티드 결합을 절단할 수 있어야 한다. 항체효소는 주문 생산되어 제한효소 같이 마음먹은 위치의 펩티드 결합을 자유자재로 절단할 수 있게 된다.

    아미드의 가수분해 반응은 에스테르와는 달리 사면체형 중간체가 개열하기 전에 질소원 자상에 양성자화가 필요하며 이 단계가 속도지배단계인 경우가 있다. 이것은 항체를 만들기 위한 하프텐 디자인은 전이상태만으로는 불완전하며 양성자 공급체로서 작용하는 작용기가 반응에 관여해야 하는 것을 의미하고 있다.

    아미드의 가수분해에는 항체 결합부위에 대한 전하의 유도, 즉 '하프텐 - 항체 상보성'이 필요하며, 마이너스 전하를 갖고 있는 하프텐이 설계 이용된다. 그 결과 그림 10.12와 같은 하프텐 항체에 의해 Gly - Phe의 펩티드 결합이 선택적으로 절단된다(그림 10.12).

    효소의 촉매활성에 대한 지식을 바탕으로 부위특이적 변이 기술로 항체를 개조하면 뛰어난 업자임이 만들어져 혈전을 잘 녹이는 항체나 암세포만을 죽이는 항체를 만들 수 있다.

10.4
인공효소

1. 효소 단백질의 인공 합성

    효소가 촉매활성을 발휘하기 위해서는 특정한 입체구조가 필요하다. 입체구조는 아미노산 배열 순서에 따라 결정된다. 즉, 일정한 아미노산 배열은 자동적으로 특정한 입체구조를 만들게 된다. 그러므로 주어진 아미노산 배열 순서에서 그것이 만드는 입체구조와 촉매활성을 예측할 수 있

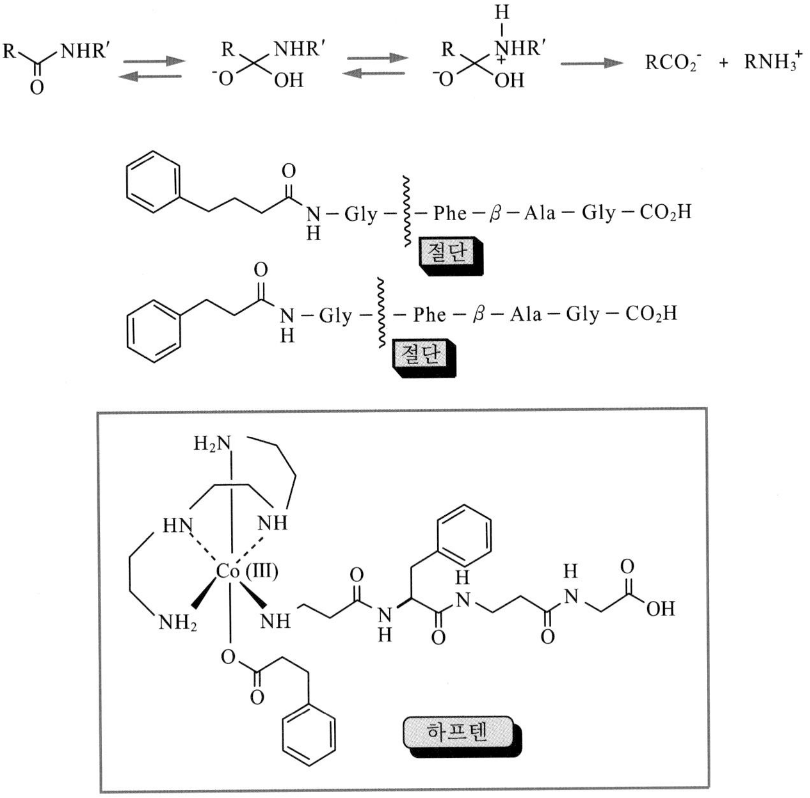

$$RCONHR' \rightleftharpoons R-\underset{O^-}{\overset{OH}{C}}-NHR' \rightleftharpoons R-\underset{O^-}{\overset{OH}{C}}-\overset{+}{N}HR' \longrightarrow RCO_2^- + RNH_3^+$$

절단

Phe − β − Ala − Gly − CO₂H

N − Gly

절단

Phe − β − Ala − Gly − CO₂H

N − Gly

Co (III)

하프텐

그림 10.12 항체효소에 의한 펩티드 결합의 절단

다. 반대로 어떤 촉매활성을 갖기 위해서는 특정한 입체구조가 필요하다. 이를 위해 필요한 아미노산 배열 - 즉, '설계도'를 만들 수도 있다.

단백질을 합성하는 방법에는 효소적 방법과 화학적 방법이 있다. 1980년에 일본의 야지마 등은 ribonuclease(리보핵산 가수분해효소) A를 순수하게 화학합성하였다.

이 화학합성 ribinuclease A는 결정화되어 110%의 활성을 나타냈다. 기타 분자적 특성도 천연효소와 똑같았다. 이것은 천연효소의 아미노산 배열분석 결과에 잘못이 없었던 것을 의미하고 있다.

효소의 화학합성은 그전부터 시도되었으나 합성물이 불순하거나 아미노산 잔기가 바꾸어지는 등 문제가 많았다. 500잔기 정도의 새로운 단백질을 합성하였으나 아무런 촉매력도 발휘하지 않은 예도 있다.

아직 효소의 아미노산 배열순서와 촉매기능의 관계에 대한 지식이 부족하여 일반적인 이론을 만들기는 힘들지만 효소의 입체구조가 많이 밝혀지고, 컴퓨터그래픽스의 진보에 따라 아미노산 배열순서가 만드는 부분적인 입체구조는 잘 맞추고 있다.

단백화학적인 방법으로 입체 구조가 밝혀진 효소의 1차 구조를 부분 개조하여 촉매기능과 성질을 바꾸는 것은 힘들다. 대신 효소의 유전자를 얻어낸 후 아미노산 배열대로 유전암호가 배열된 짧은 유전자를 인공적으로 합성하여 이용한다.

그 DNA 단편을 사용하여 유전자에 변이를 일으킨다. 이것을 '부위 특이적 변이'라고 한다. 이렇게 만든 새로운 개조 유전자를 대장균 등에 도입하여 새 단백질을 합성한다.

효소의 어떤 부분을 어떻게 개조해야 목적하는 성질이 얻어지는가 하는 점은 확립되어 있지 않다. 시행착오적 요소가 커서 성과를 거두기 힘들다.

트립신은 단백질 가수분해효소로 매우 엄격한 특이성을 가지고 있어서 기질인 단백질 사슬의 '리신'의 옆이나 '아르기닌'의 옆만 자른다. 트립신 분자의 '글리신'을 '알라닌'으로 바꾸면 아르기닌 옆을 더 잘 자르게 된다. 한편 다른 곳에 있는 글리신을 알라닌으로 바꾸면 리신을 더 잘 자르게 된다.

즉, 글리신 → 알라닌으로 한 아미노산만 바꾸어도 기질 특이성에 변화가 생긴다. 그러나 촉매활성은 크게 떨어져서 개조는 성공하였다고 볼 수 없다.

촉매활성이 상승하는 경우도 있다. *Bacillus subtilis*의 단백질 가수분해효소(subtilisin)의 '이소루신'을 '루신'으로 개조하면 촉매활성이 약 52배나 높아진다.

그러나 어디를 어떻게 개조하면 기질 특이성이나 촉매활성이 어떻게 변하는가 알기 힘들다. 즉, 해보지 않으면 알 수 없는 경우가 많다.

활성 부위에서 멀리 떨어진 곳을 건드려도 활성이 변하는 일도 있다.

효소의 입체구조는 아미노산이 복잡한 상호작용으로 만들고 있다. 그래서 아미노산을 하나 바꾸면 영향이 여러 곳으로 파급된다.

'시스틴'의 도입에 따른 안정화는 설계대로 성과를 얻었다. 시스틴은 '시스테인'이 두 개 연결된 형으로 단백질의 사슬과 사슬을 연결하는 다리 역할을 한다.

적당한 곳에 시스틴으로 다리를 형성시키면 입체구조가 안정화될 수 있다. 이 방법으로 안정화에 성공한 효소가 있다.

2. 비단백질 재료에 의한 인공효소

천연효소의 활성 부위 아미노산 잔기의 입체구조를 밝혀서 그대로 만들면 촉매력을 발휘한다. 유기합성화학 기술로 촉매기의 입체적인 배치를 똑같이 조립하는 것은 어려운 일이 아니다. 문제는 효소가 갖는 촉매력 이외의 특징인 특이성과 조절에 있다.

인공효소는 천연효소와 구조가 모두 같을 필요가 없다. 효소기능에 중요한 부분만을 화학합성하여 만들면 된다. 화학합성 재료는 합성이 쉽고 비싸지 않아야 한다.

효소적 특성을 갖는 분자를 유기화학적으로 합성하는데 가장 문제가 되는 것은 분자를 인식하는 구조를 만드는 데 있다. 기질 인식 때문에 분자량이 크고 분자 내에 구멍을 갖는 고리형 화합물이 많이 사용된다.

이런 일군의 화합물을 설계, 합성하여 기능 발현을 목적으로 하는 것을 Host‐Guest 화학이라고 한다.

그림 10.13은 큰 고리형 구조를 가지지는 않으나 효소와 같이 분자인식하는 예이다. 예로서 분자구(molecular creft)라는 분자는 효소와 결합하는 부위가 구멍이라기보다는 파인 골인

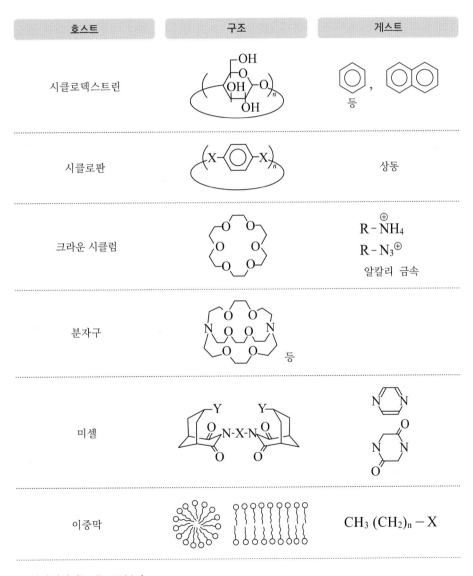

그림 10.13 분자인식하는 호스트분자

점에 착안하여 합성한 호스트 분자이다. 미셸, 이중막은 분자가 아니라 집합체로서 호스트 기능을 발현한다. 미셸은 인공효소 연구 초기에 많이 사용되었다.

이들 호스트는 각기 특유의 분자 인식능력을 나타내지만 대부분 단순하므로 생체계의 다중 인식을 실현하기 위해서는 목표로 하는 호스트 분자에 대응하는 인식기를 복수로 도입해야 한다.

Cyclodextrin은 글루코오스 6~8분자가 고리형으로 연결된 도너츠 같은 구조를 가지며, 가운데 구멍은 소수적 환경을 만들고 있어서 여러 유기 화합물을 잡아들인다. 6개의 글루코오스로 된 α-시클로덱스트린의 구멍은 작고 8개로 된 γ-시클로덱스트린의 구멍은 크다.

물질이 시클로덱스트린의 구멍에 들어가는 것은 기질이 효소의 활성 부위에 들어가는 것과 비슷하다.

약하지만 시클로덱스트린도 촉매활성이 있으며, 작용기를 도입하면 촉매활성이 증가한다. 이미다졸기를 붙이면 인산에스테르를 가수분해할 수 있게 된다. 이미다졸기를 붙이는 팔의 길이를 바꾸면 반응의 선택성까지 나타난다.

가수분해 반응 이외의 반응에서도 효소형으로 반응을 가속시킨다. 그 예를 그림 10.14에 제시한다.

시클로덱스트린	반 응
β	$R-CO_2^- + H_2O \longrightarrow R-H + CO_2 + H^+$
α, β	
α	
β	
α, β	
β	

(계속)

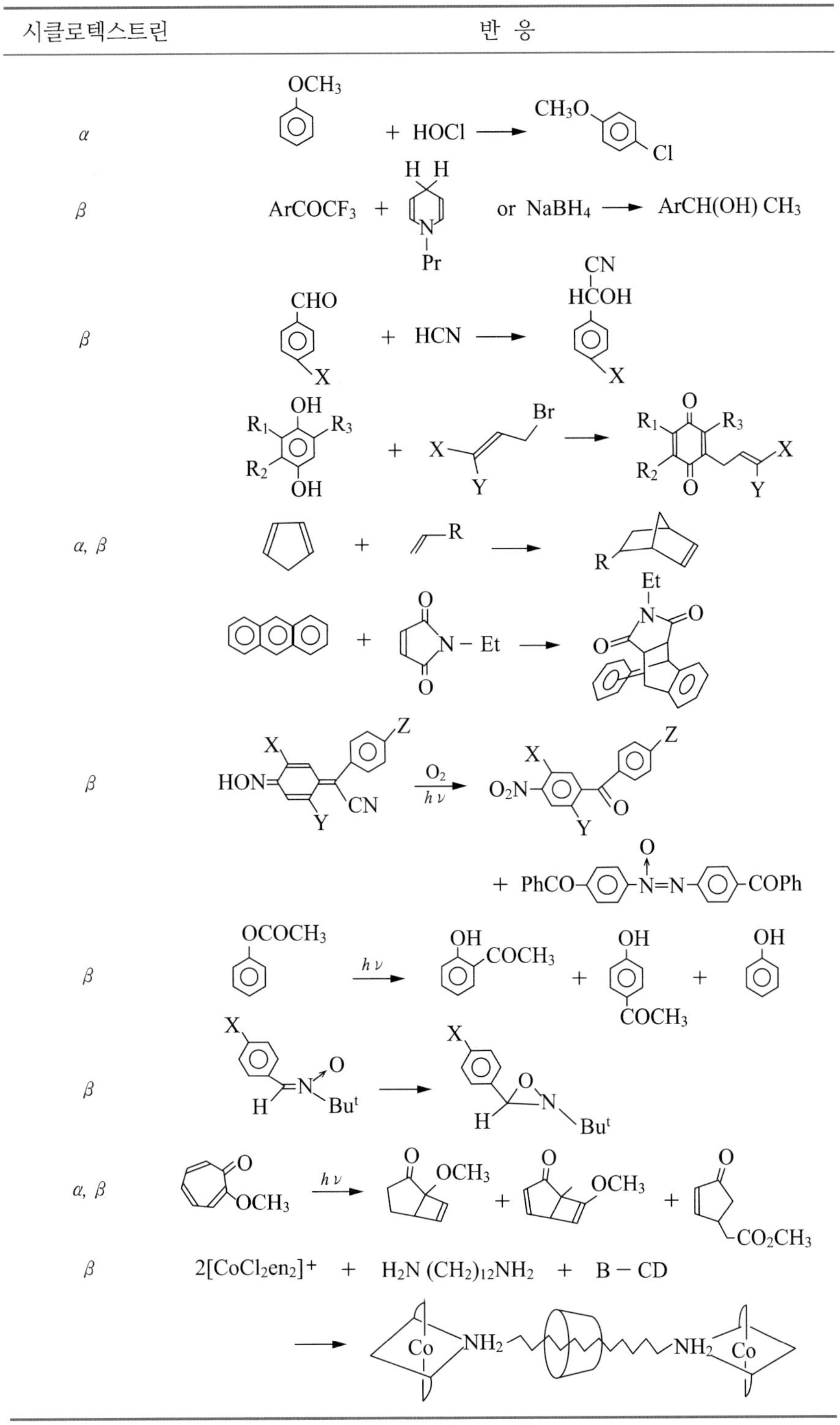

반 응

그림 10.14 시클로덱스트린이 촉매하는 반응

시클로덱스트린을 변형하면 더 효과적인 촉매로 작용한다. 다작용성 시클로덱스트린을 합성하는데는 사슬 길이가 여러 가지인 캡시약(주로 디술포닐 클로리드 타입)을 사용하여 캡드 시클로덱스트린을 만들고 있다. 여기에 이미다졸을 반응시킨 화합물은 고리형 인산 에스테르를 가수분해하는 리보핵산가수분해효소로서 작용한다(그림 10.15).

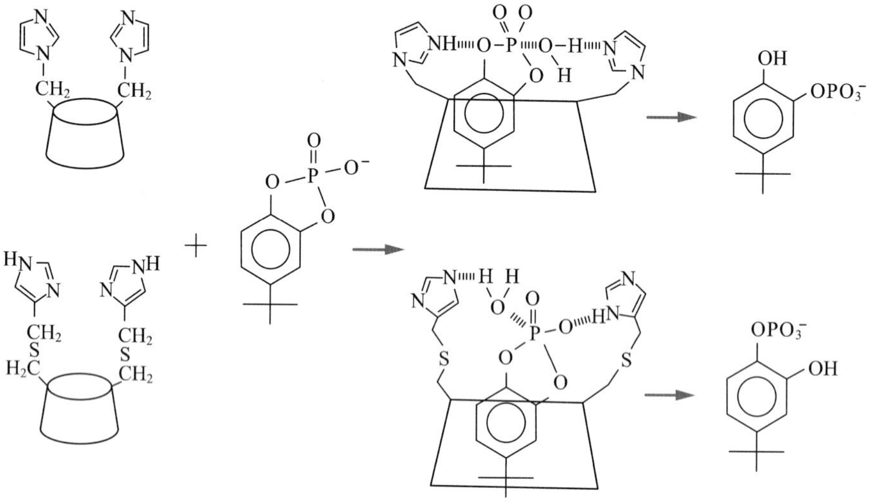

그림 10.15   RNase 모델에 의한 인산가수분해

캡드 시클로덱스트린에 히스티딘을 반응시켜 Zn 착체로 하면 탄산 탈수소효소의 촉매작용을 나타낸다. 피리독사민을 시클로덱스트린에 도입하면 transaminase(아미노기 전달효소)로 작용하는 것이 있다(그림 10.16).

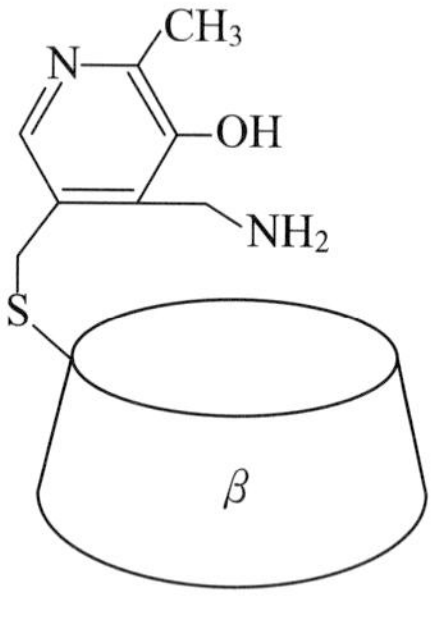

그림 10.16   Transaminase 모델

시클로덱스트린은 효소의 작용으로 녹말에서 만들어지는데 반해 시클로판과 크라운은 모체골격으로부터 인공합성되는 호스트 분자로, 합성화합물이기 때문에 기질에 맞게 자유로이 설계할 수 있지만 분자량이 커서 합성하기 힘들다. 시클로판은 물에 대한 용해도를 높여야 한다. 수용성 시클로판은 에스테르 결합의 가수분해를 촉매한다(그림 10.17).

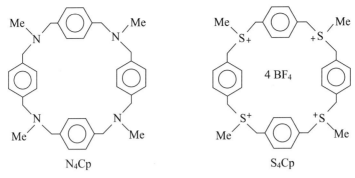

그림 10.17 수용성 시클로판

광학활성 비나프틸기를 갖는 크라운 에테르에 SH기를 도입한 인공효소는 각종 아미노산 파라니트로페닐에스테르의 아실기 전달 반응을 촉매한다(그림 10.18).

마찬가지로 이들의 분자식별을 이용하여 인공 수용체를 만드는 시도도 성과를 거두고 있다.

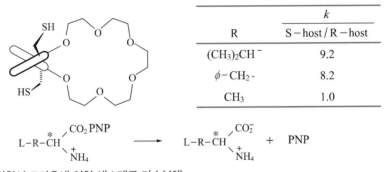

R	k
	S－host / R－host
$(CH_3)_2CH^-$	9.2
$\phi-CH_2-$	8.2
CH_3	1.0

그림 10.18 광학활성 크라운에 의한 에스테르 가수분해

10.5
효소 단백질 하이브리드

효소 단백질 하이브리드는 주로 효소 단백질과 효소 단백질 이외의 물질, 즉 합성 고분자, 생리활성 분자, 무기질을 화학적으로 결합시킨 복합체를 말하지만 생리활성물질과 고분자 또는 무기물질과의 화합물까지 범위를 넓히고 있다. 짜임새는 그림 10.19와 같다.

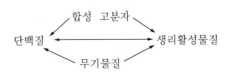

그림 10.19 하이브리드 물질

모두 여섯 가지 짜임새로 이루어지며, 이들 네 가지 물질이 세 개씩 짝을 지은 하이브리드로 합성된다. 예로서, 합성고분자 - 단백질 - 생리활성물질 하이브리드 또는 무기물질 - 단백질 - 생리활성 물질 하이브리드 등이다. 합성고분자 - 단백질 - 생리활성 물질 - 무기물질 하이브리드로 합성할 수 있다. 하이브리드를 합성하는 목표는 특정 기능을 발현시키는 데 있다 (그림 10.20).

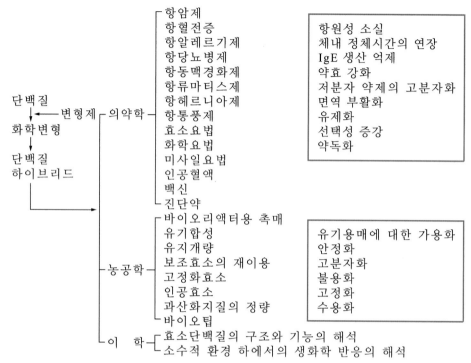

그림 10. 20   효소 단백질 하이브리드의 이용

표 10.1은 폴리에틸렌글리콜(PEG)을 여러 단백질이나 생리활성 물질과 화학 결합시킨 하이브리드이다. PEG는 $CH_2 - CH_2 - O$의 반복구조를 가지며 유기용매에도 잘 녹는다.

표 10.1   폴리에틸렌글리콜에 의한 효소 단백질의 하이브리드

목적	대상
항원항체 반응	Arginase, L-asparaginase, elastase, α-galactosidase, β-galactosidase, β-glucosidase, β-glucuronidase, L-glutaminase, hemoglobin, immunoglobin G, lactofferin, α_2-macroglobulin, phenylalanin, ammonialyase, interleukin 2, riboUclease, streptokinase, superoxide dismutase, trypsin, tryptophanase, uricase, urokinase
생리활성의 증강	ATP, Cys - Pro - Leu - Cys/철(II)복합체, 헤민, histidine, insulin, lysine, NAD(H), substance P

(계속)

목적	대상
IgG 생산 억제	달걀 알부민, 꽃가루
유기용매 가용화효소	Catalase, chymotrypsin, peroxidase, lipase, cholesterol oxidase
자성화효소	Asparaginase, lipase, urokinase

또 PEG는 비면역원성으로 생체에 투여하여도 항체를 생산하지 않는다. 그러므로 단백질의 항원성 소실, 생리활성의 증가, IgE 생산의 제어, 효소단백질의 유기 용매에 대한 가용화 등의 효과를 나타낸다. 마그네타이트(Fe_3O_4) - PEG - 효소 하이브리드는 자성을 띤다.

1. 효소 단백질 하이브리드 합성

하이브리드화에는 효소 단백질이나 생리활성 물질에 목적한 성질을 부여하기 위해 PEG가 많이 사용되고 있다(표 10.1). 또 합성고분자 또는 천연고분자가 변형제로 사용되고 있다 (표 10.2).

표 10.2 하이브리드화에 사용되는 고분자물질

합성고분자	다당
Poly-L-aspartate, 폴리아스파르트산, 유도체, 스티렌말레인산 공중합체, Poly-D-lysine, Poly-L-lysine, D-glutamate와 D-lysine의 공중합체, Polyvinyl alcohol, 피란 공중합체, 폴리자르코신	Agarose, carboxymethyl cellulose, dextran, pullulan, lipolysaccharide

하이브리드화가 단백질의 입체구조를 파괴시키면 안 된다. 단백질은 구형으로, 표면에 글루탐산과 아스파르트산의 카르복시기, 리신의 ε-아미노기, 티로신의 페놀 수산기, 히스티딘의 이미다졸기, 아르기닌의 구아니딜기, 발린과 루신 잔기의 알킬기, 시스테인의 SH기 등의 작용기가 존재한다.

그러므로 목적과 조건에 따라 상대 물질을 결합시키는 작용기를 선택한다. 4차 구조를 갖는 효소의 작용기에 물질이 결합하면 4차 구조가 파괴되어 서브유닛이 해리하는 경우가 있다.

그러므로 시약은 신중하게 선택해야 한다. 물론 필자는 역으로 이를 이용하여 고구마 β-아밀리아제의 서브유닛 구조의 기능을 밝힌 바 있다.

그림 10.21은 효소 단백질 하이브리드 합성에 사용되는 변형제와 단백질의 결합 방법이다.

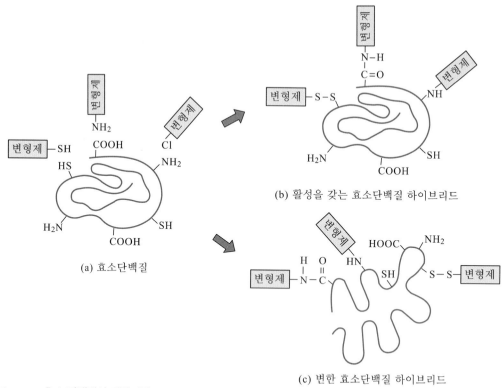

(a) 효소단백질

(b) 활성을 갖는 효소단백질 하이브리드

(c) 변한 효소단백질 하이브리드

그림 10.21 **효소 단백질의 화학변형**

　과요오드산은 당을 산화시켜 당에 알데히드기를 만들어 단백질과 Schiff 염기로 결합시킨다. 글루탈알데히드는 단백질의 아미노기와 변형제의 아미노기를 연결하며, 단백질 사이에 크로스 링크를 일으킨다.

　산무수물은 카르본산의 카르복시기 두 개가 탈수축합한 화합물로 아미노기, 수산기, SH기와 반응한다. 트리아진 고리를 매개로 아미노기와 PEG 또는 PEG$_2$를 결합시키는 방법도 있다. 폴리아스파르트산 유도체도 사용한다.

2. 유기용매 중에서의 효소 반응

　효소는 수용성으로 유기용매에 녹기 어렵고, 변성되어 활성을 잃는 경우가 대부분이다. 그러나 하이브리드화하면 유기용매에 녹고, 유기용매 중에서 활성을 발현하는 경우가 많다.

　소수기와 친수기 모두 가진 양친매성 화합물인 PEG를 사용하여 효소를 하이브리드화시키면 유기용매에서 작용하는 안정한 효소가 얻어져 수용액 중에서 반응시키기 어려운 난용성 물질을 효율 높게 반응시킬 수 있다. 가수분해 역반응인 축합 반응도 효율 높게 수행할 수 있다.

유기용매 중에서 효과적으로 활성을 발현한 PEG-효소로는 lipase(지방질 가수분해효소), chymotrypsin, catalase, peroxidase(과산화효소), cholesterol oxidase(콜레스테롤 산화효소) 등이 있으며, 주로 벤젠 중에서 효과가 높다. 벤젠 외에도 톨루엔, 클로로포름, l,l,l - 트리클로로에탄, 트리클로로에틸렌, 퍼클로로에틸렌 등이 있다.

3. 자성체 하이브리드

자성체(磁性體) 하이브리드는 효소 회수, 친화 지지체로서 물질의 분리, 세포분리, 항원 - 항체 반응의 자기 분리, 약제의 표적 세포에 대한 유도 작용에 사용된다. 강자성체인 마그네타이트(Fe_3O_4)를 약제 운반매체로 하면 체외에서 약제를 환부로 유도, 제어할 수 있다.

효소를 강자성체와 하이브리드화시키면 바이오리액터 중에서 귀한 효소를 자기분리하여 간단히 회수할 수 있다. PEG-효소는 유기용매 중에서 매우 안정하므로 자성체에 의해 반복 사용할 수 있다.

조류, 어류, 박테리아는 생물자석을 갖는다. 생물자석은 지자기를 감지하여 하늘이나 바다를 이동하는 센서이다. 철새의 계절 이동성, 박테리아의 극점을 향한 주자성(走磁性), 고래의 회유성은 이에 의한다.

자성체를 단백질에 결합시키는 방법은 직접법과 간접법 두 가지가 있다. 직접법은 단백질을 자성체에 직접 흡착시키거나 자성체에 흡착된 단백질끼리 글루탈알데히드 등으로 다리를 만드는 방법이고, 간접법은 자성체(M)와 효소(E)를 결합시킬 때 유기 고분자 물질(P)을 중개물로 사용하는 방법이다.

자성체로서는 페라이트, 마그네타이트 입자가 주로 사용된다. 마그네타이트는 제1철 이온(Fe^{2+})과 제2철 이온(Fe^{3+})과의 반응 또는 제1철 이온과의 반응으로 합성한다.

자성화 M-P-lipase는 수용액 중에서는 트리글리세리드를 가수분해하고 유기용매 중에서는 에스테르 합성 반응을 촉매한다. 반응 후 6000 oersted(Oe)의 자장을 가하면 효소는 반응조 한쪽으로 모인다. 자장을 풀면 다시 반응용액과 섞여서 반응한다.

Asparaginase(아스파라긴 가수분해효소)는 항종양 단백질로서 L-아스파라긴을 아스파르트산과 암모니아로 가수분해하는 반응을 촉매한다. 이 효소를 자성화시켜 자장을 가해 반응을 조절한 결과가 있다.

4. 의약에 대한 이용

알레르기는 알레르겐(항원)의 자극으로 면역글로불린 분비세포에서 IgG 항체가 분비되어 여러 알레르기 증상(I형 알레르기)을 일으키는 증세이다. 이를 치료하기 위해 알레르겐을 조금씩 주사하여 과민상태를 둔화시키는 감감작료법(減感作療法), 탈감작료법(脫感作療法) 등이 있으나 효과가 높지 못하다.

비면역성 합성고분자 화합물, 수지산 등을 알레르겐과 반응시켜 하이브리드화하면 변형 알레르겐은 미변형 알레르겐의 이뮤노글로불린(IgG) 항체와 반응하지 않기 때문에 감감작료법에 따른 부작용을 줄일 수 있고, 변형 알레르겐에 대해 새로운 IgG 항체도 만들지 않고, 이미 IgG 항체가 만들어져 있어도 IgG 항체를 신속하게 줄여 주고, 변형 알레르겐을 미리 투여하여 놓으면 알레르겐이 들어와도 항알레르겐 IgG 항체가 만들어지지 않게 하는 효과가 있다.

이를 위해 PEG, 다당, 폴리아미노산, 자기단백질, 지방산, 변성이나 중합, 우레아 변성 등으로 달걀 알부민, 꽃가루, 독소 등의 알레르겐과 하이브리드를 만들고 있다.

약을 합성고분자나 생체고분자와 하이브리드화시키면 체내 거동이나 안정성, 병소 지향성 등 여러 바람직한 성질이 나타난다. 암, 염증 반응이나 선천적 효소결손증 등 각종 질환에 효소나 생리활성 단백질을 약으로 사용하고 있다.

그러나 이들 단백질 제제는 자기 물질이 아니기 때문에 생체 내에 투여하면 면역되어 항체가 형성된다. 10여일 후에는 항체 생산이 많아져서 약효가 중화되고, 아나필락시성 쇼크도 일으킨다. 또 지연형 알레르기도 나타난다. 이 면역성이 강할수록 문제가 커지며, 단클로널 항체를 이용하는 미사일요법에서 생쥐 IgG를 사용할 때 반드시 나타나는 문제이다.

유전공학적 방법으로 생산되는 인터페론이나 임포카인 등은 당사슬이 결손되어 있기 때문에 면역 반응을 일으켜 혈중 체재기간이 매우 짧다. 이들 문제점을 해결하기 위해 하이브리드화로 면역성을 제거하여 약리작용만 나타나게 하고, 선택적 투과성을 갖게 하여 병소 부위를 치료하고 있다.

면역 완화용 하이브리드에는 주로 PEG가 이용되며, 혈청 알부민, γ-글로불린, 덱스트란, 폴리 D, L-알라닌 등도 이용되고 있다. PEG를 사용한 예로는 항암제인 arginase(아르기닌 가수분해효소), phenylalanineammonia-lyase(페닐알라닌 암모니아 분해효소), tryptophanase(트립토판 분해효소), 혈전 용해제인 urokinase(플라스미노겐 활성인자), 파도록소빈, 동맥경화 억제제인 elastase, β-glucuronidase(β-글루쿠로니드 가수분해효소)의 선천적 결손 치료, β-glucosidase(β-글루코시드 가수분해효소) 선천적 결손증 치료, 통풍 치료제인 uricase(우르산 산화효소), 염증치료제인 superoxide dismutase(초산화물 불균등화효소), 당뇨병 치료제인 인슐린 등이 있다.

Pyruvate oxidase(피루브산 산화효소), adenosine deaminase(아데노신 탈아미노화효소), interleukin 2, L-asparaginase(아스파라긴 가수분해효소), catalase 등에도 이용되고 있다.

종양조직에서는 고분자가 누출하기 쉽고 일단 누출한 고분자는 오랫동안 한 곳에 머문다. 그래서 암의 화학료법에서 종양에 대한 약의 선택적 집적성 향상과 부작용 경감을 위해 저분자 제암제 - 합성고분자, 항체 알부민 등의 여러 고분자와 하이브리드화하고 있다. 그중에는 원 제암제보다 우수한 효과를 나타내는 것도 있다.

하이브리드화한 약제 - 합성고분자, 약제 - 항체, 약제 - 천연고분자(단백질, 다당 등) 등은 새로운 약효도 발휘한다. 약제가 아닌 생리활성물질도 하이브리드화하면 약제로 작용할 수 있다. 예로서, 뇌혈관 관문 투과가 문제인 베르베린은 친수성이 강한 관문을 통과하기 어렵지만 소수성 고분자와 결합하면 통과한다

보조효소나 ATP를 PEG로 하이브리드화하면 유기용매에 녹기 때문에 역시 유기용매에 녹는 하이브리드 효소와 조합시켜서 유기용매 중에서 화학 반응시킬 수 있다. 또 포르피린을 중합시켜 제암제로 사용하고, 헤민을 PEG 하이브리드화하여 용매에 녹게 하여 헤민의 기능을 이용할 수 있다.

약은 약의 약리활성과 약효가 작용부위에 도달하기까지의 생체 내 거동에 따라 효과가 결정된다. Drug delivery system은 약을 변형시켜 생체 내 거동을 바람직한 방향으로 향상시키려는 것으로, 결국 단백질 하이브리드에 의존하고 있다.

목적은 생체 흡수 장벽의 극복, 약효의 목적지 전달, 생체에 대한 약물 공급의 효과적 방출제어, 목적 부위에 대한 표적 지향화 효과, 특정 부위에 대한 체류성 향상, 각종 센서 기능 발현 등에 있다.

이 방법은 특정 약 작용만을 발현시키거나 억제시키고, 정확하고 재현성 있는 효과에 따라 투여량을 줄이고, 적용범위를 확대하고, 부작용을 줄여서 안정성을 높인다. 약효는 높지만 부작용으로 사용하지 못하던 약도 사용할 수 있다. 그래서 경제성이 향상된다.

치료 효과는 약분자가 생체 내의 표적 부위에 작용해야 나타나며, 표적부위 외에 작용하면 부작용이 생긴다. 그러므로 약효를 나타내게 하기 위해서는 약을 표적 부위에 선택적으로 작용시켜야 한다. 그래서 표적 부위와 친화성을 갖는 물질을 약의 운반체로 하여 하이브리드화시킨다.

운반체로는 리포솜, 미크로스피아, 수용성 폴리머 등이 이용되며, 독성, 면역성, 축적성이 없어야 한다.

표적 지향화는 병소 등의 특정 부위에 대한 약의 선택적 수송, 지금까지 수송 불가능하였던 부위에 대한 수송, 투여량 삭감과 재현성 증가, 작용 부위에 대해 계획된 약농도와 시간대로의 수송, 부작용 발현, 분해, 소실(실활)을 일으키는 부위에 대한 수송 방지 등에 목적이 있다.

헤모글로빈을 하이브리드화시킨 인공혈액은 산소운반기능의 향상, 혈류 내 반감 문제 등

을 개선하고 있다. 아직 실용화에는 미치지 못하고 있으나 혈액의 장기 보존, 혈액형에 상관 없는 사용, 세균과 바이러스 감염이 적은 장점을 갖고 있다.

생체 재료 중에는 인공뼈나 인공관절과 같이 생체 조직과 틈이 없이 마이크로적으로 접착 시켜야 하는 것이 있다. 여기에도 하이브리드가 사용된다. 조직 접합성 재료는 장기 유치형 카테르, 인공투석용 외션트, 인공기관, 인공각막, 세포 파종용 재료에 사용된다. 조직재생 보조 재료로는 인공피부, 인공식도, 신경접합 가이드용으로 사용되며, 항혈전성 재료로 카테텔, 인공폐, 인공신장 등, 검사용 재료, 약방출 제어용 재료에 사용된다.

5. 보조효소 하이브리드

3,000종을 넘는 효소 중에서 약 40%는 활성 발현에 보조효소를 필요로 한다.

그중 NAD, NADP, CoA, PQQ, ATP는 효소 반응에서 활성형으로 재생되지 않고 반응으로 변한다. 이들 기질형 보조효소 기능의 해명, 기능의 고도화를 위해 하이브리드로 만들어 고분자화, 안정화, 효소활성의 개선, 바이오리액터에 대한 이용을 하고 있다.

바이오리액터에는 PEG-NAD, PEG-NADH, PEG-NADP 등을 이용하며, N_2, N_2' -adipodihydrazidobis-(N_6-carbonylmethyl-NAD) (bis-NAD)를 이용한 침강도 있다. Bis-NAD는 친화크로마토그래피와 면역의 침강 반응을 합한 효소 정제법이다. 그중 탈수소효소의 친화 침강법은 대표적이다.

6. 인공효소

기질 결합 부위에 기질을 결합시키면 결합 부위 주변의 유효 기질 농도가 높아진다. Glc -DH, PEG-NAD와 같이 친화성이 나쁜 조합인 경우는 유효농도가 높아지면 반응속도가 증가한다. 즉, 친화성이 증가된다.

기질 결합 부위에 촉매기를 연결한 것은 촉매기 주변 기질의 유효농도를 증가시켜서 반응속도를 증가시킨다.

기질이 NAD 같이 순환하는 것은 촉매기와 기질을 연결하면 기질 결합 부위 없이도 촉매기 주위의 기질의 유효농도를 높여서 반응속도를 향상시킨다. 복수의 촉매기와 중간체적 기질을 연결하면 다단 반응을 촉매하는 인공효소가 된다.

7. 식품에 대한 이용

단백질을 화학적, 효소적으로 변형시키면 식품으로서의 기능을 향상시킬 수 있다. 이를 통해 단백질 자원 부족에 따른 양의 확보, 미이용 단백질 자원의 이용, 식품단백질의 부가가치 향상과 식품의 용도를 확대할 수 있다. 그래서 여러 변형법으로 기능성 향상을 위해 용해도, 겔화성, 유화성, 기포성을 증가시킨다.

여기에는 단백질-다당류 하이브리드, ovalbumindextran 하이브리드, 메일라드 반응을 이용한 단백질-다당류 하이브리드 등 많은 예가 있다. 이들 하이브리드는 목적대로 유화성, 용해도, 내열성 등이 향상된다. 이를 이용한 방부제 항산화제도 연구되고 있다.

10.6 바이오센서

센서에는 물리량(빛, 열, 압력 등)을 측정하는 것과 화학물질량을 측정하는 것이 있다. 화학센서는 의료, 공업프로세스, 환경 등에 사용된다. 화학센서는 화학 물질을 인식하는 소자를 사용해야 한다.

효소는 분자를 식별하고 반응을 선택적으로 촉매하는 기능을 갖고 있다. 그래서 효소를 이용하면 분자식별력을 갖는 화학센서를 만들 수 있다.

생체 재료가 식별한 결과를 전기신호로 바꾸는 것은 물리화학 디바이스(device)이다. 화학 반응이 일어나 전극활성물질(전극에서 쉽게 반응하는 물질이나 감응하는 물질)이 생성되면 이를 전극이나 반도체 소자로 측정할 수 있다. 또 화학 반응에는 반드시 엔탈피 변화가 일어나기 때문에 열계측 디바이스로 추적할 수 있다. 또, 생화학 반응을 발광 반응과 연결시킬 수도 있다.

이들 발광 현상은 포톤 카운터(photon countor)로 측정할 수 있다. 생화학 반응은 음파, 마이크로파, 레이저 광선 등으로도 측정할 수 있다. 어쨌건 최종적으로는 전기신호로서 결과를 얻는다. 이들 바이오센서의 원리를 그림 10.22에 제시한다. 그림과 같이 바이오센서는 식별 기능소자와 물리화학 디바이스로 구성되어 있다.

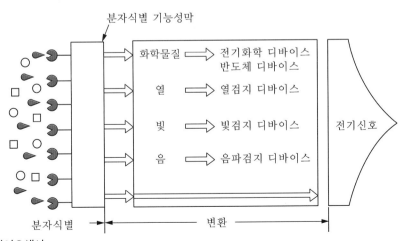

그림 10.22 **바이오센서**

바이오센서의 종류는 매우 많고, 지금도 계속 개발 중이다. 그중 대표적인 것을 표 10.3에
제시한다.

표 10.3 **바이오센서의 종류**

바이오센서	센서 구성	측정 대상
효소센서	효소막/O_2 투과막/O_2 전극	글루코오스, 콜레스테롤, 우르산, 에탄올, 피루브산, 모노아민
	효소막/H_2O_2 투과막/H_2O_2 전극	글루코오스, 콜레스테롤
	효소막/pH 전극	중성 지질, 페니실린
	효소막/CO_2 투과막/pH 전극	아미노산
	효소막/NH_3 투과막/pH 전극	우레아, 크레아틴, NO_3^-, 아미노산
	효소막/CN 전극	아미그달린
	효소막/O_2 전극 또는 H_2O_2 전극	글루코오스, 아세틸콜린
	효소·페로센/탄소전극	글루코오스
효소서미스터	효소입자/서미스터	페니실린 G, 락트당, 파라티온, ATP
효소 FET	효소막/ISFET	페니실린, 알부민, 우레아, 글루코오스
	효소막/Pd‑FET(H_3 감응)	NADH
	효소막/Ir·Pd‑FET(NH_3 감응)	
효소포토다이오드	효소막/포토다이오드	H_2O_2, 글루코오스
효소옵토로드	효소막/광섬유	글루코오스
효소SAW	효소막/SAW 디바이스	글루코오스
면역센서	항체/TiO_2 전극	HCG
	항체 (항원막)/Ag·AgCl 전극	매독 항체, 혈액형, 알부민, IgG
	항체/압전체	IgG
	항체/Ag박막/석영	
면역센서	항체/FET	
	효소표지 항원(항체)/항체막/O_2 전극	IgG, HCG, AFP
	효소표지 항체·항원 아날로그 복합체막/O_2 전극	오크라톡신 A, 인슐린, 티록신(T_4)
	효소표지 항체(항원)/항체막/광섬유	알부민, IgG, β_2‑미크로글로불린
	효소표지 항체·항원 아날로그 복합체막/광섬유	인슐린
	전기화학 활성물질 표지항원(항체)/항체/전극	
	전기화학 활성물질 표지항원(항체)/항체/광섬유	알부민
오르가넬라센서	오르가넬라막/O_2 전극	NADH
조직센서	조직/Ag·AgCl 전극	Na^+

1. 전극형 바이오센서

전극형 바이오센서는 분자식별 기능성막(효소나 미생물 등을 물에 불용성인 고분자막에 고정한 것)과 전극으로 구성되며, 기능성 막상의 화학 반응으로 화학물질의 소비나 생성이 일어난다.

이 화학물질을 전극으로 계측하면 전기신호로 얻을 수 있다. 전극에서 전기신호로 바꾸는 방법에는 포텐쇼메트리(potentiometry)와 암페어메트리(amperemetry)가 있다.

포텐쇼메트리는 생화학 반응에 관여하는 이온농도를 감응막의 막전위로서 구하는 방법이다. 전극으로서는 수소이온 전극, 암모늄이온 전극(암모니아 가스 전극도 포함), 이산화탄소 전극 등이 사용된다. 암페어메트리는 소비되거나 생성되는 물질의 전극 반응으로 얻어지는 전리값을 구하는 방법이다. 전극으로서는 산소전극이나 과산화수소 전극을 사용한다.

시료액 중의 효소 반응으로 생긴 전극 활성물질의 소비나 생성을 바이오센서를 통해 암페어메트리는 전류값으로, 포텐쇼메트리는 전위값으로 얻는다.

(1) 효소센서

효소센서(효소전극이라고도 한다)는 가장 처음 개발되었다. Glucose oxidase(글루코오스 산화효소)를 고정화하여 이를 클라크형 격막 산소전극에 장착하여 센서를 구성한다. 글루코오스를 함유한 시료에 센서를 삽입하면 글루코오스가 막 중의 glucose oxidase로 확산 산화되어 글루코노락톤이 생성된다. 이 반응에서 산소가 소비되기 때문에 막 근방의 산소농도가 감소하여 정류상 전류값이 얻어진다.

정류상 전류값은 시료액 중의 글루코오스 농도에 의존하기 때문에 검량선을 작성하여 전류값에서 시료액 중의 글루코오스를 신속하게 측정할 수 있다. 또 이 효소 반응으로 과산화수소도 생성되기 때문에 과산화수소 측정 디바이스로 글루코오스 농도를 측정할 수 있다(그림 10.23).

또 같은 원리와 전극으로 고정화 invertase(β-프룩토푸라노시드 가수분해효소), mutarotase (알도오스-1-에피머화효소), glucose oxidase를 사용한 수크로오스 센서, glucoamylase(글루칸 1,4-α-글루코시드 가수분해효소)와 glucose oxidase를 사용한 갈락토오스 센서도 있다.

L-아미노산을 측정하는 센서는 글루코오스와 마찬가지로 L-amino acid oxidase(아미노산 산화효소) 고정화막과 효소전극이나 과산화수소 전극을 조합하여 구성할 수 있으나, 이 효소는 여러 아미노산에 작용하기 때문에 특정 아미노산의 측정에는 적합하지 않다.

특정 아미노산을 계측하는 경우에는 탈아미노화효소, 탈카르복시화효소를 이용하여 이를 전기화학 디바이스와 조합한 센서를 사용한다.

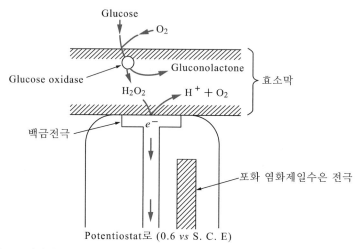

그림 10.23 과산화수소 검지형 글루코오스 센서

알코올을 측정하기 위해서는 alcohol dehydrogenase(알코올 탈수소효소)나 alcohol oxidase(알코올 산화효소) 센서를 사용한다. Alcohol oxidase 고정화막과 산소 전극, 또는 과산화수소 전극을 조합하여 간단히 센서를 만들 수 있다. 그러나 alcohol oxidase는 유기산 등도 산화하기 때문에 문제가 있다.

유기산의 경우에도 이들 산화효소를 사용하며, lactate oxidase(락트산 산화효소) 고정화막을 사용하는 락트산 센서나 pyruvate oxidase(피르브산 산화효소) 고정화막을 사용하는 피루브산 센서 등이 있다.

우레아는 신장기능 진단에 매우 중요하다. 우레아는 urease(우레아 가수분해효소)의 작용으로 가수분해되어 암모늄이온과 탄산이온이 되기 때문에 이들을 측정하는 전극과 urease 고정화막을 사용하여 우레아 센서를 만들 수 있다.

그러나 암모니아 전극은 이온의 방해나 휘발성 아민 등의 영향을 받는 경우가 많기 때문에 실용하려면 개량이 필요한 경우가 많다.

혈액의 지질은 동맥경화증 등의 지표가 된다. 총콜레스테롤은 두 고정화효소를 사용하는 센서 시스템으로 측정하고 있다(그림 10.24). 콜레스테롤을 혈중 cholesterol esterase(콜레스테롤에스테르 가수분해효소)로 유리 콜레스테롤로 가수분해하여 cholestol oxidase(콜레스테롤 산화효소)를 작용시키면 콜레스테롤이 생긴다. 이 과정에서 산소가 소비되어 과산화수소가 생성되기 때문에 전극으로 산소나 과산화수소를 계측하여 총콜레스테롤을 정량한다.

마찬가지로 고정화 phosphorylase(가인산분해효소) D와 choline oxidase(콜린 산화효소)를 사용하는 포스파티딜콜린 센서, 고정화 lipoprotein lipase(지방단백질 지방질 가수분해효소)와 통액형(通液型) pH 전극을 조합시킨 중성지질 센서도 있다.

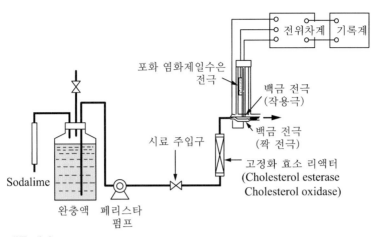

그림 10.24 **콜레스테롤 센서**

혈액 효소활성 측정에 효소센서가 주목되고 있다. 예로서 혈액 중의 glutamic pyruvic transaminase(알라닌 아미노기 전달효소, GTP) 레벨은 감염진단에 중요하며 이 효소활성을 피루브산 센서로 측정할 수 있다.

(2) 다기능 바이오센서

효소센서는 단일 화합물질을 계측하기 위해 개발된 것이다. 그래서 여러 종류의 화학물질을 동시에 계측하는 데는 다수의 센서가 필요하다. 그러나 하나로 여러 종류의 화학물질을 계측할 수 있는 센서가 있으면 문제가 해결된다. 이런 센서를 다기능 바이오센서라고 한다. 여기서는 어육 선도를 계측하는 다기능 효소센서를 살펴본다.

생체 내에서 ATP는 사후 신속하게 ADP, AMP, IMP, 이노신(H_xR), 히포크산틴(H_x)의 순으로 가수분해되어 우레아가 된다. 어육의 선도는 이들 핵산 관련 화합물의 농도비, 즉 K값으로 나타내는 것이 일반적이다. 그러나 이 조작은 매우 번잡하며, 여러 시간을 요구한다.

어육 중의 ATP, ADP, AMP는 사후 급속히 소실하여 통상의 유통기구를 거쳐 입수한 어육에는 거의 존재하지 않는다. 그래서 새로운 선도 지표로서 다음 K_i값을 제안하게 되었다.

$$K_i = \frac{H_x R + H_x}{IMP + H_x R + H_x}$$

이 경우는 어육 중이 IMP, H_xR, H_x를 측정하여 선도를 산출할 수 있다. 이들을 효소센서로 측정하려면 세 가지 센서가 필요하며, 측정 조작이나 데이터 처리가 번잡하다.

그래서 세 가지 화합물을 측정할 수 있는 다기능 효소센서를 고안하여 xanthine oxidase(크산틴 산화효소)와 nucleoside phosphorylase(누클레오시드 가인산분해효소)의 고정화막과

nucleotidase(누클레오티드 가수분해효소) 고정화막을 클라크형 산소 전극상에 장치하였다.

$$IMP \xrightarrow[\text{P}_i]{\text{Nucleotidase}} H_xR \xrightarrow[\text{O}_2]{\text{Nucleoside phosphorylase}} H_x \xrightarrow{\text{Xanthine oxidase}} \text{Uric acid}$$

이 센서는 IMP, H_xR, H_x를 각각 측정할 수 있으나 세 종류의 화합물이 함께 공존하면 식별할 수 없다. 그래서 여기에 음이온교환수지 컬럼을 조합한 것으로, 세 화합물을 분해하여 펄스상으로 전극에 이송하여 개별 계측한다.

이 시스템(그림 10.25)은 다기능 효소센서 A/D converter, 마이크로컴퓨터, 플로피디스크, 모니터, 프린터로 구성되어 있다. 이 시스템에 어육 추출액을 주입하고 컴퓨터를 작동시키면 세 개의 피크가 얻어진다.

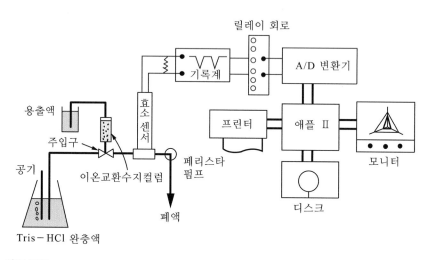

그림 10.25 선도 센서

처음의 피크는 H_x 및 IMP 농도의 합, 다음 피크는 H_x 및 H_xR 농도의 합, 마지막 피크는 IMP 농도의 합이다 이들 세 피크에서 농도를 계산하여 모니터에 삼각형 패턴으로 표시한다 (그림 10.26).

삼각형의 각 정점은 IMP, H_xR, H_x의 총농도에 대한 각 성분의 비율이다. 신선한 생선의 IMP는 예리한 각을 나타내지만, 선도가 저하함에 따라 IMP 각도는 커지고 반대로 H_xR 또는 H_x의 각도가 예리하게 된다. 이들 패턴은 기록계로 출력된다. 또 맛성분을 계측하는 다기능 효소센서도 개발하고 있다.

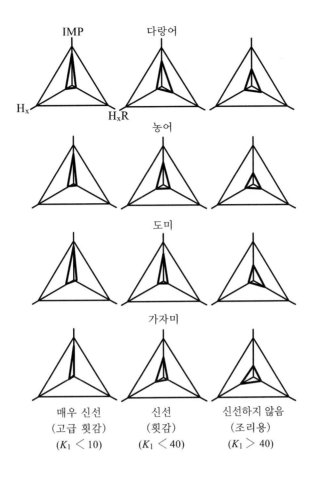

IMP · 다랑어 · Hx · HxR · 농어 · 도미 · 가자미

매우 신선
(고급 횟감)
($K_1 < 10$)

신선
(횟감)
($K_1 < 40$)

신선하지 않음
(조리용)
($K_1 > 40$)

그림 10.26 선도 패턴

2. 효소면역센서

혈액, 체액 중에는 각종 화합물이 포함되어 있으며 이들은 중요한 정보를 가지고 있다. 혈액 중의 단백질, 항원, 호르몬, 의약품 등은 면역 반응으로 계측한다.

면역 반응은 항원과 항체의 특이적인 복합체 반응이다. 면역분석법은 이들을 이용하고 있다. 표지제로서는 방사성 동위원소, 효소, 형광 프로브 등이 사용된다.

특히 radio immunoassay는 피코그람의 초미량 성분도 분석할 수 있으나 방사성 동위원소를 사용하기 때문에 여러 가지 문제가 있다. 기타, 표지 면역분석법도 복잡하며 시간이 많이 걸린다. 그래서 면역센서가 보완되었다.

(1) 전극형 면역센서

전극형 면역센서는 항원 고정화막이나, 항체 고정화막과 전극으로 구성된다.

막형센서는 항원이나 항체 고정화막과 전극으로 구성되며 막 표면에서 일어나는 항원, 항체 반응으로 생기는 막표면의 전하변화를 전극으로 측정한다. 이 원리에 따라 혈청 알부민의 측정, 매독 혈청 진단, 혈액형 판정 등을 하는 센서가 개발되어 있다. 그러나 항체 또는 항원 고정화막에 혈청성분이 비특이적으로 결합하는 문제도 있다.

면역센서에 효소 면역분석법의 원리를 도입하여 효소 면역센서를 구성하여 항체 고정화막을 장착한 산소 전극으로 항원을 측정할 수 있다. 즉, 항체 고정화 전극을 항원 및 카탈라아제로 표시한 항원과 반응시켜서 과산화수소 용액 중에 가하여 생성하는 효소를 전극으로 측정하여 여기에서 항원 농도를 구한다.

이 원리로 immunoglobulin G, α-fetoprotein, 사람 섬모성(織毛性) gonadotropin(성선자극호르몬) 등을 계측하는 센서가 있다. 면역 리액터형 센서는 고정화 항체나 항원을 반복 이용하기 위해 개발되었다. 예로서 항사람혈청 알부민(HAS)을 세라믹스 입자에 고정화하여 채운 리액터와 과산화수소 전극을 조합시키면 센서 시스템을 구성할 수 있다. HSA는 샌드위치법으로 측정하며 표지효소로서 glucose oxidase가 이용된다. 이 면역 리액터는 다섯 번 이상 반복 사용할 수 있다.

(2) 발광 면역센서

루미놀은 과산화수소 공존 하에 금속착체나 peroxidase(과산화효소)의 촉매작용으로 발광하므로 이를 지표로 면역분석할 수 있다. 표지제로서는 luciferase나 peroxidase가 사용되며 이 면역센서로 가스트린을 계측한 결과가 있다. 가스트린은 17개의 아미노산 잔기로 된 호르몬으로, 1가 항원이기 때문에 표지 항원을 사용한 경합법으로 측정한다.

이 측정 시스템은 그림 10.27과 같이 면역리액터와 발광량을 측정하는 포돈 카운터로 구성된다. 항가스트린 항체는 친화성 겔에 고정화하여 리액터에 채워서 사용한다. 발광량을 연속적으로 측정하기 위해 포톤 카운터 수광부에 유리관을 나선상으로 하여 성형한 플로 셀을

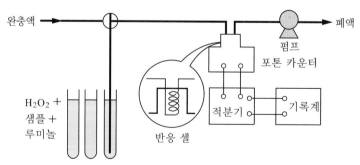

그림 10.27 **발광 면역센서**

삽입하였다. 이뮤노겔에 결합시킨 항체를 가스트린, peroxidase 표지 가스트린과 반응시켜 잔존하는 미반응의 peroxidase의 활성을 루미놀과 과산화수소와의 공존 하에 발광량으로부터 구한다. 가스트린 농도와 발광량에서 가스트린 농도를 구할 수 있다(그림 10.27).

기타 형광 반응을 지표로 하여 lgG, β_2-microglobulin, 코르티솔, 비오틴, 티록신, 테스토스테론 등도 계측하고 있다. 또 표지제로서 사용되는 peroxidase는 분자량이 커서 항원, 항체 반응의 입체 장애가 일어날 수 있기 때문에 분자량이 작은 hemin 등을 발광 표지제로서 사용하는 면역센서도 있다.

발광 면역센서는 감도가 높기 때문에 초미량 생체 성분의 계측에 적합하다. 또, 발광 스펙트러의 어긋남 현상을 이용하여 면역분석하는 시스템도 개발되고 있다. 이 형식의 센서는 광전자(optoelectronics), 광섬유등의 광응용 시스템의 기술개발과 관련하여 발전될 것이다.

(3) 바이오 이미지센서

면역 반응 중에는 항원, 항체 반응에 따른 응집이나 보체 반응에 의한 세포 용해 현상 등 육안으로 직접 판정하는 반응이 많다. 이들 반응은 효소 반응에 널리 사용되고 있으나, 임상 병리 검사자의 경험에 의존하므로 정량화하기 어려웠다.

그러나 SIT 카메라를 트랜스듀서(transducer, 변환기)로, 마이크로컴퓨터를 조합시켜 형태 변화나 물체의 움직임을 찍을 수 있는 바이오센서를 개발하여(그림 10.28) 암 세포를 정량적으로 분석하였다.

즉, 암세포 특이적인 단클로널 항체에 peroxidase를 결합시켜서 암세포 시료와 반응시킨 다음 루미놀과 과산화수소를 가하면 암세포만 발광한다. 이것을 SIT 카메라로 측정하여 세포수를 구한다. 즉, 발광량을 A/D 변환하여 지표화시켜서 세포수를 측정할 수 있다.

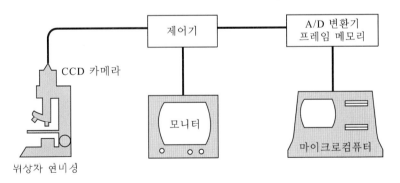

그림 10.28 이뮤노이미지센서

(4) 기타 면역센서

항원 항체 반응이 일어나면 분자 크기 변화로 표지효소가 촉매하는 발광 강도가 변하는 것을 이용한 센서 시스템으로 IgG를 측정한다. 즉, 항원이나 항체를 peroxidase로 표지하여 항체나 항원과 반응시킨 후 루미놀과 과산화수소를 첨가하여 발광시켜 스펙트럼 분석기와 컴퓨터로 발광 강도를 구하여 항원량이나 항체량을 구한다.

이 시스템은 감도가 매우 높고, F/B분리(항원, 항체가 결합하고 있는 것과 유리되어 있는 것을 분리)가 필요 없다.

또 HAS, 항HAS 항체, 효소 - HAS 복합체, 효소 특이 항체를 함께 혼합하면 HAS가 많을 때는 항HAS 항체로 인한 효소의 저해 방지력이 약해지는 것을 이용한 균일한 효소 면역센서도 있다.

또 효소 면역센서의 원리를 응용하여 결합 단백질인 아비딘과 비오틴이나, 유사물질과의 친화력 차이를 이용하여 비오틴 등을 측정하는 센서도 있다.

전극형 면역센서는 비특이적 흡착 등의 문제 때문에 실용화가 힘들지만 새로운 원리의 면역센서 시스템은 장점이 많아서 실용화되고 있다. 바이오테크놀로지 진전에 따라 각종 단클로널 항체를 적절히 이용하면 면역센서 시스템이 주류를 이룰 것이다.

3. 마이크로 바이오센서

바이오센서를 몸안에 끼워 넣거나 직접 가하여 다기능화하기 위해서는 미소한 센서가 필요하다. 이런 미소한 센서의 트랜스듀서로서 반도체 소자나 반도체로 만든 미소 전극이 사용된다.

이들 트랜스듀서 위에 효소 등의 생체 재료 박막을 장착하여 마이크로 바이오센서를 만들고, 센서를 미소화하면 사용하는 효소 등의 생체 재료와 시료량이 적어도 된다.

(1) 반도체 소자를 이용한 마이크로 효소센서

이온 감응성 전계효과형 트랜지스터(ISFET)는 수용액 중에서 사용할 수 있는 반도체 소자로, 수용액의 수소이온 농도를 측정할 목적으로 개발된 디바이스이다. 그림 10.29는 ISFET 구조로 P형 실리콘으로 되어 있으며 표면은 산화실리콘이나 질화실리콘으로 싸여 있다. ISFET는 pH 전극으로서 이용할 수 있으며, pH가 1 변하면 Y_g가 약 50 mV 변한다.

ISFET의 이온 선택성은 게이트 절연막면 구성에 따라 다르며, 이를 이온 선택성 유기박막으로 싸면 각종 이온에 응답하게 된다. 나트륨이온, 칼륨이온, 탄산가스 등에 선택적으로 응답하는 ISFET가 있다(그림 10.29).

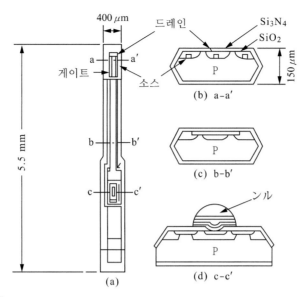

그림 10.29 ISFET의 구조

ISFET는 다음과 같은 특징을 갖는다.

① 유리 전극은 유리박막을 사용하기 때문에 미소화하면 임피던스가 커져서 출력이 불안
정하게 되어 응답이 늦어지지만, ISFET는 전극 저항이 낮아서 문제되지 않으므로 초소
형화가 가능하며 응답 속도가 빠르다.

② 반도체 집적회로의 제작기술로 만들기 때문에 미소한 복수의 FET단위를 일체로 한 집
적소자를 쉽게 양산할 수 있다.

③ 절연막을 매개로 한 이온활양을 계면전위로 측정하기 때문에 표면에 다시 이온 선택성
유기 박막을 형성시켜도, 임피던스가 높아져도 문제가 되지 않는다.

이들 특징으로 ISFET는 바이오센서의 트랜스듀서로서 이용하여 바이오센서를 미소화하
거나 다기능화할 수 있다. 나아가 게이트 절연막의 표면에 기능성 유기박막을 직접 형성시
키면 계면 전위 변화를 일으키는 각종 생화학 반응을 검지할 수 있다. 그래서 ENFET
(enzyme FET) 또는 IMFET(immunological FET)가 제안되었다.

수소이온 선택성 ISFET와 반응하여 pH 변화를 일으키는 효소의 마이크로 효소센서는 다
음과 같다. 혈액의 지질 정량은 동맥경화증 진단에 매우 중요하다.

그러나 대부분 번잡한 조작의 효소법으로 시간이 많이 걸린다. 그래서 lipoproteinase(지방
단백질 지방질 가수분해효소, LTL)를 ISFET의 게이트 표면에 고정화하여 중성지질을 측정
하는 미소한 반도체 센서를 만든다.

여기 사용된 ISFET는 저항률 3~7 Ω·cm의 p형 실리콘으로 팁 끝의 드레인 소스 사이가 채널이 된다. 채널 위의 절연막 표면이 게이트가 되며 이 부분에서 용액 중의 수소이온을 검지한다.

게이트 절연물은 산화실리콘(100 nm)과 질화실리콘(100 nm)으로 만든다. 이 ISFET는 폭 400 μm, 길이 5.5 mm로 매우 미소하다. 먼저 소자의 표면에 관능기를 갖는 유기 박막을 형성시키고 여기에 효소를 비공유 결합으로 고정하여 만든 센서로 중성지질을 계측한다.

같은 원리와 디바이스로 urease를 고정화한 우레아센서, penicillinase(β-락탐 가수분해효소)를 ISFET상에 고정화한 페니실린센서 등도 있다.

기타 L-glutamate decarboxylase(L-글루탐산 탈카르복시효소)를 사용한 L-글루탐산센서, lipase를 사용한 트립틸렌센서, 호열균에서 추출한 threonine deaminase(트레오닌 탈수효소)를 이용한 트레오닌 센서, 호열균 또는 대장균에서 추출한 H$^+$-ATP를 사용한 ATP센서 등도 있다.

또한 효소 대신 아세트산균 복합효소의 생체막을 이용한 알코올센서도 있다. 효소 ISFET는 미소한 표면에 활성효소를 고정해야 하므로 고정화법이 뛰어나야 하는데 고정화 시약을 훈착 도포하는 방법이 박막을 균일하게 형성한다.

집적형 반도체 센서를 작성할 때는 근접한 미소 부근에 선택적으로 몇 종류의 효소를 고정화해야 한다. 그래서 잉크젯 모지로 특정 장소에 효소액을 적하하는 방법이 있다.

또, 효소-ISFET는 대량 생산을 전제로 하므로 사진 제판 기술이나 리프트 오프법을 응용하면 효소-ISFET를 대량생산할 수 있고 반도체 제조 프로세스를 그대로 이용할 수도 있다.

효소-ISFET의 집적화는 다기능센서 개발에 목적이 있다. 사파이어 기판에 섬형으로 복수의 ISFET를 형성시키고 참조 전극도 센서를 이용하여 우레아, 칼륨이온, 글루코오스를 동시 계측할 수 있다. 이외에도 마찬가지 방법으로 효소 FET의 집적화에 성공한 결과가 있다.

(2) 마이크로 과산화수소 전극을 사용한 효소센서

산화효소 반응에서 생성된 과산화수소를 측정하면 원래의 산소 기질 농도를 구할 수 있다. 효소센서는 과산화수소 전극을 많이 사용하며, 반도체 가공기술로 마이크로 과산화수소 전극을 제작한다. 즉, 금 전극 두 가닥을 실리콘 기판상에 훈착시켜서 과산화수소 계측용 전극을 만든다(그림 10.30).

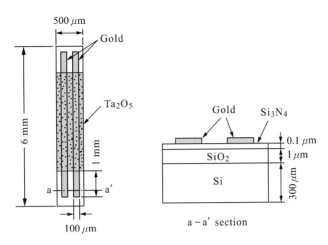

그림 10.30 마이크로 과산화수소 전극

이 전극 표면을 γ-APTES와 글루탈알데히드로 화학변형하여 glucose oxidase를 고정화하여 전극을 글루코오스를 함유한 시료 중에 삽입하면 정상 전류값이 얻어진다. 글루코오스를 미소전극 표면의 고정화 glucose oxidase가 산화하여 과산화수소를 만들기 때문이다. 글루코오스 농도와 전류 증가치 사이에는 직선관계가 있다.

이같이 마이크로 과산화수소 전극을 사용한 마이크로 효소센서로 암페어메트릭으로 각종 화학물질을 계측할 수 있다.

이 센서의 측정 시간은 1분 이내이며, 대조 전극을 사용하지 않기 때문에 전극 구조와 측정 시스템이 매우 간단하다. 반도체 가공기술로 만든 마이크로 과산화수소 전극은 마이크로 바이오센서의 트랜스듀서로서 널리 이용될 것이다. 이 과산화수소 전극 표면을 개량하여 이를 알칼리 전해액과 태프론막으로 싸면 미소 산소전극이 만들어진다. 여기에 glutamate oxidase(글루탐산 산화효소) 고정화막을 장착하면 L-글루탐산 센서가 만들어진다.

(3) 기타 마이크로센서

실리콘의 이방성 에칭을 이용하여 제작한 마이크로 클라크형 산소센서나 Pd-MOSFET를 베이스로 하는 마이크로 바이오센서도 개발되고 있다. 전자는 암페어메트릭적인 센서이다.

이상과 같이 마이크로 트랜스듀서를 사용한 새로운 센서는 널리 연구되고 있는데 반도체는 대량으로 싼 값에 입수할 수 있고, 미소하게 집적화할 수 있기 때문에 바이오센서의 트랜스듀서로서 유망하다.

한편 ISFET에 적용할 수 있는 효소에는 한계가 있으나 암페어메트릭적인 미소 전극이 개발되어 마이크로 바이오센서가 많아졌다. 그러나 실용화하기 위해서는 미소한 게이트 부근에 효소 박막을 형성시키기 어려운 점 등 해결해야 할 문제도 많다.

효소 박막 형성 기술이나 집적화 기술이 진보로 고도로 지능화된 마이크로 바이오센서가 의료분야에서 널리 이용되고 있다.

4. 효소 서미스터

모든 화학 반응은 엔탈피 변화를 수반하기 때문에 효소 반응, 면역 반응, 미생물 반응 등의 생화학 반응 엔탈피 변화를 지표로 추적할 수 있다. 효소 반응에는 효소 서미스터(thermister)를 사용한다.

효소 서미스터는 고정화효소와 열검출 소자(서미스터중)로 구성되어 있으며 효소를 식별 소자로서 사용한다. 서미스터에 효소를 직접 고정화한 것도 있으나, 고정화효소를 채운 바이오리액터와 서미스터를 분리한 형이 일반적이다.

즉, 효소 컬럼에 완충액을 연속적으로 이송하여 놓고 시료 주입구에 기질액을 주입하면 효소의 작용으로 열변화가 생기므로 이것을 서미스터로 측정한다. 서미스터는 고정화효소 리액터의 출구에 하나 설치하면 충분하다.

그러나 항온조를 사용하여 반응계 온도를 조절해야 하며, 항온조의 온도변화를 제거하기 위해 두 개의 서미스터를 고정화효소 리액터 전후에 설치한다.

그리고 다른 단백질과 비특이적으로 흡착하는 성질을 갖는 효소는 대조 리액터를 병렬로 설치한다. 대조 리액터에는 열실화시킨 고정화효소를 채우면 시료가 통과하여도 효소 반응은 일어나지 않으나, 흡착은 일어나기 때문에 컬럼 출구에 서미스터를 설치하여 놓아 흡착에 의한 열변화만을 측정하여 고정화효소 리액터 중에서 일어나는 흡착열을 보정한다. 이 센서는 효소활성 측정, 기질 측정, 면역 반응에 따른 항원이나 항체의 측정에 이용하고 있다.

이 센서로는 고정화 choline oxidase(콜린 산화효소)를 사용한 인지질(콜린)센서, 금속 효소 carboxypeptidase(카르복시말단 펩티드 가수분해효소) A를 사용한 금속이온(아연이온)센서, phosphorylase(가인산분해효소) D와 choline oxidase를 동시에 고정화 복합효소를 사용한 인지질(포스퍼티딜콜린) 센서 등이 있다.

효소 서미스터를 자동 FIA에 적용하여 페니실린, 세팔로스포린 등의 β-락탐류를 측정한 결과도 있다. 또 서미스터 대신에 IC 온도센서를 사용하여 IC 표면에 직접 GOD를 고정화하여 효소 서미스터와 마찬가지 원리로 글루코오스 농도를 측정한 결과도 있다.

효소 서미스터와 투석장치를 조합시켜 이를 발효 프로세스 중에 존재하는 유기화합물의 계측에 이용하기도 한다. 이런 형식의 센서는 리액터의 고정화 생체 촉매에 따라 어떤 화학물도 계측할 수 있다. 그러나 효소 반응에 따른 온도 변화는 0.01℃ 정도에 지나지 않으므로 정확하게 측정하기 위해서는 10^{-4}℃ 이하의 온도를 측정할 수 있는 고성능 서미스터가 필요하다.

5. 포토 효소센서

화학적 들뜸으로 발광이 일어나는 경우는 발광을 지표로 미량 생체 성분을 분석할 수 있는데 생물화학 발광을 이용하는 것과 화학 발광을 이용하는 방법이 있다.

루미놀과 과산화수소 혼합액에 금속착체나 혼합액을 첨가하면 루미놀이 발광한다. 과산화수소는 산화효소의 작용으로 생성되기 때문에 산화효소 반응과 루미놀을 조합시키면 발광량으로 기질이나 효소활성을 측정할 수 있다. 이를 이용하여 글루코오스, 우레아, 콜레스테롤, L-아미노산, 히폭산 등을 측정하며 고정화 산화효소나, 고정화 uricase(우르산 산화효소)를 사용한 측정 시스템도 있다.

또 glucose oxidase(글루코오스 산화효소)와 peroxidase(과산화효소)를 함께 고정화한 발광막을 사용하여 글루코오스나 과산화수소도 초미량 분석하고 있다. 그러나 혈청 시료 등에는 루미놀 반응을 촉매하는 물질이 들어 있기 때문에 반응계에서 제거해야 된다.

루미놀과 효소(peroxidase) 또는 금속 착체(예로서 헤민)로 표지한 항체나 항원을 사용한 면역 분석 시스템도 있다. Peroxidase를 표지원으로 하는 비오틴, 티록신, 테스토스테론, 코티졸, IgG, 헤민을 표지제로 하는 혈청 알부민이나, β-2 매크로글로불린 등을 측정하고 있다.

발광 분석법은 다른 센서보다 고감도로 화학물질을 측정할 수 있는데 진단용 바이오리액터가 가장 앞서 있다. 효소 반응 유닛과 계측 유닛으로 형성된 컴퓨터 제어 연속 발광 센서 시스템이 있다.

효소 반응 유닛은 고정화 glucose oxidase와 고정화 uricase를 함유한 리액터로, 계측 유닛은 글루코오스 및 우레아 산화로 생기는 과산화수소를 화학 발광법(과산화수소에 루미놀과 적혈염을 가해 발광시킨다)으로 검출하며 포톤 카운터가 사용되며 정밀도가 높다.

그중 포토다이오드 상에 peroxidase를 고정하여 peroxidase가 촉매하는 루미놀 - 과산화수소의 발광량을 포토다이오드로 잡아 과산화수소를 계측하는 센서가 있는데 과산화수소를 생성하는 여러 효소 반응에 사용할 수 있다.

또 광섬유 표면에서 항원 항체 반응시킨 후 FICT 표지 2차 항체로 표지하여 섬유에서 짜내어 광으로 들뜬 형광을 모니터하여 사람 IgG를 측정한 절과도 있다.

Penicillinase나 urease와 같이 반응으로 pH 변화가 생기는 효소를 브롬, 크레졸그린 같은 pH 지시약의 글루타티온 결합체와 혼합시키고 투명 광막으로 싼 효소박막에 의한 부분적인

pH의 변화와 색의 변화를 적색 발광 다이오드와 실리콘 포토다이오드로 검출하는 센서도 있다.

또 효소 반응에 따른 기질의 색변화를 이 역으로 나눈 광섬유로 검출하여 기질농도를 측정하는 센서로 p-nitrophenylphosphatase(p-니트로페닐 인산가수분해효소)를 계측하고 있다. 이들 이외에도 여러 원리의 바이오센서가 있다.

광음향 분광법도 있다. Urease 고정화 미니 컬럼과 가스투과성 막, 광음향 셀을 조합시켜, urease 반응으로 생성되는 탄산가스를 광음향 셀로 검출하여 우레아를 $10 \sim 100\,mM$ 범위로 측정할 수 있다.

이 시스템은 이산화탄소나 암모니아나 이산화황 같은 가스를 생성하는 반응에도 쓸 수 있다. 화학발광을 지표로 하는 센서는 전극형 바이오센서보다 고감도로 화학물질을 측정할 수 있으며 광섬유 등의 광응용 시스템이 발전하고 있다.

바이오센서는 화학센서에 비해 측정 대상 화학물질에 대한 선택성이 우수한 반면, 생체 촉매나 생체 고분자를 소자로 이용하기 때문에 소자의 안정성이 부족한 문제점도 있다.

바이오센서는 단일 화학물질을 측정대상으로 하고 있으나, 맛이나 냄새같이 복잡한 미량 성분 화합물을 계측하는 다기능 바이오센서도 개발되고 있다. 이 센서는 인간이나 동물의 오감에 필적하는 센서가 될 수 있을 것이다.

10.7
바이오팁

전자공학의 발달로 수많은 전자제품이 쏟아지고 있다. 전자산업은 실리콘 기술에 의존하는 것이 많고, 고집적도의 고기능 디바이스를 바탕으로 하고 있다.

그러나 실리콘 미세가공 기술의 한계와 소자 자체의 물리적 한계를 극복하기 위하여 다른 방법으로 극한의 디바이스를 구축하려는 시도가 있다. 즉, 분자(전자) 디바이스 개념으로 분자를 전자 디바이스의 요소로서 기능시키려는 시도이다. 분자 디바이스는 전자공업을 비롯한 산업 전체에 활력이 될 것이다.

분자 디바이스에 단백질을 사용하는 방법은 바이오팁(biotip)이라 하며, 바이오 컴퓨터 구축의 바탕이다. 전자 디바이스에 단백질을 사용하면 단백질 시장의 확대와 함께 생물전자공학이 생명과학 분야를 이끌 것이다. 단백질 중에서 우수한 기능을 갖는 효소는 바이오팁의 소재로 적합하다.

바이오팁의 특징은 자기조립화 능력과 자기조직화 능력이다. 즉, 효소 단백질 같은 미소 분자를 인위적으로 조립하는 것은 어려우며, 본래의 성질인 자기조립화 능력이나 자기조직화 능력을 이용하여 디바이스를 구축해야 한다. 이들 디바이스의 장점은 다음과 같다.

① 삼차원적인 미세가공이기 때문에 자유도가 매우 높은 고밀도 소자를 조립할 수 있다. ② 분자의 자기조립화 능력에 의한 구성은 100 이하부터 가능하여 매우 작은 사이즈를 가공할 수 있다. ③ 자기조립화 능력은 에너지 소비가 적고, 손이 적게 들기 때문에 제조 경비가 낮다. ④ 생체에서의 자기조립화 능력은 매우 정확하기 때문에 오차가 적다. ⑤ 인터페이스에서도 상호작용이 확실하기 때문에 오염의 걱정이 없다.

이런 점을 고려하여 McAler 등은 철 포르피린 단백질을 사용한 분자스위치, 항원항체를 이용한 몰튼 소자를 구축하였다(그림 10.31). 구체적인 분자 디바이스는 아니지만 바이오팁에 대한 연구 열기를 높였다.

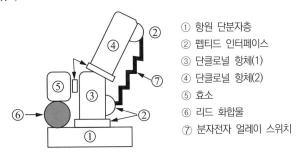

① 항원 단분자층
② 펩티드 인터페이스
③ 단클로널 항체(1)
④ 단클로널 항체(2)
⑤ 효소
⑥ 리드 화합물
⑦ 분자전자 얼레이 스위치

그림 10.31 Moleton의 개념

호열성 세균에서 분리한 시토크롬 c를 박막에 펼치면 산화환원상태에 따라 도전성이 10^6배 이상 달라지므로 이 현상을 이용하여 단백질 반도체를 구축할 수 있다.

시토크롬 c를 전자 디바이스에 이용하여 화학변형 전극으로 산화환원을 제어할 수 있으므로 시토크롬 c를 폴리아크릴아미드 등의 고분자 겔 매트릭스 박막 중에 고정화하여 전극 사이에 삽입하면 컨덴서로서 작용한다(그림 10.32).

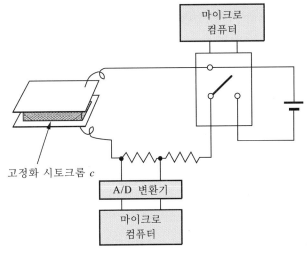

고정화 시토크롬 c

A/D 변환기

마이크로 컴퓨터

마이크로 컴퓨터

그림 10.32 바이오 컨덴서

박테리오로돕신(bacteriorhodopsin)을 사용하는 디바이스도 있다. 박테리오로돕신은 고호염균인 *Halobacterium haelobium*이 만드는 자막(紫膜)의 단백질로 빛을 쪼이면 수소이온을 품어내는 양성자 펌프로 작용한다. 이 *cis-trans* 스위칭 기능은 매우 빠르기 때문에 스위칭 디바이스용 단백질로서 쓸 수 있다. 박테리오로돕신과 지질을 고정화한 이온 감수성 전계효과형 트랜지스터는 광스위칭 디바이스의 모델로 작용한다(그림 10.33).

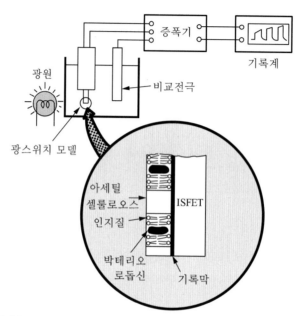

그림 10.33 **박테리오 로돕신을 사용한 스위치 소자**

단백질 자신이 집합하여 기능하는 예는 바이러스 입자, 마이크로튜브 등을 비롯하여 많으며 이들 원리를 규명하여 바이오팁을 구축하기도 한다. 바이오팁이나 바이오컴퓨터의 기본개념을 구축하기 위해서는 bioarchitecture의 해명이 필요하다. 그래서 신경계가 간단한 하등동물의 신경세포의 정보처리 기능, 시냅스에서의 정보처리 기능에 대한 해명이 이루어지고 있다.

바이오팁은 분자 스위치, 분자 메모리, 분자 에너지 교환기, 정보전달 시스템, 분자 센서 등 많은 요소를 집적시켜서 구성하고, 이들을 다시 고차로 집적시켜 바이오컴퓨터를 구축한다. 이런 바이오팁은 분자 디바이스이기 때문에 전자 디바이스보다 기억용량이 비약적으로 향상되고, 신뢰성도 증가한다.

바이오팁이나 바이오컴퓨터는 에너지 소모가 적고, 생체분자로 구축되기 때문에 생체 이완의 집합성도 우수하다. 그러나 많은 기초연구가 필요하고, 효소나 단백질은 불안정하기 때문에 실용화가 힘들기 때문에 전기 특성이 우수하고, 안정한 효소 단백질을 만들어야 한다. 단백질공학이 이 목적을 충족시킬 수 있을 것이다.

의료와 효소

CHAPTER

11

11.1 치료용 효소

1. 치료용 효소

인체의 질병을 치료하기 위해서 사용하는 효소를 의료용 효소라고 하며 진단용 효소와 치료용 효소가 있다.

치료용 효소는 표 11.1, 의약용 효소는 표 11.2와 같다.

치료용 효소는 소화효소제가 주축이었지만 항소염 효소, 혈전분해 효소, 항종양 효소, 순환계용 효소 등으로 확대되어 발전하였다.

표 11.1 치료용 효소

종류	생산	효소
소화효소	동물성 식물성 세균성	Pepsin, pancreatin, chymotrypsin Diastase, papain 등 Takadiastase, lipase, cellulase 등
소염효소	동물성 세균성	Trypsin serratiopeptidase, pronase, SK/SD, lysozyme 등
혈전분해 효소		Streptokinase, urokinase, prourokinase, tP‐A, eminase
항종양 효소	세균성	L‐Asparaginase
기타 효소		Kallidinogenase, elastase, tyrosinase, DNase, carboxylase,

표 11.2 의약용 효소제제

효소	효소재료	이용
α-Amylase	돼지췌장 *A. oryzae, A. niger, R. niveus,* *B. amyloquefaciens, B. amylosolvens*	소화제
Lipase	*C. lipolytica, Penicillium camemberti, R. niveus, A. niger,* *Geotrichum candidum*	
Cellulase	*A. niger, Trichoderma viride*	
Microbial proteases	*A. oryzae, A. saitoi, A. niger, R. niveus, B. subtilis,* *B. amyloliquefaciens, S. griseus, Trametess sanguinea*	
	Serratia sp., *A. niger, A. melleus, B. subtilis, S. griseus*	항염증 객담제거 등
α-Chymotrypsin	소 췌장	
Bromelain	파인애플	
Lysozyme	닭갈 흰자	항염증 감염방지
Thrombin	사람 혈장	지혈
Urokinase	사람 뇨, 사람 신장, 조직배양	혈전증, 심근경색 등

(계속)

효소	효소재료	이용
Streptokinase	*Heamophilic streptococci*	혈전증
Kallikrein	소 췌장	뇌동맥 경화증
Cytochrome c	말 심근	뇌연화증 등, 뇌졸중 후유증, 약물중독증
Asparaginase	*E. coli, Serratia marcescens, Pseudomonas*	백혈병
Hyaluronidase	소 고환, *S. hyalurolyticus*	약물의 흡수 촉진
β-Galactosidase	*A. oryzae, B. coagulans, Kluyveromyces lactis, B. stearothermophilus*	락트당 불내증

2. 페니실린

(1) 반합성 페니실린의 생산

*Penicillium notatum*이 생산하는 페니실린 G와 V는 세포벽 펩티도글리칸 형성을 저해하여 용균 작용을 하지만, 내성균이 생겨서 항생 작용이 잘 되지 않으므로 *Bacillus megaterium*이 나 *E. coli*의 penicillin amidase(페니실린 아미드 가수분해효소)로 곁사슬을 제거하고 기본 골격 6-아미노페니실란산(6-APA)을 얻은 다음 다시 페니실린아미다제로 곁사슬을 도입하 여 페니치실린, 카르페니실린, 암피실린, 아모키시실린 등의 반합성 페니실린을 만들어 문제 를 해결한다.

세팔로스포린도 세균의 세포벽 생합성을 저해하며 페니실린보다 항균 작용과 안전성이 뛰어나다. 곰팡이 *Cephalosporium acremonium*은 세팔로스포린 C를 생산하지만 항균력이 약 해서 모핵 7-아미노세팔로스포린산을 세로틴, 세파세트릴, 세팔로글리신, 세파조린 등의 반 합성 제품으로 생산한다.

(2) 항생물질 곁사슬의 생산

*Pseudomonas striata*의 dehydropyridinase는 히단토인을 분해하는 hydantoinase(디히드로피 리미딘 가수분해효소) 활성과 입체 선택성이 강하므로 반합성 페니실린의 성분인 D-p-hydroyphenylglycin을 합성하는 데 사용하며 기질 DL-5-p-hydroxyphenylhidantoin은 페놀, 글리옥실산, 우레아에서 합성한다.

아목시실린은 D-p-히드록시페닐글리신 곁사슬을 가진 합성 페니실린으로 포도상구균, 용혈성 연쇄상구균, 폐렴구균, 장구균 등의 그람 양성균 및 대장균, 인플루엔자균, 임균 등의 그람 음성균에 강한 항균 작용을 나타낸다.

3. 파킨슨병 치료제

*Escherichia intermedia, Erwinia herbicola*는 피리독살인산 의존성 tyrosine phenol‑lyase (트립토판 분해효소)를 생산하며 티로신 및 그 유도체의 α-, β-이탈 반응, β-치환 반응, α-, β-이탈 역반응 및 라세미화 반응을 촉매하고 암모니아에서 피로카테콜, 피루브산, L-도파를 합성한다.

파킨슨병은 도파민과 도파민 합성효소 활성이 저하하여 나타나는 병으로 치료에 L-도파를 사용한다.

4. 판토텐산 합성

D-판토텐산은 CoA의 구성 성분으로 부족하면 피부, 부신, 말초신경, 소화관 등에 장애가 생긴다. 판토텐산은 의약품과 사료에 사용하며 DL-판토락톤에서 합성하는 방법은 번잡하므로 사상균 *Fusarium oxyporum*의 lactonase(1,4-락톤 가수분해효소)로 DL-판토락톤을 광학 분할하고 D-판토텐산으로 유도 합성한다.

5. 제암 증강제 합성

Methotrexate의 부작용을 감소시키는 데 5-플로로우라실(5-FU)과 dl-로이코보린과 병용한다. 그러나 d형은 소화기 장애를 일으키므로 제거하고 l형 로이코보린만 얻어야 한다. 그래서 원료인 엽산을 디히드로엽산으로 환원하고 대장균 재조합 균주 HB101 디히드로엽산 환원효소로 입체 선택적으로 환원하여 (6S)-테트라히드로엽산으로 유도하여 포르밀화하여 l-로이코보린을 얻는다.

6. 유당불내증 효소

우유의 유당을 분해하는 β-galactosidase(β-갈락토시드 가수분해효소)는 선천적으로 결손된 사람도 있고 젖을 먹을 때는 분비되다가 젖을 떼거나 우유를 마시지 않으면 분비되지 않는다. 선천적으로 결손된 증세를 유당불내증이라고 하는데 우유를 소화시키지 못하여 설사를 한다.

치료에는 *Aspergillus oryzae, Kluyveromyces lactis, K. fragilis*의 효소가 효과적이나. 우유를 고정화한 내열성 β-galactosidase층을 통과시켜서 저락트당 우유를 제조하여 환자용으로 시판하고 있다. 이런 제품은 유당을 분해시켜서 설사를 일으키지 않으므로 유당불내증 환자가 마실 수 있다.

7. 소화효소

소화제는 amylase(녹말 가수분해효소), protease(단백질 가수분해효소), lipase(지방질 가수분해효소)가 많이 쓰이며, 종래의 동물성 pepsin, pancreatin, 식물성 amylase, papain, 곰팡이·세균·방사선균의 여러 효소가 소화효소로 발달되었다.

소화효소제에 셀룰라아제를 가하면 소화 부족, 급성·만성 위장카타르(Katarrh), 식욕 부진, 궤양, 저효소증, 소화기능 장애, 수술 후의 소화력 감퇴, 소화기능 등에 대한 효능이 향상된다.

소화효소제는 엿기름 α-아밀라아제, 돼지 췌장 판크레아틴, 미생물 프로테아제, 리파아제, 셀룰라아제 등이 사용되고, 항염·항종양·혈전 용해용 효소도 사용하며 내산성이어야만 한다. 위의 염산에 견디어야 하기 때문이다. 그러나 체외 단백질인 미생물 효소를 주사하면 항원 항체 반응이 일어나므로 항원성을 억제하기 위하여 겉에 당을 붙이는 등 화학적으로 변형시킨다.

항원-항체 반응을 방지하기 위한 인간형효소는 유전자 재조합 기술과 조직 배양으로 생산하는데 조직 플라스미노겐 활성화제, 우로키나제 등이 있다.

8. 소염제

Protease는 소염효소로 쓰인다. 괴사 조직, 고름의 융해, 국부의 부종, 압박의 제거, 혈류의 증대, 조직의 청정화, 동통의 경감 작용으로 염증조직을 개선하며 부작용이 없다. Pepsin, trypsin, chymotrypsin, streptokinase(병원성 *Streptococcus pyogens*가 생산하는 단백질로 플라스미노겐과 결합하여 serine protease로 작용), fibrinolysin(플라스민), 세균 protease, collagenase(콜라겐 가수분해효소), bromelain, papain, α-amylase, lysozyme 등이 실용화되고 있다.

(1) Trypsin

괴사 조직과 고름을 용해하고, 혈액응고 저지 작용도 한다. 급만성 혈전성 정맥염에 주사하여도 유효하다. 대량의 정맥주사는 혈압 강하로 쇼크를 발생시키므로 위험하다.

(2) α-Chymotrypsin

소염작용은 trypsin보다 우수하고 부작용도 거의 없다. 수술 후의 부종, 외상에 의한 종창, 타박 등에 복용이나 주사로 효과가 있고 항생물질과 병용하면 효과가 증가한다.

(3) 세균 protease

환부 상처를 정화하며, 방사선균 protease는 plasminogen 부활, 혈청 중 protease 상승, 세포막 투과성 증대 작용을 한다. 경구 복용하면 장관에서 흡수되고 국부 외용으로 적합하고 비강염에 효과적이다.

(4) Bromelain, papain

식물성 protease도 경구 복용으로 소염작용을 하며 부작용이 거의 없다.

(5) Collagenase

화상이나 창상 정화에 바른다.

(6) α-Amylase

*Bacillus subtilts*의 효소를 사용하며, 염증 부위의 모세관 투과성 인자를 조절하는데 캡슐로 사용한다.

9. 항염효소

(1) 세라티오펩티타아제

췌장 키모트립신과 파인애플의 브로멜라인은 항염작용을 한다. 누에의 장내 세균 *Seratia sp.*의 엔도형 단백질가수분해효소 seratiopeptidase는 항염작용과 거염작용이 키모트립신의 4배나 되며, 경구 투여하면 염증성 부종, 폐결핵, 만성 기관지염 환자의 객담을 제거하고, 항원·항체 반응으로 효능이 저하하거나 분해되거나 배설되지 않는다.

(2) Superoxidedismutase(SOD)

생체에 침입한 세균이나 이물질을 식세포가 포식하면 활성산소가 분해한다. 그러나 활성산소가 과잉이면 조직을 손상시키므로 슈퍼옥사이드디스뮤타제(초산화물 불균등화효소)가 과잉의 활성산소를 분해하여 조절한다.

SOD는 관절염에 대하여 항염작용을 하고, 베체트병, 심근경색 능의 허혈성 심장 실환에도 효과가 있다. 생산은 인간 SOD 유전자 재조합 기술로 대장균을 숙주로 하여 양산한다.

(3) 항종양성 asparaginase

백혈병의 암세포 중 L-아스파라긴을 영양원으로 사용하는 것은 혈중 L-아스파라긴을 분해하면 증식을 억제할 수 있다. *E coli* A-1-3의 L-아스파라기나아제(아스파라긴 가수 분해효소)는 L-아스파라긴을 L-아스파라긴산 및 암모니아로 분해하므로 백혈병 치료에 사용한다. 그러나 체외 단백질이므로 항체가 생겨서 아나필락시성 쇼크를 유발하거나 체류기간이 짧으므로 L-아스파라기나아제에 아미노기를 붙여서 항원 결합 기능을 소실시켜서 사용한다.

(4) 혈전 용해 urokinase

미생물 streptokinase는 혈전 용해제로 사용하며, 사람 우로키나아제(urokinase, 플라스미노 겐 활성인자)의 안전성이 높다. 사람 우로키나아제는 플라스미노겐의 Arg560-Val561 사이를 분해하여 플라스민으로 만들어 피브린 덩어리를 녹이므로 말초정맥 혈전증, 폐색전증, 관상동맥 폐색증, 심근경색증, 뇌혈관 폐색, 망막동정맥 혈전증 등에 쓰인다. 생산은 사람 신장 세포로 배양한다.

(5) 혈전용해 tissue plasminogen activator(TPA)

TPA는 혈전 용해작용을 하는 단백질 가수분해효소로 혈관 내피 세포에서 만들며, 플라스미노겐 일부를 분해하여 활성화된 플라스민이 피브린을 분해하여 혈전을 용해한다. 우로키나아제는 혈액 중의 플라스미노겐을 무차별적으로 활성화하지만 TPA는 혈전에만 주로 작용하므로 관상동맥 혈전증을 치료한다.

(6) 호흡효소

세포의 호흡, 산화장해(협심증, 폐기종, CO 중독증, 노혈관 장해)에 cytochrome c를 정맥 주사하면 효과적이지만 항원성에 유의해야 한다.

10. 충치제거효소

충치균 *Streptococcus mutans*는 설탕을 원료로 다당 중합체인 덱스트란(치석)을 만들어 치아에 치구를 형성한다. 유산균은 치구에 살면서 유산을 분비하여 이를 녹여 충치를 만든다. 치구의 성분은 α-1,6 결합한 덱스트란과 α-1,3 결합한 mutan이므로 dextranase(덱스트란 가수분해효소)와 mutanase(뮤탄 가수분해효소)로 분해하여 충치를 예방한다.

11. 혈액응고제

Thrombin은 fibrin 형성에 관여하는 효소로 지혈용 국소제로 사용한다. 반대로 plasmin은 fibrin 용해작용을 하므로 혈전성(血栓性) 정맥염, 동맥 전색, 관동맥 전색에 정맥주사한다.

12. Muco 다당류효소

Lysozyme은 용균작용과 항염작용을 하므로 점막 질환에 사용한다. 그람음성균의 세포벽을 용해하는 달걀 흰자의 lysozyme은 감염방지, 항생물질의 효과 증진, 항염작용을 하는 항균제나 항바이러스제로 사용한다.

결합조직의 히알우론산을 분해하는 hyaluronidase(히알루로노글루코사미드 가수분해효소)는 히알우론산을 가수분해하는 효소로 약제의 흡수와 마취효과를 증가시킨다. 즉, 조직 간질의 점조성을 저하시켜 투과성과 물질 확산을 증가시켜서 포도당의 대량 피하 수액, 국소 마취, 약제의 투여나 조영제 주입, 수술 시의 유착 방지, 산도(産道) 확대 예방 목적으로 사용한다. 소의 고환이나 뱀독의 효소를 사용한다.

13. 렌즈 케어

콘택트렌즈 표면에는 눈물 단백질이 피막으로 부착되므로 단백질가수분해효소가 함유된 세정제로 분해하고 지방질은 리파아제로 제거한다. 소독은 과산화수소로 하며 잔류 과산화수소는 catalase로 제거한다.

14. 인슐린 제조

효소를 이용하여 여러 펩티드 호르몬을 생산한다. *Achromobacter lyticus*의 리신 특이적 endopetidase(펩티드 내부 가수분해효소)를 사용하여 돼지 인슐린을 사람형 인슐린으로 바꿀 수 있다(그림 11.1). 이 방법은 유전자 변형에 의한 사람 인슐린의 생산법보다 효율이 높다. 기타 angiotensin 관련 물질, enkephalin의 효소적 합성법도 있다.

15. 면역글로불린 변형

면역글로불린은 생체 방어기구에 중요한 역할을 담당한다. 여러 세균이나 바이러스의 감염증 치료와 α-글로불린혈증에 사용되지만 직접 정맥주사하면 발열, 발한 등의 아나필락시

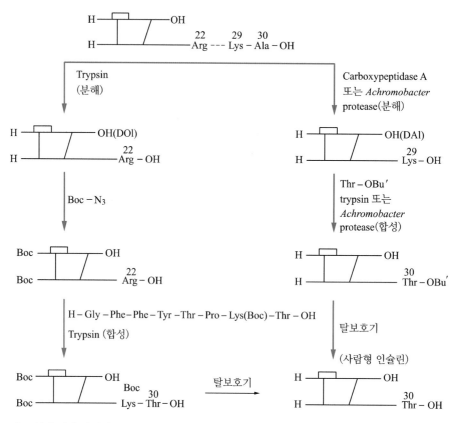

그림 11.1 효소법에 의한 사람형 인슐린의 반합성

성 증상을 나타내는 경우가 있다. 이런 문제는 면역글로불린을 펩신이나 플라스민으로 부분 가수분해한 요소 처리제로 해결하고 있다.

16. 살충제

살충제 농약 중에서는 해충의 대사에 관여하는 특정효소작용을 저해하는 저해제 또는 효소제가 주축을 이루는 것이 있다. 이것은 다른 곤충이나 동물에게 거의 해를 입히지 않고 환경을 오염시키지 않는다는 점에서 이상적이다.

17. 관절염 제제

스테로이드의 미생물 변환도 효소에 의한 의약품 조성의 일례이다. 예로써, 류마티스성 관절염의 특효약인 hydrocortisone(HC)이나 prednisolone(PDL)의 공업적 생산에 미생물이 나타내는 특이적인 히드록실기나 탈수소 반응이 이용되고 있다.

11.2 임상진단효소

1. 특징

임상 검사 시료는 혈액, 소변 등의 체액으로 성분이 복잡하므로 반응이 비특이적이기 때문에 화학적으로 분석하려면 성분을 분리 추출해야 하는 등 복잡하고 황산이나 중금속이온 등을 사용하므로 환경을 오염시킨다. 효소법은 반응 특이성이 높아서 혈액을 전처리하지 않고 안전하고 정밀하게 측정할 수 있다. 혈청 콜레스테롤 측정법은 콜레스테롤 옥시다아제(콜레스테롤 산화효소)와 퍼옥시다아제(과산화효소)에 의한 과산화수소 발색계의 결합 반응으로 개발되고 이어서 중성지방, 인지질, 유리지방산, 당, 크레아티닌, 폴리아민, 시알산, 미네랄, 장기 손상으로 인한 일탈 효소 측정법도 개발되었다. 호르몬과 암 특이 항원 등의 초미량 물질 분석 효소 면역 측정법, 효소 사이클링법, 발광 분석법, 라텍스 응집 반응법 등의 고감도 측정법도 개발되었다(표 11.3).

표 11.3 주요 질환별 검사

부위	항목
심장	GOT, GPT, γ-GTP, LDH, 요산, 전해질, HDL-콜레스테롤
고혈압	ChE, 요산, 지방단백, 총콜레스테롤, HDL-콜레스테롤, 중성지방
간	GOT, GPT, γ-GTP, ALP, LAP, LDH, ChE, 빌리루빈, 혈청총단백, A/G비, 총콜레스테롤, 중성지방, BSP, ICP
신장	요소질소(BUN), 요산, 크레아티닌, 크레아티닌 클리어런스, 전해질, 아밀라아제
당뇨	혈당, 전해질, 지방단백, 총콜레스테롤, 중성지방, 글리코겐, 헤모글로빈

유전공학적으로도 임상 진단용 효소를 생산하며 유전자 재조합 기술은 임상 진단용 효소의 양산, 생산 비용 절감, 효소의 성질 개량 등에 이바지하고 있다.

진단용 효소는 요당을 glucose dxidase(글루코오스 산화효소)로 분석한 것이 효시이다. 효소는 반응 특이성과 기질 특이성을 가지기 때문에 다른 물질들이 수백 가지 혼재하는 생체액을 예비처리 없이 단시간에 미량, 간편, 신속, 정밀도 높게 측정할 수 있기 때문에 임상분석의 총아로 등장하였다.

생체는 막으로 구획된 다수의 대사계가 정보전달계를 매개로 조직된 것으로 정상 상태에서는 정보 전달 시스템을 통해 구획 내외의 물질 이동이 제어되고, 구획 내에는 동적 평형이 유지되고, 각 성분의 농도나 활성은 좁은 범위 내에서 유지되고 있다.

병적 상태는 막, 정보 전달계 구획의 대사 조절기구 등에 이상이 발생하여 구획 내외부의 물질 이동에 장애가 생기고, 장애된 대사 구획 내에서는 성분의 농도나 기능이 정상 범위에서 벗어나 있다. 그러므로 물리화학적 정보 전달계와 구획 내의 성분의 기능이나 농도가 정상 범위에서 벗어나면 병적 상태로 진단한다.

임상분석효소는 표 11.4와 같다.

표 11.4 **임상분석효소**

측정 항목	주요 시약효소	효소원	최종 측정물질
Glucose	Glucose oxidase	*A. niger, P. amagasakiens*	H_2O_2
Glucose	Hexokinase + glucose-6-phosphate dehydrogenase	Yeast *Leuconostoc mesenteroides*	NADPH
Glucose	Glucose dehydrogenase	*B. megaterium, Aerobacter acrogenes*	NAD(P)H
Cholesterol	Cholesterol oxidase	*Schizophyllum, Nocardia,* *Pseudomonas, Brevibacterium,* *Corynebacterium, Mycobacterium,* *Streptomyces*	H_2O_2
Cholesterol ester	Cholesterol ester (Lipoprotein lipase) + Cholesterol oxidase	*Pseudomonas,* *Schizophyllum,* *Chromobacter viscosum* 위와 같음	H_2O_2
중성지방	Lipoprotein lipase + Glycerol dehydrogenase	위와 같음 *B. megaterium, Celluiomonas*	NADH
중성지방	Lipoprotein lipase + Glycerol oxidase	위와 같음 *A. japonicus*	H_2O_2
인지질	Phospholipase C + Alkaline phosphatase	*B. cereus, Cl. welchii* *E. coli*	Pi
인지질	Phospholipase D + Choline oxidase	*Micromomospora,* *S. chromofuscus* *Brevibacterium, Alcaligenes,* *Arthrobacter globiformis*	H_2O_2
유리지방산	Acyl-CoA synthetase + Acyl-CoA oxidase	*Pseudomonas aeruginosa* *C. tropicalis, Arthrobacter*	H_2O_2
우레아	Urease	작두콩	NH_3
우레아	Urease + Glutamate dehydrogenase	위와 같음 *C. utilis, Brevibacterium*	NADH

(계속)

측정 항목	주요 시약효소	효소원	최종 측정물질
우르산	Urate oxidase	*C. utilis, Bacillus* sp. *Corynebacterium*	H_2O_2
암모니아	Glutamate dehydrogenase	위와 같음	NADH
Creatine	Creatininase, Creatinase Sarcosine dehydrogenase (Sarcosine oxidase)	*Pseudomonas putida, Flavobacterium Corynebacterium*	HCHO H_2O_2
Creatine	Creatinase, Sarcosine oxidase (formaldehyde dehydrogenase)	위와 같음 *Pseudomonas putida*	H_2O_2 NADH
Bilirubin	Bilirubin oxidase	*Myrothecium verrucaria*	H_2O_2

2. 분석조건

생체 시료 중에 공존하는 다수의 성분 중 특정 성분만을 정밀, 신속, 간단, 경제적으로 분석해야 하므로 화학 분석은 해당 성분의 분리에 많은 시간과 비용이 들어서 임상분석하기 힘들다.

반면 효소적 방법은 수많은 공존 물질이 존재한 채로 특정 성분을 측정할 수 있어서 공존 성분의 간섭을 받지 않고, 해당 성분에만 특이적으로 반응하고 1 μl~1 ml의 적은 양으로도 분석할 수 있고, 온화한 조건에서 분석할 수 있다.

임상진단용 효소는 수많은 미생물군을 검색하여 찾은 것으로 분석에 이용하기까지 효소 활성, 기질 특이성, 반응속도, K_m, 최적 pH, 안정성, 생산성, 정제도 등 많은 조건을 충족시켜야 한다.

효소는 특이성이 높고 미량이라도 시간이 지나면 반응물을 많이 생성하므로 측정이 가능해진다. 효소면역 측정법은 초미량 성분 측정에 효소가 동위원소로 바뀌어 표지에 이용되고 있다.

효소는 비싸므로 고정화시켜서 반복 사용한다.

긴급한 임상검사는 신속해야 하므로 다층의 시험지나 필름 속에 반응시약이 모두 내장된 작은 분석 키트에 혈청 등의 검체를 미량(1~10 μl) 가하면 몇 분 내에 결과가 나온다.

물을 사용하지 않고 시험지나 패드에 효소를 도포 건조하여 시료를 가하여 나타나는 발색 반응을 이용하는 dry chemistry법, 효소를 막에 고정시킨 biosensor도 개발되어 검사는 더욱 간단하여지고 있다.

3. 분석법

(1) 평형 분석법(종말법)

기질을 모두 효소 반응으로 변환시켜 반응 전후의 생성물과 보조효소 등의 변화량을 측정하여 기질 양을 구한다.

(2) 속도법

기질농도가 K보다 작은 경우 반응속도는 기질농도에 비례하는 1차 반응이 되므로 초속도를 측정하여 기질농도를 구한다.

(3) 활성 인자의 효소 측정

이온 의존성 효소의 반응속도는 이온농도의 함수로 변화하는 것을 이용하여 전해질이나 금속을 측정한다.

4. 고려 사항

(1) 아이소자임

Isozyme은 동일한 반응을 촉매하지만 아미노산 조성이 다르며, 분자량 차이는 크지 않지만 물리화학적 성질이나 항원성이 달라서 분석 조건이 다르고 효소의 유래(종류)가 다르면 기질 특이성 및 최적 반응 조건도 다르므로 같은 시료에 대하여 다른 결과가 나올 수 있다.

총활성을 측정하는 경우 아이소자임마다 기질농도, 최적 pH, 온도, 최적 완충액 종류와 농도가 다르기 때문에 모든 아이소자임을 아우르는 최적 조건에서 측정하는 것은 불가능하므로 별도로 각 조건을 맞추어 주어야 한다.

Isozyme은 장기나 세포에 따라 다르거나 특정 장기에만 있어서 구분하여 측정할 수 있다. 예로서 glutamic oxaloacetic transaminase(GOT, 아스파르트산 아미노기전달효소)는 세포질의 GOTs와 mitochondria의 GOTm이 다르므로 혈중 유출량으로 세포 손상 정도를 알 수 있다.

Isozyme을 구성하는 subunit는 중 서로 다른 구조를 가진 것은 다른 유전자에 의하므로 병적 신생세포를 진단할 수 있다.

Lactate dehydrogenase(락트산 탈수소효소)나 creatine kinase는 장기 특이성이 높으므로 해당 장기의 이상을 추정할 수 있다.

(2) 아포효소

효소 중에는 보조인자(coenzyme 보조효소)가 있어야 활성을 나타내는 것이 있으며, 보조효소가 결합되지 않은 것은 불활성형 아포효소(apoenzyme)이므로 완충액이나 시료 용액에 보조효소를 가하여 활성형으로 만들어 측정해야 한다.

(3) 저해제

인체 단백질 가수분해효소인 트립신은 장기 특이성이 높고 혈중에 있는 트립신 억제제 ar-안티트립신과 a2-매크로글로불린이 불활성화시켜서 활성을 측정할 수 없으므로 radioimmunoassy로 분석한다.

(4) 합성 기질을 이용한 측정

효소는 대부분 생리적 기질이 명확하지만 혈청 콜린 estease(콜린에스테르 가수분해효소) 같이 생체 기질을 알 수 없거나 amylase, γ-glutamyltranspeptidase(γ-글루타밀기 전달효소) 와 같이 생리 기초 물질이 활성 측정에 부적당한 경우 합성기질을 사용한다.

(5) 불활성화 효소

세포 내 효소는 다른 효소의 작용으로 효소활성을 잃고 혈중으로 이탈하는 경우가 있으므로 결함 양을 이탈량으로 추정하려면 활성 측정보다 면역학적으로 효소 단백질량을 측정하는 것이 좋다

5. 뇨

소변은 대사 산물이므로 배설량은 신장 및 요로계 환자의 진단에 도움이 되고, 당뇨병, 요붕증, 내분비 질환, 대사 이상증 진단에 도움이 된다.

소변은 약물의 배설 경로이기도 하므로 소변에 약물이나 대사물질이 고농도로 포함되어 효소분석을 간섭하는 경우가 많다.

6. 혈액

혈액은 체내 물질의 주요 수송로로 전해질, 혈액 응고 인자, 알부민, 면역글로불린, 보체 등의 혈액 생리 작용 성분과 호르몬, 혈당 등의 생리 활성 물질, 빌리루빈, 요산, 크레아티닌,

요소 등의 대사 종말 물질, aspartate aminotransferase(아스파르트산 아미노기전달효소), amylase 등도 있다.

세포 안 물질이 혈액에 많이 나타나는 세포에 장해가 생겼기 때문이다. 그러나 세포막이 파괴되어도 세포 내 물질이 모두 혈중으로 이탈하는 것은 아니고 장애의 정도, 장애 부위의 혈류나 림프류, 성분의 분자량, 전기적 성질, 생화학적 안정성에 의하여 다르다. 혈중 농도는 이탈량 외에 혈중 안정성, 이화 속도 등도 영향을 미친다.

7. 뇌척수액, 흉수, 복수

뇌척수액에 병변이 생기면 조성과 농도 성분에 혈액과 다른 변화가 나타난다. 흉곽 내 장기의 병변으로는 흉수가, 복강 내 장기의 병변으로는 복수가 생긴다. 기타 유강 장기의 질환에는 병변의 성질을 반영한 저류액이 나타나므로 주사기로 채취하여 성상을 조사한다. 저류액은 혈액이나 림프액 성분과 장애 조직에서 온 성분이므로 조직의 효소 작용으로 변화하는 경우가 많다.

8. 분비효소

체액 중의 효소활성 중 분비효소는 특정 장기에서 생산되어 그 세포 외에서만 작용하는 효소로, 내분비 효소는 혈장 효소, 외분비 효소는 소화관 효소, 세포 내 효소는 세포 내 대사계와 결합해야 작용하며, 세포 외에서는 작용하지 않는다.

같은 효소라도 장기에 따라 양이 달라서 creatin kinase는 횡문근, sorbitol dehydrogenase(이디톨 탈수소효소)는 간에 많으므로 이들 효소를 측정하면 횡문근과 간의 손상 정도를 알 수 있다.

효소의 분자량은 수만 이상이므로 세포막을 통과하지 못하지만 포도당 부족, 산소 부족, K^+ 증가 등이 발생하면 세포막 투과성에 이상이 생겨서 세포 안의 효소가 혈청으로 유출되고, 세포가 파괴되어도 혈청으로 유출된다.

그러므로 체액 중에 유출된 효소량을 분석하여 해당 효소가 존재하는 장기의 손상을 알 수 있다. 주로 혈청효소가 대상이지만 소변, 척수액, 복수, 흉수, 양수도 대상이다.

9. 간질환 효소

간의 병변은 세포기능 저하, 간질 변화, 간세포의 상해(막장해, 세포괴사 등)가 있다. 간의 효소는 GPT(alanine transaminase, 알라닌 아미노기 전달효소), fructose‑1‑bisphosphate aldolase(프룩토오스이인산 알돌라아제), alcohol dehydrogenase(알코올 탈수소효소), isocitrate dehydrogenase(이소시트르산 탈수소효소), sorbitol dehydrogenase(SD), ornithine carbamoyltransferase(오르니틴 카르바모일기전달효소), glutamate dehydrogenase(GLDH, 글루탐산 탈수소효소) 등 30가지 이상이 있지만, 그중 GOT, GPT, LDH, GLDH가 중요하며, 모두 담관에서 배설되므로 간내 혹은 간외에서의 담관폐쇄에 따라 혈중에서 증가한다.

결합조직의 대사에는 collagenase(콜라겐 가수분해효소), lysine oxidase(리신 산화효소, collagen 대사), elastase(엘라스틴 가수분해효소), N‑acetyl‑glucosaminidase(N‑아세틸글루코사미니드 가수분해효소) 등이 관여하며 간경변에는 collagenase, prolylendopeptidase (프롤릴펩티드 내부가수분해효소)이 혈중에 증가한다.

간병변은 겹쳐서 일어나는 경우가 많으므로 GOT, GPT, γ‑GPT, ChE, alkaline phosphatase(ALP, 알칼리성 인산 가수분해효소), LDH, glutamate dehydrogenase(GLDH), leucine aminopeptidase(LAP, 아미노말단펩티드 가수분해효소)를 조합하여 측정하는 경우가 많다.

10. 심근 및 근육 질환 효소

근육선유가 손상되면 GOT, LDH, aldolase(프룩토오스 이인산 말돌라아제), cretine kinase(CK) 등이 혈청에 증가한다.

혈청 CK의 isozyme의 분석은 100% 진단가능하다.

11. 콩팥 질환과 요중 효소

콩팥에는 LDH, malate dehydrogenase(MDH, 말산 탈수소효소), GOT, ALP, aminopeptidase (아미노말단펩티드 가수분해효소), β‑glucuronidase(β‑글루쿠로니드 가수분해효소) 등이 많지만, 질병이 발생하여도 혈청농도가 증가하지 않고 소변농도가 증가하므로 소변의 활성을 측정한다.

12. 중추신경계 질환과 뇌척수액 효소

혈액과 뇌척수액 사이에는 혈액뇌관문이 있어서 혈청효소를 측정하여도 의미가 없다. 뇌나 척수가 손상되면 세포 내 효소가 이탈하여 뇌척수액으로 들어가지만 혈청에서는 확인할 수 없다. 중추신경계의 질병에 관련된 효소는 GOT, LDH, isocitrate dehydroginase(ICD), CPK 등이다.

13. 암 관련 효소

암은 혈청효소를 증가시키는 일이 있다. 예로서 전립선암에서는 혈청의 산성 phosphatase(인산 가수분해효소)가 상승한다. 그러나 암조직의 효소와 암조직의 침입에 의한 정상조직 유출효소가 혈청농도를 함께 증가시키므로 진단하기 어렵다.

14. 콜레스테롤 산화효소 – 동맥경화, 혈전

콜레스테롤의 측정은 동맥경화나 혈전증 진단에 중요하다. 효소법은 산화효소 반응으로 생성되는 과산화수소를 peroxidase(과산화효소) 공역계에서 비색정량하거나 탈수소 반응으로 보조효소 NAD(P)의 변화를 자외부 흡수나 diaphorase(디히드로 리포아미드 탈수소효소)로 비색정량한다. 퍼옥시다아제 공역 반응은 페놀 대신 아닐린계 발색 시약 N-에틸-N(3-메틸페닐)-N-숙시닐에틸렌디아민 등을 사용한다.

그 외에 *Nocardia* sp.의 콜레스테롤 산화효소와 돼지 췌장의 콜레스테롤 에스테라아제로 정량하는 방법, *B. sferolicum* 콜레스테롤 산화효소, *Pseudononas fluorescens*의 콜레스테롤 에스테르 가수분해효소를 이용한 방법이 있다.

15. 중성지방 측정 – 고지혈

중성지방 산화효소법으로 lipoprotein lipase(지방단백질 지방질 가수분해효소)로 가수분해하여 글리세롤에 glycerol kinase 및 glycerol-3-phosphate oxidase(글리세롤-3-인산 산화효소)를 작용시키는 방법과 glycerol oxidase로 직접 글리세롤을 산화시키는 방법이 있다.

글리세롤-3-인산 산화효소는 *Streptococcus faccalis*가 생산하며 글리세롤산화효소는 *Aspergillus japonicusto*가 생산하는데 글리세롤에 작용하여 글리세르알데히드와 과산화수소를 생성한다.

16. 유리 지방산 측정효소 – 당뇨, 간장 장애, 갑상선 장애

혈액 중의 유리지방산은 탄소수 16~18이 많으며 당뇨병, 간장 장애, 갑상선 기능항진의 경우 증가한다. *Pseudomonus aeruginosa*의 acyl-CoA synthase(긴사슬 지방산-CoA 연결효소)는 탄소수 6 이상의 지방산에 작용하고 *Candida tropicalis*의 탄소수 4 이상의 아실-CoA를 산화한다.

17. 크레아티닌 측정효소-신장 기능

신장 기능이 저하되면 크레아티닌이 소변으로 배출되지 않아 혈청 크레아티닌 함량이 증가한다. 화학적으로는 피클린산과의 화학 반응으로 크레아티닌을 측정하였지만, 현재는 *Pseudomonas putida*의 creatininase(크레아니티닌 가수분해효소), creatinase(크레아틴 가수분해효소), sarcosine dehydrogenase(사르코신 탈수소효소)를 조합하여 정량한다. 사르코신 데히드로기나제는 *Corynebacterium* sp.의 sarcosine oxidase(사르코신 산화효소)로 대체할 수 있다.

18. 인지질 측정효소-간 기능

간장에 장애가 생기면 혈액 내 인지질 함량이 감소한다. *Arthrobacter globiformis*, *Cylindrocarpon didymum*의 choline oxidase(콜린산화효소)는 콜린을 산화하므로 phosphorylase(가인산분해효소) D와 조합하여 인지질을 정량한다. Choline esterase(콜린에스테르 가수분해효소) 활성도 측정할 수 있으며 인지질과 콜린에스테라아제 활성은 간 기능 진단 항목이다.

19. 담즙산 측정효소-간염, 간경화

*Pseudomonas putida*의 3-α-hydroxysteroid dehydrogenase(3-α-히드록시스테로이드 탈수소효소)는 A : B 고리가 *cis* 구조인 담즙산류에 잘 작용한다. 담즙산은 급성 간염, 간경화 등의 진단 항목이다.

20. 혈당 측정효소-당뇨

혈당을 glucose oxidase로 측정하면 D-글루코오스에 대한 K_m이 커서 β 형에 작용하기 어려우므로 mutarotase(알도오스-1-에피머화효소)가 필요하지만 *Coriolus versicolor*의 pyranose oxidase(피라노오스 산화효소)는 D-글루코오스 친화성이 커서 뮤타로타제 없이 혈당을 정량한다.

21. 폴리아민 측정효소 – 암

폴리아민은 암환자의 소변에 나타나는 강염기성 물질 spermine, spermitin, putrescine, cadaverin으로 암환자 진단에 쓰인다.

*Micrococcus roseus, Nocardia Arthrobacter*의 putrescine oxidase(푸트레신 산화효소)는 푸트레신 특이성이 높고 카다베린에 약하게 작용하고, 스페르민, 스페르미틴에는 작용하지 않는다. *Penicillium crysogenum*의 효소는 스페르민, 스페르미틴에 작용하고 푸트레신, 카다베린에는 작용하지 않는다.

이같이 모든 폴리아민에 작용하는 oxygenase(산소화효소)는 없기 때문에 여러 효소의 조합 특이성을 보완하여 폴리아민을 측정해야 하는데, *Mycoplana bulata*의 효소는 모든 아세틸폴리아민을 가수분해한다.

22. 시알산 측정효소 – 염증성 질환, 암

염증성 질환과 암환자의 혈청에는 시알산이 많아지므로 이들 질병의 진단에 사용하며, neuraminidase(시알리드 가수분해 효소, NED), N-acetylneuraminate lyase(N-아세틸누라민산 분해효소, NAL), pyruvate oxidase(피루브산 산화효소)의 공동작용으로 측정한다. 유전자 재조합 기술로 NAL은 *E coli*, NED는 *Streptomyces*에서 생산한다.

23. 무기인

무기인은 몸의 골격 성분이고 대사에도 중요한 역할을 한다. 정량은 *Enterobacter cloacaeo*의 purine-nucleoside phosphorylase(푸린-누클레오시드 가인산분해효소), xanthine oxidase(크산틴 산화효소)로 한다.

24. 마그네슘 이온 – 신장 질환

마그네슘 이온 Mg^{2+}은 신장 질환 진단에 사용하며, *B. stearothermophillus*의 내열성 hexokinase와 glucokinase(글루콘산 키나아제)의 glucose-6-phosphate dehydrogenase(글루코오스-6-인산 탈수소효소)의 공역 반응으로 생성되는 NADPH의 340 mm의 흡광도로 정량한다.

25. Lipase – 췌장 질환

췌장 질환은 췌장 리파아제 활성으로 진단한다. 기질은 1,2-dilinoleoylglycerol을 사용하며, 동물 췌장의 co-lipase를 보조제로 하여 생성된 2-모노글리세리드를 monoacylglycerol lipase(아실글리세롤 지방질 가수분해효소)로 글리세롤로 분해하여 glycerol kinase, glycerol -3-phosphatase를 작용시켜 생성되는 과산화수소를 퀴논이민색소로 만들어 비색법이나 자외흡광법으로 정량한다.

26. 락카아제, 페놀옥시다아제, L – 아스코르브산 산화효소 – 간, 담도질환

Laccase, phenol oxidase, L-ascorbate oxidase(L-아스코르브산 산화효소)는 산소를 수소 수용체로 페놀이나 아닐린에 작용하므로 간·담도질환의 마커로 γ-glutamyltranspeptidase(γ-글루타밀기 전달효소), luecine aminopeptidase(아미노말단펩티드 가수분해효소)의 측정법으로 분석한다.

비색법으로는 생성되는 퀴논이민을 정량하며 phenol oxidase나 L-ascorbate oxidase가 사용된다.

27. 췌장 아밀라아제 – 췌장염

혈중 아밀라아제는 타액형과 췌장형이 있으며 췌장형은 급성 췌장염 진단에 필수적이다. 두 효소는 성질이 비슷하여 분별 정량이 곤란하지만 S형을 저해하는 모노클로널 항체를 이용하여 p형의 활성만 측정하여 분별 정량한다.

28. 드라이 케미스트리

효소의 고정화 기술과 고분자 재료의 발달에 따라 발달하였으며 pH 시험지처럼 반응시약이 함유된 시험지에 검체를 묻히면 즉시 분석된다. 분석 시험지나 필름에는 분석용 반응 효소와 시약이 내장되어 있다.

이 방법으로 혈당이나 소변의 요소 등을 분석할 수 있다. 조견표에는 색상의 정도에 따른 함량 표가 있어서 그와 비교하여 함량을 구한다.

(1) Glucose 정량용 시험지

Glucose oxidase(글루코오스 산화효소), peroxidase(과산화효소), 환원성 *o*-toluidine 색소

를 여과지에 칠한 것은 glucose가 함유된 소변을 묻히면 즉시 청색을 띠게 되므로 표준색과 비교하여 glucose량을 알 수 있으므로 당뇨병 진단에 사용된다.

원리는 glucose oxidase 및 peroxidase의 촉매 반응으로 생성된 산소가 환원형의 o-toluidine(무색)을 산화형(청색)으로 산화시키기 때문이다.

(2) 요산 정량 시험지

요산의 정량용 시험지형 진단 시약은 uricase(우르산 산화효소), peroxidase, o-toluidine의 세 가지를 여과지에 칠하여 발생 산소가 환원형의 o-toluidine을 무색에서 산화형 청색으로 산화시켜 정량할 수 있다.

표 11.5 **효소 분석 진단 시험지**

사용 효소	측정 대상	상품명
Glucose oxidase Peroxidase	요중(尿中) 포도당 혈중(血中) 포도당	Clinistix, Testape Dextrostix
Uricase	혈중 요소질소	A캔샅
Uricase	혈중 요산	Uricametry
Hexokinase	혈중 포도당	Glcose-bast pack Glcose test
Lactate dehydrogenase	Pyruvic acid Glutamate- pyruvate transaminase 혈중 creatine phosphokinase	Pyruvic acid test GPT-UV test GPT-momo test CPK test
Alcohol dehydrogenase	혈중 알코올	혈중 alcohol test
Glycerokinase Pyruvate kinase Lactate dehydrogenase	Glycerol 중성지방산	Glycerol 중성지방산 test
Phosphocreatine kinase Glyceraldehyde phosphate dehydrogenase	혈중 ATP	ATP test
Malate dehydrogenase	혈중 GOT	GOT test
Glutamate dehydrogenase	혈중 α-ketoglutaric acid test	

(3) 요소의 질소 정량 시험지

Urease(우레아 가수분해효소)와 bromothymol blue를 시험지에 칠하여 반투막성 물질로 피복시킨 것으로, 혈액 중의 요소가 반투막을 투과하여 urease와 반응하고 생성된 암모니아에 의하여 bromothymol blue가 변색되는 것을 이용한다.

29. 자동 분석기기

자동 분석기기는 1950년대 초 처음 개발되고, 1960년대에 들어 분리 방식이 개발되고, 1975년 무렵 컴퓨터를 내장한 다항목 대형 측정 장비가 개발되었다. 1980년대 들어 다기능 소형 범용 장비와 반응 시약이 내장된 간편한 미량 분석기기, 긴급 검사용 기기, 특수 성분 분리 장치 조합기기, 유전자 분석 장치, 비침습 분석기기, 생명유지 장치, 마이크로 바이오센서를 이용한 체내 유치 분석장비 등이 선보였다.

연속 방식은 시료와 시약을 튜브에 연속하여 흘리며 분석하는 방식으로, 0.5 ml의 검체를 분기 튜브에 분배하고 동시에 20항목을 시간당 150 검체 측정할 수 있다.

효소 측정은 화학 반응에 비해 특이성이 뛰어나고, 온화한 조건에서 반응하고, 반응속도가 빠르고, 전처리가 필요없어서 간편하고, 자동 분석기에 적용하기 쉽지만 시약이 안정하지 못하고 비싸다.

방법은 시료 중의 효소활성을 측정하는 방법과 효소 단백질 양을 측정하는 방법이 있으나, 대부분의 효소활성을 측정하며 효소에 대한 특이 항체를 이용하는 방법도 있다

30. 효소 결합 면역 침강분석법(ELIA)

효소결합 면역 침강분석법(enzyme‑linked immunosorbent assay, ELISA)은 항체나 항원에 효소를 표지하고 효소활성을 측정하여 항원‑항체 반응의 강도와 그 양을 정량적으로 측정하며, 전용 자동분석기를 이용하여 고감도로 다양한 물질을 신속하게 측정할 수 있다.

균일계 방법은 효소를 표지한 항원이나 항체 혹은 항원이 결합하면 효소활성이 감소 또는 소실하거나 반대로 활성이 높아지는 현상을 이용한 방법이다.

(1) 경쟁법

항체를 고정한 구에 검체와 효소 표지 항원을 첨가하여 항원·항체 반응시켜서 효소 기질과 반응 발색시켜 흡광도를 측정하여 검체 중의 항원의 양을 측정한다. 측정 항원이 많으면 효소 표지 항원의 반응이 작고 측정 항원이 적으면 효소의 발색이 강해진다.

(2) 비경쟁법

시험관 벽 등에 고정된 항원(또는 항체)과 측정해야 할 항체(또는 항원)를 항원 항체 반응으로 결합시켜 포착된 항원 항체 복합체에 표지 항체를 결합시켜 고정상의 효소활성을 측정하는 방법이다.

(3) 샌드위치 법

항체를 고정한 구에 시료를 가하여 항원 항체 반응을 시키고 효소 표지 항체를 가하여 항원 항체 반응을 시키고 효소 기질을 반응 발색시켜 흡광도를 측정하여 검체 중의 항원 양을 측정한다.

검체 중에 항원이 있으면 고정 항체＋항원＋효소 표지 항체 샌드위치 구조를 취하고 항원이 없으면 고정 항체만 측정가능하다.

혈청 인슐린을 측정할 경우 효소표지 항원(β-galactosidase-insulin conjugate)을 조제하여 인슐린에 대한 고정화 항체와 경쟁시킨다. 혈청 인슐린 농도가 높을수록 고정화 항체에 결합하는 효소표지 항원량은 지수함수적으로 감소하기 때문에 원심분리 후 침전한(고정화 항체와 결합한) 효소표지 항원의 효소활성을 측정하든가 상징액에 남아 있는 유리의 효소표지 항원의 효소활성을 측정하여, 표준곡선에서 혈청 인슐린량을 산정한다(그림 11.2(a)).

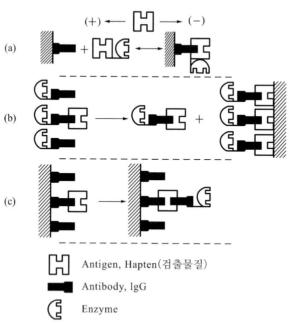

그림 11.2 효소 면역측정법

이 방법은 1 nmol 이하의 인슐린도 검출 가능하다. 또 항원과 효소와의 결합에는 복합 가능성의 가교제가 사용되지만, 헤테로 이중기능성인 시약이 특히 필요하다.

효소 면역측정법에 사용되는 효소는 안정하고 검출강도가 높아야 한다. 일반적으로는 β-galactosidase(β-갈락토시드 가수분해효소), peroxidase(과산화효소), alkaline phosphatase(알칼리성 인산가수분해효소), glucose oxidase(글루코오스 산화효소) 등이 많이 사용되고 있다.

유전 공학의 발달로 선천성 질환, 암, 감염 등의 검사, 장기 이식 시 하는 조직 적합 항원 검사, 개인의 식별 등에 DNA 검사가 이루어지게 되었다. 최근 개발된 중합효소 연쇄 반응(PCR)법으로 많은 유전 정보 속에서 두 DNA 프로브에 낀 DNA 부분을 DNA 중합효소에 의해 단시간에 수십만 배나 증폭한다. 따라서 적당한 DNA 프로브를 얻으면 미량의 검체 중의 특정 DNA 부분을 단시간에 증폭하여 검사할 수 있다.

11.3
고정화 효소를 이용한 의료

백혈병 치료에 asparaginase(아스파라긴 가수분해효소)를 직접 투여하면 알레르기 증상이나 과민성 쇼크(발열오한)가 생긴다. 또 생체에 투여된 효소는 바로 단백질 가수분해효소가 분해하거나 신장에서 배출되고 말아서 약효가 오래 가지 못 한다. 그래서 특정 조직이나 세포 내, 환부 등에 효소를 유지시켜 놓는 것은 매우 어렵다. 이들 문제점은 고정화 효소를 사용하면 해결되는 경우가 많다. 그래서 마이크로 캡슐화시킨 효소로 효소 결핍증이나 대사 이상증 등의 난치성 질병을 치료하려고 하고 있다.

고정화 효소에 의한 인공장기도 있다. 신장이 나빠진 환자는 인공신장으로 치료한다. 인공신장의 기능을 효율화하거나 소형화하기 위해 고정화 urease(우레아 가수분해효소)를 사용하거나 고정화 이온교환수지 등을 사용한다.

또 효소 및 고정화 효소는 의약품 제조에 이용되고 있다. 즉, 페니실린이나 세팔로스포린 등의 형색물질 등을 변형한 반합성 페니실린이나 반합성 세팔로스포린 합성에 고정화 효소가 이용되고 있다. 또 endopeptidase(펩티드 내부가수분해효소)를 이용하여 돼지 인슐린을 사람 인슐린으로도 바꿀 수도 있다. 또 스테로이드의 변환이나 안기오텐신 관련 물질, 엔케팔린, 프로스타글란딘, 글루타티온, 비타민 등의 생산에도 이용된다.

임상 검사에는 연속 유동방식과 디스크리트(discreet) 방식의 연속 분석 장치가 있다. 두 가지 보노 상단점이 있어서 우열을 가리기 어렵지만, 대량 처리에는 연속 유동방식이 일반적이다. 유동방식도 튜브 내면에 효소를 고정화한 리액터가 사용되고 있다. 또 기공성 유리에 고정화한 효소의 소형 리액터를 조합한 유동식 시스템도 있다(그림 11.3, 11.4). 이들 미니

리액터에 glucose oxidase(글루코오스 산화효소)나 urease 또는 cholesterol esterase(콜레스테롤에스테르 가수분해효소) 및 cholesterol oxidase(콜레스테롤 산화효소)를 고정화하여 글루코오스, 우레아, 총콜레스테롤을 측정한다. 이런 고정화 효소 컬럼은 매우 안정하며 많은 검체를 하나의 바이오리액터로 측정할 수 있다.

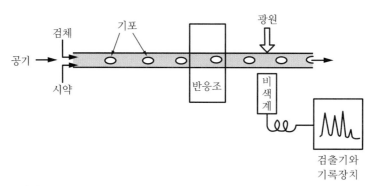

그림 11.3 연속 유동 방식

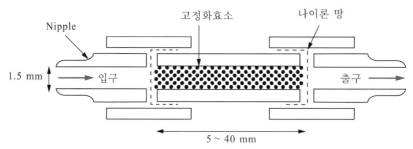

그림 11.4 효소고정 유리 입자를 채운 미니 컬럼

또 복합효소를 이용하여 측정하거나 보조효소의 반복 이용을 목적으로 하여 덱스트란에 고정화한 NAD를 순환시켜 사용하는 시스템도 있다. 이같이 연속 혈액 성분 측정용의 자동 분석장치에 고정화 효소를 조합하여 효소 분석 경비를 절감 할 수 있다.

1. 고정화 효소와 고정화 단백질의 응용

고정화 효소를 생체 내에 투여하면 알레르기 증상이나 아나필락시성 쇼크 또는 단백질 분해효소에 의한 분해를 어느 정도 예방할 수 있다. 효소는 피하, 복강, 근육 내 또는 정맥 내나 환부에 직접 투여한다.

고정화 효소를 생체 내에 투여하면 제거할 수 없다. 그래서 대사나 배설 등의 생체 기능으로 제거할 수 있어야 한다. 정맥 내에 투여하기 위해서 마이크로 캡슐 중에 포팔 고정하여 정맥주사하면 대부분의 마이크로 캡슐은 간장에 축적되고 일부는 비장에 축적된다. 특히 캡슐이 $2~\mu m$ 이하로 마이너스 전하를 띠는 폐의 미소 순환계를 통과한다.

마이크로 캡슐은 표면적이 크고, 얇은 막이기 때문에 용질의 투과 속도가 빨라서 효소의 고정화 방법으로 매우 우수하다. 투여 장소로는 근육 내 또는 복강 내가 바람직하며 고정화 효소로 대량 투여할 수 있다.

고정화 효소를 환부에 직접 투여하는 방법도 있다. 즉, 카탈라아제 결핍증 생쥐의 구강 내에 마이크로 캡슐화 카탈라아제를 투여한 결과가 있다. 또 고정화 효소를 소화관에 투여하여도 효과가 높다. 즉, 흡착제와 urease를 포괄한 마이크로 캡슐을 경구 투여하면 혈중 우레아 농도가 현저히 줄어든다.

고정화 효소는 체내에서 혈액과 접합성이 좋아야 하지만 대사 배설되어야 한다. 그래서 인공 고분자 재료보다는 생체 재료로 효소를 고정화하는 편이 좋다. 그래서 콜라겐, 리포솜, 적혈구 등이 효소 고정화 지지체로서 사용된다. 생체 재료를 사용하면 항원성 문제도 적고 생체에 자연히 흡수 소화된다. 그러나 생체 재료를 대량으로 사용하기 어려운 경우도 있다.

고정화 효소를 체외의 리액터에 채워 놓고 혈액을 순환시키는 체외 순환법도 있다. 이 경우 바이오리액터를 사용하며 이 바이오리액터에서는 관상, 막상, 섬유상, 입상, 판상의 고정화 효소가 각 형태에 맞도록 바이오리액터 중에 채워져 있다.

이들 지지체는 반투막으로 씌워져 있는 경우도 많아서 혈액 중의 저분자 성분만 반투막을 통하여 효소와 반응한다. 그러므로 효소와 혈액의 단백질 등이 직접 접촉하는 일은 없다.

체외순환법은 고정화 효소를 사용한 치료에 사용한다. 체내에 투여한 경우 문제가 되는 항면역성, 즉 항원성에 의한 면역 반응이 생기기 어렵고, 단백질 분해효소가 고정화 효소를 분해시키기 어렵다. 나아가 체외순환법은 바이오리액터를 쉽게 교환할 수 있기 때문에 위험성이 적다.

2. 치료에 대한 이용

일종의 급성, 림프성, 골수성의 백혈병 치료에 고정화 효소가 사용된다. 여기 사용되는 효소는 L-asparaginase(아스파라긴 가수분해효소)로서 이들의 종양세포가 아스파라긴을 필요로 하기 때문에 혈액 중의 아스파라긴을 고정화 asparaginase로 제거하여 증식을 억제하는 치료법이다. 고정화 asparaginase는 정맥이나 구강 내에 투여하는 경우도 있으나, 일반적으로는 체외 순환회로가 사용된다(그림 11.5). 즉, 나이론 튜브, 폴리메틸메타크릴레이트나 콜라겐에 asparaginase를 고정화하여 바이오리액터에 채운다.

콜라겐 막중에 L-asparaginase를 고정화하여 모듈형 바이오리액터를 조제하여 계에 적용하면 단시간에 혈중 아스파라긴 농도가 저하하여 백혈병을 효과적으로 치료한다. 콜라겐이 asparaginase를 고정화하여 면역 억제 작용도 한다.

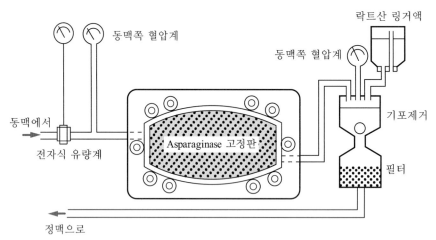

그림 11.5 체외순환기

3. 효소 결손증에 대한 응용

생쥐의 카탈라아제 결손증에 고정화 효소를 사용하면 효과를 나타낸다. 무카탈라제증은 유전적으로 카탈라아제가 결손된 병으로, 생체 중에서 생기는 과산화수소가 분해되지 않아 과산화수소가 쌓인다. 그래서 헤모글로빈이나 시토크롬 등 효소의 수송에 관여하는 단백질을 과산화수소가 저해하여 산소 공급 부족으로 조직이 파괴된다. 이 무카탈라제증에 고정화 카탈라아제를 투여하면 효과가 있다.

4. 면역흡착법

고정화 항체나 고정화 항원을 사용하면 항체나 항원을 흡착 제거할 수 있어서 혈우병 등의 치료에 고정화 항체가 이용되고 있다. B형 간염 항체를 아가로오스 겔에 흡착 고정하여 양성 혈액 중의 B형 간염 항원도 흡착 제거할 수 있다.

이 고정화 항체를 수혈 세트에 조합시켜 B형 간염에 걸리지 않게 한다. 이런 면역 흡착법은 여러 가지가 있다.

5. 인공장기

인공장기는 고정화 효소를 이용하여 장기의 대행, 유해물질의 해독, 제거 등 여러 가지로 응용한다.

(1) 인공장기

신장은 수분이나 노폐물의 제거와 전해질 조제 작용을 한다. 신장이 나빠지면 노폐물을 제거할 수 없게 되어 요독증이 된다. 마이크로 캡슐 고정화 urease(우레아 가수분해효소)를 개 복강에 투여하여 혈중 우레아를 감소시킨 결과가 있다. 또 마이크로 캡슐화 urease를 리액터에 채워서 체외순환법으로 사용하는 방법도 있다. 혈액 중의 우레아는 urease의 작용으로 암모니아로 변하며 암모니아는 독성이 강해서 활성탄이나 이온교환수지로 제거한다.

한편 urease와 이온교환수지를 같은 캡슐에 함께 고정화하여 인공 신장 투석 회로에 끼워 넣어 효과적으로 우레아와 노폐물을 제거한다(그림 11.6). 이런 마이크로 캡슐화 리액터는 소량으로도 투석이 완료된다. 그래서 인공신장은 고정화 효소의 사용으로 매우 소형화, 간략화되어 가고 있어서 장착한 채 행동하거나 가정에서 인공투석 받을 수 있다.

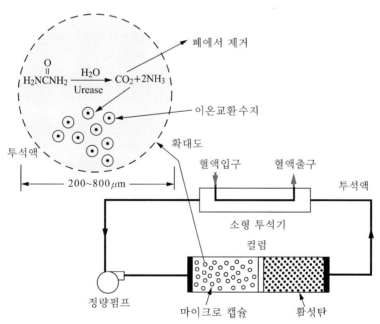

그림 11.6 **마이크로 캡슐**

(2) 인공간장

용혈성이나 간질환으로 생긴 독성 빌리루빈 제거에 고정화 알부민이 사용된다. 또 알부민을 피복한 활성탄을 사용한 인공 간으로 간성 혼수환자의 대사 노폐물이나 빌리루빈을 감소시킬 수 있다. 이같이 단백질과 흡착 제거제를 병용하여 노폐물을 제거할 수 있다.

미크로솜을 고정화하면 해독 기능의 일부는 유지되고, 해독에 관여하는 복합 효소계를 고정화할 수도 있다. 그래서 고정화 해독효소와 고정화 미크로솜 및 혈액 투석장치를 종합시켜 독물 제거에 효과를 증가시킬 수 있다. 간장 내의 우레아 사이클 효소계를 고정화하여 혈중의 암모니아를 줄이거나 해독할 수도 있다.

혈중의 암모니아와 우레아는 복합효소계를 사용하여 글루탐산으로 제거한다(그림 11.7).

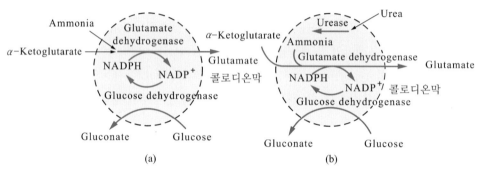

그림 11.7 복합형 효소 마이크로 캡슐에 의한 혈중 암모니아(a) 및 우레아(b)의 글루탐산 전환

Glutamate dehydrogenase(글루탐산 탈수소효소)와 glucose dehydrogenase(글루코오스 탈수소효소)를 NADP에 포괄한 마이크로 캡슐로 암모니아를 글루탐산으로 바꿀 수 있다. 우레아는 urease와 glutamate dehydrogenase, glucose dehydrogenase, NADPH를 사용한 시스템으로 글루탐산으로 변화시킬 수 있다. 글루탐산은 생체에 이용되므로 이상적인 제거 시스템이다.

랑게르한스섬의 β-세포를 고정화한 세포나 조직을 사용한 하이브리드형 인공 간장도 배양세포가 적합하다. 환자치료에는 이런 하이브리드형 인공장기가 많이 사용된다.

(3) 인공췌장

인공췌장은 인슐린을 자동방출하는 장치로, 인슐린 방출장치, 혈당 측정 글루코오스 센서, 제어시스템, 전극 등으로 구성되어 있다. 고정화 효소와 바이오센서를 조합시켜 하이브리드형 인공장기를 조합하면, 응용분야가 넓혀질 것이다.

고정화 효소를 의료에 응용하는 데는 고뇨산혈증에 대한 고정화 uricase(우르산 산화효소)의 적용, 글리코겐 저하증에 대한 고정화 amyloglucosidase(글루칸 1,4 α-글루코시드 가수분해효소)의 적용, 테병에 대한 고정화 neuraminidase(시알리드 가수분해효소)의 적용, β-glucuronidase(β-글루쿠로니드 가수분해효소) 결손증에 대한 적혈구에 포괄한 β-glucuronidase의 응용, 적혈구에 고정화한 β-glucuronidase와 β-galactosidase의 보시에병에 대한 응용 등 많은 결과가 있다.

(4) 생체 적합성 재료

의료재료 고분자 중에는 혈전을 생기게 하는 것이 있으므로 기능성 고분자 재료와 단백질을 하이브리드화하여 항혈전성 생체 적합성 재료를 만들면 좋다. 재료로서는 헤파린, urokinase(플라스미노겐 활성인자), 혈소판 기능억제제 등이 있다.

헤파린을 물리적 방법, 이온 결합, 공유 결합 등으로 합성 고분자 재료 표면에 고정화시키거나 재료 표면에서 유리시켜서 혈전성이 유지된 재료를 조제한다. 우로키나제는 혈전 용해력이 있으므로 고분자 재료에 고정화하여 항혈전성 재료를 만든다. 나이론 튜브 등으로 고정화한 우로키나제는 *in vivo*에서도 양호한 결과를 나타낸다. 또 antithrombin III과 헤파린을 함께 고정화하여 항혈전성 재료를 조제한다.

폴리에틸렌 또는 폴리프로필렌에 콜라겐을 결합시킨 다음 사람 소변의 urokinase를 고정화하여 항혈전성 재료를 조제하는 방법을 인공 식도 등에 사용하여 좋은 결과를 얻고 있다. 여기에 달걀 리소짐이나 항생물질 polymixin B 등을 고정화하면 용균성이나 항균성을 갖는다.

식품공업

인류 역사 중에서 효소는 식품분야에서 가장 먼저, 가장 많이 이용하여 왔다.

우리가 매일 먹는 된장은 콩에 띄운 곰팡이의 단백질 가수분해효소가 콩단백질을 아미노산으로 가수분해한 것이고, 청국장은 곰팡이 대신 세균효소가 작용한 것이고, 고추장은 아밀라아제가 쌀녹말을 당화시켜서 단맛을 낸 것이고, 술은 곰팡이나 엿기름의 아밀라아제가 쌀녹말을 말토오스나 글루코오스로 당화시킨 것을 효모의 10가지 효소로 에탄올 발효시킨 것이다. 젓갈은 생선의 단백질 가수분해효소로 단백질을 자가소화시켜서 아미노산을 만든 것이다.

식품 분야에서 사용하는 효소는 표 12.1과 같다.

표 12.1 식품공업에 사용하는 효소

효소	효소재료	이용
α-Amylase	B. amyloliquefaciens, B. amylosolvens, B. subtilis, B. licheniformis, A. oryzae, A. niger, A. aureus, R. delemar, R. niveus	녹말 액화, 제과, 청주 제조
β-Amylase	B. cereus, B. megaterium, B. polymyxa, S. hygrocopicus, Soybean, Wheat bran	Maltose, 엿, maltitol 재료
Glucoamylase	R. niveus, R. formosensis, A. niger	Glucose, 이성화당, 청주 제조
Debranching enzyme (Pullulanase)	Aerobacter aerogenes, B. cereus, Streptococcus mitis, Pseudomonas, S. flavochromogenes, E. intermedia, Klebsiella aerogenes, Cytophaga	Amylose, maltose, maltitol 생산
Glucose isomerase	B. coagulans, Lact. brevis, S. albus, S. phaerochromogenes, Arthrobacter	이성화당의 생산
Invertase	Sacch. cerevisiae	제과공업
Cellulase	Trichoderma viride, A. niger, Myrothecium	알코올 생산
Melibiase	Mortierella vinacea	사탕무당 공업
Pectinase	A. japonicus, Coniothyrium diplodila, Corticium rolfsii	포도주 제조, 과즙 생산
Hesperidinase	A. niger	귤통조림의 청정화
β-1,3-Glucanase	Basidiomyces, Achromobacter lunatus	맥주 제조, 효모엑기스 제조
β-Galactosidase	A. oryzae, B. coagulans, B. brevis, B. acidphilus, B. stearothermophilus, E. coli, M. pusillus, P. telicoushi, Torulathermophila, Sacch. lactis, Kluyveromyceslactis, Lact. bulgaricus, Thermus thermophilus	저락트당 우유 제조
Lipase	C. lipolytica, C. cylindria, P. camemberti, R. japonicus, Georichum candidum, A. niger	치즈 플레이버 생성, 지방산 제조

(계속)

효소	효소재료	이용
Protease	Papaya, Pineapple, *F. immotum, B. subtilis, A. oryzae, A. niger, A. saitoi, Rhizopus, Trametes sanguinea, B. thermoproteolyticus.*	식육연화제, 맥주 양조, 조미료 제조
	M. pusillus, M. miehei, Endothia parasitica	치즈 제조
5′-Phosphodiesterase	*P. citrinum, S. aureus*	이노신산, 구아닐산 제조
Catalase	*Micrococcus lysodeikticus, A. niger*	H_2O_2 제거
Glucose oxidase	*A. niger, P. amagasakiens*	갈변 방지
Lysozyme	Egg‑white	방부
Naringinase	*A. niger*	풋귤의 쓴맛 제거
Antocyanase	*A. niger*	포도즙, 과즙의 탈색

12.1
제빵

1. 녹말 분해

밀가루에 물, 효모, 소금, 수크로오스 등을 가해 반죽하면 효모가 당을 알코올 발효로 탄산가스를 발생시켜서 빵을 부풀게 한다.

밀의 α-amylase는 밀가루 녹말을 덱스트린, 말토올리고당, 말토오스로 분해시켜서 효모 먹이를 만들기 때문에 반죽에 아밀라아제제를 첨가하여 품질을 향상시킨다.

첨가용 α-아밀라아제는 엿기름 효소와 곰팡이 효소가 있으나, 곰팡이 효소는 굽기 시작하여 70℃ 정도면 실활되고 말아서 빵을 필요한 만큼만 부풀게 하지만, 엿기름 효소는 내열성이 강하여 녹말을 계속 분해하여 빵을 찐득거리게 하거나 너무 부드럽게 하여 질을 떨어뜨리므로 *Aspergillus oryzae*의 효소를 사용한다.

2. 빵의 노화 방지

빵을 익히면 녹말이 호화되어 부드러워지지만 찬 데 두면 수소 결합이 일부 재생되어 탄력을 잃고 딱딱해지는 노화가 일어난다. 그래서 α-아밀라아제를 가하여 올리고당과 덱스트린을 일부 분해하여 수분 유지력을 높여서 노화를 방지한다. Protease(단백질 가수분해효소)가 적은 평지, indian ironweed 등에서 분리한 lipase(지방질 가수분해효소)를 반죽에 가하여도 노화가 방지된다.

3. Amylase

밀에는 α-, β-amylase, protease, peptidase(펩티드 가수분해효소), hemicellulase(헤미셀로오스 가수분해효소), oxidase(산화효소) 등이 있는데, 발아로 활성화되며, 활성화된 상태의 밀가루는 빵에 적합하지 않다.

아밀라아제는 녹말, 덱스트린, 말토올리고당을 분해한다.

α-아밀라아제는 밀에 22가지나 있으며 유럽산 밀에 많고 미국산 밀에는 적은데, 녹말 사슬의 α-1,4 결합을 여기저기 가수분해하여 말토오스와 α-dextrin을 생성하며 열에 불안정하고 산성에 안정하다.

β-아밀라아제는 말토오스와 한계덱스트린을 생성하며 glutenin에 결합하여 있다가 발아와 papain의 작용으로 5가지로 유리된다. 열에는 불안정하지만 산성에 안정하다.

α-Glucosidase(α-글루코시드 가수분해효소)는 글루코오스를 생성하며 α-1,6 가지 결합에 대한 분해력은 약하다.

4. Protease

Protease는 단백질인 글루텐을 분해하여 탄성을 감소시키며, peptidase는 아미노산을 분리하여 효모의 영양원을 만들어 당과 아미노카르보닐 반응을 일으켜서 갈색을 내고 향기를 좋게 한다.

엑소형 protease는 SH 효소이고, 세린효소인 carboxypeptidase(카르복시말단펩티드 가수분해효소)는 발아하면 활성이 15배 증가하며 아밀라아제보다 활성이 너무 강하여 빵에 좋지 않다. 결합형 효소는 열에 안정하며, 유리된 활성형 효소는 열에 불안정하며, 산화제가 작용하면 반죽의 장력이 증가하고 신전성이 감소하므로 프로테아제로 신전성을 향상시키는데 기질 특이성이 좁은 프로테아제가 좋다.

밀의 효소는 반죽의 글루텐을 분해하지만, 세포 내에 존재하므로 문제가 없으나 가루로 만들어 반죽하면 시간 단축, 점조도 변화, 균일성 유지, 빵의 품질과 향미를 증가시키지만 많이 사용하면 글루텐이 손상되어 점탄성이 나쁘고 빵이 딱딱해진다.

5. 탄수화물 분해효소

밀가루의 주성분은 녹말이지만 cellulose, pentosan, hemicellulose, β-glucan, mannan, glucomannan, galactomannan 등의 탄수화물도 있으며, 단백질·페룰산과 복합체를 형성하여 반죽에 영향을 미치고 비녹말 탄수화물 가수분해효소, 단백질 가수분해효소, 산화효소 등에 영향을 받는다.

펜토산 당단백질은 pentosanase(펜토산 가수분해효소), β-glucanase(β-글루칸 가수분해효소), hemicellulase(헤미셀루로오스 가수분해효소)가 물과 겔을 형성하여 물성을 향상시킨 다. 펜토산은 글루텐 작용을 방해하므로 pentosanase(펜토산 가수분해효소)로 크실로오스와 아라비노오스로 분해하여 글루텐의 탄력성을 향상시킨다.

6. 기타 효소

Lipoxygenase(지방질 산소화효소)는 linoleic acid와 linolenic acid, 카로틴을 산화시켜서 반죽의 강도와 제빵 성질을 개선시키는데, 불포화지방산 산화로 카로틴 색소가 탈색되어 표백작용을 하고 카르보닐 화합물 등 향기 물질이 생성되어 풍미를 생성한다.

Peroxidase(과산화효소)는 페롤산과 바닐린산을 결합시켜 반죽강도를 증가시킨다.

Lipase와 esterase(에스테르 가수분해효소)는 배와 호분층에 17가지 있으며 제빵 시 불활성화되지만 반죽에 버터나 우유가 있으면 풍미를 향상시키고 빵의 노화를 방지한다.

Phosphorylase(가인산분해효소) A는 면의 가공 적성을 향상시키고 가열 수율을 높인다. 포스포리라아제 A와 D를 함께 사용하면 반죽이 부드러워져서 빵맛이 향상된다.

Catalase는 발포제로 사용한다. β-galactosidase(β-갈락토시드 가수분해효소)를 반죽에 넣으면 당이 생성되어 효모 발효를 촉진한다.

12.2
녹말당화

녹말의 가수분해도는 글루코오스 당량(dextrose equivalent, DE)으로 표시한다.

DE=글루코오스로 표시된 녹말 가수분해물 중의 환원당 전체고형물×100

녹말당은 가수분해도, 즉 글루코오스 당량에 따라 결정 글루코오스, 분말 글루코오스, 고형 글루코오스, 액상 글루코오스, 물엿이 있으며, 감미도, 점도, 흡습성이 다르다.

1. 글루코오스

산당화법은 당화 후 중화시키거나 중화 시 생기는 염을 제거해야 하는데 효소 당화법은 제거할 필요가 없고, 순도가 높고, 결정 글루코오스 수율이 높고, 고농도에서 당화할 수 있는 장점이 있다.

효소법은 녹말을 임의로 분해하여 말토올리고당을 생성하는 α-아밀라아제와 α-1,4- 및 α-1,6 결합을 모두 가수분해하는 황국균이나 흑국균의 glucoamylase(글루칸 1,4-α-글루코 시드 가수분해효소)를 사용한다. α-Glucosidase(α-글루코시드 가수분해효소)도 글루코아밀 라아제와 같은 작용을 하지만 사슬이 긴 결합과 가지 결합 분해력이 약하다.

녹말액 → 호화 → α-amylase 액화 → glucoamylase 당화 → 여과 → 농축 → 이온교환수지 탈색 → 농축 → 결정 → 건조 → 글루코오스

액화효소는 *Bacillus subtilis*, *B. mesentericus*의 α-amylase, 당화효소는 *Rhizopus delemar*, *Aspergillus niger*의 glucoamylase를 사용한다.

2. 말토오스

말토오스는 *Bacillus polymyxa*, *B. megaterium*, *B. cereus* var. *mycoides*, 엿기름 등의 β- 아밀라아제로 녹말의 α-1,4 결합을 비환원 말단에서 가수분해하여 β-말토오스를 생성하 며, α-아밀라제와 pullulanase(α-덱스트린 1,6-α-글루코시드 내부가수분해효소) 및 이소아 밀라제 등의 가지 절단효소를 병용하면 수율이 높아진다.

α-아밀라제는 α-1,4 결합을 여기저기 가수분해하여 α-형 말토오스, 말토트리오스, 글루 코오스 등을 생성하며, *Aspergillus niger*, *Streptomyces hygroscopicus* 등의 효소를 사용한다. *Bacillus stearothermophilus*의 효소는 초기에는 말토테트라오스, 말토트리오스, 말토오스를 생성하지만 마지막에는 말토오스, 글루코오스가 많아진다.

3. 덱스트린

녹말을 α-amylase로 고온 액화시키면 덱스트린이 73~88% 생산된다. 덱스트린은 보습성 과 점성이 강하므로 추출 성분 증강, 아이스크림, 분말 향료, 분말 향신료, 식육 가공, 어육 가공, 각종 조미료의 분말화 기제, 점성 강화제, 보형성 강화제, 수분 유지제 등으로 쓰인다.

4. 이성화당

Glucose Isomerase(글루코오스-6-인산 이성질화효소)는 녹말을 원료로 글루코오스를 프 룩토오스로 분해하여 프룩토오스와 글루코오스가 혼합된 이성화당을 만들어 단맛을 2배 증 가시킨다.

먼저 α-아밀라아제로 호화 녹말을 고온에서 액화하여 말토올리고당과 덱스트린을 만들고

glucoamylase로 글루코오스로 분해 당화한다. 글루코아밀라아제는 α-1,4 결합보다 α-1,6 결합을 느리게 분해하므로 isoamylase나 pullulanase를 가하여 분해속도를 높인다.

글루코오스를 정제하여 글루코오스 이소머라아제 고정화 컬럼을 통과시키면 글루코오스가 이성화되어 프룩토오스 42%, 글루코오스 53%, 올리고당 5%의 용액이 생긴다. 다음, 이온교환 크로마토그래피를 통하여 프룩토오스를 55%에서 90%까지 높인다. 70℃에서는 글루코오스의 53~55%만 프룩토오스로 전환되지만 붕산마그네슘을 가하여 프룩토오스를 착화합물로 만들면 90%까지 전환된다.

산업적으로는 크실란을 함유한 소맥, 밀기울, 쌀겨, 옥수수 등에 방선균 *Streptomycers albus*를 배양하여 글루코오스 이소머라아제를 생산한다.

12.3
조미료

천연 조미료는 육류, 어패류나 채소를 분해, 추출, 농축, 건조, 조립하여 아미노산, 펩티드, 당, 핵산 등으로 만든다.

1. 쓴맛의 제거

단백질은 염산이나 단백질 가수분해효소로 아미노산과 펩티드로 분해한다. 염산은 트립토판, 메티오닌, 시스틴 등을 파괴하지만, 효소는 파괴하지 않고 맛과 향도 뛰어나다. 대표적인 단백질분해식품은 간장과 된장이다.

Protease로 간장, 멸치액젓, 조개·쇠고기·치킨·콩 등의 엑기스도 만들며, 같은 단백질이더라도 효소에 따라 분해 위치와 생산물이 달라서 맛이 다르다. 콩단백질을 papain, pepsin, *Bacillus natto*의 알칼리 protease, *B. subtilis*의 중성 프로테아제로 분해하면 쓴맛이 강하고, *Streptomyces griseus*, *Aspergillus oryzae*의 프로테아제로 분해하면 쓴맛이 적고 감칠맛이 강하다. Peptidase 활성이 강한 *S. peptidofacians*로 분해하면 쓴맛이 없고 감칠맛이 강하다.

단백질 분해 활성이 강하면 펩티드가 많아져서 쓴맛이 나고 펩티다아제 활성이 강하면 아미노산이 많아져서 감칠맛이 강해진다. 쓴맛을 내는 고미성 펩티드는 N말단이나 C말단에 루신, N말단에 페닐알라닌이 있는 경우가 많다.

젤라틴은 *Aspergillus*속 곰팡이 프로테아제로 분해한 다음 *Rhizopus*속 프로테아제로 아미노산 수율 80%까지 분해하여 쓴맛을 없앤다. *Rhizopus*속 펩티다아제는 아미노산별 특이성이 낮아서 아미노산을 많이 생산한다.

2. 젓갈 및 다시다

멸치나 새우에 소금을 가하여 상하지 않게 하고 저장하면 살아 있을 때는 아무데서나 발현되지 않도록 통제되고 있던 단백질 가수분해효소가 통제를 벗어나서 작용하여 새우와 멸치 자체의 단백질을 아미노산으로 가수분해하여 감칠맛이 생성되어 젓갈이 된다.

다시다는 육류의 고기를 단백질 가수분해효소로 가수분해하여 소금 등을 가한 것이다.

3. 생선 간 비타민의 추출

간에서 비타민 오일을 채취하고 나면 찌꺼기에 비타민이 남는데 곰팡이 protease와 세균 프로테아제로 오일 근처에 있는 단백질을 분해하면 수율이 높아진다.

4. Peptone

Peptone은 동물 단백질을 산이나 효소로 가수분해할 때 아미노산까지 분해되지 않은 중간 산물로 미생물 배지로 많이 사용하며, 단백질 가수분해효소를 작용시키면 다음과 같이 분해된다.

$$\text{Protein} \rightarrow \text{Peptone} \rightarrow \text{Peptide} \rightarrow \text{Amino acid}$$

가수분해에는 pepsin, papain, pancreatin(췌장 추출 효소) 등을 사용한다. 원료는 카제인, 고래고기, 어분 등으로 방부제로 톨루올이나 크실올을 0.1% 정도 가하여 소화시킨다.

5. 식용육 연화

쇠고기, 돼지고기 등을 도살하여 2~3일 찬 곳에 두면 단백질 가수분해효소에 의한 자가소화로 단백질이 아미노산으로 일부 분해되어 감칠맛이 증가하고 연해진다.

도살 전에 곰팡이 protease를 혈관에 주사하거나 육질에 주사하면 연화가 촉진된다. 튀김 닭도 마찬가지로 연화효소를 주사하여 고기를 연화시킨다.

세균, 곰팡이, 식물성 프로테아제는 모두 근육섬유 단백질에 작용하며 식물성 효소는 작용 범위가 넓어서 콜라겐과 엘라스틴도 분해한다.

식물성 효소는 결합조직에 작용하여 점액 다당류를 분해하고, 이어서 결합조직 섬유를 무정형의 덩어리까지 분해하며 콜라겐이 가열 변성된 젤라틴에 작용한다.

Elastase(엘라스틴 가수분해효소)는 엘라스틴에 작용하여 히드록시프롤린을 비롯한 아미노산을 유리한다.

파파야, 배, 키위 등에는 프로테아제가 많아서 고기를 재는 데 사용한다. 시장에는 이들 효소가 함유된 식육연화제(meat tenderizer)가 시판되고 있는데 주성분은 papain과 곰팡이 프로테아제이다(표 12.2).

표 12.2 근육단백질에 대한 연육 효소제의 활성

효소		Actomyosin	Collagen	Elastin
세균 및 곰팡이	Protease 15	+ + +	−	−
	Rhozyme	+ +	−	−
	곰팡이 amylase	+ + +	흔 적	−
	Hydrolase D	+ + +	흔 적	−
식물	Ficin	+ + +	+ + +	+ + +
	Papain	+ +	+	+ +
	Bromelain	흔 적	+ + +	+

12.4 올리고당

올리고당은 당전달효소의 작용으로 합성하거나, 가수분해효소의 반응 조건을 바꾸어 합성하며, 합성된 프룩토올리고당·갈락토올리고당 등은 비피더스균 증식 작용, 커플링슈거·파라티노오스는 충치 방지 작용, 시클로덱스트린은 식품과 의약품의 포접(抱接) 화합물로 사용된다.

1. 프룩토올리고당

*Aspergillus niger*의 fructan β-fructosidase(프룩탄 β-프룩토시드 가수분해효소)를 수크로오스 용액에 작용시키면, 프룩토실기가 유리되어 수크로오스의 프룩토오스에 β-2,1-결합하여 1-케스토오스(GF2), 니스토오스(GF3)를 만들거나 이눌린을 inulinase(이눌린 가수분해효소)로 부분 가수분해하여 케스토오스, 니스토오스, fructofuranosylnystose(GF4)를 만든다.

이들 프룩토올리고당은 타액의 효소, 소화관 효소와 α-glucosidase(α-글루코시드 가수분해효소)가 가수분해하지 못하여 대장까지 가서 피더스균 증식에 이용된다. 비피더스균은 장내 부패 물질을 억제하고 해로운 균을 억제하여 변비 개선과 면역 증강 작용을 한다.

2. 갈락토올리고당

Lactose에 *Aspergillus oryzae*의 β-galactosidase(β-글루코시드 가수분해효소)를 작용시키면 갈락토실기가 유리되어 락토오스의 갈락토오스에 결합하여 갈락토올리고당(Gal‑Gal‑G, Gall‑Gall‑G)이 만들어진다. *Cryptococcus aurentii*의 β-갈락토시다아제를 사용하면 β-1,4 갈락토올리고당이 생성되는데 비피더스균 증식과 정장 작용을 한다.

3. 크실로올리고당

*Trichoderma*의 xylanase(크실란 1,3‑β-크실로시드 내부가수분해효소)는 크실란을 가수분해하여 다량의 크실로비오스와 소량의 크실로오스를 생성한다. 크실로올리고당은 올리고당 중에서 비피더스균 증식 활성이 가장 높다.

4. 이소말토올리고당

녹말을 α-아밀라아제로 액화시키고 β-아밀라아제로 말토오스로 분해한 다음 *Aspergillus niger*의 α-글루코시다아제로 유리시킨 글루코오스를 글루코오스와 말토오스에 α-1,6 결합시켜 이소말토오스(G1‑6G), 이소말토트리오스(G1‑6G1‑6G), 판노오스(G1‑6G1‑4G) 등을 만든다. 이들은 보습성과 방부성을 증가시키고 단맛 개선, 녹말 노화 방지, 비피더스균 증식 작용을 한다.

5. 커플링 슈거

녹말에 cyclodextin syhthase(시클로아르테놀 생성효소, CGTase)를 작용시키면 글루코오스 6~8개가 α-1,4결합한 고리형 시클로덱스트린이 생성되고, 여기에 수크로오스를 가하여 CGTase를 작용시키면 수크로오스의 글루코오스에 글루코오스와 말토오스 등이 α-1,4 결합한 glycosylsucrose, 즉 copuling sugar가 생긴다.

충치균 *Streptococcus nutans*은 glucosyltransferase(α-글루코실기 전달효소)를 생성하여 수크로오스를 원료로 글루칸을 합성하여 이에 부착하여 치구(이의 때)를 형성하는데 유산균이 이 치구에 살면서 산을 만들어 이를 녹여서 충치를 만든다.

커플링 슈거는 수크로오스가 글루칸으로 합성되는 것을 억제하고, G2F, G3F는 산을 생성하지 않으므로 충치를 예방한다. 커플링 슈거의 단맛은 수크로오스의 50~55% 정도지만 부드럽고 뒤끝이 산뜻하다.

6. 파라티노오스

α-Glucosyltransferase(α-글루코실기 전달효소)를 수크로오스에 작용시키면 글루코오스와 프룩토오스가 α-1,6 결합한 2당 paratinose가 생기는데, *Sphaerotilus natans*의 효소는 파라티노오스에서 산과 글루칸을 합성하지 않고, 수크로오스의 글루칸 합성도 억제하므로 충치를 예방한다. 단맛은 수크로오스의 42%로 사탕, 껌, 캐러멜, 초콜릿 등에 사용한다.

7. 시클로덱스트린

Cyclodextrin(CD)은 글루코오스 6~12개가 α-1,4 결합의 고리가 된 것으로 녹말에 CGTase를 작용시켜 만들며, 글루코오스 6개 짜리는 α-CD, 7개 짜리는 β-CD, 8개 짜리는 γ-CD라고 한다.

CD는 고리 가운데에 여러 성분을 포접하므로 색, 향기 등 휘발성 물질의 안정화와 맛, 냄새의 개선, 분말 건조 보조제, 유화 등에 이용된다(표 12.3).

표 12.3 시클로덱스트린 합성효소

효소 생산 미생물	분자량	최적 pH	pH 안정성	생성 CD 비율 α-CD : β-CD : γ-CD
B. megaterium	75,000	5.2~6.2	7.0~10.0	1.0 : 6.3 : 1.3
B. circulans	–	5.2~5.7	7.0~9.0	1.0 : 6.4 : 1.4
B. Stearothermophilus	68,000	6.0	8.0~10.0	1.7 : 1.0 : 0.3
Klebsiella oxytoca	69,000	6.0~7.2	5.0~7.5	α-CD > β-CD, γ-CD
Thermoanaerobacter sp.	75,000	6.0	–	β-CD > α-CD, γ-CD

8. 기타

(1) 갈락토올리고당

유당에 β-galactosidase(β-갈락토시드 가수분해효소)를 작용시켜 3탄당으로 제조한다.

(2) 키토올리고당

게, 새우 등 갑각류의 껍질에서 얻은 키토산을 chitinase(키틴 가수분해효소)로 가수분해하여 제조한다.

12.5
유제품

1. 치즈

치즈는 우유를 가열, 유산 발효, 응유, 유청 제거, 가염, 숙성, 건조 과정으로 만든다. 유산균 스타터는 유산을 생성하여 칼슘을 이온화시켜서 응유효소인 renin/rennet이 커드를 형성하도록 한다.

Rennet은 송아지의 4번째 위에서 추출하며 정제한 것은 rennin, chymosin이라고 하며, 우유에서 카제인을 응고 침전시킨다. 레닌은 카제인 미셀을 안정화시키는 κ-카제인에 특이성이 높고, α-카제인과 β-카제인에 대하여서는 특이성이 낮다. 즉 엔도형 aspartic protease로 κ-카제인의 105-페닐알라닌과 106-메티오닌 사이를 절단, 친수성 매크로펩티드를 분리하여 카제인 미셀의 친수성을 감소시켜서 응집을 일으킨다.

시판 레닛에는 레닌과 pepsin, NaCl 10%, 붕산 4%, 보존료 sodium benzoate, propylene glycol 등이 들어 있으며 농축액, 분말, 정제품 등이 있다.

치즈의 수요 증가로 펩신, 파파인(ficin), bromelaine 등의 식물성 효소, 새끼 산양과 면양의 레닛, 돼지 위 펩신 등의 동물성 효소와 *Mucor pusillus, M. miehei, Endothia parasitica, Rhizonaltcor pusillus, R. miehei* 등의 곰팡이 효소가 대체제로 쓰인다.

R. miehei 효소의 열안정성을 낮추어 활성을 서서히 잃게 하면 수명이 긴 치즈가 만들어지며, 응고 활성이 남으면 안 되는 유아식과 유제품 제조에 좋다. 응유력이 잔류하면 유장 가공 중에 단백질이 분해되거나 유장을 우유에 첨가하면 응고를 유발하기 때문이다.

프로테아제와 리파아제를 병용하면 숙성이 빠르고 향이 강해진다. 리파아제는 푸른 곰팡이 치즈의 독특한 맛을 내는데 이런 치즈는 효소 변형 치즈라고 하며, 페이스트상이나 분말로 치즈 맛을 선호하는 가공 치즈, 수프, 딥, 드레싱, 스낵 등에 쓰인다.

치즈 제조시 장거리 비냉각 수송용 우유의 살균에 사용한 잔류 과산화수소 제거에 catalase를 사용한다.

2. Penicillinase – 잔존 항생제 제거

치즈 제조시 소의 유방염 치료에 사용된 페니실린이 우유에 남아 있으면 유산균 스타터를 저해하므로 penicillinase($β$-락탐 가수분해효소)로 페니실린의 $β$-락탐 고리의 아미드 결합을 분해하여 항균성을 없앤다.

3. Catalase – 우유 살균

청어알 표백이나 우유의 과산화수소 살균 후 잔류 과산화수소는 catalase로 제거한다. 카탈라아제는 병원균뿐 아니라 유산 생성균도 살균하고 치즈 숙성을 방해하는 효소도 실활시킨다. 간장과 *Micrococcus lyzodeikticus*의 효소를 사용한다.

4. β –Galactosidase – 유제품의 물성 보호

우유, 유제품, 아이스크림 등을 저장하거나 냉동하면 카제인이 응고 침전되어 가치를 잃는다. 그러나 β-galactosidase(β-갈락토시드 가수분해효소)로 락토오스를 글루코오스와 갈락토오스로 분해하면 카제인이 침전되지 않고 소화성을 향상시켜서 유당불내증 환자도 섭취할 수 있다.

12.6
장류

간장, 된장은 콩에 곰팡이를 발생시켜서 protease로 콩 단백질을 아미노산으로 분해시킨 식품이다.

1. 된장

된장의 맛있는 감칠맛은 메주 곰팡이의 단백질 가수분해효소에 의하여 콩단백질이 아미노산으로 분해되어 나는 맛이다. 소금은 된장이 썩지 않게 하는 역할을 한다.

지방질은 메주에 발생한 곰팡이의 lipase나 esterase에 의하여 가수분해되거나 산화되어 유리 지방산이 생성되고, 산패되어 떫은맛을 생성하고, 다시 더 분해되어 휘발산이나 carbonyl 화합물을 생성하고, 일부는 다시 알코올과 에스테르가 되어 향기성분으로 된다. 분해되어 생성된 글리세린은 단맛과 점성, 풍미를 증가시킨다.

$$\text{콩단백질} \xrightarrow{\text{메주곰팡이의 단백질 가수분해효소}} \text{아미노산} + \text{소금}$$

2. 간장

된장의 용액이다.

3. 청국장

콩을 삶아서 짚에 올리고 40~45℃에서 48시간 정도 띄우면 짚에 있는 고초균 등의 세균이 번식하여 분비하는 단백질 가수분해효소가 콩단백질을 아미노산으로 분해하여 청국장이 되는데 보존성이 없으므로 냉장이나 냉동보관해야 한다.

끈적거리는 성분은 프룩토오스 중합체이면서 끝에 글루코오스가 붙은 다당 레반과 글루탐산 중합체인 폴리감마글루탐산(γ - PGA)이다. 폴리감마글루탐산은 흡수율이 3,000배나 되어 많은 기능성을 나타낸다.

$$\text{콩단백질} \xrightarrow{\text{볏짚 세균의 단백질 가수분해효소}} \text{아미노산}$$

4. 고추장

엿기름고추장은 엿기름의 β-아밀라아제로 고두밥의 녹말을 말토오스로 당화시켜서 단맛을 내고, 메주는 된장 원리와 같이 콩단백질에서 아미노산을 분해하여 감칠맛을 내고, 고춧가루는 매운맛, 소금은 짠맛을 낸다.

β-아밀라아제는 녹말의 가지 안쪽 결합을 가수분해하지 못하여 한계덱스트린을 남기고, 생성물도 말토오스이므로 곰팡이 고추장보다 단맛이 약하다.

단맛

$$\text{쌀·보리 등의 녹말} \xrightarrow{\text{엿기름의 } \beta\text{-아밀라아제}} \text{맥아당}$$

맛있는 맛

$$\text{콩단백질} \xrightarrow{\text{곰팡이의 단백질 가수분해효소}} \text{아미노산}$$

메주고추장은 콩과 쌀을 함께 띄운 메주를 쓰는데 β-아밀라아제 대신 곰팡이의 글루코아밀라아제가 작용하므로 녹말이 남김없이 글루코오스로 분해되어 단맛이 강하다.

단맛

$$\text{보리, 쌀, 밀가루의 녹말} \xrightarrow{\text{코오시의 글루코아밀라아세}} \text{글루코오스}$$

5. 효소첨가 된장 및 간장

된장 제조시 세균 protease를 0.1~0.5% 정도 가하면 감칠맛이 증가하여 맛이 깊어지고 속성으로 균일하게 발효되고, 곰팡이를 적게 써도 되므로 곰팡이 냄새를 줄이고 색이 진해진다. 첨가 protease는 콩보다 탈지 대두를 더 잘 분해한다.

생선간장은 생선이 썩지 않게 소금을 가하고 자체의 단백질 가수분해효소로 단백질을 아미노산으로 소화시켜서 감칠맛을 낸 것으로 젓갈과 원리가 같다. 여기에도 세균 및 방선균 프로테아제를 가하면 기간을 단축하고 감칠맛을 증가시킨다.

12.7
주류

1. 효모의 효소

효모는 당을 발효하여 에탄올을 생성하며, 그 과정에 10여 가지의 효소가 작용하며 그 외에도 다음과 같은 효소가 있다.

Protease는 단백질을 분해하여 아미노산으로 만든다.

Lipase는 세포질에 있으며 지방질을 지방산과 글리세린으로 분해한다. 주류 제조시 곡물의 지방질을 유리지방산으로 가수분해하여 향미를 낸다.

Maltase(α-글루코시다아제)는 말토오스를 글루코오스 2 분자로 분해하여 이용한다. 발효 초에는 글루코오스, 수크로오스, 프룩토오스를 먼저 이용하고 이어서 말토오스를 이용하여 지속적으로 발효한다.

Invertase(β-프룩토푸라노시드 가수분해효소)는 세포 안으로 들어온 수크로오스를 글루코오스와 프룩토오스로 분해하며, 수크로오스 농도가 낮을 때 작용하는 것과 높을 때 작용하는 것이 있다.

Zymase는 해당작용에 작용하는 10가지 효소와 에탄올 발효에 관여하는 효소 무리로 이루어진 효소로, 글루코오스, 프룩토오스, 만노오스를 에탄올로 발효한다.

2. 청주

Aspergillus oryzae, A. awamori, A, niger, Endomycopsis 및 *Bacillus subtilis*의 α-amylase와 glucoamylase를 가하여 당화작용을 보강한다.

3. 위스키

엿기름 β-amylase는 녹말을 말토오스로 분해하지만 덱스트린이 남고, 전체의 15%는 당화되지 않으므로, 세균 α-amylase와 glucoamylase를 가하여 말토오스와 글루코오스 수율을 높이고 덱스트린도 글루코오스까지 분해하여 알코올 수율을 높인다. 그러나 스카치 위스키는 엿기름만 사용해야 하며 효소첨가 방식을 인정하지 않는다.

4. 와인

테르펜에서 당이 유리되면 와인향이 난다. 게라니올은 장미향, 테르피네올은 소나무향이 나며 약 50가지 테르펜이 있다. β-Glucosidase(β-글루코시드 가수분해효소)로 포도의 테르페닐글루코시드에서 테르펜을 유리시키면 향기가 40% 정도 증가된다.

5. 혼탁방지

청주, 맥주, 포도주는 숙성 중에 혼탁 물질이 생겨서 풍미를 떨어뜨린다. 주성분은 단백질이므로 protease로 침전시켜서 제거한다.

청주에는 세균 프로테아제를 사용하고 맥주에는 파파인을 사용하는데, 맥주 1,000리터에 파파인 2~8 g을 첨가하면 살균시 효소가 활성화되어 맥주가 안정화되므로 병맥주를 장기 보존할 수 있다. 파파인의 활성화제인 시스테인이나 아스코르브산은 혼탁물 생성을 억제한다. 염기성 단백질인 papain과 산성 단백질인 엿기름 단백질이 정전기적으로 결합하기 때문이다.

청주의 혼탁은 곰팡이 효소 중 당화형 아밀라아제가 발생시키며 제거는 밀가루, 알긴산으로 침전시키는 방법, 이산화규소(celite)에 흡착시키는 방법이 있다.

6. 맥주 발효

엿기름을 싹틔우면 β-아밀라아제가 활성화되어 당화 시 녹말을 말토오스로 분해하고 효모가 말토오스를 에탄올로 발효시킨다.

(1) 저가 맥주

맥주 제조업체는 엿기름이 비싸므로 엿기름 일부를 값싼 보리나 다른 곡류로 바꾸고 α-아밀라아제, β-글루카나아제, 프로테아제 등으로 녹말, 세포벽, 단백질을 분해한다. 그러나 독일에서는 맥주에 엿기름만 사용하도록 법으로 규정되어 있다. 우리나라 맥주는 엿기름 값을 아끼기 위하여 쌀, 보리, 밀, 옥수수 등을 대량 사용하므로 세계에서 가장 맛이 없다.

(2) 여과성 개선

옥수수나 쌀을 가열하면 풀이 되어 점성이 강해져서 취급하기 어려우므로 α-아밀라아제로 액화하여 첨가한다. γ-글루칸의 점성은 β-glucanase로 분해 제거한다.

(3) 저칼로리 맥주

엿기름의 β-아밀라아제는 녹말의 α-1,6 가지를 분해하지 못하여 한계덱스트린이 남고 효모는 이것을 이용하지 못하며, 분자가 긴 말토올리고당도 이용하기 힘들어서 국산맥주에는 이런 당이 약 3.5% 정도 남아서 사람에게 흡수된다.

4홉짜리 맥주 두 병에는 공기밥 하나의 양이 들어 있다. 그래서 맥주를 오래 마시면 살이 쪄서 배가 나와 맥주배가 되는데, 알코올도 지방질로 일부 변환되어 이 작용을 돕는다.

$$\text{4홉 맥주 2병} = 180\,cc \times 4\text{홉} \times 2\text{병} \times 3.5\% = 50.4\,g$$
$$\text{공기밥 1그릇 } 150 \sim 200\,g \times \text{밥의 탄수화물 } 31\% = 46.5 \sim 62.0\,g$$

그런데도 국내 맥주업체는 맥주가 살찌게 하는 것이 아니고 안주 탓이라고 한다. 일본은 맥주가 살찌게 한다고 하여 맥주배(ビルばら)라는 말이 널리 사용되고 있다.

이런 문제를 해결하기 위하여 glucoamylase(글루칸 1,4-α-글루코시드 가수분해효소)를 가하면 α-1,4 결합은 물론 α-1,6 가지 결합도 분해되어 잔류 덱스트린과 말토올리고당은 모두 글루코오스로 변하여 알코올이 되므로 칼로리가 약 3분의 1 적고 알코올 도수가 증가한 맥주를 만들 수 있다.

(4) 숙성

맥주는 발효는 신속하지만 숙성에 시간이 걸린다. 불쾌한 냄새와 맛을 내는 α-아세토락트산 → 디아세틸 → 아세토인 과정이 느리게 진행되기 때문인데, α-acetolactate decarboxylase(α-아세토아세트산 탈카르복시화효소)로 분해시켜서 숙성을 빠르게 한다.

12.8 청징화

1. Pectinase - 과즙 청징

Pectinase(폴리갈락투론산 가수분해효소)는 펙틴을 가수분해하는 효소로 *Aspergillus wentii, Penicillium chrysogenum* 등의 미생물과 당근, 알팔파, 토마토, 오렌지, 담배 등에서 생산된다.

펙틴질은 과즙에 혼탁을 발생시키므로 pectinase로 분해하여 제거한다. 착즙 시 가하면 혼탁을 방지하고, 착즙이 쉬워지고, 수율이 증가한다. 백포도 과즙은 투명형과 혼탁형이 있으며, 투명형을 pectinase로 처리하면 수율이 10~20% 향상된다.

청징 작용은 pectinesterase(펙틴에스테르 가수분해효소), 엔도형 polygalacturonase(폴리갈락투론산 가수분해효소)계에 의한 불용성 펙틴의 용출 분해와 가용성 펙틴의 점도 강하, 비효소적인 혼탁입자의 응집침전으로 이루어진다. 사과즙은 녹말에 의한 혼탁도 발생하므로 아밀라아제를 함께 사용한다.

2. Hesperidinase – 귤통조림 혼탁제거

귤통조림의 혼탁은 hesperidin이 불용성이라 생기며 과육을 잘 씻으면 헤스페리딘이 없어져서 문제가 해결되지만, 당분, 풍미, 영양성분이 유출되고 제조시간이 길어지므로 효소 처리하는 것이 좋다.

Hesperidinase(α-람노시드 가수분해효소)가 헤스페리딘의 rhamnose와 글루코오스 사이를 분해한 다음 flavonoid glucosidase(글루코시드 가수분해효소)도 hesperidin-7-glucoside로 분해하면 가용화되어 백탁이 없어진다. Anthocyanase도 백탁방지 작용을 한다.

3. Dextranase · melibiase – 설탕 제조 혼탁 제거

Dextranase(덱스트란 가수분해효소)는 *Penicillium lilacinum, Cellvibrio fulvus* 등이 생산하며, 사탕수수의 혼탁물질인 덱스트란의 α-1,6 결합을 가수분해하여 제거한다.

사탕무에서 설탕을 제조할 때 라피노오스는 설탕의 결정화를 방해하므로 melibiase(α-갈락토시드 가수분해효소)로 sucrose와 galactose로 가수분해하여 없앤다.

4. Tannase · papain – 맥주 청징화

맥주의 탄닌은 단백질과 결합하여 혼탁물을 만든다. Tannase(탄닌 가수분해효소)는 탄닌산의 에스테르 결합이나 depside 결합을 글루코오스와 gallic acid로 분해하여 맥주를 맑게 한다. 탄나아제는 *Aspergillus oryzae, Penicillium glaucum* 등이 생산한다.

생맥주는 보존기간이 짧아서 침전이 생기지 않지만 병맥주는 저장 기간이 길어서 혼탁이 생긴다. 그래서 맥주의 주발효 후 파파인을 가해 단백질을 미리 침전 제거하면 보존 시 혼탁이 발생하지 않는다.

12.9
향기

1. 향기효소

향기효소는 전구물질에 작용하여 향기 물질을 만든다.

보통 냄새가 나지 않는 전구체에 효소가 작용하면 활성형이 되어서 냄새를 발생시키는 경우가 많다. 가열하면 효소가 파괴되어 향미 성분을 발생시키지 않는다.

효소가 가열 실활되어 향기가 나지 않을 때 원효소를 가하면 향기와 맛이 생긴다. 그래서 가열한 겨자(갓씨), 양파, 토마토, 파슬리, 마늘, 오렌지, 바나나, 파인애플, 딸기 등에 해당 과일에서 추출한 효소를 가하면 냄새가 난다.

시판 효소 중에 가열 식품에 작용하여 향기를 내는 것이 있다.

2. 불쾌취미 제거효소

Protease(단백질 가수분해효소)로는 생선냄새를 제거하고 펩신과 트립신으로 콩단백질과 결합한 불쾌한 냄새성분을 분해 제거한다.

생선통조림 부산물로 어유나 어육 용액을 만들 때 protease를 사용하면 시간이 단축되지만, 오래 가수분해하면 쓴맛과 악취가 나므로 적당한 선에서 protease를 실활시킨다.

3. Lipase – 간장·된장향

미생물 lipase(지방질 가수분해효소)나 esterase(에스테르 가수분해효소)의 작용으로 지방질이 분해, 산화되어 생긴 유리산과 휘발산, 카르보닐 화합물 등은 알코올과 에스테르화하여 향기를 낸다. 지방산은 효모가 에틸알코올로 만들어 향기를 내고 글리세린은 감미와 점성, 풍미를 낸다. 된장 지방질도 간장과 같은 형식으로 효소의 작용을 받아서 글리세롤, 고급지방산, 휘발산, 에스테르 불검화물이 되어 풍미를 낸다.

4. Lipase – 유제품향

리파아제는 탈지 작용을 하여 향기를 낸다. 버터 제조시 유지와 리파아제를 사용하면 부티르산 향기를 내며 마가린 향기도 개량한다. 유제품 향은 *Rhizopus*나 *Candida*의 리파아제로 만들며 유지를 저급지방산으로 가수분해하여 풍미를 향상시킨다.

가공유에 리파아제를 가해도 향기가 강화된다. 췌장 steapsin의 리파아제는 크림에 사용하고 포유동물 식도부 분비선의 리파아제는 초콜릿, 마가린, 아이스크림 과자류의 향미강화에 사용한다. 버터향을 내는데는 *Rhizopus*의 리파아제를 사용한다.

12.10
주스

1. Pectinase – 펙틴 제거

과일이 익으면 펙틴이 가용화되어 주스의 점도, 탁도를 증가시키고, 색상을 저하시키므로 pectinase(폴리갈락투론산 가수분해효소)로 제거한다. 먼저 pectinesterse(펙틴에스테르 가수분해효소)가 펙틴을 탈메틸화한 다음 polygalacturonase(폴리갈락투론산 가수분해효소)로 펙틴을 분해한다. Cellulase(셀룰로오스 가수분해효소), hemicellulase(헤미셀룰로오스 가수분해효소)를 함께 사용하면 과육 용해 및 여과성 개선으로 수율도 증가한다.

과일 세포벽의 아라반도 과일 농축액을 침전시키므로 arabanase(아라반 가수분해효소)로 분해한다.

귤의 속껍질을 염산과 수산화나트륨 용액으로 박피하는 방법은 안전하지 않고 폐수를 발생시키고, 산과 알칼리가 품질을 저하시키므로 pectinase로 처리하여 해결한다.

2. Laccase – 페놀 화합물

투명 주스 착즙액을 한외여과하면 페놀 화합물이 통과하여 제품에 백탁을 일으키므로, laccase로 산화 불용성 고분자로 만들어 걸러서 제거한다.

3. Naringinase – 쓴맛 제거

덜 익은 포도나 여름귤, 덜 익은 귤로 제조한 주스, 통조림, 마멀레이드, 식초는 플라보노이드 배당체인 naringin이 쓴맛을 내므로 naringinase로 naringenin으로 분해시켜서 제거한다.

익은 것은 naringinase가 작용하여 쓴맛이 없다.

쓴맛을 없애려면 나링긴을 prunin까지 분해해야 하지만, 프루린이 많아지면 청량감이 없어지고 백탁이 생기므로 β-glucosidase(β-글루코시스 가수분해효소)로 프루닌을 제거한다. Naringinase는 *Aspergillus. niger, Coniothyrium diphodiella* 등이 생산한다.

4. Anthocyanase – 착색방지

안토시아나아제는 안토시안 배당체를 당과 aglycon으로 가수분해하고 아글리콘을 다시 무색물질로 분해한다.

Anthocyanin은 식물의 적색 색소로 pH에 따라 색이 달라지며 꽃은 선홍색에서 자색, 청색을 띤다. 안토시아닌 함량이 많은 블랙베리 같은 과일로 잼, 젤리, 와인을 만들면 안토시안 색소 때문에 착색되므로 anthocyanase로 제거하여 침전도 방지한다. 복숭아 넥타의 탈색, 복숭아 통조림의 금속이온에 의한 안토시아닌의 자주색 변화도 해결된다.

12.11
섬유소

Cellulase와 hemicellulase는 세포벽을 연화시키거나 얇게 하여 소화성을 높이고 급수성이나 복원성을 증가시킨다.

1. 탈피

콩과 탈지콩에 사용하면 단백질과 당분 추출량이 증가한다. 콩의 탈피에도 cellulase와 세포분리 효소를 사용한다.

차 제조시 cellulase를 가하여 추출하면 추출량이 증가한다.

2. 효모 세포막 분해

맥주 부산물인 식용 및 사료용 효모 *Saccharomyces cerevisiae, Torula utilis*에는 단백질, 아미노산, 비타민 등의 영양소가 풍부하다. 그러나 세포막이 단단하여 잘 소화되지 않으므로 cellulase로 처리하여 소화성을 높여서 식용한다.

3. 클로렐라 세포벽 분해

엽록소인 클로렐라와 스피루리나는 건강식품으로 사용되고 있다. 엽록소의 세포벽은 지방질 9.2%, 단백질 27%, α-셀룰로오스 15.4%, 헤미셀룰로오스 31%로 구성되어 있는데, cellulase로 처리하여 셀룰로오스를 파괴하면 소화율을 향상시킬 수 있다

4. 한천 제조

우뭇가사리의 세포막은 한천과 셀룰로오스로 되어 있다. 꼬시래기, 개우무, 새발 등의 해조를 배합하여 열탕처리하고 한천을 추출한 후 cellulase를 가하여 처리하면 수율이 증대하고 잔사가 감소한다.

5. 쌀

쌀에 cellulase를 처리하면 흡수가 빠르고 가열작용을 빨리 받으므로 즉석떡과 즉석밥에 쓰인다.

청주 제조시 쌀에 cellulase를 가하여 물에 담그면 물이 쌀 중심부까지 잘 흡수되어 찐 후 조직이 잘 팽윤되어 완전히 호화된다.

5. 간장

간장을 만들 때 콩과 코오지에 cellulase를 가하면 아미노산과 환원당 수율이 높아지고, 잔사도 감소하고, 양조 기간이 줄고, 분해율이 향상된다. 된장을 만들 때는 콩의 껍질 제거에 쓴다.

12.12
유지

1. Lipase - 가다랭이 건제품(dried bonito)

가다랭이 건조에 방해가 되는 기름막을 곰팡이 리파아제(지방질 가수분해효소)로 분해하여 없애면 잘 마르고 가다랭이의 감칠맛 성분을 증가시킨다.

2. Lipase – 노른자 제거

겨자의 포립제용 건조 난백에 노른자가 남아 있으면 좋지 못하므로 lipase로 난황을 제거하여 포립이 잘 생기게 한다.

3. Lipase – 유지 제조

달걀 노른자, 생선 기름, 오징어의 인지질을 유전자재조합 lipozyme으로 가수분해하여 고농도 DHA 및 EPA를 얻는다.

4. Glucose oxidase – catalase에 의한 마요네즈 제조

마요네즈는 물에 유지가 포함된 유화형으로 공기도 함유되어 있어서 지방질이 공기의 산소와 접촉하여 산패가 일어난다. 그러므로 glucose oxidase(글루코오스 산화효소)와 catalase를 가하여 산소를 제거하여 변색 방지, 색의 보존, 향기 성분의 품질저하 방지, 보존기간 증가 작용을 하게 한다.

5. 식물성 기름 추출

식물성 기름을 추출하는 방법 중 압착법은 남는 기름이 많고 n-헥산추출법은 효율은 높지만 휘발성 용매이므로 화재 우려와 기름에서 용매를 분리해야 하는 번잡함이 있다.

효소법은 유지 종자를 기계로 분쇄하면서 pectinase, cellulase, hemicellulase를 가하여 식물세포벽을 분해하여 추출 효율을 높인다. 방법이 간단하고 안전하다.

12.13
기타

1. Phosphorylase

달걀 노른자의 인지질을 포스포리라아제(가인산분해효소)로 처리하면 유화성과 겔 형성력이 변한다. 포스포리라아제 D는 겔 강도를 증가시키고 포스포리라아제 A와 D는 마요네즈의 점도를 증가시킨다.

2. Transglutaminase

포유동물의 트랜스글루타미나아제(단백질 - 글루타민 γ-글루타밀기 전달효소)는 혈액 섬유소의 가교를 만들어 혈액을 응고시키고, 펩티드의 글루탐산 γ-카르복시아미드기의 아실기를 수용체로 아민 화합물의 펩티드에 부가시켜서 단백질 개선, 메티오닌, 리신 등의 필수 아미노산을 도입하여 영양가 개선, 카제인 단백질에 NAD^+ 유도체를 결합시켜서 보조효소 재이용 작용을 한다.

방선균 *Streptoperticillium mobaraense*의 트랜스글루타미나아제는 동물과 달리 반응에 칼슘이 필요 없고 단백질 분자 내에 ε-(γ-Glu)-Lys의 가교를 형성하여 어류의 근섬유 단백질 미오신을 중합하고, 카제인과 스킴 우유를 젤라틴화하여 단백질의 경도와 탄성 등의 물성을 향상시키므로 수산 연제품, 유제품, 축육 제품 제조에 이용하며, 고흡수성 겔과 이종 폴리머를 만들어서 화장품과 의료용 소재로도 이용한다.

3. Lysozyme

달걀 흰자의 lysozyme은 β-N-Acetylhexosamidase(β-N-아세틸헥소사미니드 가수분해효소)로 세균의 세포벽을 구성하는 N-acetyl-glycosamine과 N-acetylmuramin산 사이의 β-1,4 결합, 즉 키틴의 β-1,4-N-acetylglycosamide 결합을 가수분해한다. 달걀 흰자에 많아서 1개당 50~75 mg 들어 있다.

청주의 탁도, 불쾌취, 산미를 내는 유산균(화락균) 제거에 쓰인다.

사람의 눈물에도 들어 있어서 세균에 의한 눈의 감염을 막는다.

유아의 장내 감염 방지를 위해 유아용 우유에 첨가하기도 하고, 소염제로도 사용한다.

4. Glucose oxidase - 산화방지

식품 중의 글루코오스를 제거하여 가공, 저장 중의 품질열화를 방지한다. 달걀흰자 건조 시의 글루코오스와 아미노산의 아미노카르보닐 갈변 반응, 주스, 맥주, 청주, 유지, 페놀 성분의 산화, 산소에 의한 착색 등을 방지한다.

Tryosinase(카테콜 산화효소)나 peroxidase(과산화효소) 산화를 받는 식품에 쓴다. 맥주에는 호기성 미생물 억제용으로 쓴다. 통조림에는 산화에 의한 절, 수석 용출을 방지하는 데 쓴다. 무칼로리 감미제인 글루콘산 제조에도 쓰인다. 요당 test paper에도 쓰인다.

5. Pectinase – 녹말 제조

감자에 펙틴이 1.5% 정도 들어 있는데 점성이 강하여 녹말 제조를 방해하므로 소석회를 첨가하여 방지하였으나, 고구마나 감자를 파쇄한 후 pectinase(폴리갈락투론산 가수분해효소)를 가하여 점도를 저하시키면 녹말제조 속도가 빨라지고 수율이 소석회법보다 15% 증가한다.

6. 건어물

오징어를 먹어보면 어떤 것은 맛이 있고 어떤 것은 맛이 없다. 너무 딱딱하여 먹기 힘든 것도 있다. 투명한 붉은색을 띠고, 겉에 밀가루처럼 뽀얀 가루가 묻어있는 것이 맛이 있다. 배오징어라고 하는 것은 매우 맛이 있어서 일반 오징어의 두 배 가격에 팔린다. 배오징어는 오징어를 잡아서 냉동하지 않고 배에서 처리하여 말리면서 항구로 갖고 들어 온 것이다.

맛의 비결은 효소에 있다. 신선한 상태로 적당한 온도에서 말리면 단백질 가수분해효소가 단백질을 아미노산으로 분해하여 감칠맛이 강해지는 것이다. 그러나 원양어업으로 잡은 오징어는 냉동하였다가 말리기 때문에 단백질 가수분해효소가 실활되거나, 급속하게 말려서 효소가 작용할 시간이 없어서 맛이 없다.

단백질 가수분해효소를 오징어에 작용시켜서 말리면 맛있게 되고 조직이 연화되어 씹는 감촉이 좋아진다. 황태라는 북어는 명태를 얼려서 영하의 고산지대에서 자연 동결건조한 것으로, 스폰지처럼 말라서 잘 찢어지고 먹기 쉽다.

그래서 황태는 임금께 진상하였으며 지금도 비싸다. 그냥 말린 북어는 돌덩어리 같아서 먹으려면 두들겨서 부스러 뜨려야 한다. '북어 두들기듯 패댄다'라는 말이 있는 것은 그 때문이다. 효소 처리하면 황태와 같이 먹기 좋게 연화된다.

오징어뿐 아니라 다른 생선도 단백질 가수분해효소로 처리하면 촉감이 좋고 맛있는 건어물을 만들 수 있으나 아직 그런 제품을 만들고 있지 않은 것 같다.

7. 노화방지

전분질 식품을 익힌 다음 찬 곳에 놓아두면 딱딱하게 되어 먹기 힘들게 된다. 전분질 식품은 가열하면 녹말의 수소결합이 풀어져서 느슨하게 되어 소화효소의 작용을 받기 쉽게 되지만, 차게 하여 놓아두면 20% 정도는 수소결합이 나서 형성되어 치밀한 구조로 되돌아가서 소화되기 어렵다. 이것을 노화라고 한다.

그래서 가래떡을 뽑아 하루 놓아두면 몽둥이처럼 딱딱하게 된다. 그러나 불에 구우면 호화되어 다시 말랑말랑하게 된다. 다른 식품은 다 냉장고에 보존하면서도 밥만 보온밥통에 보존하는 것도 노화를 방지하기 위해서이다. 냉장고에 넣으면 밥이 노화되어 찬밥이 되어 배탈이 나기 때문이다.

노화방지에는 효소로 처리하는 방법과 노화방지제를 첨가하는 방법이 있다. 효소는 주로 아밀라아제를 사용한다. 시중에는 노화방지 처리한 떡이 많아서 집에서 만든 떡보다 오랫동안 굳지 않는다.

밥의 노화를 방지하는 방법이 개발된다면 보온밥통은 없어지고 가게나 슈퍼마켓에서 포장밥을 사다 먹게 되고, 군의 야전 식량으로도 각광을 받을 것이다.

김밥은 하루를 넘기지 못한다. 밥이 노화되기 때문이다. 그래서 밥의 노화를 하루라도 늦추는 방법이 생긴다면 그것만으로도 시장성은 크다. 그러나 밥의 노화방지 연구에 투자하고 있는 연구소나 기업은 없는 것 같다.

8. 젓갈류

동물의 몸 안에는 단백질 가수분해효소가 많으며 평소에는 필요할 때 필요한 곳에서만 작용하도록 저해제가 통제하고 있다. 그러나 죽으면 통제장치가 풀어져서 자신의 단백질을 짧은 펩티드나 아미노산으로 가수분해한다. 분해가 지나치면 미생물이 번식하기 시작하여 부패가 시작된다.

새우젓은 미생물이 작용하지 못하게 새우에 소금을 많이 넣어 일정한 온도에서 여러 달 동안 자신의 단백질 가수분해효소로 자기 소화시킨 식품이다. 그래서 새우는 아미노산으로 녹아 구수한 감칠맛이 가득하다. 그러나 강한 단백질 가수분해효소를 작용시키면 서너 시간 내에 액젓을 만들 수 있다.

효소의 응용

CHAPTER

13

효소는 특정 반응만을 선택적, 저에너지적, 고효율적으로 촉매한다. 이들 효소가 갖는 합성, 분해, 전달, 이성질화 등의 촉매작용을 이용하여 식품, 의약품, 화학물질들을 공업적으로, 경제적으로 제조하며 임상분석과 화학분석에도 이용하고 있다.

유전공학은 효소에 의해 유전자를 이리저리 자르고 붙여서 새로운 생명체 또는 우량체를 탄생시키는 방법이다. 단백질공학은 단백질 분자의 유전자를 대상으로 단백질을 개변시키는 방법이다.

효소적 방법이나 화학적 방법으로 효소 단백질에 당을 부가하여 당단백질로 만들어 효소의 성질을 개변시키고도 있다.

효소는 값싸게, 쉽게, 다량으로 정제할 수 있어야 하며, 재활용이라는 면에서 고정화법을 사용하고 있다. 응용면에서는 이들 요인에 의해 경제성이 지배된다고 할 수 있다.

이 장에서는 이상과 같은 내용을 살펴본다.

13.1
정제

효소는 단백질을 주성분으로 하는 생체 촉매로서 생명현상을 근본적으로 유지하고 있다. 효소의 구조, 물성, 촉매 메커니즘 등 기초면의 연구는 생명현상의 짜임새를 이해하는데 필수적이며, 효소의 반응면을 개발하는 데도 매우 중요하다.

효소의 기초와 반응, 어느 쪽을 목표로 하든 필수적으로 분리 정제부터 출발해야 한다. 생체 중 효소의 존재 양식이나 기능은 중요한 과제이지만, 효소의 분리, 정제 없이 효소의 구조와 성질을 밝히는 것은 불가능에 가깝다. 효소 응용면에서도 촉매활성이 높고 순수한 효소, 적어도 방해물이 들어있지 않은 정제품을 사용해야 한다.

다종다양한 생체 성분 중에서 목적하는 효소를 정제하는 원리는 대상 효소와 협잡물의 성질을 인식하여 그들 차이를 이용하는 데 있다.

생체 내에는 수많은 여러 고분자 성분과 단백질이 함께 존재하고 있다. 효소를 이용하기 위해서는 이들 중에서 목적하는 효소 단백질만 분리해 내야 된다.

그러나 비슷한 크기와 성질을 가진 여러 성분들로부터 목적하는 효소만 정제해 내는 일은 쉽지 않다. 비록 쉽게 정제할 수 있는 방법이 있더라도 지나치게 비용이 많이 들면 이용할 수 없다. 그래서 정제의 효율성과 경제성에 따라 해당 효소의 이용 범위가 결정되는 경우가 많다.

목적하는 효소를 성공적으로 정제하여 상업화할 수 있으려면 다음 요건을 충족시켜야 한다.

① 효소의 공급체가 되는 미생물이나 기타 동·식물체를 입수하기 쉽고 배양, 사육하기 쉬워야 한다.

② 재료에 목적하는 효소 함량이 많이 들어 있어야 한다. 또 상대적으로 다른 성분의 함량이 적은 것이 좋다. 효소는 추출, 분리하기 쉬운 형태로 존재하는 것이 바람직하다.

③ 정제하기 쉬워야 한다. 쉬운 방법을 개발하여 간단하게 고순도 정제품을 얻을 수 있어야한다.

④ 정제 전·후 과정을 통틀어 효소는 안정해야 한다. 만약 실활되기 쉬운 효소인 경우는 안정화 조건을 찾아야 한다.

⑤ 비용이 적게 들어야 한다. 아무리 고효율로 고순도의 효소를 조제할 수 있는 방법이 있어도 경제성을 충족시키지 못하면 실용화될 수 없다.

정제 방법에는 여러 가지가 있으나 그중 중요한 몇 가지를 표 13.1에 제시한다. 이들 방법은 모든 경우에 똑같이 효과를 나타내는 것은 아니고 경우에 따라 대상에 따라 효과가 다르며, 어느 한 가지 방법만으로 효율 높은 정제 결과를 얻기는 힘들다. 실제로는 원리가 다른 정제 방법을 몇 가지 조합하여 효과적으로 사용하는 보통이다. 구체적인 것은 필자가 저술한 효소단백질 정제법(양서각)을 참조하기 바란다.

표 13.1 정제단계와 각종 정제법

정제단계	정제법	정제에 이용되는 성질
1	세포막 파쇄	
2	가용화	
3	핵산 제거	
4	열 또는 pH 처리 분별 침전 탈흡착법	안정성 용해도 흡착성
5	이온 교환 크로마토그래피 등전점분리 밀도기울기 원심법 전기이동법 친화 크로마토그래피 분자체 이상분리법	전기적 성질 전기적 성질 분자량 전기적 성질 기질 특이성 분자량 분자량 용해도
6	결정화	용해도

1. 효소의 안정화

생체 촉매는 다른 촉매에 비해 매우 우수한 기능을 지니나 안정성 면에서는 매우 약하다 즉, 효소가 갖는 활성과 특이성은 효소의 입체구조를 바탕으로 하며 입체구조는 작은 물리적 또는 화학적 변화에 견디지 못하고 파괴되는 경우가 많다.

이용상 효소는 안정할수록 가치가 있다. 따라서 효소를 안정화시켜야 하며 안정화에는 효소 단백질을 변화시키는 화학적 방법과, 생물학적 방법, 즉 진화, 변이, 유전공학(단백질공학), 탄수화물공학 등의 방법이 있으나 정제 시의 일반적 안정화 조건을 살펴본다.

(1) 안정화 조건

① 온도 : 저온에 약한 효소도 있지만, 일반적으로 효소는 0℃ 부근에서 안정하므로 0~5℃에서 조작한다. 보존 시 효소를 동결(−20℃ 이하)하는 일이 있으나 동결, 융해로 실활되는 효소도 있다. 이런 경우는 50% 글리세롤을 가하여 동결되지 않도록 한다.

② pH, 완충액, 이온세기 : 일반적으로 효소는 중성 부근(pH 6~8)에서 안정하다. 해당 효소의 안정 pH 범위는 미리 파악해 놓아야 한다. 효소의 안정 pH와 최적 pH가 일치하지 않는 경우도 있다. 효소의 안정성은 완충액 종류에 따라 다르다. 즉, 오르가넬라에 존재하는 식물효소는 Tris-HCl 완충액 중에서는 불안정하지만 N-Tris (hydroxymethyl) methyl-aminoethan sulfonate에서는 안정하다. 효소의 이온 세기도 중요하다. 효소에 따라서는 저이온 세기 또는 고이온 세기에서 가역적 또는 비가역적으로 실환된다.

③ 효소농도 : 효소는 저농도에서 실활되기 쉽다. 희석에 따라 효소분자가 서브유닛으로 해리하여 안정성을 잃고 실활되기도 한다. 그러므로 정제 시 필요 이상으로 농도를 낮게 하지 말아야 한다. 저농도 실활 시 소혈청의 알부민 등이 효과적인 방지 역할을 하는 경우가 있다. 효소농도가 너무 높아도 회합되어 실할되는 경우가 있다.

(2) 안정화제

① 환원제 : 티올기가 활성에 관여하는 효소가 많다. 그런 효소에는 티올기가 산화되어 실활되지 않도록 2-메르캅토에탄올(5~10 mM), 디티오트레이톨(0.1~1 mM), 아스코르브산, 환원형 글루타티온, 시스테인 등의 산화방지제를 가한다. 환원제로 보호되는 효소는 매우 많기 때문에 아무 효소에나 환원제를 가하는 경우가 있으나, 환원제가 불활성화시키는 효소(가수분해효소 등)도 있으므로 주의해야 한다. 또 공기산화에 매우 민감한 효소, 혐기성균 *Methanococcus vanielli*의 포름산 탈수소효소는 공기의 산소와 접촉하지 못하도록 N_2 가스 속에서 정제해야 한다.

② 다가 알코올류 : 글리세롤(10~50%), 설탕, 에틸렌글리콜(10%), 글루코오스, 소르비톨, 만니톨 등의 다가알코올이 효소 단백질 변성에 효과적인 경우가 많다.

③ 금속이온 및 chelate 시약 : 효소의 안정성을 증대시키기 위해 2가 금속이온(Mg^{2+}, Mn^{2+}, Ca^{2+} 등)을 첨가하거나 효소를 불안정시키는 금속이온을 제거하기 위해 EDTA 나 EGTA 등의 킬레이트 시약을 첨가하는 경우도 있다. Mg^{2+}(Mn^{2+})은 식물의 glutamate synthase(글루탐산 생성효소)를 안정화시키고, Ca^{2+}은 아밀라아제를 활성화 시키거나 안정화시키는 경우가 많다.

④ 기질, 보조효소, 다른자리 입체성 조절인자 : 효소 안정화제로서 기질이나 보조효소 또 는 그 유사체, 다른자리 입체성 조절 인자, 저해제가 유효한 경우도 있다. 기질, 저해제 는 효소의 활성 부위에 강하게 결합하여 활성 부위를 환경으로부터 보호한다.

⑤ 유기용매 : 에탄올, 아세톤, 디메틸설폭시드 등의 유기용매는 단백질을 변성시키지만 오히려 안정화시키는 경우도 있다. 고구마 β-아밀라아제는 추출액을 60℃에서 10분간 열처리하면 상온에서 아세톤을 50% 이상 가하여도 전혀 실활되지 않는다.

    Pseudomonas sp.의 benzylalcohol dehydrogenase(벤질알코올 탈수소효소, 아세톤 또 는 에탄올), 효모의 alcohol dehydrogenase(알코올탈수소효소, 아세톤), 소 심근의 lactate dehydrogenase(락트산 탈수소효소, 디메틸설폭시드) 등도 유기용매 중에서 안정 하다.

⑥ 단백질 가수분해효소 저해제 : 추출액 중에 공존하는 단백질 가수분해효소가 목적 효소 를 가수분해하여 실활시키는 경우가 있다. 그런 경우 불소 화합물인 phenylmethyl- sulfonylfluoride, diisopropylfluorate 등의 단백질 가수분해효소의 선택적 저해제를 가한 다. 이들은 serine protease를 특이적으로 저해한다.

⑦ 단백질 : 저농도에서는 실활하며 정제 시 농도를 높이기 힘든 효소인 경우 소혈청 알부민 등을 가한다. 이 방법으로 식물의 nitrate reductase(질산 환원효소), 돼지 췌장의 amylase, 토끼 근육의 aldolase(프룩토오스 - 이인산알돌라아제) 및 dehydrogenase(탈수소효소) 등이 안정화된다.

(3) 저분자 물질의 제거

조효소 추출액 중에 효소를 산화, 변화, 변성시키는 물질이 들어 있을 경우는 미리 제거해 야 한다. 특히 식물효소 추출 시 조직에 다량 함유된 폴리페놀(tannin, chlorogenic acid, isochlorogenic acid) 등의 제거는 산화 실활의 방지에 매우 효과적이다.

탄닌은 식물 조직 중의 polyphenol oxidase(카테콜 산화효소)가 *O*-퀴논으로 산화시켜 효 소의 아미노기나 티올기를 산화하여 효소를 불활성화시킨다. 따라서 겔크로마토그래피 등으로 미리 제거해야 한다. 또 추출액에 폴리페놀 흡착제(나이론 분말 등)를 가하여 제거하는 방법도 있다.

2. 효소의 생산

효소 자원은 동물, 식물, 미생물 등 생물계 전반에 분포하고 있다. 동식물을 효소 자원용으로 사육, 재배하는 일은 별로 없고, 대부분 미생물을 사용하여 효소를 생산하고 있다.

미생물 효소가 주로 사용되는 이유는

① 비교적 간단한 설비와 싼 원료를 사용하여 단시간에 대량의 효소를 생산할 수 있다.
② 인공 변이주나 유전자 조작으로 필요한 효소의 생산성을 크게 향상시킬 수 있다.
③ 미생물이 생산하는 효소는 다종다양하며, 적응현상을 이용하여 목적하는 거의 모든 유용 효소를 얻을 수 있다. 그러나 미생물 효소를 비경구적으로 환자 치료에 사용하는 경우는 항체생산이라는 장해가 일어난다. 그래서 이 분야에서는 인간과 근연인 동물성 효소가 이용되고 있다. 의료용 외에는 상기와 같은 장점 때문에 대부분 미생물에 의하고 있다.

그러나 미생물의 효소 생산에는 다음 사항이 해결되어야 한다.

① 우량 균주의 취득
② 배양 조건의 결정
③ 효소의 정제와 제품화

미생물 효소공업에서 ①과 ②는 성패를 결정하는 요인이다. 그러나 현재의 학문과 기술로 이들을 신속하게 달성할 수 있는 보편적인 방법은 확립되어 있지 않다. 이유는 미생물은 자연계에 널리 분포하며, 종류가 매우 많고 각 미생물은 각기 독자의 생리적 조건에 의해 효소를 합성하고 있기 때문이다.

그러므로 현재 밝혀져서 참고하고 있는 미생물의 효소 생산 지식은 구우일모(九牛一毛)에 지나지 않는다. 그러므로 목적 효소를 생산하는 유용 균주의 취득, 변이개량, 다량 생산조건의 확립은 해당 미생물, 해당 효소를 철저하게 연구해야 가능하다.

일반적인 배양법과 생산법은 생략한다.

3. 분리 추출

미생물의 세포 내 효소는 세포를 파쇄하여 효소를 가용화한 다음 추출해야 한다.

여기에는 유발, ball mill, Waring blender 등에 의한 기계적 방법을 반복하여 세포를 급격히 동결 융해시켜 세포벽을 파괴하는 동결 융해법, 강한 압력을 순간적으로 가하여 압력 차이로 세포벽이 파괴되도록 하는 압력변환법, 염 등에 의한 삼투압 차이로 세포벽을 파괴시키는 삼투압법, 유기용매를 가하여 세포의 자기 용해력을 유도 각종 효소를 작용시켜 가용화시키는 자기소화법, 외부에서 효소를 가해 소화를 돕는 효소법, 계면활성제 처리법 등이 있다.

4. 농축

추출액이 많으면 처리하는데 시간이 많이 걸리고 용액이 묽으면 효소가 침전되기 힘드는 등 정제 효율이 저하된다. 정제 경비는 추출액에 함유된 효소 농도에 반비례한다고 할 수 있다.

따라서 효소용액은 가능한 한 농축하여 출발하는 것이 좋다.

농축 방법에는 진공건조법, 침전법, 이온교환법, 한외거르기법 등 여러 가지 방법이 있으나, 진공건조법은 에너지가 많이 소요되고, 협잡물이 제거되지 않으며, 침전법은 효소농도가 낮을 경우 효율이 떨어지고 많은 양의 시약이 필요하므로 비경제적이다. 이온교환법은 추출액에 존재하는 물질이 이온교환력을 저하시킬 수 있다.

한외거르기법은 농축과 동시에 불필요한 저분자 물질을 제거할 수 있는 장점을 가지며, 효소분자의 크기에 따라 또 목적에 따라 거르기막의 사이즈를 택할 수 있다.

5. 선택적 불활성화를 이용한 정제

효소는 종류에 따라 온도에 대한 안정성, pH에 대한 안정성, 금속이온에 대한 안정성이 다르다. 따라서 목적하는 효소의 안정 범위 내에서 다른 효소나 협잡물을 열처리, 산 또는 알칼리 처리, 금속이온 처리로 선택적으로 변성시켜 제거한다.

6. 용해도를 이용한 정제

단백질은 용해도가 각기 다르다. 그래서 무기염류나 유기용매를 효소용액에 가하면 효소는 각기 다른 농도에서 침전된다. 이를 이용하여 목적 효소를 선택적으로 침전시킨다. 무기염으로는 황산암모늄이 많이 쓰이고, 유기용매로는 아세톤이나 에탄올이 많이 쓰인다.

예로써 목적 효소가 황산암모늄 50% 농도에서 침전된다면 먼저 황산암모늄 40% 농도에서 생긴 침전은 버린 다음, 다시 50% 농도가 되도록 황산암모늄을 추가하여 생기는 침전을 회수하면 이론상으로는 목적 효소만 얻을 수 있다. 그러나 거꾸로 침전되지 않는 성분을 효소용액으로 회수할 수도 있다. 이 방법을 분별침전이라 한다.

7. 등전점을 이용한 정제

단백질은 각기 고유의 등전점을 가진다. 등전점에서 단백질의 용해도는 최소가 된다. 그래서 pH를 목적 효소의 등전점으로 맞추어서 침전 회수한다. 그러나 등전점이 해당 효소가 변성, 실활되는 pH라면 이 방법은 사용하기 어렵다.

8. 이온교환 크로마토그래피

단백질은 양성전해질로서의 성질을 갖는다. 따라서 효소는 정전기적인 힘으로 이온교환기를 갖는 지지체에 흡착될 수 있다.

여기에는 carboxymethyl-, sulfoethyl-, phosphoester 등의 양이온교환기 및 diethylaminoethyl-, quaternized aminoethyl-, guanidoethyl기 등의 음이온교환기가 있다. 이를 수용하는 지지체로는 셀룰로오스, 덱스트란, 아가로오스 합성수지 등이 있다(표 13.2).

표 13.2 이온교환기

교환기	명칭	구조식
음이온교환기		
GE	Guanidoethyl	$-CH_2CH_2NH{\displaystyle \genfrac{}{}{0pt}{}{=NH}{-NH_2}}$
QAE	Quaternized amimoethyl	$-CH_2CH_2N+(CH_2CH_3)_2R$ (a) R : $-CH_2CH(OH)CH_3$ (b) R : $-CH_3$
TEAE	Triethylaminoethyl	$-CH_2CH_2N^+(CH_2CH_3)_3$
DEAE	Diethylaminoethyl	$-CH_2CH_2N(CH_2CH_3)_2$
BD	Benzoyl-DEAE	$DEAE + \left[-CO-\bigcirc\right]$
BND	Benzoylnaphtoyl-DEAE	$DEAE + \left[-CO-\bigcirc\right] + \left[-CO-\bigcirc\bigcirc\right]$

(계속)

교환기	명칭	구조식
음이온교환기		
PEI	Polyethyleneimine	$-(NHCH_2CH_2)$, 흡착에 의한 고정
AE	Aminoethyl	$-CH_2CH_2NH_2$
ECTEOLA	Ephichlorohydrin triethanolamine cellulose 반응생성물	$-OCH_2CH(OH)CH_2OCH_2CH_2N(CH_2CH_2-OH)_2$
PAB	p-Aminobenzyl	$CH_2-\langle\ \rangle-NH_2$
양이온교환기		
SP	Sulfopropyl	$-OCH_2CH_2CH_2SO_3H$
SE	Sulfoethyl	$-OCH_2CH_2SO_3H$
P	Phosphoester	$-O-PO_3H_2$
CM	Carboxymethyl	$-O-CH_2-COOH$

양이온교환체는 수용액에서 해리하여 음이온이 되어 양이온을 교환하는 교환체이다. 음이온교환체는 이와 반대되는 교환체를 말한다.

단백질은 등전점보다 높은 pH에서 (−)전하를 띠고. 등전점보다 낮은 pH에서는 (+)전하를 띤다. 따라서 등전점보다 높은 pH에서는 음이온교환체를 등전점보다 낮은 pH에서는 양이온교환체를 사용한다. 흡착된 효소는 염, pH, 이온세기 등의 기울기로 선택적으로 분리해 낸다.

9. 겔 크로마토그래피

다공성 겔에 여러 크기의 물질이 함유된 용액을 통과시키면, 작은 분자량의 물질은 겔의 구멍 속에 들어갔다 나오느라 빠져나오는 속도가 느리지만 분자량이 큰 물질은 겔과 겔 사이의 간격을 통해 빨리 빠져나온다.

이같은 이동속도는 분자량에 비례하므로 분자량 차이에 의해서 효소 단백질이 분리된다. 여기에는 덱스트란, 아크릴아미드, 아가로오스, 폴리비닐, 셀룰로오스, 다공질 유리 등의 겔 입자가 사용되며, 각 겔은 분리할 수 있는 분자량 범위에 따라 여러 사이즈로 나누어진다(표 13.3).

표 13.3 크로마토그래피에 사용되는 겔

기본 재료 물질	상품명(발매원)	기본 재료 물질	상품명(발매원)
Dextran 및 그 유도체	Sephadex G(Pharmacia) Sephacryl S(Pharmacia)	Cellulose	Cellulofine(生化学工業)
Acrylamide 및 그 유도체	Biogel P(Bio‑Rad Lab.) Trisacryl GF(LKB)	다공질 유리	Controlled pore glass‑10 (Electro‑Nucleonics) Fine porous glass(和光純藥) 등
Agarose	Sepharose(Pharmacia) Biogel A(Bio‑Rad Lab.) Ultrogel A(LKB)	유기 용매 중에서 사용되는 겔	
		Dextran 유도체	Sephadex LH(Pharmacia)
다리 형성 agarose	Sepharose CL(Pharmacia) Ultrogel AcA(LKB)	Polystyrene	Styragel(Waters) Bio‑Beads(Bio‑Rad Lab.)
Polyvinyl	Toyopearl HW		

10. 친화 크로마토그래피

효소는 기질이나 저해제와 결합한다. 따라서 기질이나 저해제를 지지체에 결합시킨 다음 효소를 통과시키면 효소 이외의 성분은 빠져나가고 효소만 흡착되는 효율 높은 방법을 친화 크로마토그래피라 한다.

효소는 기질이나 저해제의 농도기울기로 지지체에서 분리할 수 있다.

표 13.4에 여러 크로마토그래피 방법을 제시하였다.

표 13.4 효소정제 크로마토그래피

종류	분리 원리
이온교환 크로마토그래피	정전기적 결합
겔 크로마토그래피	분자체
소수성 크로마토그래피	소수 결합
흡착 크로마토그래피	수소 결합, van der Waals 인력 등
역상 크로마토그래피	액-액 분배
친화 크로마토그래피	생체 기능에 의한 특이적 친화력

11. 기타 방법

이외에도 여러 가지 방법이 있다. 현재 단시간에 목적 효소만을 분리해내는 가장 효율 높은 방법으로 HPLC(high performance liquid chromatography)가 있다. 이는 기계적 강도와 효율성이 높은 겔 크로마토그래피 컬럼이나 이온교환 크로마토그래피 컬럼을 장착하고 용매를 기계적으로 고압고속으로 가하여 단시간에 효소 단백질을 분리해 내는 장치이다.

샘플을 주입하면 펌프 → 컬럼 → 검출기 → 분취기 등을 통과한다. 검출된 데이터는 피크로 그려져 나오며, 시간과 양이 모두 체크되며, 컴퓨터로 제어되고 있다. 가장 이상적인 자동 시스템이지만 소량의 실험 실적 규모의 처리 이외에는 무리한 경우가 많고, 장치가 매우 비싸다(그림 13.1). 대형장치로는 FPLC가 있다.

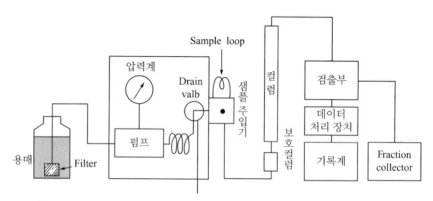

그림 13.1 HPLC 장치

이외에도 여러 자동화 장치가 많이 개발되고 있다.

한편 효소는 동일한 구조를 갖는 동일 효소끼리 결정화된다. 이를 이용하여 순도를 높일 수 있다. 그러나 결정이 되기 힘든 효소가 많아서 일반적인 방법은 아니다. 일반적으로 당단백질로 된 효소는 결정이 되기 힘들다. 그림 13.2에 필자가 결정화한 고구마 β-아밀라아제를 제시한다.

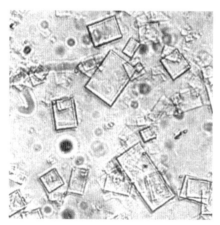

그림 13.2 고구마 β-amylase 결정

13.2
화학공업

항생물질, 당, 유기산, 아미노산, 핵산, 등 많은 물질 제조에 발효법이 사용되어 왔으나 효소학의 발전에 따라 특정 반응만을 촉매하는 효소를 사용하여 정확하고 순도 높게 만들고 있다.

표 13.5는 효소법에 의한 유용물질 생산 방법이다.

표 13.5 효소법에 의한 유용물질의 합성 변환

합성 반응	실 례
스테로이드류의 변환	수산화 반응(산소첨가효소) 환원 반응(탈수소효소) 곁사슬 절단 반응(산소첨가효소)
알칼로이드류의 변환	
항생물질 합성	인공 페니실린 합성(amidase) 인공 세팔로스포린 합성(amidase)
유기산 합성	푸마르산의 수화 반응(fumarase) 알켄의 양쪽 말단 산화 반응(산소첨가효소) 에폭시 숙신산의 가수분해 반응(가수분해효소)
당의 변환	이성화당(glucose isomerase)
단백질의 합성	플라스틴 합성(protease) 사람 인슐린 합성(protease)
핵산 관련 화합물의 합성	N-리보실화 반응(phosphorylase) N-아라비노실화 반응(phosphorylase) 누클레오티드의 인산화 반응(인산전위 반응) 누클레오티드의 피로인산화 반응(피로인산 전위효소) 당 누클레오티드의 합성(pyrophosphorylase) 보조효소류의 합성

아미노산 합성	입체선택적 가수분해 반응(가수분해효소)
	  Aminocaprolactam
	  Aminothiazophosphocarbonate
	  Hydantoin
	푸마르산의 아미노화 반응(aspartase)
	티로신 관련 아미노산의 합성(β-tyrosinase)
	트립토판 관련 아미노산의 합성(cysteine disulfhydrase)
	세린의 합성(serine transhydroxymethylase)
	알라닌 합성(aspartate β-decarboxylase)

아민 합성	
화학공업 원료	옥시드류의 합성(산소첨가효소) 케톤류(이급 알코올 탈수소효수) 피로갈롤 합성(gallate decarboxylase) 아미드류 합성(nitrylhydrolactase)

1. 아미노산 및 핵산 관련 물질의 제조

지금까지는 발효법으로 아미노산을 조제하였으나 효소법으로 아미노산을 제조하고 있는 경우도 있다. 가장 먼저 사용된 효소는 aminoacylase(아실아미노산 가수분해효소)이다. DEAE－Sephadex나 탄닌에 고정화시킨 효소를 사용하여 N-acyl-DL-아미노산에서 L-아미노산을 연속제조하는 방법으로 L-메티오닌, L-발린, L-페닐알라닌 등이 제조되고 있다.

후쿠다(福田) 등은 나이론 제조 원료인 카프로탁탐 유도체인 DL-α-아미노-ε-카프로락탐(DL－ACL)에서 100%의 수율로 L-Lys을 생산하는 방법을 개발하였다.

여기에는 효모 *Cryptococcus laurentia*의 L-ACL hydrolase(L-ACL 가수분해효소), *Achromobacter obae*의 ACL-racemase(라세미화효소)가 사용된다(그림 13.3).

대장균의 L-aspartate ammonia－lyase(아스파르트산 암모니아 분해효소)는 Asp이 푸마르산으로 탈아미노화되는 반응을 가역적으로 촉매한다. 이 효소를 사용하여 푸마르산과 암모니아에서 Asp를 생산하고 있다. 이 과정에도 고정화 효소가 도입되었다. 또 Asp는 aspartate－4－decarboxylase(아스파르트산 4－탈카르복시화효소)가 L-알라닌으로 치환시킨다.

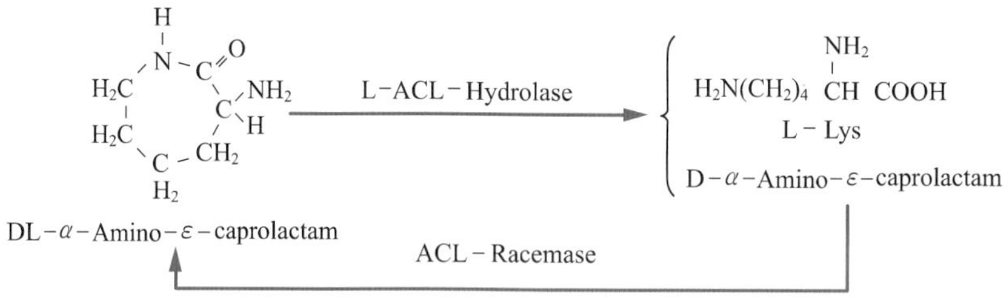

그림 13.3 효소에 의한 L－Lys의 제조

Tyrosine phenol-lyase(티로신 탈페놀 분해효소)는 L-Tyr이 페놀로 분해되는 것을 가역적으로 촉매하며, *Erwinia herbicola*의 β-tyrosine phenol lyase를 사용하여 카테콜과 DL-Ser(또는 pyruvate＋NH₃)에서 파킨슨씨병의 특효약인 L-DOPA를 생산한다(그림 13.4).

한편 L-Trp은 *proteus rettgeri* 등의 tryptophanase(트립토판 분해효소)를 사용하여 인돌과 피루브산, 암모니아에서 합성한다. ATP 생성계와 공동작용하는 글루타티온의 효소적 제조법도 개발되어 있다.

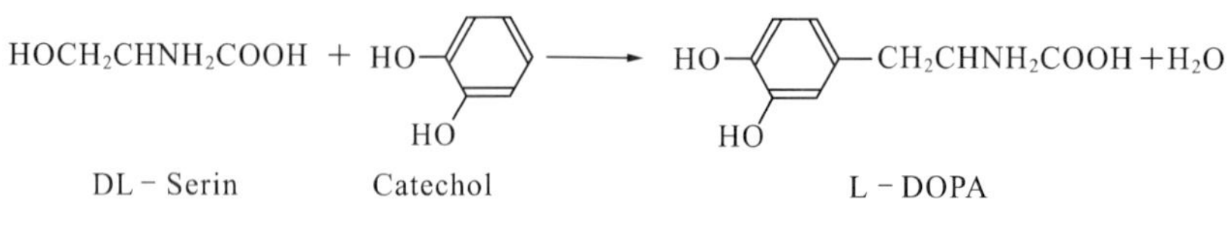

그림 13.4 *Eewinia herbicola*의 β-tyrosinase에 의한 L－DOPA의 생산

기타 dihydropyrimidinase(디히드로피리미딘 가수분해효소)를 사용한 L-Met의 효소적 생산도 보고되어 있다. 표 13.6에는 아미노산 생산에 사용되는 효소이다.

표 13.6 효소에 의한 아미노산의 생산

아미노산	기질	효소	효소원
L-Ala	L-Asp	Aspartate-4-decarboxylase	*Pseudomonas dacunhae* *Xanthomonas oryzae*
L-Asp	Fumaric acid + NH₃	Aspartase	*E. coli* *B. megaterium* *B. ammoniagenes*
L-DOPA	Catechol + DL-Ser	Tyrosine phenol-lyase	*Erwinia herbicola*
L-Lys	DL-α-Aminocaprolactam(ACL)	L-ACL hydrolase + ACL racemase	*Cryptococcus laurentia* *Achromobacter obae*
L-Met	DL-5(2-methyl-mercaptoethyl) -hydantoin	Hydantoinase	*B. coagulans*
	Acetyl-DL-methione	Aminoacylase	*A. oryzae*

L-His	DL-2-Aminothiazoline
	4-carboxylic acid(ATC)
		L-ATC hydrolase
		+
		ATC racemase
			Pseudomonas
			  thiazolinophilum
			  〃

	L-Chloroalanine	Cysteine desulfhydrase	*Aerobacter aerogenes* *Enterobacter cloacae*
L-Trp	Indole + pyruvic acid + NH₃	Tryptophanase	*Proteus rettgeri*
L-Trp	Indole + DL-Ser	Tryptophanase	*Enterobacter aerogenes* *Pseudomonas putida*
Glutathione	L-Glu, L-His, Gly Adenosine glucose	γ-Glutamylcysteine synthetase + Glutathione synthetase + Glycolysis system	*E. coli* *Sacch. cerevisiae* *Sacch. cerevisiae*
D-Hydroxyphenyl glycine	DL-5-(p-hydroxy-phenyl) hydantoin	Hydantoinase	*Pseudomonas striata* *P. hydantinophilum*

DOPA : Dihydroxy phenylalanine

근년에는 저칼로리 감미제로 주목되고 있는 L-아스파르틸-L-페닐알라닌 메틸에스테르도 효소로 합성하고 있다.

핵산계 조미료인 이노신산, 구아닌산 제조에는 *Penicillum citrinum*이나 *Streptomyces aureus*의 nuclease(핵산가수분해효소), phosphodiesterase I(포스포디에스테르 가수분해효소 I) 및 AMP deaminase(AMP 탈아미노화효소)가 이용되고 있다. 빵효모나 *Candida utilis*는 10

~15%의 RNA를 함유하고 있기 때문에 이를 소금물이나 알칼리로 추출한 후 nuclease나 phosphodiesterase I를 작용시켜 5′-누클레오티드 혼합물을 얻는다. 5′-아데닐산은 다시 AMP deaminase가 이노신산으로 변화시키며, 활성탄 처리, 이온교환 크로마토그래피로 각 누클레오티드를 분별정제한다.

구아닐산 및 이노신산은 조미제로서, 나머지 누클레오티드는 의료 원료로서 이용된다. 기타 여러 보조효소와 핵산관련 물질(CoA, ATP, NAO$^+$, CDP 콜린 등)도 효소적으로 생산되고 있다.

13.3 고정화 효소

효소는 오랜 옛날부터 산업에 널리 이용되어 왔으며, 최근 생화학이나 미생물 이용 기술의 진보에 따라 새로운 이용법이 개발되고 있다. 그러나 효소도 이상적인 촉매만은 아니다.

즉, 효소는 단백질이므로 열, 강산, 강알칼리, 유기용매 등에 대해 불안정하며 효소 반응에 적합한 환경에서도 비교적 빨리 실활된다. 또 효소는 주로 수용액 중에서 사용되며, 유기용매 중에서는 사용하지 못하는 제약도 있다.

또 효소 반응은 지금까지 효소를 물에 용해한 상태에서 기질에 작용시키는 배치법(batch process)으로 이루어지고 있다. 그래서 반응이 끝난 액에서 효소를 회수하기 어려워서 반응 생성물을 분리하는 사이에 변성시켜 제거하고 있다. 즉, 각 반응 시마다 효소를 버리므로 비경제적이다.

그래서 이용성을 높이기 위해 효소의 성질을 개선하여 촉매활성을 가진 채로 물에 불용성으로 하는, 즉 고정화하는 방법이 개발되었다.

고정화 효소란 'immobilized emzyme'을 말하며, '불용성 효소', '불용화 효소'라고도 하였으나 현재는 고정화 효소로 통일되어 있다. 포괄법인 경우 포괄된 효소는 녹은 상태로 존재한다. 그러므로 효소를 촉매로 이용하는 형태는

① 물에 녹은 상태(soluble)
② 물에 녹아 있으나 고정화된 상태(soluble immobilized)
③ 물에 불용성으로 고정된 상태(insoluble immobilized)

등이 있다. 그러므로 ②와 ③ 상태의 효소를 지칭하는 용어로는 '불용성 효소'보다 '고정화 효소'가 합리적이다.

고정화 효소는 biosensor, bioreactor, 인공장기 외에 전자공학 분야에서 biotip으로 사용될 수 있다.

1. 고정화 효소의 성질

고정화시키면 효소의 성질이 변한다. 그중에는 바람직한 것도 있고 바람직하지 못한 것도 있다.

(1) 기질 특이성

기질 특이성이 변하는 경우가 있다. 특히 고분자 기질에 대해서는 입체장해로 작용하기 어려워지는 경향이 있다.

(2) 반응 최적 pH

효소를 고정화하면 효소 단백질의 전자 상태에 변화가 일어나면서 지지체 표면의 전하의 영향으로 효소 반응의 최적 pH가 변화하는 일이 있다. 이들의 변화에는 어느 정도 규칙성이 있기 때문에 효소 본래의 최적 pH와 사용할 때의 pH가 다른 경우는 고정화법으로 사용 pH 에서 최대의 활성을 나타내게 할 수도 있다.

(3) 동력학 상수

기질과의 정전기적 상호작용이 변화되어 Michaelis상수, 최대 반응속도 등이 변하는 경우가 있다.

(4) 반응의 온도 의존성

효소 반응의 온도 의존성이 변화하여 최적온도, 활성화 에너지 등이 변하는 경우가 많다.

(5) 안정성

열, pH, 유기용매, 단백질 변성제, 단백질 분해효소 등에 대한 안정성이 증가하는 경우가 많다. 이것은 매우 큰 장점이다. Melrose는 50여종의 효소를 고정화한 결과, 30종류는 안정성이 증가하였고, 12종류는 안정성에 변화가 없고, 8종류만 안정성이 저하하였다고 보고하였다. 또, 고정화 효소를 연속 효소 반응에 이용하는 경우도 안정성이 매우 증가하는 경우가 많다.

2. 고정화법

이상 살펴본 바와 같이 효소는 고정화하면 반복 사용할 수 있고, 반응액과 효소를 쉽게 분리할 수 있고, 안정성을 증가시킬 수 있다. 지지체에 따라서는 효소의 기능을 임의로 바꿀 수도 있다.

효소의 고정화법에는 여러 가지가 있으나, 크게 ① 지지체 결합법, ② 다리 형성법, ③ 포괄법, ④ 복합법으로 분류할 수 있다(그림 13.5).

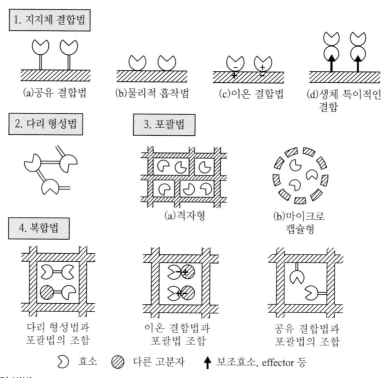

그림 13.5 **고정화 방법**

지지체 결합법에는 공유 결합, 이온 결합, 물리적 흡착, 생화학적 친화성을 이용한 고정화 등이 있다. 다리 형성법이란 글루탈알데히드 등을 이용하여 효소끼리 서로 다리를 형성시켜 불용화하는 방법이다. 포괄법은 고분자겔, 마이크로 캡슐, 리포솜 또는 관막(hollow fiber) 속에 효소를 포괄 고정화하는 방법이다. 복합법은 이들을 복합한 방법이다.

(1) 지지체 결합법

효소를 지지체에 경합시키는 방법은 공유 결합법, 이온 결합법, 물리 흡착법, 생화학적 친화력을 이용한 고정화 등이 있다. 효소는 아미노기, 카르복시기, SH기, 페놀성 수산기, Ser과 Thr의 수산기, 구아니딘기, 이미다졸기, 인돌기, 메틸메르캅토기 등 활성 잔기를 가지고 있으므로 이들을 이용하여 효소를 지지체에 결합시킬 수 있다.

① 공유 결합법 : 지지체와 효소를 공유 결합시켜 효소를 고정화하는 방법으로, 결합양식에 따라 펩티드 결합법, 알킬화법, 디아조 결합법, 축합법, 지지체 다리형성법, 기타 등으로 분류한다.

- 펩티드 결합법 : 가장 일반적인 방법은 아가로오스나 덱스트린 등을 cyanogen bromide(CNBr)로 활성화하여 효소에 결합시키는 방법이다. CNBr로 활성화된 아가로오스 등도 시판되고 있으므로 효소를 아가로오스에 쉽게 고정화시킬 수 있다. 아가로오스 등의 활성화는 알칼리 조건(pH 11 부근)이 좋으며, 효소와의 반응은 약알칼리성이 좋다(그림 13.6).

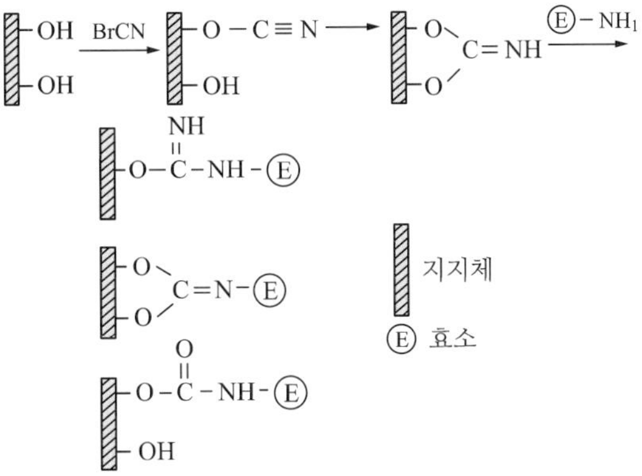

그림 13.6 펩티드 결합법

- Diazo법 : 방향족 아미노산을 갖는 불용성 지지체를 아질산나트륨과 반응시켜서 디아조늄 화합물로 하여 효소의 Tyr 잔기, His 잔기의 이미다졸과 결합시켜 고정화하는 방법이다(그림 13.7).

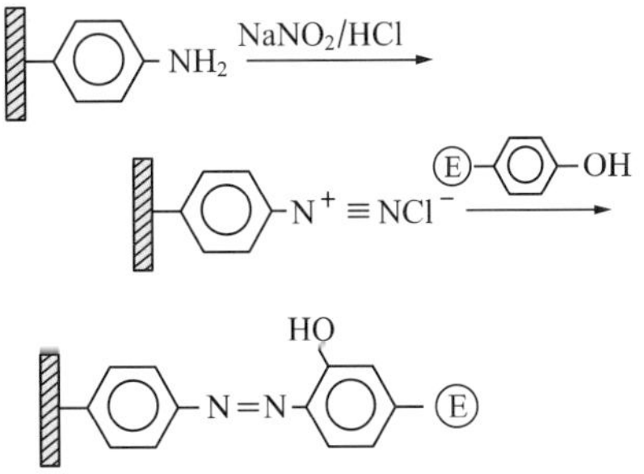

그림 13.7 Diazo법

- 알킬화법 : 할로겐화 아세틸 유도체, 트리아지닐 유도체 등에 효소를 고정화하는 방법이다.
- Schiff 염기 형성법 : 아미노기는 온화한 조건에서 알데히드기와 반응하여 −CH=N −결합을 형성한다. 이 반응을 이용하여 효소를 고정화할 수 있다. 아미노기를 갖는 불용성 지지체를 글루탈알데히드로 처리한 후 여기에 효소의 아미노기를 반응시킨다. 이 방법은 아미노기를 도입하는 방법과 조합하여 사용된다. 예로써, 각종 무기 지지체에 실란 화합물을 사용하여 아미노기를 도입하는 방법과, 글루탈알데히드를 사용하는 Schiff 염기 형성법을 조합하여 많이 사용한다(그림 13.8).

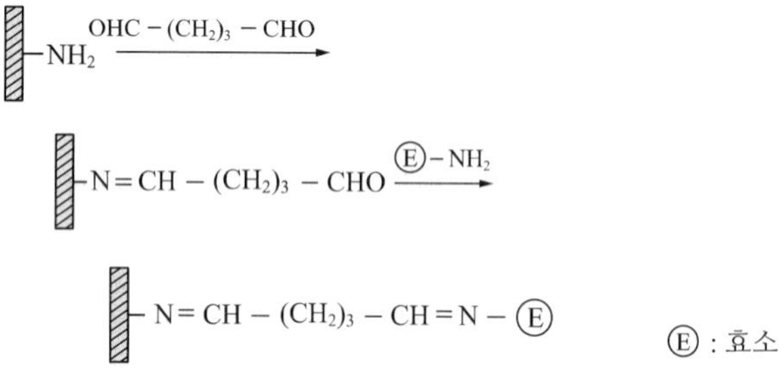

그림 13.8 Schiff 염기법

- 축합법 : 지지체의 아미노기나 카르복시기와 효소의 카르복시기나 아미노기를 카르보디이미드 시약이나 Wodward 시약 등의 축합시약을 사용하여 직접 결합시키는 방법이다(그림 13.9).

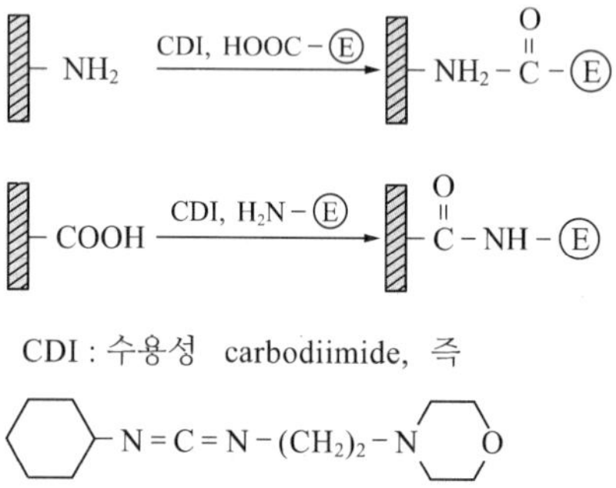

그림 13.9 **축합법**

- 기타 방법 : 이외에도 여러 가지 방법이 있다. 즉, −S−S− 결합방법과 티오카르보네이트 유도체, 에폭시 등을 응용한 여러 반응으로 많은 효소가 고정화되고 있다.

이상 공유 결합법에 따른 효소의 고정화법을 살펴보았다. 여기에 사용되는 지지체는 표

13.7과 같이 천연 유기고분자, 합성 유기고분자, 무기 지지체 등 다종다양한 지지체가 사용되고 있다.

표 13.7 효소 고정화용 지지체

지지체 재료	일반식	유도체
천연 유기고분자		
Dextran	$-(R-(OH_{x^-}))_n-$	Cellulose → triazin화, diazo화
Cellulose	$-(R-(OH_{x^-}))_n$	Sepharose → CNBr화
Collagen	$-(R-NH-CO-)_n-$	Collagen → aldehyde화, 탈azide화
Sephadex	$-(R-(OH)_{x^-})_n-$	
합성 유기고분자		
Nylon	$-(R-NH-(CH_2)_x-CO-)_n$	
Polystyrene	$-\left[-CH-CH_2-\right]_n-$ (벤젠고리)	Polystyrene → chloromethylstyrene
Polyacrylamide	$-\left[-CH_2-CH-\atop CONH_2\right]_n-$	Benzacry AA $-CH-CH_2-\atop CONH-(벤젠)-NH_2$ → diazo화
Polyvinylalcohol	$-\left[-CH_2-CH-\atop OH\right]_n-$	Polyvinylalcohol triazin화
Poly 아미노산	$-\left[-NH-C-CO-\atop R\right]_n-$	Polyglutamate → azide화 $(R=(CH_2)_2COOH)$
합성 인지질	$CH_2O-CO-R_1$ $CH-O-CO-R_2$ CH_2-O-PO_3H-X	Phosphatidyl ethanolamine → amino기 변경 $(X=CH_2CH_2NH_2)$
무기 지지체		
Silica, 유리	$-\left[\begin{matrix}OH\\ -O-Si-O-\\ OH\end{matrix}\right]_n-$	수산기 → alkylamino화
Alumina, 스텔		
Ti, Zr, Fe 등의 산화물 Sephadex, 그래피트	$\left[\begin{matrix}OH\\ -O-M-O-\\ OH\end{matrix}\right]_n-$	

공유 결합으로 고정화된 효소는 비교적 표면에 존재하기 때문에 기질과 접촉하기 쉽고, 고정화 결합력이 강하므로 효소 반응 중에 분리되는 일은 적다. 또 안정성이 높다.

한편 고정화 시약이 효소를 불활성화시키는 경우도 있고, 조제법이 복잡한 경우도 많다. 효소는 고정되어 있으므로 움직임이 제한되어 기질과의 반응속도가 저하한다. 그래서 활성이 떨어진다. 고정화에 사용된 지지체를 재생할 수 없는 경우도 있다. 일반적으로 지지체의 작용기와 효소의 반응성은 효소의 종류에 따라 다르므로 활성이 높은 고정화 효소를 얻기 위해서는 여러 방법을 시험해 봐야 한다.

② 이온 결합법 : 이온 결합으로 효소를 지지체에 고정화시키는 방법이다. 초기에는 DEAE -Sephadex에 aminoacylase(아실아미노산 가수분해효소)를 고정화하여 공업적으로 아미노산을 광학분할하였다. 지지체로는 이온교환 셀룰로오스, 이온교환 세파덱스, 기타 이온교환수지가 있다.

고정화 조작이 매우 간단하고, 지지체를 재생할 수 있기 때문에 공업적으로 이용되는 유용한 방법이다. 그러나 이온 결합으로 고정화되어 있기 때문에 완충액 종류, pH, 이온강도, 온도 등에 의해 효소가 떨어지는 경우도 있으므로 반응액을 잘 조절해야 한다. 그러나 적당한 조건에서 지지체를 재생할 수 있는 장점도 있다.

③ 흡착법 : 불용성 지지체에 효소를 흡착, 고정화시키는 방법으로 여러 흡착제가 사용된다. 가장 많이 사용되는 것으로서는 셀룰로오스, 에스테르, 폴리메타크릴레이트 등의 유기 고분자나 유리, 활성탄, 알루미나, 규조토 등의 무기 지지체 등이 있다. 조작이 매우 간단하며, 가역적으로 흡착하기 때문에 지지체를 재사용할 수 있다. 그러나 고정화된 효소가 떨어져 나오기 쉬운 단점도 있다.

④ 생화학적 특이 결합에 의한 고정화법 : 여러 생화학적 특이 결합을 이용하여 지지체에 효소를 고정화하는 방법이다.

즉, 여러 보조효소나 저해제 등을 리간드로 사용한다. 리간드와 효소의 결합이 강하면 리간드와 효소를 접촉시켜서 고정화시킨다. 피리독살-5′-인산(PLP)을 매개로 이에 의존하는 효소를 고정화한 예가 있다. 또 렉틴을 리간드로 하여 당사슬을 갖는 효소를 고정화할 수 있다. 그러나 조건에 따라 효소가 떨어져 나오는 문제점이 있다(그림 13.10).

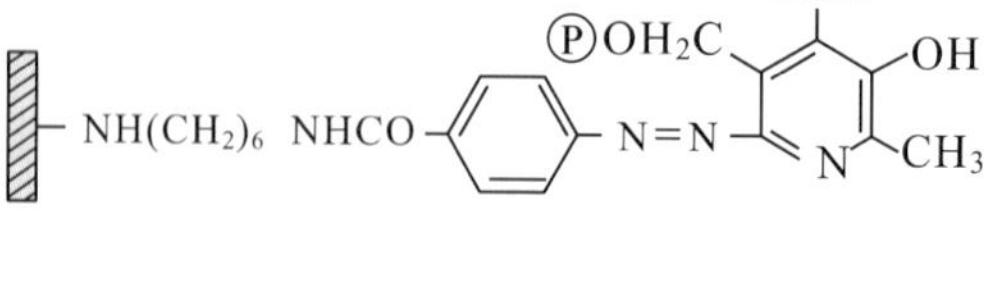

그림 13.10

(2) 다리 형성법

저분자량의 다작용성 시약을 사용하여 효소 분자 사이에 공유 결합을 도입하여 효소를 고정화시키는 방법이다. 글루탈알데히드는 가장 많이 사용되는 2작용성 시약으로 아미노기와 반응하여 공유 결합을 형성한다.

효소와 알부민 등의 단백질을 용해시켜 놓고, 글루탈알데히드를 가하면 반응하여 효소가 불용화된다. 이같이 특별한 지지체를 사용하지 않고서도 고정화 효소를 조제할 수 있다(그림 13.11).

이 방법은 매우 간단하게 효소를 불용화시킬 수 있다. 그러나 다량의 효소를 필요로 하며 여러 다작용성 시약이 효소를 실활시키는 문제도 있다. 또 겔화한 불용화 효소의 형태가 부정형이다. 컬럼 등에 채우는데 적합하지 않은 경우도 있다.

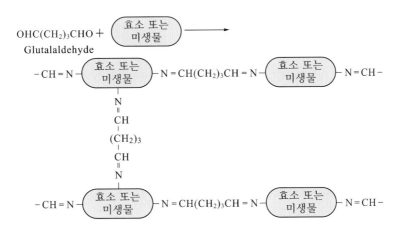

그림 13.11

(3) 포괄법

효소를 포괄 고정화하는 방법은 네 가지로 분류된다. 그중 하나는 천연고분자 또는 합성 고분자의 겔 속에 효소를 끼워넣는 격자형 고정화법, 반투막성의 고분자 막에 효소를 싸서 넣는 마이크로 캡슐형 고정화법, 인지질 이중막으로 된 소포 중에 효소 등을 싸서 넣는 리포솜 고정화법, 반투막성의 가는 관 속에 효소를 끼워 넣는 막관형 고정화법, 반투막을 갖는 공간에 효소를 고정화하는 막형 고정화법 등이 있다.

① 격자형 고정화법 : 고분자 격자(matrix) 내의 공간에 효소를 고정화하는 방법으로, 효소 분자는 물리적으로 고분자 격자의 3차원 그물눈 구조 내에 고정화되어 겔 격자의 밖으

로 용출되기 어려우나 기질, 생성물은 격자 내로 출입하게 된다. 가장 널리 사용되는 것은 폴리아크릴아미드이다. 이는 아크릴아미드와 N,N'-메틸렌비스아크릴아미드를 종합시킨 것으로 비교적 단시간에 효소를 고정화할 수 있다.

아크릴아미드와 N,N'-메틸렌비스아크릴아미드의 농도와 양에 따라 효소를 포괄하는 격자공간의 크기와 물리적 성질이 결정된다. 그러므로 엄격한 고정화 조건을 택해야 한다. 또 아크릴아미드의 중합에 감마선이나 X선 등의 방사선을 사용하는 일도 있다(그림 13.12).

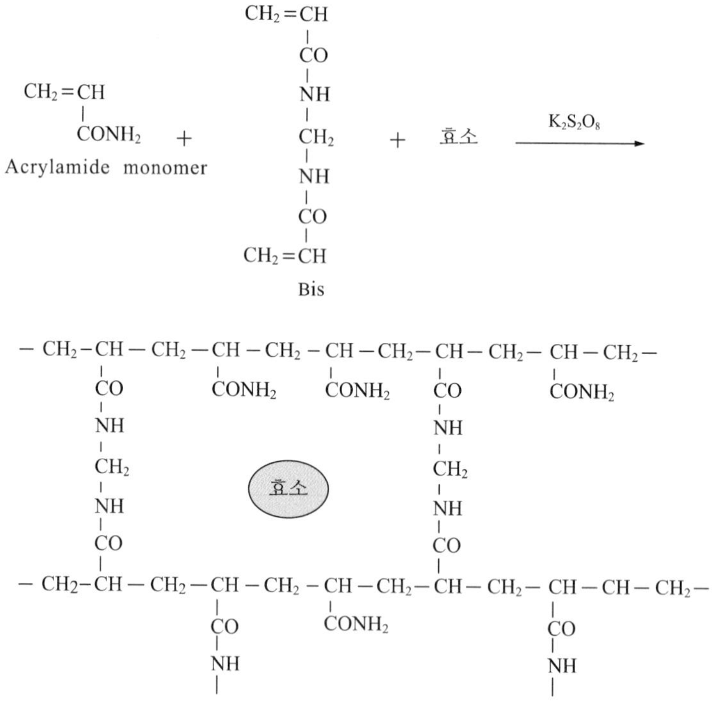

그림 13.12

알긴산칼슘에 의한 효소의 고정화법도 있으나, 효소가 지지체에서 쉽게 용출한다. 이 방법은 미생물의 고정화에 주로 사용된다.

한편 프레폴리머나 올리고머를 중합시키는 프레폴리머법도 있다. 즉, 광가교성 수지 프레폴리머나 우레탄 프레폴리머를 이용하는 포괄 고정화법은 여러 효소, 미생물에 응용되고 있는 매우 우수한 방법이다. 그 외에 폴리에틸렌글리콜, 히드록시에틸아크릴레이트 등으로 합성된 ENT라는 광경화수지 프레폴리머가 널리 사용되고 있다(그림 13.13).

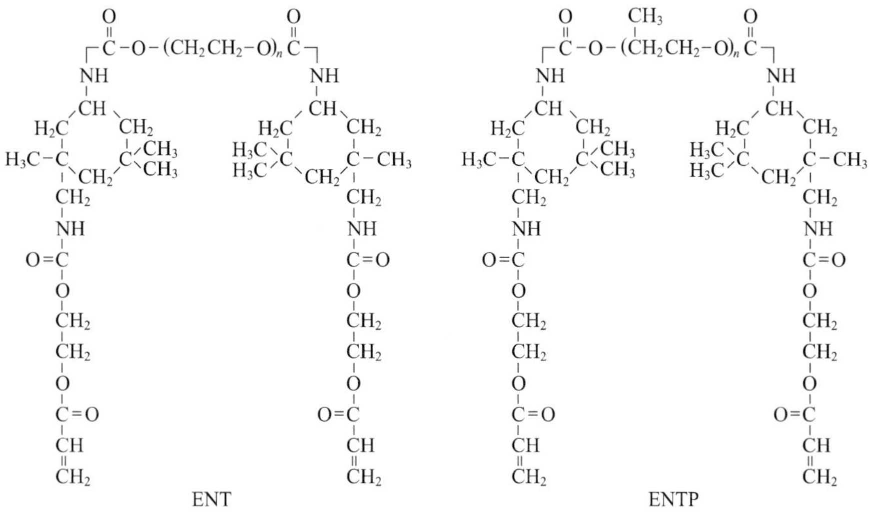

그림 13.13

우레탄 프레폴리머는 폴리에틸렌글리콜이나 폴리프로필렌글리콜로 만들어지는 폴리에테르디올과 톨루엔디이소시아네이트로 합성된다. 프레폴리머와 효소의 수용액 또는 현탁액과 혼합하면 필름상이나 덩어리상의 고정화 효소를 조제할 수 있다. 이들 프레폴리머법에 의해 invertase(β-프룩토푸라노시드 가수분해효소), β-galactosidase(β-갈락토시드 가수분해효소), glucoseisomerase(글루코오스 이성질화효소) 등 많은 효소가 고정화되었다.

기타 지지체로서 비닐계통 합성 고분자와 콜라겐 등의 천연 고분자가 사용되고 있다. 콜라겐막 중에 효소를 전기화학적으로 고정화하는 방법은 널리 이용되고 있다.

② 마이크로 캡슐형 고정화법 : 포괄법의 일종으로, 반투과성 고분자 마이크로 캡슐 중에 효소를 포괄 고정화하는 방법이다. 효소의 마이크로 캡슐화 방법으로서는 상분리법과 계면 중합법이 사용된다. 상분리법이란 상분리를 이용하여 마이크로 캡슐을 만드는 방법으로 유화제를 함유한 유기용매 중에 효소 수용액을 유화시키고, 수용성 고분자를 가하여 수용액을 포괄한 캡슐을 만든다. 다음 고분자를 용해시키지 않은 용매와 물에 현탁시켜서 안정한 마이크로 캡슐을 조제한다. 계면 중합법이란 친수성의 1,6-헥사메틸렌디아민 효소 수용액을 유기용매 중에서 유화시켜 cebacoylchloride를 가하여 물과 유기용매의 계면에서 중합시켜서 생기는 나이론으로 효소용매를 포괄하는 방법이다. 이런 마이크로 캡슐화로 1~100 μm의 마이크로 캡슐을 조제할 수 있다.

한편 인지질을 주성분으로 하는 이중막 소포체 중에 효소를 포괄한 리포솜도 주목되고 있다. 이는 효소나 의약품을 생체 내에 투여하는 안전한 방법이다.

3. 각 고정화법의 특징

현재까지 고정화 효소의 형태는 입자상, 막상, 관상, 섬유상 네 종류가 알려져 있다. 그러나 대부분은 입자상이다. 막상이나 관상, 섬유상은 용도에 따라 사용된다. 이외에 한 외거르기막 안에 효소와 기질을 가하여 연속적으로 반응시키면서 저분자의 반응 생성물만 막 밖으로 받아내는 방법도 있다.

많은 경우 효소를 고정화시키면 활성이 저하한다. 그러나 가용성 상태에서 화학 변형된 효소의 경우는 원래의 효소보다 활성이 높아지는 예도 있기 때문에, 앞으로는 원래의 효소보다 활성이 높은 고정화 효소도 만들 수 있을 것이다.

지지체 결합법에 따른 고정화 효소의 활성 저하 원인은

① 효소 단백질을 구성하고 있는 아미노산의 작용기와 효소가 결합할 때 활성 부위에 관여하는 아미노산이 결합에 관여한다.
② 효소의 고정화로 고차 구조가 변한다.
③ 지지체의 입체적 장해로 기질분자의 접근이 방해된다.

등의 이유가 있다. ①과 ②의 경우는 고정화 조건을 검토하여 활성 저하를 어느 정도 피할 수 있으나, ③의 경우는 고정화법을 바꾸지 않는 한 피하기 어렵다. 포괄법에 의한 활성 저하는

① 포괄하는 사이 효소가 변성한다.
② 겔이나 막을 매개로 반응하므로, 기질이나 반응 생성물의 투과 속도가 영향을 미치고 있기 때문이다.

등의 이유가 있다.

이상 살펴 본 고정화 효소의 제법과 성질을 모아보면 표 13.8과 같다.

표 13.8 고정화효소의 특징

특성	지지체 결합법			다리 형성법	포괄법
	공유 결합법	이온 결합법	물리적 흡착법		
제법	어렵다	쉽다	쉽다	어렵다	어렵다
효소활성	높다	높다	낮다	중간 정도	높다
기질 특이성	변한다	불변	불변	변한다	불변
결합력	약하다	중간	약하다	강하다	강하다
재생	불가	가능	가능	불가	불가

즉 지지체 결합법은 공유 결합 및 이온 결합법, 물리적 흡착법에 비해 엄격한 조건으로 고정화되기 때문에 조건을 충분히 검토해야 활성이 높은 제품이 얻어진다. 반면 효소가 지지체와 강하게 결합하기 때문에 고농도 기질이나 염류 용액 등이 효소를 쉽게 떨어뜨리지 않는다. 반면 결합이 강하므로 활성이 저하한 사용 효소를 재생하지 못하고 버리게 된다.

이에 대해 이온 결합법은 고정화 조작이 간단하고 조건이 온화하므로 비교적 활성이 높은 제품이 얻어진다. 그러나 지지체와 효소의 결합력이 약하기 때문에 이온세기, pH 등의 변화에 따라 효소가 지지체에서 떨어져 나오는 경우가 많다. 그러나 이를 이용하여 활성이 저하된 고정화 효소를 쉽게 재생할 수 있다. 비싼 지지체나 효소를 사용하는 경우에는 유리하다.

포괄법은 이론적으로는 효소 자신과는 반응이 일어나지 않기 때문에 활성이 높은 제품이 얻어진다. 그러나 공유 결합이나 다리 형성법과 마찬가지로 활성이 저하된 고정화 효소를 재생하는 것은 불가능하다. 또 포괄법은 효소가 반투막성의 폴리머에 포괄되어 있기 때문에 기질이나 반응 생성물이 고분자 물질인 경우에는 사용할 수 없다.

이같이 효소의 고정화 방법에는 여러 가지가 있으나 어떤 방법을 사용하면 이상적인가 당황하는 경우가 많다. 현재 모든 효소의 고정화에 적용할 수 있는 이상적인 방법은 없다. 이상 살펴본 여러 방법에는 각기 특징과 장단점이 있다. 따라서 효소의 이용 목적에 따라 고정화 방법을 택해야 할 것이다.

일반적으로 기질이나 반응 생성물이 비이온성 결합인 경우는 이온 결합법이 간단하고 좋다. 그러나 이온성인 경우는 성공한다는 보장이 없다. 따라서 다른 방법을 찾아 지지체량과 효소량의 관계, 고정화 반응의 pH, 온도, 시간, 안정화제 등을 상세하게 검토하여 활성이 높은 방법을 찾아야할 것이다.

13.4
바이오리액터

유리의 효소나 고정화 효소 또는 고정화 미생물을 이용하여 유용생물을 생산하는 반응기를 바이오리액터(bioreactor, 생물반응기)라고 한다. 바이오리액터는 유용물질 생산에만 사용되는 것이 아니고 분석화학, 에너지 변화, 환경 보존 등 광범위한 분야에 이용되고 있다.

1. 바이오리액터의 종류

바이오리액터는 배치(batch, 分回式)식과 연속식으로 크게 나누어진다. 현재 공업적으로 많이 사용되는 것은 배치식이다.

연속식 리액터는 완전 혼합형 리액터, 관막(hollow fiber) 리액터, 유동조형(流動槽型) 리액터, 회전 원반형 리액터, 충전조형(充塡槽型) 리액터 등으로 분류된다(그림 13.14). 연속식 리액터는 생산량당의 반응 용적이 적어서 인건비가 낮고, 계측 제어가 비교적 쉬워서 제품의 품질을 유지할 수 있다. 그러나 공업적인 규모로 이용되고 있는 예는 적다.

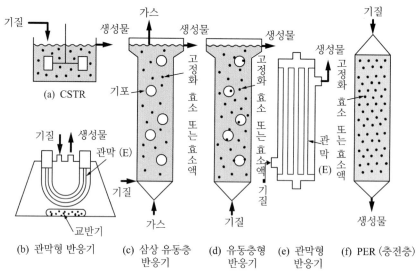

그림 13.14 바이오리액터

(1) 완전 혼합형 리액터

고정화 효소나 고정화 균체를 리액터에 넣고 기질을 연속적으로 공급하여 충분히 교반 혼합하여 반응시키는 방식이다. 효소나 균체 또는 고정화 효소 등이 유출될 염려가 있으나 간편하다.

(2) 충전조형 리액터

고정화 효소나 고정화 균체를 컬럼형 리액터에 채우고 컬럼 위나 아래로 기질을 연속적으로 보내 효소와 반응시켜서 물질을 생산하는 방식으로 가장 간단한 리액터의 하나이다. 이온 결합으로 DEAE-Sephadex에 aminoacylase(아실아미노산 가수분해효소)를 고정화시킨 것이 가장 먼저 실용화되어 L-아미노산을 연속생산하였다. 현재 고정화 효소를 사용한 바이오리액터는 대부분 이 방식이다.

(3) 유동조형 바이오리액터

기질 용액의 점성이 높으면 혼합이 불충분하여 효율이 떨어지지만, 압력 손실은 크지 않기 때문에 이 리액터가 사용된다. 응집성 효모 등을 사용하여 맥주를 연속 제조하는 데 사용되고 있다. 그러나 유동에 에너지를 요한다. 생성물의 종류, 반응 조건에 따라서는 이 방식이 적합한 경우도 있다.

(4) 기타

회전 원반형 리액터나 산소 유동형 리액터는 산소를 기질로 하거나, 가스가 생성되는 반응에 사용한다.

또 막형 리액터는 효소를 막표면에 고정한 경우, 효소를 고정화하기 어려운 경우, 다효소계나 보조효소계의 사이클을 포함한 경우에 이용한다. 그러나 막이 막히는 문제점이 있다. 그래서 막 표면에 흡착한 물질을 제거하는 데 많은 시간이 소요된다. 그러나 현재는 매우 가는 관막을 사용한 리액터가 만들어지고 있어서 매우 효율적으로 효소 반응시킬 수 있다.

2. 바이오리액터의 특성

리액터 방식이나 크기, 온도, 압력, pH, 점도 등 여러 조건에 따라 기질과 효소와의 반응은 크게 달라진다. 그러므로 가장 효율 높은 반응이 진행되도록 최적 반응조건을 유지해야 한다. 그래서 바이오리액터의 계측제어는 중요하다. 바이오리액터를 설계할 때 고정화한 효소나 균체의 표면균막, 즉 경계막에서의 물질 이동과 그 경계막의 반응을 충분히 검토해야 된다.

분회식 바이오리액터는 연속식에 비해 설비비가 싸다. 정상적인 반응에는 기질 소비, 고정화 효소 활성의 저하, 미생물 생성 등 여러 관계를 고려하여 엄밀하게 제어해야 한다. 고품질을 대량, 연속적으로 얻을 수 있고, 일손이 안드는 연속 프로세스가 유리하다.

연속 생산에는 컴퓨터로 반응을 설계, 제어하는 것이 좋고 조작하기도 쉬워진다. 그러나 컴퓨터에는 특정 물질을 선택적으로 검출하는 여러 센서나 정밀한 속도론적, 화학량론적 데이터도 필요하다.

바이오리액터는 리액터 내의 많은 물리적 환경인자 및 화학적 환경인자를 신속하고 정확하게 측정하여, 시스템 전체를 최고 수율로 올리도록 설계, 제어되어야 한다.

3. 바이오리액터를 사용한 유용물질의 생산

바이오리액터는 발효공업에서는 아미노산, 핵산, 유기산, 항생물질이나 기타 생리활성 물질 등을 생산하고 있으며, 식품공업에서도 중요한 위치를 차지하고 있어서 락트당 분해 우유나 치즈 등에 고정화 효소를 응용하고 있다.

화학공업에서도 바이오리액터로 프로필렌옥시드, 아크릴아미드를 생산하고 있으며, 에너지 효율이 매우 높기 때문에 주목받고 있다.

바이오리액터로 L-이소루신, L-메티오닌, L-페닐알라닌, L-트립토판, L-발린 등의 아미노산이 생산되고 있다.

푸마르산에 fumarase(푸마르산 수화효소)를 작용시켜서 L-말산 등의 유기산을 생성하고, 아미노산에 D-amino-acid oxidase(D-아미노산 산화효소)나 L-amino-acid oxidase를 사용하여 α-케토산을 생성하고 있다.

또 고정화 효소로 여러 물질을 생산하고 있다. 즉, lipase(지방질 가수분해효소)로 고급지방산을, histidine ammonia-lyase(히스티딘 탈암모니아-분해효소)로 L-히스티딘에서 우로카닐산을 생산하고 있다.

또 glucose isomerase(글루코오스 이성질화효소)로 글루코오스를 프룩토오스를 바꾸고, lactase(락토오스 가수분해효소)로 우유 락트당을 분해하여 저락트당 우유 생산, invertase(β-프룩토푸라노시드 가수분해효소)를 사용한 전화당 생산, 아밀라아제를 사용한 덱스트린이나 말토오스 글루코오스 등의 제조, cellulose(셀룰로오스 가수분해효소)를 사용한 글루코오스 제조 등 많은 응용 예가 있다.

또 핵산계 화합물 생산, 항생물질 생산, 스테로이드 생산, 기타 여러 가지 물질의 생산에 사용되고 있다.

13.5
화학분석

효소의 높은 기질 특이성은 단백질, 펩티드, 핵산이나 다당류 및 미생물 세포벽의 구조결정에 크게 도움을 주었다. 효소는 아미노산의 입체 특이성 결정에도 매우 유용하다. 화학분석이나 단백질 구조결정용 시약으로서 자주 사용되는 효소를 표 13.9 및 표 13.10에 제시한다.

기타 핵산구조결정에 사용되는 여러 nuclease(핵산가수분해효소), 당구조 결정에 사용되는 acetylhexosaminidase(아세틸헥소사미니드 가수분해효소), chondroitinase(콘드로이틴 A, B, C 분해효소), chondrosulfatase(콘드로 황산 가수분해 효소) 등이 시판되고 있다. 세균 세포벽에 작용하는 효소를 그림 13.15에 제시한다.

표 13.9 생체 성분 및 일반화학 분석용 효소

측정물질	사용효소	최종 측정물질
Glycogen	Glucoamylase, glucose oxidase	H_2O_2
Sucrose	Invertase, glucose oxidase	H_2O_2
Lactose	β-Galactosidase, glucose oxidase	H_2O_2
Fluctose-6-phosphate (Glucose-6-phosphate)	Glucosephosphateisomerase, Glucose-6-phosphate dehydrogenase	NADPH
Pyruvate(lactose)	Lactate dehydrogenase	NAD^+(NADH)
ATP	3-Phosphoglycerine kinase + Glycerol-3-phosphate dehydrogenase	NAD^+
Ethanol(acetaldehyde)	Alcohol dehydrogenase	NADH(NAD)
Oxoglutarate(L-glutamate)	Glutamate dehydrogenase	NAD^+
D-아미노산	D-Amino-acid oxidase	H_2O_2
L-아미노산	L-Amino-acid oxidase	H_2O_2
Glycerin	Glycerol oxidase	H_2O_2
L-Malate(oxaloacetate)	Malate dehydrogenase	NADH NAD^+
무기인	Glycogen phosphorylase + phosphoglucomutase + glucose-6-phosphate dehydrogenase	NADPH

표 13.10 단백질 구조 결정에 사용되는 효소

효소	특이성(절단위치)	효소원
Trypsin	Y-Arg $\downarrow$ Y(X) Y-Lys $\downarrow$ Y(X)	소췌장
Thermolysin	Y $\downarrow$ Hydrophobic amino acid-Y(X)	*B. thermoproteolyticus*
Clostripain	Y-Arg $\downarrow$ Y(X)	*Cl. histolyticum*
Lysine specific endopeptidase	Y-Lys $\downarrow$ Y(X) Y $\downarrow$ Lys-Y(X)	*Achromobacter lyticus* *Mycobacter AL-I* *Armillaria mellea*
Glutamic acid specific endopeptidase	Y-Glu $\downarrow$ Y(X) [a]	*Staphylococcus aureus* V8
Proline specific endopeptidase	Y-Pro $\downarrow$ Y(X)	*F. meningosepticum* 새끼양 신장, 동물뇌
Proline iminopeptidase	Pro $\downarrow$ Y(X)	*E. coli*, 돼지 신장 *B. megaterium*
Dipeptidyl aminopeptidase IV	X-Pro $\downarrow$ Y(X)	*F. meningsepticum*, 신장

(계속)

효소	특이성(절단위치)	효소원
Aminopeptidase P	X $\downarrow$ Pro – Y(X)	*E. coli*
Carboxypeptidase B	Y $\downarrow$ Lys, Y $\downarrow$ Arg	췌장
Aromatic amino acid specific carboxypeptidase	Y $\downarrow$ Trp, Y $\downarrow$ Try, Y $\downarrow$ Phe	*Phymatotricum omnivorum*
Glutamic acid specific carboxypeptidase	Y $\downarrow$ Glu, Y $\downarrow$ Gln	*Pseudomonas*
Pyroglutamyl peptidase	Pyr $\downarrow$ Y(X)	*B. amyloliquefaciens*, *Pseudomonas*, 닭간장

Y : Peptide , X : Amino acid 또는 amide, Pyr : Pyroglutamyl   a) 산성에서는 Asp에도 작용

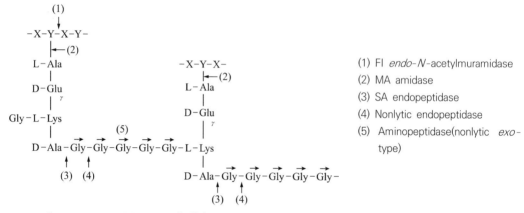

(1) FI *endo-N*-acetylmuramidase
(2) MA amidase
(3) SA endopeptidase
(4) Nonlytic endopeptidase
(5) Aminopeptidase(nonlytic *exo*-type)

그림 13. 15 S. *aureus* peptideglycan에 대한 *Streptomyces albus* G 효소균의 작용점

13.6
환경정화

공업화에 따른 오염과 폐기물에 의한 공해는 매우 심각하다. 공해는 자연뿐 아니라 인간의 생명까지도 위협한다. 이를 해소하기 위해 많은 오염 방지법과 처리법이 있다. 오염 물질과 유해 물질은 효소에 의해 분해내지 무독화시킬 수 있다. 따라서 효소법으로 환경을 정화할 수 있다.

1. 탈할로겐 효소

DDT, BHC, PCB 등 염소계의 농약이나 화학물질은 매우 분해되기 어렵다. 특히 C – Cl 결합이 많을수록 미생물이 분해하기 어렵다. 그러나 모노할로겐화 아세트산의 탈할로겐화 효소는 모노클로로, 모노크로모, 모노요오드 아세트산에 작용하여 할로겐이온과 글리콜산을

생성한다. 이 효소는 다음 반응을 촉매한다.

$$FCH_2COO^- + OH^- \rightarrow HOCH_2COO^- + F^-$$

2. 시안 및 니트릴 분해효소

시안화합물은 RCN으로 나타낸다. R이 H일 때는 시안산, 알킬기나 아릴기일 때는 니트릴이다. 시안산은 도금공장에서 사용되며, 니트릴은 제초제에도 사용된다. 또 플라스틱 합성에도 사용된다. 시안산은 맹독성 물질이다.

(1) Cyanide hydratase(시안화물 수화효소)

*Stemphylium loti*의 포자에서 나오는 효소로 다음과 같은 반응을 촉매한다.

$$HCN + H_2O \rightarrow HCONH_2$$

(2) Nitrilase(니트릴 가수분해효소)

콩잎이나 *Fusarium* 속 사상균 등에는 인돌아세토니트릴에 작용하여 인돌아세트산을 생성하는 nitrilase가 있는데 다음 반응을 촉매한다.

$$①CH_2CN \rightarrow ①CH_2COOH + NH_3$$

①는 인돌기이다. Nitrilase는 여러 미생물에 분포되어 있다.

(3) Rhodanese(티오황산 황전달효소)

티오황산염에서 티오시안염과 아황산염을 생성하는 반응을 촉매하는 효소이다.

$$S_2O_3^{2-} + CN^- \rightarrow SCN^- + SO_3^{2-}$$

간장이나 신장 등에 많이 존재하며, 미생물계에도 폭넓게 존재한다.

3. 유해 금속화합물에 작용하는 효소

(1) 수은 환원효소

Pseudomonas 속 세균은 H^{2+}를 금속수은($Hg°$)으로 전환시키는 효소를 생산하는 것이 있다. 이 효소는 널리 분포되어 있다. 반응은 다음과 같다.

$$Hg^{2+} + NADPH_2 \xrightarrow{\text{SH comp}} Hg^\circ + NADP$$

(2) 유기수은의 C - Hg 결합을 절단하는 효소

수은 내성의 *Pseudomonas* 속 세균에 존재하며 다음 반응을 촉매한다.

$$\underset{\text{메틸수은}}{CH_3 - Hg^+} \xrightarrow{\text{SH comp}} \underset{\text{메탄}}{CH_4} + Hg^{2+}$$

$$\underset{\text{페닐수은}}{C_6H_5 - Hg^+} \xrightarrow{\text{SH comp}} \underset{\text{벤젠}}{C_6H_6} + Hg^{2+}$$

(3) 기타 유해금속에 작용하는 효소

슈도모나스 속에는 아비산을 비산으로 산화하는 아비산탈수소효소를 분비하는 것이 있다. 효모에서는 아셀렌산을 금속셀렌으로 환원하는 효소가, *Mycobacterium avium*에서는 아텔루루산을 금속텔루루로 환원하는 아텔루루산 환원효소를 분비한다.

4. 합성 고분자물 분해효소

합성 고분자물질이 효소에 의해 분해되는 경우는 수용성이거나 유화 상태인 경우에 한한다.

(1) 폴리비닐알콜(PVA) 분해효소

슈도모나스 속 세균이 생산한다. 산소 존재 하에 PVA를 산화적으로 분해하여 H_2O_2를 생산하며, 제2급 알코올에 작용한다. 그러나 폴리비닐 아세테이트에는 작용하지 않는다. PVA의 분해에는 oxidase와 C - C 결합을 끊는 hydrolase가 함께 작용하는 것으로 생각된다.

(2) 나이론 분해효소

나이론 6은 카프로락탐($HN - (CH_2)_5 - CO$)을 중합시켜 만든다. 이때 부산물로서 6-아미노카프론산의 고리 올리고머와 여러 길이의 사슬형 아미노카프론산이 생긴다.

*Corynebacterium aurantiacum*은 6-아미노카프론산의 올리고머를 가수분해하는 효소 두 가지를 분비한다. *Achromobacter guttatus*에는 6-아미노카프론산의 고리형 다이머를 가수분해하여 곧은 사슬로 만드는 효소와 다이머를 다시 모노머로 가수분해하는 효소가 있다.

13.7
Biomass의 식량화

지구상에 도달하는 태양 에너지의 약 0.1%는 녹색식물에 의해 고정되어 1년에 1,500~2,000억 톤의 식물 유기화합물을 생성한다. 이 유기화합물의 약 반은 섬유소(cellulose)이다(그림 13.16). 나머지 반은 리그닌과 헤미셀룰로오스가 반씩 차지한다.

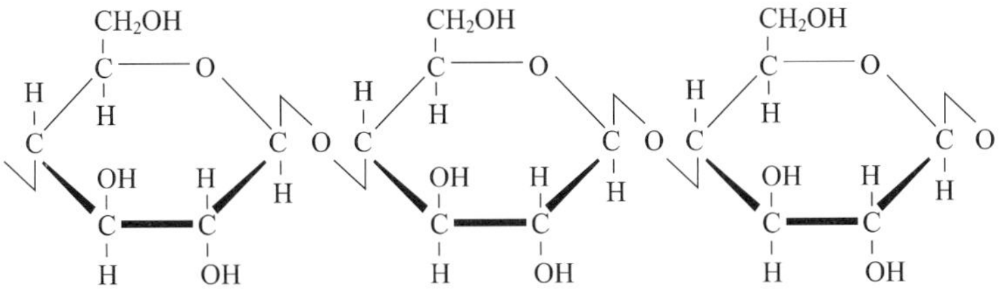

그림 13.16 Cellulose
포도당이 β-1.4-glucoside 결합으로 중합되어 있다.

세계의 주요 곡물은 밀, 벼, 보리, 연맥, 호밀 등의 순으로 생산되고 있다. 이들 곡물은 거의 같은 중량의 짚을 함께 생산한다. 밀짚, 볏짚, 보릿짚은 중요 생물자원이다.

볏짚에는 리그닌이 함유되어 있기 때문에 수산화나트륨 용액이나 가압증기로 가열하여 리그닌을 제거한다.

셀룰로오스는 도시 폐기물에도 많다. 미국에서는 도시 폐기물의 50%가 셀룰로오스, 영국에서는 38% 이상이 종이류, 20%가 야채 부스러기 잔사 등이라고 한다.

셀룰로오스를 분해하는 것은 cellulase(셀룰로오스 가수분해효소)이다.

가장 강한 cellulase는 불완전균에 속하는 *Trichoderma viride*가 생산하며 이는 표고버섯 재배용 나무에 번식하는 유해균으로 알려져 있다. 이 균이 생산하는 cellulase는 거름종이 분해작용이 가장 강하다.

이 균을 유전적 육종이나 배양조건의 검토로 cellulase 생산량은 비약적으로 증가하였다. 이 균의 이름은 *T. reesei*로 바뀌고 있다. 이 균이 생산하는 cellulase는 표 13.11과 같이 세 종류 네 가지가 있다.

표 13.11 *Trichodema viride*가 분비하는 cellulase

효소명	분자량 ($\times 10^{-3}$)	기질에 대한 작용			
		Carboxymethyl cellulose	마이크로 결정 cellulose	재침전 cellulose	Cellotetraose
Endo-β-1,4-glucanase I	12.5	+	−	+	+
Endo-β-1,4-glucanase II	50	+	−	+	+
Exo-β-1,4-glucanase	42	−	+	+	+
Cellobiase(β-glucosidase)	47	−	−	+	+

효소가 각기 나누어진 상태로는 거름종이 분해력은 강하지 않으나 네 가지를 합하면 거름종이 분해작용이 강해진다. 이들 효소 중 단독으로는 exo-β-1,4-glucanase(글루칸 β-1,4-글루코시드 가수분해효소)만 마이크로 결정 셀룰로오스에 대한 분해작용을 한다(그림 13.17).

1. 리스의 가설(1950)

결정 cellulose $\xrightarrow[c_1]{\text{Cellulase}}$ 활성형(부정형) cellulose $\xrightarrow[c_2]{\text{Cellulase}}$ Cellobiose $\xrightarrow{\text{Glucosidase}}$ Glucose

2. 현재까지 알려진 cellulose의 분해 메커니즘

천연 cellulose $\xrightarrow{\text{Endo-}\beta\text{-1,4}\atop\text{Glucanase}}$ Cellulose $\left(\begin{array}{c}\text{비결정 부분이}\\\text{가수분해된 것}\end{array}\right)$ $\xrightarrow{\text{Exo-}\beta\text{-1,4}\atop\text{Glucanase}}$ Cellobiose $\xrightarrow{\text{Glucosidase}}$ Glucose

그림 13.17 Cellulose의 분해 메커니즘

Cellulase는 셀룰로오스를 가수분해하여 포도당으로 만든다. 포도당은 식량이 된다. 포도당을 알코올 발효시켜서 알코올을 만들어 연료로 사용할 수도 있다. 그러나 아직 만족스런 cellulase가 없기 때문에 셀룰로오스의 이용 효율은 매우 낮다. 그래서 많은 학자들이 강력한 cellulase를 얻기 위해 노력하고 있다.

13.8
세제

효소가 가장 많이 이용되는 분야는 세제공업이다.

옷의 때는 먼지, 땀, 혈액, 과즙, 소스, 당류 및 기름 등의 성분으로 기름 75%, 무기질 15%, 단백질 10% 정도로 구성되어 있다.

비누의 주성분인 계면활성제는 기름 때는 잘 빼지만 옷깃 등의 단백질 때에는 효과가 없다. 효소인 protease(단백질 가수분해효소)는 단백질 때, cellulase(셀룰로오스 가수분해효소)는 면에 끼어 있는 때, lipase(지방질 가수분해효소)는 기름 때, α-amylase(녹말 가수분해효소, 액화형)는 녹말 때를 분해하여 계면활성제의 효과를 높인다. Protease는 표백에도 사용한다.

1. 세제 성분

세제에는 계면활성제, 킬레이트 빌더(builder, 세제 첨가제), 알칼리 빌더, 형광증백제, 효

소가 들어 있다. 계면활성제는 알킬벤젠설폰산염(LAS), α-올레핀설포네이트(AOS), 알킬황
산염(AS). α-설포지방산메틸에스테르염(a-SF) 등으로 계면장력 저하, 가용화, 분산작용을
한다.

계면활성제는 알칼리 환경을 만들기 때문에 세제용 효소는 알칼리에서 안정하게 작용할
수 있어야 하고, 계면활성제, 칼슘 포착용 빌더, 형광증백제, 산화표백제, 프로테아제, 저온
등에 영향을 받지 않아야 한다.

2. Cellulase

면의류를 반복하여 빨면 보풀이 생기고 얽혀서 경도를 증가시키고 퇴색과 얼룩을 만드
는 데, cellulase는 보풀과 얼룩 제거, 연화작용, 선명화 작용, 광택작용을 한다. *Humicola
insolens, Bacillus* sp. KSM-635의 알칼리 셀룰라제는 빨래가 이루어지는 pH 10의 알칼
리성에서도 활성을 나타내고 킬레이트제, 계면활성제, 알칼리 프로테아제에 영향을 받지
않는다.

면섬유 의류의 때는 섬유 안의 2차층의 층간 물분자와 셀룰로오스 분자가 수소 결합으로
겔화한 비결정겔 구조에 갇혀서 세척 성분이 작용하기 어렵다. 셀룰라제는 겔상 셀룰로오
스 일부를 가수분해하여 때를 유리시켜 계면활성제가 작용하도록 하여 면섬유 밖으로 때를
제거한다.

3. 프로테아제

*Bacillus licheniformis, B ants*의 protease는 단백질을 분해하며 알칼리에서 잘 작용하고 안
정성이 높고 최적 온도도 높다.

4. 아밀라아제

*Bacilus icheniformis*의 α-아밀라제는 중성에서 녹말을 분해하며 제올라이트 등의 칼슘
포착 빌더에 영향을 받지 않는다.

5. 리파아제

리파아제는 중성지방을 모노글리세리드와 글리세롤, 유리 지방산으로 분해한다. 사상균

*Humicola anaginosa*의 리파아제는 숙주 *Aspergillus oryzae*가 생산하며 알칼리, 계면활성제, 프로테아제에 대하여 안정하고 기질특이성이 넓어서 대부분의 식용유를 가수분해한다.

13.9 피혁

1. 준비

준비단계는 지방, 피근 단백질(elastin, keratin, albumin, globulin) 등 불필요한 부분을 기계적으로 석회·알칼리성 효소 등으로 제거하고, 가죽의 주성분인 콜라겐 단백질만 남긴다. Protease를 사용하면 무두질에서 탄닌제가 잘 흡수되고 콜라겐 섬유 사이의 불필요한 단백질도 분해 제거하여 가죽이 부드러워진다.

2. 침지

저장 가죽을 물에 담가 석회 담금과 탈모 준비 작업을 한다. 말린 원피는 수분 공급에 시간이 걸리므로 protease로 섬유 사이의 단백질을 분해하여 수분 흡수를 촉진시킨다.

3. 탈모

가죽의 털을 소석회와 아황산나트륨으로 녹이면 콜라겐 섬유가 손상된다. 대신 protease를 사용하면 손상되지 않고 털이 잘 빠진다. 발한법(發汗法)은 부패세균 효소, 효소 탈모법은 pancreatin(췌장의 단백질 가수분해효소)으로 처리한다. 효소 탈모법은 단백질 섬유의 변성과 손실이 적고 탄닌 흡착률이 높아서 가죽이 질겨지고 털의 손상도 적고 탈지도 이루어진다.

4. 탈지

계면활성제와 용제 대신 lipase로 탈지하면 피부 밖뿐 아니라 내부의 지방질도 분해되어 효율이 높고 가죽에 영향을 미치지 않는다.

5. 배팅(脫灰 Bating)

가죽에 스며든 석회를 효소로 제거하는 방법으로 분욕법은 닭똥 등을 며칠 썩혀서 발생하는 암모늄염과 protease로 처리한다. 작용 효소는 pepsin, trypsin, rennet(chymosin), amylase, lipase 등이다. 부드러운 장갑용 가죽은 강하게 배팅하고, 질기고 딱딱한 구두용 바닥 가죽은 가볍게 배팅하고, 구두 가죽은 중간 정도로 배팅한다.

13.10
섬유

효소는 섬유공업에서 녹말풀 제거용 아밀라아제, 청바지 탈색 및 면섬유의 후가공용 셀룰라아제, 표백 후의 잔류 과산화수소 제거용 카탈라아제, 세제 첨가용 프로테아제, 면의 정련용 펙티나아제(폴리갈락투론산 가수분해효소), 섬유의 표백 및 청바지 탈색용 퍼옥시다아제(과산화효소), 염색폐수의 염료 분해용 퍼옥시다아제, 합성섬유의 친수성 증가용 esterase(에스테르 가수분해효소), aminase(아민 가수분해효소), nitrilase (니트릴 가수분해효소) 등을 사용한다.

효소는 사용 후 분해되고 중성 pH에서 사용하므로 환경문제를 발생시키지 않고, 기질 특이성이 높아 부반응으로 인한 섬유 손상이 적고, 소량으로도 효과와 반응속도가 빠르고 저온에서 작용하여 에너지를 절약하여 준다.

1. 보풀

면섬유에 cellulase를 작용시키면 유연성과 광택, 착용감, 부드러움, 흡수성이 증가하고 보풀이 제거된다. 섬유구조에는 영향을 주지 않지만 강하게 작용시키면 강도와 무게가 저하하므로 효소 첨가량, 반응 시간, 온도 등을 조절해야 한다.

산성 셀룰라아제는 유연성이 좋은 대신 감량이 많고, 중성 셀룰라아제는 인디고 염료에 의한 오염이 적고 감량도 낮다.

작용 메커니즘은 엔도형 glucanase(글루칸 가수분해효소)가 셀룰로오스 사슬을 끊으면 cellobiohydrolase(셀로비오스 가수분해효소)가 절단된 사슬 끝에서 cellobiose를 분해하고, 그것을 β-glucosidase(cellobiase, β-글루코시드 가수분해효소)가 glucose로 분해한다.

2. 청바지

새 청바지를 오래 입은 것으로 보이기 위해서는 자갈통에서 마모 탈색시키는 방법을 사용한다. 그러나 고르게 탈색되지 않으므로 *Trichoderna reesei*의 산성 cellulase나 사상균의 중성 셀룰라아제로 부분 분해하여 탈색시킨다. 자갈 마모 방법은 2시간 걸리지만 셀룰라아제

처리 방법은 30분 걸린다.

염료를 laccase(페놀 산화효소)로 분해하여 효과를 내는 방법도 있다. 산성 셀룰라아제는 효과가 뛰어난 대신 단백질 때문에 제거된 염료가 재부착하므로 protease로 분해하여 방지한다.

3. 호발(desizing)

실에 먹인 풀을 빼는 작업을 말하며, 산화 호발제 대신 amylase를 사용한다. α-아밀라아제는 녹말 사슬을 여기저기 분해 액화시켜서 점도를 떨어뜨리고 셀룰로스에는 영향을 미치지 않는다. 내열성 효소를 사용하면 90℃ 이상에서 단시간 분해한다. 지방질 분해는 lipase를 혼용한다. 아세테이트, 레이온 등에 사용된 젤라틴은 세균 protease로 제거한다.

4. Pectinase 정련

면섬유 표면의 지방질, 왁스, 단백질, 펙틴 등의 불순물을 알칼리로 제거하려면 물이 다량 필요하고, 셀룰로오스를 녹여서 무게를 감소시키므로 알칼리성 pectate lyase(펙트산 분해효소)로 왁스를 제거하여 흡수성을 증가시킨다.

5. Glucose oxidase에 의한 과산화수소 표백

글루코오스 옥시다아제(글로코오스 산화효소)는 포도당을 산화시켜서 글루콘산과 과산화수소를 생성시키며, 생성된 과산화수소가 표백작용을 한다. 포도당은 호발로 생성된 것을 이용한다.

6. Catalase에 의한 과산화수소 제거

면직물을 과산화수소로 표백하면 잔류 과산화수소의 제거에 물이 많이 필요하므로 카탈라아제로 물과 산소로 분해하여 제거한다. 그러나 고온과 강알칼리성 표백 조건에서 견디어야 한다.

7. Peroxidase에 의한 염색 폐액 염료 제거

염색 폐수는 COD, BOD, 유독성분, 잔류 염료 함량이 높다. 잔류 염류는 흡착, 이온교환수지, 전기응집, 막여과, 오존 등의 방법으로 분해하거나 회수하였다.

그러나 설비비와 운영비가 높고 특정 염료에만 효과가 있고, 방향족 염료는 분해가 느리다. 그래서 흰썩음병균이 생산하는 laccase, lignin peroxidase(리그닌 과산화효소), manganese peroxidase(망간 과산화효소)를 사용하면 방향족 화합물, 아조 결합, 클로로페놀 등을 효과적으로 분해한다. 락카아제는 합성 염료의 50%를 차지하는 아조 염료 분해력이 뛰어나므로 고정화하여 사용한다.

8. 수축방지

면섬유를 말리면 섬유가 꼬여서 수축하므로 cellulase로 외곽의 셀룰로오스 사슬을 부분 분해하여 장력을 줄여 개선한다.

9. 비단

알칼리 protease는 fibroin을 둘러싼 sericin을 분해하여 광택과 촉감을 향상시킨다.

10. 양모

양모는 표면의 비늘 때문에 마찰하거나 세탁하면 수축하므로 chlorine으로 비늘을 제거하여 방지하지만 양모가 거칠어진다. 실리콘 등으로 코팅하여 방지하려면 고가의 설비가 필요하다. 반면 세균 protease로 비늘을 제거하면 수축이 방지되는 것은 물로 표면이 매끄러워져서 광택이 증가하고 촉감이 개선된다.

양모 섬유 표면의 소수성 지방질은 염색을 방해하므로 lipase로 분해 제거하여 염색 효율을 높인다. Protease를 작용시키면 섬유 속 공간을 넓혀서 염색 효율이 높아지지만 너무 가수 분해하면 모섬유가 가늘어져서 강도가 떨어진다.

11. 마섬유의 정련

마는 대마초를 말하며, 줄기의 껍질을 벗겨서 섬유, 즉 삼실을 만든다. 전통적으로는 물에 담가 썩힐 때 발생하는 pectinase(폴리갈락투론산 가수분해효소) 등의 세균 효소의 작용으로 껍질을 분리시키는데 썩는 냄새가 나고, 폐수가 발생하고, 날씨에 따라 효율이 나쁘므로 cellulase, hemicellulase(헤미셀룰로오스 가수분해효소), pectinase 복합 제제로 마섬유 주위의 불용성 펙틴을 녹여서 해결한다.

12. 합성섬유

합성섬유인 폴리에스터는 뻣뻣하고 소수성이라 흡수성이 낮아서 착용감이 떨어지므로, 알칼리로 녹여서 감량시키는데, 폐수가 다량 발생하므로 esterase로 에스테르 결합을 분해하여 부드럽게 한다. 폴리아미드 섬유와 폴리아크릴 섬유에는 amidase(아미드 가수분해효소)와 nitrilase(니트릴 가수분해효소)를 사용한다.

13. 면직물 강도 증가

면직물은 합성섬유보다 잘 구겨지므로 dihydroxyethylene urea로 유연성을 증가시켜 주름을 방지한다. 그러나 강도가 저하되므로 protease로 유연성과 강도를 증가시킨다.

14. 헥소키나아제를 이용한 면의 개량

Hexokinase(헥소오스 키나아제)는 셀룰로오스에 인을 첨가하여 면섬유의 염료 친화력을 높여서 염색 효율을 증가시키고 방염효과를 부여한다.

13.11
미용

1. 전신 미용

전신미용에 protease, lipase, amylase 등을 첨가한 목욕제는 피부 노폐물 제거에 효과가 크다.
치약에 프로테아제를 첨가하여 담배 냄새를 제거하기도 한다.

2. 스킨 케어

피부노화 방지나 클렌징 크림에 효소를 이용한다. 스킨 케어팩에는 피부 각질을 제거하는 프로테아제를 사용하고, 노화방지용에는 피부의 자유 라디칼을 제거하는 superoxide dismutase(초산화물 불균등화효소)를 사용한다.

3. 헤어 케어

산화 염료는 모발에 염료를 침투시킨 후 산화 중합시켜서 염색하는데 사용하는 과산화수소는 모발을 산화 손상시키므로, 양을 줄이고 glucose oxidase(글루코오스 산화효소), uricase
(우르산 산화효소), glycerol oxidase 등을 보조제로 사용한다.

13.12
향료

꽃의 향기는 향기 성분이 효소와 반응하여 향기를 낸다. 향기 성분은
배당체와 결합되어 있다. 이 향기 성분 용액에 아밀라아제가 칠해진 천을
통과시키면 향기 성분이 배당체에서 가수분해되어 향기가 발생한다. 이
런 방법을 사용하면 향기가 오래 난다. 이 제품은 화장실 냄새를 없애는
데 사용되고 있다.

화장실 등에 사용하는 효소 방향제는 향성분이 당과 결합하고 있다가 아밀라아제가 가수
분해하면 향이 생성되어 천천히 오래 방출된다.

13.13
제지

1. 풀의 사용

종이는 펄프를 물에 풀어 약품과 부원료를 혼합 성형하고 녹말풀로 섬
유소를 코팅하여 강도와 탄력을 향상시킨 다음, 녹말의 점도를 감소시키
기 위해 가열, 산, 효소 처리한다.

2. 수지제거

적송 펄프의 송진은 제지기, 저장탱크, 롤러 등에 피치로 쌓이고 묻어서 종이가 끊기고
구멍이 난다. 그래서 원목을 야적하여 분해시키거나 금속 화합물이나 계면활성제로 흡착 분
산시켜서 제거하였으나 시간이 오래 걸리고, 야적장이 넓어야 하고, 색상과 수율이 좋지 않
고 경비가 많이 든다. 주성분은 트리글리세리드 지방질이므로 lipase로 제거한다.

3. 표백

펄프의 lignine은 직색되므로 황산나드륨과 수신화나드륨 혼합액으로 분해하여 크래프드
펄프(kraft pulp)를 만드는 데 표백이 어렵다. 크래프트 펄프의 리그닌을 염소계 화합물로 제
거하면 환경을 오염시킨다. Hemicellulose와 리그닌을 xylanase(크실란 1,3-β 크실로시드 내
부가수분해효소)와 ligninase로 제거하면 거친 구조를 분해하여 부드러워지고 갈색 색소를

분해 탈색시켜서 문제가 해결된다.

신문지 등의 폐지를 재활용할 때 잉크는 알칼리 cellulase로 제거한다.

13.14
식기세척

자동 식기세척기용 세제의 인산염과 염소 표백제는 산소 표백제를 사용하고, 규산염을 사용하여 pH 10, 55℃에서 세척하므로 환경문제, 안전문제, 식기 손상 문제를 일으키지만 효소제는 문제가 없다. α-아밀라아제는 식기에 붙은 녹말 때, 프로테아제는 단백질 때, 리파아제는 기름 때 제거용으로 첨가하며 내알칼리성, 내열성 효소를 사용한다.

13.15
사료

소화력이 약한 돼지새끼, 병아리, 송아지 등의 사료는 효소로 분해하여 소화 흡수력을 높인다.

보리, 밀, 호밀 등의 곡물 사료에는 cellulase, hemicellulase, α-amylase, pectinase를 사용하고, 콩, 유채, 완두콩에는 protease, cellulsase를 사용한다.

곡물과 두류에 함유된 유기인은 난소화성 피트산(이노시톨-6-인산에스테르)의 구성성분으로 아연, 철, 칼슘, 마그네슘 등과 결합하여 흡수를 저해하므로, *Aspergillus oryzae*, *Bacillus subtilis* 등의 myo-inositol hexaphosphate phosphohydrolase(미오이노시톨 인산가수분해효소)로 이노시톨과 무기인으로 가수분해하면 흡수된다.

13.16
산화방지

Glucose oxidase(글루코오스 산화효소)는 산소를 모두 사용하여 완전한 혐기상태를 만들 수 있으므로, 산소 제거, 글루코오스 제거, glucose acid 생산에 이용된다.

통조림, 병조림 등의 밀폐용기 안에 산소가 존재하면 내용물이 착색되거나 풍미가 손상되므로 글루코오스 산화효소로 산소를 제거하고, 통조림은 철이나 주석의 용출을 감소시킬 수 있다.

저장식품에 당이 있으면 갈변 반응이 일어나는데 글루코오스 산화효소를 가하면 산소와 글루코오스를 완전히 제거하여 방지할 수 있다.

주스, 산화되기 쉬운 전지유, 커피, 코코아, 고기, 난제품, 버터, 치즈 등에 유효하고, 불안정한 의약품 보존에도 사용된다.

1. 펩티드 합성

효소에 의한 펩티드 합성은 곁사슬 보호와 라세미화가 필요 없고, 부반응이 적다. Protease는 일반 조건에서는 합성 반응을 하지 않으므로 생성물을 침전 제거시키거나 축합 반응보다 빠르게 치환 반응을 시켜서 합성 반응으로 기울게 한다.

아스파탐(L‑Asp‑L‑Phe‑OMe)은 *Bacillus thermoproteolyticus*의 중성 프로테아제 thermolysin에 의한 축합 반응으로 전구체 benzyloxylcarbonyl‑L‑Asp‑L‑Phe‑OMe를 합성한다. 아스파탐은 설탕보다 200배 더 단 인공감미료이다.

2. 자방질 합성

에스테르 합성 및 교환에 *Rhizomucor meihei*의 리파아제가 이용된다.

(1) 에스테르 합성 반응

효소는 1가 알코올에 잘 작용하며 광학이성체 한 가지만 합성한다. 쇠기름 60%와 콩기름 40% 용액에 반응시키면 지방산 변환으로 새로운 트리글리리세리드가 생성되어 물성이 변하며, 팜유의 스테아린과 코코넛유를 반응시키면 고체 지방이 증가하여 버터에 가까워진다.

(2) 글리코리피드 합성

*Candida antarctica*의 lipase 유전자를 *Aspergillus oryzae*를 숙주로 하여 리파제 A, B를 생산한다. 리파제 B는 알킬글루코피라노시드와 지방산의 에스테르화 반응을 촉매하여 $6-O$-모노에스테르를 만든다. 글리코리피드는 비이온계 계면활성제로, 세제, 스킨 케어, 식품 유화제로 사용한다.

금속 제품 가공 시 마찰과 부식 방지용으로 사용한 기름은 도장 시 제거해야 하는데, 트리클로로에탄이나 강알칼리성 세제를 사용하면 환경을 오염시킨다. 효소적으로 합성한 아실에틸글루코시드는 트리클로로에탄보다 세정력이 강하고 자연 분해되어 환경오염을 저하시킨다.

팩, 크림 샴푸 등의 화장품에도 피부에서 불필요한 콜라겐을 가수분해하기 위한 protease와 지질을 제거하기 위한 lipase가 사용된다.

Protease를 첨가한 입욕제는 목욕할 때 때를 가수분해하여 때를 미는 수고를 덜게 하고, 때밀이 수건을 사용하지 않게 하여 여성들의 고운 피부를 유지하게 하고 있다. 술이나 우유로 목욕하는 경우도 다른 성분보다는 효소의 작용으로 피부가 고와진다고 할 수 있다. 그러나 도수가 높은 위스키나 소주류는 피부를 해친다.

피부를 햇볕에 심하게 태워서 생기는 기미, 주근깨는 나이를 먹을수록 증가한다. 햇볕을 받으면 피부가 타는 것은 멜라닌 세포가 활성화되어 tyrosinase(카테콜 산화효소)가 작용하여 티로신에서 멜라닌 색소를 만들기 때문이다. 그러므로 이 반응을 저해하는 코오지산(kogic acid)을 화장품에 배합하여 기미나 주근깨를 방지한다. 코오지산은 곰팡이가 만드는 항균성 화합물로 세포 내의 tyrosinase의 작용을 억제한다.

13.19 플라스틱 분해효소

플라스틱은 분해되지도 않고, 태우면 유독가스를 발생하기 때문에 환경오염의 주범이 되고 있다.

영국의 ICI사는 바이오폴이라는 생분해성 폴리머를 개발하였다. 바이오폴은 폴리에스터로서 수소 세균이 만든다. 이것으로 만든 일회용 면도기를 흙에 버리면 미생물이 지방질 가수분해효소의 작용으로 플라스틱은 2~3년 내에 분해되어 없어지고 칼날은 녹이 슬어 흙이 된다.

13.20 자동차 오염 방지

미국에서는 자동차 연료로 휘발유에 알코올을 10%를 혼합한 개소홀(gashol＝gasoline＋alcohol)이 사용되고 있다. 이것은 무연(납을 함유하지 않음)으로, 휘발유 소비를 줄이고 옥탄가가 높다. 에틸알코올이 옥탄가를 높이므로 연소 효율이 높아진다. 에틸알코올은 녹말에 아밀라아제를 처리하여 글루코오스로 가수분해한 다음 미생물을 발효시켜 만든다. 브라질에서 개소홀로 달리는 차는 700만 대, 알코올로 달리는 차는 300만 대 정도이다.

자동차 윤활유도 생분해성 제품이 있다. 이 윤활유는 미생물의 esterase나 lipase로 가수분해되기 때문에 냇물이나 흙에 버려도 좋다.

13.21
사진

사진 필름에는 감광재로서 은화합물이 젤라틴이 혼합되어 도말되어 있다. 그래서 폐필름에서 은을 회수하기 위해서는 젤라틴을 녹여야 한다. 젤라틴을 녹여내는 데는 주로 알칼리성 protease가 사용된다. 그러나 은에 저해되는 효소가 많으므로 은에 내성이 있는 효소를 사용해야 한다.

요즘에는 필름을 사용하는 일이 적어서 필요성이 없어지고 있다.

효소에 대한 잘못된 상식

건강식품이 범람하고 있다.

효소 제품 중에는 현미효소나 활성효소니, 효소액이니 하는 제품이 많다. 효소액은 단순히 식물의 설탕 추출 용액일 뿐인데, 만병통치 효과를 광고한다.

그러나 식품에 인체에 유효한 작용을 하는 효소가 첨가되었다 하더라도 흡수되지 못하므로, 작용하지 못하고 약품이 아닌 식품에는 약효를 표기하면 안 된다. 그러나 해로운 식품, 불량식품일수록 약효를 앞세워 과대광고를 한다.

14.1
건강 보신식품에 대한 맹목적인 믿음

만병통치약, 불로장생약, 건강증진약이 범람하고 있다. 음식도 음식으로서가 아니고 약효로 팔고, 온갖 음식에 불안한 약재를 넣어서 몸에 좋다고 한다.

뱀은 보신이 된다고 하여 씨를 말리고 있다. 뱀과 물개는 교미 시간이 길기 때문에 잡아먹으면 정력이 강해진다고 믿는 것 같다. 그것은 사람이 새를 잡아먹으면 날 수 있고, 생선을 잡아먹으면 물속에서 살 수 있다고 하는 주장과 같다.

몸에 좋다고 하면 무엇이나 씨를 말리다. 뱀은 하도 많이 잡아먹어서 없어지자 수입품이 범람하고 있다. 몸에 좋다고 하면 굼벵이, 누에, 지렁이, 뱀, 개구리, 약, 한약 가리지 않고 먹는다. 바퀴벌레와 쥐를 박멸하려면 몸에 좋다든지 항암제가 들어 있다고 하면 씨를 말릴 것이다.

그러나 건강은 올바른 식생활과 적절한 운동을 통해서 얻어지는 것이지 약이나 특정 음식을 통해서 얻어지는 것이 아니다.

약으로 건강을 얻으려 하는 사람은 일확천금을 노리는 투기꾼과 같다. 약이란 몸에 이상이 왔을 때 몸의 치유력을 돕는 보조적인 것이지, 약 자체가 인간의 건강을 유지시켜 주는 것은 아니다. 그리고 독 없고 부작용 없는 약은 없기 때문에 약이 건강을 해친다. 인간의 건강은 음식과 적절한 운동을 통하여 얻어지는 것이다.

시중에는 만병통치 효과가 있는 것으로 선전하거나, 전혀 근거 없는 효력이나 제조법을 선전하며, 해로움을 주는 건강식품이 많다. 법적으로 식품은 약효를 표기하여서는 안 된다. 약효를 표기하려면 약으로 등록되어야 하기 때문이다. 그런데도 약효를 표기하는 것이 많다. 식초도 효소가 들어 있다고 하며 만병통치약으로 선전한다.

클로렐라는 고인 민물에서 자라는 이끼로, 가축도 먹지 않던 것을 가축사료로 이용하다가 건강식품으로 둔갑하였다. 그러나, 엽록소 함량이 일반식물의 두 배나 되어 섭취하면 피로페

오포르비드라는 성분이 생겨서 광과민증 피부염이라는 중독증을 만든다. 이 병은 건강식품 중독증 중에서 가장 많다(기능성 식품의 경이, 1994).

가축사료인 컴프리도 차 등어 건강식품으로 팔고 있는데, 발암성 물질인 피롤리딘 안칼로이드가 들어 있다(기능성 식품의 경이, 1994).

게르마늄이 몸에 좋다고 하여 일본에서는 무기 게르마늄을 첨가한 식품과 게르마늄 생수를 팔았다. 게르마늄은 신장에 축적되어 신장염을 일으킨다. 일본에서는 1988년에 건강식품으로 게르마늄 중독증 환자가 24명 발생하였고 그중 6명이 사망하였다. 그럼에도 해외 여행을 가면 우리나라 여행사들은 여행객들을 게르마늄 제품 가게에 반드시 끌고 간다(기능성 식품의 경이, 1994).

효소액이나 현미효소는 효소가 들어 있어서 몸에 좋다고 한다. 그러나 어떤 효소인지는 언급이 없다. 효소는 단백질로, 먹으면 위에서 pH 2의 염산 작용으로 변성된 다음 펩신이라는 가수분해효소의 작용으로 분해되어 소화흡수될 뿐이다. 아무리 좋은 기능을 가지고 있더라도 먹으면 분해 소화되어 그 기능이 없어지는 것이다.

음식은 수십만 년 동안 오랜 경험으로 안전성이 확인된 것이다. 몸에 좋다는 음식이나 건강식품의 태반이 그런 것을 무시하고 여지껏 먹지 않던 것들을 먹는 것으로 둔갑시켜서 특정 성분의 효과를 강조한다. 이것처럼 위험한 일은 없다.

사람이 먹지 않아 온 것은 경험적으로 위험 요소가 있는 것을 알기 때문이다. 그래도 전국민이 좋다는 음식이나 약처방은 한두 개씩 갖고 있으며, 효험을 보았다고 남에게 권유한다.

특정한 것을 먹어서 효과를 보았다 하더라도 가짜약 효과(플라세보 효과)에 의한 것이 많다. 동물은 그렇지 않으나 사람은 가짜약으로도 병세가 좋아지는 효과가 있다. 믿음 때문이다.

14.2
효소액

설탕물 추출액과 식초 등에 효소가 많아서 몸에 좋다는 주장을 하는 사람들이 많으나 틀린 얘기다.

1. 자리를 벗어나면 변성된다

첫 번째 이유는 효소가 제자리를 벗어나면 효소로서의 역할을 하기 힘들기 때문이다. pH, 온도, 저해제와 안정화제 존재 여부, 혼합물 등의 환경이 달라져서 변성되고, 작용하지 못하는 조건으로 바뀌기 때문이다.

식초는 고농도산이다. 산도가 높으면 단백질이나 미생물은 변성되어 침전으로 가라앉는다. 아무리 좋은 효소가 들어 있어도 식초 속에서는 효소가 죽어버리는 것이다. 효소는 단백질이기 때문이다.

2. 효소는 위와 장에서 분해되어 없어진다

두 번째 이유는 살아 있는 효소를 먹었다 하더라도 효소는 위에서 염산에 의해 변성되기 때문이다. 효소는 단백질이며, 단백질은 열을 가하거나 산에 닿으면 변성되어 침전되고 만다. 즉, 활성을 잃고 죽는 것이다.

예로서 달걀 흰자는 단백질로, 투명하며 물에 녹아서 풀어진다. 이것은 단백질이 살아있기 때문이다. 그러나 찌면 딱딱해지고 하얗고 불투명하게 되어서 물에 녹지 않는다. 죽었기 때문이다. 효소나 호르몬도 위의 염산을 만나면 이런 상태로 불활성화되기 때문에 먹어 보아야 소용없는 것이다.

3. 효소는 흡수되지 못 한다

세 번째 이유는 단백질은 흡수되지 못하기 때문이다. 효소는 단백질이다. 그러므로 아무리 좋은 효능을 가진 효소라 하더라도 소화관벽을 통과하지 못한다. 단백질은 아미노산 수백 개가 사슬처럼 이어져서 만들어진 것으로, 덩어리가 커서 소화관 벽을 통과할 수 없다. 단백질 가수분해효소가 아미노산으로 토막토막 자른 것만 통과한다.

위의 염산이 단백질을 변성시키는 것은 단백질 가수분해효소가 쉽게 작용하도록 하기 위해서이다. 단백질이 살아 있는 상태이면 단백질 가수분해효소가 작용하기 힘들기 때문이다. 생고기가 소화가 안 되는 이유도 여기에 있다. 그래서 아무리 좋은 효소가 들어 있어도 먹으면 삶은 달걀 먹는 것과 다를 바가 없는 것이다.

단백질은 위에 들어가면 pH 2인 위산(염산)에 의해 거의 대부분 변성, 실활되고 위의 펩신, 췌장의 여러 protease에 의해 짧은 펩티드나 아미노산으로 가수분해되어 흡수되므로 단백질 영양소로서의 작용밖에 못한다.

$$\text{효소 단백질} \xrightarrow[\text{분해}]{\text{위와 장의 단백질 가수분해효소}} \text{아미노산} \longrightarrow \text{흡수}$$

이상과 같은 이유로 아무리 좋은 효소가 많이 들어 있는 식품을 많이 먹는다 하더라도 의미가 없다. 단백질을 먹는 것과 다를 바 없고, 효소의 기능은 발휘되지 않기 때문이다. 그런데도 효소가 인체에 직접 작용한다고 주장하거나 믿는 사람들이 많다.

4. 효소를 주사하면 쇼크로 죽는다

효소란 쓰임새가 다 다르고, 동물 또는 식물마다 종류가 다르다. 사람에게 다른 생물의 효소를 주사하면 이물질로 인식하여 배설하기 때문에 작용하지 못하고, 쇼크를 일으켜 죽게 된다.

14.3
효소 제품의 문제점

효소가 자리를 이탈하면 제 작용을 못하므로 시중에 범람하는 먹는 효소 제품이란 대부분 의미도 없고 효과도 없다.

어느날 산야채 효소 제품업자라는 사람들이 인터넷에 필자의 주장이 틀리다고 공격하였다. 그러나 식품의약품안전청은 2010년부터 효소식품에 특별한 효능을 인정할 수 없다고 하여 건강기능식품 허가를 취소시켰다.

정상적인 효소제품도 다음과 같은 문제가 있다.

1. 잔존 활성

많은 가정용 효소제품이 있으나 효과적으로 사용되고 있는가 하는 점에서는 의문스런 점이 많다. 그중 가장 커다란 문제점은 사용시까지 활성을 가지고 있는가 하는 점이다. 효소는 온도가 낮을수록 안정하다.

그래서 실험실에서는 실활되지 않도록 $-80℃ \sim -120℃$의 저온으로 얼려 보존하거나, 얼면 실활되는 효소는 냉장고에 보존한다.

그리고 사용 전에 남아 있는 활성을 체크한다. 그러나 가정용 효소제품의 유통 경로와 보존 단계는 온도가 높아서 효소가 실활되기 쉬운 경우가 대부분이다. 활성이 얼마나 남아 있는가 알 수도 없다.

2. 최적 조건의 충족 여부

세제의 경우 아무리 효소 활성이 뛰어나다 하더라도 효소가 작용하기 힘든 찬물을 사용하거나, 효소를 실활 내지 저해하는 성분이 든 물을 사용하거나, 물의 pH가 효소의 최적 pH 또는 안정 pH에서 벗어나거나, 효소가 작용할 충분한 시간을 주지 않으면 효과적인 작용은 기대할 수 없다.

3. 해로운 환경에 대한 내성 내지 보호

소화제의 경우는 녹말을 소화시키기 위한 아밀라아제, 육류를 소화시키기 위한 protease, 지방을 가수분해하기 위한 lipase가 사용된다.

소화제는 먹도록 되어 있다. 위로 들어간 효소는 위산(pH 2)이 실활 변성시키는 경우가 많다. 그래서 위를 통과하고 나서 녹아 효소 작용을 하도록 만들거나 pH 2에서도 변성 실화되지 않는 효소를 사용해야 한다.

우리나라의 소화제는 protease가 들어있지 않은 것이 많다. 그러므로 고기를 먹고 속이 거북하거나 체했을 때 그런 소화제는 아무리 많이 먹어도 효과가 없다. 효소 단백질이 들어가므로 오히려 위에 부담만 더 준다. 그러나 강산성 내성의 protease 소화제는 잘못하면 장기를 가수분해할 가능성이 있다.

이들 문제가 해결된다 하더라도 또 다른 문제가 남는다. 효소는 유기용매에 약하다. 그래서 술을 먹은 다음 소화제를 먹으면 효소가 실활된다. 유기용매에 내성인 효소를 사용하면 해결될 일이지만 그런 효소가 소화제로 사용되고 있지 않은 것 같다.

효소제제 약품은 온도가 높을수록, 시간이 흐를수록 약효가 떨어진다. 그래서 냉동고나 냉장고에 보존하는 것이 원칙이다. 많은 효소제제 약품이 시판되고 있으나 약국에서 냉동실이나 냉장실을 사용하지 않는 경우가 많으므로 오래된 것은 약효가 얼마나 남아 있는지 알 수 없다.

이렇듯 많은 조건을 충족시켜야 하므로 제조 회사들의 선전 대로 효소제품이 만능은 아니다.

14.4
시판 효소액의 문제

1. 효소와 무관한 설탕물

시중에서 판매하고 있는 효소액이란 식물에 설탕을 가하여 수분을 우려낸 것으로 효소나 발효와 관계가 없다. 그럼에도 불구하고 발효시킨 효소액이라고 우긴다.

설탕의 삼투압 작용으로 식물 세포에 함유된 수분이 설탕에 녹아 추출되어 나올 때 세포벽이 파괴되어 효소가 일부 추출되어 나올 수는 있으나, 효소가 제자리를 벗어나면 환경이 달라지므로 변성 파괴, 침진되어 제 역할을 하지 못한다.

시판 효소액은 식물을 설탕으로 추출한 것으로 배추나 무에 설탕을 가하여 수분을 빼낸 것과 같다.

이런 설탕물 추출액에 무슨 의미가 있는가? 없다. 채소는 생으로 먹거나, 삶아서 먹으면 된다. 구태여 성인병을 일으키는 설탕을 가하여 먹을 필요가 없다. 가열하면 파괴되거나 변질되는 꽃이나 약의 성분 추출에나 설탕이 필요한 것이다.

2. 유산 발효

설탕 농도가 낮으면 미생물이 탄산가스를 발생시켜서 끓어오르는데 유산균이 먼저 발생하여 시어버린다. 시어버린 설탕물은 김치 국물 수준으로 영양적 의미가 없다.

설탕 농도가 낮을 때 효모가 번식하면 알코올 발효로 술이 되지만, 유산균이 먼저 발생하므로 술이 되기 힘들다.

알코올 발효가 일어난다고 하여도 에탄올이 1% 이상이면 주류로 허가받아야 한다.

3. 당뇨, 저혈당 및 충치 유발

뇌는 포도당을 에너지로 사용하며, 쉬고 있을 때나 자고 있을 때도 같은 양을 사용한다.

전분질의 녹말 음식은 포도당으로 분해되어 흡수된다. 식사 후 한 시간 뒤의 혈중 포도당 농도는 100 mg%(100 ml에 100 mg 함유된 양) 정도가 보통이다. 당뇨병 환자는 200 mg% 이상이고 건강한 사람은 50~110 mg% 범위이고, 40 mg% 이하를 저혈당이라고 한다.

혈당이 저하되면 뇌를 보호하기 위하여 혈액이 뇌로 집중 공급되어 뇌혈관이 급격히 팽창하여 두통을 일으키고, 심장박동이 빨라져서 거칠어지고, 몸 말단의 혈액 공급이 줄어서 손발이 차서 장해를 일으켜서 심해지면 손발이 썩어 들어간다.

피로, 우울, 불면, 걱정, 불안, 초조, 두통, 현기증, 권태, 근육통, 어깨 결림, 식욕부진, 공포감, 집중력 감퇴, 정신적 혼란, 폭력, 비사회적 행동, 등교거부도 나타난다.

우리가 주식으로 하는 밥과 빵은 포도당으로 소화되는 데 시간이 걸려 흡수되므로 뇌에 필요한 혈당을 일정량 계속 공급한다. 그러나 설탕은 흡수속도가 매우 빨라서 혈당을 급격하게 올려서 인슐린을 과다분비시키고, 바로 혈당이 저하되어 저혈당증을 만들어서 뇌와 몸에 심각한 문제를 가져 온다. 그래서 설탕을 많이 먹으면 심근경색과 당뇨병, 저혈당증과 과잉행동장애가 생긴다.

충치를 발생시켜서 이를 썩게도 한다.

4. 설탕 추출법

설탕은 삼투압 작용으로 식물 조직 속의 물을 녹아내어 식물 성분을 추출하는 작용을 한다. 소금과 에탄올도 같은 작용을 한다.

설탕 추출은 가열하지 않으므로 비타민이 파괴되지 않고, 효소도 일부 빠져나오지만 오래 두면 효소가 파괴되어 침전된다. 효소는 단백질이라 구조가 불안정한데다 세포를 빠져나오는 순간부터 불안정한 환경에 처해지기 때문이다.

병의 개선 작용이 있다고 하여도 추출된 성분 때문이지 효소에 의한 것은 아니다.

추출 효율은 설탕이나 소금이나 차이가 없으나 소금은 고혈압, 설탕은 저혈당 등의 부작용을 일으키고, 단단하고 수분이 없는 식물의 성분은 추출되지 않는다.

가장 추출 효과가 높은 것은 녹즙이다. 갈아서 마시기 때문에 모든 성분을 섭취하고, 가열하지 않으므로 비타민 등도 파괴되지 않으므로 이상적이다.

그 다음 추출 효율이 높은 것은 삶는 방법이다. 건강원에서는 압력과 시간을 높여서 추출 효율을 높이고 상하지 않게 포장하여 주므로 오래 두고 먹기 좋다(표 14.1).

표 14.1 식품의 추출방법

추출방법 / 특징	소금	설탕	식초	생으로 갈아서 착즙	삶기	추출가공 (건강원)	에탄올 (술)
효소 존재	일시 존재 후 침전	일시 존재 후 침전	파괴	일시 존재 후 침전	파괴	파괴	파괴
효소의 작용	일시적	일시적	없음	일시적	없음	없음	없음
보존성 (방부성)	장기보존 (고농도 시)	장기보존 (고농도 시)	장기 보존	없음	없음	장기 보존	있음
식용 부작용	고혈압, 심장계질환	저혈당, 충치	없음	없음	없음	있음	중독 의존증
방부 농도	20% 이상	35% 이상	4도 이상			무관	20도 이상
식품	간장, 된장, 젓갈	잼, 젤리, 당침 과일, 효소액	피클	녹즙	한약, 음식	한약 추출, 개소주 등	술
비타민 등	존재	존재	일부 존재	존재	일부 존재	일부 존재	없음
추출 성분	즙액 성분	즙액 성분	즙액 성분과 물과 산에 녹는 성분	모든 성분	비용해성 외 모두	비용해성 외 모두	에탄올과 물에 녹는 성분 일부
수분 없는 건조 식물	추출 안 됨	추출 안 됨	추출 가능	식용 안함	추출 가능	추출 가능	추출 가능

5. 설탕추출액(자칭 효소액)의 위험성

사람이 먹지 않던 온갖 풀과 나무를 효소액이라고 하여 만들어 먹고 있는데 이것처럼 위험한 일은 없다.

음식은 수십만 년 동안 인류의 오랜 경험으로 안전성이 확인된 것이다.

아무리 좋다고 하여도 사람이 살아가는데 필요한 영양성분이 아닌 불필요한 특정 성분을 오래 섭취하면 장해가 생긴다.

사람들은 이런 생각을 하지 않고 일시적인 효과나 소문, 권유에 의하여 여지껏 먹지 않던 것에 설탕을 가해 만든 추출액을 먹는 것으로 둔갑시켜서 특정성분의 효능을 강조하고 있는데 이것처럼 위험한 일은 없다. 사람이 먹지 않아 온 것은 위험요소가 있는 것을 경험적으로 알기 때문이다.

그래서 식약처에서는 식품위생법(식품공전과 건강기능식품공전)에서 식품에 사용할 수 있는 동식물과 사용할 수 없는 원료를 제시하여 해로운 것은 식용하지 못하도록 하고 있다.

그러나 시중의 효소액은 이런 것을 무시하고 있으므로 많은 부작용을 가져온다. 조사하여 보면 없던 병이 생기거나, 죽은 경우가 많을 것이다.

그러므로 효소액을 만드는 사람들은 시중 효소액 중에 사람이 먹으면 안 되는 것이 들어 있는지 아닌지 확인해야 한다.

효소 명명법

생물학에서는 외견상 같은 것으로 보이는 종류라도 전문적으로는 구별이 필요한 경우가 많다. 이를 위해 학명이라는 명명법을 사용하고 있다.

효소의 경우는 1898년 Duclaux가 효소의 작용을 받는 물질의 어미에 -ase를 붙여 효소명으로 하자고 제안하였으나, 효소명은 '기질ase'로 끝날 정도로 단순하지는 않다. 한 물질이 여러 효소의 다른 반응을 받는 경우가 많기 때문이다.

효소의 수가 증가하자 명명법도 혼란이 일었다. 즉, catalase, diaphorase, Zwischenferment (Ferment는 독일어로 효소), old yellow enzyme 등과 같이 어떤 기질에 어떻게 작용하는지 전혀 알 수 없는 효소 이름도 나왔다.

또한 효소가 두 가지 이상으로 불리거나 반대로 서로 다른 효소가 동일한 이름으로 불리는 경우도 있었다.

그러나 없던 규칙을 새로 만들려는 경우, 지금까지의 관습과 충돌이 일어나게 되며, 아무리 훌륭한 규칙이라 하더라도 사용되지 않으면 의미가 없다. 그래서 예외를 설정하여 타협해야 하는 경우가 많다.

국제 생화학회에서 효소의 명명법에 관한 문제가 거론된 것은 1955년 제3회 브리셀의 국제 생화학회에서였다. 그 후 많은 토론을 거쳐 1961년 모스크바 회의에서 제1회의 권장안이 채택되었고, 1964년 뉴욕 회의에서 제2회의 안이 제시, 채택된 뒤 오래되었다.

그 사이 권장안에 대한 각국 연구자들의 반응은 여러 가지였다. 그러나 점차 널리 인정되어 사용되기 시작하였다. 그러나 앞으로 효소의 수는 점차 더 증가하여 나갈 것이고, 명명법은 그에 따라 더 복잡하게 될 것이다.

15.1
개요

현재 널리 사용되고 있는 효소 명명법은 국제 생화학회 연합이 1964년 뉴욕 총회에서 채택 권장한 것으로, Elsevier Publishing Company(암스테르담)에서 M. Florkin과 E.H. Stotz가 편집한 'Comprehensive Biochemistry' 제13권 2판 (1965)과 'Enzyme Nomenclature(l965)'로 출판되었다.

책의 부록 효소표에는 당시 875효소가 등록되어 있었다. 1972년도 효소판(Elsevier 간행)에는 1,765효소, 'Enzyme Nomenclature, Recommendations(1978) of the Nomenclature Committe of the International Union of Biochemistry(Academic Press, 1978)'에는 2,134효소가 추가되었으며, 다시 [*Eur. J. Biochem.* 104, 1~4(1980); *ibid* 116, 423~425(1981)]에 54종의 효소가 추가되고, 5종의 효소가 삭제되어 2,186효소가 되었다.

1992년판 Enzyme Nomenclature(Academic Press)에는 모두 3,196효소가 등록되었다. 이들

효소는 모두 각 효소에 관한 자료(논문)를 기초로 국제 생화학 연합의 명명법 위원회가 승인할 것 뿐이다. 새로운 효소가 논문에 게재되어도 상기 명명법 위원회가 효소표에 등록하기까지는 공인되지 못하고 효소 번호도 얻지 못한다.

신효소의 발견자가 규칙에 따라 올바른 명칭을 제안하지 않으면 효소명에 관한 혼란은 계속된다. 효소 명명법의 중요성은 여기에 있다.

또, 'Enzyme Nomenclature'에는 효소 명명법과 효소표 외에 효소 단위, 효소 반응속도론의 기호, 보조효소 명명법, 복합효소 명명법, 전자 전달 단백질의 명명법 등이 들어 있다. 여기서는 전자 전달 단백질은 생략한다.

15.2 효소 단위

효소의 단위는 지금까지 각 효소에 대해 임의로 정하여 온 경우가 대부분이다. 또 같은 효소에 대해서도 사람에 따라 제멋대로 다른 단위가 사용되었다. 그래서 효소 단위라는 것을 정하여 모든 효소의 작용을 공통 척도로 나타내고자 하는 것이 권장의 주요 골자이다.

1964년판 'Enzyme Nomenclature'에서는 '1분간에 1 μmol의 기질 또는 1 μ당량의 결합에 작용하는 효소량'을 1단위(IU)로 하도록 제안되어 이 단위에서 파생하는 mU, kU, 비활성(specific activity : 효소 1 mg당의 단위수), 몰활성(molecular activity : 효소 1 μmol당의 단위수, 즉 효소 1분자가 1분간에 변화시키는 기질 분자수), 농도(효소농도 1 ml당의 단위수) 등도 정의되었다.

그 후 많은 효소가 결정 상태로 정제되어 분자량이나 보조인자의 수도 정확하게 측정할 수 있게 되어 효소를 물질로 취급하게 되었다. '1 μmol의 리보누클레아제 T_1을 달아서…' 하는 표현도 저항없이 받아들여진다.

이런 정세를 반영하여 1972년판 'Enzyme Nomenclature'에서는 효소량을 나타내는 척도로서의 단위(U)를 폐지하고 효소활성을 나타내는 새로운 척도로서, katal이라는 새로운 단위가 제안되었다.

1 katal은 '1초간에 1 mol의 기질을 변화시키는 효소활성'으로, kat으로 약기한다. 실용 단위로서는 μkat(10^{-6} kat), nkat(10^{-9} kat), pkat(10^{-12} kat) 등이 편리하다. U와 kat은 다음 식으로 상호 환산할 수 있다.

$$1 \text{ kat} = 1 \text{ mol/s} = 60 \text{ mol/min} = 60 \times 10^6 \ \mu\text{mol/min} = 6 \times 10^7 \text{ U}$$

$$1 \text{ U} = 1 \ \mu\text{mol/min} = \frac{1}{60} \ \mu\text{mol/s} = \frac{1}{60} \ \mu\text{kat} = 16.67 \text{ nkat}$$

pH, 기질농도 등은 가능한 한 최적 조건으로 하며 조건을 명기한다. 온도도 반드시 기재하며 가능한 한 30℃가 바람직하다. 파생 단위로서는 효소의 비활성(효소 단백질 1 kg당의 활성 : kat /kg), 몰활성(효소 단백질 1 mol당의 활성; kat/mol), 농도(효소용액 1 ℓ당의 활성 kat/ℓ) 등도 정의 되었다.

지금까지 U가 반응속도를 $\min^{-1}$로 나타낸 데 대해 새로운 kat는 s^{-1}로 표현하기 때문에 다른 화학 반응속도론에서 상용되고 있는 속도상수 단위와 비교하기 쉬운 장점을 갖는다. 그러나 유감스럽게도 U가 보급되기 시작한 시기의 개정이었으므로 다시 kat로 보급되지 않은 것이 현실이다.

15.3
효소 반응속도론 기호

효소 반응속도론에서 사용되는 기호도 물리화학 일반의 기호와 통일된 형태가 바람직하다. 1961년에 권장되어 1972년에 보강된 안은 다음과 같다.

E	유리의 효소
s	유리의 기질
ES	효소 - 기질 복합체
EP	효소 - 생성물 복합체
R, T	효소 conformation의 두 가지 형
e	효소의 전농도
s	기질의 전농도
i	저해물질의 전농도
v	효소 반응의 속도
v_o	효소 반응이 정상상태에 들어가고 나서의 개시속도
V	효소가 기질로 포화됐을 때의 v_o(최대 반응속도)
K_m	Michaleis 상수($v_o = V/2$일 때의 기질농도)
K_s	기질상수(반응 E+S $\rightleftarrows$ ES에서 ES의 해리상수)
K_i	저해물질상수(반응 E+I $\rightleftarrows$ EI에서 EI의 해리상수)
k_{+n}, k_{-n}	효소 반응에서 같은 n단계 반응의 정반응 및 역반응의 속도상수 일반의

효소 반응을 식으로 나타내면,

$$E + S \underset{k_{-1}}{\overset{k_{+1}}{\rightleftarrows}} ES \underset{k_{-2}}{\overset{k_{+2}}{\rightleftarrows}} EP \underset{k_{-3}}{\overset{k_{+3}}{\rightleftarrows}} E + P$$

으로 되며, 반응의 초기, 즉 아직 P가 거의 생기지 않았을 때는 다음 관계식이 성립한다.

$$V = [\text{ES}]K_{+2}$$

$$K_\text{m} = \frac{k_{-1} + k_{+2}}{k_{+1}}$$

c $K_\text{m}^\text{R}/K_\text{m}^\text{T}$ (R형 효소의 K_m과 T형 효소의 K_m 비)

L [T]/[R] (기질이 없을 때의 T형 효소와 R형 효소의 농도비)

α s/K_m (Michaelis 상수에 대한 기질의 상대농도)

$\overline{Y_s}$ 포화 함수(전체 효소 중 ES + EP의 비율)

초기 조건에서는 [EP]=0이므로

$$\overline{Y_s} = \frac{[\text{ES}]}{[\text{E}] + [\text{ES}]} = \frac{\alpha}{1 + \alpha}$$

R형 효소와 T형 효소가 서로 다른 속도상수로 기질과 반응하는 경우에는

$$\overline{Y_s} = \frac{\alpha^\text{R}(1 + cL)}{(1 + L) + \alpha^R(1 + cL)}$$

$\overline{\text{R}}$ R형 효소의 비율

n Oligomer 효소에서 같은 값인 기질 결합 부위의 수

h 힐계수

15.4
보조효소 명명법

보조효소에서 문제인 것은 니코틴아미드 누클레오티드류이다. DPPN, TPN이란 이름은 오랫동안 사용되어 왔지만 가칭이 일반화된 이름으로, 유기화합물의 명칭으로서는 아무래도 부적합하다. 이들은 nicotinamide adenine dinucleotide(NAD), nicotinamide adenine dinucleotide phosphate (NADP)라는 이름으로 통일하자는 것이 권장의 요지이다.

이들 보조효소는 매우 폭넓게 탈수소효소에 관여하므로 명명법에 큰 영향을 끼친다. 1961년의 권장 이래 오랫동안 미국을 중심으로 거부 반응을 나타낸 사람이 많았으나 보급 정착되었다. 다른 보조효소류에 대해서는 전혀 언급하고 있지 않다. 이는 현행대로 사용해도 거의 문제가 없기 때문이다.

15.5
복합효소 명명법

1. 용어

(1) 복합효소

한 폴리펩티드 사슬(도메인)의 다른 위치에, 아니면 다른 서브유닛에 또는 이들 두 경우에 둘 이상의 촉매기능을 갖는 효소.

(2) 복합효소 복합체

하나 이상의 폴리펩티드 사슬로 된 촉매 도메인(계)을 갖는 복합효소

(3) 복합효소 폴리펩티드

둘 이상의 촉매 도메인(계)을 갖는 폴리펩티드 사슬

(4) 촉매 도메인(계)

촉매기능을 갖는 폴리펩티드 부분으로 하나 이상의 구조적 도메인을 갖는 것

① 다른 도메인의 촉매기능은 독자적이다.
② 복합효소 폴리펩티드는 자신들끼리 구성된다.
③ 이 정의는 복합효소 폴리펩티드 명명 기준으로 할 수 있다.

- 하나의 촉매활성 부위가 둘 이상의 다른 반응을 촉매할 수 있는 단일 효소는 제외한다.
- 복합적 촉매기능을 요구하는 조절 리간드 - 결합도메인은 제외한다.
- 둘 또는 그 이상의 촉매 도메인은 단일 폴리펩티드 사슬 상에 존재하는 것을 증명해야 한다. 이것은 다른 촉매기능을 갖는 다른 도메인을 의미한다. 이를 위해 활성 부위 표지, 펩티드 맵핑, SDS 전기이동, 한정가수분해(잘 알려진 복합효소 폴리펩티드는 펩티드 가수분해효소 - 감수성 연결 부위로 결합된 도메인을 포함한다) 등의 방법이 이용된다.
- 또, 단일 유전자를 몇 가지 다른 촉매기능을 가진 단백질 도메인으로 기호화하는 데는 유전학적 방법이 이용된다.

2. 기호화

도메인의 성질과 그들 상호작용 및 세기 등을 나타내기 위해서는 기호(symbol)가 필요하

다. 여기에는 van Döhren[1]이 수정한 다음과 같은 체계가 이용된다. 단백질 서브유닛 사이의 관련도를 명확하게 다룰 수 없기 때문에 주의해야 하고, 구조적 의미를 명확하게 설명해야 한다.

촉매 도메인에는 알파벳의 앞에서부터 대문자(A, B, C, …)가, 기질 운반 도메인에는 알파벳의 뒤쪽 대문자(P, Q, R, …)가, 조절 도메인에는 알파벳 앞쪽의 소문자(a, b, c, …)가, 알려지지 않은 기능의 도메인에는 알파벳 뒷쪽의 소문자(x, y, z, …)가 사용된다. 따라서 (ABC)는 복합효소 폴리펩티드를 나타내며, (A)(B)(C)는 복합효소 복합체를 나타낸다.

이들 문자에는 특별한 기능이 정해진다. 그 밖에 (ABC)는 A, B, C의 순서로 일어나는 것을 나타내며, (A, B, C)는 순서를 알 수 없을 때 사용된다.

예로서 포유동물의 aldolase는 $(A)_4$로, 대장균의 tryptophan synthase는 $(A)_2 (B)_2$로, *Nurospora crassa*의 복합효소 폴리펩티드는 $(ABCDE)_2$로 나타낼 수 있다.

중괄호 { }는 안정한 결합을 나타내므로 $(A)_2 (B)_2$를 $\{(A)_2 (B)_2\}$로 표시하면 결합이 안정한 것을 의미한다. 반면, $\{(A)(B)\}_2$로 표시하면 두 개의 $\{(A)(B)\}$ 단위는 느슨한 결합이 아니고 A사슬과 B사슬이 굳게 결합한 것을 의미한다.

15.6 효소의 분류와 명명

1. 효소 분류 및 명명의 기본

(1) 효소명

특히 -ase로 끝나는 명칭은 단일 효소에 대해서만 사용된다. 일련의 반응을 촉매하는 복합 효소계를 일괄하여 부를 때는 system이라 해야 한다. 숙신산을 O_2로 산화하는 미토콘드리아의 촉매계는 succinate dehydrogenase, cytochrom *c* oxidase 등의 효소 외에 많은 중간 전자 운반체로 구성되므로 succinate oxidase라 하지 않고 succinate oxidase system으로 해야 한다 (succinic이 아니고 succinate로 할 것. 다른 기질의 경우도 마찬가지).

화학 반응식으로 나타낼 수 없는 현상에 관여하는 인자에 대해서는 비록 그 현상이 어떤 촉매작용을 일으킨다 하더라도 '현상 ase'식의 명칭을 붙일 수는 없다. 예로써, permease(투과효소), replicase(복제효소), repairase(수복효소) 등의 명칭은 사용하면 안 된다.

---

1) von Döhren, H.(1980) *Trends Biochem. Sci.*, 5(3), 8

(2) 효소의 분류

명명은 해당 효소가 촉매하는 반응의 종류에 따른다. 그 이외의 분류법, 예로써 플라보 단백질인가, 헴 단백질인가 피리독살인산 단백질인가(즉, B_6 단백질) 하는 방법으로는 전체 효소를 분류할 수 없다.

즉, 보결분자단(prosthetic group)을 함유하지 않는 효소와 불명한 효소도 무수하기 때문이다.

단, 단백질 분해효소(proteinase)는 특이성만으로 분류하기 어렵기 때문에 serine proteinase, thiol proteinase, metalloproteinase 등과 효소 단백질 분자의 구성분에 따른 분류법도 사용된다. 그러나 이는 예외이다.

반응의 종류에 따라 효소를 명명하고 분류한다는 원칙이 채택되어, 어떤 반응을 촉매하는가 알지 못하는 단계에서 효소를 명명할 수 없다. 즉, 어떤 효소가 특정 반응으로 동위체 교환을 촉매하여도 전체 반응이 해명되지 않는 한 효소로서 명명 분류되지 못한다.

같은 반응을 촉매하는 효소가 두 종 이상 있어도 모두 동일 명칭으로 불린다.

소췌장의 trypsin과 돼지췌장의 트립신은 서로 다른 단백질이지만 트립신이라는 이름으로 불리며 EC 3.4.21.4로 분류된다. 구별할 필요가 있으면 '소췌장 트립신' 등으로 출처를 나타내면 된다. Adenosine triphosphatase도 $Na^+ - K^+$ 펌프의 작용을 하는 것, 근육수축에 관한 미오신 산화적 인산화나 광인산화의 커플링 인자 등 여러 가지가 있으나 모두 동일 명칭으로 부르며, EC 3.6.1.3으로 분류된다. Isoenzyme에 대해서도 마찬가지이다.

예외로 기질 특이성의 차이가 심하거나 반응짜임새가 좀 다르거나 역사적 이유에서 외견상으로 같은 반응을 촉매하는 두 종의 효소에 다른 명칭을 붙이는 경우가 있다. 그러나 alkaline phosphatase(EC 3.1.3.2)와 acid phosphatase(EC 3.1.3.1) 등 얼마 안 된다.

(3) 효소가 촉매하는 반응의 형식에 따라 효소를 분류하여 형식명과 기질명에 의해 효소를 명명한다. 또 이에 따라 효소번호를 정한다.

단일 효소가 하나의 기질을 차례로 변화시켜 나갈 때 일련의 화학 반응을 일으켜서 복잡한 변화를 일으키는 경우가 있다. 이 일련의 반응 중에는 반응형식이 다른 것도 있고, 비효소 반응의 단계가 함유되어 있을 수도 있다. 이런 효소를 명명할 때는 순서를 알면 최초의 반응을 기준으로 명명하며, 이에 이은 반응형식은 ( ) 내에 부기한다. 예로써 말산(malate)을 탈수소로 하여 생긴 oxaloacetate 중간체를 산소 표면에서 유리하지 않고 그대로 탈탄산시키는 반응을 하는 효소가 있다.

$$
\begin{array}{c}
\text{COO}^- \\
| \\
\text{HO—C—H} \\
| \\
\text{H—C—H} \\
| \\
\text{COO}^-
\end{array}
\quad \xrightarrow[\text{NAD}^+ \quad \text{NADH + H}^+]{}\quad
\begin{array}{c}
\text{COO}^- \\
| \\
\text{O = C} \\
| \\
\text{H—C—H} \\
| \\
\text{COO}^-
\end{array}
\quad \xrightarrow[\text{H}^+]{}\quad
\begin{array}{c}
\text{COO}^- \\
| \\
\text{O = C} \\
| \\
\text{H—C—H} \\
| \\
\text{H}
\end{array}
+ \text{CO}_2
$$

L-Malic acid   (외부에서 가한 oxaloacetate는 무효)   중간체   Pyruvic acid

이 효소를 지금까지 malic enzyme이라고 하여 왔으나 효소 명명법에 따른 체계명은 L-malate : NAD$^+$ oxidoreductase(decarboxylating), 상용명은 malate dehydrogenase(decarboxylating)로 하여 EC 1.1.1.39로 분류하였다. 그러나 이름이 너무 길어서 아직도 malic enzyme이라고 하며, 구별하지 않고 있어서 효소 명명법에 혼란을 일으키고 있다. 거기다 malic enzyme이라는 효소는 위의 한 가지만이 아니다.

서로 성질이 조금씩 다른 세 효소를 malic enzyme이라 하며 구별하지 않았으나 효소 명명법에 따라 각기 구분된 명칭을 받아 분류하게 되었다(즉, EC 1.1.1.40의 세 효소).

어느 효소 반응을 어떤 형식으로 분류하면 좋은가 모를 경우에는 명명의 일반 규칙에 따라 가능한 한 예외가 적도록 분류한다. 이 때문에 동일 부류로 분류되는 효소는 모두 같은 방향으로 진행하는 것으로 생각하여 명명한다. 생리조건 하에서는 진행하지 않는 방향의 반응도 형식적으로 효소 명명의 기초로 하는 일이 있다.

2. 체계명과 권장명

어느 효소에나 체계명(systematic name)과 권장명(처음에는 trivial name이라고 하였으나 현재는 recommended name이라고 한다)이 주어진다. 체계명은 효소 반응을 가능한 한 정확하게 표현할 수 있기 때문에 효소 분류의 기초가 되며, 이에 따라 효소번호가 정해진다.

권장명은 간편 명칭으로, 논문이나 교과서 등 대부분은 권장명으로 사용한다. 그러나 효소를 주제로 하는 논문에서는 처음 그 효소가 나온 곳에서 체계명, 효소번호, 출처를 게재해야 한다. 이는 다음과 같은 이유 때문이다.

① 효소번호만으로도 유사 효소와의 구별은 할 수 있으나, 효소표가 없으면 구별할 수 없다. 그러나 체계명에는 그 반응이 완전히 기술되어 있다.
② 체계명은 효소 반응의 형식도 나타내고 있다.
③ 신효소의 경우 발견자는 명명법에 따라 체계명을 붙이지만 효소번호는 국제 효소위원회에 등록되기까지 미정이다.

④ 신효소의 권장명은 체계명에서 유도되므로 체계명을 제시하여 권장명의 명명에 도움을 준다.

3. 효소의 분류와 효소번호

효소를 분류하기 위해 EC에서 효소번호가 고안되었다. 효소번호는 네 개의 숫자로 이루어진다. 예로써 glucose oxidase(EC 1.1.3.4)와 같은 형태이다. 여기서 첫 번째 숫자는 반응형식, 두 번째, 세 번째의 숫자는 국제 효소위원회의 규칙에 의한 세 분류를 나타내므로, 이 규칙을 알면 신효소 발견자는 EC x.y.z.로 세 짝의 숫자를 매길 수 있다. 그러나 네 번째의 숫자는 국제 효소위원회가 그 효소를 공인 등록해야 비로소 매겨진다. 그러므로 신효소의 번호는 일정기간 매겨지지 않은 채로 있다. 이하 첫 번째 숫자를 중심으로 개요를 설명한다.

(1) 부류 1 : 산화환원효소(Oxidoreductases)

EC 1.로 시작되는 효소는 oxidoreductase로, 산화환원에 관여하는 효소는 모두 여기에 속한다. 산화되는 기질을 전자 주개(제공체, donor), 환원되는 기질을 전자 받개(수용체, acceptor)로 생각하여 모두 '받개 : 주개 oxidoreductase'의 형식으로 체계명을 만든다.

권장명은 '주개 dehydrogenase'가 보통이지만 '받개 reductase'도 있다 또 O_2가 받개가 될 때의 oxidase, O_2가 기질에 결합하였을 때의 oxygenase(산소의 한 원자가 결합하면 monooxygenase, 두 원자 모두 결합하면 dioxygenase) 등 여러 형이 있다. Superoxide dismutase(EC 1.15.1.1)도 여기에 속한다.

두 번째의 숫자는 주개의 형식에 의해 결정되지만 subgroup EC 1.11, EC 1.13, EC I.14 및 EC 1.15의 경우는 이 규칙에 맞지 않는다.

1. 1   받개의 CH‐OH에 작용하는 효소
1. 2   받개의 알데히드(케톤)기나 요오드기에 작용하는 효소
1. 3   주개의 CH‐CH에 작용하는 효소
1. 4   주개의 CH‐NH_2에 작용하는 효소
1. 5   주개의 CH‐NH에 작용하는 효소
1. 6   NADH 또는 NADPH에 작용하는 효소
1. 7   질소를 함유하는 기타 주개 화합물에 작용하는 효소
1. 8   주개의 황원자단에 작용하는 효소
1. 9   주개의 헴기에 작용하는 효소

1.10　　주개의 디페놀류 또는 관련 물질들에 작용하는 효소

1.11　　받개인 과산화수소에 작용하는 효소

1.12　　주개인 수소에 작용하는 효소

1.13　　주개인 수소에 작용하면서 분자상태의 산소를 결합시키는 효소(산소화효소)

1.14　　짝지워진 주개에 작용하면서 분자상태의 산소를 결합시키는 효소

1.15　　받개인 초산화물 라디칼에 작용하는 효소

1.16　　금속이온을 산화하는 효소

1.17　　CH_2기에 작용하는 효소

1.18　　주개인 환원된 페레독신에 작용하는 효소

1.19　　주개인 환원된 플라보톡신에 작용하는 효소

1.97　　기타 산화환원 효소들

(2) 부류 2 : 전달효소(Transferases)

한 화합물 분자(주개)의 분자 일부(작용기)를 끊어서 다른 화합물 분자(주개)에 결합시키는 전달 반응을 촉매한다.

$$AX + B \rightleftarrows BX + A$$

체계명은 '주개 : 받개 전달되는 기명 transferase(예로써 methyltransferase, aminotransferase 등)'의 형식으로 나타낸다.

권장명은 ATP의 인산기를 받개로 옮기는 효소(ATP : 받개 phosphotransferase)에 한하며, '받개 kinase'로 표기한다. 나머지는 체계명을 단축하여 만든다. 이 때문에 RNA nucleotidyltransferase(EC 2.7.7.6)나 DNA nucleotidyltransferase(EC 2.7.7. 7)와 같이 아무도 사용하지 않는 권장명이 만들어지고 말았다.

두 번째, 세 번째의 숫자는 전달되는 작용기의 종류로 결정된다.

수용체가 H_2O인 경우는 가수분해 반응이므로 가수분해 효소로 분류된다.

2.1　　일탄소 원자단들을 전달하는 효소

2.2　　알데히드나 케톤기를 전달하는 효소

2.3　　아실기 전달효소

2.4　　글리코실기 전달효소

2.5　　메틸기 외의 알킬기 또는 아릴기를 전달하는 효소

2.6　　질소를 함유한 원자단들을 전달하는 효소

(3) 부류 3 : 가수분해 효소(Hydrolases)

글리코시드 결합, 펩티드 결합 등의 가수분해 반응을 촉매하는 효소다. 반응은 다음과 같다.

$$A - X + H_2O = X - OH + HA$$

체계명은 '기질 hydrolase'의 형식을 취한다. 권장명은 '기질 ase' 외에 '기질 amidase', '기질 esterase' 등 가수분해되는 결합의 형식을 나타내는 명칭이다.

이외에 proteinase(단백질 분해효소는 protease가 아니고 proteinase로 사용하도록 권하고 있다)에는 trypsin(EC 3.4.21.4), chymotrypsin(EC 3.4.21.1) 등 ‐in으로 끝나는 효소이름이 30여종 남아 있다. 변한 이름으로는 lysozyme(EC 3.2.1.17)도 남아 있으나 다른 것은 거의 'ase'로 끝나는 일반 명칭이다.

두 번째 숫자는 가수분해되는 결합의 종류(EC 3.4는 peptidase와 proteinase 등),

세 번째 숫자는 기질 종류로 결정된다.

3. 1   에스테르 결합에 작용하는 효소
3. 2   글리코시드 가수분해효소
3. 3   에테르 결합에 작용하는 효소
3. 4   펩티드 결합에 작용하는 효소
3. 5   펩티드 결합 외의 탄소‐질소 결합에 작용하는 효소
3. 6   산무수물에 작용하는 효소
3. 7   탄소‐탄소 결합에 작용하는 효소
3. 8   할로겐화 결합에 작용하는 효소
3. 9   인‐질소 결합에 작용하는 효소
3.10   황‐질소 결합에 작용하는 효소
3.11   탄소‐인 결합에 작용하는 효소

(4) 부류 4 : 분해 효소(Lyases)

기질에서 가수분해에 의하지 않고 기를 절단하는 반응을 촉매한다. C‐C 결합, C‐O 결합 C‐N 결합 등을 이탈 반응으로 개열하여 이중 결합을 남기는 반응과 그 역반응을 촉매하는 효소가 여기에 속한다.

체계명은 '기질 작용기-lyase'(여기서 하이픈은 중요하다. 예로서 hydro-lyase와 hydrolyase의 구별)의 형식을 취한다.

권장명에서는 탈탄산 반응을 촉매하는 decarboxylase(EC 4.1.1 부류), 알돌 축합 또는 그 역행을 촉매하는 aldolase(EC 4.1.2 부류) 등이 사용된다. Lyase는 이탈 반응의 역행으로 합성적으로 작용하는데 생리적 의의가 있으며, 때로는 합성 반응 밖에 촉매할 수 없는 것도 있다. 그런 경우에도 체계명은 모두 lyase로서 명명해야 되나 권장명으로는 합성 방향에 중점을 두고 carboxylase(EC 4.1.1. 부류), hydratase(EC 4.2.1 부류), synthase(synthetase라 하지 말 것) 등으로 하는 일이 있다.

두 번째 숫자는 개열되는 결합의 종류를 나타낸다.

세 번째 숫자는 다시 세분한 부류이다.

4.1	탄소-탄소 분해효소
4.2	탄소-산소 분해효소
4.3	탄소-질소 분해효소
4.4	탄소-황 분해효소
4.5	탄소-할로겐화물 분해효소
4.6	인-산소 분해효소
4.9	기타 분해효소

(5) 부류 5 : 이성질화 효소(Isomerases)

이성질화 반응을 촉매하는 효소이다. 이성질화 반응의 종류에 따라 racemase, epimerase, mutase, isomerase 등이 있다. 권장명은 체계명을 그대로 사용하는 경우가 많다. 체계명이 그다지 길지 않기 때문이다.

5. 1	라세미화효소 및 에피머화효소
5. 2	시스-트랜스 이성질화효소
5. 3	분자내 산화환원효소
5. 4	분자내 전달효소
5. 5	분자내 분해효소
5.99	기타 이성질화효소

(6) 부류 6 : 연결 효소(Ligases)

합성 반응을 촉매하는 효소이다. ATP 등 누클레오티드-3-인산의 가수분해와 함께 두 개의 분자 X와 Y를 연결하여 큰 분자 X-Y를 합성하는 효소이다. 이 반응으로 ATP가 ADP와 인산으로 가수분해될 때는 'X : Y ligase(ADP forming)'라는 체계명이 주어진다. 권장명은 synthetase가 보통이지만 carboxylase(CO_2를 부가하여 카르본산을 합성하는 효소)도 있다. 두 번째 숫자는 생성하는 효소 결합의 종류를 나타낸다.

6.1	탄소-산소 결합을 형성시키는 효소
6.2	탄소-황 결합을 형성시키는 효소
6.3	탄소-질소 결합을 형성시키는 효소
6.4	탄소-탄소 결합을 형성시키는 효소

15.7
효소 명명규칙 (발췌)

1. 총칙

권장명	체계명
① 효소명에 함유되는 화합물명은 보통 사용되고 있는 이름을 그대로 사용한다.	① 효소명에 포함된 화합물명은 보통 사용되고 있는 이름을 그대로 사용하며 없는 경우에는 IUPAC의 정식 명칭을 사용한다.
② 효소명 중에 나오는 기질의 산 이름은 lactate, acetate 등을 사용한다. 그러므로 latic dehydrogenase 또는 lactic acid dehydrogenase와 같은 표현은 하지 않는다.	
③ ATP, NAD 등 널리 사용되고 있는 약칭은 사용해도 좋으나 새로운 약칭을 사용하면 안 된다. 기질명 대신 화학명을 사용하면 안 된다. GDH, LDH와 같은 효소의 약칭은 사용하지 말 것	
④ 두 가지 명사로 이루어진 화합물의 이름(글루코오스 인산 등)은 효소명 중에 하이픈을 붙일 것 (예, glucose-6-phosphate dehydrogenase)	
⑤ Condensing enzyme(축합효소), pH 5 같은 설명적인 효소명은 사용할 수 없다. Activating enzyme(활성화 효소) 같은 효소명도 사용해서는 안 된다.	
⑥ 진짜 기질이 아닌 화합물명은 효소명으로 사용하지 말 것. ⑦ 권장명은 체계명을 간략화한 명칭으로 한다. 널리 보급되어 있는 효소명은 이 명명 규칙에 모순되지 않는 한 남긴다.	⑦ 체계명은 기질명과 반응형성 ase의 두 부분으로 된다. 기질이 두 분자인 경우, 콜론(:)으로 연결한다.
⑧ 권장명, 체계명의 어미가 될 수 있는 말에는 oxidoreductase, oxygenase, transferase, hydrolase, lyase, racemase, epimerase, isomerase, mutase, ligase 등이 있다.	

(계속)

권장명	체계명
⑨ ⑧에 나타낸 것 외의 권장명으로 다음과 같은 어미가 인정되고 있다. Dehydrogenase, reductase, oxidase, peroxidase, kinase, tautomerase, deaminase, dehydratase, 기타	
⑩ 반응을 분명히 해야 할 필요가 있을 때는 반응이나 반응 생성물을 괄호 내에 표기한다. (예, (ADP‑forming), (dimerizing), (CoA‑acylating))	
⑪ 기질명에 직접 ase를 붙이면 가수분해효소를 나타낸다.	⑪ 기질명에 직접 ase를 붙이면 안 된다.
⑫ Dehydrase의 어미는 사용하지 않는다. Dehydrogenase나 dehydratase 어느 한쪽을 사용한다.	
⑬ 권장명은 가능하면 반응 방향을 바탕으로 하여 명명한다.	⑬ 같은 종류의 효소 이름은 모두 같은 방향의 반응을 기초로 명명한다. ⑭ 반응이 두 가지 변화를 포함할 때는 주반응이나 제1반응을 기초로 명명하며, 종속반응을 ( )로 표시한다. 예로써 EC 1.1.1.38 등. ( )내에 포함되는 종속반응의 명칭에는 decarboxylating, cyclizing, de‑aminating, AMP‑forming 등 여러 반응을 나타내는 명칭이 포함된다.
⑮ 동일 효소가 두 가지 이상의 반응을 촉매할 때도 그중 한 반응에 따라 명명하며 장점이 있는 쪽의 반응을 택하여 명명한다. 다른 반응에 대해서는 효소를 '반응' 또는 '비고'란에서 언급할 수 있다. 두 가지 이상의 기질에 작용할 때도 마찬가지로 처리할 수 있다. 또는 기질군을 총칭하는 명칭을 사용하거나 다른 기질을 ( )안에 넣어 나타내는 방법도 있다.	
⑯ 기질 특이성이 유사한 효소는 분류상 동일 효소로 간주하나 특이성이 뚜렷하게 구별될 때는 별도의 효소로 취급할 수 있다(예로써 EC 1.2.1.4와 EC 1.2.1.7). 반응기구나 보조인자가 서로 뚜렷하게 다를 때 별도의 효소로서 취급 할 수 있다(예로써 EC 1.4.3.4와 EC 1.4.3.6).	

2. 부분별 규칙

권장명	체계명
EC 1. 부류 ⑰ Dehydrogenase, reductase, oxidase (O_2를 받개로 하는 것), oxygenase(O_2를 기질에 받아들이는 것), per‑oxidase(H_2O_2를 받개로 하는 것) 등을 사용한다. Catalase는 예외이다.	⑰ 산화환원효소의 체계명은 모두 '주개 : 받개 oxidoreductase' 형식으로 한다.
	⑱ NAD^+, $NADP^+$는 받개로 생각하여 명명한다. NAD^+, $NADP^+$ 어느 쪽이든 지장없을 때는 $NAD(P)^+$로 한다.
⑲ 받개가 불명하고, 인공받개 밖에 알려져 있지 않을 때는 'succinate : (acceptor) oxidoreductase EC 1.3.99.1'과 같이 ( )를 씌워 나타낸다.	

(계속)

권장명	체계명
⑳ Oxygenase 중 O_2 중의 한 원자만을 기질에 받아들일 때는 monooxygenase라 하며 두 원자 모두 받아들일 때는 dioxygenase라 한다.	⑳ O_2 두 기질을 산화하여 한쪽 기질에 한 원자의 O를 결합시켜서 OH를 도입하는 효소는 'donor, donor : oxidoreductase(hydroxylating)'로 한다.
EC.2 부류 ㉑ 한쪽의 특정 기질이나 생성물과 전달되는 기 trans－ferase의 형식으로 한다. ATP를 주재로 하는 phos－photransferase는 kinase로 한다.	㉑ 주개 : 받개 전달되는 기 transferase의 형식으로 명명한다. Phosphotransferase의 경우는 ATP를 주개로 한다. Aminotransferase의 경우는 2-옥소글루탐산을 받개로 한다.
	㉒ Transferase의 앞에 붙이는 말은 반응 기구에 관계하지 않도록 한다.
EC 3. 부류 ㉓ '기질 ase'는 가수분해효소를 나타낸다. 최적 조건의 차이로 별도의 효소명을 붙여서는 안 된다. Acid phosphatase, alkaline phosphatase는 예외.	㉓ '기질 hydrolase'의 형식으로 명명한다. 어느 기가 가수분해로 절단되는 경우는 aminohydrolase 등과 같은 예로 표현한다.
EC 4. 부류 ㉔ Decarboxylase, aldolase, dehydratase, synthase 등을 사용한다. Synthetase를 사용하면 안 된다. ㉕ 역반응에 의미가 있을 때는 hydratase, carboxylase 등을 사용한다.	㉔ 가수분해에 의하지 않고 어느 기를 절단하여 이중 결합을 남기든가 반대 방향의 반응을 촉매하는 효소는 '기질-분해되는 기-lyase'의 형식으로 명명한다. ㉕ 어느 기가 절단되기 전의 완전한 분자를 기질로 생각할 것. 떨어진 후의 분자는 아니다.

㉖ 전에 transferase로 생각하고 있던 효소 중 이중 결합을 가진 중간체가 확인된 것은 lyase로 고쳐 분류하였다. 예로써 EC 4.1.3.27.

EC 5. 부류
㉗ 많은 경우, 권장명과 체계명은 같다.
㉘ '기질 isomerase' 형으로 명명한다. 이성화 종류를 접두어로서 isomerase 앞에 붙인다. 예로써, *cis-trans-isomerase*
㉙ 부제탄소원자에서의 전위를 촉매하는 효소의 경우 부제 중심이 한 개의 기질일 때는 racemase, 두 개 이상의 기질일 때는 epimerase라 한다.

EC 6. 부류 ㉚ 일반적으로 synthetase를 사용한다. 다른 부류(EC 4.)의 합성효소는 synthase라 한다.	㉚ ATP 등 피로인산 결합의 개열과 함께 두 기질을 연결시키는 효소를 의미한다.
㉛ 생성물(X-Y) ligase라 한다. Y가 CO_2일 때는 X carboxylase로 한다. X-Activating enzyme으로 하지 말 것. ㉜ 글루타민이 암모니아 주개가 될 때는 ( )내에 glutamine-hydrolyzing을 부기한다.	㉛ 'X : Y ligase(ADP-forming)'의 형식으로 명명한다. X와 Y가 결합하는 것, ATP가 절단되어 ADP가 생기는 것을 나타낸다. $$X + Y + ATP \rightarrow X-Y + ADP + Pi$$ ㉜ 이 경우, 계통명은 amido-ligase로 한다.

15.8
한국어 명명법

한국어 명명법은 대한화학회 화합술어위원회의 '우리말 명명법, 종로, 1987'에 따른다.

효소가 촉매하는 화학 반응의 본질이 나타나도록 효소를 명명한다. 효소 반응에서 사용된 주개 또는 받개들의 이름은 유기 화합물 명명 원칙에 따라서 명명하며, 화학 반응과 관계되는 일반술어는 대한화학회에서 제정한 술어를 사용한다. 국제생화학연맹 효소위원회의 명명 원칙에 맞지 않게 명명된 효소명들은 화합물 명명 일반 원칙의 표기법에 따라서 명명한다. 이 경우 '-아제'의 아는 장음 표기가 아니라 효소를 가리키는 어미의 일부로 인정한다.

1. 산화환원효소류

산화환원을 촉매하는 모든 효소들은 이 부류에 속한다. 산화되는 기질을 수소 또는 전자의 주개로 본다. 체계명은 '주개 : 받개 산화환원효소'에 기초하여 명명한다. 권장명은 가능하면 언제나 '주개 탈수소효소'라고 명명한다. 받개 환원효소라는 명명을 쓸 수도 있다. 산화효소라는 명명은 O_2가 받개인 경우에만 사용한다.

① 주개의 탈수소 반응을 촉매하는 효소들을 '탈수소효소'로 명명한다.

> 보기 alcohol dehydrogenase   알코올탈수소효소
> malate dehydrogenase   말산 탈수소효소

② 받개의 환원 반응을 촉매하는 효소들을 '환원효소'로 명명한다.

> 보기 acetoacetyl-CoA reductase   아세토아세틸-CoA 환원효소
> glyoxylate reductase   글리옥실산 환원효소

③ 받개의 환원성 이성질화 반응을 촉매하는 효소들을 '환원 이성질화 효소'로 명명한다.

> 보기 ketol-acid reductoisomerase   케톨-산 환원이성질화효소

④ 산소분자가 받개인 경우의 산화 반응을 촉매하는 효소들을 '산화효소'로 명명한다.

> 보기 glucose oxidase   글루코오스 산화효소
> malate oxidase   말산 산화효소

⑤ 효소 반응을 주개 - 생성물 전달 반응 형식으로 나타낸 경우에는 '수소절단효소'로 명명한다.

> **보기** lactate-malate transhydrogenase   락트산-말산 수소전달효소

⑥ 효소 반응을 주개 - 받개 전달 반응 형식으로 나타낸 경우에는 수소절단효소로 명명한다.

> **보기** glutathione-homocysteine transhydrogenase
> 글루타티온-호모시스테인 수소전달효소

⑦ 수소화 반응을 촉매하는 효소들은 '수소화효소'로 명명한다.

> **보기** cytochrome-c_3 hydrogenase   시토크롬-c_3 수소화효소

⑧ 산소화, 일산소화 및 이산소화 반응들을 촉매하는 효소들을 각각 '산소화효소', '일산소화효소' 및 '이산소화효소'로 명명한다.

> **보기** benzene 1,2-dioxygenase   벤젠 1,2-이산소화효소
> _myo_-inositol oxygenase   미오-이노시톨 산소화효소
> steroid 21-monooxygenase   스테로이드 21-일산소화효소

⑨ 불포화화 반응을 촉매하는 효소들을 '불포화화효소'로 명명한다.

> **보기** acyl-CoA desaturase   아실-CoA 불포화화효소

⑩ 불균등 산화 반응을 촉매하는 효소들을 '불균등화효소'로 명명한다.

> **보기** superoxide dismutase   초산화물 불균등화효소

⑪ 질소화 반응올 촉매하는 효소들을 '질소화효소'로 명명한다.

> **보기** nitrogenase   질소화효소

⑫ H_2O_2를 받개로 사용하는 산화 반응을 촉매하는 효소들을 '과산화효소'로 명명한다.

> **보기** NADH peroxidase   NADH 과산화효소
> L-ascorbate peroxidase   L-아스코르브산 과산화효소

2. 전달효소류

한 화합물(주개로 본다)의 원자단을 다른 화합물(받개로 본다)로 전달하는 반응을 촉매하는 효소들이다. 체계명은 '주개 : 원자단 - 전달효소' 방식으로 만든다. 권장명은 보통 '받개 원자단 - 전달효소' 또는 '주개 원자단 - 전달효소'와 같이 만든다. 전달되는 원자단들은 메틸기, 아미노기, 글루코실기 또는 인산, 황산 등과 같이 완전한 실체의 이름으로 나타낸다. 원자단의 이름들은 '전달효소' 부분과 붙여 쓴다.

① 영어에서 쓰이는 '원자단 transferase'와 'trans 원자단 ase'는 같은 뜻이므로 모두 '원자단 - 전달효소'로 명명한다.

> **보기**
> | | |
> |---|---|
> | acyl-phosphate-hexose phosphotransferase | 아실-인산-헥소오스인산 전달효소 |
> | alcohol sulfotransferase | 알코올황산 전달효소 |
> | aminotransferase | 아미노기 전달효소 |
> | glucosyltransferase | 글루코실기 전달효소 |
> | glutamate formiminotransferase | 글루탐산 포름아미노기 전달효소 |
> | glycine methyltransferase | 글리신 메틸기 전달효소 |
> | transaminase | 아미노기 전달효소 |
> | transglucosylase | 글루코실기 전달효소 |

② 전달되는 글리코실기의 받개가 인산일 경우에는 '가인산 분해효소'로 명명한다.

> **보기**
> | | |
> |---|---|
> | malate phosphorylase | 말산 가인산 분해효소 |
> | phosphorylase | 가인산 분해효소 |

③ 전달되는 글리코실기의 받개가 당인 경우에는 그 당의 '생성효소'로 명명한다.

> **보기**
> | | |
> |---|---|
> | β-1,3-glucan synthase | β-1,3-글루칸 생성효소 |
> | glycogen synthase | 글리코겐 생성효소 |
> | sucrose synthase | 수크로오스 생성효소 |

④ 키나아제의 기질이 축소형 접두사로 표기되어 있는 경우에는 기질의 이름이 완전하게 나타나도록 효소를 명명한다.

> **보기**
> | | |
> |---|---|
> | glucokinase | 글루코오스키나아제 |
> | hexokinase | 헥소오스키나아제 |
> | D-ribulokinase | D-리불로오스키나아제 |

⑤ Phosphodismutase는 한 분자 내에서의 인산의 불균등한 자리옮김 반응으로 보고 '인산 불균등화효소'로 명명한다.

보기 glucose-1-phosphate phosphodismutase
      글루코오스-1-인산 인산불균등화효소

3. 가수분해효소류

여러 가지 결합들의 가수분해를 촉매하는 효소들이다. 체계명은 언제나 hydrolase(가수분해효소)로 명명된다. 그러나 권장명은 대부분의 경우 기질명에다 -ase라는 어미를 붙여 만든다. 후자의 경우 우리말로는 '기질 가수분해효소'로 명명된다. 체계명 형식으로 만들어진 권장명도 '기질 가수분해효소'로 명명한다.

① 기질명에다 -ase라는 어미를 붙여서 만든 효소명들을 '기질 가수분해효소'로 명명한다.

보기	
acid phosphatase	산성 인산 가수분해효소
alkaline phosphatase	알칼리성 인산 가수분해효소
α-aminoacid esterase	α-아미노산 에스테르 가수분해효소
asparginase	아스파라긴 가수분해효소
glycerol-1-phosphatase	글리세롤-1-인산 가수분해효소
glycogen synthetase- D-phosphatase	글리코겐 생성효소-D-인산 가수분해효소
nucleotidase	누클레오티드 가수분해효소
serine proteinase	세린 단백질 가수분해효소
thiaminase	티아민 가수분해효소

② 기질명에 hydrolase를 붙여서 만든 효소들도 '기질 가수분해효소'로 명명한다.

보기	
acetyl-CoA hydrolase	아세틸-CoA 가수분해효소
palmitoyl-CoA hydrolase	팔미토일-CoA 가수분해효소
succinyl-CoA hydrolase	숙시닐-CoA 가수분해효소

③ 기질명에다 pyrophosphatase를 붙여서 만든 효소들 중 피로인산 부분의 산무수물 결합을 가수분해하는 것은 '피로인산 가수분해효소'로 명명하고, 피로인산 부분을 이탈시키는 것을 '탈피로인산 가수분해효소'로 명명한다.

보기	NAD$^+$ pyrophosphatase	NAD$^+$ 피로인산 가수분해효소
	FAD pyrophosphatase	FAD 피로인산 가수분해 효소
	ATP pyrophosphatase	ATP 탈피로인산 가수분해효소
	dCTP pyrophosphatase	dCTP 탈피로인산 가수분해효소

4. 분해효소류

이 부류에 속하는 효소들은 가수분해 반응 또는 산화 반응 이외의 반응으로 C - C, C - O, C - N 및 그 밖의 결합들을 분해시키는 것들이다. 체계명과 권장명 둘다 '기질 탈 - 원자단 - 화효소' 또는 '기질 탈 - 분자 - 효소'로 명명한다. 추천명은 '탈카르복시화효소' 또는 '탈수효소' 등의 이름이 사용된다. 역반응이 더 중요하거나 그것만이 알려져 있을 경우에는 '생성효소' 또는 '수화효소' 등의 이름이 사용된다.

① '탈 - 원자단 - 화효소' 방식으로 명명되는 것들

보기	lysine decarboxylase	리신 탈카르복시화효소
	oxalate decarboxylase	옥살산 탈카르복시화효소
	pyruvate decarboxylase	피루브산 탈카르복시화효소

② '탈 - 분자 - 효소' 방식으로 명명되는 것들

보기	carbonate dehydratase	탄산 탈수효소
	citrate dehydratase	시트르산 탈수효소
	DDT - dehydrochlorinase	DDT - 탈염화수소효소
	homocysteine desulfhydrase	호모시스테인 탈황화수수효소

③ 체계명 방식(기질 - lyase 또는 기질 분자 - lyase)으로 명명되는 것들

보기	alginate lyase	알긴산 분해효소
	isocitrate lyase	이소시트르산 분해효소
	histidine ammonia - lyase	히스티딘 탈암모니아 분해효소
	methionine γ - lyase	메티오닌 γ - 분해효소

④ 고리화 반응을 촉매하는 효소는 '고리화효소'라고 명명한다.

보기	adenylate cyclase	아데닐산 고리화효소

| D-glutamate cyclase | D-글루탐산 고리화효소 |
| guanylate cyclase | 구아닐산 고리화효소 |

⑤ 분해 반응의 역반응을 촉매하는 효소들

보기
aconitate hydratase	아코니트산 수화효소
enoyl-CoA hydratase	엔오일-CoA 수화효소
fumarate hydratase	푸마르산 수화효소
3-ethylmalate synthase	3-에틸말산 생성효소
citrate(*si*)-synthase	시트르산(*si*)-생성효소
threonine synthase	트레오닌 생성효소

5. 이성질화효소류

이 부류의 효소들은 한 분자 내에서의 변화를 촉매한다. 이 효소들은 이성질화 반응의 본질이 나타나도록 명명한다.

① 거울대칭성의 라세미화 반응 또는 에피머화 반응을 촉매하는 효소들

보기
alanine racemase	알라닌 라세미화효소
methionine racemase	메티오닌 라세미화효소
aldose 1-epimerase	알도오스 1-에피머화효소
UDP glucose epimerase	UDP 글루코오스 에피머화효소

② 이중 결합이 있는 자리에서의 기하학적 이성질화 반응을 촉매하는 효소들

보기
linoleate isomerase	리놀레산 이성질화효소
maleate isomerase	말레산 이성질화효소
retinal isomerase	레티날 이성질화효소

③ 분자 내에서의 산화환원 반응을 촉매하는 대부분의 효소들은 '이성질화효소'로 명명한다. 그러나 케토-엔올 사이에서 일어나는 상호전환(토토머화 반응)을 촉매하는 효소들은 '토토미회효소'로 명명한디.

• 알도오스-케토오스 상호전환을 촉매하는 효소

보기
| L-arabinose isomerase | L-아라비노오스 이성질화효소 |

ribose-5-phosphate isomerase   리보오스-5-인산 이성질화효소

triose-phosphate isomerase   트리오스-인산 이성질화효소

• 케토-엔올 상호전환을 촉매하는 효소

보기 oxaloacetate tautomerase   옥살로아세트산 토토머화효소

• 이중 결합의 위치를 옮기는 효소

보기 aconitate Δ-isomerase   아코니트산 Δ-이성질화효소

isopentenyl-diphosphate Δ-isomerase   이소펜테닐-이인산 Δ-이성질화효소

steroid Δ-isomerase   스테로이드 Δ-이성질화효소

④ 분자 내에서 원자단들의 자리옮김 반응을 촉매하는 효소들은 자리옮김하는 원자단이
명시되어 있을 때는 '기질-기-자리옮김효소'로 명명하고, 자리옮김하는 원자단이
명시되지 않은 때는 '기질 자리옮김효소'로 명명한다.

보기 bisphosphoglycerate mutase   디포스포글리세르산 자리옮김효소

leucine 2,3-aminomutase   루신 2,3-아미노기 자리옮김효소

lysine 2,3-aminomutase   리신 2,3-아미노기 자리옮김효소

lysolecithin acylmutase   리소레시틴 아실기 자리옮김효소

methylaspartate mutase   메틸아스파르트산 자리옮김효소

phosphoglycerate mutase   포스포글리세르산 자리옮김효소

⑤ 분자의 일부분으로부터 원자단이 제거되면서 이중 결합이 형성되지만 원자단이 분자
의 다른 부분에 공유 결합으로 그대로 결합하는 분자 내에서의 분해 반응을 촉매하는
효소들이다. 이 효소들은 효소 반응의 정방향 또는 역방향의 본질이 나타나도록 명명
한다.

보기 carboxy-cis, cis-muconate cyclase
카르복시-시스, 시스-무콘산 고리화효소

muconate cycloisomerase
무콘산 고리화이성질화효소

myo-inositol-1-phosphate synthase
미오-이노시톨-1-인산 생성효소

tetrahydropteridine cycloisomerase
테트라히드로프테리딘 고리화이성질화효소

⑥ 위상기하학적 이성질화 반응을 촉매하는 효소들은 '위상이성질화효소'로 명명한다.

> 보기   DNA topoisomerase   DNA 위상이성질화효소

6. 연결효소류

연결효소류는 ATP 또는 그 밖의 누클레오시드-삼인산의 피로인산 결합이 가수분해되면서 두 분자가 C-O, C-S, C-N, C-C 및 인산 에스테르 결합으로 연결되는 반응을 촉매하는 것들이다. '연결효소'(ligase)라는 말이 보통 사용되지만, '합성효소(synthetase)'나 '카르복시화효소(carboxylase)'도 사용한다. '생성효소(synthase)' 라는 말은 사용하지 않는다.

① 전달 RNA를 아실화(C-O 결합 형성)시키는 효소들

> 보기   alanine-tRNA ligase   알라닌-tRNA 연결효소
>   cysteine-tRNA ligase   시스테인-tRNA 연결효소

② 아실-CoA 유도체들을 형성(C-S 결합 형성)시키는 효소들

> 보기   acetate-CoA ligase   아세트산-CoA 연결효소
>   biotin-CoA ligase   비오틴-CoA 연결효소

③ 아미드 결합, 펩티드 결합 및 이종 원자 고리를 형성(C-N 결합 형성)시키는 효소들

> 보기   alanine-ammonia ligase   알라닌-암모니아 연결효소
>   D-alanine-D-alanine ligase D-알라닌-D-알라닌 연결효소
>   5-formyltetrahydrofolate *cyclo*-ligase
>   5-포르밀테트라히드로폴산 고리화 연결효소

④ 카르복시화 반응(C-C 결합 형성)을 촉매하는 효소들

> 보기   acetyl-CoA carboxylase   아세틸-CoA 카르복시화효소
>   propionyl-CoA carboxylase   프로피오닐-CoA 카르복시화효소

⑤ 핵산의 끊겨진 포스포디에스테르 결합을 회복시키는 효소들(흔히 수선효소라고 잘못 불리우는 것들)

> 보기   polydeoxyribonucleotide ligase 폴리데옥시리보누클레오티드 연결효소
>   polyribonucleotide ligase   폴리리보누클레오티드 연결효소

찾아보기

효소화학 3판

2017년 2월 20일 제1판 1쇄 인쇄 | 2017년 2월 25일 제1판 1쇄 펴냄
지은이 안용근 | 펴낸이 류원식 | 펴낸곳 **청문각출판**

편집팀장 우종현 | **본문편집** 디자인이투이 | **표지디자인** 유선영
제작 김선형 | **홍보** 김은주 | **영업** 함승형·박현수·이훈섭 | **인쇄** 영프린팅 | **제본** 한진인쇄

주소 (10881) 경기도 파주시 문발로 116(문발동 536-2) | **전화** 1644-0965(대표)
팩스 070-8650-0965 | **등록** 2015. 01. 08. 제406-2015-000005호
홈페이지 www.cmgpg.co.kr | **E-mail** cmg@cmgpg.co.kr
ISBN 978-89-6364-312-0 (93470) | **값** 29,500원